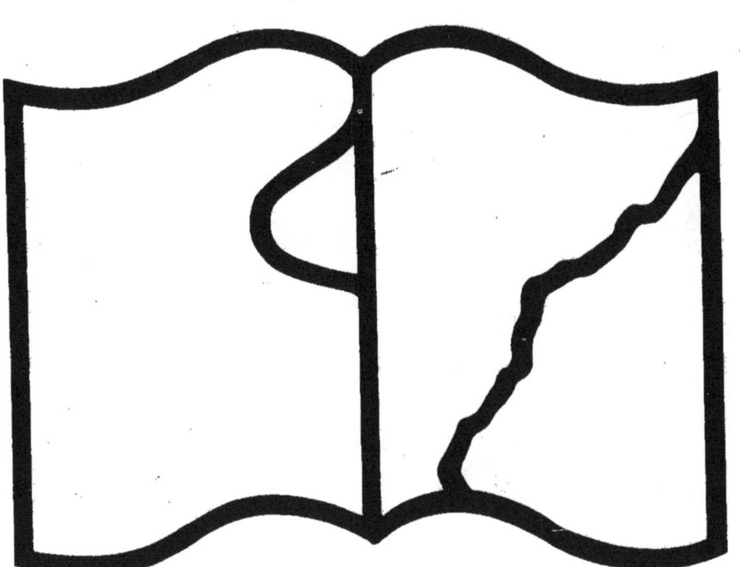

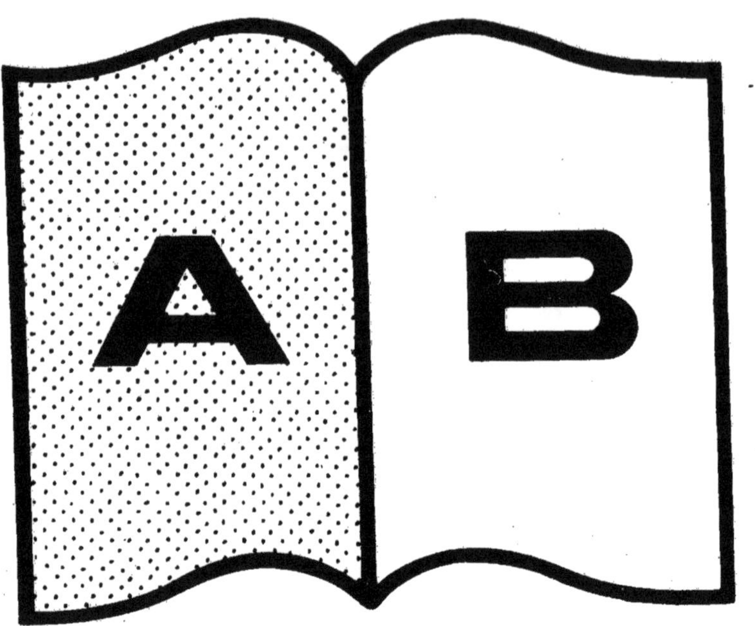


Contraste insuffisant

NF Z 43-120-14

# LA

# CÔTE D'AZUR

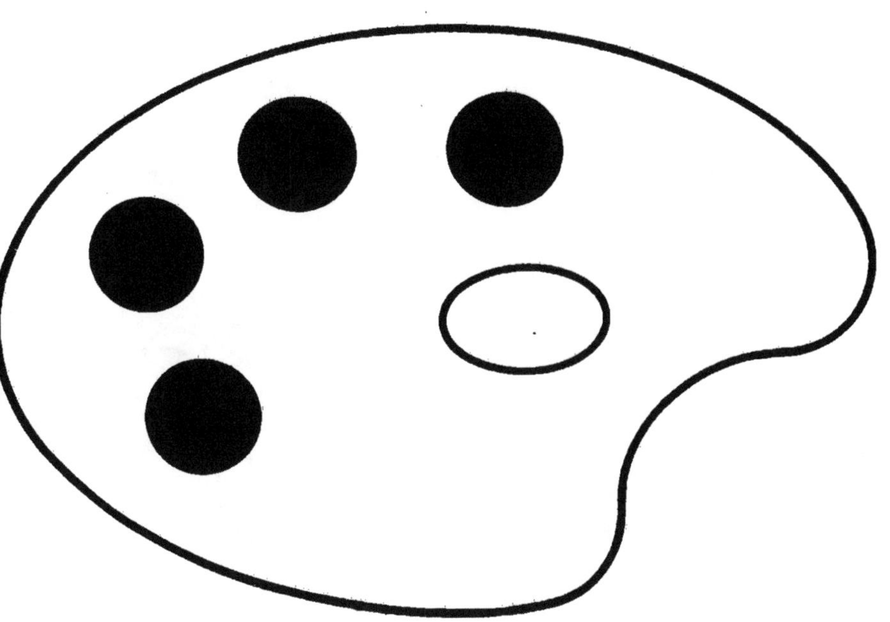

Original en couleur
NF Z 43-120-8

Stéphen Liégeard



# La Côte d'Azur

PARIS
MAISON QUANTIN

Stéphan Liégeard

# La Côte d'Azur

PARIS

MAISON QUANTIN

## A MONSIEUR XAVIER MARMIER

### DE L'ACADÉMIE FRANÇAISE

Vous souvient-il, Maître, de ce déjeuner d'automne où, près de la cheminée de votre cabinet de travail, ayant devisé de tout un peu, nous écoutions le vent de bise qui pleurait dehors? Une brassée de genêts secs crépitait dans l'âtre; la flamme joyeuse irisait, au fond de nos verres, les dernières gouttes d'un vin de Samos — ambre et miel que nous eût envié Pythagore. Vos livres, doux tyrans du logis, semblaient, des bords de leurs tablettes, nous envoyer un bienveillant sourire. Sur le guéridon prestement desservi, la bonne et diligente ménagère venait de disposer les fines liqueurs des Antilles, les cigarettes blondes, souvenir de la Havane bien-aimée. Et tandis que lentement tintait la cloche de Saint-Thomas d'Aquin, pendant que, détaché des ramures voisines, un tourbillon de feuilles mortes claquetait à la vitre, je surpris un nuage passant sur votre front; un soupir mal étouffé vous monta du cœur aux lèvres, et il me sembla que vous murmuriez dans un frisson : « c'est l'hiver! »

« Oui, l'hiver, cher Maître, l'hiver, nuit de la nature endormie, affliction de ceux qui se plaisent à admirer Dieu dans son œuvre rayonnante. La saison noire s'avance. Si votre esprit n'y doit rien perdre de son éclat, votre âme, elle, comme la sève de l'arbre, va sommeiller jusqu'au renouveau prochain. A moins pourtant...

— A moins..?

— Qu'il ne vous plaise de m'accompagner.

— Où donc, mon ami?

— Du côté de la lumière, des brises tièdes, des forêts mystérieuses et embaumées.

— En Orient? N'y comptez pas! J'ai suspendu mon bâton de pèlerin, et si haut vraiment, que les séductions mêmes de l'amitié ne sauraient y atteindre.

— Le moindre brin de bambou le remplacera. L'étape n'est qu'une promenade, qui nous sépare de ce pays chéri des cieux dont la bienfaisante influence guérit le malade, inspire le poète, noie les chagrins...

— Le pays où fleurissent les citronniers et auquel aspirait Mignon : l'*Italia,* dans la langue du *si?*

— Sa frontière, tout au plus. Quinze heures de train rapide, et l'excursion commence.

— C'est trop près! Tant qu'à m'arracher au *home,* au *sweet home,* il me faudrait un autre aimant... »

Puis un silence se fit, pendant lequel, traversée d'un reflet glauque, votre prunelle semblait chercher, par delà les océans lointains, quelque aventureux esquif ballotté sur la grande vague du pôle.

« Je comprends, Maître ; l'effort vous coûterait moins, qui vous ramènerait aux sommets glacés de l'Hécla, ne fût-ce que pour rechercher le nom de l'adorée, ce nom de vierge que vous y aviez inscrit [1].

— Peut-être!

— Pour ma part, j'ai toujours cru que le démon de l'*iceberg* vous reprendrait quelque jour, à l'appel de vos *Fiancés.* Je pariais même en faveur du Canada, lorsque, sous prétexte de consacrer son Institut naissant, Ottawa vous offrit l'occasion de nouvelles *Lettres* exquises [2] à de nouvelles et poétiques *Inconnues.*

— Et peu s'en est fallu que vous n'eussiez partie gagnée. L'Islande a des charmes, le Spitzberg n'est pas pour déplaire ; quant aux rives du Saint-Laurent, elles doivent rester l'objectif favori de tout Français qui se souvient. J'ai d'ailleurs laissé là-bas des sympathies fidèles ; vous me décidez presque, s'il s'agit d'aller les retrouver... Quand partons-nous?

— A mon tour de répondre : c'est trop loin! sans compter qu'un peu frais, alors que Novembre montre déjà sa face blême sous un manteau de givre.

— Sybarite! Enfin, votre itinéraire?

— D'Hyères à Gênes, simplement. Le trajet est court, mais la route délicieuse, le long de ce ruban de côtes à la frange moirée. L'heur de votre compagnie en doublera le charme. Venez! nous dirons adieu aux brumes de la Seine. Nous oublierons, pour un temps, les lâchetés des hommes, les tristesses des choses : insanités de la politique ou sanies du naturalisme, le flot

1. Au sommet de l'Hécla, sur ce plateau glacé,
Sur cette neige blanche où l'étoile scintille,
Où depuis si longtemps personne n'a passé,
J'inscris ton nom aimé, ton nom de jeune fille.
Ce nom que je conserve en secret dans mon cœur,
Aucun regard humain ici ne peut le lire...
*Poésies d'un voyageur*, A. Lahure, 1 vol.

2. Voir *les Lettres sur l'Amérique*, nouvelle édition, E. Plon. Paris, 1881.

céruLé lavera tout. Ainsi que « l'eau de la Floride », la mer de Tyrrhène s'entend à effacer les rides, — celles du cœur, tout au moins! Venez! je ne réponds pas de vous faire cueillir, en chemin, cette *Fleur de l'air* dont les racines s'alimentent au ciel; nous ne verrons sans doute pas voltiger dans les lianes le *beija-flores* du Brésil [1]; mais je vous promets un lot d'idéal fort enviable encore, et plus d'une surprise très digne de celui qui fut un grand voyageur devant l'Éternel.

— Des surprises, de ce côté, mon ami? Auriez-vous le téméraire espoir de quelque découverte aux plages Liguriennes?

— Dame! n'est-ce point là que Christophe Colomb naquit? Bon augure, déjà! Puis, la Méditerranée porte bonheur aux audacieux : Alexandre Dumas se vantait de la *découvrir,* et d'aucuns prétendent qu'il n'y a pas trop mal réussi. Que faut-il, en ces aventures, sinon un peu de sang d'explorateur dans les veines? Tout n'a pas été dit sur la Rivière : plus d'une branche de corail reste à cueillir dans son écume d'argent. Parce qu'à l'heure des juvéniles inspirations, vos vingt ans confièrent leurs secrets au sable de ces grèves, pensez-vous que les vents aient respecté chacune de vos empreintes? Il en a tant soufflé depuis! Vers cette date de 1834 qui marque votre passage à Hyères [2], lord Brougham allait seulement *inventer* Cannes; Saint-Raphaël dormait dans les limbes de l'oubli pour ne s'éveiller qu'à la voix d'Alphonse Karr; Bordighera, San-Remo, Alassio étaient d'humbles abris de pêcheurs; Menton vivait ignorée sous le sceptre des Grimaldi; Nice, apanage de la Maison de Savoie, Nice elle-même ne laissait guère pressentir la splendeur de ses futures destinées. Quelle transformation fut jamais plus soudaine! Que d'ornements inattendus ajoutés à cette merveilleuse CORNICHE! Les jardins ont conquis l'écueil, la villa de marbre remplace la hutte de roseaux. Ces rocs tout pénétrés de lumière sont devenus le phare des peuples, le rendez-vous des souverains : à chaque saison, la Mode, du haut d'un trône de fleurs, y assoit plus solidement son empire. Qui donc pourrait s'y prétendre à l'abri d'une surprise, quand, de paysanne devenue grande dame, la Nature elle-même hésite à se reconnaître dans son miroir de transparent saphir?

— O poète!...

— Venez!... « La vue d'une riante campagne me dilate le cœur... la jouissance d'une fraîche matinée de printemps m'attendrit jusqu'aux larmes », écriviez-vous naguère [3], et Tempé vous attend, et des souffles printaniers s'apprêtent à incliner sur votre front l'éventail d'une perpétuelle verdure. Qui vous enchaîne ici, vous, plus indépendant que le libre Yankee? Auriez-vous quelque regret à la Bibliothèque Sainte-Geneviève? Bast! un gazon diapré d'anémones remplacera, chaque samedi, votre siège directorial, et vous ne serez point tant à plaindre, échangeant, pour quelques semaines, de poudreux in-folio contre le livre où Dieu écrit ses magnificences. Le scrupule vous tient-il des jeudis du Palais Mazarin? N'en ayez cure. Les hôtes d'élite ne manqueront pas à l'odyssée fleurie. Immortalité est sœur d'ubiquité. Pour peu qu'elle vous agrée, l'ombre de l'Institut se dressera partout sur votre passage; car,

1. Le *baise-fleurs,* nom poétique du colibri.
2. *Souvenirs de voyages.*
3. *Rêveries et Réflexions d'un voyageur.* Paris, A. Lahure, 1887.

en ce domaine de la féerie, l'*Immortel* pousse à l'instar du térébinthe. En doutez-vous? regardez! Dans un pli des dunes Toulonaises, *la Germaine* garde précieusement les traces du duc Pasquier, votre éminent confrère ; plus loin, sous les pins majestueux de Saint-Tropez, j'entends l'orateur, à la voix d'or, qu'avec tendresse vous aimez et qui si bien vous paye de retour[1]. Plus loin encore, Cannes, la magicienne, évoquera pour vous le souvenir des Cousin, des Mérimée, des J.-B. Dumas, du pauvre Caro, le regretté d'hier, cependant que la *villa des Violettes* — et un séjour y est de rigueur — vous parlera de votre doyen illustre, Désiré Nisard, ou de notre commune admiration, ce « grand Paul[2] », qui s'y reposait, un matin, avant de reprendre, pour Dieu et la Patrie, le chevaleresque combat des preux d'antan.

— O tentateur!...

— Et voici un autre favori de la Renommée, Victorien Sardou, qui vous arrête, à la montée de Villefranche, pour sceller la première pierre de son palais du Mont-Boron; et voilà Pasteur, désireux de vous souhaiter la bienvenue sous les palmiers dont Bordighera ombrage parfois sa gloire... et ainsi, tout le long de cette prestigieuse Rivière, comme autant de satellites avivant leur éclat au flambeau de l'astre-roi, les brillants esprits, vos frères, vous feront cortège. Mieux que le lampyre des nuits de mai, ils guideront votre marche vers la *villa Brignole* de Voltri, vers la *piazza Ferrari* de Gênes, dernière halte où vous attend l'hospitalité de la *splendidissima Duchessa*, votre noble amie[3]. Maître, hésitez-vous encore?

— Je n'hésite pas... Je résiste! Pour moi, l'heure n'est plus aux « déplacements » : les touristes du jour n'appellent-ils pas de la sorte leurs hâtives pérégrinations? Altéré d'inconnu, j'ai bu jusqu'à l'ivresse le doux nectar des voyages : la coupe est tarie, je n'en approcherai plus la lèvre. À mon âge, on vit de souvenirs, et ces souvenirs sont meilleurs à l'âme que les plus vivantes réalités. *Parva domus, magna quies.* Laissez-moi à ma vieille maison de la petite place, à mon ruisseau de la rue du Bac! Le flot Tyrrhénien, si azuré qu'il soit, ne me les remplacerait pas. Vous pourtant, retournez aux rivages bénis, et puisque l'égoïsme n'est point pour vous plaire, eh bien! adressez-moi un rayon de votre soleil : il sera la fête de ce logis.

— Avec quelle joie, si vous m'indiquiez le mode d'envoi!

— Volontiers. Depuis tantôt quinze ans, ne réservez-vous pas plusieurs mois, chaque hiver, à ces plages fortunées? Qui mieux que vous serait en état de les décrire? Il y faut le poète autant que l'observateur. Interrogez votre mémoire, faites appel à votre imagination : leur réponse nous donnera bientôt le bon livre qu'attend toujours le pays bleu. Voilà le rayon dont je voulais parler.

— En ce cas, confiez-moi votre plume : elle me vaudra le meilleur des pinceaux.

— La vôtre n'aura que l'embarras des couleurs. Allez du côté de l'aurore retrouver ces filles de la vague et du soleil qui s'appellent Hyères ou Cannes, Nice ou Menton, Bordighera, Pegli ou San-Remo... Reflétez, dans une suite de tableaux lumineux et mouvementés, la vie si intense de ces enchanteresses. Feuilletez les pages de leur histoire, égrenez le collier de leurs

1. M. Émile Ollivier.
2. Paul de Cassagnac.
3. Nom donné à Mme la duchesse de Galliera par la reconnaissance des Génois.

UNE TERRASSE, AUX ENVIRONS DE GÊNES.

légendes. Nous ayant conté leurs humbles commencements, présentez-les-nous dans l'éclat du triomphe. Suivez-les tour à tour dans les vallées aux fruits d'or ; plantez, avec elles, l'alpenstock sur les cimes visitées de l'aigle. Promenez-nous de la grève à la villa, du *lawn-tennis* au salon, de la danse au *flirt*, ne vous arrêtant, chevalier discret, que sur le seuil du boudoir. Au poète il appartient de sonder plus d'un mystère, à l'homme du monde de nous initier aux raffinements de la haute vie. Dites surtout les pures jouissances dont une telle nature se montre prodigue pour qui sait la comprendre. Assez de guides-diamant incrustés de strass, assez de trains à prix réduits, — comme leurs plaisirs! Que nous ayons enfin par vous l'image retrouvée d'un Éden sans l'épée de feu, d'un verger des Hespérides sans le dragon!... Ce faisant, vous aurez bien mérité du lecteur et de mon amitié. »

Puis, nous nous séparâmes après une affectueuse étreinte, — vous confiant, moi perplexe et fort empêché.

Dois-je avouer que, malgré le conseil, et pour flatteur qu'il fût, j'aurais tardé à me rendre, si le hasard n'avait amené sur ma route un éditeur-artiste, alors que, lui aussi, rêvait d'une *Corniche* toute lamée de lueurs, toute constellée d'irradiations. Épris de sa vision flamboyante, il apercevait je ne sais quel magistral burin en train d'en mordre les contours; mais le texte lui manquait, et j'étais, affirmait-il, l'homme de ce texte. A quoi bon résister? les Dieux évidemment conspiraient ma perte. Aussi ai-je mis le cap sur le pays bleu, résolu, comme le pâtre de la Fable, à lutter contre un décourageant Protée. Dédaigneux de la vapeur, à petites journées, j'ai revu, avec la volonté de mieux voir. J'ai contemplé la mer et le soleil, j'ai interrogé l'homme et la pierre, j'ai écouté le soupir de la brise et le murmure du flot. De tout cela rapporté-je un rayon, un écho, seulement un parfum? Décidez-en. Vous vouliez un bon livre : en voici du moins un beau, grâce au goût délicat qui sut présider à sa parure. Refuserez-vous, cette fois, d'être mon compagnon de fortune? Allons! nargue de l'hiver qui revient! Le tillac est jonché de fleurs, la voile se gonfle; comme un pavillon de salut, j'ai arboré votre nom au plus haut de la misaine. Voguons le long de cette Côte d'Azur que je vous dédie, cher Maître... Puissent seulement les souffles, amis de votre nef, conduire la mienne au port, un port que vous connaissez pour y être si souvent entré — et qui s'appelle « le Succès! »

Stéphen LIÉGEARD.

Brochon, Octobre 1887.

---

Le Palais de Longchamp.

# HYÈRES

## ET LE PAYS DES MAURES

MARSEILLE — TOULON — *LA GERMAINE* — HYÈRES — LES MONTAGNES DES MAURES — LA GARDE FREINET — COGOLIN — LE CHATEAU DE GRIMAUD ET LE GOLFE DE SAMBRACIE — SAINT-TROPEZ ET SES *BRAVADES* — *LA MOUTTE* — CAVALAIRE — SAINTE-MAXIME — SAINT-AIGULF.

NULLE légende n'est plus poétique que celle dont le voile flotte sur le berceau de Marseille. Quelques émigrants de Phocée, guidés par un oracle, quittent leur patrie, font voile vers Éphèse, puis, sous le croissant favorable de Diane qui les protège, abordent un matin aux rives de la Gaule. Ce jour-là, précisément, le chef de la puissante tribu des Salyes, le vaillant Nann, réunissait à un banquet l'élite de ses guerriers, afin que sa fille Gyptis choisît parmi eux un époux. Entouré de ses compagnons aux brillants costumes, le Phocéen Euxène prend sa part de la fête. Il est jeune autant que beau, fier en même temps que brave : ses yeux ont parlé et leur langage a été compris. Aussi, quand le moment vient de décider entre les prétendants, la vierge blonde s'arrêtant devant le bel étranger lui offre, avec un sourire, la coupe d'or, gage de sa foi. Au don de la main de Gyptis, Nann ajoute, en dot, toute la terre que baigne la vague prochaine; et, le long de cette baie prédestinée, l'hôte royalement accueilli trace l'enceinte d'une ville que, par reconnaissance, il nommera *Mas Salia*, la « demeure Salyenne ». Marseille est fondée.

Ces choses se passaient vers l'année 600 qui précéda notre ère.

2470 ans plus tard, aux mêmes lieux, le drame a remplacé l'idylle. Dans un palais superbe où le Nann du jour s'est rendu à merci, la sédition, farouche Gyptis, se précipite triomphante. La poudre noircit son visage, le sang emplit sa coupe. Sous le sifflement des balles, elle sourit, elle aussi, à un fiancé [1]... Mais celui-là, elle le tuera de son premier baiser. Chassé par les obus qui pleuvent du rocher de Notre-Dame, le rebelle s'enfuit au cimetière israélite où des soldats le découvrent caché derrière une tombe. On sait le reste. Pris, jugé, condamné, il paye de douze coups de feu dans la poitrine une heure de criminelle ambition.

Entre les promesses d'une aube rosée et ce sanglant crépuscule, l'antique Massilia se réclame, vous le pensez bien, de plus d'un autre souvenir. Qui se plaît à remonter vers les sources trouvera plaisir aux auteurs grecs ou latins, depuis Hérodote jusqu'à Valère-Maxime. Il y verra l'humble cité grandir, s'étendre, soutenir Rome, combattre le Brenn ou le Carthaginois, se créer une marine, alimenter son commerce, multiplier les comptoirs, fonder des colonies et, ne doutant de rien, pousser ses nefs victorieuses jusqu'aux récifs de la fabuleuse Thulé. Après le succès, les revers. L'héritière de Tyr et de Carthage va, pour un temps, subir le sort de ces villes mortes. César lui fait chèrement payer sa fidélité à Pompée, moins dur pourtant que ne sera le Wisigoth ou le Sarrasin. Foulée sous d'impitoyables talons, il faut qu'elle atteigne aux Croisades pour secouer la poussière du Barbare. Alors seulement, elle ressuscite à la manière de ce Lazare qui jadis lui apportait la parole du Christ. Ni Anjou, ni Aragon ne lui ménagent les épreuves : l'incendie et le massacre en sont l'ordinaire formule. Plus heureuse contre Bourbon [2] dont la vaillance de ses filles l'aide à repousser les assauts, Marseille ne se rendra qu'à Louis XIV y entrant par la brèche, botté et éperonné, comme s'il s'agissait d'un simple Parlement. Puis, l'antithèse l'étreint. Marraine de l'hymne révolutionnaire, elle s'insurge contre la Convention, et le premier Empire la trouve hostile, elle qui devra au second le bienfait d'une inouïe prospérité. Dans l'espace de vingt années — 1850-1870 — sa population s'accroît de moitié; 150 rues s'ouvrent, trouant et assainissant les quartiers impurs, pendant que quinze mille maisons nouvelles enveloppent d'une rayonnante jeunesse ses pignons décrépits. Que de vivats alors, que de protestations sonores, vains échos, fumée de reconnaissance ! Nous fûmes témoin de l'universel enthousiasme, quand, débarquant sur ses quais pavoisés, le neveu du grand Empereur présentait à la fille de Gyptis cette pieuse et charmante Princesse de la Maison de Savoie qui venait d'unir son sort à celui des Napoléon. Est-ce par un retour aux traditions Gréco-Asiatiques que le bonnet de Phrygie lui agrée mieux aujourd'hui que la couronne des Souverains ? S'en enquière qui veut !

De cela, pas plus que de son histoire, ne se soucie le frileux lancé à la poursuite du printemps. Le *Terminus-hôtel* lui représente une étape au bout du *sleeping :* il la brûle parfois et parfois s'y arrête, le temps de jeter un regard sur les rues, les ports, les monuments. L'impitoyable mis-

1. Gaston Crémieux. — 4 avril 1871.

2. Le *Connétable* qui, après cinquante jours de siége et des assauts répétés, fut contraint de se retirer avec les 40,000 reîtres à sa solde. — Août 1524.

tral, qui sévit depuis Avignon, l'avertit, en lui rougissant l'oreille, que s'il est désormais garé des frimas du nord, il n'a encore droit qu'aux caresses relatives d'un midi de convention. Marseille est la porte ouverte sur l'Orient, mais ce n'est qu'une porte, et les courants d'air ne se font faute d'y passer. Quelques heures ne lui sont pas moins dues, entre deux trains, soit qu'on les dépense le long de cette *Cannebière*, curieuse assurément, bien que trop vantée, favorite à qui tout aboutit, aboutissant elle-même à un prodigieux enchevêtrement de mâtures ; soit que, musant autour des bassins où se rencontrent les navires des deux hémisphères, on assiste, étonné, à cet entre-croisement de chars et de charrettes, de voitures à tentes et de tramways à sifflets, à ce fourmil-

La Cannebière.

lement d'affairés, de flâneurs et de marins, à cette exubérance de mouvement, de gestes, de cris, de vie en dehors dont le Marseillais reste le type unique et proverbial. Certes, plus d'une teinte vive a pâli. De longues et larges artères coupant les infects, mais pittoresques carrefours, les rafraîchissent d'air, les inondent de lumière ; des torrents d'eau limpide ont emporté l'immondice odieuse, mais aussi beaucoup de la couleur locale. L'hôtellerie à six étages, fléau de l'architecture moderne, détrône, majestueuse et banale, la terrasse Grecque ou la façade Phénicienne. Costumes et profils s'effacent, médailles frustes, sous la main du progrès ; le quartier *Saint-Jean* lui-même finira par s'en aller pièce à pièce, ce qui n'empêche nombre de *ghetto*, voisins du *Port-Vieux*, d'offrir encore une assez remarquable collection de fez, de burnous, de perroquets parlant, de singes grimaçant, de bottes aux revers cramoisis et de vestes en velours avec Turc glissé sous la doublure et soleil brodé dans le dos.

Magasins splendides ou bazars abondent, en revanche, et les squares ombreux, et les fontaines jaillissantes, et les hautes allées de platanes courbant leur voûte de feuillage sur l'éventaire fleuri de la bouquetière, et les coutils bigarrés, parasols du trottoir, et les cafés étincelants où, le soir, renversé le long de sa banquette, le commerçant savoure les délices d'un sorbet bien gagné. Les *Allées de Meilhan*, les rues de *Noailles*, de *Rome*, de *la République*, *Saint-Ferréol*, *Paradis*... sont la sertissure scintillante du joyau Cannebière. Pas davantage ne manquent les promenades — dont le Prado est le roi — ni les cirques, ni les cercles, ni les concerts militaires, ni les *Alcazar*, ni les *Folies*, ni les théâtres, Opéra et Gymnase, où nous avons vu des danseuses mieux fêtées que les chanteurs, et des éléphants plus applaudis que les danseuses. Le compatriote de l'acteur Dazincourt reste aussi bruyant dans l'expression de sa joie, que fidèle à son amour de la toile peinte et du quinquet. De ses fêtes on conte merveille, et fort justement, si toutes ressemblent à celles où il nous fut donné d'assister. Le contraire surprendrait, l'or entré en boisseaux par les portes ayant bien le droit de ressortir à poignées par les fenêtres. Dans ce premier port marchand de France, l'un des premiers du monde, le millionnaire ne compte guère parmi les aspirants du milliard qui s'appellent ... — Mais pourquoi nommer des heureux, au détriment de ceux qui furent grands? Enfants, du droit de la naissance ou de l'adoption, ceux-là surtout honorent l'*Athènes des Gaules*, selon le mot de Cicéron. Le talent, le dévouement, le génie s'y révèlent à ce point, que si le marbre ou l'airain en eût, sous une forme tangible, reproduit toutes les manifestations, l'étranger jouirait de ce rare spectacle d'un peuple de statues surgissant, immobile et muet, de la plus mouvante et expansive des foules. Martyrs, docteurs, évêques, politiques et guerriers, voyageurs et savants, peintres, sculpteurs, musiciens, poètes, tous marquent, d'une trace flamboyante, leur passage à travers l'histoire de la mère-patrie. Comptez-les, depuis saint Victor, l'apôtre du christianisme, jusqu'à Belzunce, l'ange du sacrifice, depuis le navigateur Euthymènes jusqu'à Thiers l'historien, depuis le satirique Pétrone jusqu'à Méry,

> ..... le poète charmant
> Que Marseille la Grecque, heureuse et noble ville,
> Blonde fille d'Homère, a fait fils de Virgile [1].

Comptez-les, et vous aurez chance d'en oublier plus d'un, à moins que chaque Muse, tour à tour, ne mette ses tablettes au service de votre mémoire. Des saints tels que Rustique, Eutrope ou Salvien, des orateurs comme Mascaron, des soldats comme du Muy, des sculpteurs comme Puget, des peintres comme Daumier, enlaçant leurs noms aux noms inscrits plus haut, fourniraient déjà le texte d'un beau livre d'or. Mais c'est aux Lettres que la métropole du négoce doit peut-être son meilleur lustre. « Cette ville, qui était autrefois également fameuse par son expérience dans l'art de la guerre et par ses victoires, a tourné toutes ses vues du côté de la littérature », écrit le géographe Strabon. Varron nous apprend qu'on y parlait, dans le même temps, grec, latin et gaulois. Ses écoles jouissaient de faveur, bien avant le règne d'Auguste. Gniphon, le grammairien, en était sorti, qui eut pour disciples Jules César et Cicéron, deux élèves à enorgueillir un maître. La poésie y florissait auprès de l'éloquence et de la philosophie. Le favori de Néron, plus tard sa victime, ordonna son *Festin de Trimalcion* dans ces murs où le bon roi René devait convier un jour les adeptes de la Gaie Science. Raymond des Tours, Raymond de Salles, Barral des Baux, Folquet, Bertrand Rostand, Bérenger, fervents du luth et de la viole d'amour, eurent tous Marseille pour mère. L'auteur de l'*Astrée* fut bercé dans ses bras; d'Hozier suce à sa mamelle la science du blason; l'abbé Pellegrin y dîne de l'autel en y soupant du théâtre; de Pastoret, Barthélemy, Gozlan, Ch. Reybaud, Amédée Achard, Joseph Autran, des rejets multiples de leur esprit lui tressent une riante et verte couronne : et, n'est-ce

1. Victor Hugo, *les Voix intérieures*.

VUE GÉNÉRALE DE MARSEILLE ET DE NOTRE-DAME DE LA GARDE.

point hier encore que le chantre de Mireille y ajoutait son rameau de laurier, quand, prenant séance à la voix de l'élégant traducteur de Catulle[1], il remerciait l'Académie Phocéenne de lui avoir souhaité une telle bienvenue? Voilà qui prouve, en passant, que le génie de l'Ionienne Marseille ne tient pas tout entier dans une barrique d'huile ou dans une caisse à savons.

M^me de Sévigné n'en cherchait pas si long. Elle ignorait sans doute Gniphon et ne connaissait du *Capoulié* Mistral qu'un insupportable homonyme — toujours plein de souffle, par malheur. Cependant l'antique Massilia lui plaisait autant, il y a deux siècles, qu'elle peut encore nous plaire aujourd'hui. La célèbre épistolière l'admirait même fort, — après sa fille, s'entend!

« ... Je suis charmée, mande-t-elle à M^me de Grignan, de la beauté singulière de cette ville. Hier, le temps fut divin, et l'endroit d'où je découvris la mer, les bastides, les montagnes et la ville, est une chose étonnante... »

Puis, plus loin : « ... Il fait aujourd'hui un temps de diantre, j'en suis triste ; nous ne verrons ni mer, ni galère, ni port. Je demande pardon à Aix, mais Marseille est bien plus joli et est plus peuplé que Paris à proportion : il y a cent mille âmes[2]. De vous dire combien il y en a de belles, c'est ce que je n'ai pas le loisir de compter. L'air en gros y est un peu scélérat, et parmi tout cela, je voudrais être avec vous. Je n'aime aucun bien sans vous, et moins la Provence qu'un autre : c'est un vol que je regretterai[3]. »

Rien ne nous défend de supposer que l'aimable marquise ait choisi pour observatoire le roc d'où plane *Notre-Dame de la Garde.* Ce sont, en tout cas, ces rampes rapides, agrémentées à chaque marche d'estropiés ou de mendiants, qu'il convient de gravir, si l'on veut embrasser, d'une envolée circulaire, le panorama de la ville et de ses entours. Du haut de ce cône tronqué, Marseille tout entière se déploie, mer de pierres grises d'où émergent, pour se refléter dans la mer bleue, les flèches, les coupoles, les campaniles de vingt monuments nouveau-nés. Car la cité naguère sans parure n'envie plus désormais les bijoux de sœurs mieux favorisées. Regardez à vos pieds! Tribunal, préfecture, hospices, arcs de triomphe, obélisques, châteaux d'eau, surgissent à l'envi, luttant de richesse avec le Palais de la Bourse, ce temple par excellence du parfait Phocéen. Là règne encore Baal, l'idole Phénicienne ; mais le Dieu des chrétiens s'est assuré une ample revanche, grâce aux sanctuaires qui s'espacent de Saint-Victor, l'abbatiale forteresse dont les chanoines avaient titre de comtes, à cette basilique néo-byzantine qui, une fois achevée, prendra rang superbe entre Saint-Marc de Venise et Sainte-Sophie de Constantinople. Par-dessus la *Joliette,* en face de l'impérial *Pharo,* déjà, dans son ampleur, l'édifice immense se dresse. Dix-neuf cents colonnes supportent les voûtes de sa triple nef : réveille-toi, ô Salomon! Le granit rose de Corse, le grain blanc de Carrare y rivalisent avec les brèches Africaines ou Helléniques, les grès verts de Florence y alternent avec la pierre polie de Cassis; de fines mosaïques revêtent les murs, des arabesques courent sur le pavé, l'or étincelle à la courbe des coupoles. Cette cathédrale coûte dix-sept millions jusqu'à ce jour ; elle en coûtera vingt et ne semblera point trop achetée, quand, oriflammes au vent, la France catholique viendra, dans quelques années, s'agenouiller devant les parvis de ses onze chapelles.

Eh bien, si éblouissante qu'elle soit, le *Palais de Longchamp* l'égale presque en splendeur. Petit-fils de la Grèce, le Marseillais a voulu que la maison consacrée aux Arts fût digne de l'aïeule, leur inspiratrice. L'arrivant est séduit, dès l'abord, par l'harmonieuse originalité de

1. M. Eugène Rostand.
2. 376,143 — au dernier recensement : la population de Marseille a presque quadruplé, en deux siècles.
3. Marseille, 1673.

cet hémicycle. Il en admire la colonnade s'incurvant aux flancs d'un mamelon coupé de massifs d'arbustes et de corbeilles embaumées; puis soudain, son regard s'abîme dans l'écroulement d'eaux qui se précipitent écumantes sur les rocs, à travers le piaffement des chevaux marins ou la menace des fauves colossaux dont le ciseau de Barye a su tirer un rugissement. On dirait que la Durance affolée, ayant déserté son lit, bondit, à larges nappes, vers la plage, entraînant après elle, dans ses chutes répétées, tout un peuple de faunes, de nymphes, de génies et de tritons. C'est la fraîcheur que ces ondes limpides apportent à une population longtemps altérée; c'est la peste conjurée par Belzunce qu'aux sons retentissants de leurs conques, ces secourables Divinités s'apprêtent à noyer dans le gouffre Méditerranéen! Et si l'on songe que musée et muséum abritent leurs trésors sous cette imposante décoration, qu'un jardin zoologique y attient, animé de toutes les espèces recueillies par Noé, fleuri de toutes les plantes classées par Jussieu, on conviendra que la Cannebière elle-même serait moins enviable pour Paris que ce grandiose monument.

Quelle que soit pourtant la faveur dont le Phocéen entoure cette double expression de l'art et de la piété, elle est loin d'égaler sa vénération pour le sanctuaire de « la Bonne Mère ». On peut affirmer que l'âme même de Marseille palpite sur l'aride plate-forme d'où nous contemplons la ville et la rade, les îles du *Frioul* et les collines à l'ondoyante ceinture. Plus qu'en la vigie voisine, le marin se confie à Notre-Dame de la Garde. Elle est, pour lui, la toute-puissante patronne, l'égide, le palladium. Sept siècles d'indéniable protection lui taillèrent cette foi de granit. La chapelle fut longtemps modeste : elle brille aujourd'hui de toutes les magnificences. Mais la majesté des nefs, la profondeur des cryptes, la richesse des matériaux, un clocher haut de 150 pieds et l'image colossale qui le termine n'ont rien changé aux coutumes des innombrables pèlerins. L'*ex-voto* reste simple, le plus souvent naïf. Ici, le cœur parle, à défaut de l'éloquence : Marie, l'étoile du matelot, n'en demande pas davantage à ses protégés [1].

On ne saurait redescendre de ce phare du salut sans suivre jusqu'au *Prado* la belle route en bordure qui fut récemment conquise sur l'écueil. Le touriste y trouve un avant-goût de la fameuse *Corniche*. Certes la vague y roule moins d'azur que celle de notre villa de Cannes; des montagnes pelées ont le tort de se désintéresser par trop de la végétation; *Pomègue* ou *Bretonneau* ne sont que de crayeux récifs, et si le génie créateur d'Alexandre Dumas n'y eût enfermé le souvenir d'Edmond Dantès et de l'abbé Faria, le *Château d'If* lui-même, en dépit de Mirabeau, ferait piètre figure sur son socle dénudé. Mais, au seuil du pays édénien, le regard n'est point encore blasé. L'onde gris perle y passera volontiers pour bleue, la brise du large pour parfumée; le soleil d'hiver paraîtra chaud, eût-il quelques dents à son disque. Ainsi des villas qui parsèment la côte : elles auront de quoi plaire, dussent-elles ne point afficher les prétentions du *Château Talabot*. Et puis d'aimables *bastides* offrent tout le long, au gourmet, les apéritives blandices du coquillage frais pêché, cependant que le clauvisse qui « demande » à être croqué vivant, et la bouillabaisse qui « veut » être dégustée fumante, sollicitent une courte ascension vers les jardins suspendus et les terrasses à arcades de la *Nouvelle Réserve*. Nous préférions l'ancienne, moins luxueuse, plus gaie aussi, alors qu'elle s'appuyait au promontoire du Pharo. Peut-être qu'alors le prisme de la jeunesse en irisait le salon de verre; peut-être que, depuis, les songes qui voltigeaient alentour ont reployé leurs ailes... De cette crête, en tout cas, l'œil plane mieux, l'horizon se déroule plus vaste. Les méandres du Prado, ce bois de Boulogne du

1. La première chapelle fut élevée en 1214; la seconde, due, comme le palais de Longchamp, au crayon de l'architecte Espérandieu, a été consacrée le 4 juin 1864.

cru, présentent d'ailleurs, non loin de là, l'agréable kaléidoscope des cavaliers fringants autour des petites voitures cirées, — à moins qu'on n'ait encore une heure à dépenser avant le départ du train, auquel cas le *Château Borély* ménage à l'amateur de bric-à-brac un dessert archéologique renouvelé des Grecs.

Après quoi, il faut regagner la gare par d'interminables allées de platanes coupés en fourche. Ce rideau semblerait passablement monotone, si l'obélisque qui le termine ne jetait sa note joyeuse, en manière d'adieu. Érigée en l'honneur du mariage de Napoléon avec Marie-Louise, la borne que voici fut successivement destinée à commémorer la naissance du Roi de

Chemin de la Corniche et Nouvelle Réserve.

Rome, puis celle du Duc de Bordeaux, puis la Révolution de Juillet, et les deux Républiques, et... son rôle n'est sans doute pas fini. Les méchantes langues prétendent que ce monument-arlequin, dont les ondes ruissellent comme des larmes, demeure, en politique, le miroir assez fidèle de la constance des opinions locales. Combien de Français seraient Marseillais, à ce compte!

La voie de fer, dont l'ondoyant panache serre tantôt le littoral et tantôt s'en écarte, rapidement égrène sous nos yeux une demi-douzaine de stations qui s'appellent *la Blancarde, la Pomme, Saint-Marcel, Saint-Menet, la Penne, Camp-Major :* fraîches paysannes de banlieue, dont la beauté rustique, se reflétant au cristal de l'Huveaune, réserve pour l'indigène les faveurs d'une villégiature facile, égayée de bastides et de castels, de prairies, de parcs et de jardins.

*Aubagne,* séjour du potier, pourrait servir de point de départ à une excursion vers la Baume de Madeleine. Nous n'avons point à rappeler que la compagne de Marthe et de Lazare, ayant abordé en Camargue, vint chercher asile dans une grotte perdue au sommet de ces montagnes; ni comment, depuis dix-huit siècles, la *Sainte-Baume* reste, pour le pasteur d'hommes comme pour le gardien de troupeaux, le but pieusement convoité de pèlerinages ininterrompus. Huit papes et onze de nos rois eurent à cœur d'y atteindre avant la Révolution. Par le lit des torrents, à travers les âpres solitudes, les hêtres aux ramures touffues ou les pelouses émaillées de plantes rares, il nous serait doux d'aller, à notre tour, évoquer l'image de la grande pardonnée. Peut-être qu'aux indécises clartés d'une nuit d'automne, nous la verrions apparaître sur son rocher de la *Pénitence,* encore plus rayonnante de foi qu'illuminée par l'auréole de cette chevelure dont elle essuya les pieds du Christ... Mais comme nous aurions peu de chance qu'un vol d'anges nous transportât aux cimes du *Saint-Pilon* et nous en redescendît pour le prochain convoi, la vulgaire prudence nous attache au wagon. Patience, d'ailleurs! Les vallons, les bois de cette fertile contrée ne sont pas pour nous dérober longtemps l'aspect des flots disparus.

Par delà le tunnel du *Messuguet,* la mer nous est rendue avec *Cassis,* groupé au bord d'une anse faite d'un fragment de ciel bleu : Cassis, patrie de l'auteur du *Voyage d'Anacharsis,* riante oasis couronnée de pampres et d'olives. Sa pierre est célèbre, son poisson recherché. Le terroir y produit d'agréables vins et nombre de médailles Romaines. Nous contemplons encore ses robustes gars occupés à piquer l'oursin, quand déjà *la Ciotat* nous appelle, du fond de l'anse où dort une onde apaisée. La mate blancheur de ses maisons, les tartanes légères de sa flottille de pêche, l'azur plus foncé d'une vague miroitant à travers les olivettes, ses rocs polis, becs d'aigle ou museaux de fauves, qui, d'un farouche élan, plongent à pic dans le gouffre, comme pour mieux s'y désaltérer, — autant de vives impressions que garde la mémoire. A cette soudaine vision, le moins romantique des hivernants se sent traversé d'un éclair dont les lueurs ne le quitteront plus. Grâce aux Messageries Maritimes qui y possèdent de vastes ateliers pour la construction du navire à vapeur, la *Citharista* des anciens occupe aujourd'hui plusieurs milliers de bras. Là est une source de gain dont elle profite amplement : l'abondance de sa figue ambrée lui en ouvre une autre. Et — soit dit à vol de locomotive — de quelles lettres de noblesse ne pourrait pas se targuer ce fruit, onctueux enfant de la Provence! Les Livres Saints, les annales Grecques en relatent déjà l'influence. C'est lui qui apaise le ressentiment du roi David et sollicite la convoitise d'un Xerxès à porter la guerre chez les Hellènes, afin de le conquérir ; Athènes le préfère à l'or dont il emprunte la couleur ; le gladiateur Romain y puise un renouveau de forces pour les luttes de l'Amphithéâtre ; l'Empereur Albinus, ô puissance digestive des Césars! consomme jusqu'à cinq cents de ces baies dans un seul repas ; le vieux Caton, expert en ladrerie, ne manque pas, sitôt que le figuier donne, de rogner d'autant le pain de l'esclave. « Il n'y a point de pauvres, au temps des figues » est toujours un dicton Provençal, et bien que ses indigents aient large part à cette manne sucrée, la Ciotat en approvisionne par surcroît toutes les épiceries de la République. Qu'on nous pardonne la digression! elle nous aide à sortir des monotones oliviers de *Saint-Cyr,* mais elle a failli nous mettre en oubli du golfe de *Bandol :* et c'eût été pour notre dam, car jamais si joli bourg ne se mira dans un bassin plus transparent. La vague y joue sur un sable qui laisse pressentir le velours de Napoule, cependant que les dauphins, aiguillonnés par d'invisibles tritons, bondissent à travers des flots dont un bracelet d'écume argente les contours. Puis la nature revêt une robe d'un tissu plus terne. Voici, de ce côté, *Saint-Nazaire* plaçant son port sous la protection de « Notre-Dame-de-Pitié », et voilà, sur la gauche, blottie dans le pli d'un val délicieux, *Ollioules,* habile à cultiver l'orange et l'immortelle, un peu aussi le touriste attiré par les sauvages promesses de ses gorges fameuses. Déjà nous dépassons l'éminence au sommet de laquelle une forteresse a pris la place de *Six-Fours,* cette curieuse cité Romaine dont notre ami, M. le marquis d'Audiffret, publiait naguère l'intéressante monographie. Une campagne, ponctuée de bastides, se poursuit parmi les vignes et les grenadiers. *La Seyne,* sœur d'industrie de la Ciotat, nous laisse entrevoir les longues files de ses toits de cinabre,

les cales numérotées de ses chantiers grouillant de travailleurs. Le navire, embryon qui va prendre corps, s'y dresse, coque debout, sur ses étais. Puis une rade se découvre, immense, où le lourd cuirassé flotte sous le canon de batteries hérissant des murs de roches aux parois abruptes. C'est Toulon. Quatre-vingts minutes d'*express* nous ont conduit du grand port marchand de la France à son grand port militaire.

Ici, le malade ne fait point escale. Un embranchement spécial, coupé de trois courtes stations, l'amène doucement à Hyères, s'il doit y résider, ou bien le railway de Gênes le dirige sur Cannes, par Carnoules, le Luc, les Arcs et Fréjus. Mais l'homme de santé et de loisirs donnera un regard à la cité qui mit le premier rayon de gloire au front d'un obscur capitaine : peut-être lui accordera-t-elle en échange un tour de roue de cette merveilleuse fortune.

Toulon est le fief du marin. Dans ses rues, sur ses places, le long de ses quais, partout la casquette galonnée de l'officier se croise avec la vareuse du matelot. On n'y entend plus, Dieu merci! la chaîne du galérien sonner lugubrement son glas sur le pavé retentissant. La peste ne s'y promène désormais que de loin en loin, à seule fin d'interrompre la prescription de ses droits; même une propreté relative a eu raison du hideux ruisseau. Les ruelles se sont assainies, et si leurs parfums n'en sont point encore pour remplacer la violette ou le mélilot, du moins de nouveaux quartiers plantés d'arbres commencent à envelopper la ville d'une ceinture plus salubre. La *Place de la Liberté*, où, derrière un double rang de palmiers, surgit le *Grand-Hôtel*, le *Boulevard de Strasbourg*, orné de magistrales bâtisses, le *Boulevard d'Alsace*, avec son Jardin Public, son Musée taillé dans le marbre, ses établissements de finance ou de charité, le *Cours*

*Lafayette,* ombreux berceau protégeant marchandes d'herbes, fruitières et clients, le Théâtre monumental sous les colonnes duquel l'opéra bat des ailes — et parfois de l'aile, la *Place Puget,* à la fraîche fontaine sourdant d'un fouillis d'arums et de lauriers, la *Place d'Armes,* enserrée dans son carré d'admirables platanes, la Préfecture Maritime qui en occupe le fond, l'Hôtel de Ville appuyé à l'épaule de cariatides échappées du ciseau de Puget, l'obscure mais saisissante Cathédrale, dont les verrières mordues par le soleil étincellent à l'égal d'un corindon, tout est à voir de cette énumération, et rien n'en paraîtra indigne d'une colonie où le Phénicien fabriquait la pourpre, dix siècles avant notre ère. La pourpre? direz-vous. Oui, vraiment, et il ne nous étonnera plus, après cela, si l'opinion politique du pays en a gardé quelque teinture. Par Melkart, un électeur, petit-fils de Tyr, se doit à ses rouges origines!

Toutefois, la principale curiosité Toulonaise réside dans l'Arsenal et dans *le Port.* Celui-ci est bordé de hautes maisons dépourvues de style : les tentes, les cafés y usurpent sur un quai déjà bien étroit; les magasins y sont plus abondamment qu'élégamment fournis : l'objet de prix manque à la devanture. Peu d'équipages et point de recherche ; promeneuses ou passantes n'affichent aucun luxe. Nous sommes à 67 kilomètres et à mille lieues de Marseille. Mais un mouvement perpétuel comble ces lacunes, mais la vie méridionale qui déborde, relevée d'accent exotique, parfumée d'aïoli indigène, nous rend l'image fidèle, bien qu'affaiblie, d'une Cannebière armée. De près ou de loin, ce ne sont que bateaux arrivant et partant, que coups de sifflet mêlés de cris, que patrons de barques conviant aux plus séduisantes aventures. Les bassins de ce maître-port offraient jadis au profane le spectacle de leurs vaisseaux à trois ponts, colosses de bois autrement imposants que la carcasse blindée d'un cuirassé de premier rang. La pauvre « ville flottante » a vécu; l'hôte du jour doit se contenter de ce bloc de métal inélégant qui constitue le navire du progrès, si mieux il n'aime, faute de temps, ajourner la visite au mouillage du Golfe Juan.

L'*Arsenal,* en effet, réclame plusieurs heures, à lui seul. Le laissez-passer n'y va pas de soi, la moindre des conditions, pour franchir le portail, étant d'établir sa qualité de Français. Mars et Bellone, divinités de pierre, veillent au seuil : ne les attendrit pas qui veut. Nous y vîmes, ce printemps, Vénus elle-même fort prestement éconduite dans la personne d'une piquante Italienne qui ne put fléchir les rigueurs de la consigne. Mais, les formalités accomplies, toute barrière tombe. Un guide complaisant vous initie alors aux mystères de l'œuvre de Vauban. Le long des cours verdies de platanes ou sur le pont des bacs volants, vous circulez de corderies en magasins, d'ateliers en darses, de cales couvertes en parcs d'artillerie. Vous frôlez, en passant, l'obus cerclé de cuivre qui monte la garde près des pièces ramenées de Sébastopol, et le cœur vous bat, sans que ce mouvement de fierté légitime ait à se ralentir devant l'offre d'une noix de coco sculptée par une main criminelle. Évacué de ses pontons rasés, le forçat cesse, depuis quatorze ans, d'attrister ces lieux. Par contre, le Musée Naval continue d'intéresser à ses vaisseaux-modèles, à ses galères-miniatures, plus encore à ses épaves de proues dorées surnageant au naufrage des carènes englouties. Mais ce qui captive peut-être davantage, c'est la Salle d'Armes aux effigies glorieuses, aux multiples trophées. Là, les étoiles, les lyres, les palmiers, les vases de fleurs scintillent, s'incurvent, jaillissent, s'épanouissent au caprice étincelant des lames de sabres ou des baguettes de fusils, à l'ingénieuse fantaisie des crosses de pistolets mariées avec les chiens et les gâchettes. Que d'art! que de patience! Et comme le vieil honneur Français relève la tête, apercevant surgir, du milieu des tromblons et des armures, les statues de ces victorieux qui eurent noms Duguay-Trouin, de Tourville, Duquesne, Jean Bart.. pour n'en pas citer d'autres.

Les libraires de Toulon étalent volontiers à leurs vitrines une brochure safran ayant pour titre : « Promenez-vous ! ». Que l'étranger, peu au courant de notre langue, ne lise pas : « Allez-vous promener ! » Le conseil est de meilleur aloi, et nul ne risque beaucoup à le suivre. En ce cas, le *tour du Mourillon* compte parmi les excursions recommandées. Fort Lamalgue, casernes, arsenaux spéciaux, polygone, quartier des pêcheurs, port marchand, s'échelonnent sur le chemin qui conduit à cette rade fameuse d'où partirent tour à tour Bonaparte volant aux Pyramides, Bourmont voguant vers la Kasbah d'Alger. Les bateliers ne font pas défaut, qui s'offrent de vous conduire à de moins lointaines conquêtes : celle des jardins de *Saint-Mandrier*, par exemple. La jolie chapelle à colonnes Ioniques qui détache les lignes de sa blanche coupole sur les transparences du ciel est déjà une tentation, elle qui apparaît, de la rive opposée, comme un temple de l'Attique dont la Déesse attendrait quelque pieuse théorie lui apportant tribut de myrtes et

Toulon et sa Rade.

de colombes. « Largue donc la grande bouline », et en route pour le cap Sépet, à moins que, cédant à l'appel du génie maritime qui, flamme au front et le bras tendu, domine le port de la Seyne, vous ne laissiez un des *steamers* de service vous emmener, moyennant vingt centimes, aux ateliers où sévissent les hercules, petits-neveux de Tubalcaïn. Aimez-vous la cheminée de briques vomissant ses fumées, les grues grinçant, le cubilot ronflant, l'énorme scie déchirant le chêne, ou la cisaille formidable entr'ouvrant ses mâchoires d'acier pour broyer le fer ? Alors, n'hésitez pas ! Une terre pétrie de charbon, un air saturé de vapeurs, de longues cales accouplées, des plans de maçonnerie inclinés, des coques sur étais, des plaques tordues en cuirasses, de lourdes masses pesamment retombant sur le boulon qu'elles rivent, tout un monde de démons dans un enfer de bruits, — il y a certes là de quoi vous satisfaire. Et quand le dernier clou, gigantesque épingle, aura été mis à la toilette du colosse, un simple ruban de soie tiré par une main de femme suffira pour faire glisser sur son ber ce *Foudroyant* ou cet *Invincible* qui va porter la mort dans ses flancs.

Que si les hauts sommets, que si les vues plongeantes vous attirent de préférence, escaladez le *Coudon*[1], ce bastion formidable, aigle des côtes qui plane, projetant son ombre sur la

1. 702 mètres d'altitude.

Provence, et d'où l'œil, plus prompt que la mitraille, atteint par-dessus Nice les cimes éternellement glacées des Alpes de Tende. Ou bien encore, sillonnez d'une roue de char ce vaste écran calcaire dont les panneaux se développent du *Faron* au *Fort-Rouge*. Les voies, taillées en corniche, y sont rapides ; surtout, elles manquent de parapets. Un essai de reboisement y brode maigrement de chênes-verts et de pins le manteau de la roche grisâtre. On dirait de quelques houppes de cheveux oubliées sur un crâne chauve. Peu d'incidents, d'ailleurs, si l'on excepte la chance de rouler, de pente en pente, au fond d'un précipice. Parfois une grotte dont on ignore le dernier mot, parfois une touffe de lavande ou de genêt fleuri, odorant sachet des hauteurs. Le *Faron*[1], qu'on atteint en moins de deux heures, n'offre qu'un roc aride, un soleil brûlant, et des canons silencieux, pareils à de noires lunettes dont l'objectif regarderait curieusement l'Italie. Une crête dentelée surplombe, de ce côté, des abîmes qui lancent, à leur tour, vers le ciel, de vertigineuses pyramides. Sous les ondulations d'une brume élastique, se profilent vers le nord les silhouettes étagées de diverses montagnes ; on y devine aussi le pittoresque hameau de *Tourris* et la vallée de *Dardennes*, célèbre par ses ponts rustiques, ses cascatelles et ses moulins. Mais un seul regard jeté sur le midi suffirait à rémunérer le grimpeur de bon vouloir. Devant lui, Toulon se déroule tout entière, avec ses vieux quartiers, sa rade, sa jetée, ses ports, ses arsenaux, ses tours, et le cap Sicié, et la presqu'île de Sépet, dont Saint-Mandrier est le fleuron ; à gauche, son regard embrasse le Mourillon, le cap Roux, le cap Brun, la Presqu'île de Giens et les Iles d'Or, ses compagnes ; il retrouve, à droite, la colline de Six-Fours, les chantiers de la Seyne, Saint-Nazaire, Bandol... Plus près, pour le plaisir de sa contemplation, les chemins blancs de la plaine se croisent parmi les toits vermillonnés des bastides et les combes protectrices de l'olivier ; plus près enfin, il remonte tour à tour, par la pensée, tant de lacets hardis, pierreux et périlleux, couloirs d'avalanches plutôt que sentiers d'hommes, longs serpents traînant leurs anneaux à travers le ciste et le rhododendron, afin de relier entre elles toutes ces casernes, toutes ces redoutes, toutes ces œuvres de défense qu'accumula le génie militaire pour l'absolue sécurité de la plage.

Bien qu'ardue, cette course a son attrait, et cependant nous en savons une autre que nous lui préférons, non parce que moins distante de la ville, mais parce que plus proche de notre cœur. La route qu'elle emprunte, au sortir d'un long faubourg, ondule, souriante, parmi les avoines folles, les vignes et les oliviers, sous l'âpre escarpement des pentes que nous venons de redescendre. Au bout de quelques milliers de pas, une pittoresque agglomération se découvre, *la Garde*, dont la couronne de ruines et les tours en fleurons, saillant d'un tertre basaltique, attestent que jadis ce bourg dut tenir à justifier son nom. Il a ses titres de vaillance contresignés par l'épée et noircis par le canon. Si romantique que soit le spectre de cette forteresse, ce n'est pas lui pourtant que nous allons évoquer. Suspendu sur sa tête, le Coudon, à l'étrange déchirure, s'incline, pris de vertige, puis, d'une chute brusque, tombe par un à pic de sept cents mètres... Et ce n'est point lui encore que nous venons admirer. Mais, au pied de ces écroulements, se cache une villa solitaire, *la Germaine*, triste aujourd'hui, naguère pleine de chants et de rayons. La grille s'en ouvre toujours, hospitalière au visiteur. Quiconque se pourvoit auprès du gardien obtient licence d'errer par les méandres d'une *pineta* qu'eût aimée Dante, qu'eût célébrée Byron. Ce parc est de haute mine, comme son créateur était de haute race. La Nature y fut de labeur avec le gentilhomme, et nul des deux ne voulant faire œuvre moindre, une grandiose simplicité reste le fruit de leur émulation commune. Les fleurs n'y brodent les marges des allées qu'autant qu'il faut pour en accuser le relief sauvage. Par les pentes rapides, une avalanche de pins semble se précipiter à la mer,

1. 546 mètres.

poussant des siècles devant elle, — cependant qu'aux flancs d'une double rampe taillée dans le roc, le promeneur atteint la plage de l'inaccessible golfe. Des blocs immenses, roulés sous les tempêtes, sont le sable de cette grève étroite ; sur eux le flot brise, toujours agité, même durant les heures calmes, et jaillissant autour de la gigantesque cuve, des schistes empourprés s'allument aux feux du soleil couchant. On les dirait alors teints du sang des Titans. Là était la retraite favorite du maître disparu[1], et c'est là qu'il nous plaît de revenir chaque fois que nous traversons Toulon. Au fond de cette anse voilée entre la courbe du cap Sépet et les dentelures de la côte, vers des grottes mystérieuses, sous les mélancoliques et impénétrables voûtes de l'éternel feuillage, il retrempait son âme dans les joies de la famille, celui qui fut l'heureux père d'une

Vue d'Hyères.

descendance bénie, l'époux adoré d'une adorable compagne. Là, oublieux de la fonction, il pouvait reprendre possession de son être, vivre, rêver comme un simple poète, — cueillant, au passage, l'idée qui plus tard s'épanouissait en quelque remarquable brochure. Car il avait du sang « d'Immortel » dans les veines, l'hôte de la Germaine, tenant de près à certain duc-académicien, honneur de la tribune française. Captif des brumeux rivages, il n'aspirait qu'à l'heure où, la chaîne d'or rompue, il pourrait, libre d'autres soins, reprendre ce poème ensoleillé et superbe qu'il écrivait avec le fer et avec la poudre sur le granit de ses falaises. La mort, visiteuse inattendue, a fermé le volume inachevé. La maison est silencieuse, le parc désert... Seule, peut-être, l'âme de l'absent se berce sur les souffles qui passent dans les frondaisons puissantes ; et voilà pourquoi nos préférences sont à cette solitude, belle pour tous, — pour nous, toute palpitante d'un cher souvenir.

Mais la promenade par excellence de Toulon est l'*Olbia* des Grecs, la *Pomponiana* des

1. Le marquis G. d'Audiffret, fils de l'organisateur de notre système financier, et cousin de M. le duc d'Audiffret-Pasquier.

Latins : *Hyères*, en vulgaire langue Française. Si nous pûmes, à juste titre, appeler Marseille « la Porte de l'Orient », rien ne nous défend de tenir la cité que voici pour le vestibule du palais de l'Aurore. A son seuil, « la Gueuse parfumée » laisse choir ses haillons. Telle cette princesse, filleule des Fées, la Provence va désormais nous apparaître dans sa robe bleue, couleur du temps. « Le ciel semble avoir mis exprès, aux extrémités de notre pays, cette terre glorieuse, comme pour donner à ceux qui y arrivent une première idée des charmes de notre belle France, ou pour retenir par un dernier enchantement ceux qui voudraient s'en éloigner. » Qui a écrit cela? Un maître, M. Xavier Marmier [1], et frappée au bon coin, la pensée, après plus d'un demi-siècle, demeure entière dans son relief et dans sa vérité. Préparons-nous donc aux douces émotions de la surprise : elles nous manqueront d'autant moins, que vers les premiers stades de l'odyssée, la fibre admirative vibre encore dans sa plénitude. Déjà éclate autour de nous une flore inconnue. L'oranger, fils de l'Inde [2], en fut jadis l'incomparable gloire : il couvrait alors cent hectares de ses deux cent mille pieds toujours verts. Charles IX, au dire des chroniques, ne se lassait pas de les contempler [3] ; même, s'étant arrêté devant un tronc de royale dimension, il adjura le Duc d'Anjou et le Roi de Navarre, ses compagnons, de l'aider à en prendre exacte mesure ; mais, pour longs qu'ils fussent, les six bras princiers arrondis en anneau ne parvinrent pas à l'étreindre. Le vénérable centenaire, assez bon courtisan et latiniste passable, en profita du moins pour garder, sur son écorce, l'inscription triomphante que longtemps on y lut :

CAROLI REGIS AMPLEXU GLORIOR.

Louis XIV ne prenait pas un goût moins vif aux odorants vergers de la campagne Hyéroise, et il est fort probable que nous partagerions, sur ce point, l'enthousiasme de nos rois, si l'hiver de 1709, trop bien secondé par quelques malandrins de son acabit [4], n'eût confisqué, au profit de l'âtre, le plus brillant rameau de la couronne d'Hyères. Malherbe ne pourrait plus s'y approvisionner de cette « huile de fleurs d'orange (*neroli*) dont les femmes se servent pour frotter leurs cheveux et y arrêter la poudre [5] ». Aujourd'hui, la fleur de Mignon ne scintille plus dans la verdure ambiante qu'à l'état de rare étoile. Du moins, l'arbre évanoui n'a-t-il pas démissionné sans se ménager des successeurs. Cette svelte tige, de senteur âcre, d'inappréciable secours, qui, d'entre les tamaris, les myrtes et les grenadiers, monte en fusée rapide, s'élevant parfois à la hauteur d'une cathédrale, c'est l'eucalyptus, conquête de l'Australie, conquérant de la Côte d'Azur. Près de lui, l'agave et le cactus s'abandonnent aux voluptés de leurs enlacements farouches. Ici, le néflier du Japon balance ses baies acidulées sur des buissons ruisselants de Bengales ; là, le poivrier, qui tant surprenait Catherine de Médicis, *flirte* avec la canne à sucre dont François II autorisa l'introduction et le Grand Roi la mise en œuvre [6]. Sur ce sol de sélection, le cotonnier eut de beaux jours ; l'olive, la figue, le raisin y font encore leur cour au vieux laurier qui, à son tour, s'incline devant un nouveau et triomphant vainqueur, le palmier. La datte songerait-elle à hériter de l'orange? En tout cas, le monocotylédone exotique dont Hyères vient d'allonger son nom y atteint un degré de croissance à inquiéter Bordighera elle-même. Nous allons rencontrer des groupes de phœnix tels qu'il ne s'en trouvera plus de

1. *Souvenirs de voyages.*
2. *Norandji*, en sanscrit.
3. Octobre 1564.
4. Les hivers de 1754, 1755 et 1757, où la gelée consomma presque la destruction des célèbres orangeries d'Hyères.
5. Correspondance du poëte Malherbe.
6. 1657.

comparables avant les bosquets de l'Armide Monégasque. Hâtons-nous de joindre *Hyères-les-Palmiers.*

Une heure suffit, depuis Toulon, grâce à un tronçon de railway soudé entre *la Pauline* et les *Salins.* Qui pourtant — fût-ce au prix d'un mince retard — n'aimera mieux suivre, en char léger, l'agréable chaussée réjouie de voiturins et de piétons, dont le ruban, se déroulant à partir de la porte Notre-Dame, traverse *la Valette,* la petite ville aux claires fontaines, court à terrain plat entre de fraîches collines qui marient toutes les cultures, et tantôt effleurant le rosier, tantôt cherchant l'ombre du cyprès, finit par amener son touriste au pied du Château des seigneurs de Foz, sans lui laisser d'autre regret que celui d'une arrivée si prompte? Ce fut notre

Boulevard des Palmiers, à Hyères.

itinéraire, lors de la première visite, et nous n'y eûmes pas toute satisfaction. Bien que Mai risquât déjà une épaule par la fente du calendrier, la pluie tombait, mais une de ces pluies drues et grennes dont le Midi a le brevet. Nous nous croyions sous les cataractes du palais de Longchamp, quand la voiture s'arrêta devant *le Parc,* hôtellerie honnête, au cellier dûment fourni, la seule d'ailleurs en exercice, vers cette époque tardive :

« Bon temps, monsieur! s'écria le propriétaire-gérant, tandis que, d'un bras secourable, il nous tendait le manche d'une ombrelle en larmes.

— Ah! la journée a vos sympathies?

— Mais, oui! C'est un riche temps, un temps d'or...

— Comme vos îles, alors? Dites plutôt un temps d'eau, et même de vilaine eau.

— Cependant...

— Prétendez-vous que je m'en réjouisse?

— Vous?... non, monsieur... Mais les petits pois?

— Vous m'en conterez tant, maître Wattebled! »

Nous n'avions plus à insister. Évidemment le légume altéré devait être en liesse ; or le légume prime la fleur, si même il ne passe avant l'habitant, dans cet Eldorado du maraîcher. Chaque matin, durant la saison, Hyères lance vers Paris un train de vingt-quatre wagons à grande vitesse, baptisé *train des primeurs*, et le résultat de l'expédition se chiffre par un bénéfice net de plusieurs millions. Les fraises seules, bon an mal an, donnent une encaisse de soixante mille francs, — la prune et l'abricot, luttant d'ailleurs, à duvet courtois, avec le chou-fleur et l'artichaut. L'aimable gérant, protecteur éclairé de la cosse verte, n'avait donc qu'un tort, celui de vouloir imposer ses joies... légumières à un pèlerin trempé comme madrépore. Notre unique représaille se résuma en ce coup droit :

« Mais l'étranger, monsieur Wattebled, que devient-il, quand il pleut à *Hyères-les-petits-pois ?* »

La parade n'eût pas laissé que d'être hasardeuse, si, à ce moment, le soleil, perçant les nuées, n'en eût fort à point dispensé l'adversaire. Le déluge changé en arc-en-ciel, les palmiers cessèrent de ressembler à des parapluies ouverts, et, rassérénée du même coup, notre humeur put leur rendre un légitime hommage. Oui, tenons-les, de bonne grâce, pour les hauts et puissants seigneurs du pays. Que l'on contemple le groupe — si souvent reproduit — dont les panaches accompagnent l'obélisque de la petite place, ou qu'on suive, entre deux rangées de troncs impeccables, le splendide *Boulevard des Palmiers*, force est de s'incliner devant la vigueur de ces merveilleux dactylifères. Tout au plus pourrait-on leur reprocher quelque chose d'un peu gourmé, et comme un air de famille avec la longue Anglaise qui se profile à leur ombre. Rien, en eux, de la *furia* Bordigherienne : ce sont dattiers provinciaux, végétaux honnêtes de canton, qui se croiraient déshonorés par une infidélité à la ligne droite. Rappelons-nous, à ce propos, que nous mettons seulement le pied sur les frontières du Pays bleu ; il serait malséant à nous de vouloir compter si toutes les perles de l'écrin sont au cou de la première des filles du Soleil qui fit toilette pour nous accueillir.

Sa corbeille n'est point vide, au surplus. Elle a des jardins publics émaillés de plantes tropicales, et des avenues aux magistrales proportions. Elle a des hôtelleries-palais, tels *le Continental, les Iles d'or, le grand Hôtel des Palmiers, les Ambassadeurs, la Pension des Hespérides, l'Hôtel de l'Ermitage*... dont le confort ne craint guère la comparaison. Beauté de seconde jeunesse, elle sut, d'un torse plantureux, faire craquer quelques baleines du corset mural qui l'étouffait : quartiers nouveaux, promenades, villas, se sont espacés dans les plis de sa tunique élargie. Puis, un brin de coquetterie ne messeyant pas, elle s'est mise en recherche d'affiquets. Ne lui réclamez pas encore d'étalages somptueux, ressource favorite de qui aime badauder : elle vous répondrait que ses magasins sont à Toulon ou à Marseille. N'y cherchez point de monuments : vous n'en trouveriez guère, hormis la sombre église *Saint-Louis*, sorte de crypte aux nefs byzantines, dont les verrières tamisent le jour en croix de lumière, ou bien la statue de Charles d'Anjou, fièrement appuyé à son écu fleurdelisé, et qui a l'air de se demander, sous la cotte de mailles, ce que fait sa hache d'armes au repos dans une place dite de « la République ».

Mais Hyères possède son *Château*, et cette ruine superbe a le droit de répéter avec Médée: « Moi seule, et c'est assez ! » Pyramidant au haut du roc aigu qui commande la campagne, sur les tuiles brunes de la vieille cité, sur les toits rouges de la ville neuve elle fait onduler sa ceinture féodale cloutée de tours encore debout. A qui veut interroger ce débris plein d'enseignements il faut, coûte que coûte, aborder les pavés pointus et poisseux, les escaliers en échelle, les casse-cou qualifiés rues, tous fort loin de racheter, par l'originalité de l'accessoire, le désagrément d'un principal aux effluves antibalsamiques. Le patient n'est pas tenté de s'y attarder, on le pense, et délibérément, en une demi-heure, il atteindrait le sommet du triangle formé par la colline, si deux stations obligatoires ne l'arrêtaient en chemin.

La *Place Massillon*, d'abord. Exigu de surface, mais ample par la mémoire qu'il évoque, ce *trivium* est le centre populeux du quartier commerçant. Des échoppes l'enserrent, un marché l'absorbe. L'Hôtel de ville en est la première et innocente victime, comme il sied à une ex-chapelle des Templiers ; ses restes, d'une curieuse architecture du XII^e siècle, disparaissent derrière les colonnes en fonte de la halle aux poissons. L'autre sacrifié serait celui dont le nom rayonne aux angles du carrefour, si une image de plus ou de moins était de quelque poids dans la balance d'une telle renommée. Car l'évêque de Clermont y avait son buste, et si peu gênant que fût ce buste au bout d'une colonne, le cippe dut céder, un matin, aux nécessités de l'étal. Qu'importe ? L'étranger n'a besoin ni du marbre, ni de l'airain, pour jalonner la route d'un pieux pèlerinage. Le cœur le guide, l'enthousiasme l'entraîne; il s'arrête devant l'humble maison de la rue *Rabaton*, pénètre dans la petite chambre toujours respectée, et silencieusement s'incline devant l'alcôve où fut le berceau. Là, en effet, naquit le doux et pathétique oratorien qui allait, ainsi qu'une rosée bienfaisante, verser la persuasion de sa parole dans les âmes, le sermonnaire sublime que, de trente lieues à la ronde, on viendrait bientôt écouter, ce *Jehan-Baptiste Masseillon*[1] à qui, un jour, Louis XIV devait dire, en présence de toute sa cour : « Mon père, j'ai entendu plusieurs grands orateurs, j'en ai été fort content; pour vous, toutes les fois que je vous entends, je suis mécontent de moi-même. » Ainsi, d'un labyrinthe de ruelles, prit essor cette inspiration céleste faite de flamme, de charité, d'amour ! Qui niera l'influence des milieux, la durée persistante des lointaines impressions ? Volontiers nous croirions que le spectacle perpétuel de l'altier Château planant au-dessus de son nid obscur donna à l'aiglon le désir d'essayer ses ailes ; et qui sait si, à l'heure où, terrible, sa voix tonnait sur un auditoire soulevé

Esplanade de Saint-Paul.

1. Hyères conserve précieusement l'acte de baptême de son illustre enfant. Voici sa teneur exacte, orthographe comprise :

« Jehan Baptiste Masseillon, fils de M. François et de damoile Anne Brune, a esté baptizé le trente juin 1663. Son parrin M. Jehan Reynoard, procureur au siège de Tollon, sa marrine damoile Françoise de Gavoti. Après par moi soubs, Règibaud. »

d'épouvante [1], l'émule des saints prophètes ne sentit pas son éloquence traversée par un des fulgurants éclairs que son enfance avait vus parfois illuminer ces ruines ?

L'*Esplanade Saint-Paul* mérite une seconde halte. Dominée par l'Église où saint Louis pria, où fut baptisé l'auteur du *Petit Carême,* cette étroite plate-forme, de caractère hautement pittoresque, livre passage vers le Château, par l'arceau voûté de sa poterne que flanque une poivrière en encorbellement. Un reflet de l'époque Sarrasine l'éclaire, le gantelet du Moyen Age y a laissé sa rude empreinte. Mais la nature, bonne mère, se plaît à la baigner de teintes plus tendres. L'acacia en fleurs l'embaume, au printemps ; les vieillards y boivent le soleil de midi, les enfants y prennent, le soir, la liberté de leurs ébats, tandis qu'au parapet qui surplombe la ville, l'hivernant vient s'appuyer comme à un balcon enchanteur. Par-dessus la vaste plaine, au delà des coteaux dont bastides et bastidettes sèment la verdure, la rade entière se découvre, avec la chaîne des Maures, la *Presqu'île de Giens,* et ces *Stœchades* fameuses qui, devenues *Iles d'or,* s'appellent désormais *Titan, Bagaud, Porteros* et *Porquerolles.* Il n'était pas trop tôt vraiment d'entrevoir un lambeau de mer qui nous ramenât à notre titre ; et bien qu'un peu éloignée, bien qu'un peu plombée, bien qu'un peu encombrée d'îlots rappelant la gigantesque ossature de léviathans échoués, l'enchanteresse Méditerranée, d'un seul de ses sourires, nous remet de la gaieté au cœur et du souffle aux poumons. Pourquoi seulement ce majestueux balcon ne devient-il pas piédestal ? Que fait ce bloc de marbre fruste d'où s'élève une simple croix de fer ? Un bronze commémoratif s'en détacherait à miracle, et il ne serait que convenable d'y donner taille humaine au buste errant de l'éloquent prélat. Quand le tailleur allemand Stulz a son monument, qu'attendent les Hyérois pour ériger une statue à leur compatriote Massillon ? Sans doute que Bossuet, rival de gloire et compagnon d'oubli, ait arraché la sienne à l'indifférence de sa ville natale !

La poterne franchie, nous continuons par des rues tortueuses, âprement inclinées, où de pauvres gens vivent derrière des pignons d'un autre âge. Soudain se dresse l'antique mur de circonvallation. Il abritait jadis une population toujours en crainte du Sarrasin ; il sert aujourd'hui de clôture à une propriété privée. *Sic transit gloria... muri.* Même il clôt assez mal, si nous en jugeons par une brèche non gardée qui nous livre passage. Les chevau-légers de M. d'Épernon ne sont plus là pour nous barrer la route et nous repousser au cri de *Vivo la Messo,* ainsi qu'ils firent des troupes de Guise, sous Henri IV ; la mèche de l'arquebuse ne fume plus aux créneaux des tours. Des pans de maçonnerie tombés sans se désagréger, des roches à teintes chaudes hérissant le revers du coteau, représentent le seul obstacle. Nous l'emportons de volée, par les degrés cyclopéens de terrasses où la maigre avoine alterne avec l'olivier pâle, et nous atteignons, en peu de minutes, le donjon éventré qui couronnait cet ensemble de formidables défenses. La place est à nous, « beste qui avait bonnes dents, indomesticable et très malaisée à brider », selon la pittoresque figure de Nostradamus [2]. D'une fenêtre en ogive où niche l'oiseau de nuit, la vue s'étend admirable sur les campagnes de l'ouest, encore que Toulon se dérobe derrière l'écran d'une colline ; puis, c'est à l'entour un cirque de verdoyantes montagnes, et la ville noire à nos pieds, et de nouveau, sortant d'une brume d'or, voici les Stœchades doucement bercées sur le dos des lames assoupies. *Le Chastel d'Yères,* qui subit tant de sièges et ne se rendit jamais — quand il se rendit — qu'avec les honneurs de la guerre, s'enorgueillit à bon droit de plus d'une auguste visite. Il se trouvait encore sous l'autorité de la maison de Foz, lorsqu'un matin du mois de juillet 1254, il accueillit le vainqueur de la Mansourah revenant de Palestine, avec

1. Sermon sur le *Petit nombre des Élus.*
2. *Histoire de Provence.*

quatorze navires fort désemparés. Saint Louis l'occupa quelque temps, en compagnie de la Reine et de sa famille. Le sire de Joinville nous a laissé une peinture naïve du débarquement : ce qu'il néglige de nous apprendre, c'est de quelles réjouissances l'arrivée du bon Roi fut le prétexte. Il n'en est pas moins permis de supposer que les Hyérois se mirent en frais, et que Guillaume et Rambaud, leurs troubadours favoris, — cités par Raynouard — firent chanter la viole à six cordes auprès de leur suzeraine, Mabille de Foz, présidente en la Cour d'amour de Pierrefeu. Nous savons, en effet, que, vers cette époque, le culte de la Gaie Science florissait à Hyères plus qu'en aucune terre de Provence. A trois ans de date, Charles d'Anjou devait reconnaître, par

Le Château d'Hyères.

l'annexion dudit « Chastel », l'hospitalité si noblement offerte au Roi son frère. Ce fut là un beau saphir qu'il sertit à sa couronne comtale! Notre siècle y a joint une statue. Tardivement élevée, combien de temps restera-t-elle debout? Les seuls monuments de durée sont ceux que la reconnaissance bâtit au fond des cœurs. A ce titre, Jeanne de Naples et le roi René ont vécu, vivent et vivront toujours dans le souvenir attendri des habitants d'Hyères. Leur bonté, indestructible émail, les a mieux préservés que n'eût fait le granit ou le porphyre.

Après saint Louis, le Château eut l'heur de recevoir encore plusieurs de nos souverains. François I^er^ y loge en 1531. De l'une de ses salles, il édicte, à l'intention du Barbaresque, la construction de la forteresse de Porquerolles. Là aussi, sa plume signe les Lettres érigeant Titan, Porteros et Bagaud, en « Marquisat des Iles d'or ». Les chroniques y signalent, un peu plus tard, la présence de Charles IX et de Catherine de Médicis préludant, par des pastorales sous l'oranger, au drame de la Saint-Barthélemy.

Vers ce moment, une noire visiteuse, la peste d'Orient, remplaçait par un lambeau de suaire le drapeau de la forteresse. S'y trouvant bien, elle y resta deux ans, et quand elle se retirait enfin, gorgée de trépas, une sœur de France lui succéda, qui, pour s'appeler d'un autre nom, ne valait guère mieux : la Ligue. Alors, catholiques et huguenots rivalisent d'excès. La tristesse des temps se déride cependant par intervalle à voir brûler quelques sorcières, — telles ces deux envoûteuses qui, ayant noué l'aiguillette à de jeunes époux méchamment congelés dans leurs amours, furent, de ce fait, appréhendées, condamnées à *être arses*, et fort convenablement grillées au pied du Château. Ce qui d'ailleurs ne porta point chance au géant de pierre. Henri IV en commence la démolition, Louis XIII l'achève. Le Roi-Soleil n'y trouvera plus que les ruines sur lesquelles nous sommes assis, lorsqu'en 1660, il lui plaira de passer une journée dans sa bonne ville d'Hyères. La nouveauté des horizons ne l'en séduit pas moins; le pays le charme, et il le confesse tout haut. Jugeant l'heure propice :

« Que Votre Majesté fasse quelque chose pour nous! supplient les notables.

— Je le veux! répond Louis XIV, en belle humeur de printemps et de jeunesse. Quelle distance comptez-vous d'Hyères à Toulon?

— Quatre lieues de poste, Sire!

— Eh bien! de par ma volonté souveraine, il n'y en aura plus désormais que trois. »

Vous apercevez d'ici la figure des notables!

Les braves gens s'en allaient fort penauds, lorsque l'un d'eux, plus retors, trouva sous sa perruque le moyen de tirer mouture de la royale plaisanterie. La distance étant légalement diminuée, les frais de signification, de contrainte et autres extorsions judiciaires se trouvaient réduits d'autant. Ce fut le tour à messires les huissiers de ne pas rire.

Avec la Peste et la Ligue, l'ère Républicaine allait compléter la trinité sombre. De ces scènes douloureuses détournons le regard, après l'avoir toutefois reposé un instant sur la maison Filhe, demeure du jeune Bonaparte, pendant le siège de Toulon; et, en redescendant vers la ville, rendons justice à la sagesse dont ses habitants font preuve depuis plus de soixante ans. Las d'épouser la querelle des Empereurs et des Rois, le talon sur leurs discordes, l'œil vers l'avenir, ils ne retinrent des augustes encouragements du passé qu'une volonté plus ferme de s'en montrer dignes. Le long de cette plage baignée de rayons qui mérite notre baptême de Côte d'Azur, Hyères, la première, eut l'idée de mettre ses dons bénis au service de la maladie ou de la désespérance. A l'âme frappée, au corps débile, que pouvait-elle offrir? Sa campagne abritée du mistral, son climat exempt de brusques variations.

Si bien aidée du ciel, la charmante ne négligea point de s'aider elle-même, selon le conseil du sage. Promener la souffrance à travers des collines toujours vertes, en face d'un flot toujours bleu, étant encore la plus efficace des distractions connues, son plus cher souci fut de multiplier les promenades. Elle s'en noua une agreste ceinture. Rappelons, d'un mot, celles dont nous avons gardé le meilleur souvenir.

La chapelle de l'*Ermitage*, sur la croupe d'un mamelon que protège l'image d'une Notre-Dame vénérée, est un but d'excursion rapproché et facile. La route qui y mène ressemble à une agréable allée de jardin courant entre des bastides et de riches cultures, cependant que, des balustres d'une terrasse bien plantée, se développe un majestueux panorama sur la ville, le Château, les montagnes, les îles et la mer. Le *vallon de Costebelle*, que nous rejoignons ensuite par un chemin romantique taillé en pleine forêt de pins, mérite son universelle renommée. Nul plus luxuriant tapis d'herbes odoriférantes, nulle frondaison plus frémissante aux brises, nuls chants de rossignols plus doux parmi les myrtes et les chèvrefeuilles. Nous ne lui reprocherions qu'un peu trop de mélancolie pour le nomade en pourchas de gaieté. Ce caractère de bois sacré le rendait particulièrement cher à Lamartine. Il ne tient, du reste, qu'aux émigrants millionnaires de réveiller, par la musique de leurs écus, les Faunes et les Dryades endormis; car, de taillis en clairières, un écriteau de vente cloué à l'écorce moussue des vieux troncs sollicite la bourse en échange de la vie. Et, sous ce silence ami du rêve, le vallon descend en insensible pente vers le rivage qu'il atteint devant la presqu'île de Giens. Que si nous continuons vers l'ouest, nous allons rencontrer quelques rares villas du milieu desquelles le *château Magnier* se détache, élégant et coquet, avec son campanile d'or enchâssé de verdure, ses plates-bandes artistement fleuries, sa belle vue de Giens et de Porquerolles, sans oublier la loge du concierge, petit palais à tenter tous les chevaliers du cordon. Une harmonieuse découpure des crêtes, Toulonaises se profile au delà, et un effort de plus va nous livrer la plage de Carqueiranne.

Carqueiranne.

Le joli hameau de *Carqueiranne,* qui eut ses puissants seigneurs et qu'habita notre grand historien Augustin Thierry, se groupe, à un quart de lieue de la grève, au pied d'une montagne boisée affectant la forme de pain de sucre. Est-ce une attention délicate pour l'épicier retiré et voyageur? Trêve au rire! Ce cône enferme un trésor, un trésor à enrichir... non les épiciers, qui y suffisent à eux seuls, mais tous les pêcheurs de la Provence et de la Ligurie réunis. Du moins, Paul de Rochat, sieur d'Aiglun, l'affirme, et Bouche l'Ancien le confirme [1]. La preuve en est qu'un potier s'étant un jour risqué dans une crevasse hasardeuse afin d'y chercher son chevreau, le pauvre diable hissa, du même coup, un lingot, jaune comme laiton, luisant comme verre, lequel, ayant forme de bras d'homme, se trouva peser quatre-vingts livres pour le moins. Et ce lingot était de bel et bon or, au titre le plus élevé, et il y avait plusieurs autres caves à la suite, également pleines de ces barres précieuses. Seulement le potier, une fois ressorti, prit soin d'amonceler ronces et pierres devant la fissure béante, et comme il mourut en prison, la nuit même de sa découverte, le secret de l'entrée périt avec lui. Voilà pourquoi l'impénétrable caverne attend toujours l'Ali-Baba fortuné qui prononcera le « Sésame, ouvre-toi! »

1. *Chorographie de Provence.*

L'Alpen-stock n'étant point baguette divinatoire, nous n'avons garde de tenter l'épreuve. Mieux nous agrée une excursion aux ruines prochaines du couvent de *Saint-Pierre d'Almanare* [1], ou à celles de *Pomponiana,* la cité Gallo-Romaine, aïeule d'Hyères, dont l'Acropole, les thermes, les aqueducs, ont reparu sous la pioche étonnée, avec un nimbe de fresques, de monnaies et de médailles, très digne d'éblouir le regard du savant. Il y a là, trésor plus sûr que celui de Carqueiranne, quelques vingtaines d'arpents dont l'Académie des Inscriptions pourrait labourer le sol, non sans espoir d'une moisson féconde. Napoléon III y avait songé, quand il écrivait son *Histoire de César*. Tout en y pensant nous-même, nous rejoignons les *cabanes,* en face de cette Péninsule où il ne fut rien moins question, un moment, que de rebâtir Hyères détruite par le canon de la Ligue. Vaste langue ondulée qui se renfle vers l'extrémité, *Giens* s'avance de deux lieues dans la mer, portant, au lieu de ville, un hameau de pêcheurs à son flanc et les vestiges d'un sémaphore à sa crête. Aux colons de cette terre de primeurs, le petit pois est de tout autre profit que le poisson. Derrière elle se déploie *Porquerolles,* la plus étendue des Stœchades. Sa grève silencieuse vibra naguère aux scandaleux échos d'un procès retentissant; mais elle ne se soucie d'un vulgaire épisode de pénitencier, elle dont la poussière, parfumée de thyms et de myrtes, retient l'empreinte du cothurne de Rome et de la sandale de Lérins. Elle n'eut même qu'une parole à prononcer, pour que les Chevaliers de Saint-Jean de Jérusalem s'y établissent, après la perte de Rhodes : cette parole tarda, et Malte, plus hâtée, bénéficia de l'hésitation. Ce qui d'ailleurs ne dut point déplaire aux sangliers, patrons de l'île, si tant est, comme l'affirme le digne abbé Moréri, que ces usufruitiers voraces y vinssent à la nage pour savourer le gland des chênes-verts.

Cet îlot, plus à l'est, c'est *Porteros,* et voici *Bagaud,* l'écueil fortifié, et, plus au levant encore, la longue découpure bleuâtre qui s'estompe sur le ciel s'appelle *Titan,* comme les Fils de la Terre. Elle clôt le groupe des quatre principales épaves rocheuses mentionnées et diversement qualifiées par les géographes de l'Antiquité. Pour le surplus, qu'elles aient emprunté leur dernier surnom à l'arbre des Hespérides dont la pomme y scintillait, il y a quelques siècles, ou qu'elles le doivent au chatoiement sous le soleil de leurs schistes micacés, les *Iles d'Or,* ainsi que l'Age de Fer les baptisa, n'en restent pas moins prétexte, de nos jours, aux plus curieuses investigations. L'historien y voit passer les peuples, — le chrétien, des processions de cénobites ; le soldat peut y évoquer l'ombre terrible du Maure ou le légendaire souvenir de Kaïr-ed-din Barberousse; le grand seigneur y rêve du *Marquis des Iles* [2]*;* devant les yeux du poète lentement passe le *Monge* [3] mystérieux se promenant au bord des ruisseaux, dans les herbes fleuries, sous les frondaisons émerillonnées d'oiseaux, tandis qu'un marteau à la main et sa boîte sur l'épaule, le naturaliste, pirate des trois Règnes, ne saurait en revenir sans un précieux butin.

1. Fondé, au x<sup>e</sup> siècle, par les Seigneurs de Fos, sous la règle de Saint-Benoît.

2. Bertrand d'Ornesan, baron de Saint-Blancard, fut le premier titulaire du *Marquisat des Iles d'or,* créé par François Ier en 1531.

3. François d'Oberto, dit *le Monge,* ou *Moine des Iles d'or.*

Le malheur est que ces lambeaux flottants, détachés de la chaîne des Maures, n'ajoutent guère aux plaisirs du résidant. Leur accès reste difficile, éloignés qu'ils sont du rivage, et entre eux plus encore. Sauf Porquerolles, qu'un voilier unit tant bien que mal à la côte de Giens, les autres sont hors de portée. Le plus court pour le touriste qui désire y aborder est de reprendre le chemin de Toulon, d'où, deux ou trois fois chaque semaine, des *steamers* font le service du petit archipel. Contentons-nous de la vue qu'en offre la chaussée, pendant qu'à travers les *Salins,* sous des vols d'hirondelles et de goélands, durement nous cahotons. Est-il rien de plus triste, sinon de plus laid, que ce damier d'eaux quadrillées où l'on recueille le sel ? Que nous veut ce peuple de roseaux inclinant et relevant tour à tour la tête le long des marécages ? Nous finissons cependant, au sortir d'un bois d'essences résineuses, par atteindre la plage du *Ceinturon,* celle où descendit saint Louis. « La colline, trop petite, est trop près, la côte trop plate, et la mer trop loin », dit Mme Sand, à propos d'Hyères, dans son roman de *Tamaris*. Ajoutons que, moitié sable, moitié galets, la frange des vagues maltraite singulièrement le pied. Le bain est agréable, en revanche. Une estacade pique en plein flot, pour la joie du plongeur, et, face à la rade, s'aligne, entre les ombelles du pin parasol, une suite de villas, de tours, de flèches, de chalets, — bâtisses modestes ou bizarres, dont l'une, en s'intitulant *la Bicoque,* pourrait bien avoir trouvé l'étiquette qui sied à ses compagnes. Elles ne laissent guère soupçonner les palais d'Aladin qui nous sont promis. On était simple, au temps où Hyères régnait sans rivales : l'étoffe de son trône se tissait de fils constitutionnels et bourgeois. Nul de ses sujets n'eût rêvé brèches et cipolins ; quant à l'or, il suffisait que le nom de ses Iles en rappelât le reflet. Notre époque se montre plus exigeante, et il lui sera donné satisfaction. L'unanimité des suffrages faisait récemment sortir de l'urne le nom d'un hôte aimé du pays. De sa main parisienne, le nouvel édile réveillera la belle endormie. Hyères [1] a certes du charme, mais un charme mélancolique : M. Edmond Magnier se propose de mettre des roses à son sceptre, un rayon de gaieté à son chaperon d'azur. Casino ouvert à bref délai, théâtre agrandi, musique réorganisée, bals d'hôtels, concerts du Château-Denis, chasse au renard, tir aux pigeons, courses de chevaux, même des batailles de fleurs, à la mode Cannoise, tout cela sur un sol qui ne tremble pas, voilà le mot d'ordre, et de telles surprises attendent l'étranger, dès cet hiver. N'est-ce point alors que, replacée au rang qu'elle occupait, l'antique cité pourra, du même coup, reprendre le nom d'*Olbia* dont les Grecs la dotèrent [2] ? A la « Fortunée » de jadis, nos souhaits d'un nouveau bonheur !

D'Hyères à Saint-Raphaël, la vapeur emporte les gens de hâte. Tantôt sommeillant à demi, tantôt bâillant aux glaces du wagon, en moins de deux heures et demie et sans rien voir, ces amants de la vitesse joignent, à seconde fixe, la dernière née d'Alphonse Karr. Une halte au buffet des *Arcs* leur fournit l'unique incident,— faut-il dire accident? Quelles émotions différentes attendent ceux qui consentiront à se séparer de la locomotive ! Comme ils se loueront, le but touché, d'avoir résolument donné de la tête contre les *Montagnes des Maures,* au lieu de les côtoyer d'un respectueux circuit ! Nous en parlons, de science certaine. Sous l'œil de l'excellent M. Wattebled, un *mylord* s'apprête : le Hyérois nomme ainsi son véhicule favori, par flatterie sans doute envers l'aristocratique Albion dont il apprécie les guinées. 40 francs, prix convenu, pour les 51 kilomètres à franchir jusqu'à Saint-Tropez. Déjà nos petits chevaux corses, méchants comme ânes de Perse, s'impatientent et piaffent, grelots au cou, plume de héron à l'oreille. Nous lâchons les rênes et, sur le chemin blanc, mûriers et oliviers, vignes et eucalyptus semblent passer, spectres de la ballade. Adieu aux Salins, *vieux* ou *nouveaux,* qui se

1. 13,485 habitants.
2. ὄλβια, *heureuse.*

valent pour l'agrément et le bouquet de mouchoir! Leurs longs hangars plats ne nous sont point à regret, ni cette terre rougeâtre où pivote un plant Américain que le phylloxera rendit nécessaire. En trois quarts d'heure nous avons atteint *la Londe,* gai hameau, riche d'auberges à toitures purpurines. De jolies filles babillent sous les chênes-verts, les unes manœuvrant le tourniquet d'une noria, les autres étendant le linge sur un gazon émaillé d'iris, tout près d'un puits qui rappelle ceux de Palestine. Jouissons de cette embellie : la nature va devenir sérieuse. Pins et bruyères arborescentes commencent à paraître... Bientôt nous entrons dans la région des montagnes. Salut aux « Maures boisées », *li Mauro abouscassido,* selon l'expression de Mistral [1]!

La route monte sauvage, entre des berges escarpées qu'ombragent les pins, que diaprent le ciste et le lentisque, l'arbousier aux baies éclatantes ou la fauve corolle du genêt. Peu à peu le regard flotte sur des ondulations de vallons et de collines, sur d'agrestes cirques où la civilisation se trahit à peine par un bout de poteau télégraphique émergeant des chênes-liège écorcés. Le chêne-liège ! c'est lui le maître désormais. Il a remplacé le Sarrasin, mais en bon prince faisant vivre une contrée que ruinait son prédécesseur. Pas un cru de marque qui ne lui confie le soin de sceller ses flacons : il est le geôlier de la Romanée, il emprisonne l'âme délicate et subtile de notre *Crébillon.* Que solitaire d'ailleurs est cette route! Ici, un ouvrier nomade, paquet noué à la pointe du bâton ; là, une ferme isolée et quelques essais de culture, lorsque la vallée s'élargit. Plusieurs kilomètres se dévident parfois, sans qu'un souffle frissonne. De ce silence sacré déborde une poésie pénétrante et profonde. Tout à coup, au loin, pardessus les monts dépassés, une ligne bleue s'accuse, que ponctuent des taches d'un azur plus foncé. De ce col, sommet de la rampe, prenons congé des Stœchades qui nous envoient un dernier sourire. L'apparition ne dure que ce que durent les apparitions. Aussitôt deux branches se détachent du chemin, l'une s'inclinant vers Bormes, l'autre vers Collobrières, tandis que, par des lacets faciles, sur les marges de clairières aux âcres effluves, nos impétueux petits corses nous enlèvent, pour s'arrêter brusquement d'eux-mêmes devant la *Cantine du Dom.* Ils tiennent l'avoine pour légitime, après deux heures d'une laborieuse montée.

Le touriste a également le droit de rompre un pain, à ce refuge, ou dans les taillis embaumés dont s'enveloppe la plus coquette des maisons forestières. Mais fera mieux encore qui, du noyau de la montagne, explorera tout le massif. N'est-elle pas en effet d'attrayante promesse, l'escalade de ce sommet de *Notre-Dame des Anges* [2], qui assure la vue de la chaîne entière, avec une ligne d'horizon prolongée d'Hyères aux Alpes de Tende, et des Alpes à Bastia? *Collobrières* ensuite ne nous bercerait-il pas fort agréablement avec les aventures de son *Cadet* [3]? Et quel

1. *Calendau.*
2. 779 mètres d'altitude.
3. *Le Cadet de Collobrières,* par M^me^ Charles Reybaud.

intérêt autrement poignant, si nous nous égarions vers cette Chartreuse[1] veuve de ses moines et de ses richesses, vaste ruine aux portiques déserts, aux colonnes de basalte verdies de plantes grimpantes, aux cloîtres profanés par l'orgie, qui, sous le dôme des châtaigniers, semble n'attendre que l'évocation satanique d'un Bertram chantant aux étoiles! Seulement, l'heure n'y est pas; elle y est d'autant moins, que le hasard nous a mis en rencontre du courrier de Saint-Tropez aux Vieux-Salins. Tout en vidant un verre, ce qui est sa manière de rafraîchir l'attelage, le conducteur nous apprend qu'aujourd'hui même commencent, au bord du Golfe, les célèbres *Bravades*[2] de la Fête patronale :

« La poudre, s'écrie-t-il, parle, en ce moment, à Saint-Tropez, comme elle n'a jamais parlé; sur le port, sous les platanes, il n'y a que coups de tromblons et fusillades : la statue du Bailli disparaît dans la fumée. »

De longue date, nous avons eu vent de ces folles liesses; l'extraordinaire programme dont

Saint-Tropez.

l'automédon confirme son récit nous inspire une envie plus folle encore d'y assister. Tant pis pour les corses! nous brusquerons leur repas. Ils s'en vengent, un peu plus outre, en cassant leurs traits. Bast! un bon fouet pour auxiliaire, une allée de parc en guise de route, et l'on s'en tire quand même. D'ailleurs les crêtes s'abaissent, le granit s'écarte. En dépit du torrent grondeur qui bouillonne à travers les blocs de serpentine, l'âpreté du paysage diminue, — l'intérêt aussi. Mais l'atmosphère est si pure, la brise si tiède, qu'on savoure le plaisir de vivre. Le mot d'Élie de Beaumont : « Une Provence dans la Provence », revient en mémoire, et à mille lieues des humains, dans un cirque isolé du reste de l'univers, le cœur se prend à regretter peu, à ne désirer rien. D'une toute autre puissance pourtant, l'Estérel n'a ni ce don d'apaisement, ni cette infinie douceur de séduction intime qui enveloppe, en dépit qu'on en ait. Ah! comme nous comprenons que, non loin du hameau de *la Molle*, au pied du coteau voilé de pins, le baron de Fonscolombe — un fidèle de la Maison de France — se plaise à venir, chaque année, retrouver les tours de son féodal manoir et les prairies qui descendent en nappes vertes jusqu'à ce ruisseau

1. *La Verne.*
2. Elles ont lieu, tous les ans, du 16 au 20 mai.

dont le cristal tremble sous la feuillée! Quelle adorable solitude à deux ! Nous ne nous expliquons pas moins que le Maugrabin se soit retranché dans ce massif, imprenable forteresse, et que, couronnant de son Fraxinet maudit le défilé où s'abrite la *Garde-Freinet*, il ait, si longtemps, promené la terreur sur la Provence aux abois.

Le contemporain de ce pillard néfaste n'est du reste pas l'unique victime pour laquelle la Garde-Freinet soit synonyme de « Prends garde ! » Visitant un jour l'ex-repaire, couloir actuel des vents, non seulement nous risquâmes de nous rompre les os sur l'éboulis de schistes noirs que nous gravissions, en recherche de vestiges barbaresques, mais encore nous faillîmes bel et bien être capturés... par la maréchaussée, — faute de passeport. O puissance d'une tradition déplorable ! Grâce à elle, le tricorne du bon gendarme devient armet de Mambrin,... à moins que la faute n'en soit au liège, nouveau seigneur de la bourgade, et qu'avec la légèreté qui la caractérise, cette écorce destinée à boucher les pots n'étende sa mission obturatrice jusqu'à l'intellect du Pandore local.

Tout en rêvant de l'aventure, nous avons cheminé. Sur l'un des contreforts qui dérobent la plage, *Gassin* se découvre, Gassin, la vigie-Argus chargée jadis de surveiller le mécréant et de jeter le cri d'alarme. Nous quittons les Maures pour rencontrer, à un tournant de route, les rues d'une petite ville très agréablement bâtie. Jolie place, pure fontaine, fraîches allées de platanes rayonnant alentour, telle se présente *Cogolin*, et telle se repose l'aimable cité, à l'ombre de son beffroi. L'âme Sarrasine y palpite toujours, mais dans le flanc des cavales, race vigoureuse et sobre où le sang Africain s'est perpétué. Chaque printemps, Cogolin, par ses courses, groupe une fleur de *sport* sur les gradins de son hippodrome. Un seul voisin lui fait tort : regardez !

Là-bas, vers sa gauche, de la pointe d'un monticule isolé, s'enlève un étrange village ; puis, plus haut, par-dessus l'avalanche des toits, deux tours et des pans de murs ruineux se balancent à la périlleuse échancrure du roc. On dirait d'un burg rhénan transplanté sur la terre du soleil. C'est le *Château de Grimaud*, fief de bras vaillants, asile de nobles cœurs. Un coup de mer avait apporté l'infidèle, une tempête de mort l'emporta[1], quand Giballin Grimaldi, le preux des preux, en eut allumé la foudre à l'éclair de son glaive. Sous cette autre Durandal qui trouait fronts et bastions, la race impie disparut en même temps que le Fraxinet croula, et le Comte de Provence, Guillaume Ier, mesurant la récompense à l'action, donna au vainqueur ce fier castel, avec la baie de *Sambracie* pour miroir. Les ans, de leur pied lourd, ont, un à un, défoncé les étages. On peut, comme nous, passer plusieurs heures dans le silence des cours, sans y trouver rien qu'un donjon vide, des escaliers rompus ou des voûtes qui croulent sur de vertigineux souterrains. Seul, le nom du sauveur surnage, et à travers tant de débris et d'oublis, le « Sambracitanus Sinus » reste le *Golfe de Grimaud*.

La plaine a décidément triomphé de la montagne. Ce ne sont que prairies coupées de bouquets d'arbres, au delà desquelles on entrevoit la riante image de Saint-Tropez. Bâti à la pointe du golfe, le *Château Bertaud* vaut plus par la richesse du cadre que par les détails de son architecture néo-gothique. Il a surtout cette fortune de mettre ses créneaux sous la protection d'un gardien hors pair. A sa porte, en pleine route nationale, surgit un pin-parasol, le plus beau qui soit dans le monde. Ce colosse, digne des conifères de Mariposa, mériterait qu'on fît pèlerinage à son intention. Visible de tous les points de la campagne, il couvre chemin et champs de son dôme mobile. Ses moindres branches sont des arbres, sa ramure semble une forêt, encore que labourée des orages. Un figuier semé par le vent y a pris racine, et vit, parasite de l'écorce, à vingt pieds du sol. Quant au tronc, sa circonférence ne mesure pas moins de

1. IXe et Xe siècles.

dix mètres, près de la base : solitaire étrange, habile à triompher de tout, même des scrupules de l'ingénieur qui, sur la voie qu'il coupe en deux, lui a sacrifié le rigide honneur des Ponts et Chaussées. Nous côtoyons une anse délicieuse où des flottes pourraient évoluer en sécurité. Mais nos yeux vont plus loin. Ils rejoignent, sous les vapeurs de l'horizon, les crêtes rosées de l'Estérel, empressés qu'ils sont d'admirer cette découpure d'étincelant porphyre reflétant dans l'onde transparente les escarpements d'un cap prodigieux.

Déjà *Saint-Tropez* nous prépare la bienvenue. Gaiement il nous découvre ses pignons irisés de toutes nuances, sa citadelle en décor, ses rez-de-chaussée brise-lames opposant leurs portes pleines aux indiscrètes visites de la vague, et son petit port aux tartanes pavoisées, et les vertes collines dont la ceinture l'enserre, et Sainte-Maxime, prompte à lui envoyer, d'en face, le salut affectueux d'une sœur qui lui fut chère. Ici, tout semble rire et sourire. C'est qu'en dépit d'un martyre cruel, Saint-Tropez s'est maintenu Saint de joyeuse humeur. La doit-il à ses primitives fonctions ? Volontiers on le croirait. Les hagiographes, en effet, nous le montrent officier de la coupe[1], versant le Falerne à l'amant de Poppée ; de bonne maison d'ailleurs, puisque cousin germain d'Othon, le futur Empereur. Converti par saint Paul, l'impérial échanson s'était retiré dans Pise, afin de mieux se consacrer à Dieu. Néron aussi hantait cette résidence : il y avait construit un ciel d'airain sur des colonnes de marbre, avec soleil et lune, et des foudres à décourager les machinistes de l'Opéra. L'ordre était que chaque Pisan, tour à tour, adorât Diane et Apollon sous cet Olympe de chaudronnerie. Tropez s'y refuse. Entraîné aussitôt vers les bords de la mer, il est torturé, décollé, puis abandonné aux courants sur une mauvaise barque, en compagnie d'un chien et d'un coq qui doivent se repaître de sa dépouille. Mais un ange a pris place au gouvernail ; les deux animaux attendris veillent sur le supplicié, et la brise, complice de l'onde, amène l'esquif au port de *Sinos* — celui même où nous entrons. Le coq alors ayant chanté et la foule étant accourue, une patricienne, du nom de Célérina, fit rendre à la victime des honneurs magnifiques : non plus grands, certes, que ceux dont nous sommes témoin ! Nul, n'y ayant assisté, n'imaginera l'éclat de ces *Bravades*. Partout des oriflammes, des défilés, des musiques, des cris, des détonations, — cela cinq jours et cinq nuits durant. Il faudrait un chapitre spécial pour y loger les « Prise de Pique et de drapeau », jeux de Bigue, courses de boiteux, concours de boules chevillées ou de romances, aubades ou sérénades, retraites aux flambeaux, pyrotechnies, bals et autres séductions dont s'étoilent des affiches longues de trois aunes.

Dans la vieille église, au matin de la première journée, se célèbre l'office. Les armes sont bénies ; après quoi, chaque *Bravadeur* passe devant l'image vénérée, lui baise le pied et décharge sur elle son fusil, son pistolet ou son tromblon ; car la fumée du mousquet est le seul encens que le bienheureux accepte, en cette semaine batailleuse. Le tromblon surtout sévit, le tromblon à la gueule évasée, qui vomit ses tonnerres répercutés sous les nefs sonores. Ah ! si les sicaires de Néron revenaient en ce moment... quelle chair à pâtée ! Sans plus les attendre, le cortège s'ébranle. Des tambours et des fifres ouvrent la marche, suivis du Saint, agréable jeune homme en bois peint, casqué d'or, à la fine moustache noire, que des sacristains aux calottes de pourpre portent sous un dais. Un clergé nombreux l'entoure. Viennent ensuite le Maire, le Capitaine de ville et son État-major, nommés pour les cinq jours et souverains pendant ce temps ; puis une garde civique, artilleurs ou hussards de la Grande-Armée, boisseaux à plumets sur la tête, bouquets de roses à la pointe du sabre ; puis des moines, des mousquetaires, des enfants habillés

1. *Pocillator.* — Voir les *Grands Bollandistes* (9 pages in-folio), *Baronius*, l'abbé Laurent, dans ses *Premiers convertis*, etc.

en soldats qu'accompagnent les dames de la Cité, précédées elles-mêmes d'un essaim de vierges vêtues de blanc; et, de distance en distance, les « Lyre » alternent avec les « Sainte-Cécile », orphéons variés faisant flotter leurs bannières sur un ondoiement de panaches tricolores, cependant que des marins, rubans au chapeau, exécutent, le long des quais, leurs plus éblouissantes pyrrhiques. Et partout, et toujours, contre terre ou vers le ciel, sous les fenêtres et sur les gens, ce ne sont que décharges générales, feux de file, coups isolés, donnant au Suffren de bronze qui sur son socle en tressaille, l'illusion d'un branle-bas de combat. 1,200 kilos de poudre se brûlent, à ce jeu. L'échanson passé au rang de Saint n'oublie d'ailleurs pas son ancien office, si nous en croyons certaines oscillations du brancard sacré; à ce point que l'infortuné *pocillator* ne reprend souvent possession de sa chapelle qu'aux lueurs de l'aube, calme sur des porteurs émus. Dort qui peut, en ces impitoyables Bravades! Chacun geint, chacun se plaint; mais qui proposerait d'économiser un hectogramme de salpêtre verrait tous les tromblons se tourner contre lui, chargés à mitraille. Cette tradition, chez l'indigène, tient aux fibres du cœur : on n'arracherait l'une qu'en brisant les autres. Certaine municipalité républicaine, très populaire jusque-là, eut occasion de l'éprouver, lorsqu'en haine des processions du culte, elle se crut autorisée à supprimer celle de mai. La ville subit l'injure, sans trop récriminer; seulement, le soir du renouvellement électoral, l'écarlate se changeait magiquement en hermine. De la boîte du scrutin sortit une réaction indignée qui règne encore, croyons-nous, sous la présidence du jeune et brillant Maire, M. A. de Champmorin. On ne dira pas que saint Tropez ne fait point parfois des miracles.

Château Bertaud.

Saturé d'âcres vapeurs au balcon de l'*Hôtel Continental,* traqué par la fusillade jusque sous les platanes des *Lices,* nous éprouvons le légitime besoin de changer d'air. A travers des rues aux vieux portails de basalte d'où saillent encore des têtes de Maures sculptées, croisant, en chemin, quelques sveltes filles à la prunelle noire qu'estampille la marque Sarrasine, nous sommes vite hors des murs, avec le droit de respirer enfin. Entre les sillons de blé et les haies de roses, quelle voie choisir? Nous en délibérons sous un des hauts palmiers qui, dans cette campagne, bercent la fantaisie d'un rêve d'Orient. Le Cap *Camarat* promet de larges envolées sur les monts et sur les flots; mais la course est assez longue, sans compter que le phare du promontoire n'a plus à nous éclairer. Mêmes raisons d'écarter *Cavalaire.* Une vaste baie bien arquée, bien sablée, peu venteuse et très vantée, ne dédommage point suffisamment d'un trajet aussi monotone que détestable. Trop de terres de labour, trop de brandes plates et de chemins creux payant mal l'ennui d'une heure et demie de cahots. Sans doute, sur cette plage veloutée au pied, la mer roule de l'indigo et le caillou scintille comme pierre fine; l'air y souffle le chaud en hiver et le frais pendant l'été ; le lapin et la perdrix s'y plaisent, la vigne y prospère, le légume en fait ses délices... à merveille ! Mais quelle tristesse emprisonnée dans ce croissant d'émeraude ! Qui récréera ces pins mélancoliques ? On parle d'un chemin de fer : il y faudrait d'abord une route, et, sur cette route, un Brougham colonisateur attirant à sa suite la France et l'Angleterre. Nous préférons joindre, en vingt minutes, ce petit castel flanqué de deux tours cylindriques dont les sommets émergent à peine d'un groupe de palmiers. Une galerie de briques gracieusement ajourée lui sert de frise, une fière devise lui tient lieu d'écusson : *certa viriliter, sustine patienter*. Ici, laissée presque à elle-même, la nature s'est montrée prodigue. La datte y mûrit en blonds régimes sur les phœnix plantureux, le citron mêle ses retombées d'or aux baies violettes de la figue, et, de sa grappe gonflée, le raisin noircit le cep. De vastes communs, une ferme un peu plus loin, avec tout le mouvement qu'elle comporte, un bois de chênes-liège au poétique silence, d'admirables parasols, pleins de chants d'oiseaux, dont l'ombelle s'arrondit çà et là en face de collines boisées, puis toute une *pineta*, de superbe venue, descendant vers une mer semée d'écueils, c'est bien de quoi charmer l'hôte assidu de cette solitude voilée de lauriers et de cyprès. Le maître en est absent aujourd'hui ; nous le regrettons, car nous avons toujours plaisir à entendre cette voix aussi harmonieuse que le soupir des brises sous les grands pins du rivage, car nous trouvons toujours honneur à serrer une main qui, ne pouvant plus combattre « le viril combat », sait du moins opposer à la fortune adverse le généreux effort d'une « résignation patiente »... et féconde. Avons-nous omis de dire que le castel se nomme *la Moutte*, et son propriétaire, M. Émile Ollivier ?

La Moutte.

Il faut songer au départ. Trois itinéraires sont indiqués pour atteindre Saint-Raphaël, notre prochaine étape, et tous les trois nous les suivîmes, à des époques différentes. Le premier se dirige vers la station du *Luc*, à travers les châtaigneraies fameuses de la Garde-Freinet : en ce cas, ne pas oublier le passeport, formalité supprimée partout ailleurs, mais de stricte obligation en cette terre de gendarmerie *Freinétique*. Une visite s'impose alors, celle de la fabrique de bouchons, à M. Vital Guillabert. Le seuil est hospitalier, le travail curieux : la descente, en regard des Alpes, peut justement passer pour magnifique. Une demi-journée assure le succès de l'excursion. Puis, nous avons la ressource de monter sur l'un de ces petits caboteurs qui, partant du trottoir de l'hôtel et festonnant de ses palettes la côte ondulée des anciens États de Giballin, stoppe, en moins de sept quarts d'heure, aux rives où abordèrent les galères d'Actium. La promenade est exquise, par un temps calme ; l'aspect de l'Estérel sortant des eaux tient du prestige. Enfin, et nous cueillons la palme au profit de cette dernière combinaison, trois heures et demie suffisent à parcourir, en breack, une nouvelle route intermédiaire qui ne s'éloigne presque jamais de la grève. Ainsi successivement passent, sous le regard toujours intéressé, les deux bords du golfe de Grimaud, et, dominant la rade, le château du grand peintre Meissonier, et l'humble café, tapi sous les platanes, qui, avec quelques maisonnettes s'incurvant dans une anse abritée, constitue tout le port de *Sainte-Maxime.*

Après quoi, parmi les myrtes et les genêts, on gagne *Saint-Aigulf,* c'est-à-dire une forêt de pins découpée en nombreux boulevards, dont nos plus illustres, de Balzac à Berlioz et de Corot

Sainte-Maxime.

à Musset, ont fourni les noms, sans pouvoir malheureusement y ajouter les villas. Déjà, en cette station... de l'avenir, nous comptons bien jusqu'à deux toits, y compris celui de M. Carolus Duran. Aigulf, le pauvre Saint à qui l'on creva les yeux, n'y regarde pas de si près, et il se prend pour fondateur de colonie. Laissons-lui cette consolante persuasion. Sur une passerelle provisoire nous traversons l'Argens aux eaux limpides... Déjà la Roquebrune découpe dans le soleil couchant ses contours assombris. Voilà debout, sur son trône, Fréjus, la fille des Empereurs ; voici, dans ses langes verdoyants, Saint-Raphaël, l'enfant bien venu d'un roi de la plume. Faisons halte ! Les sujets d'admiration ne nous vont point manquer.

La « Maison-Close », d'Alphonse Karr.

# SAINT-RAPHAËL — FRÉJUS

## ET SES ANTIQUITÉS.

Saint-Raphaël, c'est Alphonse Karr.

« ... Pour ce qui est de mon jardin, j'aime assez à y voir avec moi les gens que j'aime et qui me plaisent; mais je n'aime pas y voir tout le monde, et les quelques personnes qui y pénètrent malgré moi me sont particulièrement odieuses et finiront, quelque jour, par me mettre en fuite[1]. »

En écrivant ces lignes, il y a trente-cinq ans, l'auteur des *Guêpes* faisait œuvre de divination. Les Philistins l'avaient chassé d'Étretat et de Sainte-Adresse ; il dut quitter Nice, vers l'heure où une marée de curiosité badaude commençait de monter à l'assaut de sa digue menacée. Désormais en défiance de la terre, le fugitif demanda aide aux vagues, et les Néréides,

1. *Lettres écrites de mon Jardin,* par Alphonse Karr. Paris, 1853.

ses fidèles, le reçurent à merci, et une nef que soulevaient les brises doucement l'emmena le long des plis de la Côte d'Azur. Une bonne Fée était assise au gouvernail, celle même qui avait empli son berceau de tous les dons de l'esprit et de la raison. Grâce à elle, il accosta bientôt une anse où d'humbles maisons se cachaient derrière une floraison d'écueils. Des bois silencieux, d'abrupts rocs, une plage de sable fin sur laquelle, de loin en loin, s'incrustait le pied de quelque *Vendredi* hâlé, puis, là-bas, à l'horizon, une petite ville, bourgeoise de province, peu soucieuse de l'inconnu... n'était-ce pas de quoi tenter un ami de Robinson, un amant de la solitude? Tenté, notre rêveur le fut, — mieux encore, subjugué. Il amarra la barque derrière un récif; puis, accrochant sa vareuse à un pin, de ce rustique pavillon il couvrit son indépendance. La « Maison-close » était trouvée : il s'en flattait du moins, le confiant navigateur! L'excuse est qu'à ce moment l'Estérel lui cachait, sous son écran, certaine bergère promue reine. Autrement il se fût rappelé l'aventure d'un célèbre comme lui, qui, comme lui, mettant un filet de pêche entre le monde et sa renommée, avait vu deux peuples se ruer à l'envi pour en rompre les mailles. L'Histoire a ses redites. Une fois de plus le prestige d'un nom devait changer la hutte en villa : du caprice d'un solitaire allait éclore Saint-Raphaël. Pourquoi un écrivain Français ne serait-il pas aussi apte qu'un chancelier Britannique à fonder une ville sur le sol de France?

Cette fois, du moins, le conquérant voulut assurer ses positions. De la mer à la voie ferrée il suspendit son toit : pas trop haut, de peur d'attirer l'œil ; pas trop étendu, afin de laisser plus d'espace à son cher jardin. Un torrent encaissé, une infranchissable barrière de genêts épineux achevèrent d'asseoir, de droite et de gauche, ce que le spirituel Vauban appelle une situation « inexpugnable ». A peine le mur d'enceinte, hérissé d'agaves, laisse-t-il deviner par-dessus son ourlet de ficoïdes le sommet de deux larges baies qui, au midi, trouent la façade. Un cadran solaire saille au-dessus, comme pour mieux indiquer que le maître de céans connaissant le prix des heures, l'oisif serait mal venu à lui en dérober quelqu'une. Que si l'avertissement ne suffit pas, une porte de bois massif, étroite et cintrée, qu'enserrent des rocailles, que la plante sauvage festonne de ses enlacements, se charge d'appuyer la requête : « MAISON CLOSE », dit un fragment de marbre encastré près des gonds rouillés. Close, en effet! vous frapperiez en vain; le loquet fait sourde oreille. Au devant court la route, verdie de buissons, fleurie de genêts d'or, et puis tout de suite la plage commence, semée d'éclats de roches entre lesquels se joue le plus limpide des flots. Alphonse Karr a donc écrit, en pleine vérité, qu'il peut, s'il lui plaît, attacher son canot à un arbre de son jardin. Mais il possède mieux que cette ressource, — à savoir, sous sa fenêtre même, un petit havre à lui, et trois barques qui s'y balancent derrière un abri de bruyères sèches, attendant, armées de voiles et d'avirons, le bon plaisir du nautonier. Deux jolis enfants, un joufflu de mine résolue, une fillette aux longs cheveux floconnant sur les épaules — Violette et Alphonse, si nous ne nous trompons — s'y lutinent dans la vague qui clapote. Il ne faut pas être un devin très pénétrant pour reconnaître en eux les joyaux de l'écrin du robuste aïeul. Et les aimables traîtres, nous voyant contempler l'huis avec tristesse, prennent sans doute compassion, car ils nous livrent le secret d'une autre porte — à deux battants, celle-là, et grande ouverte. Par elle nous accédons au perron d'une villa communiquant avec la première, la *Villa Marine*, à M. Léon Bouyer, gendre du solitaire. Une belle jeune fille, aimable autant que belle, qui s'accoude au balustre, veut bien se charger de remettre notre carte à... « bon papa »; ce pourquoi nous commençons à prendre espoir. Deux minutes, en effet, ne se sont pas écoulées, que la rapide messagère reparaissant nous fait signe de la suivre. Par Theseus d'aventureuse mémoire, il n'est pas trop d'une telle Ariane pour triompher de ce labyrinthe touffu! *Frondibus et foliis, foliis ac floribus*... fleurs et feuilles ont à ce point envahi le passage, qu'il est difficile de lever le pied sans le reposer sur quelque « herbe précieuse », ainsi que nous en prévient, plein d'effroi de notre maladresse probable, un batelier-horticole préposé à leurs soins. Aubépines et genêts, rosiers et géraniums, aloès, yuccas, dracœnas, chèvrefeuilles, rampent, grimpent, s'élancent, se fuient, se cherchent, s'enlacent et s'entrelacent, comblant les vides, supprimant les allées, formant de mobiles et odorants arceaux dont les lianes eussent découragé le Prince Charmant en personne. Mais la gracieuse qui nous sert de guide est familière à ces obstacles. Les branches d'elles-mêmes lui livrent jour, le buisson lui est secourable ; il n'est pas jusqu'à l'épine qui ne semble la respecter, tandis que nous gagnons l'auvent enguirlandé où Alphonse Karr nous attend déjà. Notre salut va le chercher à travers sa forêt vierge :

« Bonjour, illustre Maître !

Saint-Raphaël, vu de la Plage du Corail.

— Illustre vous-même ! » répond-il gaiement, et bientôt, sa main étreignant la nôtre, il nous entraîne vers l'intérieur du logis. Puis, comme il surprend notre regard arrêté sur la jeune fille qui se retire :

« N'est-ce pas qu'elle est gentille ? » dit-il à voix plus basse, pendant que sa paupière de grand-père très visiblement s'humecte. Jamais d'ailleurs la vérité ne nous coûta moins à confesser.

Et nous voici au dedans de la Maison-close, dans la pièce spacieuse qui sert d'asile au laborieux rêveur : pièce ornée de souvenirs, peuplée de livres, encombrée de papiers, où la mer jette ses effluves et le soleil des torrents de lumière. Du fauteuil de tapisserie dans lequel une cordiale hospitalité nous installe, nous embrassons, par les fenêtres ouvertes, et la plaine azurée, et l'Estérel, et les montagnes des Maures, et ces merveilleux Lions de porphyre que la nature plaça vers l'entrée de la baie, afin de la mieux défendre contre l'envahisseur. Mais de tout ce qu'enferment ces murs, de tout ce que leurs entours offrent d'aliments divers à une sympathique curiosité, rien ne saurait nous intéresser autant que l'hôte même de l'agreste demeure.

Qui une fois a rencontré Alphonse Karr, dans ses rares apparitions aux villes prochaines, ne saurait plus oublier le grand et beau vieillard à ossature puissante, à barbe de patriarche, dont la physionomie n'est qu'un reflet de la bonté dans la force. Son ample pantalon gris, sa veste de velours noir sur laquelle ressortent les teintes quadrillées d'un plaid négligemment enroulé, lui composent, aux jours de cérémonie, cet original et traditionnel costume, non dépourvu de grâce, que complète avec bonheur un *sombrero* de haute allure. Sur la plage, le vêtement se simplifie : un pantalon et une chemise de marin en font seuls les frais, — la tête restant d'ailleurs nue, au jardin comme à la chambre, à la pluie comme au soleil, tête bronzée, fournie de cheveux drus dont pas un n'a pris congé.

La menue monnaie des compliments échangée, l'entretien se poursuit :

« Eh bien, que pensez-vous de Saint-Raphaël ?

— Qu'il fait honneur à son créateur, cher maître !

— Si le compliment me vise, je ne saurais l'accepter, sous cette forme du moins ; j'ai *découvert* Saint-Raphaël, je l'avoue, mais c'est l'excellent maire, Félix Martin, qui l'a *créé*.

— En tout cas, vous n'avez pas nui à son rapide développement ; la plume, dans votre main, valut la lyre sous les doigts d'Amphion.

— Que voulez-vous ? Les agglomérations d'hommes ne sont point pour me charmer. Si j'ai quitté Nice, c'est que Nice est devenue grande ville, et si j'aimais les grandes villes, je retournerais à Paris. Saint-Raphaël m'agrée, parce que, n'étant déjà plus village, il n'a pas encore les allures d'une cité.

— Et vous lui demeurerez fidèle ?

— Tel l'arapède au roc. Il me faut la mer, le soleil et les fleurs : or notre littoral me donne ces trois choses exquises, en telle abondance qu'il me plaît. Aussi ne l'ai-je guère quitté depuis plus de trente ans. Je déteste les voyages, ne les ayant jamais admis, même aux heures de l'ardente jeunesse, que comme un prétexte à suivre la femme...

— Madeleine... *Sous les Tilleuls*...

— Ah ! vous vous souvenez de ce mauvais livre classique ? Eh bien, oui, Madeleine, ou une autre, à l'âge heureux où le cœur emprunte la rime pour chanter la bien-aimée. Par exemple, si je hais les villes, j'adore les vers : je n'en ai pourtant guère fait, et je n'en fais plus, la marchandise ne trouvant pas de débit dans les journaux. Mais que vous avez raison, vous, de rester fidèle à la Poésie — j'entends la vraie, — et de quelle tendresse on lui reviendra, quand la nature aura décidément étouffé le naturalisme !

— Que l'oracle s'accomplisse ! En attendant, voulez-vous excuser une question ?

— Indiscrète, sans doute ?

— Naturellement.

— Donc, j'excuse.

— Comment ne quittant votre bois sacré que de loin en loin, pour de courtes excursions à Nice ou une visite au vieil ami du Tillet, en sa villa de la Croisette, comment se fait-il, Maître, que vous continuiez à jeter dans notre maussade crépuscule les mille bluettes scintillantes d'un esprit si fin, si prime-sautier, si parisien...

— Détestable flatteur !

— Et par quel miracle horticole, cette fleur exquise de « Parisianisme » qui est en vous, ne s'est-elle jamais flétrie aux souffles énervants de la vie provinciale ?

— L'étiquette de ma porte va vous répondre : « Maison-close », tout est là. C'est sans doute parce que la maison est fermée, que l'esprit dont vous voulez bien me gratifier n'en est point sorti. En écartant le vulgaire profane, selon le mot d'Horace, j'échappe au péril de l'atmosphère ambiante. Ici, autant qu'ailleurs, il y a des braves gens qui peut-être ne demanderaient pas mieux que me faire société : je n'ai voulu, ni ne veux les connaître. Encore moins me soucié-je d'accueillir le touriste désœuvré qui m'inscrirait sur sa liste de curiosités recommandées, entre les arènes de Fréjus et la villa de M. Carvalho. De la sorte, j'échappe aux bavardages endémiques, aux tyrannies de voisinage, à la mêlée de ces petites passions dont on embourse, malgré soi, les coups d'épingle, et qui finissent par vous coûter le meilleur de vous-même. En famille, et pourtant chez moi, isolé, non délaissé, grâce aux amis intellectuels qui veulent bien m'apporter parfois des échos du monde, je vis surtout avec mes livres et mes souvenirs, et je m'y retrempe l'âme, comme je retrempe mes forces aux effluves des forêts voisines ou dans les salutaires courants de la profonde mer. *Dixi.*

— Un nouveau « grain de bon sens » qu'il faut ajouter à ceux dont étaient si friands naguère les lecteurs du *Figaro*. Toutefois, cher Maître, je vais peut-être bien vous surprendre, en vous apprenant que votre conquête se couvre chaque jour d'élégantes bâtisses, que rapidement autour de vous une ville grandit, à ce point qu'il est permis de concevoir des craintes sérieuses pour votre indépendance future. Vous rêviez l'île de Robinson, vous l'avez trouvée... maintenant, gare les sauvages!

— Bast! je suis vieux, et avant que Saint-Raphaël ne passe grande ville, la terre me deviendra un solide rempart contre les importuns.

— Laissez-nous plutôt admettre l'obligation d'un nouvel exode. Nécessité sera pour vous, avant peu, de *découvrir* quelque autre plage ignorée, Agay peut-être, peut-être Cavalaire, — solitude relative, où admirateurs et amis ne manqueront d'ailleurs pas de vous suivre sans miséricorde.

— Taisez-vous, prophète de malheur ! »

Tout en devisant, nous avons quitté la table de travail chargée de journaux et de manuscrits, par-dessus laquelle le regard flotte sur l'immensité bleue. Nous nous engageons, l'un devançant l'autre, dans l'odorant dédale du plus surprenant des jardins. « Oxygène, azote, chants d'oiseaux et parfums », telle est la formule que le chimiste Alphonse Karr substitue à l'ancienne, quand il s'agit d'analyser l'air de Saint-Raphaël. Quoi de plus balsamique et de plus mélodieux, en effet ! Ici, point d'arbustes en pots, point de fauvettes en cage : nulle caisse tyrannique dans laquelle un oranger grotesquement taillé semble porter, sur sa nuque, la perruque du Grand Roi ; aucun banc aux tons crus et criards, pour tuer l'harmonieuse verdure des plantes. Les branches s'en vont comme elles veulent et où elles veulent ; les fleurs sont libres de s'épanouir à leur guise, sans qu'on les y force, et si leur ayant porté son matinal bonjour, le maître prend fantaisie de s'asseoir, une herbe capitonnée de violettes ou de pervenches lui fournit le plus voluptueux des sièges. Tandis que nous descendons vers le lac en miniature où les teintes multiples d'un bois de Nerium se reflètent comme ferait l'iris d'un bouquet immense, notre hôte nous confie le secret de ses prédilections florales. Fête des yeux, cassolettes embaumées du pauvre, les corolles les plus simples ont les meilleures chances de lui plaire. Brouillé de longue date avec le dahlia gourmé, ce qu'il aime, c'est la giroflée des murailles, le muguet des forêts, ce sont les résédas, les lilas, les roses... les roses, surtout! Peut-il oublier, lui, le poète nourri de la moelle antique, que ses favorites doivent leur incarnat à quelques gouttes du sang de Vénus blessée par une épine? Il a donc sa roseraie, et autrement riche que ne fut celle de Louis XIV, car s'il ne se pique pas de réunir les trois mille et tant de variétés aujourd'hui connues, il en montre du moins plus de quatre espèces, chiffre officiel des parterres royaux, au XVIIe siècle. Pour lui, la rose possède une âme : il en a surpris les secrets. Et quand, sous le soleil, il contemple la cétoine d'émeraude tapie au cœur de la belle, lorsque, par les nuits argentées, il assiste aux amours du rossignol avec cette enivrante maîtresse, alors, dans un pâle rayon de lune, lui apparaît son idéal rêvé : le fantôme de la *Rose bleue*.

L'instant est venu de prendre congé. Dérogeant à ses habitudes de respect pour la plante, le jardinier que célébra Lamartine brise un rameau de chèvrefeuille, puis il nous l'offre, en mémoire de notre visite à « Maison-close ». Nous le garderons précieusement, Maître!

Nous venons de voir qu'Alphonse Karr a trouvé Saint-Raphaël : peut-être serait-il plus exact de dire qu'il l'a retrouvé. Déjà les Romains, profitant de l'antériorité, en avaient abusé pour émailler la plage de nombreuses villas. Certaines fouilles qui viennent d'être pratiquées près du Casino ont mis à nu plus d'un vestige précieux. Des fûts, des pilastres, des corniches en marbres rares, une remarquable mosaïque, quelques restes de bains fort bien conservés prouvent qu'autrefois, comme aujourd'hui, le goût florissait en ces parages. Il est probable que Fréjus, ville importante alors, s'y était ménagé une de ces stations balnéaires dont les fils de la Louve se plaisaient à doter leurs colonies. Qui sait si les débris rendus à la lumière ne sont point ceux de la maison où naquit Julius Agricola, le beau-père de Tacite? Plus tard, sur la demi-ellipse du golfe abandonné, les chevaliers du Temple fondèrent, à l'exemple de Rome, un important établissement. La tour carrée de l'antique église en est le témoin toujours debout. Puis la nuit descend épaisse, jusqu'à ce que deux coups de foudre l'illuminent : le retour d'Égypte, le départ pour l'île d'Elbe. Nous nous sommes assis sur la pierre où le héros des Pyramides, échappé aux croisières Anglaises, prit possession de son futur Empire; nous avons foulé le sable où le lion blessé, non vaincu, se laissait emporter silencieux, sauf à revenir bientôt effrayer l'Europe d'un dernier rugissement. Voilà qui rejette un peu dans l'ombre le berceau de l'abbé de Sieyès ou la canonnade échangée, sous l'Empire, entre les flottes de la France et de l'Angleterre. Cinquante ans écoulés, l'oubli s'était fait à nouveau, quand le nom de Karr se chargea de le dissiper, — pour longtemps, cette fois. L'art a pris pied avec l'écrivain, l'art sous toutes ses manifestations. Gudin, le peintre de marines, aimait Saint-Raphaël; Fromentin y reposa sa plume et son pinceau; le gracieux Hamon y est mort, sans regretter Ischia, ses délices. « C'est la campagne de Rome au fond de la baie de Naples », s'écrie un jour Gounod, et l'âme de Roméo qui passe en ce moment s'arrête pour soupirer sous son balcon[1]. Nous trouverons tout à l'heure d'autres pèlerins de marque, sur le chemin de Valescure, y compris les grands prêtres d'Esculape qui tour à tour baptisent cette station « Arcachon de la Méditerranée » ou « Trouville du Midi ». Ils pourraient aussi bien la qualifier d' « Outre d'Éole », une outre mauvaise gardienne de son captif, car le mistral s'en échappe et souffle d'un poumon qui lui fait honneur, avant de se perdre dans la montagne en plaintives mélopées. Rien que de naturel. L'Estérel est un bel écran aux feuilles de laque rouge agrémentées de forêts; mais Cannes l'ayant développé sur elle, la voisine dut rester de l'autre côté, le nez rougi, l'onglée aux doigts, jouissant de la vue, non du profit.

Le climat y gagne d'être plus sec, l'air plus mobile, le moustique plus humain, la chaleur

1. L'illustre musicien composa, à Saint-Raphaël, son opéra de *Roméo et Juliette*.

moins pesante, aux jours torrides. De là, une clientèle de baigneurs d'été, quand se sont envolées les hirondelles d'hiver. De là aussi, toute une tribu de nomades à nageoires attirés par la limpidité de la vague qui se berce sur un lit de rocs. Mme de Sévigné n'eût pu, sans injustice, dater, de ce rivage, le billet qu'elle écrivait, à Marseille, pour sa fille bien-aimée : « Vous n'avez point de bons poissons dans votre mer ; je ne reconnaissais pas les soles, ni les vives ; je ne sais comment vous pouvez faire le carême [1]. » Ici, le carême ne pèserait pas au gourmet, sous ce rapport du moins. Une vente annuelle de 120,000 francs, réalisée par les tendeurs de filets, atteste que la bouillabaisse ne chôme pas. En effet les poissons abondent, « la plupart assez petits, mais si bien peints, si brillants, qu'on les pêcherait, ne fût-ce que pour les regarder ».

Le Port de Saint-Raphaël.

C'est encore Alphonse Karr qui parle, et Saint-Raphaël répond à son panégyriste en lui offrant une rue, acompte sur la statue.

Après l'inventeur, l'organisateur. Celui-ci s'appelle Félix Martin, un maire doublé d'ingénieur, qui, au mérite mesurant la récompense, s'est octroyé pour filleul un boulevard de cinq kilomètres. Quand on prend du boulevard... Personne d'ailleurs ne lui reprochera le galon, en présence des services rendus. Suivons-le donc à la trace, sur ce chemin du littoral où flamboie son « heureux » prénom ; contemplons ces villas, ces hôtelleries, ces voies multiples, ces promenades sans fin. Rien, dans tout cela, qu'il n'ait inspiré. Son infatigable crayon a esquissé le Casino que voici, conçu la Basilique que voilà : très élégant, ce Casino, avec son kiosque, ses figurines, sa lyre au fronton, — une lyre qui pleure parfois les malheurs du gérant-fermier ; très réussie, cette « Notre-Dame de la Victoire », édifice roman à la croix d'or, commencée vers

1. Lettre à Mme de Grignan, 28 mars 1689.

la fin de 1883, inaugurée au printemps de 1887, par une messe en musique dont le souvenir restera. L'assistance où se remarquaient M<sup>mes</sup> de Champmorin, de Chateaubriand, la marquise de Rostaing, MM. Alphonse Karr, F. Martin, Pierre Barbier, de Geoffroy, de Villeneuve-Bargemon, les docteurs Labbé et Chargé, le général Brécourt... eut toutes les peines du monde à ne point applaudir, sous les voûtes récemment bénies, l'*Ave Maria* de Gounod chanté par M<sup>me</sup> Carvalho, cette Marguerite des Marguerites à jamais regrettée. Et Dieu étant logé à neuf, son serviteur, Félix Martin, avait bien le droit d'orner de grilles forgées, d'escaliers de marbre, de faïences multicolores, de paratonnerres fulgurants, même d'une colonne empruntée aux

Le Lion de Mer.

défuntes Tuileries, cette très charmante *Villa des Cistes* qu'il s'est bâtie en face du flot, parmi les corbeilles sans cesse fleuries et les bosquets toujours verts. Puis l'exemple du maire devint la loi des administrés. Soit que, coupant à travers les pins, nous nous promenions au *Vallon*, soit que, par *les Caseaux*, nous regagnions la plage, les jolies résidences nous apparaissent, un peu clairsemées, il est vrai, au milieu des chrysanthèmes et des genêts d'Espagne, dans les touffes balsamiques de cent essences diverses occupées à distiller leur gomme. Oui, trop de bois encore, et pas assez de jardins ; trop de parcs sans maisons, trop de terrains à vendre, trop de lettres peintes sur blanc de céruse, trop de prétendus boulevards sonnant leur fanfare de promesses éclatantes, et qui ne mènent qu'à des mamelons couverts de térébinthes, d'arbousiers ou d'herbes odoriférantes. Nous nous représentons ainsi la grève de Cannes, aux premières années de prise de possession par Lord Brougham. Mais le petit poisson dont nous parlions deviendra grand, si Dieu prête vie à M. Martin. C'est une cité qui se fonde : ne lui demandons pas tout à la fois.

Elle peut déjà s'enorgueillir d'une pléiade d'enviables résidences parmi lesquelles nous citerions volontiers *le Vallon, les Mimosas, les Terrasses, les villas Turque, Jaunet, Teste, Amélie, Notre-Dame, Janssen* (avec temple protestant), *Fatmé* (à M. Jules Barbier), d'autres encore. La plupart commandent une vue qui, sans égaler les horizons dont nous jouirons bientôt, promène agréablement le regard de la chaîne de l'Estérel à celle des Maures, en l'arrêtant sur ces écueils gigantesques, sur ces fauves en arrêt, accroupis au-devant de la rade, qui superbement s'appellent le *Lion de Terre*, le *Lion de Mer*. La vague, en déferlant sur leur rouge crinière, leur prête son rauquement sourd ; l'albatros les touche de son aile, aux heures de tempête, et si la tour qu'y bâtirent les Romains a depuis longtemps disparu, un sublime architecte, plus puissant encore que l'ingénieur Martin, semble les maintenir éternels dans l'éternel remous, afin que les siècles y lisent deux chiffres bien dignes de flamboyer sur le porphyre : 1799, 1814. Un grand lambeau de mer tient entre ces récifs ; entre ces dates tient une plus grande page encore de l'histoire du monde.

Certes la Corniche a son charme, qui va s'incurvant au-dessous de la ville naissante. Les bleuâtres ondulations de Saint-Aigulf, de Sainte-Maxime, de Saint-Tropez, lui forment des lointains adoucis : Fréjus, l'antique cité au clocheton aigu et la silhouette dentelée de Roquebrune ajoutent au décor, sur des plans moins éloignés. Mais les rocs resserrent leur réseau de syrtes, en se rapprochant du Casino, mais leurs arêtes tranchantes strient le sable, au détriment du pied. Nous marchons vers Napoule, nous n'y sommes point encore arrivé. Du moins louerons-nous avec justice le petit Port récemment agrandi qui s'appuie au chevet de l'église neuve. Protégée par un môle à solides enrochements, l'eau profonde y a les transparences du cristal fondu ; les bateaux de pêche y trouvent un abri sûr, aussi les honnêtes *steamers* qui font le service de la côte jusqu'à Saint-Tropez. Autour et au delà de son bassin se groupent les maisons des pêcheurs et des commerçants. Nous entrons dans la ville, modeste ville, pavée de bonnes intentions, avec des magasins d'une égale modestie et des ressources de chef-lieu de canton. Telles certaines agglomérations, accortes et proprettes, perdues dans quelque pli des montagnes de Pyrène. La vieille église, la mairie, la poste, les écoles lui donnent du caractère et du mouvement. Sans doute aussi qu'elle compte un peu sur l'ombre de Gambetta et les faveurs de Marianne pour rehausser son importance, car, de ces noms protecteurs, elle a constellé ses plaques. Nous lui connaissons mieux pourtant comme espoir d'accroissement rapide, et nous ferions meilleur fond sur les promesses contenues dans la prunelle noire de l'indigène. Filles du Génois et de la Moresque, les Raphaëlloises nous semblent devoir rendre assez facile à leurs époux l'accomplissement du précepte : « Croissez et multipliez ! » Plus gentiment pavoisées qu'une barque de régate, il faut voir ces vaillantes, durant les fêtes de la Saint-Pierre, prendre leur part des jeux nautiques, encourager les luttes de l'aviron ou les courses à la nage, s'intéresser au concours de boules, approcher la torche du feu de joie, suivre la retraite aux flambeaux, mettre enfin au service de danses prolongées durant plusieurs nuits la souplesse féline et la grâce endiablée de leurs aïeules, les Sarrasines.

Le malheur veut que ces plaisirs ne soient pas apanage d'hivernant, par cette raison, entre plusieurs autres, que l'été seul en est complice. Qui et quoi les remplacent? peu de chose, nous le craignons, et nous aurions une assez faible idée des distractions dont bénéficie l'étranger, si nous nous en tenions à l'énumération voluptuaire de certaine marchande de livres qui, interrogée sur ce point, nous répondait :

« Mais il y a le baccara, au Cercle... et puis la famille du général Pittié et celle de Carolus Duran. »

Si attrayant que soit le spectacle d'une banque qu'on taille, fût-il même additionné de la présence des familles en cause, certaines imaginations déréglées ne s'en contenteraient peut-être pas. Aussi y a-t-il plus encore, n'en déplaise à notre interlocutrice. Outre les salons de jeux et de conversation, le Casino renferme un joli théâtre où l'opérette se montre en coquetterie réglée avec le vaudeville. Le Pactole n'y coule pas toujours dans la poche de l'*impresario*, et, entre les chaumes de folle avoine envahissant le seuil, nous avons surpris parfois le coquelicot, fleur du sommeil, près de la mauve, fleur des tombeaux. Il n'importe ! les vaches maigres sont suivies de génisses plus grasses. La pêche, d'ailleurs, est en aide au cercle, la pêche de ces poissons écaillés de saphir ou de rubis, puis la chasse à la poursuite de sangliers brevetés et garantis par le plus inventif des maires, et, pour les friands, la collation servie dans la rotonde vitrée de l'excellent *Hôtel des Bains* ou sur l'agréable terrasse de l'*Hôtel Beau-Rivage*. Nous signalerons également, à titre de ressources complémentaires et sans autre malice, l'abondance des routes qui mènent... ailleurs : à Boulouris, la Phocéenne, par exemple ; à Cannes, cette Célimène qui ne compte plus ses succès ; à Fréjus, la vénérable douairière recueillie dans ses souvenirs, ou à Valescure, l'enfant bien venu d'une station si jeune et déjà mère.

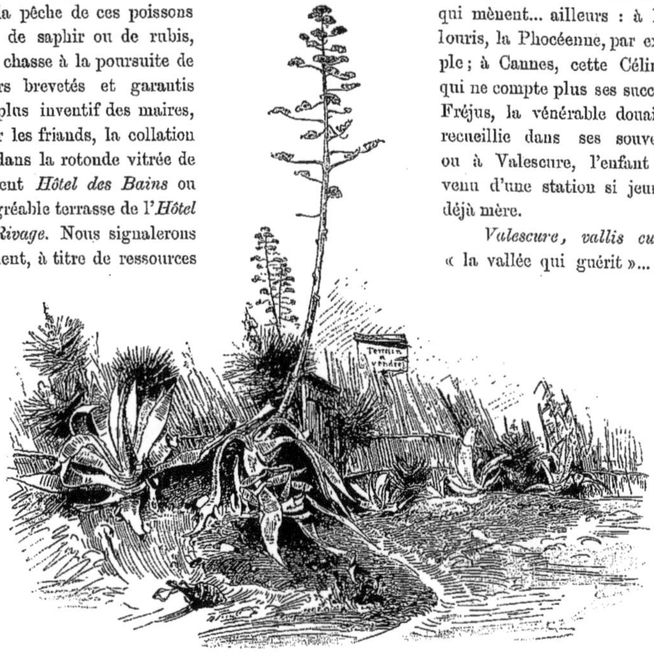

*Valescure, vallis curans,* « la vallée qui guérit »... quel appât pour le malade, quelle fortune pour le médecin! C'est ainsi que Rome nommait déjà l'aimable asile à qui doit visite tout explorateur de la Côte d'Azur. Une ruche des disciples de Gallien y a essaimé, comptant sans doute sur l'influence du vocable, à défaut de l'efficacité du remède. La *Garonne,* un joli brin de ruisseau dont nous franchissons la passerelle rustique, devrait nous mettre en garde contre l'authenticité de cures si vantées; mais, n'ayant rien à réclamer de la Faculté, nous ne risquons pas gros enjeu. Dans un de ces légers paniers qui, près de la gare, se disputent les faveurs de l'arrivant, nous suivons au Nord, vers la montagne, une route embaumée dont les lacets se perdent parmi les pins et les bruyères des brandes. Bientôt s'étagent devant nous, sur une même ligne d'horizon, dix ou douze villas aux toits de terre cuite émergeant de la verdure. Le chêne-liège borde les fossés, les cistes et les genêts diaprent la mousse de leurs vives couleurs. Un trajet d'une demi-heure nous amène ainsi au « Grand Boulevard » : *grand*, par tout ce qui lui manque, comme le fossé qu'on creuse. Des poteaux gris, des écriteaux noirs, une « chasse interdite » — au gibier principalement, voilà ce qui d'abord nous frappe. Nous rencontrons plus loin un pensionnat-modèle pour jeunes filles : il a bien des choses à son actif, ce pensionnat, hors des jeunes filles pourtant, l'entreprise n'ayant pas réussi. Du moins, le *Grand-Hôtel de Valescure* — ici, tout est grand — nous dédommage par la belle ordonnance de son architecture, ses perrons d'éclatante blancheur, son parc qui est une forêt, ses bosquets de myrtes, ses aloès fleuris, son kiosque de musique sans musiciens, et la douce mélancolie dont l'image semble en garder le seuil. Une église où rien ne fait défaut que les fidèles, des avenues qu'on habiterait peut-être, si elles avaient des maisons, accompagnent ce caravansérail fort amplement consolé de sa solitude par le vaste panorama que les monts et la mer lui déroulent depuis les vaporeuses falaises des Maures jusqu'à l'Estérel empourpré de flammes. Il a pour promenade favorite le *Vallon des Lauriers-roses*, lauriers qui ne fleurissent qu'en juillet, après le départ de l'étranger, mais qu'un arrêté bien senti de M. Félix Martin ne manquera certes point de ramener à un plus juste sentiment des convenances. La Nature, alentour, est sévère et riante, l'odeur des pins agréable et salutaire ; sous une influence sédative se calme le nerveux ; le sol ne demande qu'à produire. Il en pousse des gentilshommes, des rêveurs et des accoucheurs, des actrices, des artistes... même des dentistes. Le comte d'Osmond s'y abrite parfois sous la large ombelle de ses pins parasols ; MM. Guéneau de Mussy, Labbé, Chargé, ont arboré avec honneur le drapeau de la science aux colonnades de leurs vérandas. La demeure du dernier se distingue, entre les autres, par la richesse de son péristyle, l'élégance de ses balustres, sa double rampe de marbre, ses haies de roses et l'ampleur d'un jardin où l'utile se mêle à l'agréable. L'homœopathe éminent qui fut l'un des plus beaux spécimens de notre race (on tirerait dix romans de sa jeunesse), M. le docteur Chargé, y tient, chaque après-midi, bureau de consultation, et chez lui l'oracle d'Épidaure repousse généreusement l'offrande du pauvre. Aussi son nom est-il synonyme de bienfaiteur. Et comme, de tout temps, dans leurs rondes, les Muses ont accoutumé de se tenir par la main, Thalie conduit à son austère sœur, Madeleine Brohan et Suzanne Reichemberg, tandis que Caroline Miolan rejoint ces charmantes sous les auspices d'Euterpe.

Nous nous sommes promené à travers cette villa *Magali* où la créatrice de Mireille peut faire mille boutures des lauriers cueillis par elle sur le chemin de la Renommée. La grille en est hospitalière ; elle s'ouvre devant les admirateurs de la cantatrice, autant dire qu'elle reste toujours ouverte. M. Carvalho — était-ce pressentiment de l'incendie qui le guettait lui-même ? — fit transporter dans son parc les plus remarquables débris sauvés du palais de nos Rois. Puis, son goût de metteur en scène aidant, il en a décoré les boulingrins d'hémicycles, de portiques, de statues, de colonnes, de bas-reliefs, de tant de ruines enfin, que l'œil pourrait s'attrister, si le style pompéien de la demeure n'égayait, de ses *loggie* polychromes, un lugubre souvenir. Hormis l'eau de source aux parterres et la diva au balcon, nulle absence ne nous parut à regretter en ces jardins dont les pentes rapides découvrent une merveilleuse vue, aucune faute d'harmonie dans ces salons où la Peinture, la Sculpture et la Poésie couronnent de leurs attributs la Musique, souveraine du lieu.

Un chemin direct joint Valescure à Fréjus, et il faudrait être bien dédaigneux du passé ou bien esclave du présent, pour ne pas consacrer quelques heures à l'antique *Forum Julii*. Tel est le nom sous lequel nous trouvons mentionnée par Cicéron, Pline et Tacite, relevée dans l'itinéraire d'Antonin, inscrite sur la table Théodosienne, la cité jadis florissante dont l'agglomération domine la plaine, à trente minutes du côté de l'Ouest.

Pour déchue qu'elle soit, Fréjus semble surgir de son monticule comme d'un piédestal. S'il y a péché d'orgueil, que ses annales lui servent d'excuse! Colonie Phocéenne ou bourgade Celto-Ligure, elle doit l'estampille de sa grandeur au conquérant des Gaules. Transformée, sinon fondée par Jules César, elle devient et demeure le « Marché de Jules ». Puis, quand le poignard des conjurés a eu raison du bienfaiteur, la protégée se réclame de ceux qui, sur un coup de dé, s'apprêtent à jouer l'Empire du Monde. Ici, la poussière des routes est faite de souvenirs. Antoine y laissa l'empreinte de sa sandale, alors que, dans un rêve de puissance souveraine, le futur Triumvir rejoignait le camp de Lépide [1]. Vers cette plaine — qui fut un port — cinglaient, douze ans plus tard, les galères prises à Actium : et, telles que nous les montre Plutarque, armées de dix rangs de rames, tout étincelantes du faste de Cléopâtre, elles ancrèrent leurs deux cents proues captives aux anneaux des bassins Fréjusiens. Car ce port, aujourd'hui disparu, constituait, dès cette époque, une des trois grandes stations navales de l'Occident. Auguste le met hors pair, en en faisant le premier arsenal de la Méditerranée, celui qui doit rester le *Navale Cæsaris Augusti*, comme Fréjus restera, sous les Empereurs, la *Colonia Classica* du littoral. Agrippa, entre temps, couvrait la colline de tous ces monuments, aqueduc, portes, arènes, thermes et théâtre qui, dix-huit cents ans révolus, nous arrêtent encore devant la majesté de leurs débris. A ce moment, le « Fleuve d'argent [2] », qui deviendra l'*Argens*, avait déjà bercé dans ses roseaux l'acteur Roscius; son onde limpide avait été l'Hippocrène de Cornelius Gallus, le poète goûté de Virgile [3], le soldat aimé d'Octave; et tour à tour, de son limon fécond, allaient sortir Græcinus, Valère Paulin, Agricola enfin, l'Agricola de Tacite, dont une place de la vieille cité a pieusement retenu le nom.

Le Christianisme ne dota pas Fréjus moins libéralement que n'avait fait l'Idolâtrie. Ils sont brillants, les fils de la ceinture pastorale qui rattache saint Léonce [4], son premier évêque, au cardinal de Fleury, sa pure gloire, — sans oublier les prélats qui depuis, et jusqu'à nos jours, furent l'honneur de l'épiscopat français. Cette ceinture bénie, les Invasions la déchirent souvent, les Révolutions la souillent parfois : elle se renoue de plus fort et se moire d'un nouveau lustre, après chaque désastre. Sept fois la ville a été rasée, si l'on en croit une tradition locale. Le Sarrasin y a sa large part de sape, lui qui n'avait qu'à descendre du *Fraxinet* pour mettre le bandeau de l'incendie au front des Nuits. Que Grimaldi extermine le Maugrabin, aussitôt de ses cendres renaît le corsaire, sanglant phénix, et quand le pirate fait défaut, la mal'aria prend sa place. Mais Dieu persiste à rapprocher le sauveur du fléau. C'est l'évêque Riculphe qui, sous l'égide du comte de Provence, relève l'enceinte de sa patrie détruite; c'est le bon Roi René qui vient, en consolateur, visiter la maison qu'il possède sur ces rives; c'est François de Paule qui, jeté à la côte et n'évitant le naufrage que pour rencontrer la peste, chasse la noire visiteuse au souffle de sa prière ardente, comme Pie VII, le saint Pontife, courbera plus tard la tempête et les fronts sous l'apaisement de sa main étendue. Charles-Quint, lui aussi, fut un fléau, non le moindre, pour celle qu'il eût appelée *Charleville*, si l'ombre du Grand Jules l'avait permis. Force est au César Germanique de se contenter d'un pillage auquel d'ailleurs il ajoute, en monarque très catholique, l'argenterie et les reliques de la Cathédrale : encore l'Estérel se payera-t-il du rapt, en prenant au ravisseur la moitié de son armée. Puis éclatent les guerres de Religion. Ainsi qu'il avait arrosé le sable des arènes, le sang mouille le pavé des rues; mais la tige de

1. Au pont de l'Argens, près des Arcs.
2. *Amnis argenteus.*
3. ..... *Neget quis carmina Gallo?* « Qui refuserait des vers à Gallus? » s'écrie Virgile, en lui dédiant sa dixième et délicieuse églogue.
4. L'ami de saint Honorat, au commencement du ve siècle.

FRÉJUS ET SAINT-RAPHAËL, DEPUIS LES CASEAUX.

fidélité au roi en sort plus vivace, et Fréjus peut désormais joindre à son blason les trois lis d'or qui en rehaussent l'azur. 93 ne lui en sera pas moins clément pour cela : chez elle, nul excès de plèbe, nulle proie pour l'échafaud. Des émotions plus douces sont réservées à celle qui, fille de César et filleule des évêques, va, dans moins de quinze années, abriter deux fois la tiare et la pourpre deux fois aussi. Que lui manquera-t-il, après des fortunes si diverses? Rien, puisqu'elle a donné le jour à Désaugiers, afin de prouver, par un exemple de plus, que tout ici-bas finit par des chansons.

On se figure mal pourtant le couplet s'envolant des carrefours étroits et tristes où s'engagent nos chevaux. La ville paraît silencieuse, presque recueillie. Sous ces allées de micocouliers superbes, il doit faire meilleur s'entretenir des destinées de l'âme que des « Souvenez-vous-en » de M. et de M^me^ Denis. Les sculptures sévères, les grimaçantes cariatides qui ornent le chambranle de certaines portes, la pleureuse de marbre, détachée d'un tombeau[1] — qui sert de fontaine publique, ne respirent certes ni n'inspirent la gaieté. Bien que l'air de Fréjus soit pur, nous le dirons tout à l'heure, on se croirait enveloppé d'une atmosphère d'humide tristesse. Elles ne sont point pour la dissiper, les volées de corneilles qui décrivent, en croassant, leurs cercles noirs par-dessus les tours d'une Cathédrale huit fois centenaire[2], non plus cette place exiguë qui, à grand'peine, loge l'église sombre et le morne évêché aux parements de forteresse taillés en cabochons. Du moins, la méditation doit être profitable et bonne la prière, s'appuyant aux fûts de granit noir ou montant sous les chapiteaux marmoréens qui soutiennent la chapelle du *Baptistère*. Peut-être entre les colonnettes légères du cloître voisin, le modeste prélat qui, au seuil de la vieillesse, allait devenir un précepteur de roi et un premier ministre de royaume, a promené les vagues pressentiments de son élévation future. En tout cas, il préludait à cette œuvre redoutable par le dévouement et par la charité. La chronique, en effet, nous montre l'évêque Fleury sauvant son diocèse des dévastations que Victor-Amédée inflige à la contrée ; si bien que, lorsque partout ailleurs les cloches sont fondues, les tombeaux ouverts, l'eucharistie profanée, un témoin oculaire peut constater, avec une naïve surprise, qu'ici « nulle femme, ni fille ne fut violée ». Aussi la population entière, au jour du départ, accompagnera-t-elle son sauveur hors des murs, lui faisant, pendant plus d'une lieue, cortège d'acclamations et de regrets[3]. Et voici que, de ce côté, le hasard du chemin nous fait rencontrer l'ex-hôtel Perreymond où les petits-fils de ces enthousiastes amenèrent, à leur tour, aux cris de : « Vive notre père! vive Bonaparte! » le vainqueur d'Aboukir, descendant du *Muiron ;* et voilà, un peu plus loin, la chambre qui, l'épopée finie, reçut, coup sur coup, le chef de la chrétienté rejoignant son trône pour gouverner les fidèles, le maître du monde s'éloignant du sien pour devenir « l'Empereur de l'île d'Elbe ». Ne sont-ce point là de ces « larmes des choses » dont l'amertume a sa volupté? ne suffirait-il pas de cette seule émotion promise pour justifier un arrêt du touriste aux champs Fréjusiens ?

Mais il y a plus, sinon mieux à voir, dans la ville de Jules César. Si les Arènes n'y offrent pas la majesté de celles de Nîmes, d'Arles ou de Vérone, si son Théâtre ne saurait se comparer à celui d'Orange, ni son Aqueduc à ceux de la Campagne Romaine, il ne lui en reste pas moins un fort beau lot d'épaves antiques marquant la trace du peuple souverain. Et le guide est tout trouvé dans M. Aubenas, l'auteur d'études approfondies sur Fréjus. Seulement, le volume du

1. Attribuée à Houdon.

2. M. J.-A. Aubenas, dans sa docte *Histoire de Fréjus,* attribue la construction de cet édifice à l'évêque Riculphe, vers la fin du X^e^ ou au commencement du XI^e^ siècle.

3. 17 juillet 1715, celui qui devait recueillir l'héritage de Richelieu et de Mazarin comptant déjà soixante-deux ans d'âge.

savant magistrat ne comportant pas moins de 800 pages in-octavo, les gens de mince courage ou de loisirs limités pourront trouver la dose archéologique un peu lourde, surtout avant le repas. A ceux-là nous recommandons de gagner directement les *Arènes* et de faire mine d'y entrer. Ils n'en auront pas foulé dix fois l'herbe, que, de quelque ténébreux réduit, surgira une ombre s'attachant à leur soleil pour ne plus le quitter : ombre aussi fidèle que moustachue, non plaintive pourtant, d'ailleurs pourvue de chair et d'os, toujours prête à répondre au nom de Gillard, ex-sous-officier de zouaves. C'est le gardien des ruines. A-t-il été créé pour elles, ou si elles furent faites pour lui? Question oiseuse. Le plus clair est qu'ils se complètent tous deux de la meilleure façon. Gillard est la voix de ces solitudes muettes. Il les a étudiées, fouillées, interrogées; il a vécu les siècles qui la peuplèrent, il s'est bercé sur leur épaule oscillante, il a dormi dans leurs bras enguirlandés de lierre. Non content de ce que la pierre lui pouvait conter, il s'est assimilé le livre. Histoire de l'abbé Girardin, ingénieux systèmes de Charles Texier, recherches de Mérimée, hypothétiques données de M. Lenthéric, tout jusqu'au formidable tome Aubenas, tout s'est logé dans la tête de notre héros, et cela, sans qu'elle éclate : on ne fut pas zouave pour rien! Suivons-le donc, cet adepte de la Science, suivons-le où il lui plaira de nous conduire. Il n'y faut que de bonnes jambes et une oreille attentive; car, parlant et courant à la fois, non moins que si la charge sonnait, le brave s'élance déjà sur les gradins rompus dont le cordon ceint l'arène. En route!

D'abord, le *Podium*. Des plaques de marbre retenues par leurs goujons de bronze le revêtaient jadis; des statues l'ornaient, des pointes de fer y protégeaient le curieux contre les velléités du fauve. Nulle trace de cela, bien entendu; mais Gillard est sûr de son fait : ne le contrarions pas. A ces places d'en bas s'asseyaient, ainsi qu'on le sait, les gens de marque, consuls ou vestales, — et Gillard prend tour à tour un air noble ou pudique, en nous le rappelant. Plus haut s'arrondit la première *précinction :* elle offre six rangs de degrés pour asseoir les familles d'élite. Viennent ensuite six autres gradins destinés à des dos moins notables; et, dès lors, moins solennel aussi, Gillard s'en va, une main dans la poche, se dandinant et sifflotant un refrain du quartier *Suburra*. Voici enfin, tout en haut, les sièges de la plèbe, — et quand Gillard y arrive, il convient de remarquer l'inclinaison tapageuse qu'il imprime à la visière de son képi. De ce sommet où le voile de pourpre s'adaptait aux mâts, nous embrassons l'économie entière du monument, avec les 52 arcades de sa circonférence, ses 72 portes, ses 18 rangs de degrés, ses colonnes, ses escaliers, ses *vomitoria,* ses barrières de marbre fermant l'arène, et la place de l'autel où l'on préludait aux jeux par l'oblation d'un sacrifice. Il va de soi qu'il faut prêter à cette énumération quelque bonne volonté additionnée de beaucoup de foi, la plupart des splendeurs en question s'étant évanouies au souffle des âges. Longtemps l'amphithéâtre ne fut pour les Fréjusiens qu'une carrière commode : à peu de frais ils en extrayaient le grès et la lave, le marbre et le porphyre. Même il fut une époque où les colonnes du cloître Saint-Étienne en sortirent, taillées par les mêmes mains qui incrustaient au chevet de la Cathédrale les consoles du *velarium*. Cependant, il subsiste encore assez de l'édifice, pour qu'on se rende un compte exact de sa disposition. Adossé, au nord, contre une colline, en dehors de la ville, il s'appuyait, au midi, sur une galerie voûtée servant d'abri, quand l'averse ou le mistral venaient se mettre de la fête. Vers l'ouest, les pyramides périlleuses à escalader de la splendide Roquebrune; à deux pas, le Reyran. Son lit torrentueux a fourni les cailloux qui, noyés dans un incomparable ciment, maintiennent ces murs debout, malgré les injures du temps, malgré l'outrage plus meurtrier de l'homme. Un gracieux assemblage de grès vert, emprunté aux montagnes de Bagnols, revêtait le parement extérieur.

Tout en redescendant de son « paradis », Gillard nous prouve, d'un calcul à mettre en question s'il ne fut point le contrôleur principal de l'établissement, que ce cirque ovalaire ne devait pas contenir moins de 12,000 spectateurs[1] : d'où M. Aubenas infère le chiffre de 35,000 âmes attribuées par lui à l'antique Fréjus. Nous ne discuterons pas, pressé que nous sommes de nous engager sous la galerie du Sud. Déjà le fidèle gardien à qui rien n'échappe nous signale, aux impostes des voûtes, certaines grandes briques dont la pâte porte encore la marque du fabricant : CASTORIS. Par Pollux! voilà un céramiste qui ne se doutait guère que sa marchandise fût pétrie d'immortalité. Puissent nos tuiliers modernes y prendre leçon! Mais il s'agit bien de cela, vraiment... Sous nos pieds se creusent de soudains barathres... L'éventrement des parois y laisse à peine filtrer un rayon de lumière. Que nous veulent ces repaires? Gillard va nous en instruire, en ébauchant un rauquement sourd. Bien rugi, lion! Au fond de ces *Caveæ,* les bêtes aiguisaient leurs crocs, avant de s'élancer sur la proie; et tout brûlant de leur

Arènes de Fréjus.

haleine ardente, se pourléchant à leur manière, Gillard a bondi dans l'arène où tour à tour il roule des yeux de fauve et prend les attitudes du gladiateur mourant. Bravo, Gillard, Gillard *for ever!*

Ayant suffisamment joui de la mimique, nous cherchons, nous glanons à travers ces débris : bien tard, hélas! trop de moissonneurs ont passé avant nous. Un cloître, un chœur d'église, toute une partie de ville sont sortis de ce sillon qui a donné aussi son ample récolte de médailles et de reliques. Signalons, parmi cent autres, l'effigie d'Auguste qui fut trouvée non loin d'un squelette de jeune femme tenant entre ses lèvres une pièce de Septime Sévère : l'obole à Caron, peut-être. Et une terre recouverte de tant d'alluvions n'a pas dit son dernier mot. Grâce à un crédit de 20,000 francs récemment alloué, les fouilles vont reprendre de plus fort. Le sol sera attaqué; son niveau, abaissé de cinq mètres, rendra leur hauteur aux murs. Une disgracieuse bâtisse, champignon malsain poussé sur ces ruines, disparaîtra pour livrer au regard le surplus du Podium. Ainsi désormais l'enceinte se verra restituée dans son intégrité, et une double grille en écartera le profane.

Le touriste, cette visite rendue aux Arènes, se tient volontiers pour franc de toute autre

1. Environ moitié de l'Amphithéâtre de Nîmes.

obligation archéologique. N'a-t-il point d'ailleurs effleuré, à vol de locomotive, l'arceau de la Porte Dorée et entrevu, dans la campagne, quelques majestueux fragments d'Aqueduc ? *Sat prata...* La conscience du gardien-cicerone ne l'entend pas ainsi. Et le tour des murs? et les entrées de ville? et les deux citadelles? et le théâtre? et la consigne? et le port? et les thermes? et les autels votifs? et les bornes milliaires? et le fameux aqueduc qui abreuvait Fréjus, en collaboration de tant de citernes, de puits et de canaux? Il n'y a pas à lutter contre ces interrogations géminées : force est de céder à leur éloquence. De son pas relevé, l'intrépide centurion fraye la voie, en train déjà de nous présenter ce qui reste et même ce qui ne reste pas des fortifications. Leur ruban ondulait jadis sur la colline, dessinant un polygone de plus d'une lieue[1]. Assez bien conservées jusqu'au commencement du siècle, elles ont perdu, depuis, presque toutes leurs tours et la moitié des courtines. Pourtant, elles en imposent encore. Une à une, Gillard nous nomme les *Portes* dont elles furent percées, et celle des *Gaules,* et la *Paticière,* et la Porte de *Méou,* et la *Reynaude,* et la *Romaine* ou *Décumane,* par qui la voie Aurélienne pénétrait dans Fréjus pour la traverser tout entière. La *Porte Dorée* (*Porta aurea*) nous retient davantage. Ouverte sur la mer, ornée de colonnes de marbre blanc et de brèches Africaines, c'était par elle qu'on allait de la ville au port. Son nom lui vient-il des richesses qui passaient dessous, ou bien si elle le doit à ces grands clous à tête d'or formant dessin dans la maçonnerie, dont l'abbé Girardin retrouvait encore les traces, il y a 150 ans? Plus à propos elle mériterait le titre de « Porte Neuve », tant elle fut réparée, nous pourrions dire rebâtie. L'arc d'en haut subsiste, seul, dans sa primitive et pittoresque courbure. Les *Thermes* n'en valent guère mieux, représentés qu'ils sont par une métairie. Longtemps on les prit pour un temple aux niches vides de divinités. Des étables occupent les salles et les portiques; les stucs rouges, les mosaïques ont disparu sous le sabot des bêtes de somme. Moins encore nous réserve cette *Citadelle* d'où rayonnait le grand phare, et où M. Aubenas, dans ses reconstitutions inventives, loge le chef de la VIII$^e$ légion. Mais le *Champ de Mars,* mais le *Forum* et sa colonnade aux chapiteaux corinthiens, mais le *Théâtre*[2] qui lui faisait face en regardant la rade, sont-ils même les ruines d'une ruine? Des jardins ou des terrains vagues en tiennent désormais la place. A peine si quelques débris de voûtes rampantes s'y trahissent, de loin en loin. Du moins, ils n'ont pas disparu sans laisser de précieuses épaves. On édifierait un palais avec les débris qui en sortirent. Sarcophages ou *Columbaria,* tête de Jupiter ou statue

1. Réduite au quart de son antique périmètre, Fréjus ne compte plus aujourd'hui que 3,489 habitants.

2. Prosper Mérimée, en 1834, y constatait encore une partie des gradins, n'ayant qu'à écarter la terre du pied pour faire luire quelque mosaïque rare. Les Mummius du jour ont *utilisé* ces débris à réparer leurs baraques.

de Vénus — l'étoile au front, figurines de demi-Dieux, effigies d'Empereurs, céramique, peinture, agates orientales incrustées de Nymphes et d'Amours, toute cette germination de l'antique a levé sous le regard étonné des modernes. Le musée local, par malheur, ne retient qu'une faible part de tant de trésors. Longtemps il regrettera le buste du Janus — homme d'un côté, jeune fille de l'autre — dont le Chapitre d'alors fit hommage au cardinal de Fleury, et cet admirable trépied de bronze — également offert[1] également disparu — qui, par sa forme, rappelait le trépied sibyllin de Delphes. Nul plus que Gillard ne déplore la perte de cet ustensile fatidique ; il s'en fût si noblement servi pour vaticiner, à la manière des pythonisses !

Mais comme il prend sa revanche avec le *Port!* Celui-là, il le possède, il le mesure, il le drague, il le rétablit de toutes pièces ; il y ramène, de quinze cents mètres au large, la vague fugitive ; il se mire dans ses eaux nouvelles, il y contemple les galères capturées de la Reine d'Égypte. Par exemple, sévère pour Antoine, il ne se montre pas tendre à Cléopâtre : lui, Gillard, le matin d'Actium, il eût mis la belle « au bloc », toute fille des Ptolémées qu'elle fût. Chez les zouaves, cela se passe ainsi : le devoir avant la bagatelle. Une circonstance atténuante cependant, c'est que, sans cette enjôleuse, la flotte du Triumvir n'eût pas enrichi son cher Port d'un souvenir de plus : il est vrai qu'il en compte déjà tant ! Qu'on ne lui parle ni d'Ostie, ni de Baïa, ni de Ravenne, ni d'Ancône !... Laquelle d'entre ces villes mortes pourrait offrir le mur de trois cents pieds que voici, blocage Romain d'un si résistant béton ? Où retrouver ailleurs ces cylindres de porphyre bleu polis que nous heurtons, au passage, bornes d'amarre couchées dans l'herbe, à qui le scellement de l'anneau et le frottement des chaînes ont laissé leur trace ? Et ce bijou de grès rose qui s'élève à une trentaine de pieds au-dessus du sol, svelte tourelle, pyramide à six faces[2], jetant jadis les clartés de son fanal tutélaire aux nefs en détresse, — où rencontrer le similaire, et d'une telle conservation ? Avouons, pour être juste, que ces reliques profanes sont de prix ; déplorons même, avec Gillard, que l'Argens et le Reyran aient uni leur effort à ceux de la haute mer pour parachever, au cours des années, leur œuvre d'atterrissement. Lentement par eux le golfe s'est ensablé. Fréjus, le Toulon des Romains, Fréjus dont le môle était battu du flot, a subi le sort d'Aigues-Mortes. Bassin encore fréquenté au temps de Riculphe, puisqu'une charte du Comte de Provence concède à l'évêque « tous droits sur les marchandises entrant au port ou en sortant », ce rendez-vous des trirèmes devint, dans la suite, un fangeux étang. De sombres flaques remplacèrent l'onde limpide, les pestilences planèrent dessus, la fièvre en fit son domaine. Vainement, et à diverses reprises, la cité voulut reconquérir le titre de « Clef de la mer[3] » que lui donne Tacite. La dépense effrayant les plus hardis — 450,000 francs étaient demandés aux États de Provence, — on résolut du moins de solidifier la boue. Des fossés d'écoulement furent creusés, les eaux stagnantes chassées, les miasmes étouffés. Déjà, en plein XVIe siècle[4], le Chancelier de l'Hospital, poète à ses heures, pouvait chanter, dans la langue de Virgile, les jardins fleurissant sur l'emplacement de l'ancien port :

*Atque ubi portus erat, siccum nunc littus et horti.*

Aujourd'hui, là où l'éperon des proues fendait l'onde amère, le soc de la charrue déchire un sol pétri de coquilles ; plus d'eaux, mais aussi plus de miasmes, ni de marécages. L'atmosphère

1. 1725.
2. *La Lanterne d'Auguste.*
3. *Claustra maris.*
4. 1560. Le Chancelier traversait alors Fréjus, conduisant Marguerite de France à Philibert-Emmanuel de Savoie, son époux.

a recouvré ses vertus curatives. Les temps sont revenus où Pline le Jeune, écrivant à Paulin[1], le priait, sur cette créance que « l'air y est fort sain », d'accueillir dans sa villa de *Foro-Julii*, un sien affranchi, Zozime, atteint de toux et de crachements de sang. Désormais la salubrité de Fréjus reste un fait acquis et reconquis ; nous ne sachions, pour le contester, que l'espèce de ces observateurs sagaces qui, ayant éternué trois fois de suite le long de la plaine, en concluent à l'existence d'un coryza endémique.

L'heure nous manque un peu, beaucoup la confiance, et tout à fait l'équipe indispensable pour vérifier l'exactitude d'une tradition chère à ces rives. La légende y accuse l'existence d'amphores gisant sous terre et débordant de pièces d'or. Un certain Gandolphe aurait autrefois puisé dans ces richesses, sans parvenir à les tarir. Les fouilles, à notre avis, livreraient plus sûrement des clous de navires, des ferrures de mâts, des débris de poteries, des éclats de bronze, peut-être aussi quelques médailles de Vespasien, de Domitien, de Postume ou de Faustine, semblables à celles qui furent déjà exhumées. Que d'autres, de plus de loisirs, procèdent à ces attrayantes recherches ! L'Aqueduc réclame nos derniers instants.

Cet *Aqueduc*, revêtu de moellons en petit appareil, se détachait de l'enceinte de la ville pour aller, à plus de quarante kilomètres vers le nord, emprunter aux nymphes de la montagne les ondes cristallines de leur urne. Fut-il la création de César ou bien celle de Claude? Est-ce Agrippa, est-ce Vespasien qui doit en revendiquer l'honneur? Autant de thèses désespérément soutenues. Aucune, en tout cas, dont la conclusion ne soit que l'ancienne Gaule n'offre rien de comparable à ce hardi travail. Toutes rompues qu'elles demeurent, ces arcades, éparses çà et là, marquent encore les traces d'un victorieux parcours à travers la plaine, par-dessus les monts. Tantôt s'enfonçant sous le sol, tantôt reparaissant à la lumière, il s'élance, le gigantesque serpent, rampe, s'élève, contourne les monticules — s'il ne les perce, appuyé ici au revers de rocs abrupts, et plus loin, suspendu sur les verdoyantes vallées ou les torrents furieux. Des piliers mesurant jusqu'à cinquante-quatre pieds d'élévation l'y aidaient, au besoin. Bien des anneaux du reptile de pierre subsistent encore, isolés parfois, parfois groupés en séries. Les *Arcs Escoffier*, de *Bonhomme*, le *Puits de l'Acqueduc*, l'*Arc Jaumin*... comptent parmi les plus dignes d'être remarqués. Dans leur cuvette voûtée, au ciment mêlé de briques, un homme pouvait marcher debout ; et si étroite se maintient la cohésion, en ces bâtisses éternelles, que, le support écroulé, la cuvette sans appui n'a pourtant pas fléchi. Il en est tel fragment qui, pareil à une poutre jetée sur le vide, continue de traverser le ravin. Qui a bon pied et bon courage peut se lancer à la découverte. Alors, par les routes forestières, le long des versants escarpés, dans l'inextricable fouillis des broussailles ou parmi les cailloux roulés de rivières péniblement côtoyées, il faut avancer, non sans laisser des lambeaux de vêtements à plus d'un buisson. Chèrement, de la sorte, on payera le plaisir d'atteindre enfin au but convoité, les sources. Ces deux sources, jaillissant de la colline où s'élève le village de Mons et se réunissant bientôt pour former la *Siagnole*, constituent la prise d'eau dont s'alimentait le canal. Une fois arrivé là, le vaillant explorateur sera rémunéré de ses peines, ne fût-ce que par le spectacle du barrage qu'ont si audacieusement exécuté les Romains. Dans la roche creusée vive au-dessus d'une gorge vertigineuse où l'œil plonge à pic, *Roquetaillade*, l'attrait de l'excursion, garde, mieux que ne le ferait un parchemin jauni, l'indélébile empreinte du génie latin. Nous retrouverons, un peu plus tard, cette merveille, au pays de Grasse. Fort à point pour nous, aujourd'hui, tout près de la Porte Romaine, se dressent, dans leur parure de lierre, quelques beaux échantillons de ces

1. « Audivi enim te sæpe referentem, esse tibi et *aera salubrem*, et lac hujusmodi curationibus accommodatissimum. » (Pline, livre V. Lettre XIX.)

arcades; sans quoi, Gillard eût été capable de nous mener, d'une seule étape, à la montagne. Mais, avec âme, nous lui affirmons notre satisfaction; nous nous déclarons même tout prêt à l'attester sur cette Bible qui figura aux séances du Concile de Trente, et dont le séminaire prochain garde le précieux dépôt. Moyennant cela, le centurion lâche sa proie, non sans des regrets... qu'une poignée de sesterces contribue à atténuer. Notre brave pourra, grâce à elle, s'offrir le Cécube ou le Falerne de ses rêves. A Rome, l'officier pourvu d'une centurie ne portait-il pas un cep de vigne pour marque de sa dignité? On sait d'ailleurs que rien n'altère comme la vue d'un aqueduc à sec.

Fille majeure du consul Aurelius Cotta qui la mit au jour bien avant notre ère, la *Voie*

Fragments de l'Aqueduc Romain, à Fréjus.

*Aurélienne* nous ramène, par une charmante route plantée d'arbres, vers *Martinville,* nous voulons dire Saint-Raphaël. Sur *la Plage du Corail* nous attend l'hippogriffe de feu.

Sans reprendre haleine, s'il s'agit d'un *express,* avec quatre arrêts pour les autres trains, la locomotive atteint Cannes en moins d'une heure. Elle traverse ainsi ou plutôt contourne l'Estérel, serrant de près le rivage, quand elle le peut, courant parfois entre les hautes parois de tranchées obscures, ou trouant, par de courts tunnels, les masses porphyroïdes qu'elle ne peut éviter. Rassuré désormais contre l'agression des Gaspard de Besse et autres Fra Diavolo, un voyageur digne de ce nom ne devrait jamais attaquer ce massif qu'à pied, gardant pour seule arme le bâton ferré de l'alpiniste. A tout le moins faut-il s'arrêter à Agay [1].

Sitôt le train en marche et le toit d'Alphonse Karr dépassé, on atteint les quelques maisons noyées de verdure dont se compose le nouveau quartier de *la Boulerie.* Dans ces plis discrets que voilent et qu'embaument tant d'essences résineuses, l'ami des solitudes peut boire jusqu'à l'ivresse l'air de la liberté. Au delà se profile le donjon de la Reine Jeanne, pittoresque

1. *L'Agathon* de Ptolémée.

sentinelle qui semble veiller encore sur les défilés de l'Estérel. Nous entrons en effet dans ces gorges fameuses, et la rade d'*Agay* ne tarde pas à apparaître, appuyant aux flancs de la montagne son arc fortement incurvé. Un phare jaillit de l'une de ses pointes, l'ombre de la Tour de Dramond descend sur l'autre. Le lourd manoir des seigneurs d'Agay, toujours habité par la famille, reflète la tristesse de ses murs sur les ondes limpides du golfe, tandis que des bâtiments au mouillage réparent, dans ce havre naturel, les avaries du dernier coup de vent. De hautes montagnes dominées, à l'est, par le sommet du Cap Roux, des marnes rouges, striées, rugueuses, qui, connues sous le nom de *Rastel d'Agay*, découpent, à plus de trois cents mètres d'altitude, leur crête en dents de scie et conservent encore la trace d'ouvrages de défense antérieurs aux Romains, des contreforts arides, des pentes couvertes d'arbres verts, telle est la barrière qui ferme et protège l'échancrure profonde de cette crique, image de quelque petit lac Écossais. Une bonne auberge pour les excursionnistes [1], une belle caserne pour les douaniers — dite *poste de la Colonne,* avec obélisque du dernier siècle et jolie chapelle attenante, trois ou quatre maisons de pêcheurs, dix ou douze huttes de roseaux où la carabine des garde-côtes guette la barque du contrebandier, voilà tout ce qui peuple la mélancolique solitude. Jamais la nature n'a creusé plus amoureusement un port, ni dans des conditions meilleures. Le mistral en est proscrit, le souffle de l'est y arrive brisé, et fins voiliers ou navires de fort tonnage le joignent sans encombre. Aussi se demande-t-on comment l'effort de l'homme négligea jusqu'à ce jour de parfaire une œuvre déjà si avancée. Quelques récifs sautant deçà et delà, près de ses passes, cette baie pourrait recevoir une nouvelle flotte d'Actium.

Agay est le meilleur point de départ à qui veut monter vers la Baume de Saint-Honorat et escalader le Cap Roux. On doit aussi profiter de cet arrêt pour visiter la *Tour de Dramont.* La promenade offre du charme. Tantôt par des sentiers qui côtoient la mer, tantôt à travers les pins d'Alep et les chênes-lièges, on gagne, en une cinquantaine de minutes, le roc escarpé où les trois bras d'un sémaphore ont succédé aux mâchicoulis du château féodal. Le gardien, un loup de mer, fait gracieusement les honneurs de son étroit domaine. Il vous initie aux mystères de cet alphabet magique grâce aux 78,000 signes duquel un navire passant au large peut, sans quitter sa route, recevoir des dépêches de l'intérieur et en transmettre à son tour. Il vous montre les pavillons qu'il n'a qu'à hisser au mât pour interroger et répondre dans des langages qu'il ne parle d'ailleurs pas. Mais l'hospitalité du balcon accroché aux récifs n'est pas moins agréable pour le visiteur. Limitée, à l'est, par la presqu'île d'Antibes et l'anse d'Agay, la vue se déploie, vers l'occident, sur un champ de toute variété. Le cap Camarat, le golfe de Grimaud, les montagnes des Maures, avec la fantastique silhouette de Roquebrune, semblent noyer leur pâle azur dans celui des flots assoupis. Les deux Lions couchés aux pieds de Saint-Raphaël trahissent la présence de la jeune station qui se voile de ses frondaisons naissantes. Des collines aux veines de porphyre bleu, le Mont-Vinaigre et les fauves déchirures du Cap Roux complètent le paysage. Au-dessous de la Tour, diverses pyramides abruptes surplombent l'abîme, et tout en bas, les écueils épars, faisant luire leur dos squameux, semblent des monstres marins que la vague échoua dans ses remous.

Ce sémaphore n'existe que depuis 1862. Il s'est assis sur les murs écrêtés du vieux donjon gothique. Le roc, comme la légende, y est marqué d'une sinistre empreinte : on le dirait taché de sang. C'est sous la protection de cette aire que se mit Jeanne de Naples, quand, après le meurtre d'André, son premier époux, la voluptueuse princesse, complice du crime [2], s'embarqua

1. Tenue par M. Porre ; on y trouve un accueil très hospitalier.

2. « Jeanne, lui écrivait Louis de Hongrie, les désordres de ta vie passée, l'ambition qui t'a fait retenir le

sur une galère avec tous ses trésors, et fit voile pour la Provence [1], fuyant devant l'épée de Louis de Hongrie. La tour de Dramont défendit mieux sa reine que ne le fit plus tard le château de Muso. On sait comment, absoute par le Souverain Pontife, la fugitive rentra en triomphe dans son palais. Elle devait y régner longtemps encore, avec des fortunes diverses et divers époux... jusqu'à l'heure où la peine du talion l'atteignit, vengeresse. André avait été étranglé sur un balcon du couvent d'Aversa; Jeanne périt étouffée entre les deux matelas de sa couche impure. Les montagnards de l'Estérel ne lui en ont pas moins gardé fidèle mémoire; ils en parlent encore, à la veillée, et plusieurs prétendent avoir vu son ombre glisser dans un rayon de feu, pendant les nuits de tempête.

En face de ce rocher, de l'autre côté de la vallée, s'étendent des gisements de porphyre turquin, mêlé d'amphibole, qu'une compagnie exploite, non sans profit. Une légion d'ouvriers broie les blocs dans des machines spéciales ou bien les découpe en petits cubes réguliers. Le railway y emprunte son ballast, la ville de Marseille y prend ses pavés. On accède aux carrières par des sentiers qui serpentent sous les pins, dans les bruyères épanouies, tandis que les trains vont et viennent, heurtant leurs blancs panaches et semblant se croiser pour la récréation des yeux. Les noires cheminées, les plans inclinés, les wagonnets, les stocks entassés, les casernements d'ouvriers ne s'y différencient guère de l'outillage habituel aux usines; mais la matière exploitée est curieuse, et l'on ne s'explique pas comment un habile n'en tire pas autre chose que des moellons. L'étonnement redouble si, descendant vers Saint-Raphaël, puis remontant au nord, on joint, une demi-heure plus loin, le torrent de *Boulouris*. Là, nos initiateurs en tout, les Romains, avaient mis à nu la veine d'un porphyre gris perle, pâte d'eurite lardée de cristaux d'orthose et de labrador, qui leur fournissait de brillantes colonnes pour leurs monuments. Fréjus s'en est parée, aux jours de sa splendeur. Plusieurs d'entre elles, témoins d'un passé grandiose, dorment encore dans l'herbe, à demi dégrossies. On a même reconnu les trous de scellement des chaînes rivant l'esclave au dur labeur de la taille. Le poli donnerait à cette *Estérellite* un incomparable éclat. Quelques manœuvres se sont décidés, depuis peu, à gratter le sol d'une des trois carrières retrouvées au fond du vallon. Nous les avons vus à l'œuvre. Leur pioche met à nu des fragments d'amphores, des éclats de briques, des vases et autres menus vestiges d'antique occupation; mais nous avons peur qu'ils ne parviennent pas mieux à façonner les blocs, que le superbe lycée voisin, aujourd'hui fermé, n'a réussi à retenir des élèves. La fée Guignon semble habiter ces lieux. Il ne faudrait pas moins que le talisman de Charles Garnier pour éveiller les gnomes endormis dans la montagne de porphyre. Que le maître y songe, au profit de ses escaliers futurs!

D'Agay, le chemin de fer poursuit ses courbes à travers des défilés sauvages et des masses volcaniques aux gigantesques soulèvements. Le Cap Roux apparaît comme un éclair. Ses rouges aiguilles s'inclinent vers le train, prêtes à crouler. Puis ce sont des tranchées ouvertes par la poudre, et des tunnels sombres, et de soudaines calangues, vraies baignoires de Néréides où clapote l'eau azurée. On voudrait pouvoir ralentir la vapeur devant ces lambeaux de mer bleue emprisonnée dans des cuves de pourpre. La halte du *Trayas*, gemme brute sertie par les pins étagés et les dentelures de la rive, mériterait mieux que l'honneur d'une exclamation entre deux

pouvoir royal, la vengeance négligée et les excuses alléguées ensuite prouvent assez que tu as été complice de la mort de ton mari. » (*Histoire des Républiques Italiennes*, par Simonde de Sismondi, t. III.)

1. 15 janvier 1348. Frédéric Mistral qui, dans ce moment, compose un poème dramatique en son honneur, tient l'accusée pour innocente de l'attentat. *Le Capoulié* pourrait, au besoin, s'appuyer sur l'autorité d'Urbain V, ce Pape ayant attribué à Jeanne, en 1366, la première des *Roses d'or* bénies dont chaque année, depuis, le Vatican honore une Princesse catholique bien méritante.

coups de sifflet. La *Lorelei* qui habite ces récifs vous envoie, au passage, un soupir étouffé dans le bruit d'éternels brisants. Mais déjà, par des déchirures plus fréquentes, l'horizon s'élargit. Les Iles de Lérins se sont un instant montrées, toujours fraîches sous la poussière des âges; au loin, la neige miroite sur les Alpes de Tende. Et voici que le cadre des portières découpe la première échappée vers la Croisette. Le long des arches de la Ragne, la locomotive roule : au revoir, Estérel! La plage solitaire de Théoule, Napoule et son château, la Siagne aux eaux vertes, et Saint-Cassien sur sa butte, et les épaves de la Pineta détruite, servent de gardes avancées à la royale station. Un cirque de villas s'arrondit : le soleil pique des aigrettes à leurs mates blancheurs. Entre des balustres de marbre et le sable pailleté de la plus riante des plages, l'arrivant croit voler sur les ailes du rêve. « Cannes ! dix minutes d'arrêt ! » crie l'employé. On descend, on repart, et l'on s'aperçoit avec stupeur que, d'un train à l'autre, dix ans se sont écoulés.

Pins Parasols de la Verrerie, près Cannes.

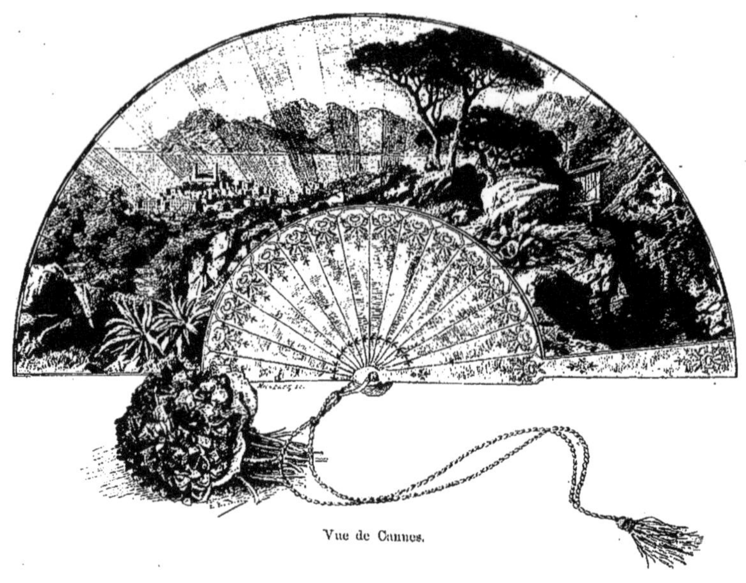

Vue de Cannes.

# CANNES

Que d'autres célèbrent la blonde Menton, languissamment adossée au roc, dans ses guirlandes de citronniers; que Nice la voluptueuse, souriant derrière son éventail parfumé de violettes, verse à pleine coupe au passant l'ivresse capiteuse du plaisir! Sans hésiter, nous leur préférons Cannes. De toutes les charmeuses embusquées sur la Rivière, depuis les Iles d'or jusqu'à Gênes, celle-ci demeure pour nous la fée gracieuse, l'incomparable reine. Chacune en partage reçut quelque présent rare. Monaco possède son palais d'Armide où, le pied sur la bille d'ivoire, la Fortune se joue de qui veut l'atteindre; Nice a ses luttes de *confetti*, ses batailles de fleurs; San-Remo, ses rues pittoresques; Bordighera, ses palmiers; Saint-Raphaël, Alphonse Karr; Menton, ses ravins et sa poussière... Cannes peut se targuer d'un soleil forgé tout exprès pour des Duchesses. Oui, la fille favorite du soleil, c'est Cannes, une patricienne de distinction suprême, à l'accueil réservé, à l'abord un peu fier, dont les bonnes grâces veulent être gagnées par les hommages ou conquises par le mérite.

Et vraiment, le gain vaut l'enjeu. Assise aux derniers degrés d'un amphithéâtre que réchauffent les feux du midi, protégée du nord par une ceinture ininterrompue de collines, bravant le mistral sous l'écran de l'Estérel, et le siroco dans le pli harmonieux de son golfe et de ses îles, elle ne connaît ni l'écharpe humide du brouillard, ni les cruelles morsures d'une gelée sérieuse. Les souffles meurtriers passent sans l'atteindre; pour elle, janvier n'a que des caresses. Il nous souvient d'un hiver[1] où, tandis que Lyon rivalisait de banquises avec le pôle

1. L'hiver de 1880.

Nord et que le Vésuve jouait à l'Etna sous un travesti de glaces, nous autres, les buveurs de lumière, accoudés sur la fenêtre ouverte, nous comptions cinquante-huit jours à la suite sans une aiguille de givre aux arbres, sans une frange de vapeurs au ciel[1].

Avouons cependant, en historiographe fidèle, qu'il n'en va pas toujours ainsi. N'est-ce point l'année d'après que nous vîmes de blancs flocons voltiger à travers nos pelouses consternées? Non, non, nous nous étions trompé très évidemment. Tout au monde plutôt que de reconnaître qu'il puisse neiger sur ce coin de paradis retrouvé par Lord Brougham! Tellement que, cet hiver-là, un baby curieux ayant demandé, en embrassant sa mère, ce que pouvait bien être ce duvet qui descendait du ciel, celle-ci de répondre aussitôt: « Mon enfant, ce sont les anges qui là-haut secouent leurs ailes, et il en tombe des plumes. »

Donc, salut à Cannes l'enchanteresse, dans sa robe d'azur constellée de blasons! Nous avons conté, ailleurs[2], comment elle naquit, certain jour, d'un sourire du printemps et d'une fantaisie de gentilhomme. Il y a cinquante années de cela. Fatigué des victoires de la tribune, blasé sur les triomphes du barreau, portant au cœur la plaie encore ouverte qu'y laissait la mort d'une fille adorée, Lord Brougham and Vaux venait de traverser l'Estérel, en route pour l'Italie. Sous des collines voilées de pins, une humble bourgade de pêcheurs accrochée au roc attira son regard. A ses pieds, dans une anse fleurie de bruyères, dormait une mer sans rides; un sable plus doux que la mousse scintillait tout le long du rivage; eaux et cieux se teintaient de reflets vermeils. Le Chancelier du Royaume-Uni crut entrevoir l'Éden, au sortir de l'Enfer d'outre-Manche. Il demanda le nom, on lui répondit: *Cannes*... et il s'éloigna. Mais les hameaux, comme les livres, ont leurs destinées. Fut-ce un oubli de visa au passeport, fut-ce une arche rompue au pont du Var qui arrêta le voyageur vers la frontière Sarde, ou si des nécessités de quarantaine le décidèrent à revenir sur ses pas? En tout cas, Lord Brougham ne descendit point de sa chaise, et, se souvenant de la jolie bourgade, il donna l'ordre au postillon de le ramener au golfe de Napoule. Il comptait y passer quelques semaines; il y vécut trente ans, et il y dort pour l'éternité.

Voilà comment le hasard peut d'un homme d'État faire un fondateur de ville. Car l'Angleterre, puis la France suivant les pas du grand Whig, la rustique agglomération de pêcheurs est devenue, en moins d'un demi-siècle, cette belle et coquette cité dont Paris et Londres se disputent aujourd'hui la conquête.

Cannes n'a d'ailleurs pas été ingrate envers l'étranger, son créateur. Déjà, au bord de la plage, sous les chênes-verts et les lauriers-roses d'un square qui porte le nom du Chancelier, elle avait abrité le buste, en attendant la statue. Le centième anniversaire de la naissance[3] lui offrit une occasion, aussitôt saisie, d'acquitter le surplus de sa dette. La première dalle du piédestal fut, en effet, scellée en décembre, et, l'avril d'après, le marbre se dressa au milieu de fêtes qui ne durèrent pas moins d'une semaine. Le pays s'en souviendra longtemps. A l'appel chaleureux du maire de la cité[4], l'éloquence et la poésie, les chants et la danse, les femmes et les fleurs s'enlacèrent dans un chœur sympathique. On entendit le luth aux sept cordes marier ses accords aux sons joyeux du galoubet et du tambourin; on vit les feux de Bengale rougir la grève et Ruggieri emplir le ciel d'étoiles inconnues. Du Languedoc, du Comtat, de tout le Midi on était accouru. Dix mille pèlerins se pressaient sur les Allées à l'heure où, le voile tombant au bruit du canon, nous saluions, par quelques stances longuement applaudies, l'image vivante de l'illustre Écossais. Entre temps, un membre distingué de l'Académie de Dijon, M. Henri

1. La moyenne hivernale de Cannes est de 10 degrés.
2. *Au Caprice de la Plume*, 1 volume. Paris, Hachette, 1884.
3. Septembre 1878.
4. M. Gazagnaire, le très intelligent administrateur de Cannes.

Chabeuf, lisait le remarquable éloge qui lui valut la palme du concours. Et tandis que, de toutes les villas, montait l'écho des toasts portés aux deux nations, le félibre Bonaparte-Wyse, également couronné, chantait, dans la langue de Mistral, « le parfum des orangers fleuris[1], les longs labeurs d'une vie glorifiée » :

Dis arangié flouri qu'es siavo la sentour,
A travès lis enclaus dins lou cor alenado !
Qu'es douço la vanello, après lou long labour
D'uno vidasso ardento, erculenco, enaurado !..

Ce soir-là, en haut de la colline, Lord Brougham dut tressaillir sous le lourd monolithe qui, pour toute épitaphe, ne retient que son nom; les brises du vallon, ce soir-là, se sont bercées plus joyeuses sur la source qui pleure entre les tombes... Et qui sait si, à ce triomphe posthume du noble insulaire fêté par des Français, Mérimée, le voisin du repos éternel, ne se sentit pas lui-même un instant ému dans le linceul de pervenches où dort son scepticisme ?

Statue de Lord Brougham, à Cannes.

Aujourd'hui, le premier coup d'œil du touriste arrivant à Cannes est pour la statue, œuvre magistrale de Paul Liénard. Elle s'élève près de l'Hôtel de ville, émergeant d'une corbeille de géraniums qu'ombrage un groupe de dattiers. En face murmure la vague tiède qu'a tant aimée le grand désabusé. Des veines pures du carrare, l'artiste a fait sortir son héros, debout, tête nue, vêtu de la toge du docteur en droit. L'œil vif et perçant paraît sonder l'immensité qu'il embrasse ; l'une des mains, appuyée au palmier, y abrite la rose d'Angleterre, pendant que l'autre, dirigée d'un mouvement impératif vers le sol, rappelle le *hic standum est* du voyageur fatigué. Au granit du piédestal se lisent deux strophes signées de nous et gravées en lettres d'or, par délibération de la cité qui a cru y retrouver la pensée de son bienfaiteur. Elles sont détachées de l'ode qu'en qualité de Président du Concours nous adressions aux poètes et aux félibres, nos hôtes[2] :

Entre le jour et l'ombre il veut un peu d'espace,
Il veut l'oubli flottant sur la vague qui passe,
Il veut l'or du soleil dans son ciel obscurci...
Voilà pourquoi, debout, le doigt montrant la terre,
Il enlace au palmier la rose d'Angleterre
Et semble dire : c'est ici !

1. « C'est une petite ville pleine de beaux orangers », écrivait, en 1739, le Président de Brosses traversant Cannes.
2. La pièce entière figure au recueil des *Grands Cœurs*, couronné par l'Académie Française ; 1 volume. Paris, Hachette, 3e édition, 1883.

C'est ici le repos, le vrai bonheur, la vie.
Adieu, Fortune, Espoir... qu'un autre vous envie !
Des reflets lumineux baignent ses yeux charmés ;
La fleur naît sous ses pas, sur le flot l'azur brille,
Tandis que s'éveillant, Cannes, son autre fille,
Lui tend ses deux bras embaumés.

La tradition veut que lorsque Lord Brougham aborda pour la première fois à la plage Cannoise, il ait, par une sorte d'intuition, gravi d'abord les pentes sur lesquelles il devait étager ses jardins. C'est le coteau de la *Croix des Gardes*. La surprise qui l'y attendait le charma. Il retrouvait, moins vaste, il est vrai, mais plus délicieuse peut-être, cette baie de l'antique Parthénope qu'ont célébrée à l'envi la lyre et le pinceau, — Lérins remplaçant Capri, le Vésuve devenant Estérel, avec Naples changée en Napoule. Désormais sa barque avait un port contre les souffles de l'ambition, et le pilote avisé entrevoyait, dans une vague apothéose, le destin de ces rives fortunées.

Le nouveau venu n'a pas de meilleur exemple à suivre, s'il désire embrasser, d'un regard, le plus riant des spectacles. Ici, nulle promenade plus fructueuse ne saurait s'accomplir au prix de moins de fatigue. De la route parallèle au flot que contemple Éléonore-Louise jusqu'au sommet de la Croix des Gardes, il n'y a qu'une demi-heure de marche. Prenons le nouveau tracé de *Beau-Site*. Sans effort nous nous élevons par une succession de déclivités égayées de maisonnettes, striées de murs superposés dont les étages en pierres sèches retiennent les terres et empêchent l'oranger de descendre vers la mer. Le cassier[1], arbuste épineux et malingre, y pousse à miracle. La piqûre étant le prix de sa cueillette, c'est seulement avec la main gantée que les femmes le dépouillent, à l'automne, des mille pompons jaunes qu'apprécie fort le parfumeur, et pour cause. Car, la chimie aidant, la violette va sortir de la cassie, ainsi que le Chambertin naît, à Cette, de l'illégitime union du raisin de Corinthe et de la fuchsine. L'odeur en est douce, la culture rémunératrice. On montre, précisément vers le chemin que nous suivons, un pied de ce végétal dont le rendement, année moyenne, dépasse cent écus ; ajoutons que l'arbuste s'est changé en arbre, et qu'on tient le sujet pour unique sur le littoral. Des jardins maraîchers où la fraise devance les saisons, des chênes-liège, quelques pins parasols, surtout des bigaradiers et des plants de roses, s'abritent à ce versant. Un limpide ruisseau échappé d'un des réservoirs de la Siagne leur apporte, en courant, la fraîcheur et la vie. Aux premiers jours de mai, alors que les corolles deviennent abondantes et rares les acheteurs, tout ce pied de colline disparaît sous une frange de roses-thé, où peut se fleurir qui veut. Passons devant les villas *Sainte-Héloïse* et *Bella-Vista*, la bien nommée. Par une rampe accusée, nous atteindrons bientôt un plateau de lentisques et de bruyères que le genêt avive de ses grappes d'or. De son arête brillante, la roche micacée y déchire le sol; le pin maritime s'y groupe en bouquets, le long de sentiers où se plaisent à rêver les sentimentales misses. Encore un peu, et surgit la pyramide armée d'une croix en fers de lances qu'un Encelade inconnu, mais bon catholique sans doute, dressa sur l'assise de blocs amoncelés.

Du haut de ce belvédère agreste, sous les balsamiques senteurs de la résine suintant des écorces, Cannes tout entière se développe à nos pieds avec son double golfe, ses îles, son Château abbatial, ses maisons éclatantes, sa mer azurée. Voyez se dessiner, à droite, les croupes du Tanneron et l'arête tour à tour fauve ou grise, opaque ou transparente que, d'un coup de baguette hardie, la fée Estérelle projeta pour en faire son royaume. La baie qui s'y creuse est Napoule : telle une coupe à demi pleine de saphirs et de rubis ! La mer semble y dormir, reflétant dans

1. *Acacia Farnesiana :* Cannes produit annuellement dix-huit mille kilogrammes de ses fleurs, qui se vendent de 2 à 5 francs le kilogramme.

son glauque miroir la pourpre des toits qui se serrent d'autant plus l'un l'autre, que plus on se rapproche du môle, noyau de la cité. Voici la vieille ville. Couronné de ses tours féodales et de sa basilique, le *Mont-Chevalier,* par un promontoire où les pignons se suspendent en grappes, ferme ce premier golfe pour en ouvrir un second, celui de la Croisette, sorte d'arc tendu dont la flèche acérée vise le cachot du Masque de Fer. Cannes y enserre un port où veille, chaque nuit, la sentinelle avancée de son phare. Un peu en retraite, la *Californie* estompe les contours de ses habitations magnifiques. Ici, là, partout, aussi nombreuses que les grains de sable sur la plage, les blanches villas piquent d'étincelles lumineuses la verdure sombre d'où elles émergent. L'œil quitte-t-il la rive? C'est Lérins qu'il rencontre, ce sont ces Iles sœurs, nacelles fleuries toujours

La Croix des Gardes.

à l'ancre, berçant leurs glorieux souvenirs sur la vague qui les caresse... Et puis, si l'horizon est pur, là-bas, au loin, bleuit la Corse, dernier point visible de cette immensité.

Retournons-nous maintenant. Avançons de quelques pas, à l'ombre des pins, et soudain vont se dérouler d'autres horizons. Après la mer, la montagne : la Suisse, après la Provence. Pour être plus sévère, le tableau n'en est pas moins attachant. Tout près d'abord, le Cannet qui, frileux, s'abrite sous des collines boisées ; puis Mougins, campé sur son roc ; le Bar, dans ses murs intacts [1] ; la Clus du Loup, à la coupure vive évoquant l'exploit de quelque paladin de la Table-Ronde ; plus à gauche, la ville de Grasse s'entr'ouvrant, comme une grenade trop mûre, pour égrener ses rues aux flancs de la montagne chauve ; à droite enfin, les pics dentelés des Alpes, amphithéâtre superbe qui, derrière ses gradins de glace, nous dérobe Coni, Turin et l'Italie.

Qu'il est doux, par un des soirs familiers à ce ciel clément, de promener son rêve à travers l'étroit plateau, foulant du pied les mousses odorantes, pendant que le soleil, qui va s'éteindre dans une pluie d'or, illumine à la fois le lapis intense du flot assoupi et le cristal empourpré des neiges éternelles! C'est l'heure de se recueillir. Éblouie, l'âme a besoin de se replier sur

1. Le tremblement de terre du 23 février a fait écrouler la tour principale du vieux Château, écrasant, dans sa chute, trois maisons qu'elle surplombait.

elle-même. La pensée, lasse de lumière, regarde vers le passé obscur, et dans l'instant que les ombres descendent, elle trouve un charme mélancolique à remonter la pente des siècles en y moissonnant quelques souvenirs.

Alors apparaissent, un à un, dans les lueurs indécises du crépuscule, les spectres des âges disparus. A la voix de Polybe et de Strabon qui les évoque, les Ligures envahissent la scène. Cannes fait place à l'antique Œgitna. Sur l'escarpement qui la protège se retranche l'Oxybien, dédaigneux de Rome. Mal lui en prend. Quintus Opimius étouffe la rebelle sous les plis de sa robe sanglante. Mougins recueille l'épave des vaincus ; mais la cité conquise reste, pour sa part de butin, au Massiliote, allié du consul. Œgitna devient le *Castrum Marcellinum* jusqu'au jour où, dix siècles écoulés, la libéralité consentie à Marseille passera en fief sous la suzeraineté des moines de Lérins. Car un prince d'Antibes, Guillaume de Gruetta, se désiste pour eux de tous ses droits en prenant le froc, et Raymond Bérenger, comte de Provence, vient lui-même, en 1131, confirmer la donation devant le chapitre assemblé. Pendant plus de six cents ans, les seigneurs Abbés vont garder ce joyau à leur mitre qui vaut une couronne. Ni la persuasion, ni la force ne pourront l'en détacher, non plus le soldat espagnol ou le reître allemand, pas même le coup d'aile de la peste noire qui, amenée sous les créneaux du fort par un navire levantin, fait un cimetière de la Provence.

La Révolution contre-signe la charte d'affranchissement de Cannes. Mais celle sur le nom de qui se battent les étymologistes, celle qu'illuminèrent, une nuit, les feux du Prométhée déchaîné, Cannes la Française ne devra son plus beau fleuron qu'à la main de l'étranger. La vraie date de sa fondation est 1834. L'ex-Chancelier du Royaume-Uni achète toute une colline pour moins de pièces blanches que nous ne versâmes de guinées à son frère [1], en échange du lambeau verdoyant que nous cousions naguère au jardin des Violettes. Coupant en pleine nature, il dessine un parc, suspend des parterres, précipite des eaux, marie la liane des tropiques au tronc noueux de l'olivier, et sous la colonnade de son riant asile offre, en Écossais de race, l'hospitalité la plus large aux célébrités qu'attire sa renommée. Seuls, la Fortune et ses caprices demeurent consignés à la grille :

*Inveni portum : spes et fortuna, valete !*
*Sat me lusistis ; ludite nunc alios,*

avait-il écrit sous le péristyle de sa demeure et il ne laissa pas mentir le distique. Fidèle au souvenir de l'enfant disparue, entre les fleurs, les livres et les amis, ce sage qui fut Lord Brougham sut défier, jusqu'à l'extrême vieillesse, les retours offensifs des espoirs ambitieux. O fragilité des établissements de l'homme ! Moins de vingt ans se sont écoulés depuis la mort du Christophe Colomb d'Édimbourg, et voici déjà que Français et Anglais

Se taillent des pourpoints dans son manteau de Pair.

La poudre a fait sauter le roc, la hache a éclairci les bois, le coteau est éventré, le parc dépecé, tandis que de larges routes, se croisant en tous sens, peuplent de balustres ajourés ou de murs cyclopéens les lieux où, hier encore, les troupeaux bondissaient au coup de sifflet du pâtre. *Aberfour, Wilderness, Lisnacrieve, Beauregard,* sœurs cadettes d'*Éléonore-Louise,* ont hérité les bijoux de son écrin. Des splendeurs de la première villa il ne restera bientôt qu'un nom et une statue... — C'est assez pour la postérité.

1. Lord William, mort l'avant-dernière année, à *Brougham-Castle,* dans le Comté de Cumberland.

De Saussure traversant Cannes, en 1787, y trouvait trois rues à peine, toutes trois habitées par des matelots et des pêcheurs. Nous serions tenté, nous, de n'en plus signaler qu'une. Il est vrai que celle-là mesure tout près de deux lieues et qu'en sus des engins de pêche de l'époque, elle nous offre les multiples ressources d'une civilisation raffinée. C'est la rue d'Antibes qui, additionnée de la route de Fréjus, égale presque en longueur les plus fameuses artères de Londres. Depuis les écueils de la Bocca jusqu'à la courbe du Golfe-Juan, ce ruban de bâtisses brodé de verdure court parallèlement à la plage, semant sur son pli ondulé, castels, villas, chalets, hôtelleries, bazars de toutes sortes. Les monuments s'y montrent rares, puisque, hormis la Maison de ville, — une lourde carrière de pierres, et le Théâtre, — un placage sans importance, il n'y a rien

Éléonore-Louise (Villa de Lord Brougham).

à relever. Par contre, les belles résidences ne se comptent plus, ni les étalages dignes des capitales. L'article de vente est celui de Paris, également le prix à payer. Ce n'est point sur la Rivière que se dresse le temple de l'économie. Le légume est cher, au royaume des fleurs ; au pays du bleu, il faut des billets bleus, et, à l'exemple d'Almaviva, le touriste fera bien d'apporter « la bourse pleine ». La raison s'en déduit aisément ; au besoin, on vous la livre sans frais. Une station hivernale n'ayant à espérer que le séjour maximum d'octobre en mai, tout négociant sage — et on sait que la sagesse est la vertu du négociant — devra réaliser, en six mois, les bénéfices d'une année. Tant pis pour le contribuable exotique : encore tant pis si les centimes additionnels pleuvent drus comme grêle sur son escarcelle percée à jour ! Outre qu'un ciel serein ne saurait garantir de cette pluie-là, n'est-il pas très flatteur de se voir rattaché par un fournisseur à la tribu des Rothschild, ou traité de nabab par les agents du fisc ? D'ailleurs, en échange d'un peu de métal vil, on vous assure le confort de l'existence, sans compter l'octroi gratuit du soleil (*Lou Soulèu*), dont l'or, très supérieur à celui du Pérou, se monnaye chaque jour au profit de vos misères. Et quelque pitoyable Jérémie se plaindrait d'une facture trop savante? Il aurait tort, à coup sûr ; l'industrie des villes de saison, c'est l'étranger.

Par un accroissement rapide qui porte à vingt mille [1] l'été, et à près du double, en hiver, le chiffre de ses habitants, Cannes se disperse sur un vaste périmètre sans cesse grandissant. Les courses y sont longues, les simples visites laborieuses : trois de celles-ci exigent une après-midi. Indépendamment de son interminable rue, des quartiers latéraux se multiplient ; partout les villas y surgissent. *La Route de Grasse,* chère à ceux qui peuvent braver le mistral et ne s'attrister point des enterrements, *les Vallergues,* abritées du vent et aussi de la vue, *le Petit-Juas,* qui berce la rêverie au grincement des locomotives, *Terrefial, les Gabres, la Californie,* sommité appréciée de l'Anglais et très digne de sa faveur, vingt autres cantons aux vocables expressifs ou bizarres, offrent des mérites non moins variés que les goûts de leurs occupants. Celui-là, en effet, recherche ce qu'évite celui-ci. Tel aime se promener à terrain plat, quand l'autre inflige à ses allées de rigoureux escarpements. Ici, on veut la mer, immédiate, sans transition; là, on met, entre elle et soi, la barrière odorante des pins. Il en est qui s'enferment dans la verdure, comme en une inviolable thébaïde, tandis que plusieurs ne craignent pas de se hisser à des hauteurs laborieuses pour planer sur le golfe épanoui. De cette diversité de penchants naît une opposition d'effets très favorable à l'ensemble. Mais nous ne saurions méconnaître que les bords de la plage restent surtout en crédit. Le prix des terrains y est plus élevé et la villa plus élégante, la pelouse plus verte et plus *select* le choix du *high-life.* C'est aussi sur le flot, ou du moins à proximité, que s'ouvrent les hôtelleries en vogue. La simple logique indiquerait qu'à moins de prescriptions opposées et formelles, on ne vient pas vers la mer pour lui tourner le dos.

Donc, de la Bocca à la Croisette, sur un arc double de plus de six kilomètres, se succèdent, comme les anneaux d'une chaîne fleurie, d'innombrables demeures, coquettes le plus souvent, splendides parfois, embaumées toujours. Les divers styles s'y coudoient, du gothique au moderne; toutefois, la villa blanche domine, éclatante de lumière, seule vraiment en harmonie avec cette nature pétrie de rayons. La première partie de la courbe constitue le QUARTIER ANGLAIS, ainsi appelé sans doute de ce qu'il n'est plus guère occupé que par les Français. Qu'il garde pourtant ce nom! N'est-ce point là que le pionnier, fils d'Albion, planta le premier piquet de sa tente? De l'autre côté du port, sur la seconde branche de l'arc, se développe le boulevard de la CROISETTE, jetée délicieuse, promenade des hivernants, si tant est que tout ne soit pas promenade dans ce jardin de la Provence qui s'appelle Cannes.

Citons quelques noms, arrêtons-nous à quelques seuils.

Avec ses tourelles aux étroites meurtrières, avec ses murs crénelés dont la nappe voisine, comme une glace étamée d'argent, reflète la mouvante silhouette, le *Château de la Bocca* sert de limite à la ville, du côté de Fréjus. Une Américaine l'occupe depuis peu, l'aimable baronne de Hoffmann qui l'a embelli en y transplantant les plus hauts palmiers de Bordighera, tandis qu'en gerbes de poussière humide elle élevait la Siagne jusqu'au niveau de leur couronne. Nous prîmes notre part, à leur ombre, d'une fête digne d'être contée par Scheherazade, le jour où l'on célébrait les noces de M^lle Médora de Hoffmann [2] avec ce jeune et aventureux marquis de Mores-Vallombrosa qui, entré dans l'hymen par une porte de diamant, marcha si vite depuis, qu'il se trouve déjà en plein *Far-west,* fondateur de cité et chef de tribu. Plus près de Cannes, derrière sa barrière anglaise, nous sourit la villa du *Méridien* dont un collectionneur émérite autant qu'homme de goût, M. Le Roux de Villers, avait fait un agréable musée. Puis voici *Flora,* guir-

1. 19,959, selon le recensement de 1886.
2. Hiver de 1882.

lande aux vives couleurs, et, en face, le *parc La Rochefoucauld*[1], triomphe du pin parasol et du cocotier, assez vaste d'ailleurs, dans un pays où le sol s'estime à la toise, pour que le duc de Doudeauville ait pu, de sa main de fer, lancer l'attelage de ses cinq poneys bondissant à travers le méandre des parterres, les bois d'orangers sombres ou les terrasses en surplomb du rivage. Mais les coups de la Mort se multiplient en cette retraite ducale. La grande dame qui l'éclaire de sa grâce, aussi de sa bonté, y pleurait le dernier de ses fils emporté à dix-huit ans, dans toutes les plus riantes promesses de l'intelligence et du cœur. Comme Rachel, sous ses voiles de deuil, la mère ne voulait pas être consolée, et voici que l'épouse vient d'être frappée à son tour. La porte demi-close s'est fermée, la Douleur est assise devant. Inclinons-nous, et passons !

La grille ouverte d'*Éléonore-Louise* nous invite à entrer. Belle encore, l'aînée de toutes ces sœurs grandies autour d'elle depuis cinquante ans, mais non la plus belle désormais ! Quatre-vingt mille livres sterling ont soldé le prix de ses faveurs égrenées. Un corset de murs l'étouffe, elle, l'antique amante des longs horizons. Toute réduite qu'elle se trouve, elle est à voir cepen-

1. Ancien *Château Saint-Georges*, construit par M. Woolfield, l'Anglais, après Lord Brougham, auquel Cannes doit le plus. Subitement, il y a quelques mois, le duc de Doudeauville s'éteignait en cette résidence, au retour d'une de ses promenades favorites.

dant, puisqu'un Brougham [1] la possède et qu'une ombre illustre la hante. La douairière *de Rothschild* lui donnait hier pour voisine une luxueuse habitation assise, à coups de millions, par un architecte habile [2], sur l'aire nivelée de chalets détruits, de *rious* mis à sec, de chemins déclassés qui sont devenus bosquets. La baguette des Fées était d'or, au bon temps ; le métal n'en a guère varié depuis, et qui la possède opère toujours des miracles, y compris ceux de bienfaisance dont nul ne s'étonne, quand le cœur généreux de la baronne James ajoute encore à la magie. Une jeune main patricienne sur laquelle respectueusement se posent les lèvres souveraines tient aussi, non loin de là, un irrésistible talisman. Le nom de *Luynes* vaut une incantation. Celle qui si dignement le porte n'a qu'à faire un signe pour que chaque Muse tour à tour mêle ses attributs à l'éclat de sa couronne héraldique ; et, au dernier degré de sa véranda de cristal, nous pénétrons, par la brèche d'une clôture abattue, dans le merveilleux jardin où fleurit le sceptre de « la Reine de Cannes ». N'est-ce point ainsi que ses sujets fidèles désignaient la duchesse de Vallombrosa?

Nous reviendrons bientôt à cet Éden, digne d'une halte moins brève. Pour l'heure, suivons notre route, notant, au passage, les villas *Ferdinand Moreau* et *de Clercq*, les majestueux palmiers de M^me *Crombez*, ou *Victoria*, le cottage à ogives dont les terrasses dominant la mer réjouissent la vieillesse de l'ex-Vice-Roi des Indes, lord Murray. Si pressé pourtant que l'on soit, peut-on ne s'arrêter point quelques instants devant cette fantasque *villa Périgord*, sorte d'enluminure moresque qui, plantée à un roc étoilé d'agaves, arque la large baie de ses salons, comme une paupière ouverte sur l'immensité bleue? C'est ici que la princesse de Sagan passe deux ou trois mois, chaque hiver, avec M^me de Galliffet, la toujours jeune et captivante marquise. Dans un cercle d'élite, lasses du *Tout-Paris*, les amies s'y reposent, en douce intimité, des fastueuses réceptions de la rue Saint-Dominique. Nous ne sommes qu'à mi-chemin de notre excursion ; que de feuillets de l'armorial déjà tournés ! et nous en omettons davantage. Ce n'est plus le quartier Anglais, c'est une annexe du faubourg Saint-Germain que ce coin de golfe aristocratique. Justus Perthes, de Gotha, y trouverait les éléments d'un Almanach ; car les blasons y pendent des arbres, la particule y pousse entre les herbes, et si quelque honnête et opulent chocolatier s'égare, d'aventure, en ces nobles parages, il a soin, au préalable, de s'appeler *Marquis*.

Soudain la scène change. La cité primitive, ses rues tortueuses, son Hôtel de ville, son Port, ses Allées « de la Liberté », tout, jusqu'à la statue de l'ancien chef des Whigs, nous avertit que nous mettons le pied en terre démocratique. Mais la Croisette qui s'amorce au vieux Cannes nous ramène bien vite parmi les favorisés de la naissance et de la fortune. La *villa Caserta*, résidence presque perpétuelle de l'un des frères du Roi de Naples ; *Henri IV*, création du comte de Bardi ; *les Iles*, fief des Latour-Maubourg ; *les Dunes*, au prince Radzivill ; *Faustina*, la Romaine ; *Marina*, sentinelle avancée du cap... semblent autant d'étoiles tombées dans la baie, avec le pan d'azur où elles scintillaient. Plusieurs d'entre elles sont parfois livrées à bail, non données, à coup sûr : vingt-cinq mille francs représentent le taux normal de la location pour un semestre. Elles ne seraient d'ailleurs pas les seules à mentionner.

Sur la route bruyante d'Antibes ou dans le retrait des vallons solitaires, nous rencontrons encore : la splendide *villa Madrid*, et son mignon théâtre que M^me Ettling, en des soirs très recherchés, offre comme un exquis régal aux délicats de l'esprit ; *Alexandra*, dont l'un des premiers colons, M. Tripet-Skrypitzine, suspendit les coupoles au sommet d'un parc, s'inspirant

1. Henry Brougham, membre de la Chambre des Lords, neveu du Chancelier, qui conserve, en les parant de son goût, les épaves de la première villa du littoral.

2. M. Baron.

avec bonheur des caprices de l'architecture Moscovite[1]; *Thorenc,* à la duchesse de Montrose; *Selvosa*[2], appuyée sur ses colonnes de marbre d'Afrique, *Montfleury*[3], sertie de sa guirlande embaumée, — symboles, l'une et l'autre, de l'hospitalité Britannique; *Fiorentina,* ample palazzo italien aux galeries à fresques, aux escaliers de carrare poli, où, pour mieux plaire à la vibrante Florentine qui est son rayon de poésie, un membre du Parlement d'Angleterre, sir Julian Goldsmid, semble avoir évoqué quelque ressouvenir de la patrie Toscane; *Isola Bella,* résidence favorite du Duc Régnant de Mecklembourg-Schwérin; *Dès Fayères,* achetée, l'autre hiver, par S. A. R. le Duc de Chartres; *Saint-Jean* enfin, retraite chérie du Fils aîné de la Maison de France, qui, dans le mystérieux réduit d'un petit vallon sauvage, au murmure des eaux baignant ses fougères arborescentes et ses chênes toujours verts, faisait naguère encore oublier à son hôte auguste les tristesses du présent et les espérances de l'avenir. Mieux que personne, l'indigent connaissait les sentiers menant au seuil béni. Aujourd'hui, la maison est vide; de la Patrie Française on a proscrit les cœurs si Français qui y battaient. Inclinée sur la barrière close, Cannes pleure en silence les Exilés qui *conspiraient* avec elle... pour le soulagement du pauvre. Le grand souffle d'une justice attendue sèchera peut-être bientôt ses larmes.

Villa des Violettes.

*Pictoribus atque poetis...* Puisque toute audace est concédée aux poètes, qu'il soit permis à celui qui écrit ces lignes de nommer, après tant de demeures altières, le modeste abri dont la violette est l'emblème. Ce fut une des premières perles détachées du collier d'Éléonore-Louise. Lord Brougham en aimait les oliviers séculaires, et aussi ce sable fin, poussière de coquilles et de porphyre où lentement expire la vague. Le 4 Septembre nous valut ce loisir. Durant les longs mois d'hiver, le velours des gazons s'y brode de la fleurette séditieuse, chère à notre mémoire; l'oranger y fait tour à tour mûrir ses fruits d'or ou neiger ses fleurs d'argent; le nid des rossignols se suspend, en avril, dans la frondaison légère de ses mimosas. De l'Estérel à Lérins, le regard flotte sans cesse captivé, cependant que la rêverie court avec la fumée des trains lancés vers l'Italie, ou revient sur l'écume du flot, mouiller le marbre des balustres... — Mais rayons, chants ou parfums, sont moins doux au poète que les illustres amitiés qui souvent daignent s'asseoir à son foyer honoré et réjoui. C'est en ces occasions surtout qu'il peut murmurer, comme Horace: *Angulus ridet!*

La *villa des Violettes* touche au *Château des Tours,* humble tige cachée sous le lis

1. M. Tripet y a installé une chapelle pour la célébration du culte Grec.
2. A M. Ussher.
3. A M^me^ Schenley

superbe. Rejoignons ce manoir, honneur de Cannes, parure de la Rivière. Une fontaine limpide coule près de l'entrée : « Je répandrai mes eaux pour ceux qui ont soif », dit l'inscription gravée sur la vasque. En faisant, dès le seuil, au passant la libéralité d'une onde fraîche, la Charité ne pouvait mieux planter le drapeau sur son domaine. Est-ce par amour d'elle que la nature semble avoir voulu épuiser ici la réserve de ses séductions? Peut-être. Toutes les splendeurs tiennent dans ces quatre mots : « le Château des Tours ». Aussi l'Opéra fut-il bien

Château des Tours (Villa Vallombrosa).

inspiré, lorsque de la reproduction de ces parterres il composait son paradis d'Indra, au troisième acte du *Roi de Lahore*. Le peintre n'avait qu'à se souvenir pour brosser le prestigieux décor que l'on applaudit. Ce jardin ducal est un poème, en effet. A peine en a-t-on écarté la ceinture d'eucalyptus, que l'on se sent entraîné de surprises en ravissements. Ici, les arbustes sont arbres et les fleurs pierreries. Chaque plante y tire son feu d'artifice de verdure, — le chamérops par d'éblouissants soleils, l'agave en fusées hardies montant de neuf mètres dans six semaines. L'araucaria y superpose en étages décroissants l'étrange pyramide de ses rameaux charnus; le dracéna y livre au souffle des brises les pénétrantes senteurs de sa chevelure épandue. L'oranger, l'olivier ne sont qu'hôtes vulgaires. Du milieu des pelouses jaillissent vingt groupes de palmiers rares, balançant leurs lourds régimes sur la mosaïque des camélias, à travers l'inextricable enguirlandement des rosiers-banks. La primevère s'arrondit en corbeilles autour des bassins, mille fleurs grimpent aux murs, empressées d'en éclairer les teintes sombres... et, par delà les nappes de cristal qui s'échappent du roc, voici se dessiner tout en haut, suspendue sur le précipice qu'elle domine à l'orient, la silhouette crénelée du donjon où flotte le léopard des Vallombrosa. A quoi bon insister? pour tenter de décrire, il faudrait tremper sa plume à l'iris de ces jets diamantés qui retombent incessamment dans leur coupe d'émeraude ; il faudrait saupoudrer le mot avec la poussière diaprée de ces libellules qui font chatoyer leurs ailes sur la feuille dentelée des cycas.

Tout est d'enchantement suprême, comme tout est de grande race, en cette grande maison. L'intérieur y tient les promesses du dehors ; le luxe et le goût y sont entrés de compagnie. Ces arceaux brillants sous lesquels l'Europe entière a passé dans la personne de ses princes, de ses poètes, de ses artistes, de ses *professionnelles beautés,* entrelacent les caprices de leurs arabesques sur le blason de celui qu'on a surnommé le roi, et que, d'un chrême plus flatteur peut-être, nous sacrerons second fondateur de Cannes. Par sa haute situation, par son esprit d'initiative, par son amour instinctif des arts et le culte voué à cette patrie d'adoption, le duc de Vallombrosa, dignement aidé d'une femme accomplie, a mieux travaillé en vingt ans, pour la cité naissante, que cent autres n'y eussent pu réussir en un demi-siècle. Il a bien mérité de Cannes, et Cannes aime à s'en souvenir. Sans renier ses origines, elle échange volontiers le plaid du Lord-Chancelier contre l'écharpe transparente où pend l'aumônière bénie du pauvre ; par un gracieux avatar, la fille de Brougham se personnifie en cette châtelaine de pure race française dont les deux mains toujours ouvertes symbolisent à miracle la charité et l'hospitalité. La duchesse de Vallombrosa ou simplement « la Duchesse », ainsi qu'on l'appelle, n'a rien à redouter des briseurs de couronnes ; la sienne tient à son front, sertie par la reconnaissance. En foi de quoi, les dispensateurs de la gloire ont inscrit leur hommage sur son album favori, — sa *Guirlande de Julie,* à elle! Il n'est pas de pasteur de peuple qui, prenant congé, ne lui ait confié un nom attendu par l'Histoire, pas un artiste, pasteur d'âmes, qui ait omis d'y laisser quelque trace de son inspiration. Émules de Vauvenargues ou jongleurs de rimes avaient beau jeu : ils n'ont eu garde de déserter la partie. Chaque feuille du vélin armorié trahit une fine pensée, une louange discrète, quelques stances délicatement ciselées. Et si nous en détachons, de préférence, ce sonnet couronné par l'Académie Française, au livre des Grands Cœurs, c'est beaucoup moins pour ce motif qu'il est de nous, que parce qu'il résume, sous une forme précise et brève, un double éloge bien justifié :

## FLEUR DIVINE

*A Madame la Duchesse de Vallombrosa.*

D'un rayon du soleil, d'un soupir de la grève
Dieu l'a créé pour vous, le merveilleux jardin !
L'âme aime à s'y bercer sur les ailes du rêve :
On songe, en le voyant, d'Armide ou d'Aladin.

Sous un ciel sans frimas la rose y naît sans trêve,
L'herbe un instant foulée y reverdit soudain,
Et l'éternel printemps exilé depuis Ève
Se retrouve avec vous dans ce nouvel Éden.

Mais il est une fleur, entre toutes, divine :
Si l'œil la cherche en vain, le cœur, lui, la devine ;
Suave est son parfum et douce sa fierté ;

Mieux qu'un joyau de prix elle orne une couronne,
Et vous seule ignorez quel éclat l'environne,
Car cette fleur, Madame, est votre charité.

Hélas! cette fleur est tombée, au souffle du dernier automne... La petite-fille de celle qui suivit Marie-Antoinette à la Tour du Temple [1], « la bonne Duchesse [2] », ainsi qu'on l'a nommée, le jour des obsèques, s'est éteinte en chrétienne dans son manoir d'Abondant, à mi-chemin d'une vie abrégée par la pratique incessante de tous les devoirs et de toutes les vertus. Les lignes qui précèdent étaient déjà écrites, quand la triste nouvelle se répandit : nous n'en effaçons pas un mot. L'histoire de Cannes y perdrait la page dont elle a le plus droit de s'enorgueillir : et puis, on ne comprendrait pas le décor idéal du Château découronné, sans la radieuse vision qui y trouvait son véritable cadre. Désormais les fêtes pleureront leur parure, les pauvres leur amie. Glacée par le trépas, la belle main ouverte à toutes les infortunes vient de laisser échapper le sceptre qu'elle a tenu pendant un quart de siècle. Qui le relèvera?

Tout fervent du soleil n'a point une villa dans ses titres de propriété, et, d'autre part, plus d'un budget s'accommoderait mal, pour six mois de location, d'une redevance de cinq ou six cents louis, très susceptible d'être doublée. Sans compter que des installations de ce genre comportent un personnel dont le souci n'est pas au goût de mainte apathie. A ces aspirations moins hautes l'hôtelier vient en aide. Les petites pensions abondent, et les établissements d'un ordre supérieur ne sont pas rares [3], dont plusieurs atteignent aux proportions de la caserne. On peut en recommander une dizaine pour le moins, sans autre motif de préférence que leur situation. Ce sont, au quartier Anglais, *Beau-Site, Belle-Vue, le Pavillon; le Continental,* sur la hauteur qui domine la mer, par-dessus la vieille ville ; *Splendide-Hôtel,* le long des Allées, près du port; un peu plus loin, *Beau-Rivage; le Grand-Hôtel,* palais magnifique, en pleine Croisette; *Beau-Séjour, Montfleury, la Californie,* vers l'extrémité du croissant qui s'appuie au Golfe-Juan; enfin, loin de la plage et en retraite, *le Prince de Galles* qui, plus Britannique encore que les trois quarts de ses rivaux fort *Britannisés* cependant, a eu l'honneur, durant les dernières saisons, de recevoir sous son toit l'héritier de la Couronne d'Angleterre. De tous ces gîtes on est en droit d'attendre fine table et confort d'appartements. Il n'est pas de tête, si exigeante soit-elle, qui ne puisse s'accommoder de pareils oreillers.

Il s'en faut, par exemple, que le Bon Dieu soit aussi bien logé dans sa pieuse ville de Cannes. L'antique fief des moines n'oublie-t-il pas trop son passé? Si nous exceptons quelques couvents de femmes, abrités à flanc de colline sous la feuille argentée de l'olivier, nous ne trouvons plus que pauvres demeures bâties par d'ingrats usufruitiers à ce Maître d'en haut qui si visiblement les bénit ici-bas. Il y avait bien l'adorable chapelle Vallombrosa. Sous d'élégantes ogives aux nervures polychromes, entre des boiseries artistement fouillées que rehaussent les chefs-d'œuvre de la peinture Italienne et ces verrières au demi-jour mystérieux irisant l'image de sainte Geneviève, patronne de la Duchesse, quelques privilégiés prenaient place le dimanche. Ceux-là poursuivaient fort agréablement leur salut à travers les harmonies d'un orgue touché

1. La duchesse Geneviève de Vallombrosa, née des Cars, eut pour aïeule maternelle la duchesse de Tourzel, née princesse de Croy, qui, en 1789, remplaça M$^{me}$ de Polignac, au titre de Gouvernante des Enfants de France, accompagna la Reine dans la fuite de Varennes, et ne la quitta qu'au pied de l'échafaud.

2. Oraison funèbre prononcée en l'église d'Abondant, le 20 octobre 1886, par M. le chanoine Roussillon, délégué de Monseigneur de Chartres.

3. Il y a en plus de soixante.

de main patricienne. Mais les autres ? Deux ou trois petits sanctuaires, tristes et nus, concédés non sans peine aux besoins spirituels des quartiers extrêmes ; *Notre-Dame de Bon-Voyage,* disgracieuse accumulation de blocs frustes, aux murs humides, au pavé glacé et non balayé ; la nef étroite de l'Hôpital, ou, tout en haut du Mont-Chevalier, l'antique église de *Notre-Dame d'Espérance,* à la portée des seuls alpinistes... C'est tout, et c'est peu, — surtout si l'on songe qu'avec les fidèles de plus en plus nombreux, s'introduisent, croissent et multiplient, au saint parvis, tant de menus parasites dont notre aïeul Noé admit imprudemment les variétés dans l'Arche. Combien plus favorisée nous apparaît la communion dissidente, avec ses oratoires, ses chapelles, ses temples charmant l'œil de leurs flèches légères, tout en offrant au recueillement un asile digne de ceux qui prient et de Celui qu'on y prie !

Horloge de la Ville, au Suquet.

Gardienne des reliques d'Honorat, la basilique du Mont-Chevalier a du moins ce mérite qu'en rapprochant le pèlerin des cieux, elle lui donne par surcroît l'occasion d'une belle vue. Son vaisseau, long et sombre, ne possède rien à noter, hormis la châsse du saint ; mais son campanile élancé porte, non sans élégance, à chacune des quatre faces, une horloge qui s'illumine avec la nuit, quand l'huile ne manque pas à l'estagnon municipal. De la plate-forme qu'atteignent des rampes rapides, le regard surprend Cannes penchée, comme une coquette, sur le cristal où elle se contemple. A pic, sous cet escarpement, le Port se creuse, pauvre d'espace, riche d'écueils, très prompt à s'ensabler, protégeant mal du vent les navires de grand tonnage qui y brisent bastingages et mâtures, et demeurant quand même le second havre de la côte par l'importance du cabotage : un fort beau thème d'ailleurs pour les quémandeurs de suffrages populaires heureux, à chaque renouveau électoral, d'y broder des promesses variées[1]. Vous plaît-il d'élargir le champ de la vision ? Montez au

1. « Le Port de Cannes n'est pas, à proprement parler, un port », conclut, dans son excellent rapport au Conseil Général des Alpes-Maritimes (août 1886), M. le Vice-Président Hibert, et il réclame avec insistance, de l'État, la somme de 1,200,000 francs reconnue nécessaire « pour agrandissement et amélioration » par les ingénieurs des Ponts et Chaussées. Le Ministre des travaux publics en personne a voulu l'honorer d'une visite, en mars dernier. Il est venu, il a vu, mais il n'a pas vaincu... les objections d'un budget en détresse. La promesse conditionnelle de M. Milland tombé du pouvoir vaut moins que le billet de la Châtre.

sommet de la tour voisine. Écornée par la foudre, éventrée sous le poids des siècles, mais fort capable encore de porter le vôtre, elle vous offre, à la dernière marche d'un récent et facile escalier de bois, le panorama étincelant de la mer, depuis l'Estérel jusqu'à la Garoupe, avec une partie de la chaîne des Alpes-Maritimes en guise de repoussoir. Adalbert II, abbé de Lérins, en jeta les fondements dans l'année 1080 ; elle ne fut achevée que trois cents ans plus tard. Alors elle servait d'instrument de défense et de poste d'observation. Huit siècles écoulés lui maintiennent la seconde de ces prérogatives. Si elle ne communique plus par des signaux de fumée avec les tours de Castellaras, de Grasse et d'Antibes, du moins apparaît-elle encore de loin au matelot, allumant pour lui ses courtines dorées, comme un phare de jour, sous la flèche flamboyante du soleil.

Sur l'emplacement et au-dessous de ces murailles d'enceinte à peu près disparues s'étage le quartier du Suquet. Le *Suquet* et le *Poussiat* — des vocables qui sentent leur fruit de Provence — représentaient hier encore les deux berceaux de Cannes, un peu bien suspendu l'un, un peu trop étouffé l'autre, assez mal odorants tous deux. Le Poussiat vient de crouler en partie pour laisser la place à un spacieux marché couvert qui désormais n'encombrera plus les Allées. Honneur à l'édilité ! Quant au Suquet, il a chance de subsister, et les amateurs de pittoresque ne le regretteront pas. Rien de curieux, sauf à n'y point muser, comme ces rues raides, étroites, durement pavées, rarement lavées, étrange labyrinthe coupé d'impasses où le peloton d'Ariane courrait risque d'altérer sa fraîcheur. Les chiens y aboient, les enfants y grouillent, les femmes y jouent de l'aiguille et de la langue, appuyées au chambranle des portes. C'est le domaine des bateliers et des pêcheurs, braves gens qui ne sont point cause si, deci delà, quelque Piémontais pris de boisson vient y essayer la trempe de son couteau à virole dans le dos d'un compatriote. On les rencontre vers le soir, le filet ou la rame sur l'épaule, traînant un peu le pied, en chrétiens qui, n'ayant pas boudé à la peine, se sont maigrement restaurés, vers midi, d'une poignée de figues sèches et d'une pinte d'eau claire. Aussi, la récompense les attend, si la ménagère se trouve en belle humeur. Une soupe au poisson ou quelque bouillabaisse lestement enlevée leur remettra la joie dans l'âme.

N'ont-ils pas d'ailleurs leur festin et leur fête, comme les autres? Le festin se pratique, vers sept heures de relevée, la veille de Noël. Il se compose invariablement d'une sorte de *polenta* faite de farine de *pois pointus* que l'on coupe en tranches et que l'on passe à la poêle ; d'un morceau de morne bouillie, étoffé de noix pilées ; d'une terrine d'herbes cuites au four ; enfin d'un gâteau pétri de fine fleur de froment et de jaunes d'œuf qu'on parfume à l'essence d'oranger. Un joli vin blanc du cru arrose cette traditionnelle agape qui, de Marseille à Nice, porte le nom de « gros souper ». Brillat-Savarin l'eût gratifiée de maigre pitance.

Quant à la fête, les pêcheurs la chôment le jour de Saint-Pierre-ès-Liens, c'est-à-dire le 1er août. Nul d'entre eux ne s'expose en mer la nuit qui précède : saint Pierre ne bénirait pas les filets. Dès le soir, les bateaux sont tirés sur la plage, tandis qu'un feu de joie s'allume près du Port. Le lendemain, sitôt que paraît l'aube, chacun arbore son drapeau et cloue un bouquet à la pointe du mât. Puis, vers dix heures, tambour battant, bannière déployée, patrons et matelots mettent le cap sur le Mont-Chevalier. Gaiement, au son du fifre, ils montent entendre la grand'-messe qui leur est chantée dans le chœur de la vieille église. Un banquet fraternel les retrouve, à midi, la fourchette en main, vers cette rue Bivouac où campa Napoléon. Des courses nautiques occupent le reste du jour, un bal champêtre égaye la soirée, et durant toute la nuit, le Suquet retentit de chansons joyeuses.

C'était là, au nœud le plus enchevêtré de cet écheveau de ruelles, qu'habitait, il y a peu d'années, un digne marin répondant au nom de *Vénitien*. Vieux loup de mer, dur comme un crabe, bronzé comme un oursin, il avait sillonné maint océan, doublé bien des caps, affronté plus

LES ALLÉES ET LE MONT-CHEVALIER, A CANNES.

11

d'une tempête. Cannes lui tenait lieu d'Invalides, et l'*Honorine*, une barque « qui n'est fainéante ni à la voile, ni à la rame », lui servait à promener les touristes le long des côtes. Dans le golfe pareil à un grand lac semé d'escarboucles, nous voyons encore le joli canot blanc, réchampi de rouge, se balançant gracieusement à deux brasses du rivage, avec le second à l'avant, en train de hisser le pavillon. Poitrine hâlée, tête toujours nue, le patron guettait sa proie :

« Belle brise ! » s'écriait-il, du plus loin qu'il nous apercevait, et, resserrant son écharpe, il ajoutait avec intention : « Un riche temps pour aller aux Iles ! »

Sans plus, nous sautions dans l'*Honorine*. Les deux paires d'avirons frappaient l'eau en cadence, un souffle se mettait de la partie, la toile se gonflait, et nous voilà volant sur la plaine ondulée, à la façon des mouettes qui nous faisaient cortège. Ah ! les folles bordées courues de Saint-Honorat jusqu'à la grotte de Gardane ! Oh ! les douces heures insouciantes passées à piquer, d'un coup de gaffe, la pieuvre grise ou l'étoile empourprée qui se cache sous l'écueil ! Il savait des histoires terrifiantes, ce brave Vénitien. Il en contait de fort drôles aussi. Son esprit s'aiguisait, à l'occasion, d'une pointe de verve méridionale. Le nez, droit et effilé comme une proue, se livrait alors chez lui à un imperceptible roulis ; une étincelle de malice pétillait dans le petit œil vif, teinté de vert, et il fallait l'entendre dire, par forme de condoléance, à quelque novice effrayée d'une lame un peu forte : « Rassurez-vous, mademoiselle ! La première fois, nous prendrons une cruche à huile pour vous mettre au fond. » La timide souriait, quoi qu'elle en eût, et le rire emportait la peur. Nul d'ailleurs n'était plus expert à doser, sur la flamme d'un bois sec, les multiples condiments d'une bouillabaisse magistrale. A la minute voulue, le brin de laurier ou la pincée de safran tombait dans le vase en ébullition, et c'est avec la modestie confiante d'un Vatel sûr de lui, qu'il nous apportait son chef-d'œuvre fumant. Pauvre éternel absent ! Après sa fille, une fort belle blonde vraiment, c'est sa barque qu'il chérissait le plus. A l'une il avait donné le prénom de l'autre, afin de pouvoir ainsi les confondre dans une même pensée d'amour.

« Je mourrai sur l'*Honorine* », répétait-il, avec un triste sourire : et il portait la main à son cœur, comme pour en écarter quelque chose de pesant. En quoi il se trompait. Une autre fin lui était réservée, assez clémente d'ailleurs. Certain dimanche d'automne qu'il commençait sa partie de piquet dans un café de la plage, son partenaire habituel, le voyant hésiter à abattre la carte, l'interpelle en riant. Il ne répond pas. Le camarade insiste, et, remarquant sa pâleur, lui prend le bras ; mais le bras retombe inerte, le jeu reste nerveusement serré dans la main crispée... Le vieux batelier était mort ! Le cœur dont il souffrait s'était subitement rompu. On lui fit de touchantes obsèques. Ce jour-là, toutes les barques étaient sur le sable, tous les marins du port derrière le cercueil. Il y eut plus de larmes vraies répandues sur le chemin du cimetière, qu'il ne s'en verse à certaines funérailles triomphales. Pour lui, il repose sur la colline, en face de cette Méditerranée qu'il a tant aimée. La vague avait bercé sa vie, le bruit des flots caresse son sommeil. Entre ces orgueilleux mausolées dressant là-haut, comme une légion de spectres, leurs bras de marbre, une simple croix marque la couche de l'honnête homme que nous pleurâmes ; et traversant aujourd'hui le Suquet, nous n'avons pas voulu passer devant sa petite maison vide sans y laisser, au seuil, cette fleur du souvenir.

Ce qui précède donnerait à croire qu'on meurt parfois à Cannes. Convenons-en galamment : oui, on y meurt... moins qu'autre part, mais encore un peu. Le livre nécrologique de la cité compte même d'illustres noms. Lord Brougham, Cousin[1], Mérimée, Louis Blanc, J.-B. Dumas

1. Décédé à Cannes, le 14 janvier 1867, Victor Cousin vient d'avoir son buste inauguré à la Bibliothèque de l'Hôtel de ville.

y figurent, — tous d'ailleurs succombant aussi pleins d'années que de gloire ou de notoriété. Quant aux jeunes, ils sont rares, ceux qui viennent s'éteindre ici, et c'est une exception à faire rêver les poètes, que ce trépas du Duc d'Albany s'endormant, las de plaisirs, le soir d'une bataille de fleurs. Brusquement le doux Prince passa des bras de sa danseuse dans ceux de la Mort. Nous avons dit comment [1]. Par fortune, l'usage est à l'inverse. On arrive mal en point, on s'en va guéri. A ne pas quitter les exemples fameux, la Czarine Marie-Alexandrowna nous charmerait peut-être encore de son pâle sourire, si on ne l'eût rappelée au pays des steppes. Tout un hiver [2], elle avait bu la vie sur les sables ensoleillés de la Croisette. Les collines voilées de pins et d'orangers l'avaient conquise à leur cause, si bien que la fille du Nord songeait parfois à devenir la souveraine du tiède empire. Aussi, quand il lui fallut partir, l'entendîmes-nous s'écrier, prise d'un triste pressentiment et repoussant le voile dont on voulait protéger son visage : « Laissez-moi, une fois encore, respirer cet air parfumé ! »

Car il est magique, cet air-là : le miracle en sort, comme d'une boîte à surprises. Demandez plutôt à notre ami Gimbert, l'un des quarante médecins préposés, sur ces rives, au culte de la santé. Si, chose rare, vers l'instant que vous l'interrogez, le troupeau de clients pressés autour de son fauteuil lui permet de répondre, il vous répondra avec la bonne grâce qui lui est propre : en tout cas, il commencera par étendre le bras du côté de la mer. Selon lui, la méthode aérothérapique est la spécialité de Cannes. Il fut le créateur de cette religion médicale, il en demeure le prophète, et il n'aura pas de peine à vous montrer, par l'exemple, ce que peut l'union de la lumière, de l'air, de l'embrun maritime et de la température pour sonner, chez le malade, le réveil des fonctions endormies. Avis donc aux anémiques et aux surmenés ! Qu'ils écoutent le maître habile aux cicatrisations du poumon! La Science lui doit de précieuses découvertes [3], dignes de hautes récompenses : eux lui devront l'allègement de leurs souffrances, peut-être la guérison. Le docteur Gimbert parle d'ailleurs trop bien, pour que nous ne lui abandonnions pas volontiers la parole :

« Au matin des beaux jours, dit l'éminent praticien, on voit une foule de voiles blanches quitter la rive, sillonner la rade dans tous les sens, et lorsque le soleil devient poignant, se glisser dans une des criques merveilleuses des Iles de Lérins pour y descendre les malades. Là, installés sur des roches abruptes, protégés des rayons brûlants par le tiède et balsamique ombrage des pins résineux, entourés de buissons de myrtes, de lentisques, ces infortunés prennent gaiement et sérieusement leurs repas, humant au milieu d'une nature splendide les brises vivifiantes de la mer.

« La journée se passe en partie à la pêche, à la sieste, en promenades à travers la forêt, dans les ruines pittoresques de Saint-Honorat ; puis, lorsque le soleil baisse vers l'horizon, on reprend la mer pour rentrer au logis, avant quatre heures en hiver, plus tard pendant l'automne et le printemps.

« Cette vie recommence le lendemain, et ainsi pendant des mois et des années, suivant la profondeur de l'affection, sans que les malades en éprouvent jamais le moindre ennui ; nous en avons qui, depuis quatre ans, suivent cette hygiène [4]. »

L'intéressé ou le curieux pourra compléter son instruction sur ce point, en consultant les remarquables travaux des docteurs Buttura [5], de Valcourt [6], et Bernard [7], ces experts en théra-

1. « Mort sous les Fleurs », *Au Caprice de la Plume*, p. 173.
2. L'hiver de 1880.
3. Mémoires sur l'*Eucalyptus globulus*, sur l'emploi de la *Créosote vraie*, etc.
4. *Guide aux Villes d'eaux*, etc. Adrien Delahaye, éditeur. Paris, 1881.
5. *L'Hiver à Cannes et au Cannet*, librairie J.-B. Baillière. Paris, 1883.
6. *Cannes et son climat.*
7. Le docteur Marius Bernard, auteur de divers ouvrages très estimés, publie périodiquement sous le titre *la Constitution médicale de Cannes*, des tables d'observations météorologiques et démographiques d'un haut intérêt.

peutique. « L'air pur, affirme M. Buttura, est le premier des médicaments et le plus essentiel des aliments ; le régime, la médication, les soins rendent de grands services ; mais, à Cannes, c'est l'air qui guérit. »

Pour nous, ayons cure surtout de l'élément valide qui constitue le fond de la colonie. Anglais et Français descendent en effet sur Cannes beaucoup moins pour y soigner leurs maux, qu'attirés par l'espérance d'un climat édénien et le charme des plaisirs de la haute vie. Le ciel de Napoule nous a révélé ses douceurs : voyons ce que promet la terre, et sur quelles distractions l'émigrant est en droit de compter.

Au premier rang figure la promenade. Cannes est la Bagnères-de-Luchon des Alpes-

Port de Cannes.

Maritimes. Comme l'enchanteresse des Pyrénées, elle offre un bouquet unique d'excursions, avec cet avantage que la mer s'unit à la montagne pour doubler les jouissances du touriste. Aussi ne rencontrons-nous pas sans surprise, dans un volume d'ailleurs intéressant de M. Gabriel Charmes [1], cette affirmation hardie : « .... Ce qui manque à Cannes, comme à Nice, ce sont les promenades. » Le contraire est vérité, pour la première tout au moins. Nous aurons trop d'occasions de le prouver. Depuis la rêverie promenée à pas lents, le long du rivage, sur un sable velouté, jusqu'aux rudes escalades du Mont-Vinaigre et des Alpes Grassoises, il n'y a que l'embarras du choix. C'est surtout aux approches du printemps que les pérégrinations sérieuses trouvent faveur : aux grandes courses il faut des jours grandissants. Mais novembre, décembre et janvier ne demeurent pas déshérités pour cela. Tant de collines verdoyantes et prochaines sont à reconnaître, tant de baies à accoster, y compris ces admirables Iles de Lérins cent fois explorées et toujours neuves d'attraits ! Seulement la plupart des fidèles d'Œgitna se contentent

1. *Les Stations d'hiver.*

à moins de frais. Circuler de la Croisette à la route de Fréjus leur suffit, pourvu que le landau soit élégant et la livrée correcte. On amène de loin ses équipages ; John Bull n'hésite pas à transborder les siens. D'autres s'accommodent d'un *remise* au mois, chez Audibert ou Delpiano... Et voilà comment, d'une heure à quatre, défunt Longchamps ressuscite entre la colline verte et la vague bleue. Par les monts et les vaux de la route ondulée, dans la poussière lumineuse, on passe et l'on repasse, on se salue, on s'inspecte, on s'analyse, et les visites aidant, l'après-midi s'achève : car la fleur du *high-life* est, ici, de nature fort visitante.

Toute villa qui se respecte a « son jour », ressource des oisifs. On y échange une poignée de main avec une petite médisance, on y trempe un gâteau Albert dans une tasse de thé sans sucre, et cela fait, vite on se quitte pour recommencer un peu plus loin. Beaucoup n'ont pas d'autre occupation, quatre mois durant. Ne rions pas! Le labeur est d'importance pour qui veut tenir sa comptabilité au courant. La matinée a d'ailleurs été prise soit par un *flirt* vers les bouquetières des Allées (la mode l'autorise), soit par une station dans les attrayants magasins du libraire-artiste Robaudy, ou à poursuivre le bibelot rare chez les antiquaires de neuf dont s'émaille la rue d'Antibes. Nous allions oublier, et bien à tort, l'excellente Musique de la ville jouant quatre fois la semaine, tantôt devant le Cercle Nautique, tantôt sur les Allées ou au square Brougham. Le *lawn-tennis* est, lui aussi, un grand mangeur de temps. L'Anglais consacrant plusieurs heures de la journée à ce sport, le Français s'en est féru à son tour ; les deux nations et, dans chacune d'elles, les deux sexes y font rage. Aussi est-il fréquent de rencontrer, le matin, *bachelors* et *misses*, les uns en larges espadrilles, les autres en jerseys collants, qui dévalent à enjambées insulaires, la raquette sous le bras. Vif doit être l'agrément d'une boule de caoutchouc renvoyée par-dessus un filet, car bien que six ans d'étude ne fassent, à ce jeu, qu'un praticien médiocre, on s'y voue en toute ferveur, et nous avons connu des septuagénaires qui, dans le feu de l'action, en oubliaient jusqu'à la tartine de pain de seigle de leur *five o'clock*. Ainsi la journée s'écoule, *sub Jove* — pour la plus large part. Puis le soleil descend derrière l'Estérel, et la température avec lui. Il convient de rentrer, à peine de cueillir l'épine après la rose. L'imprudent qui, sans autre précaution, s'expose aux caprices de cette heure indécise, risque d'en rapporter des souvenirs variant du coryza à la fluxion de poitrine. Un soir, le savant Dumas feignit de l'ignorer ; cet oubli voulu lui coûta la vie, le surlendemain.

Donc, sur l'aile du crépuscule la nuit est descendue. Chacun regagne son *home*. Que deviendra maintenant l'étranger livré à lui-même? Un peu de lecture, quelques lettres à répondre, une valse de Klein ou de Métra essayée sur le piano de l'hôtel, et voici la cloche du dîner qui sonne. Le repas s'égaye d'une causerie avec le voisin ; les molles spirales de la cigarette prolongent le dessert. Entre temps on a prêté l'oreille aux piquants « Échos » de M. Jacob, le doyen de la presse locale ; on a souri à la vignette un peu vive du « Littoral Illustré [1] »... — Mais après? Eh bien, après, l'Écriture l'a dit : *væ soli !* Que le voyageur débarqué du matin ne compte ni sur le spectacle, ni sur les concerts ! Le concert est œuvre de jour, de loin en loin. Le théâtre, ou ce qui en tient lieu, ne s'ouvre, quand il s'ouvre, qu'à des troupes nomades ; les prix y sont généralement supérieurs au talent des artistes, le porte-monnaie s'y montre hostile, et les rares spectateurs égarés sur les banquettes affectent une dureté que celles-ci leur rendent bien, du reste. Alors, le Club? Oui, sans doute, il en existe un, et de grande mine, sur la Croisette : *le Cercle Nautique*. L'installation y est bonne, la

1. Deux des journaux de Cannes, le premier hebdomadaire, le second quotidien, sorte de *Figaro-Charivari* très habilement dirigé par M. F. Robaudy qu'entourent d'excellents collaborateurs.

compagnie meilleure. Il a l'heur d'avoir le duc de Vallombrosa pour fondateur-président, et Léon de la Brière comme historiographe [1]. Encore faut-il en faire partie, du moins y être présenté par deux titulaires ; l'oiseau de passage l'ignore, le sauvage à demeure ne s'en soucie. Même remarque pour une association *select* fondée, les derniers hivers, sous le titre de *Réunion de Cannes,* patronnée par S. A. R. la très gracieuse Grande-Duchesse Régnante de Mecklembourg-Schwérin, et galamment ouverte aux dames. A quoi donc employer sa soirée ? Le couvre-feu, dès neuf heures, c'est bien Moyen Age ! On allume le havane de la protestation et l'on sort, à toute aventure. Devant soi, la plage ; derrière soi, une rue aux magasins clos où la municipalité brille par son gaz et le promeneur par son absence : interminable rue striée de fentes transversales qu'habitent le silence et l'ombre. Ici, un chien qui hurle au perdu ; là, une persienne attardée qui se ferme ; plus loin, le grand souffle de la mer qui s'apaise.. C'est tout, Cannes dort. « Imitons-la ! » murmure le nouveau venu, en comprimant un bâillement, et il ne tarde pas à regagner son gîte.

Or Cannes ne dort pas ! Elle veille et s'amuse, comme aux plus beaux soirs de l'Empire s'amusait et veillait Paris. Seulement ses plaisirs se cachent dans les touffes de l'oranger, son rêve est une réalité embaumée par les mimosas. Voyez, sous la clarté des étoiles, tous ces points blancs semés parmi la verdure : ce sont des hôtelleries, des pensions, des villas. Elles semblent sommeiller, et la vie est en elles. Chacune tour à tour, plusieurs parfois ensemble font fête à leurs proches. Ce qu'il y pétille de vin de Champagne dans les coupes, ce qu'il y tourbillonne de groupes à travers les salons, ce qu'il y voltige de chants ailés et de joyeux éclats amortis sous la soie des tentures, vous ne le saurez pas, hôte d'un soir, et vous resterez seul, errant et attristé dans une ville en liesse, à moins qu'une présentation en règle ne devienne pour vous le *Sésame* du conte des *Mille et une Nuits.*

Le Sage, dans un roman demeuré célèbre, nous expose comment, par une nuit sombre, vers l'heure où les racleurs de guitare commencent leur besogne, don Cléofas ayant tiré d'une fiole où il gémissait prisonnier certain esprit malin, fort connu des amoureux, ce dernier emporta son sauveur au sommet d'une des plus hautes tours de Madrid, et là, pour le récompenser du service rendu, ouvrit soudain à son regard les toits de toutes les maisons. Ce qu'ils y découvrirent de mystères étranges, ce qu'ils y démêlèrent d'imbroglios gais ou tristes, mais toujours intéressants, nul ne l'a oublié, l'ayant une fois lu. Nous ne nous piquons pas de mettre le diable en bouteille, pas même de l'en faire sortir. Néanmoins, ce qu'Asmodée réalisa en faveur de l'étudiant d'Alcala, nous sommes disposé à le tenter pour le lecteur, et cela, sans décoiffer la moindre villa.

Deux nations possèdent Cannes : la France et l'Angleterre. Longtemps ennemies, alliées désormais, la confraternité du champ de bataille a étouffé leurs haines séculaires. Elles s'estimaient, au plateau d'Inkermann ; au golfe de Napoule, elles s'aiment. Ce sont des sœurs que Lord Brougham abrite désormais sous les plis de sa robe de marbre. L'une et l'autre, elles détiennent la terre ; à frais égaux, elles l'ornent de plantes rares, — elles l'enrichissent, à l'envi,

1. *Au Cercle*, par Léon de la Brière. Paris, Calmann Lévy, 1885.

d'étincelantes habitations. Leur seule rivalité s'exerce à mettre le joyau le plus seyant au front de la mère commune. Ainsi, d'une double source, sont sorties deux sociétés aux courants longtemps parallèles, mais qui, de jour en jour, tendent à se confondre. L'une plus vive, plus en dehors, aussi plus ondoyante, séduit mieux, dès l'abord, et enchante, grâce à ce quelque chose de capiteux qui est l'essence même de son humeur. L'autre, plus froide, plus contenue, par contre moins variable, ressemble à ces bonnes étoffes que l'on apprécie surtout à l'user. Celle-ci va et vient entre la fantaisie du jour et le caprice du lendemain; celle-là, plus lente à conquérir, ne se reprend jamais, s'étant une fois donnée. C'est la flamme du diamant incandescent qui brûle la prunelle de notre Française : un souffle l'allume, un souffle l'éteint. Les glauques transparences du flot qui entoura son berceau se reflètent sous la paupière de la fille d'Albion ; plus doucement elles éclairent, mais d'une lueur toujours égale. Ici ou là, le goût peut s'octroyer carrière. Les éclectiques trouveront que les deux sociétés ont leur charme : nous n'y contredirons pas. Ajoutons seulement, en fin de parallèle, que ce charme se double et se complète par l'union.

Cette union est la clef du succès pour les bals du Cercle Nautique. Trois ou quatre fois dans la saison, le comité directeur lance des invitations nombreuses. Alors, la galerie des fêtes s'illumine, les buffets se dressent, l'orchestre soupire derrière les camélias, la danse ouvre son carnet de nacre et les plus charmantes femmes s'y inscrivent. Ces « rendez-vous de noble compagnie » sont d'ordinaire fort achalandés. On s'y trouve en terrain neutre, invité et pourtant chez soi, ébloui de mille clartés auxquelles pâlissent celles des torchères, et parmi tant de souples tiges que le matin blafard ne flétrira pas, entièrement libre de ses prédilections. Seulement, l'oiseau rare y est le cavalier. Les âcres parfums du boulevard fleurent mieux à la jeunesse désœuvrée que tous les balsamiques effluves d'une plage relativement vertueuse. Si l'un des représentants de la mode s'y pose d'aventure, c'est quelque pigeon fuyard gagnant, l'escarcelle au bec, le roc de Monaco et les pins de l'Italie. Aussi, quel succès garanti à celui qui, élégant et jeune, ne se montrerait point avare de ses talents chorégraphiques! Une fois.... il y en eut un. On le baptisa *le danseur*. Les mères de famille le choyaient, les jeunes filles lui réservaient leurs plus doux encouragements. Heureux le calepin qui portait son nom! Plus heureuse la favorite de « cotillon » appelée à esquisser avec lui la figure du coussin ou à consommer, de compte à demi, l'effraction des cerceaux en papier! Avoir vu *le danseur* dans la journée passait pour un événement, redouter quelque atteinte aux escarpins du *danseur* équivalait à la prévision d'une calamité. Dieu soit loué! L'entorse ne vint pas; mais, en revanche, des seconds arrivèrent en nombre, qui vaillamment mirent le pied à l'ouvrage. Et puis, il y a la *landwehr* des maris, le *landsturm* des veufs; de tout bois on fait flèche, et le but est atteint.

Les réceptions privées ont aussi leurs soirs victorieux, et si elles s'alanguissent un instant vers les Cendres, on les retrouve, bien avant la mi-carême, flambant d'une ardeur de renouveau. Sur cette terre indulgenciée, les exercices du saint temps se suivent sans se ressembler, pieux à l'aurore, endiablés après le crépuscule. N'ayez souci! Les bonnes Sœurs *Réparatrices* sont là, qui prient pour les dissipés. *Fancy-Ball* aux villas Murray, Grant-Morris, de Hoffmann ou chez la belle Mme Ussher, avec tous les ruissellements de velours, de pierreries, d'Aï mousseux et de douce liberté qu'aiment les fêtes travesties et que ne déteste pas le Prince de Galles; musique de chambre exquise sous les créneaux de la Bocca; enchantements de l'opéra ou gaietés du vaudeville, au coup de baguette fleuronnée de la duchesse de Luynes; comédies pimpantes, tableaux vivants que signerait Greuze ou Fragonard, sur le théâtre de la *villa Madrid*, bals poudrés dans ces salons aux tapisseries célèbres où Mme Ettling, l'avenante châtelaine, secondée par sa blonde sœur Mme Porgès, fait dire à Pasca des vers de Ronsard en présence des petits-fils de Henri IV;

valses entraînantes sous le hall marmoréen de *Fiorentina,* à travers les galeries semées de pampres et d'amours que lady Goldsmid éclaire de son sourire, pareille à la fée de Mai... Est-ce tout ? Oui, comme une préface est tout un livre. Trente autres seuils hospitaliers, tel celui de Mme Lavalley, aux Vallergues, mériteraient qu'on y appendît une bannière d'honneur. Ah! le pays du soleil est bien aussi le royaume des étoiles! Pâles Ophélies, Juliettes ardentes, fières patriciennes de Hyde-Park ou gracieuses transfuges de l'allée des Acacias, elles sont là et se confondent en une adorable Babel où les yeux parlent même langue au cœur. Mais s'il vous plaît de rencontrer à la fois toutes les noblesses en déplacement, fleur d'esprit ou fleur de beauté, aristocratie de l'intelligence aussi bien que légitime orgueil du blason, c'est encore au Château de Vallombrosa qu'il vous faut revenir. La fraîche guirlande[1] de l'incomparable jardin, celle que la Duchesse enlace et ferme de sa grâce ineffable, est cette couronne de jeunes femmes qui, mieux que gemmes et roses, pare, chaque jeudi, la villa-reine. Des Altesses Souveraines y

Au Printemps.

1. Brisée désormais.

applaudissent aux souveraines puissances de l'art. Les noms des invités ? Lisez Gotha. Les noms des artistes? Prenez le dessus du panier. Christine Nilsson y a soupiré les *lieds* de son pays ; la pénétrante mélancolie de M^me^ Conneau s'y marie aux chauds accents de Diaz de Soria; d'une main plus légère que le frôlement d'ailes du sylphe, Hasselmans y effleure les cordes de sa harpe, pendant que Viardot, l'archet de haut vol, semble évoquer l'âme de la Malibran, cette sœur immortelle de son illustre mère. Et pourtant, les grandes dames l'emportent presque sur ces inspirés, les soirs où M^lles^ de Bannelos font pleurer et rire, à leur gré, le démon captif au bois creux de la guitare Andalouse, les soirs aussi où, devant des Ducs Régnants et des Princes qui règneront, la comtesse de Guerne, accompagnée par Gounod, égrène les perles de ses vocalises à rendre jaloux le manteau de Buckingham.

Puis, le printemps venant, voici éclore, à son souffle, les *garden-parties*, les *schooting-lunch*, les *pique-niques* sur la bruyère, les concerts de charité, les ventes de bienfaisance dures à la bourse, douces au cœur, et les lectures académiques de l'Hôtel de ville, et le jeu de paume de Notre-Dame-des-Pins, et le tir aux pigeons vers l'orient du golfe, et les courses de chevaux du côté de l'Estérel, et les batailles de fleurs à la Croisette, et les régates sous le feu de l'escadre, et les déjeuners de Saint-Honorat — l'esprit coulant avec le champagne, et, au retour, les longues agapes fort capables d'évoquer, par leurs blandices raffinées, l'ombre des plus célèbres gourmets. Car la fourchette est un sceptre que Cannes tient dignement au milieu de ses hôtes royaux. Apicius n'était qu'un pauvre hère comparé au chevalier de Colquhoun, le nouveau Président du Cercle Nautique. Son souper de Noël, aux *Mimosas,* vaut un poème ; mieux encore que le reflet de la massive argenterie des dressoirs, l'*humour* de l'amphitryon l'égaye de ses crépitantes bluettes. En ce genre d'ailleurs, la tradition descend de loin et de haut. Fort malade déjà, puisqu'il succomba dans la nuit même, n'est-ce point Lord Brougham qui, en manière de viatique, dépêchait, du meilleur appétit, un copieux potage, un rouget, une côtelette aux pommes, une aile de poulet, un pudding au riz, le tout arrosé d'un verre de Marsala et d'une coupe de Porto? Après quoi, l'estomac lesté, la conscience légère, il s'éteignait doucement, vers l'âge respectable de quatre-vingt-dix ans.

Et puisqu'il s'agit de nectar et d'ambroisie, serait-il juste de clore cette liste des plaisirs printaniers, sans rappeler les poétiques assises tenues, au dernier renouveau, sous l'invocation de sainte Estelle, patronne du Félibrige[1]? Ces fêtes ne furent point indignes de celles qui avaient honoré la mémoire du Chancelier fondateur. Noblement représentée par M. Gazagnaire, son maire magnifique, Cannes a fait un royal accueil aux princes de la poésie du midi. Le soleil, le *béou soulèu de la Prouvènço,* en fut le flambeau, et l'infatigable M. Mouton, l'organisateur merveilleux[2]. Deux nuits de suite, les galoubets ont soupiré la chanson de Magali; deux jours durant, les discours ont succédé aux tambourins, les banquets aux concours, les sérénades et les bals champêtres aux brindes et aux noëls. Saint-Honorat, l'île de toutes les gloires, la terre de tous les souvenirs, a vu passer, sous ses grands pins, Mistral et Roumanille : Roumanille, le père du mouvement félibréen, le maître conteur, étincelant du génie méridional, qui affirme volontiers que quand l'Esprit-Saint apporta aux Apôtres la connaissance des langues, ce fut par le Provençal qu'il commença. Et les vins de la Gaude et du Cannet coulèrent à flots dans la patère Catalane qu'en reconnaissance de l'hospitalité reçue, les inspirés d'outre-monts envoyèrent un jour à leurs frères des bords du Rhône, et le *Capoulié,* y trempant le premier sa lèvre, entonna la *Cansoun de la Coupo*[3], de cette voix douce et forte, vibration de l'âme,

1. 27 et 28 mars 1887.
2. Un diplôme d'honneur lui a été décerné par acclamation.
3. Ce chant qui compte sept couplets, avec reprise du refrain, fut composé par Fréd. Mistral, sur un air de Saboly.

caresse et soupir tout ensemble, où le vers se berce, comme la brise sur les cordes d'une harpe éolienne :

Provençau, veici la coupo
Que nous vèn di Catalan ;
A-de-rèng beguen en troupo
Lou vin pur de noste plant,

Et, la coupe d'argent ciselé circulant à la ronde, les deux cents convives de ces fraternelles agapes répétèrent en chœur :

Coupo santo
E versanto,
Vuejo à plen bord,
Vuejo à bord,
Lis estrambord
E l'enavans di fort !

Et l'on a bu à tout ce à quoi l'on peut boire, même « au jour où les peuples célébreront ensemble la grande *Félibrée* de l'Union dans la paix et dans la liberté ». Nous avons quelque appréhension que cette aube ne se lève pas encore demain. Du moins, lorsque les Jeux terminés et les brouts de vermeil répartis entre les vainqueurs, M. Hignard de Laval, au nom de la Société des Lettres et des Sciences, eut, par des strophes de superbe envolée, salué, dans la langue de Corneille, le chantre immortel de *Mirèio*, celui-ci a pu, en toute justice, répondre dans un élan d'inspiration lyrique : « ... Tant que le soleil fera chanter nos cigales, tant que la mer féconde avec son sel mûrira l'olive, et tant que le mistral nous fouettera le sang, la Provence gardera ses couleurs, son allure, sa langue et sa fierté. »

Mais, entre tant d'attractions, — si peu qu'on ait d'yeux pour voir et d'âme pour sentir, — rien ne vaut de contempler Cannes se souriant à elle-même dans son miroir encadré de verdure. Jamais le spectacle ne lasse, parce que la scène s'y renouvelle sans cesse. Sommes-nous au matin ? Du môle aux rochers rouges de la Bocca suivons la plage, le long des riantes terrasses où court le railway. Nul tapis n'a le moelleux de ce sable que la vague festonne de son écume. Dès avril, la tiédeur du flot invite à un bain délicieux comme sans péril. Les riverains ne s'en privent pas, entraînés qu'ils sont par l'exemple des dauphins. Ceux-ci d'ordinaire se montrent vers l'aube, charme du regard, effroi du pêcheur. On les aperçoit s'élançant par bonds énormes, jouant autour des barques, se poursuivant et se fuyant tour à tour sur l'humide arène que rident leurs ébats. Ce sont les

amis de l'homme, non pas des mailles du chanvre qu'un revers de leur queue tronc sans pitié. Pendant ce temps, raidis sur la corde qu'ils tirent, les pêcheurs, d'un effort lent, amènent au rivage la capture de la nuit. On peut, par manière de passe-temps, acheter le coup de filet : c'est l'*alea* du droit romain. N'offrez pas trop cher, pourtant : quelques poissons de teintes vives, fretin de bouillabaisse, deux ou trois menues coquilles, une pieuvre ou un bouquet de corail, de petits thons à écailles métalliques, sont l'unique chance de la gageure. Sitôt pris le butin frétillant, sitôt emporté à la ville dans des mannes d'osier. Midi a sonné. Une brise légère semble éveiller l'onde assoupie. A la pointe de chaque flot le soleil pique une étincelle ; on dirait d'une danse d'escarboucles conduite par les Coboldts, génies des pierreries. La voile latine se met de la fête ; elle coupe l'air de son triangle de toile. Les barques de plaisance se croisent dans le golfe, décrivant mille courbes capricieuses. Alors le flot se soulève, plus puissant. La lame s'allonge, déroulant ses larges volutes, comme si elle invitait l'oisif à s'y bercer. Le ciel et l'eau, les Iles et les montagnes se pénètrent d'un éther si élastique, que la pierre elle-même en devient transparente. La nature entière n'est qu'un doux et uniforme éblouissement. Et puis les heures marchent, le soir les poussant devant lui. Le soleil penche vers l'Estérel, ses rayons se forgent d'un métal plus rouge : il en rejaillit sur les crêtes une pluie enflammée qui ruisselle jusqu'à la mer. Les vagues semblent rouler de l'or, parfois du sang. Mais déjà le grand orbe a disparu, emporté vers un autre hémisphère, et dans les mourantes clartés de son adieu monte, limpide et fière, l'étoile de Vénus, comme un diamant céleste qui surnagerait au naufrage de la lumière.

Il ne faudrait pas croire pourtant que cet enchantement du bleu ne soit pas, deci delà, traversé par quelques points noirs. La mer cérulée s'assombrit, à ses heures ; il arrive même qu'elle devient terrible. Il lui prend, tous les cinq ou six ans, des envies de jouer à l'Océan. Elle, cette grâce, elle veut imiter cette force. Alors, elle emprunte au maître ses couleurs et ses colères. Soulevées par d'invisibles mains, se dressent des murailles d'un vert sombre qui courent l'une sur l'autre, s'écroulent avec fracas et rebondissent en poudre. On dirait des crinières de lions hérissées dans un rugissement. Chaque coup de mer fait l'office du bélier antique. Les villas tremblent sur leurs assises, la plage est noyée d'écume ; tournoyant dans la tempête, l'albatros remplit l'air de ses cris discordants. Malheur aux digues de la voie de fer ! Des rocs cyclopéens sont déchaussés et retournés comme de simples galets. Le flot escalade les terrasses, le limon noie les gazons. Contre les brise-lames du port une armée de vagues bondit en gerbes, atteignant, d'un jet furieux, la lanterne du phare. Cependant les navires chassent sur leurs ancres, les barques emportées au large ne reviennent qu'en épaves. Des bouées rouges, des fragments d'amarres, des lambeaux de gouvernails jonchent le sol. La Croisette n'est pas épargnée ; ses treillis verts demeurent rompus, ses palmiers souillés, ses squares profanés. Ne doutant plus de rien, le flot pousse des reconnaissances jusque dans la rue d'Antibes, et les pêcheurs stupéfaits ont pu voir les poissons se rendre d'eux-mêmes au marché voisin.

Si peu croyable que paraisse l'aventure, elle advient pourtant, de loin en très loin ; nous en fûmes témoin le 16 janvier 1884, à la suite d'un ras de marée dont Nice souffrit bien davantage. Le dernier et rude hiver (1886-87) a renouvelé ces exploits, en les multipliant.

De même, ce soleil si tiède au matin, si chaud vers midi, s'obscurcit parfois, et de façon étrange. C'est une trombe qui, en plein jour, s'abat sur les collines, transformant les *rious* en torrents, les rivières en fleuves. L'eau brise les ponts, crève les murs, balaye les rues, envahit les maisons, tord et étouffe les imprudents qui lui veulent résister. Quelques minutes suffisent à l'œuvre. Le 27 octobre 1882 inscrira une date dans ces annales de deuil. Ou bien encore, c'est la neige qui descend des montagnes de Grasse, et la fée Estérelle se réveille en cheveux blancs.

Cannes sourit, trouvant du charme à l'infortune de sa rivale. Il se peut pourtant qu'elle aussi paye, d'un coup, une longue immunité. Pour rare que cela soit, cela se voit. Elle se souviendra longtemps des nuits du 7 et du 9 mars 1883. Une tempête de neige passa sur son front ; étonnée, elle voulut la secouer, mais sans succès. Sa flore n'est point armée en prévision de telles attaques. Contre l'ennemie blanche les arbres les plus conquérants faisaient grise mine. Le tronc des mimosas craquait comme verre ; déplorables plumeaux, les touffes du palmier retombaient et lamentablement pendaient. On eût ri de ces airs piteux, si l'on n'en eût pris compassion. L'oranger habitué à une autre neige faillit périr de celle-là. Il est vrai que Palerme, à la même heure, souffrait des mêmes maux et que Madère n'était pas épargnée. Ce sont là cataclysmes rares, dont a bien vite raison un climat qui tient de la magie. Le fléau se précipite, le Printemps passe derrière lui, et le sol retrouve toutes ses fleurs, la mer toutes ses transparences, le ciel tous ses rayons.

Ras de Marée.

Plaise à la Providence que Cannes se remette aussi promptement d'une atteinte plus grave ! Fatiguée de son bonheur paisible, elle fut saisie un jour de la folie des grandeurs. Une bouffée d'air perfide lui vint de l'autre côté du Var. Les capiteux parfums de la baie des Anges lui montèrent à la tête et troublèrent son cerveau. Sa guirlande fleurie ne lui suffit plus ; elle voulut la remplacer par une couronne murale. Oubliant l'apologue du bon La Fontaine, elle n'eut désormais qu'une idée : s'enfler à la grosseur de Nice. A ce jeu, elle avait chance de perdre sa grâce propre, sans espoir de gagner l'ampleur de sa rivale. Qu'importe ? Sous un souffle desséchant la fièvre s'est levée, une fièvre de spéculation qui fit battre ses artères. Le rêve de l'or agita ses nuits naguère si calmes. Elle se résigna, sans un regret, à débiter ses forêts, à monnayer son soleil. De cette heure, plus de repos. Vite le pic et la hache ! Les collines furent nivelées, les vallons exhaussés. Un acier sacrilège eut raison des oliviers centenaires ; les mystères des bois sombres s'évanouirent à la lumière crue du jour, et pour jamais se turent les chants des oiseaux. Entre temps des boulevards sans maisons se déroulaient dans l'entaille des coteaux éventrés ; l'hydrogène et l'oxhydrique pompeusement éclipsaient

> Cette obscure clarté qui tombe des étoiles.

Les hôtels à deux cents chambres poussaient du sol, à la manière des champignons.

Partout des rues ouvertes, des places tracées, des squares dessinés. Pour comble d'heur, la bande funèbre des Compagnies s'abattit sur le marché, comme une volée de gypaètes. Aussitôt les convoitises s'allument, les appétits se surexcitent. Chacun vend son héritage : plus de pauvres, tout le monde riche ! La terre sera désormais une immense pépite. On n'avait oublié qu'une chose, importante d'ailleurs : le moyen de verser Paris dans Cannes. L'émigration n'a point répondu d'abord aux robustes espérances des spéculateurs ; la demande est restée au-dessous de l'offre. Aussi plus d'une villa chôme, maint hôtelier se croise les bras, dans l'attente d'un voyageur qui ne paraît pas... Et les termes arrivent, eux, car ils marchent toujours. De là des embarras d'argent, des suspensions de payement, tandis qu'une faillite, terrible autant qu'imprévue, achevait d'écraser la place. Voilà le bilan de Perrette. Elle avait tout calculé, la brave fille, hormis la casse des œufs.

Les oliviers abattus.

Le mal est-il irréparable ? Oui, pour les vieux oliviers, oui, pour les pins parasols qui ne repousseront plus : Dieu merci ! non, s'il s'agit de l'avenir de la cité. Cannes a expié son erreur, elle n'en périra pas. On lui est revenu, on lui reviendra davantage. Deux saisons réussies lui remettent le vent en poupe. Au besoin, l'aristocratique colonie qui la possède suffirait à la sauver. Qu'elle écoute seulement les conseils de ses amis sincères ! Qu'elle renonce, pour l'heure, à de gigantesques visées ! Nulle nécessité de devenir l'auberge du monde. Assez de routes désertes, assez de trottoirs où personne ne trotte, assez de caravansérails vides de Musulmans. Que, jalouse de ses origines, la charmante s'en tienne à ses traditions de haute élégance ! Dix-huit Princes et une Impératrice-Reine inscrits, cette année, sur son Livre d'or, lui devraient donner quelque patience. Un pareil flamboiement de couronnes lui constitue un soleil de plus. Surtout qu'elle ferme l'oreille aux bruits de la politique, plus dommageables à sa prospérité que les grondements souterrains dont la Providence l'a sauvée! De la sorte, elle demeurera ce qu'elle est réellement, la perle incontestée de la Côte d'Azur, cette douce enchanteresse dont les jardins recèlent le fruit du lotus par qui l'on oublie.

Sainte-Marguerite : Prison du Masque de Fer.

# ILES DE LÉRINS

SAINT-HONORAT — SAINTE-MARGUERITE.

Le nombre et le choix de ses promenades sont une des légitimes fiertés de Cannes. Elles ont de quoi plaire à tous les goûts; un hiver entier n'est pas pour en épuiser la liste. Mais la première entre beaucoup, — la seule, si l'on ne dispose que d'un jour, c'est *Lérins*.

Lérins !... éclatants ou sombres, terribles ou glorieux, que de souvenirs en deux syllabes! A ce mot seul, nous voyons sortir du flot les Iles jumelles élevant, au milieu des écueils, leur chevelure de pins. Dieu les avait faites sœurs : l'homme n'a eu garde de les désunir. *Lero* et *Lerina*, disaient les païens ; *Sainte-Marguerite* et *Saint-Honorat*, dit l'Église. Tout en les baptisant, elle a voulu laisser à leur front purifié le nimbe d'une double et fraternelle auréole : Honorat et Marguerite, leurs nouveaux patrons, n'étaient-ils pas frère et sœur, eux aussi?

A roc étroit, vaste renommée. Sainte-Marguerite, la plus grande de ces épaves, mesure moins de deux lieues de circuit ; Saint-Honorat n'en compte pas même une. Mais sur ces quelques arpents qui bravent la vague, le christianisme alluma un flambeau dont s'est éclairé le monde ; mais, pour nous servir de la belle image de Mgr Dubreuil, notre ami regretté, dans l'un de ces îlots « le cœur de l'Église sembla battre pendant plus de trois cents ans ». Quels noms en effet que ceux des Loup, des Vincent, des Eucher, des Patrick, des Salvien, des Césaire, de vingt autres, à commencer et à finir par celui dans lequel se symbolise la célèbre abbaye! Entre des ruines à peine relevées, que d'ombres toujours debout! Que de gloires assises sur des colonnes rompues! Que de mystères à épeler dans ces éclats de granit et de porphyre, débris de Rome, poussière du paganisme! Et aussi quelles fortifiantes leçons tracées à la pointe du glaive Sarrasin, sur un sol qu'abreuva tant de fois le sang des martyrs!

On peut se rendre aux Iles par la vapeur ou à la voile. La distance, de la terre à leur pointe extrême, n'étant que de cinq kilomètres, la traversée s'accomplit rapide, quel que soit le mode préféré. Vingt ou vingt-cinq minutes dans un cas, une cinquantaine dans l'autre suffisent, moins encore, si le vent gonflant la toile ne force pas de recourir à l'aviron. Ceux qui choisissent le bateau accostent d'abord à Sainte-Marguerite, sous la falaise escarpée du fort. Si l'on opte pour la barque, on met le cap tout droit sur Saint-Honorat, et c'est la voie conseillée à qui ne craint pas trop le roulis. Dans un très curieux récit intitulé *Voyage Littéraire*, et publié en 1730 par deux Bénédictins, dom Martenne et Durand, nous lisons que les bateliers d'alors demandaient *un écu* pour cette traversée. Les marins du jour en exigent quatre ; mais, par contre, ils prennent fort bien l'or dont leurs prédécesseurs se défiaient au point de ne vouloir accepter en payement que *l'argent blanc.*

Il nous arrive souvent de nous embarquer, le matin, du pied même de notre villa. Le ciel est pur, la nappe vermeille commence à se soulever légèrement. Joseph, un digne successeur du pauvre Vénitien, nous attend sur sa *Claire*, à quelques brasses de la rive. Du bordage où il s'accoude, il jette une planche par-dessus le ressac ; sa rude main hâlée nous assure l'équilibre, tandis que par ce pont tremblant nous prenons possession de la coque. Alors, d'un coup de gaffe, son matelot pousse au large. La misaine s'arrondit avec grâce, le foc se déploie, la proue s'incline, et nous voilà fendant l'onde à rendre jaloux les albatros et les cols-verts qui s'y jouent. A mesure que nous nous éloignons, Cannes fait miroiter les joyaux de sa ceinture. Villas, kiosques, chalets, jardins, parcs et palais, elle les égrène, un à un, le long du rivage, cependant qu'à sa tour féodale du Mont-Chevalier flotte fièrement le pavillon aux trois couleurs qu'elle vit revenir un soir de l'île d'Elbe. Puis, derrière les toits se haussent les collines, derrière les collines surgissent les montagnes. Bientôt de l'Estérel au col de Tende, se déroule le magique horizon. Telles que des corolles au cœur rosé, les méduses transparentes flottent autour de l'esquif; mille subites clartés alternées de taches sombres s'accusent sous la masse liquide, selon que les algues ou le sable en tapissent le fond. Que le pilote veille ! Près de la première Ile guettent, à fleur d'eau, des récifs imposant à toute nef qui passe une courbe prudente. L'écueil est d'ailleurs fréquent et perfide dans cette partie du golfe. Ici, là, de petites tours de fer peintes en rouge se dressent, comme un avertissement, aux passes les plus périlleuses. Déjà nous avons doublé la côte-ouest de Sainte-Marguerite. Voici, de l'autre côté du chenal, modestement cachée derrière sa grande sœur, cette *Lerina* que les Romains appelaient aussi *Planasia*[1], et dont plus poétiquement, à cause de ses touffes de verdure, le nautonier a fait « l'aigrette des mers ». Mais le pieux anachorète qui la conquit sur les monstres devait lui laisser le baptême définitif. *Saint-Honorat* fut et demeurera son nom.

Jetons l'ancre dans une des criques étroites et sûres où la lame roule sans bruit sa frange d'écume. Le cristal est moins pur que l'eau de ces havres. Des mousses vivantes, des oursins aux aiguilles violacées, quelques étoiles de pourpre, parfois une pieuvre qu'un coup de crochet ramène dans la barque, sont les hôtes habituels du lieu. A peine avez-vous mis le pied sur le lit de varechs où s'endort le flux, qu'une saine odeur de résine vous enveloppe. Quelques pas sous les pins, devant les mirages du Frioul, et les contrevents verts d'une gaie maisonnette vont vous sourire, comme l'image de l'hospitalité. Les moines l'ont construite, l'autre année. Le brave Henry, leur préposé, est toujours en mesure de vous y improviser un couvert : œufs

1. *. . . . . quantos insula plana*
*Miserit in cælum montes !*

s'écrie Sidoine Apollinaire.

frais, saucisson d'Arles, côtelettes aux pommes, fraises parfumées, vin du pays, excellent café, composent, à défaut de provisions apportées, un fort agréable en-cas servi sur des tables rustiques. Il s'en faut que le bienheureux patron ait rencontré pareille aubaine, quand il vint aborder un jour, de compte à demi avec la légende.

C'était vers l'époque des grandes invasions. Un jeune patricien, de famille consulaire, menait la vie dorée du siècle, en ce noble pays de Lorraine qui devait plus tard nous donner

Baume de Saint-Honorat.

Jehanne la libératrice. Il était né à Toul et s'appelait Honorat. Son père, un païen de distinction, le voyant atteint des croyances nouvelles, ne négligeait rien pour essayer de le guérir. Jeux, spectacles, plaisirs à souhait, or à mains pleines, il semait tout, mais en vain, sur les pas de ce fils en mal de conversion. Insoucieux de la terre, l'enfant regardait le ciel. Déjà l'eau bénite a touché son front ; il est devenu chrétien, et à ce premier bonheur s'ajoute bientôt pour lui la conquête de son frère Venance qu'il ramène au vrai culte. Dès lors, ces néophytes prennent la courageuse résolution de fuir le monde. Jeunes, beaux, riches l'un et l'autre, ils distribuent leurs biens aux pauvres, puis font voile pour l'Orient, accompagnés d'un vieillard qui sera saint Caprais. Tout va bien d'abord : les pieux pèlerins accomplissent leurs dévotions aux seuils consacrés. Déjà ils regagnent les Gaules, quand, au cours de la navigation, Venance, épuisé par les austérités, meurt vers les côtes de Grèce. Honorat, seul et triste, poursuit sa route. Après des fortunes diverses, il débarque en Provence, ramenant avec lui les restes de son cher compagnon.

Là, pour ne pas s'éloigner de l'évêque de Fréjus, saint Léonce, qu'il vénère entre tous, il se choisit une retraite inaccessible sur les pentes de l'Estérel, dans un des flancs les plus abrupts du cap Roux.

A ceux qui ne craignent pas la fatigue de quelques heures de marche par les hautes bruyères, dans le labyrinthe silencieux des sentiers que parfume le myrte, que voile le lentisque ou l'arbousier aux baies rouges, nous recommandons l'ascension de la *Sainte-Baume*. Ainsi se nomme, à l'exemple de celle de Madeleine, la grotte de l'illustre ermite. Le Moyen Age voua un culte fervent à ce sanctuaire. Les pèlerins y accouraient de toute la Provence, et les restes d'une habitation délaissée marquent la trace des religieux que Lérins commettait à sa garde. Malgré son indifférence, notre siècle n'en a pas tout à fait désappris le chemin. Le premier dimanche de mai, de longues processions parties de Saint-Tropez, de Roquebrune, de Fréjus, de Saint-Raphaël, arrivent encore à l'ermitage par le versant occidental de l'Estérel, en suivant un joli chemin aux pentes douces, sorte d'allée de parc qui insensiblement amène les pieux visiteurs, de la baie d'Agay vers le saint lieu. Deux heures et demie suffisent à cet itinéraire. Du côté de l'orient, c'est-à-dire de Nice, de Grasse, de Cannes, beaucoup viennent également, ceux-ci par Théoule, ceux-là par le Trayas ; d'autres, frétant des barques, courent des bordées le long du golfe de Napoule et jettent l'ancre au point le plus rapproché de l'ascension. Que le touriste accompagne ces croyants ! le bon mouvement sera récompensé. Avec eux il s'arrêtera près de la fraîche et pure fontaine qui coule des veines du granit dans son bassin verdi de fontinales; avec eux encore il sera témoin de la célébration simple et grande d'une messe sur les hauteurs. Après quoi, il prendra sa part de leurs joies décentes. Il assistera à leurs frugales agapes sur l'herbe touffue où chantent les rossignols, à leurs danses rustiques sous les vieux châtaigniers peuplés de merles et d'écureuils. La *Baume*, à elle seule, vaut d'ailleurs l'excursion. Creusée dans une roche géante, à quatre-vingts mètres au-dessus de la fontaine, cette grotte ne livre accès que par une série de degrés taillés à vif le long d'escarpements qui demanderaient un pied sûr, si des rampes de fer prudemment scellées n'assuraient contre les périls du vertige. On monte ainsi jusqu'à un arceau ruiné qui domine l'abîme, le regard plongeant à la fois sur la mer de Lérins et sur le pays de Fréjus. De ce point critique, trente-huit marches rapides qui s'accrochent au roc descendent à un petit terre-plein velouté d'herbe où végètent deux ou trois maigres oliviers. D'un côté, le vide, avec la vue du ruisseau d'Agay serpentant à travers la vallée et, pour horizon, la ligne bleuâtre des Maures ; de l'autre, la déchirure basse, en forme de cintre qui, trouant la montagne, sert d'entrée à la *Baume*. Des bancs incrustés dans le grain du porphyre, une source dormant aux profondeurs d'excavations noires, quelques Saints de bois grossièrement sculptés ; au fond, un modeste autel élevé de deux marches où l'image de la Vierge s'abrite entre des chandeliers sans luminaire et quelques gerbes de fleurs fanées, voilà les seules reliques de cette étroite chapelle. C'est sous sa voûte, haute de trois mètres à peine, qu'Honorat passa plusieurs années à méditer et à prier.

Une nuit pourtant, il entend des voix qui, selon l'expression du psalmiste, lui ordonnent de marcher sur l'aspic et le basilic. L'indication était claire : il s'agissait d'aller prendre possession de l'Ile de Lerina, syrte désolée, *solis habitata serpentibus,* selon le bruit accrédité. Entendre, c'est obéir, chez le chrétien comme chez le musulman. Honorat étend son manteau sur les vagues, et, dans cette nacelle d'un nouveau genre, il vogue vers l'îlot mal famé [1]. Un seul palmier l'ombrageait, du côté du midi. Rien d'ailleurs, sur le sol, que des ronces, des débris d'autels idolâtres, et aussi cent monstrueux serpents qui, voyant débarquer cet intrus, commencent à lui don-

1. 410 après J.-C.

ner, par leurs sifflements, une médiocre idée de l'accueil dont il sera l'objet. Assez peu désireux, on le comprend, d'entrer en pourparlers, l'envoyé céleste a une inspiration. Il se dirige, d'un pas rapide, vers le palmier, y grimpe sans faux orgueil, puis, de son mieux, s'installe dans les rameaux. Là, comme d'une forteresse inexpugnable, il lance une malédiction majeure sur les vilaines bêtes qui lui imposent pareille gymnastique... et tous les reptiles de périr aussitôt. Oui, mais le saint homme avait compté sans la vengeance des vaincus. D'horribles miasmes, avant-coureurs de la peste, ne tardent pas à se dégager de leurs corps décomposés. Alors Honorat, toujours sur la branche, plus incommodé que jamais, se multiplie en oraisons, tant et si bien qu'une tempête éclate. La mer soulève des montagnes liquides, pousse ce flot irrité par-dessus les buissons, en lave toutes les impuretés, après quoi elle se retire. L'homme de Dieu peut enfin redescendre de son observatoire, et, rendant grâces au ciel, il commence l'œuvre de colonisation.

Œuvre ardue, en vérité. Tout était à trouver, même de quoi se désaltérer, car l'eau salée baignait seule cette terre d'abandon. Qu'à cela ne tienne! En possession du don de miracles, — à ce point même que, par modestie rare, il suppliera plus tard le Seigneur de l'en délivrer, Honorat frappe le sol de son bâton, et, comme Moïse, il fait jaillir une source aussi abondante que délicieuse. Ce bâton, saint Patrick, nourrisson de Lérins, l'emportera plus tard en Irlande, afin d'y renouveler le prodige. « Les repaires des dragons se pareront de la verdure du roseau et du jonc », avait dit Isaïe[1], et la prédiction s'accomplit. Bientôt l'Ile change de face, le désert se transforme en paradis. En même temps, les disciples accourent en foule pour se réchauffer au soleil du Maître. Groupés près de lui comme autour d'un père, ils se soumettent au charme de sa bonté. Saint Hilaire, à la fois son parent, son favori, son successeur et son biographe, en trace le tableau touchant. C'est lui qui, à l'heure de l'éloge funèbre, s'écriera : « Si l'on voulait représenter la Charité sous une figure humaine, il faudrait faire le portrait d'Honorat. » Cette douceur du caractère se reflétait dans sa parole et coulait jusque sous la pointe de son style, à en croire un autre de ses disciples, saint Eucher. Ayant en effet reçu de lui une lettre écrite, selon l'usage, sur des tablettes de cire, Eucher répondait : « O mon frère, le plaisir de vous lire a été si doux, qu'il m'a semblé que vous aviez rendu son miel à la cire de vos tablettes[2]. » Ce qui prouverait, en passant, que les Italiens ne furent pas les premiers inventeurs des *concetti*.

Mais, pour prévoyants qu'ils se montrent, les Saints eux-mêmes ne s'avisent pas de tout. Honorat possédait une sœur, un peu oubliée sans doute, qui, elle, n'oubliait pas. Entraînée par l'exemple, comme Venance l'avait été, et comme lui devenue chrétienne, Marguerite aborde un matin à Lerina. Elle s'agenouille aux pieds de son glorieux frère, partagée entre l'amour et le respect. Celui-ci la relève, l'embrasse ; seulement les premières effusions calmées, il demeure fort perplexe. La règle qu'il a mise en vigueur prohibe à toute femme le séjour dans le rayon de la Communauté. Que faire ? Une nouvelle inspiration descend sur l'apôtre. Il y a, par delà l'étroit bras de mer, une autre Ile inhabitée. C'est Lero, l'ancien repaire du pirate de ce nom, adoré comme demi-Dieu, aux âges héroïques. Les ruines de son temple jonchent l'herbe... Marguerite les consacrera au vrai Dieu ; le bois sacré deviendra le jardin du Seigneur. De la sorte, frère et sœur, sans se parler, pourront se voir et vivront l'un près de l'autre, encore que séparés. Aussitôt Honorat conduit l'abbesse en sa nouvelle résidence, lui donne des instructions, puis, pour la mieux consoler au moment du départ, lui promet une visite chaque année.

« Que ce soit alors à l'époque où fleurira cet arbre », soupire Marguerite, en désignant un cerisier sauvage couvert de sa neige printanière.

1. Isaïe, XXX, 7.
2. *Mel suum ceris reddidisti*. . . . (S. Hilarius, *sermo de vitâ S. Honorati.*)

« J'y consens », répond le frère, et il s'éloigne sans soupçonner le piège. Or, quand elle formulait ce vœu poétique, la sainte fille, elle aussi, avait son idée. En se prosternant, elle a eu soin d'adresser au ciel une fervente prière, et le ciel, en sa faveur, renverse les lois de la nature. De ce moment, par un prodige dans lequel Honorat reconnut le doigt de Dieu, le cerisier ne manqua pas de fleurir tous les mois. Force fut donc au rigide solitaire de s'incliner devant la volonté d'en haut. Douze fois par an il déployait son manteau sur les flots, et, poussé par la brise, venait passer quelques instants près de Marguerite.

Bien d'autres qu'elle d'ailleurs réclamaient la présence d'Honorat, tant sa renommée volait par la bouche des hommes ! Arles, à son tour, le voulut pour évêque, et l'humble ermite dut subir les honneurs de l'épiscopat. Mais, du haut de ce siège où sa vertu édifiait le Midi tout entier, le nouveau pontife ne perdait pas de vue ses chères Iles. Elles eurent sa dernière pensée quand, vers 429, à bout de jeûnes et de macérations, il s'éteignit en odeur de sainteté. Le cimetière des Aliscamps reçut ses dépouilles. On les y déposa, en grande pompe, près de celles de saint Trophime. Lérins ne les reconquit que vers la fin du XIVe siècle, pour les perdre définitivement en 1788, époque à laquelle, le monastère étant sécularisé, les paroisses voisines se partagèrent les précieuses reliques. Cannes en possède aujourd'hui la plus grande partie, et l'inscription gravée sur la châsse porte que celui qui aura la hardiesse d'y toucher ne verra pas la fin de l'année.

Nous renvoyons, pour plus amples détails, au latin des Bollandistes, ainsi qu'aux traditions locales toujours vivaces sur la terre de Provence. Les dévots de cette grande mémoire y trouveront pleine satisfaction.

Avec Honorat ne devait pas disparaître son œuvre. Lui mort, la fontaine d'eau vive qu'il a fait jaillir près du palmier devient la source miraculeuse d'où, pendant quinze cents ans, vont sortir ces abbés, ces évêques, ces cardinaux, ces papes, ces saints, ces martyrs, éternel honneur de la chrétienté. Dès le VIe siècle, Lérins était l'abbaye célèbre entre toutes :

« O bienheureuse Ile, s'écriait, peu d'instants avant sa mort[1], le fils du comte de Châlons, l'archevêque Césaire : ô solitude bénie où la majesté de notre Rédempteur fait chaque jour de nouvelles conquêtes... Ile trois fois heureuse qui, toute petite qu'elle soit, enfante de si nombreux rejetons pour le ciel ! C'est elle qui nourrit tous ces illustres moines qu'elle envoie comme évêques dans toutes les provinces. Quand ils arrivent, ce sont des enfants ; quand ils sortent, ce sont des pères. Elle les reçoit à l'état de recrue, elle en fait des rois. A tous ses heureux habitants elle enseigne à voler vers les sublimes hauteurs du Christ sur les ailes de l'humilité et de la charité. »

Son droit de suzeraineté s'étendait au loin sur le littoral, à commencer par Cannes[2], et les vassaux ne s'en plaignaient pas, reconnaissant volontiers la justesse du dicton « qu'il fait bon vivre sous la crosse ». L'abbé Amand y dirigeait 3,700 moines, vers 690. Pas un pape, le cas échéant, pas un souverain qui ne se fît gloire de visiter l'Ile sainte. Un aïeul de Charlemagne, saint Arnould, de Metz, se réfugie à son ombre. François Ier, prisonnier de Charles-Quint, et ramené de Pavie à Madrid, y passe la nuit du 21 au 22 juin 1525 ; en mémoire de quoi le Roi-Chevalier offre aux religieux la magnifique châsse lamée d'argent, émaillée d'or, où, sous la garde de lions ciselés, restent enfermées les cendres de saint Honorat jusqu'à ce que la République Française, aussi pauvre de ressources que légère de scrupules, jette le métal sous les balanciers de la Monnaie pour y multiplier son effigie.

1. 542 après J.-C. — Voir *les Moines d'Occident*, par le comte de Montalembert, t. Ier, livre III.

2. Sous le titre *Cannes, vassale de Lérins*, M. A.-L. Sardou, père du célèbre académicien, et lui-même écrivain remarquable, vient de publier une très intéressante brochure que nous recommandons aux érudits.

Qu'elle devait être majestueuse et superbe, l'ordonnance extérieure de cette fille chérie de l'Église, suspendant, comme un phare, sa basilique au-dessus de ses cloîtres, tandis que d'une ceinture de chapelles elle enveloppait la rive tout entière! *Decus et ornamentum Ecclesiæ,* s'intitulait-elle, et, ce disant, elle n'excédait pas son droit. Souverains temporels, ses Abbés battaient monnaie ; son sanctuaire luttait d'éclat avec ceux de Rome et de Jérusalem; sa bibliothèque passait pour une des plus riches de l'Occident. C'était bien, ainsi que l'a défini un de ses nouveaux passagers, « ce navire monastique qui a pour voiles les ombrages du désert, et pour grand mât, l'arbre de la Croix ». Mais, même en ces âges de splendeur, elle avait souvent fort à faire pour se défendre des incursions du dehors. L'ombre du pirate Lero planait sur ses murs. On célébrait une fête solennelle, la Pentecôte, par exemple (1107) ; tout, au dedans, s'emplissait de chants, de lumière et de joie. Soudain, un point blanc grandissait à l'horizon : c'était la voile du Sarrasin ! Le mécréant débarquait, pillait, égorgeait, incendiait, puis regagnait le large, chargé de butin. L'Ile sainte devenait l'Ile des martyrs. Cinq cents religieux, y compris saint Porcaire, leur chef, périrent de la sorte, vers l'année 730, tous immolés par le cimeterre, hors un seul[1] qui échappa au massacre dans une anfractuosité du roc où la tradition veut que le fugitif ait vécu, une semaine, de racines et de fruits de mer. Puis, après les Barbaresques, les pirates ; après les pirates, les armées régulières. Pour cette proie tentante, Doria et ses Génois ne valaient guère mieux que les Espagnols ou les Autrichiens. C'est pourquoi, dès l'an 1088, l'Abbé Adalbert avait jeté, sur la grève regardant l'Afrique, les fondements d'un Donjon toujours debout, qui, avec le nom de *Grand,* mérita à son auteur l'épitaphe recueillie jadis au marbre de sa tombe :

ICI GIT, PLEIN DE PAIX, L'ABBÉ ADALBERT.
ICI, JOUR ET NUIT, LES PEUPLES ET LES MOINES DÉSOLÉS
PRIENT POUR LUI, PARCE QU'IL A CONSTRUIT LA TOUR
ET RESTAURÉ LES ÉGLISES DE LÉRINS.

Cette tour était plus qu'une œuvre de défense : elle constituait, en temps de guerre, une véritable succursale du monastère. En s'y réfugiant avec leurs trésors sacrés, les moines y retrouvaient, sur un plan réduit, toute l'économie de leur abbaye, depuis la chapelle jusqu'au réfectoire, et les exercices religieux n'étaient pas interrompus. Il s'y tint plus d'un chapitre ; mainte tiare dut s'incliner sous sa poterne[2]. Si forte d'ailleurs qu'elle fût, elle ne résista pas toujours à l'impétuosité des assauts. Le corsaire de Gênes et la galère d'Espagne en triomphèrent, — l'Autriche aussi, avant que le chevalier de Belle-Isle ne l'y canonnât.

Avec les temps nouveaux, l'Ile sainte n'était pas à bout d'épreuves. De tous les fléaux qui l'avaient assaillie, la Révolution lui ménageait le pire. Déjà, l'année d'avant, ses quatre derniers religieux avaient été dépossédés de leurs droits, en échange d'une pension dérisoire. Bientôt, ici, comme ailleurs, tout s'écroule. Le sanctuaire est livré aux vents, la ronce y pousse, ainsi qu'à l'époque païenne. Veuve de ses moines, cette lande semble abandonnée de Dieu. La profanation et l'hérésie se la partagent tour à tour. C'est d'abord une « étoile » de la Comédie Française, la *Sainval,* qui, l'ayant achetée, fait de la chapelle son boudoir, et, de la Sainte Table, l'appui de son balcon. Un ministre anglican[3] lui succède; puis, à des titres divers, d'autres mains, tout aussi peu catholiques, se repassent le fief divin. Les murs se sont lézardés, les voûtes s'effondrent, les cloîtres servent d'étables ; un moment vient où Lérins ne trouve pas preneur à

1. Saint Éleuthère.
2. Le pape Adrien VI, entre autres, y fut reçu, à son passage, par un Grimaldi, Général de la congrégation.
3. M. le pasteur Seim.

70,000 francs! Pourtant, le 9 février 1859, l'évêché de Fréjus se rend acquéreur, et Mgr Jordany confie la manse sacrée aux soins de deux ou trois frères agriculteurs, de l'ordre de Saint-François. Ceux-ci, par malheur, en replantant la croix, ne savent pas faire reverdir la tige des jours prospères. Des religieux de Saint-Pierre-ès-Liens leur succèdent, sans plus de bonheur. Une meilleure fortune était réservée aux Cisterciens qui, dix ans plus tard, sous la direction habile du Révérendissime Père Marie-Bernard, abbé de Sénanque, allaient enfin restaurer les autels et rendre au nouveau monastère quelques-uns des reflets de sa splendeur passée.

En tournant le feuillet des vieilles chroniques, nous avons cheminé. Par des allées de pins dix fois séculaires que les vents ont courbés sous leurs caprices, à travers des buissons de myrtes où le ciste et le chèvrefeuille entremêlent leurs grappes fleuries[1], nous suivons la rive délicieuse qui conduit au couvent. Nul rêveur d'églogue ne saurait imaginer plus agreste décor. Dans le milieu de l'Ile croissent la vigne et l'olivier. Près d'eux, sous de tièdes haleines, ondulent des nappes d'épis, vagues de verdure mobiles comme l'embrun qui souvent leur jette sa poussière. Sous un large chapeau de paille, courbés vers la terre avec laquelle leur robe de bure rousse paraît se confondre, les frères lais s'occupent à sarcler le champ où germent les légumes de la Communauté. Ici, là, maint troupeau paît dans la bruyère, parmi les rocs humides incrustés d'arapèdes. Ainsi tout vient à souhait sur cette terre bénie. A qui se contente d'en gratter l'écorce, elle rend abondamment, pour un peu de travail, la farine, le lait, l'huile et le vin nécessaires à la vie. Il n'est pas jusqu'au gibier dont le ciel ne pourvoie ses élus, quand, lasses d'une longue traversée, des nuées de cailles s'abattent, au printemps, sur la perche dont le ressort tendu leur promet l'hospitalité de la broche. Ah! c'est bien là toujours cette Lerina chère à Saint-Eucher *(complector meam Lerinam)*, avec ses ruisseaux, sa verdure, ses fleurs, ses brises parfumées et ses riantes perspectives.

Un mur crénelé nous arrête. Huit cents mètres de moellons protègent les moines contre le touriste, ce Sarrasin du jour. Voici, de l'autre côté de l'enceinte, le palmier de Saint-Honorat. Saluons! Mince de pied, svelte, élancé, portant pour couronne un panache qui semble fait des rayons mêmes du soleil, ce robuste rejeton a bravé les siècles et les orages, toujours jeune comme l'Immortalité. Incliné vers l'Orient, il en reflète les splendeurs. Ses palmes, reliées par un serpent, ont l'honneur de figurer dans les armes de l'abbaye; le Prince régnant de Monaco les enlace à son royal blason, — hommage aux Abbés de sa race qui ont illustré Lérins, — et jadis le pape Eugène III, revenant de l'Ile sainte, accordait indulgence plénière à tout pécheur qui, après sept pèlerinages consécutifs, rapporterait un rameau de l'arbre vénéré. Cette décision papale fut l'occasion d'un miracle dont nous reproduisons le récit dans sa naïveté touchante, l'empruntant à une vie de saint Honorat, écrite en latin, et imprimée à Venise, vers l'année 1501 :

Il y a quelques siècles vivait sur cette côte un brave homme, Boniface, le bien nommé, qui ne réussissait à rien. Las d'un jeûne prolongé, il finit par se louer, pour la nourriture, à un certain Garinus, usurier, aveugle, et fort méchant. Celui-ci, le traitant comme l'enfant prodigue, lui fit garder ses pourceaux. Il lui permettait néanmoins d'aller chaque année à Lérins, vers l'époque du

1. *Lentisci, myrtus, laurus, lenteque genistæ*
*Arbuta ver faciunt herbaque semper olens,*

écrivait Isidore de Crémone, au XVIe siècle, et vers la même époque, Gregorius Cortesius chantait la parure embaumée de *Lerina*, dans cette jolie strophe toujours vraie :

*Fertilis citri tibi bruma ridet*
*Læta lauretis, paphiâque myrto,*
*Et tepet grato redolens december*
*Germine florum.*

ENTRÉE DE L'ÉGLISE DE SAINT-HONORAT.

pèlerinage. Six fois déjà Boniface en était revenu, le cœur plus ferme et l'esprit plus rasséréné, quand il demanda au maître l'autorisation d'y retourner une septième. Cette dévotion dernière devait, avec le rameau béni, lui gagner les grandes Indulgences. Garinus, qui le savait, prit un cruel plaisir à refuser. Il fit plus : dans la crainte d'une désobéissance possible, il donna l'ordre qu'on enfermât le pieux serviteur. Or c'était veille de Pentecôte. Le captif pleura, pria, puis finit par s'endormir sur son grabat, au milieu de la nuit profonde. Tout à coup un chant a retenti ; Boniface s'éveille, et, dans l'éclat des lumières, il se trouve transporté sous les voûtes de Lérins, au pied de l'autel, parmi ses compatriotes partis sans lui et tout charmés de le revoir près d'eux. L'office s'achève, le pénitent s'agenouille devant les religieux qui lui remettent la palme due aux mérites de ses sept voyages; après quoi, cédant au sommeil, il s'endort à l'ombre d'un pilier. Les premières lueurs de l'aube retrouvèrent le prisonnier sur son lit de paille, et il eût cru à un rêve, sans la présence de la branche verte restée comme un indéniable témoignage. Cependant, les pèlerins revenant trois jours plus tard félicitent Garinus de sa bienveillante décision pour son porcher. Étonnement de l'aveugle qui nie, s'emporte, puis, surpris de l'insistance, se fait amener le prétendu voyageur. Le pauvre homme interrogé raconte, avec l'enthousiasme de la foi, ce qui lui est advenu. Alors, ému, touché sans doute par quelque souffle d'en haut, Garinus sent mollir ses entrailles : des larmes montent à sa paupière aride. Il supplie Boniface de lui confier la palme sainte. A peine l'a-t-il saisie, que la vue lui revient aux yeux, comme la charité au cœur. Il s'humilie devant le Seigneur, répartit son bien entre les pauvres, et Boniface n'est point oublié dans le partage.

Nous sommes d'ailleurs devant la chapelle de Saint-Porcaire, en pleine légende. Là, sous le fer des Barbaresques, tomba l'Abbé-martyr, et cinq cents têtes nimbées roulèrent près de la sienne. La chronique affirme que, prévenu dix jours à l'avance, grâce à une révélation surnaturelle, l'héroïque Confesseur dédaigna de fuir ; avec joie il se prépara au sacrifice, et nul de ses disciples ne voulut l'abandonner. Elle ajoute qu'on entendit, pendant le massacre, des voix célestes encourageant les suppliciés, tandis que des vols d'anges, la couronne prête, accueillaient leurs âmes libérées par le tranchant du cimeterre.

Mais que veut ce cri d'alarme? Pourquoi ces bras éplorés que lève au ciel un digne frère en émoi? L'Infidèle reparaîtrait-il, prêt à de nouveaux assauts ? En effet. Par l'entre-bâillement de la porte, deux femmes se sont glissées; or, à peine d'excommunication *ipso facto,* défense est faite au sexe damnable de franchir ce seuil. Ainsi que de la Grande-Chartreuse et des couvents de Rome, la femme est impitoyablement bannie de la pieuse enceinte. Parfois une branche de roses ou quelques brins de mimosas, cueillis à son intention dans le parterre embaumé du cloître, la dédommagent d'un arrêt sévère. En tout cas, elle doit rester sur le chemin, à moins pourtant que le sang de saint Louis ne coule dans ses veines. Rien ici n'autorise l'hypothèse. Aussi le pauvre gardien, robe retroussée, court-il aux intruses avec force gestes comiques, épuisant la gamme des adjurations, depuis la menace jusqu'à la prière : *Locus in quo stas terra sancta est !* Peine perdue. Ce sont deux hérétiques des pays lointains, sèches et revêches, qui abusent de l'ignorance de notre langue et de la longueur de leurs jambes pour pousser une pointe en avant. Déjà elles ont franchi la première cour et se disposent à faire irruption dans l'atrium secret de la vie monastique, quand, tout essoufflé, plus rouge qu'un coq irrité chassant des poules devant lui, le bon frère les atteint enfin, les malmène, les ramène, puis, moitié gré, moitié force, cantonne ces intrépides du côté licite de la muraille. D'où protestations, à grand renfort de vocables barbares, comme il sied à d'exotiques protestantes. Ont-elles à ce point tort, et pour un Ordre qui n'est point ennemi de la science du paléographe, y eût-il eu tant de péril à recevoir ces parchemins ambulants ?

Quoi qu'on en pense, entrons. Quelques colonnes de granit, des fragments de marbre aux trilobes fleuris, deux ou trois autels dédiés à Neptune, des sépulcres Romains, des bas-reliefs et des inscriptions encastrées au mur, frappent d'abord le regard : heureuse idée qui, dès le seuil, groupe en un petit musée archéologique les épaves d'un passé mystérieux. Avec ces débris du monde païen, un sombre cloître à voûte cintrée, à lourds piliers écrasés, sans nervures, sans arêtes — type curieux de l'art carlovingien dont pas une pierre n'a fléchi depuis mille ans, — constitue le seul représentant des âges évanouis. Le reste est de date récente : peu d'années nous séparent de la réfection. Toutefois, il ne demeure pas sans intérêt de visiter l'Église neuve dont les trois nefs, vues du haut de la tribune et baignées d'ombre, laissent à l'esprit une impression de hardiesse et de grandeur. Une plaque de marbre y perpétue les noms des principaux bienfaiteurs, celui du Prince Charles III de Monaco, en tête. Nous recommandons encore les divers cloîtres, aux maximes peintes sur la porte des cellules; les arcades enguirlandées de pampres, les préaux émaillés, en toute saison, d'anthémis et de géraniums; la salle capitulaire où, sous les fresques et les écussons, devant le siège abbatial élevé de trois degrés, la crosse du pasteur reste toujours debout; le réfectoire, avec la chaire du lecteur, et présidée par le Révérendissime, la vaste table en fer à cheval, plus ample que l'ordinaire qui y paraît; les cellules des Pères, tombes vivantes dont une chaise, une table, un lit, quelques livres voisins d'un prie-Dieu, composent tout le mobilier, et un crucifix entre deux images toute l'ornementation ; enfin, à l'ombre du haut clocher, sous la croix de fleurs où semblent voltiger les âmes, le très romantique cimetière dont l'éternel printemps se plaît à broder de violettes et d'immortelles le linceul des morts. Les religieux y dorment seuls, à cette heure; mais, dans l'autre siècle, plus d'une famille de Cannes, séduite par la paix profonde et le charme du site, y obtenait pour les siens faveur de sépulture. En ce cas, le clergé conduisait le cercueil au port; puis, une barque guidée par deux moines l'emportait de nuit, par delà le détroit, à la pâle clarté des torches.

Cette poétique et pieuse coutume a cessé. Du moins l'abbaye[1] offre-t-elle encore son hospitalité aux vivants. L'antique asile des Lettres et des Sciences, la pépinière des évêques et des saints ne saurait proscrire aucun membre de la famille chrétienne. Les ecclésiastiques de passage, les prélats fatigués de la mitre[2], les naufragés de l'ambition, même le mondain, poète ou artiste, en humeur de se recueillir, de rêver, d'apprendre et surtout d'oublier, ont une aile réservée qui les accueille à des prix modiques. Ils peuvent s'y édifier, au spectacle de soixante Cisterciens, pères ou frères, dont la vie est un conseil austère, en même temps qu'un perpétuel exemple. Invariablement levés dès la troisième heure, couchés le soir entre huit heures et huit heures et demie, selon les saisons, ces soldats du Christ n'ont pas une minute de leur existence qui ne soit consacrée à la glorification du Seigneur. Qu'ils chantent ses louanges, qu'ils peinent du corps ou de l'esprit, les journées se passent entre le labeur et la prière. Les rudes travaux des champs ne les rebutent pas, l'état de l'Ile en est la preuve; mais leur effort principal porte sur l'orphelinat. Le R. Père Bernard met sa légitime satisfaction, — nous allions dire son orgueil, dans le succès de cette œuvre, sa création favorite. Une trentaine d'enfants pauvres sont groupés par ses soins, et sa main paternelle en fait des hommes pour le pays. Il les a reçus, de la société, nus et sans défense; il les lui rend armés pour la lutte, passés maîtres dans l'état qu'ils se sont choisi. Sous de vastes bâtiments sont installés des ateliers qui ne laissent aux apprentis que l'embarras de l'option. Couture, serrurerie, menuiserie, marbrerie, peinture, reliure, sollicitent leur activité : à quoi il faut ajouter une imprimerie dont l'Abbé est particulièrement fier. De ses presses mécaniques sortent des Imitations de Jésus-Christ, des vies de Saints traduites du latin, de pieuses biographies deve-

1. Appelée jadis le *Séminaire des évêques*.
2. Mgr Guénlette, évêque démissionnaire de Valence, y réside depuis plusieurs années.

nues rares, sans compter le renouveau d'une série de trésors intellectuels perdus jusqu'ici dans l'immense collection des Bollandistes ou sous la poussière savante des Bénédictins. Déjà, pour la plus grande joie des doctes et des chrétiens, l'œuvre Cistercienne de Lérins comprend toute une bibliothèque accessible aux plus modestes bourses, et un bref de Pie IX attache des bénédictions spéciales à cette croisade des bons livres contre les publications perverses[1].

En échange de ce perpétuel effort, les successeurs d'Honorat n'ont-ils pas leurs heures de détente? Oui, mais courtes en vérité. Outre le repos de ces frugales collations où les aliments gras n'apparaissent qu'aux jours fériés, les religieux obtiennent la promenade du dimanche. En longue procession ils font le tour de leur Ile. Qui n'a pas vu cette blanche théorie passer à travers le feuillage léger de l'olivier demeure privé d'un émouvant souvenir. On dirait de quelque fantastique évocation, aux ruines d'un cloître abandonné. Cette distraction leur est d'ailleurs interdite durant le carême. Le dimanche encore et l'été seulement, ils viennent, après le silence prolongé d'une semaine, s'asseoir dans une de leurs cours, sous le caroubier dont la ramure respectée des siècles suffirait à abriter la Communauté. Là, pendant trois quarts d'heure, insoucieux des bruits de ce monde, ils se livrent à un fraternel colloque qui rappelle volontiers l'entretien des Pères du Désert. Et voilà tout. Mais ils ont aussi pour eux la lumière éclatante des jours, l'incomparable azur des nuits; ils ont des terrasses d'où l'œil, à loisir, peut contempler la mer et le ciel, ces deux infinis; ils ont, dans leurs étroits jardins, le parfum des citronniers se mêlant aux senteurs marines dont la brise des côtes baigne leurs poumons; ils ont la veine d'eau douce et fraîche qui, depuis le miracle, n'a pas cessé de sourdre à travers les amertumes du flot; ils ont surtout la paix de l'âme, ce soleil intérieur qui, mieux que l'autre encore, éclaire, réchauffe et réconforte les cœurs.

Comment d'ailleurs ne sombrèrent-ils pas dans l'ouragan des récentes persécutions? Qui les a sauvés de la tempête? La tempête elle-même. Placés sur le récif, comme une vigie céleste, les Pères de Lérins ont rendu et rendent à l'humanité de si indiscutables services, que l'athée le plus endurci se lèverait, au besoin, pour les défendre. N'en donnons, à titre de preuve, que ce fait décisif dont nous fûmes témoin.

Dans la nuit du 18 au 19 février 1875, un bâtiment à vapeur, *la Normandie,* passait en vue de Saint-Honorat, transportant 308 passagers, de Marseille à Gênes. Le ciel était noir, la mer démontée : une tourmente de neige sévissait près des côtes. Or quiconque a navigué dans ces parages sait qu'à douze ou quatorze cents mètres, du côté de l'Afrique, l'Ile est protégée par un triple rang de rocs aigus et sombres entre lesquels se joue l'eau bleue, dans les belles matinées, mais sur qui le flot déferle à l'heure des orages. Ce sont *les Moines,* ainsi appelés de leur groupement qui affecte l'apparence d'une longue file de cénobites agenouillés. Le pilote, et non sans raison, redoute leur approche. Or, incertaine de la route, trompée par une neige qu'elle prend pour l'écume des vagues, *la Normandie,* forçant sa vapeur, vient donner à plein sur l'écueil. Aussitôt la coque s'entr'ouvre, le bordage s'incline, l'équipage s'affole, et le capitaine désespéré s'enferme dans sa cabine où il se tue. Tout semblait perdu, à ce moment du drame; la Mort montait rapide, par les voies d'eau, quand soudain les souffles du nord jettent, en passant, l'écho d'une sonnerie. C'est la cloche qui appelle les religieux pour chanter matines. On est donc près de terre! A cette voix amie, les naufragés reprennent courage; tous à la fois, ils poussent une suprême clameur, et les Pères entendent le cri de détresse. L'Abbé détache une barque qui, en dépit de la tourmente, va demander des secours à Cannes. Précisément un yacht de plaisance,

1. L'imprimerie de Lérins va offrir à S. S. Léon XIII, pour les fêtes de son Jubilé, un merveilleux volume contenant le *Magnificat* reproduit en 150 langues, avec encadrement de couleurs, gravures et illustrations à chaque page.

arrivant de Monaco, venait d'ancrer au port. M. Pérignon, son propriétaire, fait en hâte rallumer les feux : lui-même, à travers la nuit et les périls, entraîne ses marins dans la direction du sinistre, opère un premier transbordement, puis un second, et jusqu'au septième poursuit son œuvre héroïquement libératrice. Vers l'aube, tous les passagers se trouvaient sains et saufs sur la plage, et, dès le soir même, le chemin de fer les rapatriait. Sans les Cisterciens, que fût devenu l'équipage, alors que le navire, en dépit des efforts, ne put être renfloué? Les pieuvres et les crabes l'eussent su mieux que nous. Le bronze sacré avait été l'instrument de délivrance; plusieurs centaines de créatures humaines devaient leur vie aux serviteurs des autels. Qui oserait désormais parler de proscription?

Seul, un fervent du pittoresque aurait peut-être quelque droit de se plaindre. Il est des heures, vers le déclin du jour, où nous ne serions pas éloigné de regretter l'asphodèle, gardienne des tombeaux. Ces décombres verdies de mousses et d'aloès que nous avons connues, ce portique

Le Donjon de Saint-Honorat.

aux colonnes disjointes, ces quatre grands murs délabrés qui se dressaient vers le ciel, comme les pages superbes de glorieuses annales; ce parvis ruiné, embelli par les dons des princes, consacré par le sang des martyrs; ces chemins désappris que suivaient jadis les peuples, ces pierres où avaient prié les saints et les pontifes; ces arbres qui semblaient curieusement passer leur tête par-dessus les voûtes effondrées pour assister de plus près au néant des splendeurs d'ici-bas; tout, jusqu'aux débris païens couchés dans l'herbe haute, à côté des legs pieux du Moyen Age, tout, en ce site marqué du doigt de Dieu, imprimait à la nature nous ne savons quel caractère de sauvage et tendre abandon, d'un charme bien pénétrant. L'idéal, hélas! a fui devant le maçon. A bonne intention sans doute, les excellents Pères ont écrasé leur domaine sous des montagnes de pierres. Cet amas de bâtisses coiffées de toits rouges ne garde ni élégance ni prestige. Il y avait plus de poésie dans un seul des cippes jonchant naguère le sol, que n'en offre aujourd'hui toute la moderne Église, de sa base au sommet de la flèche un peu lourde dont la pointe à cent pieds dans les airs porte le signe de la croix rédemptrice.

Querelle d'artiste, au demeurant. Et d'ailleurs, le Donjon d'Adalbert suffit pour nous dédommager. Sa chaude silhouette qui, entre le ciel et la mer, se découpe à vif sur les profondeurs de l'horizon, est d'un puissant effet. Surpris par le corsaire, conquis par le soldat, meurtri par les révolutions, le géant n'en reste pas moins debout en face de l'écueil, se riant des hommes comme des éléments. Ses pieds plongent dans l'azur, dans l'azur se perd sa couronne de mâchicoulis; son corps semble porter la livrée du soleil. L'Arioste n'a rien trouvé de plus féerique pour loger ses chevaliers errants. On s'étonne, la première fois qu'il se laisse entrevoir à travers les capricieuses courbures des pins. Ses murailles construites en un bel appareil, percées çà et là de baies inégales, vêtues de lierre du côté de l'Ouest et partout dorées des irradiations du midi, sont l'un des plus grandioses spécimens de l'architecture féodale sur la terre de Provence. L'État l'a classé parmi ses monuments historiques ; il le répare en ce moment. Puisse-t-il ne pas trop le réparer ! Nous n'avons nul goût pour les couteaux anciens à qui l'on remet le manche et la lame. Les dépenses énormes qui en seraient la suite ne permettent heureusement pas de toucher au dedans. Si la poterne d'entrée a disparu, le préau à ciel ouvert — où subsiste

Intérieur du Donjon.

encore la citerne des temps de siège — restera tel que nous l'ont transmis les âges, avec sa double galerie superposée et ses ogives légères. Nul indiscret manœuvre n'essayera de repolir les sveltes colonnes de marbre ou de granit dont le temple de Lero fit sans doute les frais ; nul ciseau ambitieux ne touchera aux simples feuilles d'eau de leurs chapiteaux. Longtemps encore, espérons-le, on pourra errer parmi les cours voilées de mauves, à l'ombre des murs où la giroflée pique ses touffes hardies. Longtemps un moine, guide complaisant du touriste, lui montrera, par une exploration rapide, les bancs de pierre taillés dans l'épaisseur des barbacanes, et la chaire du lecteur, toujours visible au coin du réfectoire, et les vestiges de la bibliothèque fameuse dont le dernier livre a disparu avec le siècle dernier, et, dans ce qui fut la chapelle, la place désormais vide où brillait la châsse du vénéré thaumaturge. Par les cent marches de grès rouge qui, d'étage en étage, mènent aux mâchicoulis du chemin de ronde, on viendra, pendant bien des années encore, contempler l'un des spectacles à sensation de la Rivière. Il en est de plus vastes, nous n'en savons pas un plus enchanteur. Des sombres déchirures de l'Estérel jusqu'aux cimes chenues des Alpes de Turin, quel cadre superbe! Et, dans ce cadre, quel séduisant tableau, soit que les horizons sévères de Grasse y luttent avec les riantes perspectives de la baie de Napoule, soit que, par-dessus les champs de roses du Golfe-Juan, les villas radieuses de la Croisette jettent aux feux du cap d'Antibes un étincelant défi! Mais tout cède ici devant le charme des premiers plans. L'œil plongeant dans les mystères de leur beauté surprend les deux Iles en train de se mirer aux eaux du Frioul, comme des sœurs dont le baiser se chercherait à travers un cristal limpide. Partout ailleurs la mer, la mer bleue, immense, se fondant au loin dans un océan de lumière.

De cette plate-forme haute à donner le vertige, le sexe proscrit peut prendre une ample revanche. Cours, préaux, jardins, orphelinat, sont ouverts à son regard; le palmier de saint Honorat ne garde plus de voile, et les cellules n'ont qu'à se bien clore pour échapper aux indiscrétions de l'ennemi. Si vif pourtant que soit l'attrait du fruit défendu, nous recommanderons plus volontiers aux jolies curieuses de braquer leur lorgnette sur un îlot désert qui, vers la pointe orientale, dort à fleur d'eau, tel qu'un léviathan échoué. *Saint Ferréol* l'habita. Surpris, puis massacré par les Sarrasins dont il fut la dernière victime, l'ermite a baptisé, de sa veine ouverte, l'écueil témoin de ses austérités et de son supplice. Le sang répandu n'a d'ailleurs point fécondé le roc. Ni arbres ni arbustes n'y prennent racine; le goéland s'en éloigne, l'herbe y sèche, dès qu'éclose. A peine si une blanche corolle s'y montre parfois, au printemps, lis pur né de la cendre d'un martyr. Eh bien — conclusion étrange d'une étrange existence — sur cette pierre fatale le caprice du sort échoua, un soir, le cadavre de Paganini. Il n'est pas de légende plus poignante que cette histoire. Déjà frappé au cœur, l'artiste surhumain regagnait Gênes, sa patrie, quand le choléra le surprend à Nice, et de ce corps usé dégage l'âme tourmentée [1]. Son fils, qui l'accompagnait, met le mort au cercueil, puis fait voile vers la cité des Doria. Mais Gênes la Superbe repousse son enfant : refus du clergé d'ensevelir un démoniaque, refus de la municipalité d'accueillir la dépouille d'un cholérique. Le malheureux fils, réduit à virer de bord, se dirige sur Marseille qui tout aussi nettement lui ferme ses passes. Il revient alors à Cannes où l'attend un accueil identique. Ainsi errant de rivage en rivage, désespérant de trouver six pieds de terre chrétienne à qui fier ces restes proscrits, le triste nautonier vogue sur sa nef, à la merci des vagues et des vents. C'est alors qu'il avise le récif de Saint-Ferréol, et c'est à cet écueil perdu que, par une nuit de tempête, il livre son cher dépôt. Le roc l'a conservé cinq ans. Puis, l'épidémie et l'intolérance ayant consenti la trêve, on put enfin reprendre à la syrte les mânes de Paganini. Avec orgueil la villa Gojona les garde aujourd'hui; mais il ne nous surprendrait point que l'âme possédée ne hantât encore ces parages désolés, demandant à l'écho des pieux cantiques sa délivrance et son repos.

On doit compléter, par une promenade autour de l'Ile, la visite du monastère et du Donjon. Cette pérégrination s'accomplit en trois quarts d'heure, sous une sorte de parasol continu que forme la ramure des pins. Chaque année, hélas! réduit le nombre de ces vétérans. La cognée des moines ne les respecte pas autant que nous le voudrions; c'est encore là un de nos regrets, car cent ans ne comptent guère dans la croissance du térébinthe. Beaucoup sont tombés, qui n'auront plus de rejetons. Les plus beaux fourniront les charpentes de l'Église, à l'exemple des cèdres dont Salomon dépouillait le Liban pour en construire son temple. Ceux qui survivent n'en demeurent que plus précieux. On se repose, à leur ombre, de tant de

1. 27 mai 1840.

lumière bue ; on aspire, sans se lasser, leurs balsamiques effluves ; on appuie contre leurs troncs rugueux la table de bois peint où, vers midi, le batelier dispose les viandes froides et les pâtisseries apportées de la ville. Qu'on y adjoigne une bouillabaisse, et le repas devient festin.

Il est tout à fait réjouissant, quand les effluves marins ont aiguisé l'appétit, d'assister à la confection de ce plat, orgueil de la Provence. Digne émule de Vénitien, Joseph excelle à le préparer. Sur trois pierres mobiles adossées au roc on installe un de ces larges récipients pétris dans la terre rouge de Vallauris : de petits fagots de branches sèches, pétillant sous l'allumette, flambent bientôt alentour. Pêché du matin, le poisson est tiré du seau où il frétille. Toutes les couleurs de l'arc-en-ciel miroitent sur ces écailles multiples. Voici d'abord, ouvrant de larges ouïes, le *chapon* à la teinte purpurine, avec son diamant bleu serti dans l'orbite ; il est ouvert, coupé en quatre et jeté dans la casserole, avant qu'il s'en doute. Le *Rascasse* [1], le *Bassaguet*, la perche, un tronçon de congre ne tardent pas à l'y rejoindre. Vainement les délicates langoustes, le maquereau laqué d'argent et quelques crabes à l'allure gauche essayent de protester sous le couteau : un traitement semblable leur échoit. Une pieuvre harponnée dans l'anse voisine clôt savamment la liste des victimes. Sa présence donnera un goût exquis au mélange. Déjà un lit d'oignons hachés et revenus dans une huile d'olives fine a reçu tous ces hôtes, avec un grésillement de bon augure. La sauce s'allonge peu à peu d'une eau douce puisée à la source sainte; ail, sauge, laurier, écorces d'oranges séchées, poivre, gros sel, la relèvent de leur saveur... et alors, place au feu! Sous l'ardent baiser de la flamme, le liquide jette de gros bouillons. Que le souffle l'active, au besoin! Il en est là comme de la fonte du Persée, pour Cellini : cinq minutes peuvent tout perdre ou tout gagner. En principe, on ne doit pas dépasser la demi-heure. L'arête vient-elle à la main ? c'est que la cuisson s'avance. Quelques menus cornets de safran répandus, en fin d'opération, complètent l'œuvre ; ils lui apportent couleur et parfum. On verse alors cette sauce d'ambre sur des tranches de pain frais, le poisson est dressé à part dans un grand plat de faïence : il n'y a plus qu'à se pourvoir d'un solide estomac et à se régaler. Le vin du cru facilite d'ailleurs la digestion. Sa blonde liqueur, généreuse comme le Porto, capiteuse à l'égal du Champagne, laisserait croire qu'héritiers de ses secrets, les disciples d'Honorat ont trouvé une formule pour mettre le soleil en flacons.

Cette plage garde la spécialité des agapes champêtres. Qu'ils y déjeunent ou qu'ils y *lunchent*, Anglais et Français sont volontiers de l'avis d'Isidore de Crémone, et, le verre en main, s'accordent pour répéter son enthousiaste distique :

*Pulchrior in toto non est locus orbe Lerinâ;*
*Disperearn hic si non vivere semper amem!*

Nous y fûmes témoin de somptueux banquets ; nous y entendîmes frissonner le vers ailé des toasts joyeux

A tout ce qui fait vivre, à ce qui fait aimer [2].

Ce ne sont cependant pas « les gens de saison » qui s'y récréent le mieux. La palme, à ce jeu, revient aux nombreux Cannois dont la coutume est de planter ici leur tente, pour le *Romérage* de Saint-Cassien. Les violons accompagnent le pâté et la galantine classiques ; la jeunesse danse pendant que les vieillards trinquent, et comme il n'y a pas de vraies fêtes sans

1. Scorpæna porcus.
2. *Les Grands Cœurs*, p. 177.

un lendemain et quelques surlendemains, ces émigrés du plaisir campent sous les arbres, suspendent des hamacs aux branches, allument de grands feux quand vient le soir, et passent ainsi de bonnes journées et de meilleures nuits dans ce coin de paradis que l'auteur de la *Divine Comédie* n'a pas même soupçonné.

Mais il n'est si douce oasis dont il ne faille prendre congé. Suivons la longue allée de cyprès et d'encalyptus qui mène au petit port des Moines, puis, par delà cet arc prétendu triomphal dont l'érection récente n'ajoute rien à la grandeur de tant de souvenirs, embarquons-nous pour *Sainte-Marguerite.*

L'étroit canal qui sépare les Iles se franchit en deux coups d'aviron. Les belles eaux que celles dont notre rame fend la nappe endormie ! Mariez l'aigue-marine à l'émeraude, additionnez d'un mélange de turquoise liquéfiée et de saphir en fusion ; vous n'aurez pas encore la teinte merveilleusement glauque de la vague, dans ce mouillage du Frioul où l'œil le moins exercé peut suivre les mystères des végétations sous-marines.

La rive qui nous reçoit ressemble à un vaste madrépore. Le flot y a creusé cent grottes diverses où les anciens n'eussent pas manqué de loger des nymphes. Peut-être que l'une d'elles servit jadis de repaire au fameux Lero. L'État qui, après beaucoup d'autres, a succédé au Dieu pirate, se croit-il obligé de continuer ses traditions sauvages ? On le croirait presque. Il est facile, en tout cas, de s'apercevoir que l'on n'est plus en terre d'Église. Ici, la tolérance cesse d'être vertu. Une maison forestière, hérissée de prohibitions administratives, frappe tout d'abord la vue. Défense de chasser, défense de collationner, défense de fumer, défense de frotter une allumette, fût-elle de la Compagnie. Nul écriteau, par fortune, n'interdit la faculté de respirer ou de marcher. Marchons donc, en nous saturant d'air embaumé. Après avoir dépassé l'enclos du garde, riante oasis de roses encadrée d'eucalyptus à haute tige, nous atteignons le *Grand Jardin* qui, n'en déplaise aux mythologues, dut être celui des Hespérides. Les orangers y ploient sous des grappes de pommes d'or. Il est tel rameau, moindre de deux palmes, où nous avons compté plus de quinze de ces fruits merveilleux. Au sein du bois odorant s'élève une sorte de castel gothique fraîchement rajeuni d'un badigeon malheureux. Ce domaine, le seul qui céans soit propriété privée, passe à juste titre pour l'un des points les plus chauds de la Provence, y compris Menton et Monaco. Un tabellion de Marseille en était, il y a peu d'années, le fortuné détenteur. On pénétrait librement alors par une porte toujours entr'ouverte, et l'orange ne fuyait point la lèvre altérée. Le temps est changé, sans doute aussi le propriétaire. Des murailles hautes de neuf pieds enveloppent aujourd'hui le verger mystérieux. Une porte étroite, cintrée, ferrée et boulonnée, vrai huis de prison, cadenasse la seule issue possible, à quoi s'ajoute une formelle : « défense d'entrer », peinte en grosses capitales. Précaution vraiment superflue. Le moyen en effet de triompher d'une truculente enceinte, à moins de s'être muni, au préalable, d'échelles, de balistes, de catapultes et de tout l'attirail d'un siège ! Ce sont bien les Hespérides, mais avant Hercule : il n'y manque que le dragon. Bazaine en aurait eu moins bon marché que de sa forteresse, et le Masque de fer eût été en droit de considérer comme aggravation de peine un internement dans cette « maison de plaisance ».

Heureusement que derrière ces lieux inhospitaliers s'ouvre l'incomparable bois de pins dont le toit de verdure couvre l'Ile sur sa plus grande largeur. Nous ne savons rien à lui comparer depuis que l'hiver de 1879 détruisit la célèbre *Pineta* de Ravenne. Une lumière bleuâtre, douce à l'œil, s'y tamise entre les ombelles ; un tapis moelleux de mousses et de détritus y assoupit le bruit des pas. Il n'est pas rare que, d'une touffe de genêts, s'échappe devant vous le lapin effarouché, ni qu'à votre approche un couple de faisans monte lourdement d'un buisson de myrtes ou d'une gerbe de cinéraires. Tout, au loin, est solitude et silence ; nul bruit, hors le

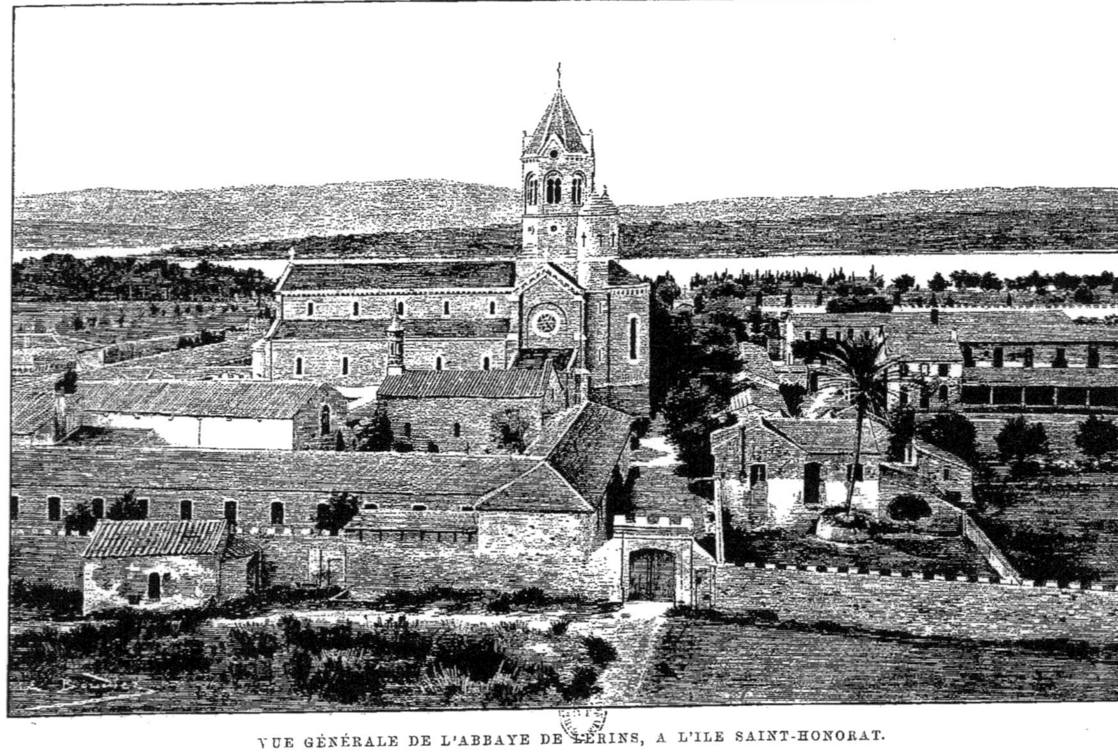

VUE GÉNÉRALE DE L'ABBAYE DE LÉRINS, A L'ILE SAINT-HONORAT.

sifflement affaibli de la locomotive volant vers l'Italie, ou quelque chant de rossignol sorti d'un romarin, qui, de son trille vainqueur, répond au clairon du fort. C'est une promenade délicieuse, s'il en fut, celle qui se poursuit dans ces allées sans fin où Byron eût aimé lancer à la fois son cheval et sa pensée. Car tantôt un impalpable et discret azur semble pleuvoir du ciel sur la frondaison serrée qui arrête les rayons trop ardents, et tantôt ce voile mobile capricieusement s'écarte, découpant, par une large déchirure, des lambeaux de paysage éblouissant.

On imagine bien que Marguerite ne se soit pas déplu en pareille thébaïde, lorsque Honorat lui eut construit une cellule avec des fragments d'autels païens [1]. On comprend également que les Pères de Lérins, héritiers naturels de la Sainte, n'aient eu aucun goût à se dessaisir d'une émeraude fort seyante à la mitre de leur Abbé. Non moins amateur de ces bijoux, Richelieu, à son tour, prit celui-ci afin d'en orner le diadème de son souverain, et, pour le mieux conserver, il décréta la confection d'un écrin de pierres auquel l'illustre lapidaire Vauban mit plus tard la dernière main. La précaution n'était pas inutile : l'Espagnol, l'Autrichien et le Piémontais l'ont successivement prouvé. Deux fois même la fortune sourit à leur effort ; mais Duquesne et le chevalier de Belle-Isle aidant, le don du cardinal fit retour à la Couronne pour ne plus s'en détacher.

Moins favorisée que sa voisine, Sainte-Marguerite a des serpents et n'a point d'eau. A défaut d'un nouvel Honorat, le premier bâton venu fait justice du reptile; quant à la source absente, elle est remplacée par des citernes. C'est ainsi que, de distance en distance, se rencontrent de larges cuvettes en béton remplies d'une eau douce destinée au gibier. Longtemps le droit de chasse appartint au duc de Vallombrosa qui le partageait avec M. Mallet. Alors, oiseaux et rongeurs peuplaient à l'envi les fourrés ; la poudre, alors, parlait haut, et, à sa voix, l'Arabe captif dut souvent sentir battre son cœur sous le burnous blanc. Tout hôte de marque était libéralement invité à ces fêtes cynégétiques. Convié à en prendre sa part, le Prince Frédéric-Charles, peu de jours avant la déclaration de guerre, y recevait, du *Roi de Cannes*, un royal accueil. Qui eût dit, au soir de la gaie bataille, que le plomb du futur feld-maréchal dût sitôt changer d'objectif? Un frisson de colère ne manquait pas de secouer le corps du pauvre Vénitien, chaque fois qu'il se souvenait de la bouillabaisse par lui servie au Teuton qui allait devenir notre pire ennemi. Ah! s'il avait pu prévoir.... Comme il en eût salé la sauce ! Le vainqueur de Metz et le pêcheur du Suquet se sont rencontrés, depuis, au royaume des ombres ; mais hors que le pardon y soit obligatoire, nous avons quelques doutes sur l'aménité de l'entretien.

Dans un but patriotique, une compagnie de volontaires vint, après le 4 Septembre, s'exercer sous ces ombrages, et comme le Prussien s'obstinait à rester hors de la portée des chassepots, poil et plume payèrent pour lui. L'oiseau du Phase bouillit patriotiquement dans la marmite de nos héros [2] ; patriotiquement à leur broche tourna Janot-Lapin, si bien qu'eux partis, il fallut repeupler. Quatre cents élèves nouveaux rejoignirent les rares victimes échappées aux exigences de la cantine, — tous volatiles de bon appétit, puisqu'ils ne consommaient pas moins de 350 sacs de blé par an. Leurs pères nourriciers se lassèrent-ils d'ajouter à ces menus frais de table une assez ronde somme touchée par l'État, ou si la fièvre de Nemrod brûlait moins ardemment leurs veines? Quoi qu'il en soit, un autre adjudicataire prit le bail à dix mille francs, et voici qu'au dernier été le riche anglais captain Wyner lui succède, diminuant la redevance de plus de moitié. A l'exemple des Dieux et des Rois, le gibier s'en va et les grands seigneurs le suivent.

1. Plusieurs débris antiques y subsistaient encore, au commencement du XVIIe siècle, ainsi qu'il résulte d'une enquête ouverte, à cette époque, par Barthélemy de Camelin, évêque de Fréjus.

2. Cette compagnie se distingua, un peu plus tard, aux combats de Ladon et de Baume-la-Rolande.

La nature, elle du moins, reste immuable dans sa beauté. Plus on avance vers le Golfe-Juan, plus se redressent les falaises. D'immenses blocs de granit, souvent à fleur d'eau, hérissent au loin la mer. L'onde écume à travers les récifs, et, sans cesse agitée, s'engouffre dans d'invisibles cavernes avec le sourd grondement du tonnerre. Une batterie commande cette pointe, du côté d'Antibes. Entre ses canons et ceux du fort, court, sous bois, la magnifique route qui va nous amener au cimetière arabe, puis au cachot doublement fameux par la captivité d'un Prince du sang et l'évasion d'un Maréchal de France.

Longtemps repaire de pirates qui capturaient et rançonnaient les navires assez imprudents pour côtoyer ses criques, Sainte-Marguerite devint ensuite terre de relégation, puis forteresse d'État aux mains de la Royauté. Louis XIV et Louis XV en furent les approvisionneurs principaux, la noblesse et le clergé l'approvisionnement. Le Régent lui-même, répondant à un pamphlet par une lettre de cachet, usa de cette geôle agreste envers Lagrange-Chancel qui parvint à s'y dérober. On l'employait aussi à fin d'utilité privée. Certaines grandes familles, mécontentes d'un de leurs membres, y faisaient interner le coupable, en vertu d'un ordre souverain, puis l'y nourrissaient à leurs frais jusqu'à résipiscence. Il s'y trouvait vingt-quatre prisonniers de marque, en 1746, lors de la reddition des forts aux Pandours et aux Sardes. Notre siècle lui a continué sa confiance. L'Ile de la Captivité reçut, à diverses reprises, des dépôts d'otages cueillis sur la terre d'Afrique. Les Mamelucks ouvrent la marche, dès 1816. On y retrouve des faces noires en 1841, puis après les dernières expéditions de Kabylie. Vers l'automne de 1871, la province de Constantine y envoie deux cents prisonniers. Plus tard, et en plus grand nombre encore, nous y vîmes de soi-disant Kroumirs devisant, priant, méditant, surtout se chauffant au soleil. Les pauvres diables à turban avaient l'air de grelotter sous leurs manteaux de laine. Ils acceptaient volontiers une pièce blanche qui s'évaporait vite en spirales d'odorante fumée. Avec quel œil mélancolique ils suivaient le léger nuage emporté par la brise vers la mère patrie! De méchantes langues insinuent que ces fronts bronzés n'étaient là qu'à titre décoratif; ils n'auraient servi, suivant elles, qu'à prouver l'existence du Kroumir. Et comme ils disparurent tout à coup, les mêmes plaisants affirment que le Gouvernement, n'ayant plus besoin de ces comparses, les avait, un beau matin, dépouillés de leurs fausses barbes et rendus à de chères études. Pure calomnie sans doute. Tous d'ailleurs ne sont point partis : les *tumuli* qui bossuent le sol sur la rive nord l'attesteraient, au besoin.

C'est en sortant de ce cimetière que, vers la fin de 1873, nous aperçûmes pour la première fois l'œuvre de Vauban fièrement campée sur son promontoire de rocs abrupts, avec son sémaphore aux grands bras noirs, ses toits de tuile rouge et ses bosquets d'arbres verts. L'effet est saisissant, quand, après avoir suivi un chemin de ronde pierreux, brûlant, sous des murailles qui n'abritent que la mauve et l'ortie, on découvre tout à coup la mer, l'Estérel, Cannes et les plans successifs des Alpes baignés dans les lueurs transparentes de l'astre mourant. Ce jour-là, nous franchîmes le fossé, sans qu'à l'entrée du pont-levis la moindre sentinelle nous demandât le mot de passe. L'horloge de la place d'armes sonnait mélancoliquement trois heures, et par les cours désertes où verdit l'herbe, par de petites rues qu'habite le silence, ne rencontrant âme qui vive, nous errions à la façon du chevalier d'aventure perdu dans les détours d'un manoir enchanté. Enfin, sur cette terrasse aux horizons superbes qui, de cent pieds surplombant la vague, semble vouloir toucher la Croisette de son ombre, le *genius loci* nous apparut sous les espèces d'une virago très haute en couleur. Gardienne du fort, elle était la proie des âpres soucis. Une dépêche venait d'annoncer l'internement probable du maréchal Bazaine à Sainte-Marguerite : de quoi elle se lamentait, la digne femme! L'*Homme au Masque de fer* lui suffisait bien ; pourquoi y ajouter l'*Homme de Metz ?* On vivait si tranquille avec le premier, dans un bon château vide où les pourboires du curieux venaient vous trouver d'eux-mêmes! Qui sait si désormais l'étranger serait admis à franchir le pont-levis ! Or, point d'étranger, point d'argent ; et, sans le petit profit, l'existence est dure. Ce disant, la bonne âme avait des soupirs à fendre un chêne. Nous nous sommes retrouvé souvent sur cette terrasse ; plus d'une fois, de loin, nous y avons aperçu le condamné de Versailles accoudé près de la tour en poivrière, tandis que sa pensée s'envolait libre vers ce Golfe-Juan où l'Empire un jour reprit pied. Eh bien, l'élégie comique de la guichetière demeure aussi vivace dans notre mémoire que la silhouette assombrie du prisonnier d'État.

La dame aux clefs ne se trompait d'ailleurs qu'à demi. Le maréchal, sa peine commuée, fut, on s'en souvient, conduit à Sainte-Marguerite, en compagnie de l'aide de camp fidèle, M. Willette. On les installa dans les bâtiments de l'infirmerie, à l'opposé du célèbre cachot dont l'accès resta permis ; mais une muraille de sûreté fit de la terrasse un lazaret où nul ne pénétra jusqu'à l'évasion. La consigne était sévère. Marquis, ce nouveau Saint-Mars au rictus grimaçant, ne semblait pas d'humeur à la laisser enfreindre. Il était omnipotent, et un bataillon logé dans le fort appuyait ses pouvoirs. Peine perdue. Latude et Casanova feront toujours école. Entre l'ami dévoué et la femme accomplie, le captif s'ennuyait. Quels regrets, et sans doute aussi quels remords ! L'inaction tuait ce déchu ; il lui fallait le mouvement et l'espace. Le souvenir de Lagrange-Chancel échappé de ces murs, en dépit du Régent, le hantait. Jouissant d'une liberté relative, il se demanda pourquoi il n'en élargirait pas un peu le cercle, — jusqu'en Espagne, par exemple. Ses confidents partagèrent cet avis. La décision prise, les voies et moyens furent combinés avec un art de mise en scène à rendre jaloux le dramaturge du cap voisin, M. d'Ennery. Par une soirée obscure[1], après avoir ostensiblement réintégré ses appartements, le maréchal réussit à gagner la terrasse sans attirer l'attention du factionnaire. Enjamber le parapet n'était pour lui que jeu d'enfant ; puis, à l'aide d'une corde dont son aide de camp tenait le bout, il se laissa glisser le long de la falaise jusqu'à la mer. Les anfractuosités de la roche, des touffes de cistes et d'herbe où la main peut se prendre, l'aidèrent dans cette descente périlleuse : plus encore sans doute, l'espoir de la délivrance. L'héroïque épouse, assistée d'un parent, le reçut au pied de l'escarpement, dans un canot loué depuis une semaine. Qui dira les émotions de cette minute suprême? On rama en silence vers un sloop ancré au golfe. Le patron accueillit les fugitifs, fit forcer la vapeur, et mit le cap sur Gênes. Le navire fendait déjà les eaux Italiennes, quand le pauvre Marquis dormait encore, en toute confiance. Le réveil lui fut dur : une révocation le guettait au seuil de la chambre vide. On sait aussi qu'après emprisonnement au fort Lamalgue, le colonel Willette, ce brave cœur entre tous, paya, de son épée brisée, un trait de fidélité antique. Voilà le simple récit des faits, tel que devra l'écrire l'Histoire. C'est l'évidence, c'est la certitude. Ce qui n'empêchera pas nombre d'incrédules de supposer quelque geôlier de comédie entr'ouvrant la poterne, sous l'œil bienveillant d'un ministère d'opérette. Laissons nos habiles à leurs finesses, et ne perdons pas l'occasion de rendre hommage à ces deux forces invincibles, quand elles s'unissent : l'amour et l'amitié. Si grande que soit la faute d'un homme, quelque profonde et méritée que semble sa chute, celui-là n'est ni tout à fait malheureux, ni tout à fait déchu, qui peut inspirer de tels dévouements.

M. de Saint-Mars fit meilleure garde autour de sa proie. Il la retint onze ans sur ce même rocher, ne lui en permettant l'échange que contre les tours de la Bastille. On pense bien que nous n'allons pas rouvrir ici une lice où personne n'a frappé le coup décisif. Beaucoup d'encre a

1. 9 août 1874.

coulé sur beaucoup de papier, les doutes se sont dressés en face des affirmations, les volumes ont succédé aux brochures[1], et n'en déplaise à M. Marius Topin lui-même[2], la question nous semble demeurer entière. Quel est donc ce mystérieux captif aux formes élégantes, aux riches ajustements, dont une mentonnière à ressorts d'acier armait le masque de velours? Quel fut ce personnage de si haute lignée, qu'un Saint-Mars dût le servir debout, soit qu'il prît place devant la chère délicate dont on composait ses repas, soit qu'il demandât la guitare avec laquelle il essayait d'endormir ses ennuis? Se nomma-t-il de Beaufort ou Monmouth, Fouquet ou Matthioli? L'étoffe noire cachait-elle, dans sa trame impénétrable, le visage d'un comte de Vermandois, issu de M^lle de La Vallière et de Louis XIV, ou s'il s'agissait de quelque patriarche d'Arménie fort surpris de se trouver en cette affaire? Toutes ces thèses ont été soutenues, aussi diverses qu'invraisemblables. Plus volontiers, s'il nous fallait choisir, nous tiendrions pour un frère jumeau du Grand Roi, son aîné, selon les lois de l'époque, et partant, son rival heureux au trône de France. Adoptée par Voltaire, cette version explique du moins l'intérêt d'une claustration sans pitié.

Dans son beau et intéressant volume consacré aux Alpes Maritimes[3], Miss Dempster ajoute une douzième hypothèse aux onze opinions principales émises sur l'individualité du fameux inconnu. Le Masque de fer serait, selon elle, un certain *de Marchiel*, bâtard de quelque grande maison de Lorraine, impliqué dans une conspiration connue de M^me de Montespan, et n'ayant rien moins pour but que l'empoisonnement du roi Louis XIV. Louvois aurait découvert le complot et châtié son auteur, comme l'on sait. Tout en écartant, par maint argument décisif, les versions déjà connues, l'aimable Anglaise ne semble pas tenir beaucoup plus à la sienne. En quoi nous lui donnons pleinement raison.

La longue femme pâle qui amène aujourd'hui le touriste à la prison du Masque de fer tranche bravement le différend. Pour elle, point de doute : le prisonnier est Fouquet. N'allez pas hasarder d'objections! Le trousseau de clefs qu'agite sa main nerveuse vous rappellerait, au besoin, qu'il ne faut point badiner avec les guichetières. Son dernier-né pendu au cou, un autre marmot la suivant, elle tire, d'un bras ennuyé, les trois lourds verrous des deux portes de chêne hérissées de clous qui s'ouvrent au fond d'un long corridor. Une assez belle pièce carrée, dallée, voûtée comme une cave, et blanchie au lait de chaux comme une chambre d'auberge, vous représente le cachot. L'aspect de ce réduit aux murs épais, crayonnés de mille noms, n'éveillerait pas dans l'esprit de bien sombres images, si l'on n'apprenait que le sol, exhaussé plus tard, était alors de trois mètres en contre-bas. Le prisonnier ne pouvait donc rien apercevoir, l'unique fenêtre qui lui apportait le jour demeurant suspendue hors de son rayon visuel. Cette large baie encore ouverte sur le canal qui sépare les deux golfes a conservé la quadruple armature de ses barreaux rongés par la rouille. L'Anglais, s'il ne se sent point observé, ne manque guère d'en détacher une écaille. Une vieille cheminée et le petit *closet* par où fut lancée l'assiette d'argent que retrouva le pêcheur sont, avec le terrible grillage, tout ce qui reste de l'installation primitive. Nous allions oublier le siège de forme antique, couvert jadis de velours rouge, qui servit de fauteuil au captif, et que l'on conserve dans la chapelle délabrée du fort. Ce n'était d'ailleurs pas dans ce sanctuaire que le Masque de fer entendait la messe. Un chapelain célébrait pour lui le saint office sur un autel dressé à l'autre extrémité du corridor. Nul déplacement plus ample n'était permis à ce faux *Marchiali* dont la vie, plus simple que le

1. Cinquante-deux écrivains principaux ont pris part à la joute.
2. *L'Homme au Masque de fer*. Paris, Dentu, 1870.
3. *The Maritime Alps*. London, Longmans Green and Co, 1885.

problème qu'elle pose, tint entre quatre étapes : Pignerol, Exiles, Sainte-Marguerite et la Bastille. Une cinquième — celle-ci courte et dernière — le conduisit mort au cimetière de la paroisse Saint-Paul, non pas entier toutefois, car sous les planches du cercueil on trouva une pierre à la place de la tête. Aussi fidèlement que Saint-Mars, Louvois ou Barbézieux, la tombe devait garder le royal secret.

Inoccupée depuis 1698, la fameuse oubliette pourrait, en toute justice, être utilisée au profit de celui qui lança le premier l'idée d'acheter et de dépecer Sainte-Marguerite. Ce projet barbare, né d'un cerveau qu'enfiévraient les ardeurs de la spéculation, prit corps, voici deux ans, puis promptement fit son chemin jusqu'au Palais Bourbon. Là s'est trouvé un rapporteur[1] pour proposer et une commission pour admettre l'utilité de l'aliénation : aliénation mentale, à coup sûr! certain aventureux, d'autres disent aventurier, offrit huit millions de ce bouquet de verdure flottant sur les eaux. Le Trésor croyait y trouver son compte, et l'acheteur se flattait de n'y pas perdre. On devait transformer la forêt, creuser un lac, dessiner des parcs, précipiter une cascade, dresser des statues, jalonner une piste, tracer des champs de foire, aligner des boulevards, lotir des terrains, construire des villas, créer un port, enfin relier la forteresse à la terre ferme par une route carrossable. C'était le bois de Boulogne en pleine mer, sans y oublier les jeux variés et les petites dames. L'idée, à peine émise, déchaîna la tempête. Tout ce qu'il y a d'honnête dans Cannes protesta : la colonie étrangère joignit sa voix à celle de la cité. En moins de huit jours, quatre mille signatures appuyèrent une énergique opposition ; l'élite et la foule se rencontraient par hasard dans une même croisade indignée. Quoi! femmes et enfants, malades et rêveurs, artistes, oiseaux de passage ou résidents seraient à jamais expropriés pour cause d'inutilité publique? En échange d'une goutte d'or tombant sur le Sahara budgétaire, on consentirait à détruire la plus riante des oasis? Fondre la perle de Cannes dans la coupe des Cléopâtres au rabais, cela ne se nommerait-il point coupable folie? Sans compter que tant d'hectares nouveaux jetés à la fois sur un marché déjà chancelant ne pourraient que l'écraser. Après les faillites, la ruine! Ainsi raisonnait-on, et assez juste. Par fortune, les vents sont changeants, les vents de mer surtout. Il s'en éleva un qui, à fort peu d'intervalle, balaya spéculateur, rapporteur et commission. Le péril, à cette heure, semble conjuré. Espérons qu'on laissera le Tour du Lac aux Parisiens et Sainte-Marguerite aux hivernants. L'art le conseille, la morale le demande : Cannes y gagnera, les malades s'en porteront mieux et le budget de l'État n'en ira pas plus mal.

Sur ce vœu propre à concilier tous les intérêts, descendons le sentier rapide qui mène au pseudo-port où, par la grâce des récifs, les barques seules peuvent mouiller. Le figuier aux grands bras tourmentés, le poivrier arborescent, de gigantesques raquettes chargées de fruits, des agaves dignes de la rive Barbaresque étoilent ce versant de toutes les splendeurs d'une végétation tropicale. On conçoit qu'un homme sorti de ce sol généreux dût être prédestiné à élever haut la tête hors de l'humaine frondaison. Ce fut le sort du fils d'un commandant des Iles pour le compte du Roi. Né au fort, le 6 mars 1761, le cardinal de Latil revint mourir sur la côte de Provence, le 8 août 1839, ayant mis le temps assez à profit, entre ces deux dates, pour oindre du chrême le front de Charles X et revêtir lui-même la pourpre Romaine. Mais voici le bateau, à son dernier voyage, détachant le canot qui va accoster la falaise pour rapatrier les retardataires. Dans un quart d'heure nous serons à Cannes, stoppant devant le quai Saint-Pierre. Les brises tombent. La rade immobile n'est plus qu'un lac dans les transparences duquel le palais croulant du soleil plonge, pour l'éteindre, sa dernière colonne de feu. Les sou-

1. Voir le rapport de M. Pieyre à la 23e commission des pétitions, session de 1885.

venirs d'une journée si bien remplie se pressent en foule, assiégeant la mémoire ; plusieurs ont leur charme, tous un vivant relief. Cependant l'image de Saint-Honorat les domine sans effort, pareille à la grande croix de l'Ile Bienheureuse[1] qui plane, ainsi que l'Espérance, au-dessus des manifestations de la force, et que le matelot, dans la tempête, aperçoit de loin, comme un phare de salut.

1. *Beata et felix insula Lyrinensis*... (Saint Césaire.)

Vue générale de l'Estérel.

# L'ESTÉREL

SAINT-CASSIEN — NAPOULE — THÉOULE — LA SAINTE-BAUME D'HONORAT — LE CAP ROUX — L'AUBERGE DES ADRETS — LE MONT-VINAIGRE.

Après Lérins, l'Estérel : l'âpre corolle des monts, après la riante fleur des mers.

Pour cette excursion, l'une des plus belles aussi du littoral, il nous faut revenir sur nos pas, suivre le quartier Anglais à travers les mille surprises de sa flore exotique ; puis, une fois à la Bocca, laissant sur la gauche les pittoresques écueils dont la vague incessamment lave le porphyre, continuer hors de la ville, par une route qui fut la voie Aurélienne et qui demeure la grande artère ouverte entre la France et l'Italie. Le platane l'ombrage, au printemps, et c'est au printemps qu'il y a plaisir à la pratiquer. L'humide plaine de Laval reste, en effet, bien dépouillée, l'hiver, quand les essences du nord qui la peuplent en partie ont perdu leur frondaison. Il manque à sa nudité le vêtement de l'arbre à feuilles persistantes. Elle avait naguère encore, ondoyant le long des sables de la dune, l'admirable parure d'un bois de pins parasols qui s'étendait depuis la Verrerie jusqu'à la butte de Saint-Cassien. L'étranger aimait à visiter cette *Pineta*, cavaliers ou piétons en faisaient leurs délices, et M. Thiers quittant Cannes, peu de mois avant sa mort, prenait congé de l'éminent préfet d'alors [1], sur cette adjuration répétée : « Surtout, ne laissez pas toucher aux pins ! » On y toucha pourtant, à telle enseigne qu'il n'en reste que des épaves. Un banquier, de fatale mémoire, les avait achetés deux cent mille francs et les revendit deux millions à la Compagnie du chemin de fer. Cet or, pareil à celui de Cépion, ne lui porta pas bonheur. Le spéculateur est tombé avec ses arbres, pendant que surgissaient les murs d'une gare de marchandises, aussi détestable aux commerçants qu'affligeante pour les artistes.

1. M. Henry Darcy.

D'affreux toits rouges remplacent, à cette heure, les verdoyantes ombelles qu'on ne reverra plus.

Saint-Cassien, lui du moins, subsiste et nous indemnise. On nomme ainsi le gai mamelon, tout parfumé d'herbes fleuries, qui, à une lieue de Cannes, pyramide au bord de la route de Napoule, comme une gerbe printanière. Le long de ses pentes se pressent les vieux ormes aux troncs ajourés, les chênes plusieurs fois centenaires, et des cyprès contemporains du moine Cassien, et quelques pins-parasols, témoins sans doute des mystères charmants qu'on célébrait sur ces pelouses. Car le sol que nous foulons fut un bois sacré. Vénus y eut un autel : *ara luci,* d'où l'on a fait *Arluc*. Reconnaissons, en passant, que les prêtresses du doux culte excellaient à choisir leurs abris. Quand on se repose, étendu parmi les menthes et les violettes, sous ce dôme mobile que l'avril peuple de nids, quand aux chants du rossignol dans les branches ou de la caille dans le sillon, on laisse tour à tour errer son regard vers la coupe de lapis où dort le flot de Napoule et courir sa pensée avec l'eau vive qui murmure sur le pré voisin, il vous revient, apportées par la brise, des bouffées de paganisme ; les vers d'Ovide et de Tibulle voltigent autour de votre mémoire, et il ne vous déplairait pas qu'un coin de ramure s'écartât pour livrer passage à la blonde Cythérée. En quoi l'on a tort. Saint Cassien agissait autrement. Vous me direz que c'était un Saint, et un Saint professant que tout moine doit fuir avec soin « les évêques et les femmes », cause de dérangement pour la méditation : les femmes surtout ! Nous laissons à penser de quelle pieuse main il renversa l'idole, mit en fuite les impures et consacra l'autel au vrai Dieu.

D'où sortait ce juste ? De Scythie, selon les uns, de l'Égypte ou des Gaules, suivant d'autres. Après un pèlerinage à Bethléem, en compagnie de son ami Germain, il avait passé sept années dans le désert, parmi les anachorètes de la haute Thébaïde, partageant leurs épreuves, comme eux allant nu-pieds, et vivant, comme eux, du travail de ses bras. Pour quelles causes il se rendit à Constantinople, à Rome ensuite, chargé de mission par saint Jean Chrysostome ; comment il y devint l'ami du pape Léon le Grand, puis, s'étant reposé dans la solitude de Lérins, voulut se fixer définitivement à Marseille, où il fonda ce monastère de Saint-Victor, riche bientôt de cinq mille religieux : voilà ce que nous content les Bollandistes, en vingt-quatre pages in-folio, sur double colonne. Il est vrai que les dignes auteurs négligent absolument de nous parler de la motte de terre qui nous intéresse. Mais les plus lointaines traditions y placent saint Cassien, entre sa venue d'Orient et cette dernière étape sur la côte Phocéenne où l'apôtre mourut plein de jours et de vertus. Rien même ne nous défend de supposer qu'à l'ombre du monticule d'Arluc furent médités ces ouvrages immortels [1], chers aux solitaires de Port-Royal comme à saint Thomas d'Aquin ou à Dante, qui ne dédaignait pas d'y emprunter quelques traits.

Aujourd'hui, un ermite a hérité la cellule du Saint. Long, maigre, les cheveux gris cachés sous un large chapeau à la Basile, le corps pris dans une soutane élimée, tachée, serrée à la taille par une ceinture de cuir d'où pend un rosaire, cet isolé fabrique des chapelets dont le produit, s'ajoutant à de rares aumônes, l'aide à subsister. Un petit chien blanc était son seul compagnon, sa joie unique : d'aimables plaisants ont trouvé fort spirituel de passer un lacet au cou du pauvre animal. L'ermite tâche de se consoler en élevant des poules, quelques lapins, plus un paon superbe dont la gorge d'azur et la queue semée d'escarboucles s'harmonisent avec les reflets de la nature ambiante. Son réduit, enguirlandé de plantes grimpantes, s'appuie contre une chapelle au campanile léger, qui laisse la cloche à jour, selon la mode italienne. Une vieille grille en fer, s'ouvrant sur un péristyle à colonnes, donne accès dans le sanctuaire très simple, mais bien entretenu. Des statues de plâtre et un tableau de fond l'ornent moins que l'immense pin

1. *L'Incarnation, les Institutions de la vie monastique, les Conférences.*

d'Italie, gardien du seuil. Deux troncs scellés au mur sollicitent, pour l'autel et son desservant, une charité qui s'exerce surtout à la fête annuelle.

Le 23 juillet est la date de ce *Romérage*, l'un des plus suivis de la Provence. Alors, sur le plateau dont l'herbe sert de table, tout ce que l'été a laissé de captifs dans Cannes se donne rendez-vous. Du Cannet, de Mougins, de Mandelieu, de Napoule... on accourt. Chars et charrettes amènent les joyeux pèlerins, moins préoccupés de leur salut dans l'autre monde que de leur subsistance en celui-ci. Les larges paniers de bouche livrent leurs provisions promptement

Ermitage de Saint-Cassien.

étalées; aux bouteilles qui s'y trempent plus volontiers que les lèvres, l'urne de la Siagne prodigue la fraîcheur de ses aigues-marines fondues. Des restaurants en plein air, des cafés installés sous la tente rappellent les noces fameuses auxquelles assista le Chevalier de la Manche. Bientôt la sélection s'opère. On s'invite, on se groupe, on se disperse. Le bon mot jaillit dans un éclat de rire, la chanson ailée vole avec les bouchons de Champagne, et il ne faut pas moins que la sainteté du lieu pour empêcher les bonnets de rejoindre les bouchons. Vienne le soir, les orchestres s'organisent. Il y en a en haut, il y en a dans la plaine; partout tambourins et galoubets font rage. Les mains se cherchent, les mouchoirs se tendent, la farandole immense déroule ses anneaux sur les flancs de la colline, débordant jusque sur les prairies. Que le digne ermite en prenne son parti! Le matin, il a eu la messe solennelle, et les pièces blanches n'ont pas manqué à son escarcelle, dans l'après-midi; mais la nuit est à la jeunesse, au plaisir, à l'amour.

La lune qui, de sa lueur discrète, éclaire la longue allée de cyprès, constant sujet d'études pour les artistes, dissimule, dans ses raies d'ombre, plus d'une rose en train de s'en laisser conter par les zéphirs. Sous les grands pins parasols, les plus beaux qui soient de Fréjus à Naples, on n'entend que fauvettes et rossignols se becqueter à l'envi, tandis que, tout au haut du ciel, le bon saint Cassien. détourne les yeux, en souriant. Un soir n'est pas coutume : c'est la revanche de Vénus, ce soir-là.

En poursuivant notre chemin vers la montagne, nous rencontrons bientôt un autre bras de la rivière, plus large, aussi limpide. Cette Siagne[1] a les transparences glauques de la fontaine de Vaucluse. Des lavandières assidues ne réussissent pas à en altérer le cristal, et, sous les retombées des branches, le pêcheur silencieux y voit, comme en un prisme, glisser la truite de ses rêves. Ne pas trop se fier d'ailleurs à cette nymphe fantasque. Lasse de jouer sur les cailloux dorés, elle se prend parfois à regretter son antre. Elle a, fille de l'âpre roc, des ressouvenirs de ses origines. On la voit alors se précipiter en impétueux torrent où le sable a monté, et rien ne lui résiste. C'est ainsi qu'elle cueillait naguère, à la manière d'un fruit mûr, la passerelle remplacée par le solide pont de pierre sur lequel nous la traversons. De l'autre côté, dans une prairie semée de bouquets d'arbres, miroite, au milieu des saules-pleureurs et des épicéas, le joli pavillon d'été du sénateur Chiris. Un peu plus loin, parmi ses chênes-liège écorcés, le hameau de Mandelieu, et, à quelques pas au delà, clouée sur un maître poteau, une planche éloquente qui s'attaque à la bourse du passant : DEUX MILLIONS DE MÈTRES DE TERRAIN A VENDRE ! Quelle belle occasion de se tailler un parc ! Déjà sont esquissés les boulevards de l'avenir ; des manières de trottoirs courent déjà sous bois : il n'y manque que le gaz, les magasins, les villas et les habitants.

Le champ de courses voisin — *Estérel-Park* — est plus avancé : il possède, lui, sa complète installation. Adossées à un amphithéâtre de montagnes, dans un site agréable, ses tribunes, depuis trois hivers, reçoivent la fleur du *high-life,* et les jockeys, pionniers de la piste, ont pu se convaincre, en s'aplatissant contre la banquette Irlandaise ou en prenant un bain de rivière imprévu, que la Société Hippique n'a pas lésiné sur les obstacles. Gloire et longs jours à M. Mouton, l'ingénieux président du comité des fêtes !

Ici, la route se bifurque, selon qu'on vise le Cap Roux ou les Adrets. Dans le premier cas, il faut infléchir à gauche, et si l'on a un peu de temps et de souffle, ne pas reculer devant l'escalade du *San-Peyré.*

On nomme ainsi un soulèvement conique qui, se détachant des massifs prochains, vient appuyer son pied sur la route de Napoule. Un manteau de chênes-liège et de pins maritimes, brodé avec l'or des genêts, couvre ses flancs ; les piliers croulants d'une chapelle du XIII^e siècle, quelques débris d'un fortin qui commandait le passage de l'Estérel, posent une romantique couronne à son front. Il nous souvient de l'avoir attaqué par le sud, en alpiniste n'ayant cure des taupinières, et de nous être trouvé, à mi-hauteur, en présence de blocs porphyriques rappelant d'assez près, par leur superposition, les *cheminées* des Alpes ou des Pyrénées. Le brodequin éprouvé du touriste n'y messiérait pas. Aussi, bien que vingt-cinq minutes en aient eu raison, ne conseillons-nous pas ce chemin de fantaisie, encore moins celui du nord, que défend un formidable escarpement. Mais bientôt, du côté de l'ouest, nous retrouvions, à la descente, les traces d'un sentier qui nous ramenait, en un quart d'heure, sur la plage de Napoule. C'est par là qu'il convient de donner l'assaut, et cette facile victoire a son prix. Si les ruines en elles-mêmes n'offrent rien de fort intéressant, leur base aux pierres mouvantes, à

1. De *Siagnos*, sorte de roseau.

l'herbe rare, constitue le pivot d'un curieux panorama. De cet étroit plateau, qui ne dépasse point en hauteur le sommet de la flèche de Strasbourg, se déroule une vue circulaire très digne d'être recommandée. Moins étendus que ceux de Castellaras, les horizons offrent peut-être plus de variété, plus de grâce assurément. Dans ce cadre aux justes proportions, les pentes de l'Estérel et du Tanneron forment l'antithèse austère des gais coteaux de Cannes et d'Antibes ; la neige lointaine du col de Tende oppose ses transparences au miroir bleuâtre des baies voisines ; Grasse et Lérins semblent se saluer par-dessus les oliviers ; la route du Mont-Vinaigre découpe, de ses lacets, les versants boisés qui cachent Fréjus, tandis qu'à travers les marais desséchés de la plaine, le ruban de la Siagne capricieusement ondule entre des berges verdies de saules. Mais l'anse exquise de Théoule, proche à ne paraître distante que d'un jet de pierre, donne tout son charme au tableau.

Hâtons-nous de la joindre, en traversant rapidement *Napoule,* agglomération de masures qui ne peut devoir qu'à son château fort l'honneur de dénommer tout le golfe. Ce donjon, debout sur un massif projeté dans la mer, fut jadis le fief d'une illustre famille. L'un de ses membres, Guillaume de Villeneuve, le fit reconstruire, vers la fin du XIVe siècle. Ainsi outillé, ce seigneur remplaçait avec avantage, derrière ses créneaux, le poste de douanes embusqué aujourd'hui sous les huttes de paille qui bossuent la côte. C'est ce même châtelain sans doute qui, investi du droit de haute justice, établit des fourches patibulaires destinées aux contribuables récalcitrants. Non loin de la tranchée où le railway englobe l'antique voie Aurélienne, entre deux hautes pyramides qui surplombent l'abîme, des crocs de fer se voyaient, il n'y a pas bien longtemps : cette entaille béante retient encore le nom de « Rocher des Pendus ». Le château gardait aussi des salles effondrées et de vastes souterrains. Un Marseillais — on ne doute de rien, à la Cannebière — s'est ménagé, dans ce débris féodal, une coquette demeure, mosaïque de moellons noirs et verts qui se mire au flot. Les mâchicoulis de deux tours quadrangulaires reliées entre elles par le toit un peu criard du bâtiment neuf rappellent un terrible assaut des Maures (1530) et les incursions du duc de Savoie (1589). Est-ce afin d'éloigner de pareils pillards, ou pour la plus grande joie de l'imagination méridionale disposée à transformer la grève en ménagerie, que, sur cette délicieuse plage de Napoule au sable idéal, le porphyre affecte des formes effrayantes — tantôt sphinx, tantôt lion ou bien éléphant? Quoi qu'on en pense, nous préférons à ces inventives récréations le chemin escarpé qui, de Napoule à Théoule, court sur le flanc de la falaise. Peu praticables aux chars, ses encorbellements hardis offrent au piéton des émotions sans péril.

*Théoule* est au bout, avec son petit port naturel interdit au mistral, sa source d'eau limpide et ses quatre maisons. Qui sait si ce vieux bâtiment, percé de fenêtres en trèfles que flanque une double tour, n'a pas été jadis la grange dîmière où le seigneur de Villeneuve entassait les redevances de ses tenanciers ? Un batelier se trouve là, d'habitude, pour vous proposer une promenade vers la *Grotte de Gardanne.* Acceptez, si d'ailleurs vous n'avez pas fait la course depuis Cannes ou les Iles avec le *steam-boat.* A un quart de lieue en mer se découpent, dans le cap de la *Galère,* les pittoresques contours de cette grotte qu'un contrebandier rendit célèbre et qui, rappelant un peu celle de Capri, donne à la baie de Napoule une ressemblance de plus avec le golfe de Naples. Le *cicerone* ne manque guère à vous conter, durant le trajet, les prouesses du fameux Gardanne, désespoir des douaniers, admiration des pêcheurs. Chaque fois que notre héros se sentait serré de près, il lançait sa barque vers cet antre, et, sans l'y briser, s'engouffrait avec elle sous l'arcade hasardeuse. Or nul canot, même en temps calme, n'osait alors y pénétrer. Sûrs de leur proie, les gens du fisc se contentaient d'opérer le blocus, à l'entrée. Cependant, grâce à une passe de lui connue, le hardi rameur disparaissait par les anfractuosités de l'écueil et gagnait la montagne, le tout à la confusion de ses poursuivants, tentés de croire au diable.

L'un d'eux, meilleur limier, finit par découvrir les secrets du gîte. Désormais le mystère est éclairci; mais, à sa place, reste une très belle curiosité naturelle, féerie de plein jour, où le soleil, la vague et les rocs, en décomposant la lumière, s'unissent pour produire de merveilleux effets.

L'aimable solitude que cette crique de Théoule ! On y passerait volontiers la matinée d'un beau jour à voir pêcher la langouste ou le corail, hôtes familiers de ses récifs. Quant aux bons marcheurs, amis des longues perspectives, ils attaqueront une rampe fortement inclinée partant du bouquet d'arbres que domine un chalet aérien. Les voilà ainsi sur l'un des chemins du Cap Roux. La pente s'adoucit bientôt sous leurs pieds, et comme par une allée de jardin ombragée de pins et de chênes-liège, fleurie de bruyères, embaumée de lavandes, ils s'avancent à flanc de montagne, entre l'Estérel et la mer. C'est un balcon perpétuel sur Cannes, c'est une vaste galerie suspendue, où presque toute la vue du San-Peyré se retrouve. Le viaduc de la Ragne, la pointe de la Croisette, les Iles de Lérins et leur canal plus largement dessiné, s'accusent sur les plans antérieurs ; Grasse, Antibes, Nice, s'espacent au delà ; les glaciers des Alpes et la Méditerranée ferment l'horizon. La baie, de cette hauteur, n'apparaît plus que comme un transparent bassin où les nacelles, çà et là dispersées, figurent des alcyons dont les ailes sont des voiles. La fille de Saint-Eucher, cette pieuse Tullia qui fut la marraine de Théoule, semble lui laisser encore les doux parfums de son âme. A chaque pas, un effluve balsamique se dégage des bois étagés sur les pentes, et le touriste y puise une force nouvelle. Outre le charme de la vue, les rencontres fortuites ne manquent d'ailleurs pas, qui rompent l'uniformité du trajet. Ici, vers la pointe de l'*Esquillon,* sur un terre-plein défendu par d'épineuses raquettes, le poste des douaniers, corps de logis très bas et pourtant très apparent depuis Cannes. Assis sous de vieux figuiers, parmi leurs poules qui picorent et leurs femmes qui reprisent l'uniforme, les braves gens s'y distraient à jouer aux cartes, en attendant la nuit. Plus loin, une haute maison en construction, bâtie par des moines qui ne pouvaient choisir meilleur lieu de recueillement. Plus loin encore, cachée dans les anthémis, en pleine forêt, la *Villa Pierron,* dont le propriétaire — un sage assurément — aime à venir, deux ou trois mois par an, se ressaisir et vivre pour lui-même, loin du bruit des humains. Et toujours ainsi, doublant une à une ces avancées qui s'appellent *l'Esquillon, les Épinards, la Grosse-Pomme...* de montées en descentes, de caps en calangues, sur une corniche qui ne craint aucun parallèle, on marche, l'œil charmé, l'esprit insoucieux des heures. Il en faut cinq pourtant si l'on veut atteindre le sommet du *Cap Roux.*

C'est aux trois quarts environ de la course qu'apparaît cette Sainte-Baume d'Honorat, signalée au chapitre précédent[1], et que, d'un moindre effort, on joint par voie de mer. D'autres cavernes se creusent dans le voisinage, le long de soulèvements volcaniques aux parois desquels le figuier péniblement s'accroche. N'y cherchez point les éblouissantes grottes « où germent les perles, où fleurit le corail », au dire de Mistral. Telles qu'elles sont, ces anfractuosités ont pourtant, elles aussi, leurs dramatiques bien que récentes traditions. Leurs voûtes étagées dont on retirait, le soir, l'échelle d'accès, conservent encore la trace de foyers éteints; elles surent, en 93, dérober quelques têtes de *ci-devant* au couperet de la Terreur. Roquebrune, Fréjus, les montagnes de Toulon leur forment perspective. La halte y est délicieuse autant que féconde en impressions. L'eau de la fontaine sacrée aux tempes, la baie du fruit sauvage à la lèvre, le pèlerin peut prendre alors son suprême élan sur la déclivité rapide, à travers les éclats de roche tranchants, les broussailles épaisses et les bancs aux flamboyants reflets qui défendent la cime. Relativement court, l'assaut est rude; il ne dure guère plus qu'une heure, mais l'escarpement très accusé des pentes et la mobilité d'un chaos roulant d'éboulis font paraître le temps assez long.

1. Voir page 99.

Hormis qu'alpinistes jurées, les femmes seront sages qui ne s'embarqueront point dans une aventure où le faux pas côtoie l'entorse. Il est vrai que le spectacle promis — et tenu — porte avec lui l'oubli de sa peine. M. Élisée Reclus le proclame, à juste titre, l'un des plus grandioses de la Méditerranée[1]. Moins élevé que le Mont-Vinaigre, puisqu'il n'atteint qu'à 453 mètres, ce promontoire, aperçu avant tous autres par les navires cinglant du large, cet étincelant Cap Roux *(Capo Rosso)*, ainsi nommé du voile d'or fauve que le soleil au déclin jette sur ses épaules de porphyre, s'élance des flots, monte et, par-dessus les côtes de Provence, plane d'un vol sans rival.

Le diadème de roches volcaniques dont se ceint le front du Cap constitue, à notre avis,

Montée du Cap Roux.

l'incomparable belvédère du littoral. Appuyé au pin écorcé qui, tel qu'une hampe, sort d'un amoncellement de blocs, l'ascensionniste a devant les yeux la maîtresse page détachée du livre de la Provence. De Bordighera aux Iles d'Or, son regard suit toutes les dentelures de la plage, comme sur quelque carte d'un état-major de Brodingnac. Les Alpes et leurs *clus*, les glaciers de Tende, la chaîne des Maures, le massif entier de l'Estérel avec son Mont-Vinaigre, son pic de l'Ours, sa crête des Civières et ses autres moutonnements bleus, enfin la mer dans son immensité calme, il ne faut qu'un coup d'œil circulaire pour envelopper tout cela. Si la Corse ne s'estompe que faiblement au large, Cannes, en revanche, s'accuse ici près, dans le détail infini de ses villas : Lord Brougham semble l'avoir créée pour l'agrément de ce sommet. Aux premiers plans, toutefois, doit revenir le premier tribut d'admiration. De tous côtés, des aiguilles porphyroïdes jaillissent, gigantesques menhirs prêts à trouer le ciel; et ces îlots

1. *Nouvelle Géographie Universelle*, t. II.

rougeâtres, ces écueils rasant la mer, qui, à plus de douze cents pieds sous le regard, font écumer une vague sans cesse agitée, que sont-ils eux-mêmes, sinon les sommets de montagnes plus hautes que l'Estérel dont les racines sanglantes plongent aux profondeurs de la Méditerranée?

Mais la plus étonnante des pyramides aériennes qui portent leur défi aux étoiles est celle du *Baou-Daufinier*[1]. Roche solitaire, tour inaccessible à qui la contemple depuis Agay, elle ne devient guère plus rassurante pour qui s'en rapproche. Sa tête est dans le nuage, son pied baigne au flot. Elle éblouit, comme une braise incandescente; comme une puissante masse, elle écrase. Son étroite plate-forme rarement visitée n'est abordable que d'un côté, non sans péril: le chevrier lui même ne s'y risque qu'à contre-cœur. Nous l'avons interrogée. Nous lui demandions, en la frappant de notre alpen-stock, si d'aventure elle n'aurait pas servi de trône à la noble *Esterella,* reine des bruyères et des escarpements. Ne serait-ce point à cette cime que l'intrépide Calendal[2] surprit pour la première fois la belle aux yeux pers, nattant la soie de sa chevelure blonde sur son épaule de neige? N'est-ce point là que cette bouche enchanteresse, « un luxe de grâce qui fleurit et de volupté qui mord », sourit au pêcheur, avant que sous les pins enflammés du Guibal elle ne lui jurât sa foi ? Le poète de Maillane pourrait seul le dire; car nous ne vîmes rien de pareil, à moins que la légère vapeur qui nous précédait dans notre ascension ne fût le ruban de fil dont l'enchanteresse serre à la taille les plis flottants de sa robe blanche.

Si on a le pied sûr et le bâton solide, si, dans l'âcre plaisir d'une vertigineuse descente, on connaît l'art de s'aider du buisson de cistes ou de la touffe de genêts qui perce l'ossature de la montagne, on peut, à bonds rapides, presque à pic, rejoindre, en une quarantaine de minutes, par le versant oriental du cap, un joli sentier serpentant sous les pins, entre les hautes bruyères, et atteindre ainsi la voie ferrée dont les courbes surplombent la mer. Quelques centaines de pas, sur un ballast traître aux chaussures, suffisent ensuite à gagner l'anse sauvage du *Trayas,* où le premier train qui passe vous prend pour vous rapatrier à Cannes. Ce faisant, de la pointe du Cap à la gare, nous n'avons compté qu'une heure et demie de marche, en tout.

Retournons maintenant vers ce champ de courses de Mandelieu où nous avons signalé une bifurcation, et, cessant de côtoyer les contreforts de l'Estérel, pénétrons dans les mystérieuses profondeurs de son massif. Il est entendu que cette excursion est la part d'une journée complète. On la fait d'ordinaire en breack à quatre chevaux, car si la chaussée qui mène de Cannes aux Adrets s'est améliorée jusqu'à devenir excellente, les rampes ont cependant conservé encore quelque peu de leur raideur première.

C'est l'antique voie Romaine, l'ancienne route nº 7 de Paris à Antibes, l'unique percée dont fut traversé, avant la pose des rails du littoral, l'empâtement de rocs plutoniques que M. Reclus surnomme « le jumeau de la chaîne des Maures ». Quiconque aspirait au ciel d'Italie devait s'y engager, bon gré mal gré : Dieu sait au prix de quelles épreuves ! En dehors de leur viabilité médiocre, la sûreté de ces gorges n'était rien moins qu'établie. De toutes les fleurs qu'elles recélaient, celle du brigandage s'y montrait la plus vivace. Le voyageur y était couramment détroussé. Résistait-il ? En même temps que du poids de sa bourse, on l'allégeait du fardeau de la vie. Même quand elle intervenait, la maréchaussée n'avait point toujours partie gagnée. Il est vrai que le parlement d'Aix ordonnait, deci delà, quelque salutaire exposition de têtes de bandits clouées aux arbres ; mais comme celles de l'hydre, les têtes coupées repoussaient volontiers, si bien qu'à en croire Mme Reybaud, les gens de Provence avaient accoutumé de dire d'un homme en mortel

1. 440 mètres, d'un jet.
2. Voir le poème de *Calendau*, par Frédéric Mistral.

danger : « Il passe le pas de l'Estérel ». Ces temps sont loin. Les chevaliers d'aventure y auront regret, pour le cas où notre âge prosaïque en nourrirait encore. Le surplus, *vulgum pecus*, se contente de l'émotion plus douce de courir dans une bonne voiture, à travers des défilés sauvages, au pied d'amphithéâtres verdoyants que voilent des pins disposés en étages, tantôt saluant un pan de mer dans la déchirure d'un bloc de grès rouge, tantôt surprenant quelque troupeau de chèvres qui se désaltère à un ruisseau demi-tari, ou faisant lever, d'entre les aubépines en neige, une couple de perdrix blanches qui bruyamment s'envolent vers les dentelures des *Civières*[1]. Les sangliers, eux aussi, peuplaient jadis ces sombres ravins. Nous inclinons à croire qu'ils ont suivi

Auberge des Adrets.

la fortune des brigands. Plusieurs fois par hiver, on annonce bien, au pays de Fréjus, de solennelles battues, qui se terminent d'ordinaire par le trépas d'un ragot authentique ; mais nous soupçonnons fort l'habile maire de Saint-Raphaël d'avoir amené la victime, en train direct, du fond des halliers de la Côte-d'Or ou des Ardennes.

Bientôt des ceps de vigne, curieux vestiges de civilisation dans cette zone inculte, semblent trahir l'approche de lieux habités. En effet, à un coude du chemin, nous voyons tout à coup un groupe de maisons se détacher sur la verdure, de l'autre côté d'un petit torrent que bordent des prairies en fleurs. Une montagne, en forme de cône, tournoie devant elles, et, plus à gauche, se profilent les cimes du Mont-Vinaigre : cirque agreste où pics et collines, prés et forêts s'entrelacent pour le plaisir de l'œil. Frémissons pourtant ! Ce cirque est une arène, le sang y a coulé,

1. Crête découpée à 560 mètres d'altitude ; belle ascension, assez pénible.

ces maisons ont une histoire dramatique, s'il en fut, car la première qui nous guette du haut de son talus s'appelle l'*Auberge des Adrets.*

Profitons, pour détruire une erreur généralement accréditée, des quelques minutes nécessaires à traverser le torrent et à suivre, par delà le pont, la courbe qui s'y amorce. Cette hôtellerie n'est pas celle que le génie fantaisiste de Frédérick-Lemaître a rendue fameuse. L'écho de ces bois ignore les lazzis étonnants de Bertrand ; ces poutres noircies n'ont jamais prêté leur ombre aux diaboliques inventions de Robert Macaire, et l'on chercherait en vain, au milieu d'une galerie qui n'existe pas, ce n° 13, de sinistre mémoire, où fut poignardé « le malheureux M. Germeuil ». Le livret ne laisse pas de doutes : « La scène — y est-il écrit — se passe à l'auberge des Adrets, *sur la route de Grenoble à Chambéry.* » Il y a donc Adrets et Adrets, comme il y a fagot et fagot, et l'auberge devant laquelle nous nous arrêtons n'a rien à démêler avec celle de l'Ambigu. Elle compte d'ailleurs assez d'attentats réels à son actif, pour qu'elle puisse faire l'abandon d'un crime imaginaire. La maison de l'Estérel, la vraie, la seule qui ne rendit guère l'argent, et encore moins le cadavre, est célèbre depuis le Moyen Age. Elle a été surtout illustrée vers la fin de l'autre siècle, par les exploits du chef de bande Gaspard de Besse. Relisons *Misé Brun*[1]. La mélancolique image de dame Rose « aux grands yeux d'un bleu mourant » va glisser devant nous. C'est bien ici que, suivant vers Grasse son lourdaud de mari, l'aimable bijoutière passa cette nuit d'épouvante et d'amour où, sauvée par Gaspard, elle faillit franchir avec lui plus d'une frontière, — ce qui eût d'ailleurs épargné au chaste gentilhomme le désagrément d'être roué vif, un peu plus tard, sur l'une des places d'Aix.

A mi-distance de Cannes et de Fréjus[2], appuyée au bord de la route, entre l'ombre des crêtes qui la surplombent et les pentes de la prairie ensoleillée qu'elle domine, l'auberge des Adrets semble vouloir offrir au touriste un reflet du passé dans l'image du présent. La nature y sourit et y pleure tout à la fois. De magnifiques châtaigniers couvrent, de leur ramure épaisse, le versant de la montagne contre laquelle s'adossent les granges et les étables. Deux ormeaux qui enferment dix siècles sous leur écorce flanquent, à la manière de géants rébarbatifs, cette porte cintrée par laquelle on ne ressortait pas toujours. Des chênes-liège, trois ou quatre maigres figuiers, quelques pins où le coucou jette sa note mélancolique achèvent d'accuser le côté sévère du décor, tandis qu'une fauvette chante sur l'églantier et que, dans l'herbe émaillée de pâquerettes et d'œillets roses, les abeilles bourdonnent en joyeux essaims. Même contraste dans les bâtiments. Soigneusement réchampie, au regard de Cannes, l'auberge attire le chaland par les promesses de sa robe virginale, cependant que, fidèle à d'autres traditions, la façade opposée garde une mine noire, délabrée, truculente. Il ne dit rien qui vaille, ce long corps de logis à double étage, aux murs lézardés, percés de jours inégaux que des volets pleins ferment en haut, et qu'arment, en bas, de solides barreaux fortement scellés. Une niche qu'un artiste de l'époque tailla avec soin surmonte bien, en signe de bénédiction, le chambranle de la porte ; mais la niche est vide de son Saint, et tout ce qu'on y peut lire consiste en cette inscription gravée dans la pierre : « REBASTIE PAR LE S^r LAUGIER, 1653 ». Nulle confiance, d'ailleurs, en ce sieur Laugier ! Nous lui préférons la bonne figure de l'aubergiste qui nous fait accueil, surtout celle de sa fille, ne rappelant par aucun trait la « petite servante noire et dégueuillée », dont le geste brusque invitait Misé Brun à passer le seuil. Son sourire aux trente-deux perles répond à vos questions, et si vous l'en priez un peu, cette belle Provençale nimbée de jais, à l'œil de feu, vous fera gracieusement les honneurs du logis, depuis la cuisine, où poules et poussins gloussent autour du large manteau de la cheminée, jus-

1. *Misé Brun*, par M^me Charles Reybaud, 1 volume. Paris, Hachette.
2. On compte 17 kilomètres, de chaque côté de l'hôtellerie.

qu'aux lucarnes d'où l'on observait la victime ou l'ennemi. Une grande pièce, à ras de sol, salle de réfection des rares voyageurs qui s'arrêtent encore ; des chambres à alcôves s'ouvrant, au premier, sur un escalier de bois sombre qui pourrait sans doute en conter de belles, si ses marches parlaient ; des plafonds à solives peintes ou à riches moulures jadis dorées (peut-être l'appartement de Gaspard de Besse[1]), des entrelacs, des arabesques et des têtes d'Amours, même un fragment de cariatide sottement badigeonnée, — tout cela manquant de fraîcheur, mais non de pittoresque, vous étonne, vous intéresse, et vous reporte, en pensée, au règne accidenté des Fra Diavolo.

Près de l'auberge, derrière une grille qui laisse entrevoir le jardin, se devine une jolie villa où le doyen de la Faculté de droit d'Aix[2] vient passer ses vacances ; puis, en face, — ô Gaspard, l'aurais-tu jamais cru ? — cette longue bâtisse à un seul étage n'est rien moins que... la Gendarmerie Nationale ! Décidément l'âge d'or s'en va, même pour les voleurs. Sur trois maisons que possède l'Estérel, l'une enferme les tables de la loi, l'autre fourbit le glaive de Thémis : comment la troisième pourrait-elle mener à bien ses affaires ?

Aussi, les braves gens qui l'habitent comptent-ils moins sur l'escarcelle du voyageur transformé en simple curieux, que sur leur propre labeur. Ces murailles mal famées tiennent désormais beaucoup plus de la ferme que de l'auberge. On vous y servira sans doute une omelette, et, au besoin, le rôti de quelque volatile fuyard, si l'on réussit à l'attraper ; mais autant vaut apporter des provisions et goûter sous un chêne, dans la prairie, vers le torrent qui roule ses eaux bronzées à travers le porphyre.

L'ascension du *Mont-Vinaigre* s'impose, en guise de dessert. Elle est clémente aux dames ; les paresseux incurables ou les impotents sont les seuls qui aient excuse à s'en dispenser. Une heure de montée et quarante minutes de descente, au compte des bons marcheurs, la moitié en sus pour les autres, ne valent certes pas l'honneur d'une hésitation. Ânes ou mulets prêtent, s'il le faut, leur concours. Le chemin du maître pic s'ouvre vers la lisière de la prairie ; rapidement il s'élève à travers les pins. Nous y retrouvons cette atmosphère transparente et bleuâtre, tant admirée dans la forêt de Sainte-Marguerite. Les genêts et les iris diaprent le sol, les touffes de l'asphodèle se marient au corail de l'arbousier. La boîte en fer-blanc du botaniste, le marteau d'acier du géologue y sont assurés d'un ample butin. Au delà d'une petite plate-forme où s'appuie la maison forestière de *la Duchesse*, l'azur de la Méditerranée commence à scintiller entre les parois déchiquetées du Cap Roux. Les collines se pressent en troupeau, l'une escaladant l'autre ; la ceinture des flots peu à peu nous enserre. Voici Grasse, de ce côté, puis bientôt Saint-Raphaël, à l'opposite. Cannes et le cap d'Antibes apparaissent ensuite. Ce sentier aux coulées d'éclats mobiles, assez raide et dur, va nous amener devant un faisceau d'aiguilles granitiques superposées qui sollicitent le dernier effort. Un petite tour en pierres sèches, un banc de bois, quelques chênes verts... et plus rien. Nous avons atteint la cime du Vinaigre, 616 mètres pardessus la mer sans rides que, du haut de ce faîte, l'œil peut contempler à perte d'horizon.

Cette étroite arête est une des plus élevées de la Rivière. De là, les golfes, les caps, les montagnes, les vallées se découpent, se creusent, s'élèvent ou s'abaissent en cent caprices divers. Nice, Antibes, Vence, Grasse, Cannes, Fréjus, Saint-Tropez, toutes ces villes, reines du littoral, brillent sur leur trône de verdure, le soleil au front. Les villages ne se comptent pas plus que les grains de sable de la plage. Si le mistral souffle, — condition d'un temps clair, —

1. *Gaspard de Besse*, l'un des plus beaux hommes de son temps. Ce brigand, croisé de chevalier, naquit à Besse, près de Brignoles, et fut supplicié à Aix en 1776.

2. M. Jourdan.

le regard passe sans effort de Toulon à San-Remo, des Iles d'Hyères à la Corse, glissant ici sur les eaux de l'Argens, là se suspendant aux crêtes des Maures, pour se reposer enfin parmi les neiges immaculées du Mercantour. Et toujours, de ce balcon qui semble fait pour elle, la fille de Lord Brougham resplendit entre ses rivales, enchaînant la vue aux courbures de son bel arc bleu.

De là aussi, la chaîne de l'Estérel apparaît, majestueuse dans l'ampleur de ses soulèvements volcaniques, avec ses formidables escarpements coupés de précipices, sillonnés de ravins. Grès, granit, porphyre, roches primitives d'éruption ou schistes redressés y trahissent les baisers d'une flamme préhistorique, et la flamme ne leur a pas dit son dernier adieu. Bien des cycles après ces convulsions, Charles-Quint la rallumait contre les embuscades meurtrières du paysan[1]; pins et chênes servirent de torches à l'Empereur-Roi. Parfois encore, le flambeau se prend à luire. Il suffit d'une étincelle sur une feuille morte pour déchaîner des semaines d'incendie. Les survivants de 1835 n'ont point oublié cet embrasement terrible qui, calcinant la terre, la rendit inféconde en plus d'une place. Pour notre part, nous assistâmes deux fois, depuis dix ans, à de grandioses explosions du fléau. C'est un autre spectacle que celui de ces feux de pâtres dont les spirales de fumée montent là-bas, du côté de Fréjus, pendant que, par la route de l'ouest, contournant de curieuses grottes, notre jeune guide nous reconduit vers les Adrets ! Dans ces heures de désastre superbe, Napoule a son Vésuve : la montagne entière redevient volcan. Pareilles à la lave, des nappes rouges courent sur ses pentes, dans des tourbillons d'étincelles. Les gorges noires s'éclairent, au hurlement du fauve : la nuit s'illumine, la vague flambe. Le brasier, à plus de deux lieues par-dessus la mer, envoie sa cendre tiède sur les terrasses de nos villas. Pourquoi ces ressouvenirs de Pompéi et de Stabies ? Ne serait-ce point, d'aventure, afin de donner un argument aux étymologistes qui prétendent tirer *Estérel* de *Stella ?* Elle peut en effet passer pour une étoile, et de première grandeur, la gerbe lumineuse dont les épis, en ces nuits-là, se dressent étincelants vers les profondeurs du ciel.

1. 1536. Les Impériaux, en retraite, y perdirent 20,000 hommes.

Vue générale de Grasse.

# GRASSE

GRASSE — MOUANS-SARTOUX — CASTELLARAS — AURIBEAU — SOURCES DE LA SIAGNE ET GROTTES DE SAINT-CÉSAIRE — LA CLUS DU LOUP — MOUGINS — LE CANNET.

CONNAISSEZ-VOUS Grasse? Non. Tant pis, alors ! il faudra vous contenter d'une esquisse où manque la touche de Fragonard. Sachez donc que, retenue par sa ceinture d'orangers sur les déclivités rapides du dernier contrefort des Alpes, la cité des parfums ne semble tenir debout que par un miracle d'équilibre. On dirait de quelque gigantesque agave accrochée au roc. Derrière elle surgissent des cimes ardues, des montagnes dénudées qui, dans le mystère de leurs grottes, abritent la Siagne, cette nymphe à l'urne de cristal. C'est la route des aigles : ce fut celle de Napoléon, lorsqu'il prit son vol foudroyant vers Paris, au retour de l'Ile d'Elbe. A ses pieds, comme pour mieux la charmer, bondit tout un troupeau de collines dont les croupes ondulées semblent chevaucher l'une sur l'autre. L'olivier au feuillage d'argent voile leurs flancs, le cactus l'empourpre de ses fruits, le dattier d'Afrique y balance, sous la brise, sa mobile couronne de palmes. Ici, là, partout, d'innombrables bastides piquent cette verdure un peu monotone de mille et mille points blancs qui étincellent au soleil. Au loin une ligne bleue — la mer ! Sa vague enchanteresse, tiède et azurée, d'où sortit jadis Vénus Anadyomène, se courbe, à droite, sous les dentelures de l'Estérel, en formant l'arc de la Napoule, tandis que, vers la gauche, les derniers coteaux paraissent volontairement s'abaisser pour découvrir la pointe d'une des Lérins, proue sacrée qui flotte éternellement à l'ancre.

Cette assiette d'une ville manifestement oublieuse du fil à plomb, ce dédain de l'horizontale au profit de la perpendiculaire, ces places qui sont des carrefours, ces rues qui sont des fentes, ces hautes bâtisses noires dont les étages supérieurs finiraient par s'embrasser, si d'honnêtes arcs-boutants jetés entre elles n'y mettaient bon ordre ; ces rez-de-chaussée à bossages rudes, lointaines imitations de Florence; ces vieilles portes sculptées sous l'ogive desquelles le regard devine les premiers serpentements de pierre de quelque escalier à vis; ces boutiques rappelant de près l'échoppe de l'apothicaire qui vendit le poison à Roméo ; une sombre église aux piliers trapus posée sur deux cryptes ; des tours carrées qui ont le pied dans les ténèbres et le front dans les éblouissements du ciel de Provence, — tout cela imprime à l'ancienne station Romaine un caractère très personnel où, par de perpétuelles oppositions de lumière et d'ombre, les contrastes les plus inattendus se heurtent en se faisant mutuellement valoir.

Verger d'oliviers.

Nous risquions ce trait, il y a deux ans, à propos d'une étude sur l'émule de Boucher[1], et la sincérité du coup de plume nous engage à n'y rien changer. Il s'agit d'ailleurs ici d'une de ces vieilles cités, nourries de traditions, qui, moins volontiers que la couleuvre au printemps, se décident à faire peau neuve. Cristallisée comme ses cédrats, Grasse peut traverser dix lustres complets, sans que la description qui la vise paraisse moins vraie d'une virgule. Un mot suffit : elle n'est point « ville de saison ». Le deviendra-t-elle ? Nous croyons qu'elle le voudrait assez et qu'elle l'espère un peu. En tout cas, la transformation sera lente. Non que la nature, marraine généreuse, ne lui ait départi tout ce qui justifierait cette métamorphose. C'est le pays des *foux* jaillissantes[2], des *clus* aux entailles profondes[3], des mystérieuses cavernes ; c'est aussi celui de l'oranger, et de tant de plantes embaumées, et des plus savoureux d'entre les fruits. Grasse tient à la fois du jardin et de l'espalier. Le soleil y a des caresses aussi douces qu'en aucun pli de la corniche ; l'air s'y est dépouillé des acuités salines de la plage, le mistral expire avant d'y atteindre. Et cette terre bénie, un ruban de voie ferrée, courant parmi les champs de roses et les vergers d'oliviers, la rattache, en moins d'une heure, à la grande ligne Franco-Italienne. Mais la neige que l'hiver suspend sur sa tête en descend parfois avec trop de libéralité ; mais de ses chemins en échelle les poumons délicats s'accommodent malaisément, sans compter qu'elle trouve, dans sa

1. *Au Caprice de la Plume*, p. 151.
2. Foux, du latin *Fons ;* nom générique donné, dans la contrée, à toutes les sources abondantes.
3. Clus, de *cludere, clusum*, défilé clos entre deux montagnes, au fond duquel coule ordinairement un torrent.

sœur de la Croisette, une dangereuse rivale. Aussi prend-elle son sort en patience. Elle s'est donné le luxe d'un *Grand-Hôtel,* caravansérail classique bâti hors des murs, selon toutes les lois du confort moderne; elle a semé deux ou trois agréables villas sur ses pentes, puis, cela fait pour acquit de conscience, elle s'est reposée dans le labeur qui est sa fortune et sa gloire.

Grasse, en effet, fut industrieuse toujours, et toujours commerçante. Depuis longtemps l'étranger demeure son tributaire, sans apparence qu'il songe à s'affranchir. Nous voyons, dès 1258, les tanneurs y passer les peaux à la poudre de myrte et de pistache, secret qui rendait leurs produits aussi souples qu'imperméables. L'Espagne et l'Italie se disputent ses cuirs verts. Ses fabriques de gants étaient renommées, ses savonneries célèbres. A ces branches de négoce, vivaces encore, quoique moins prospères, s'ajoute depuis cent cinquante ans au moins, une palme incontestée, celle que lui assure la supériorité de ses essences odoriférantes [1]. Une chronique nous apprend que, le 28 août 1707, les troupes du Duc de Savoie assiégeant la place lui imposèrent, entre autres clauses, une contribution de « dix mille bouteilles de parfums », rachetée d'ailleurs par la valeureuse résistance des habitants.

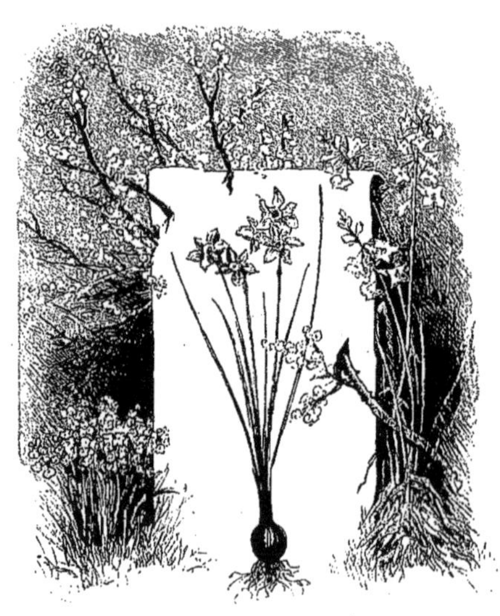

Ce sont les peuples de toute latitude qui payent aujourd'hui redevance aux sucs embaumés de sa flore. Où d'autres sèmeraient la pomme de terre, elle plante la rose [2] ; l'héliotrope remplace pour elle le petit pois. Des tapis de géraniums, de résédas, de jonquilles, de tubéreuses, de violettes, diaprent sa campagne, — car il en faut beaucoup pour un petit rendement. Cinq mille rosiers, occupant une superficie de dix-huit cents mètres carrés, ne donnent que dix kilogrammes de feuilles de roses; dix mille kilogrammes de fleurs de jasmin supposent la culture de trente mille pieds de ce gentil arbuste. Quant à la violette, on doit compter cinq mille mètres de terrain couvert de ses touffes, pour une récolte annuelle de mille kilogrammes de fleurs. Multipliez cette moisson à migraines par le produit de l'oranger, et vous ne vous étonnerez pas trop si, aux soirs de mai, l'air devient irrespirable à force de sentir bon. De toutes parts les chars à quatre chevaux se dirigent vers la ville, hissant par ses rampes escarpées des amoncellements fleuris. C'est l'heure où les pâtres, de leur côté, apportent de la montagne le thym et la lavande sauvage, le fenouil, la menthe ou le romarin. Alors, il neige des pétales, il pleut des étamines et des pistils; le ruisseau roule de la bergamote, la poudre du chemin pourrait être mise en sachet.

1. On montre, place de la Poissonnerie, une maison où, dans la seconde moitié du XVIe siècle, un sieur Tombarelli, de Florence, aurait établi le premier laboratoire de parfumerie qui ait existé à Grasse.

2. Cette variété, dite *rose de parfumeur*, procède à la fois de la rose à cent feuilles et de la rose de Provins. Grasse en emploie 300,000 kilogrammes par an.

Alors aussi l'alambic va commencer son œuvre. On distille tout ce qui est susceptible de l'être, la rose et la fleur d'oranger notamment. Le surplus se traite par la macération à l'huile chaude ou par l'*enfleurage*, c'est-à-dire le contact prolongé des corolles avec une graisse de Lombardie très pure, étendue sur des vitres qu'encadrent des châssis. Le lit de fleurs est renouvelé chaque matin, jusqu'à saturation. L'arome de la tubéreuse et du jasmin ne s'isole pas autrement : il ne résisterait pas à la chaleur. L'alcool le dégage ensuite du corps gras, s'il y a lieu, et s'y substitue. Le chimiste ne se montre d'ailleurs pas inférieur à sa tâche. Les laboratoires poussent avec l'herbe, au revers du Rocavignon. Il serait facile d'en nommer cinquante. Ceux de MM. Chiris, Pilar, Roure-Bertrand, Lautier fils, Hugues aîné, Claude Raynaud, Bruno-Court, comptent parmi les plus accrédités. On visite d'habitude l'usine de ces derniers, installée dans l'ancien couvent des Cordeliers. Avec une courtoisie parfaite, MM. Bruno frères vous initient aux détails de leurs préparations. Quand vous prenez congé, le néroli est percé à jour et l'essence de rose n'a plus de mystères. Seulement, vous vous demandez avec sollicitude s'il y aura jamais, au pays où l'on en use, assez de mouchoirs de poche pour tarir toutes ces fioles, assez de têtes chevelues dans les deux hémisphères, pour épuiser tant de pommades variées en train de se figer au fond des immenses caisses qui leur servent de récipients.

Et, puisqu'une goutte en a glissé au bout de notre plume, quelques mots, en passant, sur l'huile de rose et le néroli ne seront peut-être pas pour déplaire à nos lectrices.

On sait qu'en Orient, terre classique des parfums, la rose est la reine des essences, comme partout elle est la reine des fleurs. Son origine remonterait haut, si nous en croyons la gracieuse légende rapportée par l'un des maîtres du serpentin moderne :

« Ce fut, dit M. Eugène Rimmel [1], pendant une fête brillante donnée à l'Empereur du Mogol [2] par Nourdjihân-Beygum (*Lumière du Monde*), sa sultane favorite, que le hasard amena cette précieuse découverte. La princesse, se promenant avec son royal époux, au bord d'un petit canal d'eau de rose qui serpentait à travers ses jardins, remarqua une mousse légère qui s'était formée à la surface de l'eau. On recueillit cette mousse, et on reconnut que c'était le parfum le plus suave et le plus pénétrant qu'on eût jamais obtenu : en un mot, l'essence de rose. »

Aujourd'hui elle se recueille moins poétiquement, mais avec autant de soin, sur l'eau distillée qui sort de l'alambic ; car si elle se vendit jadis jusqu'à 700 francs l'once, elle ne se donne pas précisément encore. Son prix, qui flotte entre 2,000 et 2,500 francs le litre, année moyenne, s'est élevé d'un tiers en sus après le rigoureux hiver de 1883 : ce dont le profane sera moins surpris, sachant qu'il faut près de DOUZE MILLE KILOGRAMMES de roses pour en produire UN SEUL d'essence. Celle de Grasse est d'un vert foncé, et naturellement figée. On la tient pour très supérieure à l'huile des Balkans qui, falsifiée le plus souvent, se reconnaît bien vite à sa couleur jaune faible, ainsi qu'à sa fluidité. Celle-ci coûte d'ailleurs moitié moins cher.

Quant au néroli (*nero oglio*), huile essentielle de la fleur d'oranger, on l'obtient par les mêmes procédés. Le prix du litre en varie de cinq à six cents francs, et peut atteindre à mille. Un kilogramme de fleurs cueillies vers le milieu de la récolte produit un gramme d'essence : sensiblement moins, au commencement. La ville de Cologne qui s'est créée parfumeuse, sans avoir elle-même d'autres odeurs à son actif que les naturelles exhalaisons de ses ruisseaux fétides, se fait expédier, chaque année, pour plus de 500,000 francs de néroli, du pays Grassois. C'est la base de l'eau fameuse des fameux Farina.

Outre ses parfums, indépendamment de son eau de fleur d'oranger dont elle exporte annuel-

1. *Le Livre des Parfums*, par Eugène Rimmel. A ce prince de la parfumerie Londres fit, le 4 mars dernier, des obsèques princières.

2. Djihanguir ; en l'an 1021 de l'hégire.

lement plus d'un million de litres [1], Grasse possède encore de véritables puits d'huiles fines, les meilleures de la Provence. Le célèbre Joseph Nègre [2], l'homme le plus médaillé de France, en fabrique d'exquise ; il y joint, pour les gourmets, ses pyramides de fruits confits où s'épanouissent des gerbes de fleurs sucrées. On se croirait, chez lui, au pays de Cocagne. Respectueux de la corolle, notre artiste ne la broie pas, il la cristallise. Il ne dessèche pas la baie onctueuse, il l'embaume. Figues ou fraises, prunes ou nèfles du Japon gardent, sous sa main, leur éclat et leur saveur. M. Nègre est d'ailleurs blasé sur le succès. A chaque noce de rajah, ses desserts prennent le chemin des Indes ; ses bouquets de violettes raidies dans le sucre ornent, l'hiver, la table des boyards ; la Czarine a accepté la dédicace d'un de ses bonbons et le Prince de Galles franchit familièrement le seuil de ses ateliers. On ne peut que suivre un tel exemple. Dans cette maison qui est elle-même une curiosité, — puisque l'une de ses faces plonge dans la nuit, l'autre s'ensoleillant au plus chaud des horizons, — le touriste aura plaisir à suivre, de sous-sols en étages, de jarres en bassines, de fourneaux en séchoirs, les transformations successives imposées à la fleur ou au fruit par le doux magicien. Que si l'on s'étonne : « Voilà tout le secret ! » s'écrie-t-il, en souriant, et il tourne un robinet de cuivre d'où s'échappe un jet limpide, attribuant ainsi modestement à l'eau de Grasse la meilleure part de ses triomphes.

Elle est merveilleuse en effet, cette eau, fille des montagnes. On la voit sourdre à gros bouillons sur un coin de boulevard, en haut de la ville. Son volume égale sa transparence. Près d'elle les chroniqueurs placent le berceau de la cité. C'est elle qui, après avoir désaltéré l'habitant, l'enrichira en se revêtant de toutes les teintes, en s'imprégnant de tous les parfums. La Foux vaut le Pactole. Elle fait pousser, en même temps que le jasmin, ces millionnaires, paisibles descendants des Sicard et des Esclapon, qui, sans plus se soucier de vieilles querelles Guelfes ou Gibelines, s'accordent à bien emplir le coffre-fort abrité derrière le heurtoir luisant de leurs portes de chêne.

Grasse ne s'enorgueillit pas moins de son *Cours*, terrasse aux magnifiques et lointaines échappées, d'où le promeneur peut saluer la mer bleue par-dessus les vagues immobiles d'un océan de verdure. Une cascade de jardins, dont l'un, réservé au public, descend de l'esplanade jusqu'à la gare. Sur ce Cours, deux files de micocouliers, uniques en Provence, appuyaient naguère leurs troncs noirs, pareils à des tours géantes, pendant que les grappes d'azur qui se jouaient dans leurs frondaisons légères luttaient d'éclat avec le ciel lui-même. Nous ne les admirerons plus. Voici neuf ou dix ans qu'un *Consul par la grâce de Dieu* [3] y enfonça la cognée municipale. De grêles platanes les remplacent, nains succédant à des Titans. Pour moins que cela jadis, Cérès frappait Erésichthon.

Parlerons-nous d'une Tour Romaine attenante à l'ancien évêché, dont les Provençaux, gens d'imagination fertile, sont libres de faire remonter l'origine au lieutenant de César, *L. Crassus*, devenant ainsi le parrain un peu étonné de la ville de Grasse ; ou bien de cette lourde Cathédrale gothique qui sur son siège épiscopal vit s'asseoir l'ami de M$^{me}$ de Sévigné [4], le bel esprit Godeau, un instant titulaire des deux évêchés de Grasse et de Vence ; ou encore de ces trois pieux tableaux enfumés, crevassés et écaillés, dont l'exécution attribuée à Rubens attire l'amateur vers la chapelle

1. Avec la collaboration de Nice et de Cannes.

2. Charles Nègre, son frère, mort en 1880, fut un peintre de grand talent et souvent médaillé ; mais son nom vivra surtout comme étant celui de l'inventeur de la gravure héliographique.

3. Titre que prenaient dans les actes publics, au XII$^{e}$ siècle, les premiers magistrats de la ville de Grasse.

4. « . . . . C'est un prélat d'un esprit et d'un mérite distingués ; c'est le plus bel esprit de son temps ; vous avez admiré ses vers, jouissez de sa prose ; il excelle en tout ; il mérite que vous en fassiez votre ami. » *Lettre de M$^{me}$ de Sévigné à sa fille*, 9 mars 1672.

de l'Hospice[1]? L'intérêt de ces curiosités discutables nous semble devoir s'effacer devant l'obligation d'une visite aux toiles de Fragonard, légitime orgueil de M. Malvilan, leur seigneur et maître.

On sait que le favori des Muses à paniers, l'auteur pimpant et musqué de l'*Escarpolette* et du *Verrou,* naquit à Grasse, en 1732. Son père appartenait à cette corporation des gantiers dont les statuts, homologués en Parlement, valaient titres de noblesse. On montre encore, rue Font-Neuve, la maison noire et délabrée où quelque fée à baguette d'or berça le peintre de la lumière. Nous avons dit, dans un autre volume, les aventures de ce fantaisiste détaché un matin du comptoir paternel, emporté par le souffle de la vocation vers les ateliers de Chardin et de Boucher, puis transplanté en Italie d'où un essaim d'Amours le ramène aux rives de la Seine, les mains pleines de roses, comme il sied à un fils de la Chiraz occidentale. Son voyage à Rome, en compagnie du financier Bergeret, ses démêlés avec la Guimard que sa rancune gratifia d'une tête de Furie, nous ont montré chez l'artiste un caractère moins facile que le pinceau. Nous avons aussi déduit, par une glose qui nous est propre, la moralité des quatre panneaux demi-nature que les privilégiés sont admis à contempler dans la petite maison, voisine du jardin public, où respire le terrible Malvilan. Qui a le culte d'Honoré Fragonard pourra lire, dans notre étude, les pages consacrées à ces riants caprices de sa palette[2]. Rappelons seulement que les pastorales en question, inestimables bijoux que leur propriétaire sait fort bien estimer, furent commandées à *Frago* par M^me^ du Barry, pour son château de Luciennes; que la Révolution éclatant et la pauvre cliente ayant d'autres soucis, les toiles non livrées suivirent leur créateur vers le pays natal, puis, abandon magnifique, restèrent entre les mains du grand-père de M. Malvilan, parrain du fugitif, en reconnaissance d'une hospitalité fort appréciable sous le régime du couperet; que de ces exquises compositions attribuées plus tard à son lot d'héritier pour une somme moindre de *onze cents francs,* le détenteur actuel refusait naguère *cent mille dollars,* comptés sur table, par un enthousiaste Yankee; que la mort seule séparera sans doute de son trésor cet amateur aussi désintéressé que jaloux, et qu'en attendant, au gré d'une humeur dont nous n'avons eu personnellement qu'à nous louer, il accorde ou il refuse la clef de l'élégant boudoir dans lequel bergers vêtus de satin, bachelettes poudrées à l'iris, se renvoient les sourires et les pleurs d'une intrigue à la Florian[3].

Que si, faute du mot de passe, vous ne réussissez point à franchir la grille qui défend ces chefs-d'œuvre de coloris et de poésie, prenez-en votre parti! La mairie vous offrira du moins l'acte de naissance du peintre des Amours, et, dans un massif du jardin public, vous pourrez contempler son buste aussi finement sculpté par Paul Liénard, que curieusement juché au haut d'une colonne par les édiles locaux, jaloux sans doute des lauriers de saint Siméon Stylite.

Les érudits aimables ne manquent d'ailleurs pas en ville, qui vous aideront à oublier les heures en attendant le départ. L'abbé Massa a publié une savante histoire de la cité. Des notes piquantes, tirées de l'inventaire des archives communales, sont l'œuvre d'un magistrat local, M. Paul Sénequier, et si la fortune vous échoit de feuilleter les minutes de M^e^ Peirolle, le plus lettré des notaires, vous y trouverez maint détail inédit à coudre aux pages connues des annales de Provence.

Des travaux de ces chercheurs ressort pour nous la certitude que Grasse l'industrieuse fut aussi, pendant le Moyen Age, la nourricière des hommes énergiques et vaillants. Elle était terre de franc-alleu, et elle le fit bien voir. La rivalité de François I^er^ et de Charles-Quint, les troubles

1. *Le Couronnement d'épines, l'Élévation en Croix, l'Invention de la Sainte-Croix par l'Impératrice Hélène,* panneaux de triptyque récemment restaurés et rendus à leur coloris par les soins de M. Joseph Felon, directeur du musée de Cannes.

2. UN ORIGINAL ET DES ORIGINAUX : *Au Caprice de la Plume,* p. 151 et suivantes.

3. M. Marcellin Desboutin, l'admirable graveur, vient de terminer, à la pointe sèche, la reproduction de ces pastorales.

de la Ligue, les guerres de la Succession d'Espagne et de celle d'Autriche éveillent, de leur bruit, l'écho de ses montagnes. Elle reçoit, une nuit, la visite armée de Charles (1536), et l'Empereur-Roi, pour prix de sa couchée, la livre au pillage le lendemain. Victime résignée, elle

L'Ancienne Cathédrale.

n'en sent pas refroidir son dévouement à la France. Plus tard, les ligueurs l'assiègent (1589) : au baron de Vins, leur chef, elle campe, en plein front, une bonne arquebusade qui l'étend raide mort; après quoi, canonnée sept jours durant et victorieuse d'un assaut brillamment repoussé, elle obtient une capitulation honorable. Plus tard encore (1700), l'Europe étant en feu, elle a son

« année de la peur », *l'an de la Pou*, comme d'autres devaient avoir leur « année terrible ». Il n'importe! Cent désastres l'éprouvent : elle s'en relève plus forte. La grande peste de 1580 lui fauchait six mille de ses bourgeois, sans l'abattre; pas davantage elle ne faiblira, quand l'hiver de 1709 [1], ruinant sa campagne, ne lui laisse ni un de ses arbustes à parfum, ni un de ces arbres à huile que Nostradamus appelle « de petits Dieux verts ployant sous le faix émerveillable et réjouissant des olives ». Entre temps, l'été de 1707 lui avait fourni l'occasion de montrer qu'à ses fils l'esprit gaulois ne sied pas moins que la valeur; car les soldats du Duc de Savoie s'étant présentés à ses portes, vers la fin d'août, et réclamant insolemment vingt mille francs de contribution, dix mille bouteilles de vin, ainsi qu'un couvent de religieuses à discrétion, elle leur fit répondre qu'ils n'auraient ni argent, ni vin, et que, quant aux religieuses, celles-ci les trouveraient trop fatigués [2]. L'armée du maréchal de Tessé, arrivant sur l'entrefaite, empêcha les soudards d'insister; mais cette anecdote peu connue n'en prouve pas moins que Grasse avait le mot pour rire. Et toujours, en effet, la verve de ses chansonniers déride son front; toujours un couplet la console des plus dures épreuves. Ce n'est pas en vain qu'elle revendique pour sien Bellaud de la Bellaudière[3], cet ancêtre des Félibres. Aux querelles de ses pénitents blancs et de ses pénitents noirs se défrayent les longueurs de la veillée; elle a ses *Jouvines*, ou fêtes des jeudis de carême, et, le cas échéant, elle ne dédaigne pas la gaieté bruyante d'un charivari offert aux secondes noces, sous la conduite de *l'Abbé de la jeunesse*[4].

Marchand d'huile, à Grasse.

Nous la trouvons d'humeur moins facile pendant la Terreur. Elle est alors la patrie du conventionnel Isnard. Sur la place du *Clavecin* — autre temps, autre musique — l'échafaud se dresse, et, une fois debout, reste en permanence. Une statue de la Liberté protégeait l'ins-

1. « L'hiver avait été terrible, et tel que de mémoire d'homme on ne se souvenait d'aucun qui en eût approché. Une gelée, qui dura près de deux mois de la même force, avait dès les premiers jours rendu les rivières solides jusqu'à leur embouchure, et les bords de la mer capables de porter des charrettes qui y voituraient les plus grands fardeaux. . .

« Cette gelée perdit tout. Les arbres fruitiers périrent; il ne resta plus ni noyers, ni oliviers, ni pommiers, ni vignes, à si peu près que ce n'est pas la peine d'en parler. Les autres arbres moururent en très grand nombre, les jardins périrent, et tous les grains dans la terre. On ne peut comprendre la désolation de cette ruine générale. » *(Mémoires de Saint-Simon.)*

2. *Mémoires et Lettres du maréchal de Tessé*, t. II; chez Treuttel et Würtz. Paris, 1806.

3. Poète de noble souche, né à Grasse en 1532, mort en novembre 1588, eut une vie quel'on pourrait comparer à celles de Villon ou de Régnier, pour l'agitation et le décousu. Fixé à Aix, il y connut Malherbe. . . et mieux encore la prison. Il s'était attaché au service du grand prieur de l'ordre de Malte en France. Son œuvre, se composant surtout de sonnets, fut réunie en un volume, 1595, par son ami le capitaine Pierre-Paul, qui s'intitulait « escuyer de Marseille ». C'est un des premiers livres imprimés dans la cité Phocéenne.

4. *L'Abat de la jouvenço*, consacré par le roi René, existait déjà chez les Romains, sous le nom de *Princeps juventutis*.

trument du docteur Guillotin : *Liberté* de trancher les chefs déplaisants, bien entendu. Assez joliment peinte sur planches découpées, la Déesse tenait, au bout de sa lance, un bonnet rouge, coiffure au moins superflue pour les clients du « vengeur de la loi[1] ». Deux ou trois douzaines de têtes saluèrent, en tombant, cette œuvre d'art à laquelle *Frago* ne fut peut-être pas étranger. On sait en effet que l'aimable portraitiste des dames de la cour n'avait nul goût au sort tragique de ses modèles, et qu'il ne négligea rien pour l'éviter. De là ces faisceaux de licteurs, ces bonnets phrygiens, ces piques, ces boucliers, ces drapeaux, et toute cette défroque patriotique en détrempe, signée Fragonard, qu'on peut voir encore le long de l'escalier de M. Malvilan, entre le médaillon de Robespierre et celui de l'abbé Grégoire. La hache respecta un réactionnaire qui s'exécutait si bien. Quant aux sans-culottes et à leurs sans-culottides, leur compte allait bientôt se régler. Sous le nom brillant d'« Enfants du Soleil », une association aux desseins assez noirs se forme, le lendemain de Thermidor. Elle commence par abattre « l'autel de la Patrie » et scier l'arbre de la Liberté : médiocre dommage, jusque-là. Mais, plaisanterie plus grave, les sociétaires, portant un cercueil et chantant le *De profundis,* se rendent une nuit à la campagne qu'habite le commissaire du Directoire Exécutif. Ce fonctionnaire est arquebusé, comme feu le baron de Vins, et n'échappe qu'à grand'peine à ses assaillants. D'autres furent encore moins heureux : le sang des patriotes coula à son tour. Une fois de plus l'excès avait engendré l'excès.

Ne restons pas sur cette sombre page, et avant de dire adieu aux 12,157 Grassois, éclairons-les, comme d'un rayon joyeux, par une anecdote que ne donne pas l'auteur du *Consulat et de l'Empire.* La municipalité de 1814 en fera les frais. C'était le 2 mars. Le grand revenant était apparu, la veille, au Golfe-Juan, et, dès minuit, se mettait en route pour Grasse. Prévenu de la visite, le maire de la ville, tenant pour le Roi, avait précipitamment expédié la caisse du receveur vers Draguignan, puis ébauché une sorte de plan de résistance. Napoléon ne daigna pas y prendre garde. Au milieu de ses onze cents grenadiers « qui allaient conquérir l'empire de France à la face de toute l'Europe[2] », il contourna la ville par le sentier fort escarpé d'alors, s'arrêta un instant au plateau de Rocavignon, déjeuna debout, puis, attaquant la montagne, s'avança vers Gap, à marches forcées. Remarquons que nombre d'habitants profitèrent de cette halte pour porter au héros des rafraîchissements et des fleurs ; plusieurs même s'offrirent à l'accompagner. Pendant ce temps, le maire se dédommageait en envoyant à Antibes, par manière de dépouilles opimes, quatre petits canons de campagne abandonnés sur la place de la Foux, à raison de la difficulté des transports. Après quoi, ayant réfléchi six jours durant, ce foudre de guerre se décida, le septième, à lancer sa garde nationale sur les traces de l'aigle. Par disgrâce, l'Empereur, qui avait eu le mauvais goût de ne pas l'attendre, entrait déjà dans Grenoble sur les bras d'un peuple en délire. La milice épique n'alla donc pas bien loin, au détriment de sa gloire. Sans quoi, elle serait immortelle à cette heure, et Waterloo demeurerait un village inconnu. A quoi tiennent pourtant les destinées !

Grasse et ses environs sont pour Cannes une mine à excursions. Un embranchement du chemin de fer courant dans la vallée de la Siagne est le trait d'union le plus simple entre les deux villes. Plusieurs trains, chaque jour, vont et reviennent de l'une vers l'autre, en quarante minutes. Une seule station coupe le trajet, celle de *Mouans-Sartoux,* petit village, aux beaux pins parasols, que garde encore le château massif, flanqué de tourelles à base évasée, où, en 1592, la dame de Villeneuve mena si rudement le Piémontais. Les paysans que vous interrogez s'enorgueillissent à vous conter les exploits de leur baronne Suzanne poursuivant le Duc de Savoie

1. Euphémisme désignant le bourreau de Grasse.
2. Expression de M. Thiers.

jusqu'au milieu de ses soldats, lui reprochant de s'être parjuré, et ne lâchant la bride de son cheval qu'après avoir reçu quatre mille écus, en réparation du serment violé.

De Mouans, on aperçoit, à une demi-heure sur la droite, la tour de *Castellaras,* « cette plus belle vue de Provence », prétendent les Cannois. L'affirmation est peut-être excessive. Le Phare d'Antibes, le Donjon de Saint-Honorat, sans parler du Mont-Vinaigre, et du Cap Roux, nous semblent pouvoir lutter avec avantage. Il ne convient pas moins de monter à cette colline assise parmi les pins, dans une sorte de lande désolée que ne désavouerait pas la Bretagne. La facilité de l'accès y attire les malades eux-mêmes. Un joli chemin de ceinture se déploie sous les murs d'enceinte du vieux château. L'herbe tiède y est douce au pied ; les mouches dorées bourdonnent dans les touffes d'iris ; les poules picorent, çà et là, parmi les buissons. Inutile de s'arrêter aux fresques extérieures de la chapelle, sinon pour relever, près du portail, une inscription gravée que nous daterions volontiers du règne de Constantin. Une mère y pleure son fils, comme de tout temps les mères surent pleurer, et son sanglot a traversé les âges. La porte de la villa qui jadis fut manoir, puis prieuré de Lérins, s'ouvre, avec bonne grâce, sur une terrasse dont les balustres aux vases inclinés ou demi-rompus donnent à cette solitude un caractère de poétique abandon. Des rossignols chantant dans les lauriers-roses vous souhaitent la bienvenue, pendant qu'à travers les bouquets d'yeuses du parc, vous gagnez doucement le seuil de la tour. Sœur de celle d'Adalbert, cette masse quadrangulaire évoque, par le bel appareil de ses indestructibles assises, l'image redoutée du Sarrasin. Elle fut évidemment une pierre de signal élevée contre les Barbaresques, à l'exemple des donjons d'Antibes, de Villeneuve-Loubet, de Saint-Honorat, de Cannes, de Fréjus et de Saint-Raphaël.

Dans la Montagne.

Un escalier moderne, à brusque révolution, y blanchit l'épaule du grimpeur aux plâtras de la muraille. Mais le premier coup d'œil, sur l'étroite plate-forme, fait oublier cette légère mésaventure. La vue circulaire qui s'y déroule lui assure un rang honorable entre les panoramas des Alpes-Maritimes. On est un peu loin de la mer ; Cannes ne montre guère que la crête de son Mont-Chevalier ; les premiers plans manquent, et le regard, perdu tout d'abord sur ces ondulations sans fin qu'argente l'olivier, ressent comme une sèche impression de plan en relief. Dût-on y joindre l'émeraude du Tanneron et des vallées voisines, la nappe bleue qui par-dessus la butte de Mougins dessine des arabesques entre Villefranche et l'Estérel ne suffirait pas à classer cet observatoire, si la face nord ne nous ouvrait de grandioses perspectives. Cette compensation suffit ; car, de l'autre côté du cube de bâtisses figurant Valbonne, les Alpes se découvrent dans toute leur magnificence, depuis les modestes contreforts où Grasse disperse ses bastides, depuis la crête chauve du Cheiron jusqu'à ces cimes altières du Clapier et du Diable qui, de leurs arêtes de glace, strient à vif le ciel Italique.

Pour être la plus rapide d'un point à un autre, une voie ferrée n'est pas toujours la plus pittoresque. Heureusement les routes de voitures et les chemins de piétons se pressent entre Cannes et Grasse, prétextes délicieux à se régaler d'air balsamique en admirant d'agrestes paysages. Nous recommandons la montée par *Pégomas* et le vallon de la Mourachone. La grappe de raisin y mûrit, à l'automne ; les prairies, au printemps, s'y étoilent d'anémones ; les ruisselets s'y parfument de narcisses et de jacinthes. La Siagne qui, près d'*Auribeau*, se joue sur l'herbe fleurie, anime, de son cristal mouvant, toute une Arcadie où ne manquent qu'Estelle et Némorin. Gens et bêtes font volontiers halte au pied de l'ancien roc d'*Auribel*, que notre ami Ernest Desjardins[1], le savant commentateur de la table de Peutinger et de l'itinéraire d'Antonin, aurait plaisir à faire dériver de *ad horrea belli*, « les greniers de la guerre ». Rome, paraît-il, y accumulait ses approvisionnements de campagne. Un riant moulin qui tourne près de là semble perpétuer l'hypothèse. Ce qui est plus sûr, en tout cas, c'est que vaillants comme la châtelaine de Mouans-Sartoux, les Auribelliens, au dernier siècle, taillèrent des croupières à l'armée du Duc de Savoie. Leur vicaire lui-même les menait à la bataille, mousquet au poing. Aujourd'hui, le paisible hameau se contente de rester un décor d'opéra-comique. On ne se lasse pas de le contempler, du fond de la vallée, et, si l'on affronte le pavé pointu de ses lacets en écharpe, une visite à l'église, œuvre de Vauban ; une exploration au pont du Tanneron, dans la gorge prochaine; mieux encore, l'aspect d'un dédale de ruelles serrées l'une contre l'autre par delà l'antique poterne, deviennent pour la mémoire l'occasion d'inoubliables souvenirs. Le surplus du chemin jusqu'à la patrie de Fragonard se poursuit à travers les champs de roses en cordons et les olivettes noires de fruits qui arrachèrent au grand inspiré de Provence cette strophe enthousiaste :

. . . . Vau d'amour, palestino, encensié,
Ounte lou ro, la capitello,
D'óuliveiredo s'ennantello,
Ounte li femo à canestello
Meissounon jaussemin, tuberouso e rousié.

« . . . Val d'amour, encensoir, terre promise, où le roc, la hutte en pierres sèches s'enveloppent de bois d'oliviers, où les femmes, à pleines corbeilles, moissonnent les jasmins, les tubéreuses et les rosiers[2]. »

A-t-on quitté Cannes, dès la pointe du jour, au trot de carrossiers solides ? On peut relayer à l'*Hôtel de la Poste*, — bon gîte et bon accueil, — puis, aller explorer quelques-unes des curiosités naturelles dont abonde la montagne de Saint-Vallier. Il n'y a qu'à choisir entre le *Pont-à-Dieu*, arche calcaire jetée par la main du puissant architecte sur le sombre abîme des sources dont Cannes se désaltère, ou le bourg féodal de *Saint-Césaire*, avec ses portes d'enceinte, ses ruines, ses défilés sauvages, — pères de la Foux, surtout ses grottes diamantées de stalactites que les torches et les feux de Bengale reflétés aux prismes des pendentifs transforment, sous la conduite du guide, en un nouveau palais des Mille et une Nuits. Le tunnel de *Roquetaillade* (*Roco taiado*), prise d'eau des Romains pour leur fameux aqueduc de Fréjus, n'est pas loin non plus. Son rare état de conservation mérite qu'on s'y arrête. C'est l'occasion de goûter aux truites pêchées dans les réservoirs souterrains de la Foux. Elles ont un juste renom. Les seigneurs de

1. Mort, il y a quelques mois.
2. Mistral, *Calendau*.

Saint-Césaire, gourmets de l'époque, ne l'ignoraient pas. Ils en exigeaient tribut, indépendamment de la couple de perdrix que chaque habitant devait leur livrer, à la Saint-Michel.

On peut encore, à la condition d'atteindre Grasse trois ou quatre heures avant midi, rejoindre Cannes, le même soir, par la *Clus du Loup,* Vence et Cagnes. Avril est le mois à choisir pour cette excursion très en faveur près des alpen-stock écussonnés ; car, outre l'avantage de jours plus longs, les essences du Nord qui forment surtout la parure de ces solitudes ont retrouvé, sous un souffle plus tiède, le charme de leur frondaison printanière. Rapidement alors, on marque des étapes dont chacune mériterait un jour d'exploration et vingt pages de glose. Regardez ! ces murailles aux teintes chaudes qui se profilent sur la gauche, ces tours massives, ce donjon, n'éveillent pas en vain l'idée de l'Orient ; leur ceinture enveloppe un bourg Sarrasin, *Al-Bar,* plus tard *Albarnum,* aujourd'hui *le Bar*. Place importante sous la domination Romaine, cette fière demeure des Comtes de Provence, où la croix a succédé au croissant, conserve encore dans son église une très curieuse peinture sur bois du XV^e^ siècle, figurant une danse macabre accompagnée de vers monorimes de la même époque[1]. Aux sons du galoubet et du tambourin, la Mort, déguisée en archer, frappe à la ronde chaque danseur, tandis que des démons se chargent d'extraire l'âme du cadavre pour la peser aux balances de l'archange Michel, sous l'œil du Christ justicier. — Par-dessus le Bar, apparition aérienne, le village fantastique de *Gourdon* plane ; sous ses pieds, le *Loup* roule, torrent limpide, hurlant et bondissant hors de la *clus* à qui il vient de donner son nom. La voilà, cette déchirure de roc qui, de si loin en mer et de tant de points du littoral, attire l'œil : entaille vive prolongée de plus de deux lieues entre des parois hautes de quatre cents mètres, blessure aux lèvres éternellement béantes, qui semble l'œuvre de quelque Durandal lançant l'éclair dans la main d'un Roland. Rien n'égale l'intérêt d'une reconnaissance poussée à travers ces gorges romantiques, au hasard de fragiles passerelles, le long d'ermitages miraculeux, en surplomb des formidables gouffres. La nature y tient encore plus qu'elle ne promet. La cascade de *Courmes* dédommage, à elle seule, de la peine, elle qui, en face du Cheiron désolé, fait un saut de deux cents pieds pour rafraîchir, d'une poussière humide, le front du touriste incliné devant sa nappe immense.

Le donjon du Bar, après le tremblement de terre.

1. Voici, texte et traduction, d'après M. A.-L. Sardou qui les a relevés, les trois premiers de ces 33 vers provençaux :

| | |
|---|---|
| O paures pecadours, baias grant recordansa | O pauvres pécheurs ! Ayez grande remembrance |
| Que vous mourres tantost, non hi fassas doutansa ; | Que vous mourrez bientôt, n'y faites nul doute ; |
| E vous ballas souven e menas folla dansa !... | Et vous dansez souvent et menez folle danse !... |

Plus que personne, M^me la duchesse de Luynes apprécie ces âpres beautés. Son âme vibrante, si largement ouverte à toutes les nobles impressions, y trouve un champ où prendre essor. Aussi, y revient-elle, chaque année, avec le printemps. Sa petite cour — esprits d'élite, gracieux visages — l'accompagne dans les hasards de l'excursion ; les pieds mignons bravement attaquent le roc, les jolies têtes se rient du vertige, et plus d'une fois l'écho charmé s'est pris à répéter, après le goûter sur l'herbe, quelqu'une des hardies vocalises que lui jetaient, à gosier d'or, la comtesse de Guerne ou les deux sœurs artistes, M^lles Marie et

La Clus du Loup et la cascade de Courmes.

Tonita de Banuelos. Mais il faut à ces courses autre chose que le temps et les moyens dont l'hivernant dispose. Et toujours pressé, vous poursuivez votre route, apercevant bientôt les *Tourettes,* épave du Moyen Age qui, fidèle à son nom, dresse ses triples tourelles sur un socle frangé de précipices ; et vous traversez plus loin la ville des figues et des violettes, cette étrange petite cité de *Vence* qu'aimait Auguste, celle même que M^gr Godeau, le galant géographe de la carte du Tendre, qualifiait à tort de « désert [1] », dans un de ses mélancoliques ron-

1. . . . Pour mon malheur, n'est-ce pas vraie folie
Qu'on m'ait ainsi par le nez ramené
Dans ce désert ?
J'aimerais mieux être aux fers condamné
Sous le dur froid de l'âpre Corilie.
O Rambouillet ! O nymphe si jolie,
Souffrirez-vous que je sois confiné
Dans ce désert ?

deaux envoyés à la belle Julie d'Angennes ; et voici enfin, sous les escarpements de son pittoresque amphithéâtre, la station de *Cagnes,* d'où, après une journée si bien remplie, la vapeur vous ramène à la colonie de Lord Brougham, pour l'instant du souper.

Entre ce splendide, mais vrai chemin des écoliers, et l'embranchement direct du railway se soudant à la Bocca, il y a une autre voie intermédiaire, — la plus appréciée des promeneurs. C'est celle qui retient la qualification de « Route de Grasse » et contourne la colline de Mougins. Elle demande deux heures en landau. Les lacets en sont rapides, le temps y paraît court. Aussi ne coûte-t-il pas d'y ajouter quinze minutes de plus pour gravir, en passant, la rampe du *Mons Œgytnæ*. De ces deux vocables latins, les savants — que ne font-ils pas ? — ont fait *Mougins*. Nous avons indiqué déjà [1] comment, après la déroute des Oxybiens, les débris de la population vaincue se réfugièrent sur ce cône dont le rempart naturel les protégea. C'est là que l'ethnographe doit aller chercher les vénérables restes de la race Oxybienne. Il les y trouvera au complet, le dimanche, sur l'esplanade qui sert de forum à la bourgade. Là, les fils des Ligures se divertissent à jouer aux boules, le long des vieux micocouliers, et si ardemment ils lancent le buis, qu'ils prennent volontiers pour quilles les jambes de l'arrivant. La vue de leur merveilleux balcon les laisse plus froids. Sans doute qu'ils en sont blasés, de quoi on les excuse presque, quand on revient de Castellaras : et pourtant, comme le regard et la pensée se plaisent à errer par les allées de cyprès, les chemins blancs et les bouquets de bois ponctués de villas qui alternent dans les plis de cette campagne aux doux horizons ! L'archéologue, lui aussi, n'a qu'à pénétrer dans l'enceinte du bourg, pour y trouver son lot. L'ogive étroite qui sert de porte, les fentes tenant lieu de rues, la tour de l'église et son balustre de fer lui parleront, mieux encore que la bulle du pape Grégoire VII (1084), de ce *Castrum de Mogins* dont les Abbés de Lérins eurent l'investiture pendant tant d'années.

Une chapelle, Notre-Dame-de-Vie, s'élève près de là, sur les ruines d'un autel Romain. Tous les guides la signalent; mais, pour notre pire préjudice, ils omettent une croix qu'ils n'ont point remarquée, à un coude du chemin. Cette pierre nous paraît un signe des temps plus qu'un symbole de rédemption. *O Crux, ave!* porte son piédestal : puis, tout à côté, avec une main noire indicative d'une direction qui semble lui importer plus que celle des cieux, un minotier du cru a tracé, au pinceau, ce renseignement sans vergogne : MOULIN A FARINE DE LA CROIX. C'est parfait : le crucifix servant d'enseigne ! A côté du pain de vie, la fine fleur du froment terrestre. Donc, saluons les branches de l'arbre sacré, mais saluons aussi le meunier si habile à conduire l'eau vers son moulin !

De Mougins, on redescend à Cannes, soit en droite ligne, par la route poudreuse qui court à travers les bois d'oliviers pour aboutir aux cimetières de la ville, soit par le vallon du Cannet, si l'on infléchit légèrement à gauche.

Dans le premier cas, on ne visitera pas sans une pieuse émotion la double nécropole où Français et Anglais, côte à côte, sur la hauteur, dorment leur éternité de sommeil devant la mer immense. Combien nombreux déjà se dressent les cippes enguirlandés de lierre ! Que d'urnes funèbres couronnant de luxueux mausolées ! Le porphyre et le marbre, sous la morsure du ciseau, ont pris toutes les formes, tous les reflets sous les baisers du soleil.

« A Cannes, on meurt moins qu'ailleurs, nous disait un jour le gardien.

— Mais on vous y enterre davantage », lui répondîmes-nous. La vérité est que l'étranger qui s'est donné vivant à cette terre d'adoption refuse de la quitter, même après sa mort. Avouons, au surplus, que le champ du repos Britannique l'emporte sur son voisin. On le fit

1. Page 70.

digne du monologue d'Hamlet : Ophélia pourrait y être ensevelie. Les fleurs ne s'y fanent jamais, les ruisselets et les oiseaux y gazouillent sans cesse. Aussi, tout près du Lord-Chancelier qui le couvre de sa grande ombre, l'auteur de *Colomba*, sybarite jusque dans l'autre monde, a-t-il eu soin de s'y ménager un fort coquet abri.

Le *Cannet* offre un retour moins triste et, sous divers rapports, plus intéressant. Cette agglomération de deux mille cinq cents âmes, blottie naguère au fond d'un vallon boisé, était l'objectif favori de tout nouvel arrivant. On ne se lassait pas de s'y rendre, au pas de promenade, soit le matin, soit plutôt dans l'après-midi, pour contempler, de l'appui de la terrasse, l'éblouissant spectacle du soleil descendant sur l'horizon. Car le Cannet, fils de Cannes et père des Sardou, possède également son étroite, mais adorable terrasse, ombragée de six platanes et d'un micocoulier centenaire, où les vieillards, pareils à ceux qu'Hélène rencontrait près des portes Scées, aiment à venir se rafraîchir l'été, se réchauffer en hiver. La vue sur Cannes, Lérins et l'Estérel y est aussi agréable à l'œil, qu'y paraît douce à respirer l'effluve montant de la neige odorante des enclos. Récemment encore, les orangers s'y pressaient en bosquets touffus ; plusieurs, qui ne comptaient pas moins de trois siècles, avaient été plantés par les moines de Lérins, seigneurs du territoire. Des olivettes, rivales de celles de Menton, couvraient toutes les pentes de leurs troncs tourmentés. Si emporté que fût le mistral, sa furie tombait devant le rideau vert. Aussi, dans cet Éden, les plus délicats cueillaient-ils la fleur de santé, tandis que le mourant y trouvait un regain d'existence. Une rafale passa, et cette fraîche couronne s'est effeuillée. Le fer a eu prompte raison de l'olivier : le bigaradier n'obtint guère meilleur sort. Le moindre détenteur d'une parcelle de terre s'est hâté de troquer son héritage contre quelques poignées d'or, proie de l'architecte et du maçon. De longs mois durant, on vit une légion de démons, sortie des noires crevasses, couper les arbres, scier les rocs, égaler aux plaines les collines empourprées du sang des Dryades. Le jour n'y suffisant pas, l'électricité apportait au massacre le concours d'un Apollon nocturne. Résultat net : un vallon désormais ouvert aux vents, à défaut de promeneurs ; de vastes terrains dénudés et invendus ; des habitants, enrichis d'abord, puis atteints dans les sources vives de leur fortune par le mal de la pierre et les fièvres de la spéculation ; enfin, un interminable boulevard de quatre kilomètres, couloir des tempêtes, alignant, sur son parcours, une hôtellerie, deux maisons et quelques baliveaux. L'avenir donnera-t-il raison aux novateurs ? peut-être. Nous le souhaitons, sans beaucoup l'espérer.

En attendant, le Cannet ne compterait plus comme but d'excursion, si le pèlerinage n'était de rigueur aux lieux qui reçurent le dernier soupir de Rachel. Nous nous souvenons d'avoir visité, il y a une dizaine d'années, cette double tour, reliée par un pont volant, connue sous le nom de *Villa Sardou.* On ne la découvrait point facilement, défendue qu'elle était par ses haies de lauriers-roses et son bois d'orangers. La lumière ardente de la Provence n'y pénétrait que tamisée ; il flottait alentour comme une sorte de terreur sacrée. C'est cette situation même qui avait fixé le choix de l'Immortelle revenant d'Amérique pour mourir. Les choses ont bien changé depuis, à l'extérieur tout au moins. Là où s'enchevêtraient de ténébreuses ramures, quatre routes à ciel découvert croisent leurs rubans éclatants. Une gaie robe de badigeon gris perle a mis en fête les tours sombres qui semblaient porter le deuil de l'Art. Mais on conserve religieusement, dans l'une d'elles, la chambre aux vitraux coloriés, avec le lit de pierre surmonté d'une statue, où Phèdre, après quelques semaines de lutte suprême, s'endormit et ne s'éveilla plus [1]. Née sur le bord d'un chemin de l'Argovie, l'incomparable prédestinée, qui emprunta ses langes à la toile d'une charrette de colporteur, ne pouvait pas

1. 3 janvier 1858.

recevoir de la Parque une couche funéraire banale. Elle devait mourir à l'antique, l'enfant adoptive du vieux Corneille. Ce qu'elle fit. Et qui sait si, en s'envolant vers les poètes, ses inspirateurs, l'âme de la tragédienne, toute brûlante de leur génie, ne toucha pas au front, pour prix de l'hospitalité reçue, celui qu'attendait déjà la gloire impatiente? Avoir la tombe de Rachel et le berceau de Victorien Sardou! Par saint Didier, son patron, le Cannet peut se consoler de sa couronne perdue... Voilà deux fleurons qui valent tous les diadèmes.

Le Cannet.

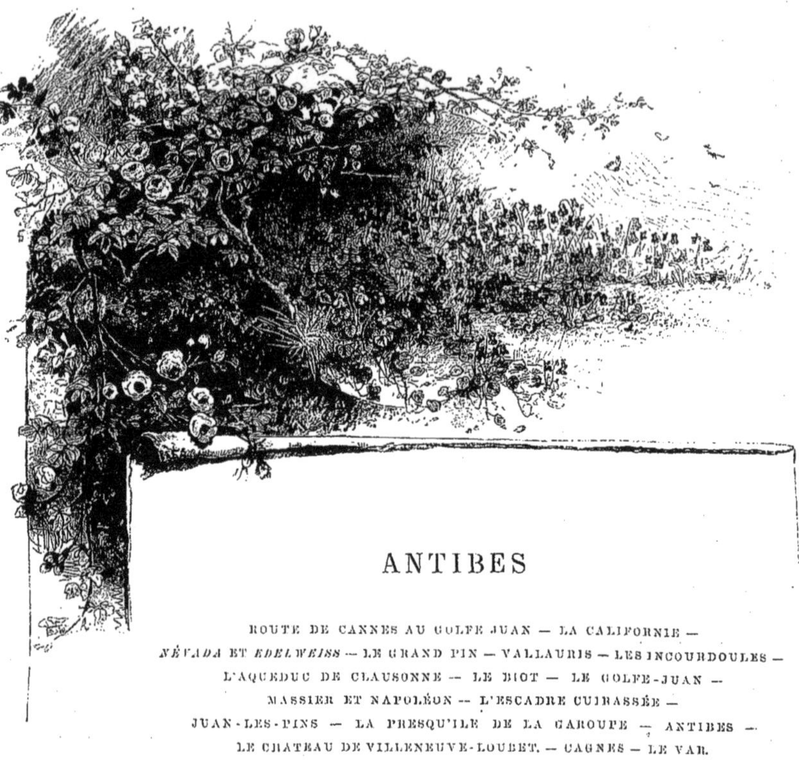

# ANTIBES

ROUTE DE CANNES AU GOLFE JUAN — LA CALIFORNIE — *NÉVADA* ET *EDELWEISS* — LE GRAND PIN — VALLAURIS — LES INCOURDOULES — L'AQUEDUC DE CLAUSONNE — LE BIOT — LE GOLFE-JUAN — MASSIER ET NAPOLÉON — L'ESCADRE CUIRASSÉE — JUAN-LES-PINS — LA PRESQU'ILE DE LA GAROUPE — ANTIBES — LE CHATEAU DE VILLENEUVE-LOUBET. — CAGNES — LE VAR.

Ce n'est pas sans regret que l'on quitte Cannes et ses environs enchantés. Mais la halte y fut longue : il faut poursuivre vers l'Orient. De ce côté, le *Golfe-Juan* marque la première étape. Trois modes de locomotion s'offrent au touriste, et il en ira ainsi jusqu'à Gênes. La mer d'abord, cette voie sans rivale quand il s'agit de fuir une charmeuse. Mentor s'en servit avec succès, bien qu'un peu brutalement, pour arracher Télémaque aux séductions d'Eucharis. Nous pourrions imiter cet exemple, toute mesure gardée et sans boire « l'onde amère ». *Le Cannois,* bon yacht qui fait le service des côtes, nous conduirait rapidement au Golfe où l'attire, en hiver, l'escadre de la Méditerranée : une barque se frète, à son défaut. Puis il y a le train, meilleur voilier que le bateau, car dix minutes lui suffisent. Vient enfin la route de terre qui, en échange d'un peu moins de hâte, promet des impressions plus variées et plus durables. Nous lui accordons la préférence.

Cependant, ici même, il convient de procéder par sélection. Cette route sur le plancher des humains se dédouble, au sortir de la ville, et le voyageur, selon qu'il lui plaît, peut suivre les bords du rivage ou s'élever le long des pentes escarpées de la Californie, en redescendant par Vallauris.

Le premier itinéraire, à terrain plat, permet de passer la revue brillante des villas qui, de droite et de gauche, ouvrent leurs grilles sur ce large ruban blanc, tramé de soleil, dont les plis ondulent vers Antibes. Notons, en passant, le *Château Scott,* énorme maçonnerie, de goût Britannique, plantée sur la déclivité d'un parc où, au printemps de 1881, nous prîmes notre part d'une chassé quasi-royale, plus riche d'altesses que de gibier. Recommandons surtout aux disciples de Linné une promenade à travers les jardins de *Camille-Amélie,* voisins immédiats de Scott. Cette création botanique, trop battue des vents, que beaucoup tiennent pour la merveille de la Rivière, offre en effet de rares échantillons de flores exotiques. L'Afrique, dans ses oasis, ne nourrit pas une seule espèce de palmiers qui ne balance son panache sur ce versant privilégié ; il n'est pas une variété d'agaves qu'on n'y voie darder ses pointes par quelque fissure du roc. Ici, la banane mûrit et la datte devient presque onctueuse. La pelouse arbore un vert à défier l'oxyde de chrome, les échappées sur le flot bleu sont ménagées avec l'art consommé du décorateur [1]. Il n'y avait crainte, au surplus, que le machiniste floral qui marchait dans votre ombre ne vous fît pas admirer chaque brin d'herbe en conscience ; M. Dognin, une fois le verrou tiré, avait l'hospitalité prodigue et la nomenclature impitoyable. Admirons donc... sans oublier le *nympheum* mystérieux, dont les eaux silencieuses reflètent, avec le lotus qui s'y enroule, des colonnes sculptées dignes des hypogées de Thèbes. C'est, après tout, une splendide serre de plein air que cette collection où rien ne manque, hors des nymphes en bas et un castel en haut. Ces accessoires étaient, dit-on, dans les vœux du propriétaire ; mais le million attribué à l'ensemble n'ayant été que la rosée particulière de toutes ces plantes altérées de soins, tourelles et naïades attendent d'autres calendes. L'attente sera peut-être d'autant plus longue que le pauvre amateur de jardins vient d'aller étudier subitement de quelle façon la poussière des étoiles sable les allées du divin parterre.

La nature non plus n'est pas un mauvais architecte, quand elle daigne s'en mêler. Elle seule a signé son œuvre, quelques centaines de pas plus loin, en façonnant, aidée des vagues, l'étroit écueil qui porte le nom de *Petit-Biarritz.* Elle encore, *l'alma parens,* a fait les frais de cette *Villa des Bruyères,* charmeuse demi-sauvage, assise sur le versant de la colline prochaine, le flanc gardé par le lit d'un torrent, la ceinture tressée d'eucalyptus et la robe brodée de chrysanthèmes, tandis que les pignons jumeaux d'un chalet aérien se noient, comme une épingle double, dans sa chevelure de pins. M^me^ Edmond Adam se plaisait en cette retraite. Sur la galerie de bois découpé qui domine la mer, l'aimable muse a trouvé sans doute ses meilleures inspirations ; et à nous, il est arrivé d'entrevoir, assis sur un banc, le long de l'allée en surplomb de la route, un homme qui semblait rêver, ne soupçonnant pas qu'un coup de tonnerre dût le réveiller à moitié du songe. Cet homme était Gambetta. Le maître du Palais Bourbon devenait volontiers l'hôte choyé de cette solitude animée par l'esprit, ornée par la beauté. Du fond de son char funèbre, il aura pu envoyer aux Bruyères un dernier adieu, car c'est le chemin du cimetière de Nice. Aujourd'hui, le fougueux tribun dort, sur une autre colline, le sommeil sans rêves ; la villa est vendue, et ses bosquets convertis abritent peut-être les espérances de quelque réactionnaire impénitent. Vivants et morts passent vite, à notre époque. Ce qui dure ici, et plus qu'un matin, en dépit du vers de Malherbe, ce sont les roses. La rive du Golfe est leur conservatoire ; elles y chantent éternellement la chanson du printemps. Sous l'évocation du pépiniériste Nabonnand, elles refleurissent sitôt que fanées. Leurs guirlandes ininterrompues, qui courent de l'oranger à l'olivier, festonnent en cent manières le rebord des balustres, reliant entre eux belvédères, kiosques ou villas, jetant leurs défis à l'hiver et leurs parfums à toutes les brises.

1. M. Riffaud, jardinier en chef.

Une demi-heure de voiture à travers ce perpétuel parterre ourlé d'azur vous amène en plein Golfe-Juan.

Mais la *Californie* a d'autres perspectives et d'autres souvenirs ! Prélude de la « vraie Corniche », elle prépare à ses splendeurs sans redouter la comparaison. Il n'y a pas, à Cannes, de promenade plus en vogue. Landaus et victorias s'y croisent toute l'après-midi. Dure aux chevaux, cette route est si douce à l'homme ! A-t-on franchi le passage à niveau qui ferme la rue d'Antibes ? Presque aussitôt, elle s'ouvre à gauche, en face de l'hôtel *Beau-Séjour*. S'élevant

Villa Edelweiss et Monument de S. A. R. le Duc d'Albany.

alors, par une pente raide, entre les villas *Saint-Jean* et *Moskowa* — la Royauté et l'Empire — elle s'enroule, capricieuse, à travers le fouillis des aloès ou ces retombées de banks qui frangent les clôtures. A *Mezzo-Monte*[1], l'œil plonge déjà sur la baie de Napoule.

Cette petite maison de bois, d'un seul étage, aux murs jaunis, aux persiennes brunes, aux découpures ajourées qui lui donnent l'apparence d'un jouet de Nuremberg sorti de sa boîte, c'est *Névada*[2] ! Dans ces quelques pieds carrés mourut[3] un soir, d'une meurtrissure de fleurs, le plus jeune des fils de l'Impératrice des Indes, tandis que, de la Croisette en fête, montait jusqu'à son agonie solitaire le toast de ses compagnons de plaisir. Ces choses ont leurs enseigne-

1. Résidence de M. Frédérick Walker, l'une des personnalités les plus sympathiques de la colonie Anglaise.
2. Au capitaine Perceval, ami du Duc d'Albany.
3. 28 mars 1884.

ments et leurs larmes, et nous vîmes ces choses. Si la ficoïde qui tapisse le seuil de la maisonnette a des teintes plus pâles, c'est qu'elle s'est décolorée sous les pleurs, tant il en fut versé, au matin d'une nuit d'épouvante où la Mort, menant la ronde macabre, changeait le Prince Charmant en un objet d'effroi. Non loin de là, une construction de style gothique, la *Chapelle Saint-Georges,* est destinée à garder cette poétique mémoire. Élevée avec les deniers d'une souscription Britannique [1], elle vient d'être consacrée [2] par le Prince de Galles et son fils Georges, qu'assistait l'évêque de Gibraltar, entouré d'une aristocratie suprême. Quelques jours plus tard [3], en présence de l'héritier de la couronne d'Angleterre, sous les auspices de S. A. R. le Duc de Chartres représentant un royal Exilé, la colonie française, à son tour et aux mêmes fins, inaugurait, au pied même de Névada, une statue de saint Georges terrassant le dragon. Paul Liénard y a mis son talent, la France son cœur, et l'aurore toutes ses perles, en guise de larmes.

Plus haut, telle la corolle des sommets qui lui donne son nom, la villa *Edelweiss* domine la ville, la mer, les Iles et les vaporeuses ondulations de l'Estérel et des Maures. Une haute toiture en briques rouges qui émerge d'une forêt de pins, deux tourelles accompagnant une façade sur laquelle s'enchevêtrent les lianes fleuries, des parterres d'un dessin heureux, une murmurante cascatelle, composent et cisèlent la bonbonnière toute capitonnée de draperies italiennes, de soie de Perse, de dentelles, de satin, où M. Savile eut l'honneur de recevoir la Reine Victoria, au dernier printemps. L'auguste voyageuse, accompagnée de la Princesse Béatrice, y passa cinq jours [4], devant le golfe magique où mouillaient deux escadres; le Duc d'Édimbourg et le Prince Georges l'y avaient rejointe. Souveraine, elle désirait connaître cette colonie fondée par un de ses ministres et habitée par l'élite de ses sujets; mère, elle voulait prier sur le lieu même d'où l'âme d'un fils adoré s'était envolée. Et elle s'agenouilla dans la nouvelle chapelle, à l'endroit où bientôt son cher absent, sculpté dans le marbre, dormira sur un tombeau; et elle a rendu visite au mausolée de Lord Brougham, recueillant partout sur son chemin les témoignages du pieux respect de cette France si hospitalière aux princes... qui ne sont pas les siens.

Un souffle invisible répandu sur les flots semble en moirer les plis, tandis que, dans le roc et les pins, les lacets de la route hardie se pressent et se poursuivent. Certain observatoire de fantaisie, où du moins les télescopes ne manquent pas de *verres,* sert de prétexte à une guinguette dont les boissons variées ne peuvent rivaliser avec l'eau vive qui coule, à pleins bords, dans le canal voisin. Nous retrouvons en effet notre bonne et fraîche connaissance, la Siagne, qui, reprenant haleine après plusieurs heures de course, va, de ces hauteurs, épandre sur Cannes, Vallauris et Antibes, des trésors de fécondité. Son cristal est le miroir des fauves misses qui en remontent souvent le cours, foulant d'une large semelle la mousse parfumée des bois. Milles ou kilomètres ne coûtent guère le long de ce sentier en bordure que l'on côtoierait volontiers jusqu'à Grasse, s'il n'était lui-même le point de départ de mainte excursion. La *Chapelle Saint-Antoine,* le *Col du Pézou...,* dix autres buts aussi faciles à proposer qu'agréables à atteindre, peuvent être visés d'ici. Forcé de choisir, nous optons pour le *Grand-Pin.*

Du pied de l'observatoire [5], les voitures y arrivent en un quart d'heure. La voie est large,

1. 2,855 livres sterling, sans compter les dons en nature destinés à l'ornementation intérieure.

2. 12 février 1887. Blonfield, architecte, et Georges Russel, entrepreneur, sont les auteurs de ce monument (*early english gothic*).

3. 25 février.

4. Du 1er au 5 avril 1887.

5. 175 mètres d'altitude.

facile, bien tracée, assez différente par conséquent de celle que les hôteliers d'il y a vingt-quatre ans réputaient « périlleuse et fatigante ». « En rentrant à l'hôtel, — écrivait, à cette époque, Juliette Lamber (M^me Adam), — j'interrogeai les gens de la maison sur le Grand-Pin. On me répondit que, sauf les chèvres et les braconniers, aucun Cannois n'avait escaladé cette montagne, au sommet de laquelle se trouve un pin séculaire qu'on aperçoit très bien de la route du Cannet. » L'intrépide ne se tint pas pour battue. Guidée par une petite bouquetière, glaneuse d'anémones, qui, de là-haut, prétendait lui faire voir Marseille et Paris, elle tenta l'assaut et n'eut pas lieu de s'en repentir : le lecteur non plus. Car si elle n'aperçut, de cette crête, ni les tours de Notre-Dame, ni même la Cannebière, du moins ses yeux charmés purent-ils contempler à loisir ce qu'on y retrouve toujours, une succession superbe de plans étagés depuis les arêtes violacées de Saint-Tropez jusqu'aux neiges sans tache du col de Tende. Alors, traçant autour d'elle un cercle idéal aussi large que cet horizon, la future directrice de *la Nouvelle Revue* se jura de visiter tout le pays enveloppé par son regard. Heureux serment, tenu avec fidélité, auquel nous devons une suite de récits Provençaux, terribles ou touchants, pleins de vie et de couleur, qu'il conviendrait de lire à l'ombre de l'arbre dont ils furent les rejets [1]. Le site, par malheur, a perdu de son agreste beauté ; la sylviculture en progrès y fait pousser trop de poteaux indicateurs. Les allées « Beau-Soleil », « du Repos », surabondent. On relève même une « avenue des Fleurs », en étiquette, il est vrai, les grappes du genêt ou l'épine de l'ajonc diaprant seules ses hauteurs. Rencontre plus fâcheuse, une buvette rustique s'est installée près du pauvre Grand-Pin. Il lui a peut-être fourni ses planches, débité qu'il est désormais, pour laisser la place à une butte de moellons et de terre hérissée de trois ou quatre sauvageons malingres dont le groupe donne au loin l'illusion du géant déraciné. Oh ! l'admirable chose décidément que le génie humain... des ingénieurs !

Il faut, de ce faîte relatif, rejoindre le point de partage des eaux, et dévaler ensuite par des rampes peu ménagées, suspendues au flanc des roches, à travers les pins silencieux. Avril qui déjà s'éveille nous envoie, d'en bas, ses capiteux parfums. Les effluves de l'oranger montent du rivage et se mêlent à la senteur des roses dont nous effleurons les champs vermeils. Poète du *Gulistan*, où êtes-vous ? ceci serait votre parterre favori. A chaque coude, le Golfe-Juan nous apparaît, se dessinant dans toute la grâce de ses contours noyés d'azur. Le Cap d'Antibes et Nice, les Alpes et le soleil forment une lumineuse diversion aux ravins sombres où galopent les chevaux. De bastides en bosquets, de jardins en villas, l'œil court sans pouvoir se fixer. Partout, à mi-côte, des terrasses en gradins, et, sur ces terrasses, des bois d'orangers qui, d'un insensible mouvement, descendent jusqu'à la mer. C'est le mois de « la fleur », c'est l'époque de la cueillette. En est-il de plus charmante ? Le vert feuillage s'agite ; son voile discret cache presque autant de jeunes filles que de nids. Les refrains voltigent dans les branches, l'éclat de rire part en fusée, pendant que les corbeilles s'emplissent et que sur les toiles étendues tombe une neige véritable, l'odorante neige de ce Golfe fortuné. Qu'elles se hâtent, les gentilles rieuses ! L'homme à l'alambic attend son tribut dont il leur reviendra quelque joli ruban pour le Roumérage prochain. Et nous aussi, hâtons-nous de faire provision de rayons et de gaieté. A peine aurons-nous franchi ce château fort de carton pâte, nouvel *Observatoire* [2], d'où le patron guette les soifs en déplacement, qu'un coup de baguette va changer la scène. De hautes collines creusent un cirque qui bientôt nous enferme : le rideau est tombé sur le riant décor. Des fumées noires, de laides mai-

1. *Voyage autour du Grand-Pin*, par Juliette Lamber. Paris, J. Hetzel, 1873.

2. Son propriétaire l'intitule modestement *Observatoire de la Corniche*, et il y a gravé cette inscription qui vise surtout la guinée : JUST STOPE HERE.

sons trahissent l'approche d'une ville. Nous voici au royaume des potiers. De ces chants, de ces lueurs, de ces brises pénétrantes, de tout le prestige d'une nature en fête, il ne nous reste que l'écho d'un nom harmonieux : *Vallauris, la Vallée d'or.*

Vallauris, après des fortunes diverses, constitue, en l'an de grâce 1887, une agglomération de cinq mille habitants[1], aux trois quarts potiers, distillateurs pour le surplus. Ceux qui n'y triturent pas la terre la cultivent, et, Moïses perfectionnés, en font jaillir l'eau parfumée. Leur fleur d'oranger rivalise avec celle des Grassois. Mais, dans l'opinion du pays, la poterie reste le métier noble. Filles et garçons s'y vouent dès l'enfance, les uns battant l'argile ou tournant la roue, pendant que les autres jettent à la flamme claire des fourneaux la dépouille écorcée du pin d'Alep. Devant chaque porte s'arrondissent écuelles et casseroles qui sèchent au soleil, en attendant le feu. Mal nivelé, bossué, — on y emprunte sans doute la matière première, — le sol des rues s'encadre du moins de maisons régulièrement bâties : en quoi la petite ville tranche sur les bourgades environnantes. Elle doit cette faveur, si l'absence de pittoresque en est une, aux exploits d'un malandrin de l'époque, le fameux Raymond de Turenne, dont les bandes n'ayant laissé debout ni têtes, ni pierres, motivèrent impérieusement une reconstruction suivie de repeuplement. A cette fin pieuse, Lérins, suzeraine de Vallauris depuis cinq cents ans, emprunta soixante-dix familles à la Rivière de Gênes et leur abandonna le terrain, sous la clause qu'elles y bâtiraient et y provigneraient. Bientôt, en effet, c'est-à-dire vers l'année 1500, les nouvelles rues tirées au cordeau s'alignèrent sur un plan uniforme de parallèles coupées par des perpendiculaires. Inutile d'ajouter que Dieu bénit avec ampleur la descendance de ces familles laborieuses. Pour ce qui est de l'Art, il n'a rien à y revendiquer. Quand, parvenu à la petite place qui clôt ces longues percées, on aura jeté un coup d'œil sur l'Église, l'Hôtel de ville, et ce qui reste du logis seigneurial ou maison de plaisance des Abbés de Lérins, la dette sera largement payée à une curiosité mal satisfaite. Signalons pourtant, échouées et remisées sans goût sous l'escalier de la mairie, deux épaves de la domination Romaine :

1. 4,928.

une borne milliaire en granit, provenant de la voie Aurélienne; puis une pierre quadrangulaire plus ancienne, constatant que ladite voie fut restaurée par « le grand pontife Tibère César Auguste, fils du divin Auguste, la trente-deuxième année de sa puissance tribunitienne [1] ».

Les environs l'emportent de beaucoup sur la cité, sans quoi il ne vaudrait pas de se détourner. Vallauris, telle la déesse Veritas, se dérobe au fond d'un puits verdoyant. De partout les coteaux l'enserrent, riants et embaumés. Il convient d'en gravir au moins un, et, dans ce cas, c'est à celui des *Incourdoules* qu'on doit la préférence.

Entre la façade papillotante de l'église et le cimetière monte rapide, dans un bois d'oliviers, le chemin raboteux qui mène à ce plateau. Ce chemin devient sentier près d'une chapelle sous l'invocation de saint Bernard, et, bifurquant, se poursuit, à droite, parmi les arbres à résine et les terrasses superposées dont les murs à sec retiennent les terres. Il ne faut pas moins qu'un but sérieux pour trouer sa chaussure dans ces pentes ignorées du cantonnier. Ce but existait à nos yeux. Un de nos amis, épigraphiste célèbre, daigna nous l'indiquer, un matin que la bronchite l'ayant amené de Paris à Cannes, le démon des découvertes l'avait hissé de Cannes à ces sommets. Or, dans moins de temps que nous n'en mettons à le conter, l'ingénieux géographe avait retrouvé là une cité disparue. Il nous en eut, pour un peu, dessiné les places et reconstruit les temples, profilé les colonnades ou massé les carrefours. Voilà qui est affaire de savant. Pour le vulgaire, il en devra rabattre. Selon notre homme et ses congénères, le pied se heurte là-haut à une jonchée de débris, de tuiles, de briques Romaines et de pierres taillées, tout à fait extraordinaire, moins extraordinaire pourtant que la badauderie de ceux qui y croient. Les fûts de colonnes — s'ils *furent* jamais les fragments d'amphores et les débris de statues — ont disparu depuis longtemps. Quant aux cailloux, ils ne manquent pas, nous le confessons, mais fort modernes d'aspect, et l'on doit regarder de près l'herbe fleurie pour y cueillir, sous les pins, quelque hasardeux tesson. La foi seule nous sauve, après tout, et aussi une tradition demeurée vivace chez les Vallauriens; car l'un d'eux, travaillant à son champ et nous voyant chercher :

« Par ici, monsieur, cria-t-il, si vous allez à *Vallauris-Vieille.* »

Ainsi les Incourdoules demeurent, pour le paysan, le berceau de la patrie, le Palatin de Rome. L'ascension offre d'ailleurs [2], en sus d'un bric-à-brac suspect, le splendide horizon des golfes, avec l'escadre à l'ancre et la dentelle vaporeuse des caps. A travers ce cercle lumineux que les glaciers et la mer décrivent dans l'espace, le regard a de quoi prendre champ, si mieux il n'aime se reposer sur les ondulations veloutées du vallon. Ici encore, la science va risquer le bout de l'oreille, mais nous ne nous en plaindrons pas. Mieux que l'antiquaire, le géologue a chance d'être cru, quand, au murmure toujours distinct des sources et des ruisseaux, il nous montre ce site agreste à l'état de lac, et ce lac, sous la pression des eaux, se frayant un passage violent vers la mer : brusque déchirure qui ne serait autre que *le Val du Travers,* route actuelle de Vallauris à Juan. La masse aqueuse fit d'ailleurs bien les choses; se retirant, elle abandonna une fortune. Comment appeler autrement l'inépuisable limon où la ville à venir devait trouver à la fois les éléments de son industrie et la fécondité de ses cultures ?

Il est un autre trésor que le coteau dérobe dans ses profondeurs jalouses : tout un amas de

1. TIB · CÆSAR · DIVI · AUG · F · AUG · PONT ·
MAXIM · TRI · POTE · XXXII · VIAM · REFECIT ·

2. 266 mètres.

lingots et de pierreries à faire rougir Monte-Cristo de sa pauvreté! Une déchirure du roc, bien connue des pâtres, donne accès vers ces richesses; mais on se flatterait vainement d'y atteindre sans l'aide d'une chèvre aux cornes d'or qui vous montre le chemin. On dit que, nouvelle Ariane, elle apparaît, le soir, vers le seuil de la grotte, éveillant, par ses bonds capricieux, la curiosité du passant. Malheur toutefois à qui s'engage avec elle dans le « Trou du Cabro d'or! » Celui-là ne reverra jamais la douce lueur du jour. Égaré dans le labyrinthe tortueux des couloirs qui s'enchevêtrent sous terre, il perd bientôt les traces de la bête maudite et meurt misérablement, de faim et de soif, sur un lit de perles et de ducats. Pour rester véridique, nous confesserons que nous avons bien aperçu la grotte, mais pas un poil de la chèvre. Peut-être n'était-ce point son heure de sortie... Nous livrons cependant la légende à qui voudra tenter l'aventure.

On peut, laissant à leur mirage les décevantes traditions qui flottent sur les Incourdoules, aller ressaisir des souvenirs moins fugitifs dans la direction du nord. Il s'agit des *Ponts* ou *Aqueducs de Clausonne :* trois kilomètres à pied depuis la chapelle Saint-Bernard, un peu plus du double pour les gens de voiture reprenant la route de Grasse et d'Antibes, près de l'église de Vallauris. Par des circuits agréables, sous l'aiguille mollement agitée des pins, on aboutit à une sorte de dépression boisée d'où la vue prisonnière s'envole, dans une échappée, vers les glaciers de Tende. C'est Clausonne, le vallon justement dénommé, si, comme on doit le croire, son nom dérive de *clausum,* « fermé ». Le petit oratoire obligé de toutes ces collines n'a garde de manquer. Celui-ci, consacré à saint Nicolas, balance la clochette de son campanile au haut d'une butte rocheuse que semblent garder quatre cyprès pyramidaux. Du bord de son auvent, on est à souhait pour goûter l'ensemble de ce site romantique et solitaire. Nulle cavalcade importune n'y vient troubler le recueillement de la pensée, tandis que, sous le cintre double du pont qui fut aqueduc, un limpide ruisseau jouant parmi les glaïeuls semble lui présenter le miroir des siècles écoulés. Si, touchés par l'aile du Temps, les revêtements extérieurs ont perdu plus d'une de leurs pierres, le soleil a doré les autres, et la verdure des forêts complète, par un cadre heureux, la séduction du tableau. D'amples débris de la même conduite, mieux plantés encore, surtout plus imposants, se retrouvent à quelques centaines de pas de là, dans le lit desséché d'un torrent. Ces piliers croulants qui longtemps à leur ombre verront passer les troupeaux, ces arches rompues dont l'étreinte du lierre paraît vouloir rapprocher les lèvres comme pour un baiser d'outre-tombe, ces blocs énormes gisant dans l'herbe haute, qui, fièrement, en Romains, tombèrent sans se désagréger, — autant de souvenirs grandioses et vrais, vous parlant de l'*Urbs* éternelle, ainsi qu'il convient d'en parler. On y sent la lourde main de ces bâtisseurs qui furent le Peuple-Roi.

Veut-on allonger la course d'une lieue? il n'en faut pas davantage pour passer de l'Antiquité au Moyen Age. Une visite au bourg féodal du *Biot* suffira à donner une idée de tous ces frères de la montagne qu'un même besoin de défense, à une même époque, suspendit au flanc des précipices, vers les deux rives du Var. De loin, par-dessus les arbres de la vallée, on apercevra allongée, telle une lionne sur son socle, l'ancienne Commanderie des Templiers et des Chevaliers de Malte. Une tour en figure la crinière, et si d'aventure le jour baisse, le soleil, qui de ses derniers rayons allume la vitre des fenêtres, semblera l'éclair jaillissant de la prunelle du fauve. La fantaisie vous prend-elle de pénétrer dans l'antre? Une place aux arcades surbaissées écrasant de pesants piliers, d'étroites ruelles étançonnées d'arcs-boutants moussus, des volets épais, subitement poussés, derrière lesquels le bruit d'un pas attire quelque face étonnée, des passages voûtés perçant, de part en part, une série de rues en étages qui semblent rouler de la plate-forme au lit aride de la Brague, une noire église et de plus sombres logis, voilà

qui contribuera fort à précipiter votre course sur les pavés aigus du *Castrum de Busotho*. Ainsi s'appelait le *Biot*, en 1200. L'habitant n'y est pourtant ni farouche, ni à plaindre. Un air vif, de l'eau pure, des bouquets d'orangers, derrière lui les Alpes, la Méditerranée devant, que de poids à son compte, dans la balance des compensations !

Rarement d'ailleurs le touriste s'égare vers ces parages. Les collines Vallauriennes lui sont des Colonnes d'Hercule. Au delà, le spleen l'arrête : il tourne bride et coupe au court. Vite, avec lui, regagnons la Côte d'azur.

En quittant Vallauris pour rejoindre le littoral, subitement on entre dans un petit vallon sauvage dominé par des pentes escarpées et dominant lui-même le ravin profond qu'un *riou* anime de ses cascatelles. Nul doute que l'ancien lac dont les fours à poterie ont pris la place ne se soit improvisé cette vanne de décharge vers la mer. La mine et le pic n'ont eu qu'à reprendre le travail des érosions. Il court sur cette gorge de sataniques légendes. Elle fut hantée, dit-on, par le Diable, qui y laissa son empreinte. Aux souffles glacés qui la traversent, à l'âpre végétation répandue sur ses versants, on se croirait plus près de Suisse que de Provence. Mais l'illusion ne dure pas. Sous une brusque échancrure du roc reparaît le bleu, et la coupure vive de quelque crevasse neigeuse n'est point ce qui produit ce jeu de lumière. Un pont hardi jeté, comme l'arc-en-ciel, par-dessus le torrent, nous ramène au pays des orangers. Le Golfe nous enlace dans son amphithéâtre de verdure, parmi ses bastides ponctuées de toits rouges et ses terrasses chargées de parfums.

La première maison que l'on rencontre, à l'intersection de la route d'Antibes, est celle de Clément Massier, le céramiste, membre de la Légion d'honneur. En relations d'affaires avec les cinq parties du monde, il vient de quitter Vallauris pour Juan, et, toujours à court de minutes, le voyageur lui sait gré de ce rapprochement. Une vaste galerie coupée d'un hall à portique déploie au dehors son imposante ordonnance. On y accède par une double allée tournante, et, dès lors, commence pour l'amateur le doux supplice de la tentation. Les amphores pansues, les urnes enguirlandées, les trépieds antiques, les rythons Étrusques, les aiguières de la Renaissance, des boucliers dignes de celui d'Achille, des plats à troubler le repos d'un Palissy ou d'un Della Robbia, et ces terres cuites à la Clodion, et ces chefs-d'œuvre de la céramique moderne, depuis l'élégant balustre qui festonne l'entablement des villas jusqu'au porte-bouquet mignon dont se pare la table du boudoir, tout ici vous attire, vous retient et vous charme. M. Massier a visité Pompéi et Athènes ; il a dérobé à ces civilisations mortes leurs vivants secrets. Toujours bien inspiré, son crayon reproduit autant qu'il invente. D'habiles peintres sont attachés à ses ateliers, qui sèment sur la pâte leurs fantaisies étincelantes, fleurs ou fruits, oiseaux ou papillons. Par eux, chaque découverte nouvelle est aussitôt étudiée, appliquée, perfectionnée. C'est ainsi que les riches damasquinures de la faïence de Longwy s'exécutent céans, mais à la main, avec un fini d'ébauchoir égalé seulement par l'infini des cotes. Un vase traité de la sorte se paye couramment deux mille francs, et il les vaut, car cette merveille représente une année de labeur. Il s'en faut d'ailleurs que tout soit à ce taux. Le chiffre précédent diminué de trois zéros permet aux bourses les plus modestes de s'offrir un gentil souvenir. Toutefois, dans la fabrication Vallaurienne, nous donnons le pas à la pureté de la ligne sur le mérite de la décoration. Nulle parure ne sied mieux à cette poterie que l'émail uni, et cet émail est le triomphe de Massier. Les teintes vertes furent longtemps les seules qu'il employa : il y ajoute maintenant le *bleu turquoise*, le *paon*, et des *rouge flamme* d'un incomparable éclat.

Si le visiteur peut difficilement suivre les opérations délicates et multiples d'une cuisson qui tare souvent les plus belles pièces, il lui est du moins loisible, grâce à l'urbanité du maître, de voir pétrir la glaise et sortir quelque chose de rien. Delphin, frère en même temps que collaborateur principal de Clément, veut bien se prêter à cette initiation. Assis devant le tour que son pied met en branle, il fouille, d'un pouce magique, la boule informe qui va devenir le plus exquis des vases Corinthiens, à moins que, de cette terre, esclave obéissante, il ne préfère édifier, en quelques secondes, les solides parois du pot-au-feu de ménage. A le regarder, cela semble jeu d'enfant; il y faut pourtant vingt années d'apprentissage, sous cette condition encore de s'être exercé dès le premier âge. Et tandis que la roue tourne, les vers de l'Art Poétique vous traversent la mémoire :

. . . . . . . . . . Amphora cœpit
Institui : currente rotâ, cur urceus exit ?

Et l'on constate avec surprise que les procédés de fabrication d'une amphore ou d'une tasse n'ont pas changé depuis Horace.

Toute fortune a ses envieux. En ce genre, jalousie de proches n'a pas la dent la moins dure, et les proches ne manquent ni à Delphin, ni à Clément. La famille Fabia, dans Rome, ne comptait guère plus de membres que le clan des Massier n'en possède à Vallauris. Or, si les deux frères restent unis d'amitié tendre, les cousins, de l'autre côté du ravin, assistent, paraît-il, d'une âme moins égale au succès de leurs heureux parents. Et comme on n'y va pas de haine morte, au royaume du soleil, voici le texte de l'écriteau qu'un olivier provocateur laisse pendre de ses branches, à quelques pas plus loin :

« Succursale de la maison Jérôme Massier fils : ne vous trompez pas [1] ! La manufacture de faïence d'art, la plus importante et la plus ancienne, n'est pas ici : elle est à Vallauris, à dix minutes du Golfe. »

En quoi Jérôme a tort, l'équité nous forçant de reconnaître que c'est bien à ce coin de route — où d'ailleurs on ne rend pas l'argent — que fleurit le véritable et seul Massier, le Massier des œuvres d'art. Tel fut probablement l'avis du ministre qui vient de lui envoyer la croix. Pour les autres, *Sutor, ne ultrà crepidam :* qu'ils se contentent du pot-au-feu classique, avec la poule du bon roi Henri, s'ils peuvent la mettre dedans !

En face du hall, on montre le café où s'arrêta Napoléon débarquant de l'Ile d'Elbe. On y a longtemps vendu, on y vend peut-être encore le verre dans lequel but le héros. Ce gobelet-phénix lutte sans trop de désavantage avec la canne de M. de Voltaire, à Ferney. Nous n'en conseillons pas l'acquisition, mais nous croyons que le passant ne saurait se dispenser d'une halte devant l'humble colonne de pierre marquant le premier pas du prodigieux retour. Deux ormeaux l'ombragent, et le soubassement porte pour toute inscription :

SOUVENIR DU 1er MARS 1815.

A cette date en effet, sous cette olivette, le grand proscrit reprenait possession de sa terre de France, dix mois après l'avoir quittée. Du pied de ces arbres-reliques furent lancées les immortelles proclamations au peuple et à l'armée.

M. Thiers, dans un des meilleurs chapitres de son histoire, raconte le mouillage de la flottille, avec une verve qui ne fut dépassée que par l'entrain de cette poignée de conquérants :

« A un signal donné, et au bruit du canon, on arbora sur tous les bâtiments le drapeau tricolore, chaque soldat prit la cocarde aux trois couleurs, et on mit les chaloupes à la mer pour opérer le débarquement... On toucha terre avec une joie facile à comprendre, et tandis que les chaloupes opéraient le va-et-vient des bâtiments à la côte, le capitaine Lamouret imagina de se diriger sur Antibes pour enlever la place... (tentative imprudente, qui d'ailleurs échoua).

« Vers cinq heures, le débarquement était terminé. Les onze cents hommes de Napoléon, avec quatre pièces de canon et leur bagage, étaient descendus à terre et avaient établi leur bivouac dans un champ d'oliviers, sur la route d'Antibes à Cannes [2]... »

Tout est à lire de ce récit rapide comme la marche dont ces braves allaient fournir un exemple unique [3]. C'était, par-dessus les rocs aigus et les sentiers de glace, l'impétueux essor de l'aigle impatient de reposer sa serre sur le balcon des Tuileries.

On sait que l'Empereur, après avoir consulté ses cartes et décidé l'itinéraire par les gorges du Dauphiné, s'avança, le soir même, vers Cannes, où le général Cambronne l'avait précédé.

1. S. M. la Reine Victoria s'est volontairement trompée, elle qui rendait visite à Clément Massier, aux premiers jours d'avril, et, en butinant parmi ces merveilles, le remerciait des leçons de céramique données jadis par lui au Duc d'Albany enfant.

2. A. Thiers, *Histoire du Consulat et de l'Empire*, t. XIX.

3. Quatre-vingts lieues en six jours, du Golfe à Grenoble.

On connaît également sa jolie réponse au souverain de Monaco arrêté dans son carrosse et amené au bivouac :

« Je retourne chez moi, s'écriait le Prince...

— Et moi aussi, réplique gaiement Napoléon »; après quoi, il rend son captif à la liberté, en lui souhaitant bon voyage.

Beaucoup moins connue est l'impression que cette brusque descente produisit sur les riverains. Il faut en chercher les traces dans le souvenir des enfants d'alors, vieillards aujourd'hui. Un écolier de l'époque, le causeur charmant qui est le père de Victorien Sardou, raconte volontiers, et d'un tour piquant, comment l'ombre des bonnets à poil, glissant tout à coup par la vitre de la classe, troubla singulièrement les études, le soir de ce 1er mars. La salle fut bientôt vide, et le maître, resté seul au tableau, prit le parti de rejoindre ses élèves. L'incident en valait la peine. Cambronne était là, occupé à réquisitionner vivres et mulets. Un peu plus tard arriva l'Empereur, qui fit allumer des feux en ce point du rivage où s'ouvre maintenant la rue *Bivouac*. Le nom du campement survit à deux Empires. Curieuse plutôt que favorable, non hostile pourtant, la population Cannoise groupée autour du brasier contemplait en silence ce glorieux revenant dont l'espérance, mieux que la flamme, illuminait le visage. Certains prétendent qu'à ce moment un boucher, le sieur Bertrand, le coucha en joue et qu'il eût fait feu, sans les adjurations d'un sien voisin lui représentant vivement les conséquences d'un tel attentat. M. Thiers ne relate pas ce fait, d'importance cependant, et nous sommes tenté, à notre tour, de le tenir pour apocryphe. Les imaginations méridionales ont l'invention prompte; une pensée de vengeance a pu traverser quelque tête exaltée, mais il y a loin du doigt à la gâchette. En tout cas, Napoléon put, vers minuit, commencer son ascension vers Grasse et accomplir, dans ce premier jour de marche, le tour de force d'une étape de vingt lieues.

Il faut ajouter que les soldats étaient dignes du capitaine. Nous avons connu, pour notre part, un de ces grenadiers de l'Ile d'Elbe[1], un fier Bourguignon, notre compatriote, qui eut cette fortune de vivre assez longtemps pour saluer la résurrection de l'Empire, et de mourir assez tôt pour n'avoir point à pleurer de nouveau sa chute. En lui, mieux que la parole, l'étincelle de l'œil nous faisait comprendre le succès d'une telle aventure. C'est ce fidèle qui, peu de mois avant la Révolution de 1848, dotait son village[2] d'une des plus belles œuvres de la sculpture moderne : *le Réveil de l'Empereur*. Il avait offert l'airain, Rude fournit le génie, et quand la mort vint, le vieux serviteur voulut être enterré, debout, aux pieds de l'homme de bronze. Eux aussi étaient d'un dur métal, les vaillants !

Ce Golfe-Juan[3], qui accueillit les bricks légers de l'Empire, n'est pas moins clément aux lourds navires de la République. Chaque année, de notre terrasse, nous apercevons ces engins majestueux — cuirassés, avisos, garde-côtes — passant par le travers de Cannes, doublant la pointe de Lérins, et venant, en longue file, mouiller dans les eaux prochaines. Ils échangent bien parfois cette rade contre celle de Villefranche ou, pour quelques jours, mettent le cap sur Toulon, quand les nécessités du service l'exigent; mais ces absences ne durent pas, et, quel qu'il soit, l'amiral commandant l'escadre prend volontiers ici ses quartiers d'hiver. Le mouillage est sûr, le climat sain, la mer propice aux évolutions. Le petit commerce de la côte y trouve profit et le riverain son agrément, alors que la flottille lui offre le spectacle d'un branle-bas de combat : très au large, par exemple, car aucune vitre ne braverait le tonnerre de ces bou-

1. Le commandant Noisot.

2. Fixin, près de Dijon.

3. *Juan* est une contraction du Provençal *Gourjan*, qui signifie : « grande masse d'eau en mouvement, mer profonde ».

ches pivotant sur tourelles, qui vomissent la flamme à raison de trois cents francs le coup. La vague, frappée par le cône formidable du boulet, rejaillit en muraille d'écume et les villas tremblent sur leur base. Il nous a été donné, plus d'une fois, de suivre ces expéditions aux côtés de notre ami le commandant Trève, alors que ce grand cœur, si cruellement brisé avant que la France ne se fût acquittée envers lui, poursuivait ses curieuses expériences de torpilles et préparait pour l'avenir une revanche dont, hélas! il ne prendra point sa part. Une distraction mieux à la portée de tous consiste dans la visite d'un de ces léviathans. Les officiers de marine, *gentlemen* par essence, s'y prêtent de fort bonne grâce; ils font, avec une courtoisie parfaite, au curieux, les honneurs de leur citadelle flottante. C'est seulement en accostant le monstre qu'on peut mesurer l'effort de ses nageoires d'acier. Beaucoup moins imposante, à distance, que n'était la coque de bois de l'ancien vaisseau de guerre, cette impénétrable armature contemplée face à face laisse

Le Golfe-Juan.

une impression de saisissement. On reste muet devant cette force de destruction accordée au génie de l'homme, Dieu gardant pour lui seul toute puissance créatrice. Mais la plus vive comme la plus salutaire des émotions est celle que l'on ressent d'une messe célébrée le dimanche, dans l'entre-pont, par l'aumônier du bord. Quand, à l'élévation, le clairon sonnant, les matelots s'agenouillent en inclinant leurs armes, le plus indifférent sent remuer quelque chose en lui. Près de ces âmes simples qui croient au ciel, parce que le ciel est leur perpétuel objectif, le sceptique lui-même reçoit comme un choc de foi en retour.

De Juan à Antibes, le chemin se poursuit dans la verdure. C'est le domaine des oliviers. Leurs troncs énormes, tourmentés, superbes, bordent les deux côtés de la route. Il en est qui doivent remonter à l'Antipolis de César. Sous leurs frondaisons légères, le Provençal, habile à tirer trois produits d'un sillon unique, sème le blé et cultive la vigne; si bien que, du même champ, avec le pain et le vin sort l'huile où se dorera le poisson apporté par la vague complaisante. Ici, la Providence fit la vie facile et douce. Seulement, le touriste, qui ne vit pas que de réalités, préférera laisser cette voie unie et tant soit peu monotone, pour serrer de plus près les dentelures romantiques de la grève.

A un quart d'heure du petit port où les tartanes embarquent la poterie Vallaurienne s'ouvre une route récente, celle de *Juan-les-Pins*. Elle côtoie, sur un sable fin, la frange d'écume dont la mer la caresse, tandis que le chant des oiseaux et le parasol des grands pins lui donnent l'ombre et la gaieté. Vers ce bois admirable dont les groupes aux teintes chaudes défient presque les ombelles de Saint-Cassien, le regard délicieusement s'emprisonne entre l'Estérel et les Iles qui, fermant l'horizon, semblent ne faire qu'un lac des deux golfes. La spéculation, toujours à l'affût, a visé cette solitude. Elle y a rêvé une ville nouvelle, station hivernale et bains de mer tout ensemble. L'Égypte avait ses plaies, la Rivière a ses *Foncières*. Donc, une société par actions s'est constituée, achetant le terrain et découpant les lots. Déjà rues et boulevards sont tracés; une gare arrête le voyageur, un hôtel le sollicite[1]. Seulement, le voyageur se laissera-t-il séduire? On comptait fort sur le Duc d'Albany pour appâter le chaland; il allait devenir propriétaire ; l'acte était libellé en due forme, quand le pauvre Prince se mit en tête de mourir, la veille même du jour où il devait signer. Depuis, les vents ont changé, les vents de l'agiotage s'entend, car pour les autres, ce lambeau d'Éden en est complètement indemne.

Vieux Moulin à huile.

Comme sœur Anne, les lanceurs d'affaires regardent venir. En attendant, l'herbe verdoie, les pins ondoient, et l'indigène se console en organisant, l'été, de joyeuses parties sur le sable moiré qui jamais ne poudroie.

Au sortir de cette dune agreste, les villas du Cap commencent à s'étager. Il en est d'une réelle magnificence, avec pavillons couplés, balcons en hémicycle, colonnes et cariatides. Ici, comme à Cannes, le léopard Britannique, de son ongle royal, s'est fait la part du lion. La France lutte, en inscrivant, à son actif, les noms glorieux de Meissonier, de Thénard, d'Adolphe d'Ennery. Sous leurs habitations suspendues, vis-à-vis des grandioses perspectives de l'Estérel, on gagne, par une rampe insensible, la pointe de la Garoupe, sans autre rencontre que celle des pêcheurs qui sommeillent près de leurs barques, appuyés à l'oreiller fleuri de la ficoïde.

L'*Hôtel-Soleil*, vu de si loin et de tant de côtés, est là pour vous accueillir. Construit sous les inspirations de M. de Villemessant, avec la pensée très humanitaire qu'il pourrait devenir le rendez-vous des artistes et des lettrés malades, ce vaste quadrilatère rappelle par son silence le

1. *Le Château de la Pinède*, avec pension de famille. Guy de Maupassant s'y enferme volontiers pour écrire.

château de la Belle au bois dormant. Ouvert, puis fermé, rouvert et refermé pour se rouvrir encore, il passe par des alternatives de vente et d'achat, d'espoir et de désespérance, véritablement singulières. La malchance lui en veut, la faillite veille à ses barrières. Un jour fut où cette terrasse impayable se paya moins de 80,000 francs. Avec ses ailes en retour, sa façade double, sa cour royale, son perron d'honneur, ses jardins descendant à la plage, un tel géant ne demanderait pas moins qu'une migration du Nord l'envahissant, pour renaître à la vie. Un lycée, un hospice, une maison de santé — selon le vœu du fondateur — y seraient l'idéal... Et ce palais restera celui de la mauve et de l'ortie, jusqu'au jour où, entouré de sa famille, suivi de ses serviteurs, quelque Lord bien inspiré prendra fantaisie de venir, comme dans le conte, rendre l'âme au cadavre de pierre.

*Les Chênes-Verts*, à M. d'Ennery, lui sont un voisin de choix : *Verts* en effet, plus verts que

les raisins du fabuliste, pour les curieux qui désireraient en détacher une feuille. Que l'admirateur du puissant dramaturge laisse toute espérance de franchir le seuil de sa villa! S'il persiste, nous pouvons, marchant sur les brisées du maître, lui esquisser d'avance la petite scène qui va se jouer. Notre homme s'est arrêté à une grille consciencieusement blindée, reflet sans doute du voisinage des cuirassés. Il a cherché, découvert, puis finalement agité la chaînette d'appel, avec toute sorte de discrétion. Une grosse cloche retentit aussitôt, rendant un glas de mauvais augure. Un vieux jardinier, à peu près vêtu d'un pantalon de toile et d'une chemise quadrillée, tire, d'un air rogue, le loquet d'une porte basse, et, des profondeurs de son chapeau de paille, inspecte l'audacieux. Après quoi, ce dialogue s'engage :

« M. d'Ennery ?

— Absent.

— Je désirerais visiter sa belle villa (*belle* est pour attendrir l'homme à la chemise, l'apparence d'un large cube à triple étage ne semblant pas mériter ce qualificatif).

— Impossible.

— Permettez-moi du moins de parcourir les magnifiques jardins (cette fois, l'épithète est mieux en place).

— Pas davantage.

— Pourquoi ?

— Parce que c'est défendu! »

Vous essayez alors de faire luire aux yeux cachés sous le chapeau certaine médaille qui, pour n'être pas de député, n'en ouvre pas moins bien les portes. Mais le battant de celle-ci vous est déjà retombé sur le visage, et vous en demeurez pour votre honte. « Les deux Orphelines » elles-mêmes ne trouveraient pas grâce devant l'huis inhospitalier. Soit communiqué au seigneur châtelain, avec souhait qu'à l'avenir ces gonds rouillés reçoivent quelques gouttes d'huile. On en récolte de si bonne, aux environs!

Mainte autre demeure, par contre, arbore un pavillon plus libéral sur ces jolis chemins encaissés du Cap qui, pimpants et frais, serpentent dans les enguirlandements de la rose et de l'olivier. *Ellen-Roc,* la perle du Golfe, est de celles qui ménagent un sûr dédommagement. Elle appartient à un Anglais, M. Wyllie. Deux haies de bengales y conduisent et, moyennant qu'on mette sa signature sur un registre, pleine liberté est octroyée d'errer, au caprice des allées fournies de rossignols nichant dans les touffes de l'anthémis ou du géranium. Son péristyle, ses colonnes à feuilles d'acanthe, tout, jusqu'à l'euphonique harmonie de son nom, évoque, dans l'élégante villa, un vague souvenir de Grèce, alors que le revêtement marmoréen des murs rappelle les bords du Céphise. Carrare lui a fourni des blocs, à défaut de Paros. Assise vers la pointe extrême du promontoire, soixante-sept marches taillées dans la roche vive mettent ses balustres en communication avec des grottes naturelles, sortes de cuves profondes où l'eau sans cesse agitée se livre, même en temps calme, à de violents remous. Le flot y a les transparences du cristal, la pierre le fauve éclat de l'or. Les agaves, les myrtes, les cistes s'échelonnent à travers ce labyrinthe; après quoi, plus de végétation, mais des écueils, floraison d'une mer courroucée. Il faut se promener parmi ces récifs pour en goûter le charme sauvage. Nulle autre situation peut-être, sur toute la Corniche, ne saurait se comparer à celle d'Ellen-Roc.

Cette presqu'île de la Garoupe, longue de trois kilomètres sur deux de large, est d'ailleurs attractive au possible: *Ocelle omnium peninsularum,* eût dit Catulle. On comprend la fantaisie de ce gentleman qui s'y creusa un sépulcre dans une falaise surplombant la vague[1]. Également on s'y sent vivre, on s'y repose, on se souvient et on oublie. Les brises en sont vivifiantes, les chemins exquis. L'émail des parterres alterne avec l'ombre des olivettes, la culture maraîchère côtoie les villas; car l'indigène se garde de sacrifier le fruit à la fleur. Antibes est le potager de Nice, le châssis à primeurs de Cannes. Ses légumes, en leur genre, valent les violettes de l'une et les roses de l'autre. Connues sous le nom de *coulis,* ses conserves de tomates restent autant prisées des gourmets du jour, que sa *saumure* l'était par les Apicius, du temps de Martial. Aussi, pendant que l'allure modérée de nos chevaux nous emmène parmi les oliviers centenaires vers la chapelle de la Vierge, ne pouvons-nous que donner raison à la comtesse Coote, quand, dans son très légitime enthousiasme, l'aimable châtelaine de *Marie-Thérèse* appelle cette langue de terre: « le Cap Incomparable ».

La colline de *Notre-Dame de Bon-Port* le domine entièrement. La piété y conduit le nautonier, le charme des horizons y retient le touriste. Un étroit et très poétique sentier, chemin de croix accroché à son flanc, vient de se transformer en une voie carrossable où le *breack* et le *mail-coach* peuvent désormais lutter de vitesse. Mieux vaut, pour l'ingambe, gravir, à travers les aloès et les lentisques, la pente de ce petit morne. Il y a là un semis de roches basaltiques et de brèches osseuses qui, chauffé par le soleil et embaumé par les myrtes, n'a pas moins chance de captiver l'artiste que de plaire au savant. Les géologues y accusent de la dolomie: l'un même[2] va

1. M. James Close.
2. M. Ferrière.

jusqu'à prétendre que le coteau révèle des traces d'anciens geysers rappelant ceux de l'Islande. Le thym et le serpolet n'y manquent point, en tout cas, ni la grive, ni le pique-bois, qui, se levant d'un vol lourd, s'enfuient, non trop vite, à notre approche, comme s'ils se considéraient en lieu d'asile. Ceux qui ont eu la bonne fortune de visiter la Grèce affirment que tout ce pays Antibois ressemble fort à l'Attique : les oliviers y ont même vigueur, les figues même succulence. D'anciens hellénisants, notre éminent ami J.-J. Weiss entre autres, nous ont fait une remarque analogue sur la campagne de Grasse. Un quart d'heure de marche nous amène au sommet, devant la chapelle, objet d'antique vénération. Protégée par deux grilles de fin travail, elle reste sous la garde d'un ermite habitant le bâtiment contigu. La vieille servante nous conduit dans le sanctuaire, à travers une cuisine où les poules, bravant le pot et la broche, se promènent en armistice. Une nef double, à la pierre soigneusement blanchie, abrite plusieurs autels. Chacun a ses fleurs; plus richement orné, celui de Notre-Dame est en outre chargé d'*ex-voto*. Des béquilles, des chaînes, des anneaux de barques constellent les murs, et nombre de petits navires suspendus à la voûte attestent le souvenir reconnaissant de matelots échappés au naufrage. Tous les ans, le 8 juillet, les marins d'Antibes gravissant, pieds nus, la colline, prennent sur leurs épaules la statue de la Vierge et la descendent vers la ville. Une foule recueillie se presse, hors des portes, à leur rencontre. Dans les rues, le cortège s'arrête plusieurs fois : il faut bien que Marie entende les compliments appris à l'avance par les jeunes filles et débités par elles à la protectrice de leurs pères et de leurs fiancés. Puis, l'image sainte franchit le seuil de l'église paroissiale, d'où elle ne sortira, le dimanche suivant, que pour remonter vers son sanctuaire, avec le même cérémonial[1]. Encore une pieuse coutume dont la libre pensée n'aura pas facilement raison !

Là-haut, près de la lampe sacrée, s'allume la flamme terrestre d'un phare de première grandeur. Produite par l'incinération simultanée de quatre énormes mèches concentriques qu'alimente une fontaine de pétrole, reflétée aux mille prismes de hautes glaces en biseau, sa lumière puissante, à dix lieues en mer, brille, la nuit, comme l'étoile du salut; la tour qui l'abrite constitue, le jour, l'un des plus beaux observatoires de l'Europe. Encore que, du seuil de la chapelle, l'aspect soit déjà saisissant, on ne doit cependant pas hésiter à gravir les cent douze marches de marbre et de fer qui mènent à la lanterne. Nul, l'ayant fait, ne s'en repentira. Le panorama contenu entre les minces parois de la cage de verre donne le vertige de l'éblouissement. Est-ce à dire que cette vue planante et plongeante éclipse celles du Mont-Vinaigre, du Cap-Roux ou de Castellaras ? Nous n'oserions l'affirmer, bien que ce soit l'avis de plusieurs ; elle est autre, en tout cas, et, à ce titre, demeure digne d'examen. Son mérite consiste dans la proximité plus immédiate des trois golfes qu'elle commande et des trente lieues de côtes qu'on y aperçoit se profilant. Les remparts de la ville, le Fort-Carré, la Garoupe lui sont de pittoresques premiers plans; Nice semble une fleur qui s'épanouit tout exprès pour elle; l'argent mat des glaciers alpestres lui martèle un diadème dont nul détail ne se perd. C'est grand et c'est beau, et cela ne cesse pas d'être gracieux.

En quittant la colline, une visite à Antibes s'impose, dût la fierté de celle qui fut *Antipolis* souffrir de la comparaison. Mais elle est bonne à voir quand même, la petite cité[2], dans son corset de pierres dorées et sa ceinture de bastions. Vauban — dont une rue a gardé le nom — l'y enferma, voici deux siècles, comme il fit de Thionville, de Longwy, et de tant d'autres places réputées jadis imprenables. Dernier mot de l'époque dans l'art de la défense, le système paraît avoir accompli son temps. L'obusier du progrès en a tristement prouvé l'inanité, et les filles

1. Le 8 mai 1605, une procession de deux mille Niçois vint y demander de la pluie à Notre-Dame.
2. 6,461 habitants.

désormais mal gardées demandent l'allègement d'une armure qui leur pèse, sans les protéger. Antibes imite ses sœurs : elle sollicite un déclassement qu'elle obtiendra, un jour ou l'autre. Ainsi délivrée de fossés qui ne servent qu'à paître les brebis et de talus où l'on ne rencontre que la silhouette mélancolique du faucheur, elle se répandra, joyeuse, par les mornes terrains des servitudes militaires, et, de place de guerre, pourra devenir ville de saison. Telle est son ambition, non excessive, à notre sens. Son heureux rapprochement de Nice et de Cannes [1], ses ressources multiples, le climat exceptionnellement égal, un air pur qui ruine la phtisie et crée des centenaires, la faveur croissante de son Cap, les embellissements successifs de la Garoupe, en voilà plus qu'il n'est nécessaire pour justifier ses espérances. Bien bâtie d'ailleurs et plaisante, même à cette heure, elle ne manque pas d'une certaine coquetterie de franc aloi. Les rues sont étroites, mais d'assez jolies maisons les bordent. Le dallage à l'Italienne y est soigné, et l'eau le maintient propre. Les deux places pourvues de magasins, égayées de cafés, rafraîchies par de belles fontaines, s'animent au va-et-vient de la garnison. Les monuments consistent dans l'Hôtel de ville, l'Église, et deux tours carrées, — celles-ci à remarquer. Gallo-romaines d'origine, donjons au Moyen Age, elles se dressent en bel appareil, isolées, altières, enlevant l'ocre de leurs moellons cyclopéens sur l'azur vif du ciel. Le figuier incrusté à leur front semble la chevelure inculte de ces géantes dont l'une sert de clocher. C'est une revanche accordée au monument qui fut temple de Diane, sous le paganisme. Cathédrale au XII$^{e}$ siècle, sa triple nef, malgré la noblesse de ses titres, ne présente qu'un mince intérêt, des restaurations sans goût l'ayant défigurée comme à plaisir. En revanche, l'Hôtel de ville, malgré une piètre apparence, nous livre la vraie curiosité. Il ne s'agit pourtant que d'une plaque de marbre sur un coin de mur ; mais cette épave, sertie d'un cordon de palmes et d'un vase de fleurs, porte l'épitaphe, aussi souvent relevée que diversement traduite, de ce gentil danseur de douze ans qui parut deux fois sur le théâtre et mourut, enseveli dans ses lauriers. *Biduo saltavit et placuit* [2]... Pauvre petit Septentrion! Les siècles ont remplacé les siècles, et l'on s'attendrit encore à la légende de ce bref destin brièvement conté. Dans son recueil de poésies Provençales, *Li Piado dè la Princesso,* le félibre Bonaparte-Wyse a consacré des strophes touchantes au souvenir de l'enfant. Michelet, lui aussi, s'était apitoyé. Pourquoi cette pitié, après tout? Beaucoup meurent, voisins de la vieillesse, sans avoir eu leur jour : l'enfant en eut deux, et la postérité, par surcroît, lui réserve une larme. Combien d'autres plus tard, *saltatores* applaudis de notre âge, n'en pourront revendiquer autant!

Citons encore deux inscriptions qui, beaucoup moins connues, offrent pourtant de l'intérêt.

Dans l'une, dédiée aux bonnes épouses, un certain Albucius déplore la perte de sa femme morte au bout de trente ans de vie commune, sans qu'il ait eu, affirme-t-il, un seul reproche à lui adresser : *sine ullâ querelâ!* L'éloge parut si invraisemblable au maçon chargé de l'encastrer dans la tour que, par respect sans doute de la vérité due à la maison de Dieu, il le hissa sous la grosse cloche, tête en bas et lettres renversées.

L'autre épigramme est en grec : elle n'a d'ailleurs rien de commun avec les « honnestes

1. 23 kilomètres de Nice et 11 de Cannes.

2. Voici l'inscription complète, avec sa traduction :

| D. M.<br>PUERI SEPTENTRI-<br>ONIS ANNORUM XII QUI<br>ANTIPOLI IN THEATRO<br>BIDUO SALTAVIT ET PLA-<br>CUIT. | « AUX MANES<br>DU PETIT SEPTENTRION,<br>AGÉ DE DOUZE ANS,<br>QUI, A ANTIBES, SUR LE THÉATRE,<br>DANSA DEUX FOIS DE SUITE<br>ET PLUT. » |
|---|---|

Dames », à moins qu'on ne l'entende au sens de Brantôme. Ce sont deux vers, d'une grâce anacréontique, incrustés sur un fragment de serpentine cylindrique dont les vagues ont dû faire leur jouet bien longtemps avant qu'un habitant de la plage le noyât dans le mortier de sa maisonnette. Les spécialistes assignent à l'épave vingt siècles d'existence. L'honneur de la découverte en revient au docteur Mougins de Roquefort, le mérite de l'interprétation vraie à M. H. Bazin, agrégé de l'Université [1]. On peut contempler librement ce galet chez son propriétaire, sans que celui-ci, étant donné le poids de 66 livres, ait à se préoccuper d'une soustraction indélicate. Vénus d'ailleurs, assez facile en tant de matières, ne se prêterait pas volontiers à l'enlèvement d'un caillou qui lui est dédié; car, sorti, comme elle de l'écume du flot, il avait été

Vue générale d'Antibes.

apporté à titre d'offrande sur l'un de ses autels. Lui-même, en caillou sachant son monde, prend la peine de nous l'apprendre : « Je suis Terpon, serviteur de l'auguste Déesse Aphrodite; que Cypris paye de retour ceux qui m'ont déposé ici [2]. » De par sa forme et son langage, ce Terpon nous a tout l'air d'un drôle qui ne valait pas grand'chose. Que du moins son image reste propice aux belles Antipolitaines!

Le tour des remparts est une agréable promenade, aussi bien que l'estacade du port au bassin peu profond, mais de bon refuge, où s'abrita la trirème antique. Les bateaux y sont guidés par un fanal à éclats blancs et protégés par deux môles qui les couvrent à demi. Antipolis reste pour eux « la sentinelle » d'antan. Ils peuvent y jeter l'ancre en paix, sous le canon paternel du *Fort-Carré*, ce pittoresque joujou que la main de Vauban posa sur son récif pour lui donner un jour l'occasion d'être le tombeau de Championnet et la prison d'un captif

1. *Le Galet inscrit d'Antibes*, par H. Bazin. Paris, 1885.

2. Τερπῶν εἰμι θεᾶς θεράπων σεμνῆς Ἀφροδίτης
τοῖς δὲ καταστήσασι Κύπρις χάριν ἀνταποδοίη.

de marque. Arrêté au *Château-Salé* [1], après Thermidor, le Général Bonaparte fut en effet interné dans ce castel d'opéra-comique, expiant ainsi ses relations avec Robespierre jeune, commissaire de la République, à Nice. Le temps d'arrêt, sous la garde des Antibois, fut court d'ailleurs, ne nuisit pas trop, comme on sait, à l'avancement de notre officier, pas plus que, vingt ans après, le refus des mêmes au même de lui ouvrir leurs portes, quand il revenait de l'Ile d'Elbe, n'empêcha l'impérial proscrit de rentrer aux Tuileries. D'humeur moins farouche envers les Césars Romains, Antibes, qui leur servit de place d'armes, avait été leur favorite, aux mêmes causes que Marseille dont elle tire origine. Elle leur dut des temples, des thermes, des cirques, un théâtre, des aqueducs, tous émiettés par le fer des invasions ou disparus sous le niveau de l'ingénieur, cet autre barbare. Ses champs sont encore féconds en antiques débris : urnes funéraires, mosaïques, lampes, inscriptions, médailles, y sonnent au soc de la charrue, comme sa chronique à l'écho des mille assauts qu'elle soutint. Sa situation de clef de territoire lui valut bien des misères : catholiques et païens peuvent en revendiquer part égale. L'écumeur de mer, disciple de l'Islam, ne lui fit guère plus de mal que Charles-Quint, fils de l'Église, ni Bourbon que Doria. Pour elle, l'Espagnol ou le Génois valut le lansquenet. Siège d'un évêché qu'elle perdit sous prétexte d' « insalubrité » (1243), — *insalubrité épiscopale*, aurait dû ajouter la bulle de transfert, car elle venait de noyer son évêque, — Antibes ne refleurit vraiment, depuis Rome, qu'au souffle généreux des Grimaldi ses gouverneurs, puis ses souverains, après que le don du pape Clément VII, ratifié par Marie d'Anjou, les eût rendus maîtres de toute la côte, du Var à la Siagne. Octave l'avait créée « ville latine »; Louis XVIII l'appela « sa bonne ville [2] », Championnet la protège de son ombre... Qui peut dire ce que l'avenir lui réserve?

D'Antibes à Nice, la meilleure voie est la plus courte, celle de fer par conséquent. Le trajet n'offre rien en effet à signaler, hormis deux curiosités majeures, Villeneuve et Cagnes, desservies par la même station. Mais tandis que la locomotive s'ébranle, nous pouvons, en manière d'adieu, conter une piquante anecdote dont la tradition s'est maintenue au pays.

C'était avant 89. Masséna, chez qui la modestie du prologue ne laissait guère soupçonner les splendeurs de l'apothéose, vivait retiré à Antibes, avec le grade de sous-officier au titre Sarde. La carrière des armes lui semblait fermée. N'ayant d'autre passe-temps, il s'était mis à aimer — ce qui accuse un homme de goût — la charmante fille d'un chirurgien voisin, M^lle Lamar. Il en était payé de retour. Par malheur, le père de la belle résistait à la lui donner, *le jeune militaire n'ayant point d'avenir*. L'amoureux évincé s'en ouvrit au vicaire de la paroisse, l'abbé Pascal, le suppliant d'intervenir, et celui-ci fit si bien, qu'il enleva, de haute lutte, le consentement rebelle. L'histoire des heureux ne s'écrit pas ; elle était celle de nos époux, quand éclata la Révolution Française. L'ex-sous-officier prit du service dans les armées de la République, et, la victoire aidant, le bâton étoilé sortit de sa giberne. Or, un jour, beaucoup plus tard, les autorités de Cannes sont avisées que Masséna vient d'arriver, se dirigeant vers l'Italie. Elles s'empressent à sa rencontre, précédées du curé, qui n'était autre que le vicaire Antibois des anciens jours. Entouré de ses compagnons de gloire, le maréchal reçoit la députation avec bienveillance. Le prêtre alors se nomme; mais, avant qu'il ait pu ajouter un mot, l'illustre guerrier lui a déjà ouvert les bras, et l'étreignant : « Ah ! monsieur l'abbé, s'écrie-t-il, vous me rappelez le plus beau temps de ma vie! » Il est probable que, ce soir-là, les pauvres de Cannes

1. Belle résidence, aux portes de la ville, appartenant aujourd'hui à la famille Reille. On se souvient que le maréchal de ce nom naquit à Antibes, le 17 septembre 1775 ; son fils aîné, le brillant général comte Reille, ancien aide de camp de Napoléon III, vient de s'éteindre en ce château (janvier 1887), à l'âge de soixante-douze ans.

2. Le Roi lui accorda en outre le droit d'inscrire à son écusson la devise : *Fidei servandæ exemplum*, 1815.

n'eurent point à se plaindre du souvenir évoqué. Voilà bien, en tout cas, la preuve qu'il ne faut jamais désespérer d'une carrière.

Déjà le train a dépassé les saillants du Fort-Carré, laissant sur sa droite cette gracieuse enluminure. Insensiblement le sable du rivage a grossi : l'impalpable poussière s'est changée en aiguilles qui bientôt deviendront galets. A cinq minutes au delà, le Biot se dessine en retraite, émergeant de son amphithéâtre de verdure, tandis que les contreforts pelés des Alpes lui servent de repoussoir. Rapidement on glisse le long des champs d'oliviers. Comme une vision rapide, entre deux monticules apparaît la tour de Villeneuve-Loubet, planant sur la vallée du Loup ; puis le fantastique manoir, le village, les coteaux, la rivière cristalline qui court à la mer, tout s'évanouit, et Cagnes aussitôt s'avance sur son promontoire, apportant la plus vive comme la plus inattendue des impressions.

Il faut descendre. Ici, les voitures de place sont inconnues, mais la marche est si douce à

Le Galet inscrit d'Antibes.

travers cette campagne, qu'il n'y a pas à le regretter. En une demi-heure, par les prés et le joli chemin blanc qui s'enfonce dans le vallon, on atteint le manoir de *Villeneuve,* apanage actuel des Panisse. Quière qui n'a est la devise du maître : deux lions en soutiennent l'écu. Superbe sur sa coulée de laves antédiluviennes, ce joyau féodal, pour être postérieur au déluge, ne compte pas moins bon nombre de siècles à son actif. Une double enceinte protège le puissant massif contre-bouté de tours. De son flanc épais, à cent pieds dans les airs, s'élance, svelte, élégant, un audacieux donjon bâti sur cinq faces et en éperon. Ses créneaux découpent l'azur, ses pierres taillées à facettes de diamant gardent trace des baisers du soleil. Les courtines y ont d'artistiques retombées de lierre, d'énormes aloès en hérissent les fossés profonds. Ici, un pont-levis dort devant les grilles ; là, un chemin de ronde serpente au-dessus de notre tête, couronnant les murailles de son double parapet. Il n'y manque que l'arbalétrier, l'œil au guet, la main sur la corde tendue, et l'on se surprend à le chercher derrière quelque merlon perdu. Mais nul ne se montre, ni sur les remparts, ni dans le parc qui l'enserre. On a gravi de mystérieuses allées ; le pied a franchi la ceinture des eucalyptus et des lauriers roses, le regard fouille le feuillage luisant des magnolias, interroge la ramure piquetée d'or des orangers... rien ! Cette terrasse déserte ne serait-elle pas l'esplanade d'Eseneur, — là l'Opéra ? Non, car la neige du bigaradier y figure seule les frimas du Nord, et les pâles lueurs de la lune, chère aux spectres, ont fui devant la clarté crue de l'astre des vivants.

Soudain un rire éclate. Ce sont de jolies « vilaines » occupées à cueillir les oranges du seigneur. Elles ont deviné notre embarras et s'offrent à nous guider dans le Château; proposition vite acceptée. L'une d'elles, robuste et fraîche paysanne, nous ouvre la poterne; puis, allumant, dans la salle basse, une lampe de fer qu'a dû forger saint Éloi, elle nous engage à sa suite par les spirales noires du donjon. D'étroites barbacanes laissent filtrer un rayon, aux deux tiers de la hauteur; l'éblouissement n'en est pas moins complet, lorsqu'une trappe se soulevant, on a pris possession de la plate-forme. Le spectacle vaut bien alors les cent vingt-cinq marches escaladées. Accoudé sur un créneau d'où les tours inférieures ne semblent qu'amusettes

Villeneuve et son Château.

d'enfant, nous embrassons les découpures de la mer, depuis la pointe d'Antibes jusqu'à celle de Villefranche, la chaîne des Alpes avec ses glaciers, et Cagnes, digne pendant de Villeneuve, et tous ces pittoresques villages égrenés sur les coteaux ou massés à l'abri des montagnes, qui s'appellent la Colle, Saint-Paul, la Gaude, Saint-Jeannet; ajoutons-y la Corse et la Sardaigne, pour les regards de bonne volonté. D'ici, tel un vassal aux pieds de son suzerain, le hameau paraît vouloir s'agenouiller dans le *Loup,* pendant que le ruban argenté de ce délicieux cours d'eau ondule par les méandres d'un val arcadien et, s'étant joué le long de ses rives, va porter une perle de plus à la grande coupe d'azur.

On ne négligera pas, une fois redescendu, de faire le tour du castel, par le chemin de ronde. De vigoureux dattiers jaillissant des douves y apportent l'ambre blond de leurs régimes. Les fenêtres sont d'ailleurs closes et les châtelains absents. Ils ne viennent plus guère, depuis qu'en cette riante et salubre nature, la Mort louche leur prit coup sur coup deux enfants. Mais les pierres parlent, dans leur absence, et ce qu'elles racontent mérite d'être retenu. Qui n'en conviendrait, sachant que la maîtresse tour est presque une contemporaine de Charlemagne? Sous la cotte de mailles on y épiait le Sarrasin ; la poix bouillante y chauffait toujours pour le pirate, et la flamme s'y allumait vite pour le signal d'alarme. Ces bastions, ces demi-lunes, ces murailles épaisses de six coudées, ne se développèrent que plus tard autour de la fidèle gardienne. Le 7 février 1230, Romée de Villeneuve en recevait l'investiture de Raymond-Bérenger IV, comme récompense de sa brillante conduite à la prise de Nice. Le comte de Provence ne devait pas moins au négociateur éprouvé qui lui avait successivement marié ses quatre filles, Marguerite, Aliénor, Sancie et Béatrice, à saint Louis de France, à Henri III d'Angleterre, à Richard, roi des Romains, à Charles d'Anjou, souverain de Sicile. Nous ne connaissons, de nos jours, que Christian IX, le Danois, pour lotir aussi avantageusement sa progéniture. Le donjon passe ensuite aux barons de Vence, aux Lascaris, comtes de Tende, descendants des Empereurs de Constantinople, à René de Savoie, grand Sénéchal de Provence, ce fidèle de François I^er^, qui suit son maître sur tous les champs de bataille, depuis Marignan jusqu'à Pavie, où il est mortellement blessé. Les armes de René et d'Anne de Tende se retrouvent encore incrustées dans une partie des murs. Ce fut sous leur fils, Claude de Savoie Lascaris, que le Roi-Chevalier vint, six semaines durant, demander asile aux mâchicoulis de Villeneuve[1], tandis que Charles-Quint débarquait à Villefranche et que Paul III s'installait à Nice, avec ses cardinaux. L'édicule de la *Croix de marbre*, toujours debout sur l'une des places de la ville, marque le lieu où se rencontrèrent, vers cette date, les augustes contractants. Que d'illustres hôtes en mince espace ! La mule du pape et la bottine d'acier du héros ont ensemble foulé ces dalles ; l'écho endormi des longs corridors s'est éveillé sous les pas du futur Henri II et de la reine Éléonore, d'Antoine de Bourbon, du cardinal de Lorraine, de tant d'autres seigneurs qu'escortaient seize cents chevaux et six mille hommes de pied. Dans une des salles aujourd'hui désertes, la courte trêve de Nice fut signée entre les deux rivaux d'ambition et de gloire[2]. M. le marquis de Panisse, détenteur pieux de ce fleuron de la Provence échappé au marteau niveleur du jeune Robespierre, a extrait des archives de sa famille et résumé, dans une substantielle brochure, nombre d'autres documents qui pourront être consultés avec fruit. Contentons-nous de relever le texte d'une plaque de marbre blanc incrustée par ses soins, en regard de l'écusson, sur l'une des faces de la cour principale. Voici cette inscription, dans sa forme et teneur :

ANCIEN CHATEAU DES DUCS DE PROVENCE
FONDÉ AU XII^e SIÈCLE.

1230 DONNÉ A ROMÉE DE VILLENEUVE PAR
BÉRENGER IV.

1250 REVIENT, APRÈS SA MORT, DOMAINE DE LA
COURONNE.

1424 PASSE, PAR LE DON D'YOLANDE D'ARAGON,
COMTESSE DE PROVENCE,
A ANTOINE DE VILLENEUVE, SIRE DE FLAYOSC.

1437 ACQUIS ET RECONSTRUIT PAR PIERRE DE LASCARIS,
COMTE DE VINTIMILLE.

1538 REÇOIT DANS SES MURS LE ROI DE FRANCE,
FRANÇOIS 1^er^ DU NOM, ET LE PAPE PAUL III,
SOUS ANNE DE LASCARIS ET RENÉ, COMTE DE TENDE,
BASTARD DE SAVOIE, SON ÉPOUX.

1. 19 mai 1538.
2. 21 juin 1538.

1575 ADVIENT A CHARLES DE LORRAINE,
DUC DE MAYENNE, DU CHEF DE SA FEMME
HENRILE DE LASCARIS.

1644 ÉCHOIT PAR VENTE A LÉON DE BOUTHILLIER,
SIRE DE CHAVIGNY.

1690 ACQUIS PAR LE MARQUIS DE THOMAS,
PRÉSIDENT AU PARLEMENT DE PROVENCE.

1743 ENTRÉ PAR HÉRITAGE DANS LA FAMILLE DE
PANISSE PASSIS.

1802 MENACÉ D'UNE DESTRUCTION COMPLÈTE,
IL COMMENCE A SE RELEVER DE SES RUINES
PAR LES SOINS DU MARQUIS HENRI DE
PANISSE PASSIS.

1842 RESTAURÉ ET TERMINÉ PAR SON FILS LE COMTE
LÉON DE PANISSE PASSIS.

Ne sont-ce point là, pour l'hospitalier manoir, des lettres de noblesse brillamment contresignées ?

Sous son enceinte, dont dix-neuf cents hectares de terres et de forêts constituent « le vol du chapon », les maisons de Villeneuve descendent en pente rapide vers la rivière. Ici les rues nous paraissent plus faites pour les quadrupèdes que pour des bimanes. Le verger du curé nous plaît pourtant, dans sa végétation africaine, et Vial, l'aubergiste bon vivant, nous a servi, sous sa tonnelle, une poule d'eau délicate et des tomates qui ne manquaient point de curieuses épices. Les Anglais y viennent fréquemment en pique-nique. Silencieux, ils déjeunent à ce joyeux cabaret voisin du pont de bois; puis, assis sous quelque saulée, ils jettent la ligne dans les remous limpides où se plaisent la truite et le barbeau. Pendant ce temps, leurs éthérées compagnes, lestées de beefsteaks saignants, s'égarent par les bois, un Tennyson ou un Shakespeare en main. Vial tient d'ailleurs voitures et guides à la disposition de qui veut s'enfoncer plus avant dans la campagne. Mais les courses de *Saint-Éloi* [1], au mois d'août, enfantent bien d'autres agapes. Les fraîches prairies qui côtoient la rivière se transforment alors en hippodrome. A l'ombre d'arbres séculaires, des chevaux du pays, montés par leurs éleveurs, se disputent le prix; les vieillards trinquent au bord de l'eau que respectent leurs verres, et courant pour leur propre compte, sans prétendre au laurier hippique, les couples amoureux prennent l'envolée où le caprice les guide.

Un agréable chemin — l'ancienne voie Aurélienne, si nous ne faisons erreur — coupe au court, de Villeneuve-Loubet à Cagnes : chemin creux bordé de haies, rafraîchi de feuillage, qui s'incline et se redresse, dédaigneux des passerelles au point de contraindre les touristes à enjamber l'onde du Malvan. Il est vrai que le lit de ce ruisselet est peu profond, le gué facile, et que deux bonds, à travers les cailloux où le cristal babille, sont plus que suffisants. Tandis que l'on s'en va rêvant, tout entier aux bagatelles dont parle Horace, Cagnes se montre soudain, de l'autre côté du ressaut qu'on vient d'atteindre. Une descente à large escalier durement pavé, une montée identique et parallèle figurent les deux cordes de l'escarpolette qui va nous lancer haletant au seuil de l'ancien fief des Grimaldi.

1. « Saint Éloi, *Saint-Aloi*. Le vénérable orfèvre limousin, patron des maréchaux ferrants, et par suite protecteur des bêtes de labour, est fêté en Provence par de nombreuses confréries d'agriculteurs... On plante aux colliers des bêtes qui font partie de la cavalcade les *Bandeiroun de Sant-Aloi*, ou fanions de papier portant l'image du Saint. » Frédéric Mistral, *Calendau*.

Qu'on adresse tous les reproches à *Cagnes,* hormis celui de n'être point décorative ! Allongée, du nord au midi, sur le flanc de sa colline, redressée jusqu'à la perpendiculaire et hérissant encore ses escarpements non bâtis d'un inextricable fouillis d'agaves, l'ex-capitale des Décéates, aujourd'hui chef-lieu de canton, paraît, de loin, peu faite pour l'hospitalité. On se tromperait à le croire. Seulement il est probable que, jalouse des équipées architecturales de Grasse, elle n'a pas voulu se montrer moins qu'elle experte en équilibre ; et ses tourelles à tuiles vernissées, ses façades noires, bigarrées, percées de cent yeux comme le front d'Argus, elle les a suspendues sur

Cagnes et le Château des Grimaldi.

des arches téméraires; puis elle a projeté le tout dans le vide. Le campanile carré de son église balance, à jour, la cloche paroissiale au-dessus de l'égrènement des toits, et, plus haut que l'église, dominant la ville et les vallées, le Château profile au loin l'ombre de ses mâchicoulis. A son tour il voulait, le hardi compère, ne pas demeurer en reste avec son frère de Villeneuve. Plus de mulets d'ailleurs que d'hommes sur ce sentier ardu. Péniblement, ployant sous ses cacolets, la gent à longues oreilles se hisse. Nul autre attelage n'était connu de l'indigène, jusqu'aux dernières années. Aussi, la voiture manquant, n'existait-il point de remise. Ce fruit de la civilisation mûrit depuis peu dans la ville aérienne. De lacets en lacets, bêtes et gens atteignent la porte cintrée qu'on semble avoir découpée, après coup, dans les galets superposés de l'enceinte. Entrons. Ah ! cette fois, le peintre sera difficile, qui regrettera la couleur absente : elles en ruissellent, elles en débordent, horribles et attrayantes, les rues du quartier haut. Pas une saillie d'aplomb, pas un angle d'équerre, pas une maison qui n'essaye d'entrer en danse avec sa voisine. Qu'on se figure des fentes au long desquelles on aurait jeté, pêle-mêle, toits, cours et pignons. Craquelés par le soleil, les murs de pisé semblent rire de leur mésaventure. Comment ils tiennent, ils ne le savent guère eux-mêmes, et pourtant ils tiennent et tiendront peut-être plus longtemps debout que le touriste qui s'en défie. Un chat, tranquillement en bordure sur l'arête d'une fenêtre vacillante, semble nous le dire, pendant que, les yeux à demi clos, il nous contemple dans sa pitié mêlée d'étonnement.

C'est par ces coulées tortueuses qu'on atteint le Château. Il s'incruste entier, et son jardin avec lui, dans une tour, — mais quelle tour ! Simplement posée sur le roc, sans contreforts, sans fondations, elle a traversé le temps et les orages, et ni les ans, ni la foudre, ni les convulsions du sol n'ont ébranlé une de ses pierres. Par sa propre masse elle subsiste et résiste, ne craignant rien, hors que la terre ne se dérobe sous elle[1], ou que le ciel ne lui choie au front. Les fléaux humains ne lui ont pourtant pas ménagé leur visite, depuis le Connétable de Bourbon, Charles-Quint et Charles-Emmanuel de Savoie, jusqu'aux Allemands du Prince Eugène ou aux Piémontais du Duc Victor-Amédée. Mais l'étoile des Grimaldi brillait sur son polygone crénelé. Seigneurs d'Antibes, seigneurs aussi de Cagnes, les preux de cette famille puissante en avaient superbement orné l'intérieur. A leur magnificence est dû l'escalier de marbre sculpté que l'on gravit encore, à leur goût éclairé pour les arts le plafond qu'a signé le décorateur de l'Annunziata de Gênes. Sous leur inspiration féconde, le peintre de fresques Carlone y retraça les aventures de Phaéton, avec une largeur de composition, une netteté de dessin, une vigueur et un relief de coloris qui furent dignes de l'illustre élève du Passignano. Grâce à des restaurations habiles, on admire toujours cette émouvante fable du poète latin traduite par un artiste de la Renaissance. Chaque médaillon, en voussure, reproduit une des phases du récit d'Ovide. Tout s'y trouve, et le palais d'ivoire du Soleil, dont cette galerie, *sublimibus alta columnis,* semble être une des salles, et les adjurations vaines d'Apollon, et le départ du téméraire qu'emportent Phlégon, Œous, Œthon et Pyroeis, et l'embrasement de l'univers, et les plaintes de la terre au maître du tonnerre... tout, jusqu'à la chute finale, si palpitante d'effet, qu'entrant dans le salon de marbre, on croit Jupiter en train de vous envoyer sur la tête les rênes, le char, les chevaux et l'orgueilleux lui-même précipité par ses foudres. Le châtelain du jour, M. Gerecke, mérite beaucoup de louanges pour le goût et la richesse qu'il a déployés en reprenant l'œuvre des Grimaldi. Gardien scrupuleux de reliques échappées aux Vandales modernes, il a su, avec une entente archéologique parfaite, restituer et compléter l'intérieur de ce curieux édifice, l'orner de collections rares, et, sans renoncer aux délicatesses du confort le plus raffiné, faire de ce nid d'aigle un musée pour l'amateur en même temps que pour le touriste un incomparable belvédère.

La basse ville se soude à la cité Gallo-Romaine, comme le dernier degré d'une échelle à ses barreaux supérieurs. On n'y descend point par une pente beaucoup plus douce; ce qui n'empêche les octogénaires, fort nombreux en ce pays salubre, de circuler d'un pas allègre, oublieux le plus souvent de leur bâton. L'étranger y trouve moins de béatitude. Si le tranchant du pavé a laissé quelque chose de la semelle à ses chaussures, il peut, tout à la joie de retrouver des maisons neuves et un macadam clément, se promener le long de la Cagnes, cette fille torrentueuse du Cheiron, jouir de la teinte rosée que la fleur des pêchers donne, dès la fin de mars, au vallon tout entier, pousser même une reconnaissance au *Cros de Cagnes,* le petit port favori des pêcheurs de sardines, enfin s'égarer, à l'aventure, soit vers le nord, soit dans la direction du Var, sans crainte de perdre sa personne ou son temps. Que de buts séduisants à poursuivre ! Que d'heures intéressantes à dépenser, du manoir de la Colle aux maisons blasonnées de Saint-Paul, et de cette ancienne Viguerie à l'Évêché de la Lubiane, la vénérable Vence! Les souvenirs des Templiers, les ruines de leurs Commanderies, les grottes à cristaux scintillants, les cavernes fournies d'ossements préhistoriques, les foux, les rious, les clus se multiplient en ces parages. Et quelles attrayantes ascensions aux pics calcaires qui émergent des environs, à celui surtout dont le Poussin, se dirigeant vers Rome, fixa la surprenante silhouette dans le tableau de Polyphème! Le village de *Saint-Jeannet* lui emprunte son abri, en lui donnant son nom : Saint-

1. Cela faillit arriver au 23 février... mais n'arriva pas.

Jeannet, qui, protégé par cet écran colossal, dispute à la Gaude le privilège de voir mûrir les meilleurs raisins de Provence. Chaque porte s'y festonne de pampres : on y sable, sous la treille, les vins blancs et rouges des dernières récoltes, et jusqu'en janvier on peut couper soi-même, au sarment, des chasselas que ne désavouerait pas Fontainebleau. D'aucuns prétendent que les femmes y excellaient naguère aux divinations de la sorcellerie. Pourquoi s'en étonner? Mieux qu'un trépied de pythonisse, les généreuses émanations de la cuve sont faites pour produire l'ivresse fatidique. Les descendantes de ces inspirées n'ont plus, paraît-il, le don surnaturel. Qui le leur a fait perdre? Le mouillage peut-être. N'insistons pas, et nous rabattant sur Saint-Laurent du Var — un cru au muscat délicieux, — entraînons à notre suite le gourmet assuré d'une agréable halte.

*Saint-Laurent,* avant 1860, était poste de douanes; le Var alors formait frontière. Nous dirions de ce hameau qu'il se mire au fleuve, si le fleuve, en dehors des crues, offrait assez de surface humide pour refléter une image. Suchet et Rochambeau, à l'aube du siècle, y défendirent vaillamment le passage contre l'Autrichien. Aujourd'hui, l'habitant se contente d'y protéger ses primeurs contre les retours agressifs du froid. L'asperge y prospère entre toutes, rivale de celle de Saint-Mandrier. Depuis l'annexion, un viaduc aux travées de fer porte nos locomotives sur la rive opposée et les arrête à la station du *Var*. Arrêtons-nous aussi un instant, et contemplons celui que les Romains avaient dénommé Varum (*varius*), par allusion à la variété de ses caprices.

Un peu d'eau sur beaucoup de sable, voilà son ordinaire. Quelques flaques dormantes, des ruisselets jaunâtres courant et se jetant à la mer bleue, ne paraissent justifier, dès l'abord, ni un lit aussi vaste, ni un si large estuaire. Sur cette grande route endiguée dont les courants semblent les fossés, on se prend à chercher le cantonnier, casseur de pierres. Mais regardez à l'horizon : là-bas se dressent les glaciers, et gare aux fontes de neiges! Sortant de deux sources, l'une au vallon d'Astenck[1], qui tarit parfois, l'autre sans cesse bouillonnante, qui sourd de la montagne du Garret, ce fleuve du Var, à mesure qu'il descend de ses hauteurs[2], lève le tribut sur tous les torrents des Alpes Maritimes. Tantôt se précipitant par les formidables défilés de ses clus vierges de soleil, tantôt semblant se jouer en d'agrestes bassins, il reçoit, dans un cours de trente-cinq lieues à peine, la Tuébie, la Roudoule, la Tinée, la Vésubie, l'Estéron, impétueux affluents qui, tour à tour, teintent ses ondes de noir, d'ocre, de pourpre, selon les couleurs des roches, et en font, à leur gré, le plus utile des amis ou le plus redoutable des tyrans. Qui le qualifiera selon ses mérites? Envahisseur, capricieux, infidèle, il déserte volontiers les cailloux roulés de son lit pour découcher sur les terres voisines, et volontiers encore il prête sa force aux usines riveraines ou sa fraîcheur aux cultures qui l'implorent. On saura au juste ce qu'il vaut, en se rappelant que centupler son volume est un jeu pour lui, qu'il peut, de vingt-huit mille litres par seconde, porter son débit à quatre millions, et pousser le tout à deux lieues vers le large.

Les tribunes du champ de courses s'adossent à son embouchure. Du wagon, on aperçoit le turf avec ses obstacles, ses haies, ses pelouses et sa petite rivière. Les Niçois eussent peut-être mieux fait de consacrer ce champ à des naumachies, car, par un phénomène de météorologie non expliqué jusqu'ici, la pluie tombe encore plus fréquemment que les jockeys sur son sol ensorcelé. Il est vrai que le Var est là, en contre-bas, toujours altéré à cette époque, et qu'il reçoit le trop-plein de la piste, avec une reconnaissance égale à celle du Mançanarès pour le verre d'eau d'Alexandre Dumas.

1. *Lou serre de Camayoun.*
2. 1,800 mètres d'altitude.

Nous approchons de la Ville des Fleurs. L'arrivée à Nice, en avril, par le railway, est un éblouissement de roses, de géraniums, d'anthémis, de haies empourprées, de palmiers aux majestueux panaches, de vergers d'orangers où l'étoile d'argent se mêle à la pomme d'or. Cannes, sur ce terrain, ne peut lutter. Elle a, vers la Croisette, son *Jardin des Hespérides,* où, du mandarinier au citron doux, M. Anne a groupé tout ce que l'on connaît de baies jaunes à pépins; mais, hors ce bois enchanté, le bigaradier domine et la fleur prime le fruit. Ici, c'est le fruit qui règne. L'orange de cette banlieue vaut celle de Valence ou de Palerme; et déjà les restaurants champêtres, çà et là dispersés, briguent l'honneur de vous l'offrir en corbeilles, et les villas commencent à se succéder, découvertes ou voilées, tantôt s'abîmant sous le remblai, tantôt suspendant sur la tranchée leurs balustres ajourés et leurs statues de terre cuite.

Le *memento mori* ne perd pas ses droits au milieu de cette exubérance de vie. Voici, à droite, un cimetière; voilà, à gauche, dans l'éternelle verdure, élevé par des mains désormais glacées, le petit dôme surmonté d'une croix qui marque la place où un Czarewitch succomba. En ce quartier *du Piol* est morte aussi, avant d'avoir vécu, certaine Exposition qui n'eut d'universel que son désastre. Nous serrons les freins sous l'arche hardie dont la forme et les dimensions annoncent, en les rappelant, les gares monumentales de l'Italie. Des sommets du Mont-Gros, l'équatorial de M. Bischoffsheim ouvre sur nous son œil immense. Gloire à toi, antique Νίκη, *Cité de la Victoire!*

# NICE

ET SES ENVIRONS.

VICTOIRE, en effet! « Victoire » est la devise du jour, le cri montant de la joyeuse mêlée. Car voici que le roi Carnaval rentre dans sa bonne ville de Nice, accompagné de Breloque, son premier ministre. Sur une bouteille, digne sœur du tonneau d'Heidelberg, Sa Majesté très accorte chevauche, le verre en main. Les *Lanciers du Champagne* le devancent, les *Chevaliers de la Fourchette* lui font cortège, cependant qu'aux sons de la trompe ses hérauts d'armes ont publié les bans de l'auguste maître convolant avec dame Folie. Nul n'a relevé cas d'empêchement; l'hymen est de ceux qu'on tient pour assortis. Après quoi, sans façon, le souverain a couché au palais de la Belle-Étoile, devant le logis clos de M. le préfet, et voltigeant autour de son trône festonné de saucisses, les songes roses ont caressé sa paupière. Aussi s'est-il réveillé de belle humeur, salué par le soleil, cet allié fidèle qui ne l'a jamais trahi. Dorez-vous, *raviolis!* Bons vins de Bellet et de Falicon, coulez à flots! Que sert d'attendre? Le ciel est pur, la mer scintille : largesse à la gaieté!

Carnaval étend son sceptre... D'un formidable éclat, le liège de la bouteille immense saute et, gentil lutin, l'esprit gaulois s'échappe, agitant ses grelots. A ce signal accourent tous les joyeux compères, féaux du noble sire : autant compter les galets de la plage! Ne croirait-on pas qu'ils ont déchiré l'arc-en-ciel pour s'en coudre des lambeaux? Ah! ces bataillons de l'armée du plaisir, qui les dénombrera? Qui jamais, à travers l'ouragan des chapeaux enrubannés et des toques à plumes, saura, d'un trait rapide, fixer l'harmonieux désordre de ce défilé sans fin où clowns, pierrots, débardeurs, arlequins, polichinelles, pierrettes, colombines, maillots roses et *tutus* verts, manteaux pailletés et perruques rousses, se cherchent, se fuient, se mêlent et se démêlent pour se confondre encore? Qui dira les cavalcades coupant les voitures, le piéton surpris par l'analcade aux longues oreilles, les sirènes de chair vivante, les animaux de carton peint, et ces isolés superbes, jaloux d'un triomphe propre, et ces groupes variés de sexe, de tailles, d'époques, de costumes, têtes de pipes ou boules de loto, mirlitons ou pantins de violettes, équilibristes, archers, matelots, pompiers, bouffons, nourrices, sorcières, druides ou chiffonniers, masques qui sourient comme des visages, visages qui grimacent comme des masques, tout cela chantant, criant, haletant, passant et repassant pêle-mêle dans la poussière couleur d'ambre d'une sarabande en délire?

Mais, place aux chars! Un, deux, trois, cinq, sept, dix... A renfort de coursiers caparaçonnés ils s'avancent, aussi larges que la rue, plus élevés que les maisons. Tel le cheval de Troie, leur flanc cache une légion. Le caprice les inventa, la fantaisie les entraîne. Ici, une Poule de Brodingnac se dodeline dans un panier monstre, laissant glisser de ses ailes une couvée de poulettes qui à tous les coqs jettent des œillades, des œufs d'or à tous les badauds. Là, de ses gobelets sans pareil, un gigantesque Comus tire, à son gré, des chapelets de paysans et de bergères, de Merveilleuses et d'Incroyables, qui s'égrènent sous l'archet, puis, la danse finie, s'évanouissent, comme muscades, pour reparaître aussitôt. Est-ce quelque échappé du potager de Gargantua, ce Chou haut monté sur sa tige, dont une feuille couvrirait un arpent? O surprise! Le noble crucifère, à la majestueuse allure, n'est qu'un légume flatteur; car, de lui-même il s'entr'ouvre devant la tribune officielle, et de son cœur s'échappe une nuée d'insectes multipliant les mines au pied du Sénat qui va décider de la sauce. Puis, c'est lui en personne, Gargantua, le mangeur infatigable, par les mandibules de qui fillettes ou garçons plus prestement passent que les petits pâtés de Rumpel dans la bouche d'un friand. Et le défilé continue entre les exclamations des uns, les lazzis des autres. Suivrons-nous ce Roc émaillé de crocodiles galants ou la Conque attelée de colombes qui porte Vénus, le Guignol à marionnettes humaines ou le Palais des Singes, le Manoir des Cartes animées ou la Cuisine du Renard? Il faut choisir, à moins qu'Argus ne nous prête ses cent yeux pour voir, Briarée ses cent mains pour décrire. Mais non, hâtons-nous plutôt de rabattre le bonnet classique et de hausser le masque à treillis! Déjà, au Château, floconne une légère fumée, suivie de détonation : c'est le canon du branle-bas.

*Des bonbons! des bonbons!* crient, à voix stridente, les vendeurs de plâtre colorié, tandis qu'à pleins cornets se débite leur poudreuse marchandise. Singuliers bonbons, durs à fondre, fort semblables aux dragées des mitrailleuses! Allons vite, quelques mesures de *confetti*, puis la besace au dos et l'écope au poing! Déjà les projectiles se croisent dans l'air. Sur l'avenue, sur les ponts, sur les quais, jusque vers la baie des Anges, partout Carnaval précipite ses troupes ou anime ses recrues; mais la rue Saint-François-de-Paule, le Cours, la Préfecture, avec son hémicycle de gradins craquant sous les dominos, demeurent le vrai champ de bataille, l'arène où vont s'accomplir les brillants exploits. Chaque maison y devient une forteresse, chaque balcon un ouvrage avancé d'où l'amidon roule en avalanche. Les murs sont verdis de guirlandes; des drapeaux flottent à tous les étages; de mâts en mâts courent des cordons de verres et de lanternes chinoises se balançant sous les oriflammes. A l'appui des croisées que rembourre le satin, que capitonne le camélia, se suspend la grappe des travestis multicolores. Partout où des rues coupent le *Corso*, des tribunes ont été dressées, les unes chargées de musiciens, les autres enlevées, comme les étages, à l'enchère la plus vaillante. Il est telle fenêtre qui se paye jusqu'à vingt louis. La rue semble une mer houleuse, la terrasse-promenade un bastion hérissé de têtes. *Des bonbons! des bonbons!* Il en pleut, et, courbé sous l'averse, un fourmillement de gavroches ne cesse de les ramasser pour les revendre. Et le combat fait rage, et les petites balles, dardées par le jonc flexible, volent en nuages serrés, montant et descendant, sifflant et crépitant, cherchant le défaut du masque, au grand dam des oreilles qu'elles cinglent, ou du cou par lequel, une fois entrées, elles se glissent un peu partout, les indiscrètes! Plus d'une jolie lutteuse regagnant, cette nuit, l'oreiller, en trouvera en étrange place. *Des bonbons! des bonbons!* Aux pelletées des chars les fenêtres répondent en éventrant des sacs. De breacks à landaus, de piétons à tribunes, ce ne sont qu'escarmouches. Les femmes surtout y excellent : chacune apporte dans la mêlée l'ardeur de son tempérament. Sous le frêle rempart du loup, les intrépides provoquent, frappent, ripostent, s'excitent, se grisent. Œil pour dent, fève pour pois: le talion est la loi du jour. Il est d'ailleurs tel combat singulier qui devient un singulier combat. Malheur au vaincu de revêche humeur! On le lapide. Trois fois malheur au chapeau de haute forme qui s'égare parmi les casques et les bérets! Cent coups de vessies vengeresses en ont fait, à l'instant, un accordéon. Rarement, d'ailleurs, le combat s'élève à ces hauteurs tragiques : s'il ne cesse parfois que faute de munitions, d'ordinaire il prend fin après quelques passes, le champion chevaleresque jetant à la lutteuse un bouquet, comme aveu de sa défaite. Car les fleurs sont aussi de jeu, et les pralines en papillotes, et les sachets odorants, mais non plus la farine, ni les flacons d'essences, ni les œufs qui, tolérés naguère et cuits par le soleil, gratifiaient le dos de la victime d'une trop déplorable omelette. Toutefois l'arme véritable, le projectile classique reste le *confetto*, semé en telle abondance que, la retraite sonnant, le niveau du sol s'en trouve exhaussé de plusieurs pouces. On dirait d'une grêle épaisse, un soir d'orage.

Et deux après-midi durant, le dimanche et le mardi gras, se livre ce combat, legs respecté de l'Italie; combat sans larmes, non sans éclats de rire, vif et cependant mesuré, courtois autant qu'ardent, où la police n'intervient que pour la forme et qui, partout ailleurs qu'à Nice, serait impossible en France.

Entre temps, principalement le lundi, veille de la clôture, Pierrot l'enfariné cède la place à Flore. C'est le *Corso dei Fiori, la Bataille des Fleurs*. Ici, la galanterie seule fait les frais de la journée. Tentes et tribunes se sont élevées au bord de la plage, tout le long de la Promenade des Anglais. Le masque a disparu avec la gibecière à plâtre : des fleurs, des fleurs, rien que des fleurs. Il y en a aux roues des chars, aux floquets des chevaux, à la boutonnière des hommes, au corsage des jeunes filles, à l'ombrelle et au chapeau des femmes. Le fouet lui-même, le fouet de l'automédon a fleuri, comme baguette de fée. *Mail-Coach* et *Four in hand* disparaissent sous les rubans ; telle *victoria* piquée de camélias rouges et de boutons-d'or n'est qu'un capiton de corolles. Tel char rustique, enseigne menteuse, voile, sous ses épis et ses pâquerettes, d'aristocratiques paysannes que la Briga n'a jamais connues. Sur deux files les équipages s'avancent, et de l'un à l'autre s'engage la poétique lutte dont les estrades prennent leur part. Le Roi de Wurtemberg, le Prince de Galles, sir Gordon Bennett, se distinguent dans l'action. De droite et de gauche, de haut, d'en bas, les bouquets volent, flèches odorantes auxquelles une faveur tient lieu de plume. L'œillet heurte en chemin la rose, la pensée fait bonne guerre au mimosa; ce projectile embaumé manque son but, cet autre frappe droit au cœur. Les corbeilles s'emplissent, les corbeilles se vident, l'air s'embaume de doux parfums; et tandis qu'aux sons des orchestres, sous un ciel radieux, en face de la plus riante des mers, cette fête du printemps s'accomplit, fleurs vivantes et fleurs mortes si étroitement s'unissent qu'on serait tenté de les confondre. Combien supérieure à la rude mêlée du *bonbon,* cette bataille galante des pétales ! La réalité joyeuse, mais un peu brutale, a cédé la place au rêve, et plus que jamais, en cette rencontre, nous tenons Nice pour inimitable.

Parlerons-nous du *Cercle de la Méditerranée* et de ses solennités musicales, de ces kermesses du Casino, embuscades de charité où si volontiers tombent les bourses généreuses, des galas du théâtre municipal, des concerts à étoiles... ou à nébuleuses, des tombolas à surprises, des soupers à buffets pantagruéliques, des *veglioni* masquant l'intrigue sous les barbes de la dentelle, de tous ces intermèdes sans fin qui, aux ébattements du jour unissant la volupté raffinée des nuits, créent pour l'étranger en extase une liesse ininterrompue de deux semaines? Honneur aux gais Niçois et gloire au roi Carnaval! Toutefois, comme il n'est pas d'éternelle royauté — même au pays de France, l'heure vient où l'absolu monarque doit déposer sa couronne, ainsi qu'un souverain vulgaire. Celui-ci, du moins, ne le fera pas sans éclat. Ne descend-il pas en ligne droite de Sardanapale? Ses chars, ses cavalcades, ses groupes ont subi la double épreuve du soleil et des lueurs électriques. Défilant pour la dernière fois sous l'œil impartial des commissaires, ils ont reçu leurs bannières ou leurs bâtons de folie : demain, ils encaisseront les beaux louis d'or[1]. Avec la nuit suprême, le cortège s'illumine, serpentant, long météore, dans les

1. Le Comité du Carnaval en distribue pour une quarantaine de mille francs, chaque année. Les Grands

rues inondées de lumière. Comme on a lutté de *confetti* et de fleurs, on rivalise de feux : les *moccoletti* s'allument, s'éteignent, se rallument tour à tour ; l'incendie joyeux court de proche en proche, moins ardent que l'entrain ; l'enfer, par une fissure, semble avoir lâché tous ses démons. Bientôt la flamme de Bengale broche sur ces ondoiements rouges; la colline s'irise de fantastiques reflets. Puis la première fusée monte, escortée de cent autres. Les chandelles romaines s'entre-croisent, les serpenteaux crépitent, les bombes trouent le ciel, les palais d'artifice s'incrustent de rubis, de saphirs, de topazes... et tandis qu'avec l'éblouissante floraison du bouquet final tous les astres paraissent ruisseler ensemble, — au bruit du canon qui tonne, aux cris du peuple qui se précipite, le sceptre vomit du feu, le trône bruyamment craque, et, flambant sous son dais de sapin, Carnaval s'abîme dans des torrents d'étincelles. Fin très digne d'un prince qui laisse des regrets à ses sujets, mais du moins les console par la certitude de sa résurrection. Plus sûrement que le phénix, il renaîtra de ses cendres : le Roi des fous est mort, vive le Roi!

Pas si mort d'ailleurs que cela, le malin! Comme il a eu ses précurseurs, il aura ses apôtres. Outre que la Promenade des Anglais est un turf ne chômant jamais, on peut être assuré que, du mercredi des Cendres jusqu'à la semaine pascale, va se dérouler une ample guirlande de matinées, de thés dansants, de luncheon-bar, de comédies de paravents, sans préjudice du reste. Partout les salons s'ouvrent, hospitaliers à l'envi. Citons plus particulièrement ceux des comtesses Braniska, Starzinska, de Cessole, de la marquise de Saint-Aignan, de lady Dundas, de M^mes^ Thompson, Howard, de Malaussena, de la jolie et recherchée baronne d'Adelsward. La musique a pour tenantes fidèles, pour merveilleuses interprètes parfois : la comtesse de Luzerna, dont la *villa Albertina* réunit une rare collection de tableaux et de sculptures ; la comtesse de Guïrky, très noble hongroise, belle-mère du comte de San-Albino ; M^me^ Desjoyeaux, mère d'un jeune compositeur de brillant avenir ; la marquise de Ligneries, musicienne de race ; la baronne d'Andreani de Werburg, une fille de Meyerbeer qui, dans l'archet du grand seigneur Autrichien, son époux, a rencontré un digne interprète du génie paternel ; puis encore, et surtout, cette comtesse de Reculot, née de Caux, dont la voix, l'une des plus belles du monde, outre que d'un style hors pair, enchante les habitués du féerique hôtel de l'avenue Dubouchage : véritable inspirée, celle-là, qui serait l'étoile de l'Opéra, si la naissance n'en eût fait l'astre radieux des fêtes aristocratiques. Les déjeuners d'étiquette, les dîners d'apparat, les somptueuses réceptions se réclament de « la Cour de Wurtemberg » aussi bien que de « la tour de Cimiès », résidence aux fresques superbes où préside M^me^ Evans. On les retrouve au logis du comte de Kersaint comme chez M^me^ Tchelicheff, chez la comtesse Gurowski de Veczèle comme sous les lambris de la comtesse de Ballore ou de la comtesse d'Aspremont, une châtelaine dont le manoir monte moins haut que l'amabilité, quoique, de la colline des Beaumettes, ses tours crénelées et ses ponts-levis dominent Nice tout entière. Il y aurait d'ailleurs péché à oublier l'élégante M^me^ d'Anzac donnant avec brio la réplique à son mari dans quelque proverbe de Musset lestement enlevé, et crime réel à ne nommer point M^me^ Hubert de Castex, l'exquise lettrée, chez qui l'esprit le plus fin relève, de son sel attique, le mérite d'agapes fort goûtées [1]. Toutes ces dames, et mainte autre par surcroît, se chargent de faire passer doucement à leurs invités le saint temps de pénitence. Les consulats ne boudent pas davantage : nous en appelons à l'hospitalité de la marquise Centurione ! Le travesti lui-même ose encore montrer le bout de sa batte, ne fût-ce qu'à la Mi-

Prix, variant de 1,000 à 5,000 francs, sont les suivants, par ordre d'importance : *Nice, Colonie Étrangère, Monte-Carlo, Prix des Dames, du Comité, des Hôtels, des Cercles,* etc.

1. M^me^ de Castex a écrit, entre autres œuvres remarquables, un *Trousseau de clés,* et publiait récemment, sous le nom de « Galerita », un livre de *Pensées;* régal des délicats.

Carême, alors que lady Caithness, en *Firmament,* groupe autour d'elle une resplendissante pléiade fière d'illuminer son Empire. Sous ses auspices ducales les Lettres tiennent leurs assises [1], à moins qu'elles ne se trouvent en déplacement vers le temple de marbre de la comtesse de Chambrun, aux heures où la patricienne-poète veut bien dire quelques-unes de ses inspirations près de Gustave Nadaud évoquant *Pandore,* ou de M$^{me}$ Conneau soupirant, avec l'âme, une de ses suaves cantilènes. Et que répéter qui ne soit connu, de celle dont l'inépuisable charité répand, chaque hiver, chez les pauvres, une pluie d'or, sœur de la pluie de perles tombée de ses lèvres? Grande dame qui fut une si grande artiste! Le Cercle de la Méditerranée, ce rendez-vous de l'élite, en gardera une durable mémoire. Nous y entendîmes un *Faust* que n'a jamais connu l'Académie de Musique, car dans la Marguerite de Gœthe et de Gounod s'était incarnée, pour un soir, la Sophie Cruvelli d'antan.

Les divertissements officiels eurent aussi leur ère de triomphe. Jusqu'à la chute de l'Empire, le palais préfectoral tint la tête du mouvement joyeux. M. et M$^{me}$ Gavini avaient rendu leurs réceptions célèbres; pas un prince du sang, pas un blasonné de l'esprit qui n'y fût reçu en roi. Plus spartiates, les préfets de la République se contentent d'un brouet plus simple, et si nous en exceptons M. et M$^{me}$ Henry Darcy, ces inoubliables dont la magnificence et le charme resteront légendaires, les représentants de l'État, depuis 1871, passent en général pour emprunter leurs rafraîchissements au Paillon. On ne les accusera pas, en revanche, de trop de sévérité sur les principes du libre mélange. Leurs galeries sont très ouvertes. Pourquoi non? Nice est la cité cosmopolite. Vingt peuples boivent à son fleuve de sable, affluent de la Néva; tous les ordres connus et inconnus jettent sur son diadème le reflet de leurs constellations. Des Russes, des Valaques, beaucoup de Roumains, quelques Anglais, des Allemands, des Yankees, des majors Portugais, des amiraux Suisses, des frères Siamois, des veuves du Malabar en rupture de bûcher, des petites dames et des petits chevaux, on trouve de tout, le long de ses rives, jusqu'à des Français : pandémonium curieux qui tient entier dans le premier acte de cette exquise *Dora* de Victorien Sardou. Et ils font bon ménage ensemble, tous ces *koff, noff, sky, ska,* onomatopées sonores accourues, *ab hac* et *ab hoc,* à l'appel du plaisir; car du plaisir, il y en a pour les goûts les plus divers, pour les âges les plus extrêmes, sans compter que nulle part autant qu'ici les extrêmes ne se touchent. L'octogénaire figurera, au besoin, dans un quadrille du Printemps et n'étonnera personne. Le soleil a des immunités : mieux que l'eau de Jouvence, il rajeunit tout.

Si, ayant à traverser Nice, nous y sommes entré avec le cortège d'une féerie, ce n'est ni hasard pur, ni vain caprice. Qui veut en avoir une exacte idée ne doit pas agir autrement. L'ancienne ville de « la Victoire » est et sera toujours la victorieuse, au champ clos des réjouissances bruyantes. Vainement ses rivales essayeraient de lui en disputer la palme. Elle y a goût, elle y prend peine. 170,000 francs de souscriptions ne lui coûtent pas pour assurer l'honneur de ses jours gras. Elle a, dans ses champs de course du Var, des *steeples-chase* à troubler le sommeil des *Wood* et des *Cannon,* — en sa baie des Anges, des régates où les chaloupes de nos escadres fraternisent avec les yachts des États-Unis et de la Grande-Bretagne. Ses tirs aux pigeons bénéficient des fusils de Monte-Carlo; son *Restaurant Français* vaut Bignon; son *London-House,* le Café Anglais. Ses hôtels [2] sont fournis d'ascenseurs, ses cirques riches de clowns. Ni les bons comédiens, ni les chanteurs de marque ne manquent à ses deux théâtres,

1. On sait que lady Caithness, duchesse de Pomar, a fondé et dirige *l'Aurore d'un jour nouveau.*

2. On range parmi les meilleurs : le *Luxembourg* et la *Méditerranée,* sur la Promenade des Anglais; le *Métropolitain* (ancien Hôtel Chauvin) et l'*Hôtel des Étrangers,* au quai Masséna; la *Grande-Bretagne,* derrière le Jardin Public.

dont l'un magnifique; Krauss et Patti daignent y vendre leurs trilles, et même assez cher. Si haut pourtant que ces dames se cotent, il s'y joue parfois des drames plus coûteux encore. Tel fut l'incendie qui servit un soir de prologue à la *Lucia* de Donizetti, prélevant sur la recette brute les vies d'une soixantaine de personnes[1]. Mais comme la salle brûlée sortit plus resplendissante de ses tisons, de même la rieuse cité a repris, de plus belle, sa marotte. Ici, un rayon suffit à essuyer les pleurs. Les jours coulent rapides à l'ombre du Mont-Boron, et les soirées encore plus. Si Cannes est une Rue de Varennes ensoleillée, sa voisine représente un coin du Boulevard de Gand émigré sous le ciel de Provence, avec tout ce qu'il comporte. Parlant d'elle, on a écrit le nom de « Babylone Méditerranéenne » : le mot est bien gros. Nice est simplement l'hôtellerie indulgente et facile du frileux qui aime à se divertir.

En revanche, les amoureux du repos se trouveraient quelque peu dépaysés dans ce vertigineux va-et-vient d'une agglomération de 78,000 âmes[2] qui, l'hiver, monte à cent et s'élève au delà, dans la folle semaine. Un terrain semé de tant de fleurs n'est pas bon à tous les pieds. Que de talons en péril de tourner! Le rêveur y noue malaisément le fil de ses pensées; plus léger que la plume au vent, l'agent de change trop volontiers y échappe à l'ami des placements sûrs; l'ennemi de la politique risque d'y coudoyer le politicien à revolver; les jeunes filles, en quête d'époux, n'ont guère plus de maris à y cueillir que de leçons de morale à y prendre, et le malade qui ne craint pas le bruit doit s'y défier, à tout le moins, des âpres courants, fils des sommets. La neige est proche, à vol d'oiseau : elle blanchit, là-haut, ces crêtes alpestres où le col de Tende se découpe avec tant de majesté. Délice des yeux, elle est moins goûtée du poumon, soit que, visiteuse inopportune, elle descende tout à coup vers la plage, soit qu'amante glacée, son baiser ait refroidi les souffles dont le lit torrentueux du Paillon demeure le couloir breveté. Car il sert à nombre d'usages, ce légendaire Paillon : à mouiller la membrane pituitaire ou à sécher le linge, à coller des affiches, à paître les troupeaux, à nourrir l'autruche de ses cailloux et à en fournir les électeurs pour s'entre-lapider, à tout enfin, hormis à charrier l'eau absente. Menue querelle d'ailleurs faite à une aimable cité; dixième de cuivre nécessaire, comme alliage, à l'or vierge dont la reconnaissance des lunes de miel en déplacement lui frappe incessamment médaille.

Avenue de la Gare.

Et puisque aussi bien les tentures sont repliées et les estrades sous la remise, profitons-en pour voir Nice en costume de semaine. Possède-t-elle des monuments? Au sens propre du mot, non! Mais de superbes rues, dans les quartiers neufs, et, dans ces rues, quelques belles constructions. A peine a-t-on quitté le wagon et côtoyé l'imposante ligne d'eucalyptus dont se voile le

1. 23 mars 1881.
2. 77,478 habitants.

trottoir, que les adjurations des cochers vous appelant « monsieur le comte », le fouet des omnibus, le sifflet des tramways, vous révèlent la présence d'une grande ville. Entre sa double rangée de platanes à hautes tiges, l'avenue de la gare se déploie, vaste boulevard coupé de voies transversales, qui traverse lui-même, de part en part, la nouvelle colonie, et, de chaque côté de sa ligne droite, échelonne bazars, hammams, brasseries, magasins parisiens et cafés somptueux. L'église néo-gothique de Notre-Dame, œuvre due aux prédications du père Lavigne, le Crédit Lyonnais, vrai palais de marbre, peuvent y compter parmi les plus remarquables édifices. Entre eux et à proximité s'ouvre la Bourse, petit temple de style grec où de retentissants procès ont prouvé qu'en effet *le grec* fut quelque temps ce qui y manqua le moins.

Comme la rue de Rivoli, à Paris, cette avenue, qui en rappelle d'ailleurs un peu les proportions, se termine par une série d'arcades; et la comparaison amène fort à propos ce nom glorieux, puisque nous aboutissons, avec lui, à la place Masséna ainsi qu'au square où s'élève la statue de l'illustre maréchal. Centre du mouvement, cœur sans cesse battant d'où partent, comme des artères, les quais Saint-Jean-Baptiste et Masséna, cette maîtresse place également à arcades voit ses anciennes maisons pâlir, malgré leur badigeon colorié, devant le splendide Casino semi-Romain, semi-Renaissance, qu'on jetait hier sur le Paillon, comme pour cacher la nudité du fleuve sans eaux et sans roseaux. Flanqué d'ailes en retour où la mosaïque se marie à la brèche veinée, son triple pavillon offre un assortiment complet de séductions, — jardin d'hiver, théâtre, salles de concert et de lecture, cercle aux matinées dansantes et taverne Russe, restaurant, cafés, promenoirs extérieurs, toutes choses qui, malgré la siccité du voisin, n'ont pas empêché, croyons-nous, les premiers bailleurs de fonds d'y noyer bien des illusions. Le krach est un phylloxera voyageur qui s'accommode de tous les terrains : la vigne Niçoise paraît lui plaire beaucoup, depuis quelque temps.

Port de Nice. Rives du Paillon.

Place Masséna.

L'image du duc de Rivoli se dresse sur un square, derrière le Casino. Le mousse devenu prince[1] — encore *un Enfant de la Victoire*, celui-là — a été fondu par Carrier-Belleuse, d'un jet

1. Le Prince d'Essling est né à Nice, le 6 mai 1758.

de ce bronze que notre héros s'entendait si bien à faire parler. En habit de combat, tête nue et botté, le pied sur un canon, la main étreignant la poignée de son sabre, il semble humer l'air, comme pour y chercher l'odeur de la poudre. Les bas-reliefs du piédestal rappellent ses exploits de Gênes et de Zurich : des couronnes d'airain s'y suspendent, une grille de fer l'entoure, et, penchée vers le socle, l'Histoire y grave un mot, un seul : MASSÉNA. Ce mot suffit.

Ce qui est de trop, c'est le pinceau trempé de couleur noire qui a sali la pierre, en traçant dessus un *evviva Garibaldi*. L'ermite de Caprera n'a rien à voir en ce bosquet. Nous savons que le pays de Nice fut son berceau, comme il fut celui de l'agitateur Blanqui, comme il est le sépulcre de Gambetta le tribun. Mais nous savons aussi qu'il ne faut pas confondre les gloires, dans le voisinage de Clio ; car le moindre risque, à ce jeu, est que, de son burin justicier, la Muse ne crève l'enflure de renommées trop exubérantes. N'est-ce point assez que, non loin d'ici, dans l'ancien Champ de Mars des Romains, l'aventureux *condottiere* se soit taillé la place et planté les jardins que nous traversons ? Bientôt même, il y aura sa statue. En revanche, on lui a détruit son toit. Par *la Rue de la République* — chemin tout indiqué — nous arrivons à ce qui fut la maison de Garibaldi. On pouvait encore y pèleriner, il y a peu de temps. Les nécessités de l'élargissement du Port ont emporté la relique. On n'en retrouve plus que l'aire destinée elle-même à disparaître bientôt sous le flot. Les fervents devront se contenter d'une station devant les persiennes rouges de la petite villa de Gambetta père, à la montée de Villefranche.

Serré entre les pentes du Mont-Boron et le massif du Château, il est étroit, en effet, ce Port de Lympia, pour la forêt de mâts qui s'y presse. *Lympia !* un joli vocable, reflet des claires fontaines qui sourdent alentour. L'abri y est sûr, la darse heureusement incurvée, la profondeur suffisante ; mais un accès assez ardu et de trop exiguës dimensions, malgré les restaurations successives opérées depuis que le roi Charles-Emmanuel III y posa la première pierre, rendaient indispensables les travaux en cours d'exécution. Des steamers y chauffent, à jours fixes, en destination de l'Italie et de la Corse : un phare en éclaire l'entrée.

Du pied de la statue de Charles-Félix qui fit ce Port franc,— car Nice a ses marbres royaux comme elle a ses bonnets phrygiens, — le regard enveloppe, par-dessus les mâtures, toute la colline de *Mont-Boron* étoilant de blanches façades ses vertes déclivités. Là, s'étagent les villas *Frémy, Rimsky-Korsakoff, Haussmann,* (*Kotchoubey* aujourd'hui) .. et, à la pointe extrême du cap, miroite cette agglomération de bâtisses

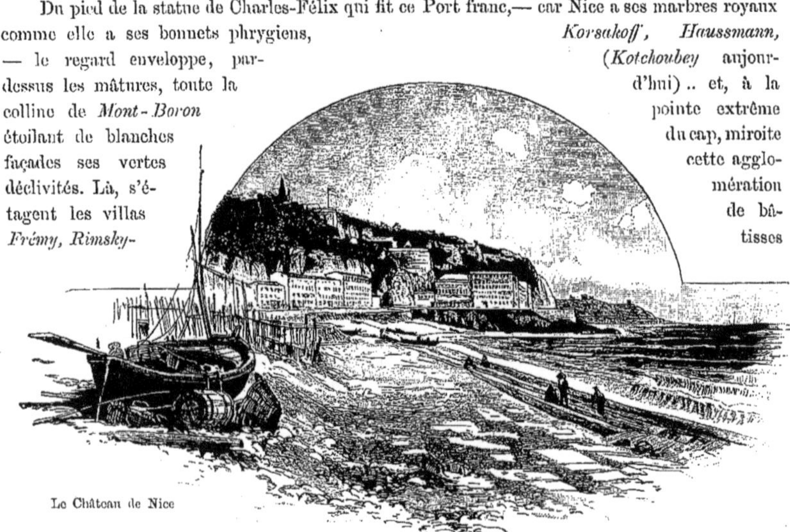

Le Château de Nice

aussi disgracieuses que bizarres, qui n'est ni un château, ni un palais, ni une tour, ni un bastion, ni une villa, ni une pièce montée, ni un gâteau de Savoie, ni rien qui ait un nom dans aucune langue : cascade aride de murs et de terrasses escarpées roulant du promontoire à la mer, âpre décor planté sans goût sur un roc sans herbe, qu'on appelle « la folie Smith », *Smith's foly*, faute d'une autre désignation, et bien que cette aberration singulière ait changé deux fois de titulaire, depuis qu'elle sortit du cerveau d'un fils d'Albion, son criminel auteur. Est-ce pour donner une leçon à ce fantasque que Victorien Sardou, choisissant la pente opposée, vient de jeter, sous forme de substructions Babyloniennes, les fondements d'une œuvre aussi accomplie, en son genre, que peuvent l'être, dans le leur, *la Haine, Patrie* ou *Rabagas?* Ces arcades rappelant, par leurs moellons à prismes, le fameux *Palazzo dei Diamanti* de Ferrare, serviront d'assise à une demeure unique dont l'enceinte, entre autres merveilles, doit renfermer, dit-on, certaine salle de spectacle où *la première* ne manquera pas de quelque ragoût. Des escouades de carriers, acteurs du jour, sont occupés, en attendant, à faire jouer la pince dans le flanc de la montagne. Pitié des voisins ! Ils vont rentrer dans la coulisse. Mais en dépit de l'art des Rubé appelés à combiner les maquettes de la *villa Dora,* aucune toile de fond n'y vaudra jamais les horizons que s'est ménagés sur les golfes, les caps et les lointains Estérels, celui dont le brillant caprice pourrait bien avoir ainsi préparé, à son profit, le socle d'une statue de l'avenir.

Quai Masséna.

Le touriste n'ayant qu'une heure à dépenser dans Nice la devrait au *Château.* Ce roc isolé, debout en pleine ville, qui semble pleurer les larmes des choses, alors que, de sa cime, les eaux de la Vésubie se brisent en poussière à ses pieds ; ce roc, si vieux, qu'il s'en détache parfois des fragments mortels aux riverains, fut tour à tour acteur ou témoin du drame mouvementé dont deux mille ans d'improvisations diverses multiplièrent les scènes autour de lui. Au cadre de l'histoire générale, il a son histoire propre. Nous y touchons, puisque l'une de ses faces surplombe le Port, au quartier des Ponchettes. Montons-y. Ses allées ombreuses nous entretiendront du passé, et dix minutes au balcon de sa lumineuse plate-forme nous en apprendront plus sur la topographie de la ville, que deux jours de courses à travers le labyrinthe des rues.

Le Passé ! un sol si profondément pénétré de débris antiques en dirait long, si, comme les joncs du roi Midas, il pouvait parler. Long fut en effet pour lui le travail de l'alluvion humaine, entre la colonisation du Massiliote Phocéen[1] et le plébiscite de l'annexion Française[2]. Le vieux Ligure marqua de son sang la nouvelle enceinte et le nom de la cité naissante immortalisa sa défaite. C'est sur ce sommet où nous gravissons que les vainqueurs assirent leur conquête :

1. 350 ans avant l'ère chrétienne.
2. 22 avril 1860

NICE A VOL D'OISEAU.

fidèles à Rome et protégés par elle, ils surent s'y maintenir. Combien de vagues depuis, dont ce roc soutint l'effort! Il a vu passer la Poppée de Néron et la Cornélie Salonine de Gallien, lui demandant toutes deux la santé : belle réclame pour les médicastres d'alors! Il a vu Cimiès[1], sa puissante rivale, faire tomber les têtes de ses premiers pontifes, puis tomber, à son tour, sous le fer d'Alboin. L'épée de Charlemagne l'a gardé des Sarrasins ; d'un éclair de son glaive, Grimaldi acheva de les en chasser. C'est de sa cime que partit la flèche dont Raymond Bérenger, deuxième du nom, périt dans un assaut; c'est à ses flancs que s'incrusta, dès le XIII^e siècle, la plus formidable citadelle qui ait plané sur la Provence. Son enceinte enfermait des places, des palais, des églises. Les libertés municipales y verdirent et y séchèrent tour à tour : le bruit des querelles Guelfes et Gibelines éveilla plus d'une fois ses échos. Ce Château connut Charles d'Anjou et Jeanne de Naples, les pluies de sauterelles et la famine, la foudre et la peste... jusqu'à ce que la Croix blanche de Savoie se plantât sur lui, si solidement cette fois, qu'à part de courtes éclipses, elle y brilla cinq cents ans. Ni François I^er, ni Charles-Quint ne purent l'en détacher : *Il faut tenir!* était la devise de ses défenseurs, et le roc tenait, au milieu de toutes les tempêtes. Les femmes, au besoin, donnaient l'exemple du courage. La Jeanne Hachette Niçoise, Catherine Ségurane, y taille un piédestal à son sexe[2], quand, réveillant la garnison surprise par les corsaires de Barberousse et s'élançant vers la brèche où le Turc cloue déjà le croissant, elle le lui arrache d'une main, — de l'autre, lui fend la tête, et sauve ainsi l'honneur du bastion Sincaïre. Guise faillit en avoir raison..., mais c'était Guise. Puis Catinat survient, qui fait sauter ses poudrières, emportant neuf cents hommes dans un seul tourbillon de pierres, de canons, de débris : fracas horrible perçu à trente lieues au large, effrayant cataclysme à travers lequel la citadelle, éventrée et perdant ses entrailles, lutte trois jours, puis se rend..., mais au Grand Roi. « Louis XIV, par la grâce de Dieu, Roi de France et de Navarre, *Comte de Nice* » : ainsi le Sénat local libella un instant ses décrets. Pourtant le géant était toujours debout! Il avait relevé ses courtines. Par malheur pour lui, sa bouche vomit à nouveau contre la France d'imprudentes menaces. Huit mille bombes appuyées de soixante mille boulets lui donnent la réplique, après quoi, résolu d'en finir, Berwick jette les forts sur les murailles et les murailles dans la mer. En échange d'un peu de gloire évanouie, Nice gagnait beaucoup de repos.

Que va-t-il encore nous dire, ce rocher fatidique? Nous parlera-t-il de Bonaparte, capitaine d'artillerie ou de Bonaparte général, car il les salua l'un et l'autre; du premier plébiscite qui lia son sort au nôtre[3], ou du double passage de Pie VII; de Charles-Félix faisant sortir un jardin de la poussière de ses créneaux, ou de Charles-Albert passant une dernière nuit à son ombre[4], quand le vaincu de Novare prenait le chemin de l'exil? Non! Il n'a gardé de ses foudres que le pacifique canon qui donne le signal des fêtes. Sa voix se tait et se taira désormais; elle s'est librement éteinte dans le bruit des vingt-sept mille voix qui, par un vote unanime[5], ratifiant le traité de Turin, ramenèrent Nice à la France, comme une fille aux bras de sa mère.

Charmante fille, en vérité, que Napoléon III nous a rendue, avec tout un comté pour dot! Lorsqu'en vingt ou trente minutes de méandres circulaires parmi les lauriers et les bosquets de myrtes percés de trouées sur le vide, on atteint l'escalier de la plate-forme et que, des trois cents pieds où se suspend son balustre l'œil embrasse la ville, la mer, les vallées et les montagnes, il est difficile au moins enthousiaste des blasés de retenir l'exclamation admirative échappée à

1. *Cemenelum.*
2. Attaque de Khaïr-ed-din Barberousse, grand amiral du sultan Soliman, 15 août 1543.
3. 9 décembre 1793.
4. Mars 1849.
5. 27,003 *oui* contre 345 *non.*

l'Empereur en 1860. « Que c'est beau ! » s'écriait-il, oubliant la foule qui l'acclamait. Que c'est beau ! répéterons-nous, à notre tour. Ce n'est plus la victorieuse seulement, c'est *Nizza la Bella* qui s'offre à nous, mollement couchée sous ses collines d'orangers; c'est la frileuse exquise livrant une épaule nue aux caresses du soleil, tandis que, du bout de son pied, elle ride, en se jouant, le miroir d'un incomparable flot. Asseyons-nous vite à l'ombre d'un caroubier, et, de ce siège idéal, voyageons sans fatigue dans le champ qui s'ouvre à notre vision.

La mer, d'abord ! D'une courbe gracieuse, elle s'arrondit à nos pieds, unie comme une glace, zébrée de mille chemins éclatants. On la nomme *Baie des Anges* : « des Anges », soit ! Si, n'étant d'ailleurs pas trop collets montés, ceux-ci consentent en outre à porter de solides chaussures. Car, sur cette plage, les durs galets remplacent le sable velouté de Cannes. Qu'importe ! une frange d'écume blanche festonne si moelleusement l'âpre cailloutis, que volontiers on oublie ses rudesses. Il manque aussi à cette rade, veuve de bateaux, la gaieté que l'essaim volant des tartanes donne à celle de Napoule. Mais l'onde piquée d'escarboucles y est d'une si chatoyante opale, que son reflet seul suffit à ravir. Une tache ronde en roussit l'éclat, tout près du rivage ; le feu — encore le feu ! — y a laissé sa trace, quand il dévora, une veille d'inauguration, le dôme et les clochetons du casino marin dont il ne reste que les pilotis. Plus loin, ce ruban jaune qui, rayant la nappe transparente, semble vouloir prolonger l'arc du golfe, est la trace torrentueuse du Var en train de rouler au large son limon. Le cap d'Antibes se profile au delà ; puis un azur un peu plus sombre estompe, vers l'horizon, les vaporeux contours de l'Estérel. Les compatriotes de Lord Brougham, inspirés par la charité, n'eurent point trop mauvais goût, il faut l'avouer, lorsqu'ils choisirent cette plage, en 1822 [1], pour y asseoir, sur une longueur de deux kilomètres, la jetée connue dans l'univers sous le nom de *Promenade des Anglais*. Déjà les ducs d'York et de Brunswick l'avaient devinée, dès 1764. La France, qui reprit à son compte l'œuvre Britannique, l'embellit singulièrement, et elle entreprend de la compléter par une addition de parcours étendu jusqu'à la Californie d'abord, bientôt jusqu'au Var. Idée grande sans doute, trop grande peut-être. Nous voyons bien la promenade : mais les promeneurs? Pour remplir cet espace encore vide de maisons, d'arbres et d'humains, il conviendrait d'immobiliser les cinquante mille curieux de supplément qu'attire, bon an mal an, l'appât des jours carnavalesques. La nouvelle et habile municipalité [2] prendra un arrêté dans ce sens, n'en doutons pas. Elle pourrait, du même coup, interdire le droit de visite à la vague qui parfois usurpe sur les promeneurs, et de terrible façon [3]. En attendant, de deux à cinq heures, chaque après-midi, le *high-life* passe et repasse entre les haies de lauriers malingres et les villas un peu papillotantes de l'ancienne jetée. D'ici, avec une bonne lunette et une volonté meilleure, nous pouvons assister au défilé des équipages, au galop des amazones, à la fantasia des écuyers, aux frasques des poneys, au coudoiement des piétons, au *flirt* des chaises avec les bancs, et percevoir aussi les accords mourants que nous envoie le kiosque à musique installé sous les ombrages du *Jardin Public*.

Ce Jardin, ou vaste square, qui clôt la promenade vers l'embouchure du Paillon et se relie à la place Masséna par une ceinture de palmiers contournant le torrent, nous donne une toute autre idée de la végétation Niçoise que la maigre frondaison de poteaux télégraphiques et d'arbustes poitrinaires espacés en bordure le long de la grève. Ses dattiers Africains, ses myrtes arborescents, les massifs de caroubiers et de poivriers à grappes rouges retombant autour de son

1. Leur principal but, dans cet hiver rigoureux, fut de procurer de l'ouvrage aux pauvres.

2. M. le comte Alziary de Malausséna a remplacé, depuis peu, comme maire de Nice, M. Borriglione, député des Alpes-Maritimes.

3. Trois fois, en sept ans, la mer a envahi les villas de la rive opposée, saccageant tout sur son passage : le raz de marée du dernier hiver, précurseur des tremblements de terre de février, fut de beaucoup le plus sérieux.

bassin, trouvèrent un précieux humus dans la vase des roseaux qui ondulaient naguère à cette place. Car un marais a dormi là ; du moins, les chroniques l'affirment. On y chassait alors avec succès la bécassine et la poule d'eau ; c'est une autre sorte de gibier qu'on aurait chance d'y lever aujourd'hui, et il conviendrait de changer le métal du projectile.

Appuyons-nous maintenant au balustre. A pic notre regard va plonger sur la vieille ville, volant de proche en proche jusqu'à la cité neuve.

Ces chevauchements de tuiles creuses noircies que nous atteindrions d'un jet de pierre, ces superpositions de toits ressemblant à de sombres vagues immobilisées, ces carrefours de misérable, mais pittoresque aspect, ces rues rapides, pressées, enchevêtrées, à peine fendues, où le jour ne pénètre guère et le soleil jamais, ces coupoles au vernis de pourpre et d'or, ces clochers, ces campaniles à horloge, ces portails, ces terrasses-promenoirs établies sur maisons basses entre la poissonnerie et la mer — sa fournisseuse, ces hautes façades plates et coloriées où le pinceau seul accuse des reliefs enfantins, ces persiennes couleur épinard au travers desquelles sèche la loque des gens et se balance la cage des oiseaux, — tout ceci, c'est la rive gauche du Paillon, c'est l'Italie.

Et puis, là-bas, de l'autre côté du pseudo-fleuve, ces longues et larges voies macadamisées, tracées à l'équerre, tirées au cordeau, dont les grandes bâtisses blanches coiffées d'un vermillon criard reflètent le soleil et, par leurs béantes ouvertures, laissent ruisseler en torrents la lumière et la chaleur, — c'est l'œuvre routinière de nos modernes architectes, c'est la France.

Le Jardin Public.

Une simple passade en victoria suffit pour ces places, pour ces boulevards nés ou naissants, sagement plantés, correctement bâtis, qui, semés de jardins, d'hôtels, de villas valant souvent des palais, prolongent l'avenue de la Gare ou la coupent à angles droits, et, par leurs dénominations plus ou moins heureuses, consacrent des gloires, des notoriétés, parfois la mémoire d'un bienfaiteur : *Gioffredo, Pastorelli, Dubouchage, Victor Hugo, Gambetta*,... d'autres encore, meilleurs ou pires.

On ne saurait traiter d'une façon aussi sommaire les vieux quartiers dignes de visite moins superficielle, et dont nous tenons sous notre objectif les piquantes curiosités : soit qu'il s'agisse de l'Hôtel de ville ou du palais Lascaris, de la demeure délabrée des comtes de Robion ou de la Cathédrale Sainte-Réparate, — une coupable qui croula un jour sur son évêque[1]; soit que près de ces terrasses des Ponchettes si chères jadis aux Niçois, nous surprenions, aux allées du Cours, le curieux marché de fruits et de légumes qui chaque matin s'y tient; soit encore qu'embrassant, par ses pointes extrêmes, cette rue Saint-François-de-Paule désormais en possession d'héberger Carnaval, nous nous arrêtions devant les statues de son théâtre polychrome, ou qu'il nous plaise d'y dénombrer les hôtes diversement fameux qu'elle logea tour à tour : Robespierre jeune, Barras, Fréron, duc de Biron, Kellermann, Brunet ou... Bonaparte.

N'oublions pas, en traversant le Cours, de nous incliner devant le palais des anciens Gouverneurs, non pas tant pour honorer le tricorne des célèbres proconsuls du jour, qu'en mémoire d'autres personnalités, assez notoires également, qui plus ou moins y prirent pied, en ce siècle, et s'appelèrent Napoléon Ier, Pie VII, Charles-Albert, Victor-Emmanuel, Alexandre Ier, Napoléon III.

Des collines vertes criblées de gais cottages ou sanctifiées par des couvents point trop rébarbatifs, — les Ursulines, Cimiès, Saint-Pons ; des gorges romantiques, comme Saint-André, — d'aériens villages, comme Falicon ; le Mont-Chauve cachant son fort dans les nuages, et le Mont-Gros en quête d'étoiles, et le Vinaigrier, en disette de bons vins, et le Mont-Alban, fleuronné de son castel, et le Mont-Boron, paré de ses villas ; puis derrière toutes ces cimes de second ordre, les Alpes dénudées, majestueuses ; enfin, par une échancrure formant fenêtre, trois ou quatre pitons ouatés d'une neige qui ne fond jamais, — voilà, riant et sévère tout ensemble, le cadre de ce tableau achevé sur lequel la Méditerranée jette son voile tissé d'azur. Et entre temps, à travers la campagne où il est censé couler, nous l'apercevons lui, toujours lui, le Paillon, qu'on a beau enchaîner sous des ponts, masquer sous des jardins, écraser sous des casinos, et qui reparaît de plus fort, s'enorgueillissant, après plus de trois cents ans de soif, d'avoir su déborder une fois[2]; il est vrai que, largement abreuvé cette fois-là, il emportait la moitié de la ville, aux tourbillons de son ivresse.

Nul spectacle si beau, qui ne prenne fin. En redescendant par le berceau d'ifs et de cyprès dont s'assombrit le flanc septentrional de ce roc, nous nous arrêtons, à mi-côte, devant l'enceinte du campo-santo. Une femme est assise à la porte, tricotant paisiblement et qui s'offre sans tarder à nous conduire vers la tombe de Gambetta. Ni la mère de Garibaldi, ni Anita, l'héroïque compagne du chef de bandes, ensevelies toutes deux en cet asile, ne peuvent lutter de vogue avec le nouveau venu : c'est l'ombre du dictateur qui fait prime ici. Sa sépulture est d'ailleurs facile à trouver. Vers le centre de la terrasse supérieure, se dresse une sorte de pyramide Égyptienne aux larges proportions. De simples voliges passées au noir de fumée y remplacent le granit des Pharaons. Il est vrai que ce sapin n'est qu'un bois d'attente. Des couronnes jaunes,

1. Mgr Désiré de Palettis, 1658.
2. En l'année 1530.

Le Cimetière.

blanches, noires, en jais ou en immortelles, nues ou sous verre, revêtent les quatre faces de la pyramide, agrémentées de regrets assortis. Il y en a de toute provenance et de toute rhétorique : villes et sociétés, comités radicaux et lycées ont pareillement donné. Deux fourgons amenèrent de Paris ces funèbres palmes. Quelques auvents de fer-blanc, construits à l'économie, s'efforcent de protéger les plus précieuses ; mais le soleil et la tempête en ont déjà raison. Égrenés, fanés, montrant la corde avec la paille, ces pauvres trophées de la Mort meurent à leur tour. Les lambeaux de crêpe décoloré flottent au vent, et, au pays des fleurs, quelques soucis moroses poussent seuls dans les herbes d'alentour. Les anges de marbre qui pleurent sur les tombes voisines semblent prendre en pitié ce délaissement. Ah! plus que jamais la ballade a raison : ils vont vite, les morts! Hugo a passé depuis, dans une apothéose, et ses immortelles n'avaient guère meilleure mine aux degrés du Panthéon. Il est vrai que son génie lui a mis au front des palmes moins périssables.

Où d'ailleurs le tribun prend sur le poète une éclatante revanche, c'est dans le choix de la demeure. Les humides caveaux dont Olympio dépouilla Sainte-Geneviève ne vaudront jamais, pour dormir, cette plate-forme radieuse. La ville, les fleuves, la mer bleue et les monts violacés, est-il plus souhaitable horizon ? Elle voit tout cela, la noire pyramide, et de toutes parts elle est vue, sinistre, comme l'époque personnifiée dans celui qu'elle garde. Au-dessous d'elle, car elle ne fait que marquer la place où surgira le monument, on a provisoirement déposé dans la tombe de famille les restes... ou plutôt ce qui reste du laboratoire : couche étroite pour qui rêvait si grand. Un vase de marbre la surmonte. Le crayon du visiteur y a libéralement épandu les regrets. Mais, entre tous, ce quatrain bucolique, gravé sur plaque de carrare, nous semble mériter une mention :

Il est là couché sous la terre,
Et fatigué de ses labeurs,
La nuit, son âme solitaire
Vient goûter le parfum des fleurs.

On se représente bien en effet l'ardent orateur marivaudant avec la pâquerette ! Qu'il soit pardonné aux poètes de bonne volonté... comme la France pardonnera peut-être beaucoup à cet autre Varron, parce qu'un jour il n'a pas désespéré d'elle.

Nous avons rejoint la ville. Une course à travers de vivants parterres chassera les tristes pensées. D'ailleurs la tristesse est-elle de mise dans cet éclat et dans ces fleurs ? Les fleurs ! Partout il y en a ; mieux que Florence, Nice mériterait d'en retenir le nom. Entre les trois brins de violettes que la petite bouquetière vous jette en passant, et les adorables fantaisies de ces lyres ou de ces corbeilles dont s'émaillent les éventaires, il n'y a place ni pour l'hiver, ni pour la mélancolie. Établi à Nice depuis 1854 jusqu'à son exode vers Saint-Raphaël, l'auteur de *Sous les Tilleuls* n'a pas peu contribué à cette mise en valeur des corolles. Il en fut comme le révélateur, et longtemps Paris se disputa ses envois. C'était l'époque où Lamartine adressait à *Alphonse Karr jardinier* des vers tout imprégnés de balsamiques senteurs :

... Nice t'a donc prêté le bord de ses corniches
Pour te faire au soleil le nid d'algue où tu niches ?...
On dit que d'écrivain tu t'es fait jardinier ;
Que ton âne au marché porte un double panier ;
Qu'en un carré de fleurs ta vie a jeté l'ancre
Et que tu vis de thym au lieu de vivre d'encre ?
On dit que d'Albion la vierge au front vermeil,
Qui vient comme à Baïa fleurir à ton soleil,
Achetant tes primeurs de la rosée écloses,
Trouve plus de velours et d'haleine à tes roses ?
Je le crois ; dans le miel plante et goût ne sont qu'un :
L'esprit du jardinier parfume le parfum.

Aujourd'hui encore, près du Jardin Public, le nom de Karr s'inscrit en lettres de cuivre, comme mémoire et porte-bonheur, sur la vitre de la bouquetière qui continue son odorant commerce.

Cannes possède un incomparable artiste, Solignac, qui, dans la science de grouper les tiges, demeure sans rival; les Labrousse et les Vaillant-Rozeau ne lui viennent point à la racine. Mais ses boutonnières de corsage, ses guirlandes de bal, ses paniers-glaneuses ou ses miroirs encadrés ne sont pas le lot de tout acheteur. C'est un délicat ciselant pour clientes armoriées, un inspiré floral que les princesses de la Maison de France tiennent en particulière estime. A Nice, au contraire, la fleur est l'apanage du peuple. Elle se fait bonne fille, elle se démocratise sans perdre son parfum, et l'ouvrière en jouit tout comme la grande dame, la trouvant à portée de sa bourse. Des panerées de violettes doubles arrivent chaque matin sur le marché, écloses aux tièdes abris de Vence ou sous la pyramide élancée de Saint-Jeannet. Les jardins de la banlieue ne chôment

RÉSIDENCE DU ROI DE WURTEMBERG ET CHAPELLE DU CZAREWITCH.

pas non plus. Le camélia et la rose s'y multiplient, cependant que cent villas rivalisent entre elles à qui peindra le sol des plus vives couleurs, à qui saura le mieux embaumer les brises flottantes de la plage[1].

Moins belles que celles de Cannes, surtout d'un goût moins pur, les villas de Nice offrent, en revanche, une moyenne de végétation plus puissante. On y sent la priorité de date. L'énumération en serait fastidieuse, sans compter qu'inutile. Sauf M. Bermond et deux ou trois propriétaires aux grilles ouvertes, le surplus, s'inspirant des doctrines chères aux filles d'Hespérus, s'octroie un luxe de dragons qui, pour n'avoir qu'une tête, n'en sont pas moins incorruptibles. L'école d'Ennery multiplie ses disciples à l'encontre de l'hospitalité Cannoise. Il faut demander, par lettre, une permission difficilement obtenue, dont s'abstient en tout cas l'hôte d'un jour. Citons cependant, sur cette Promenade des Anglais où logèrent le dey d'Alger et Meyerbeer, les maisons *Stirbey, Avigdor, Diesbach, Lyons,* — qui fut occupée par l'ex-Roi de Bavière, *Carlone,* où, de 1812 à 1814, résida Pauline Borghèse, et recommandons, aux autres quartiers :

La villa *Frémy,* route de Villefranche, dans laquelle notre excellent collègue du Corps Législatif reçut, il y a peu d'années, S. M. l'Impératrice Eugénie ;

La villa du *comte de Chambrun,* autre membre du Parlement Impérial, qui cache sa retraite aristocratique dans le fond d'un parc aux prairies vallonnées, aux cascades alpestres, au prodigieux escalier évoquant, par l'ampleur de ses soixante marches, un ressouvenir du Trocadéro, et conduisant vers ce temple de marbre et de bronze, rival superbe de ceux qui embellissaient la Rome d'Auguste, le Tibur d'Horace ou l'Athènes de Périclès[2] ;

Les villas *Boutau,* du boulevard Carabacel, maisons très simples, reliées entre elles pour l'installation du Roi de Wurtemberg qui, depuis deux saisons, y mène une toute aussi simple, mais pourtant royale existence, près de son auguste compagne, cette Olga Nicolaïevna dont la réputation de beauté fut sans rivale parmi les princesses de son temps ;

Le *Château Valrose,* au canton de Brancolar, création du baron von Derwies, le bizarre enchanteur déjà rencontré par nous sur la colline de Trevano[3]. Là-bas, autour d'un palais renouvelé d'Aladin, il avait peuplé de statues des jardins fantastiques où son irrésistible incantation semblait, entre mille surprises, pouvoir faire descendre, à son gré, toutes les étoiles du firmament. Il offrait, ici, à ses invités, le régal plus rare peut-être d'un orchestre de soixante-cinq musiciens hors pair, disciplinés par lui, payés par lui, et qui, attachés à sa personne, ne relevaient que de ses caprices de dilettante. Combien distancés, Duilius et son joueur de flûte ! Songez aussi... Soixante-deux mille francs à dépenser par jour ! Voilà de quoi imposer l'harmonie aux plus rebelles. Tout finit, même les chansons. Jalouse d'être oubliée, la Mort se rappela un soir au concertant : double malheur pour le Midas russe et pour Nice qui s'entendait fort à canaliser son métal. Si bien qu'aujourd'hui le superbe édifice aux toits d'ardoises est sombre et muet; si bien que les grilles que quatre cents visiteurs franchissaient dans certaines nuits restent obstinément fermées sur le troupeau horticole[4] dont, par un reste d'habitude, *piano,* la patte indolente continue à gratter les parterres, mais ne sait plus ouvrir la porte. Valrose est devenu Valclos.

Citons encore, citons surtout la villa *Vigier,* palais Vénitien se mirant au golfe de Lympia,

1. Dans l'hiver de 1885, la gare de Nice n'a pas expédié moins de 70,000 boîtes de fleurs fraîches.

2. Ce temple circulaire que soutiennent douze colonnes d'ordre corinthien est l'œuvre splendide et récente d'un architecte de Nice, M. Randon. Il s'élance du milieu des palmiers et des roses, détachant ses blancs contours sur la verdure d'un cirque de collines. Les trois Muses-reines, la Poésie, la Musique, l'Histoire, prendront bientôt place au centre de ce monument qui mesure dix-neuf mètres de hauteur, du sol au faîte, et n'a pas dû coûter moins d'un million.

3. Près du lac de Lugano. Voir *A travers l'Engadine,* 1 vol. Paris, Hachette, 1878, nouvelle édition.

4. Les jardins seuls occupaient cent hommes.

dont les bois de bambous et de dracénas, les groupes de phœnix venus de la côte Africaine, les cocotiers d'Australie, les araucarias à quinze étages, les fougères arborescentes, les admirables variétés de camélias mêlés aux plus étonnants agaves, composent, au versant des pelouses, la gerbe souveraine de cette baie. Jamais bouquet pareil ne fut jeté aux pieds de l'artiste patricienne qui en respire les parfums. Jean Cavallo est le jardinier chef, signataire du chef-d'œuvre.

Enfin, la villa *Bermond* mérite visite à un triple titre : elle est belle, elle est hospitalière, elle rappelle de touchants souvenirs fixés par un monument durable. Abritées aux environs de la gare, ses vastes plantations d'orangers et de citronniers peuvent être parcourues à toute heure. Librement, en dehors d'une surveillance mesquine, les équipages circulent sous les berceaux de pommes d'or, ne quittant leur ombre embaumée que pour gravir des pentes voilées d'oliviers et jouir d'agréables échappées sur la campagne de Nice. On y rencontre, appartenant au même propriétaire, les coteaux où s'éleva l'élégant, mais fatal palais de l'Exposition dernière. Il n'en reste qu'une cascade sans eaux, sœur du Paillon, la double rampe d'accès où pousse l'herbe, et quelques nymphes attristées qui semblent pleurer sur les millions engloutis dans cette entreprise des Danaïdes. On peut d'ailleurs, à sa fantaisie, cueillir cédrats, limons, oranges, poncires, mandarines et tous autres fruits, emporter même des arbustes, sous cette seule obligation de stricte délicatesse qu'on les payera au régisseur. Cela fait, un pèlerinage est de rigueur au cénotaphe qu'englobent ces délicieux jardins. On se souvient en effet que le Grand-Duc héritier de Russie, Nicolas Alexandrowitch, y succomba aux atteintes d'un mal impitoyable, alors qu'il comptait sur le soleil de Provence et les prières de sa fiancée pour fléchir le ciel. Il mourut, aux rayons de l'un et aux bras de l'autre[1], après quelques mois de séjour. Ses dépouilles ont été ramenées en Russie. Mais son auguste mère ne voulut pas qu'un pied profane pût fouler le sol où s'était endormi le fils bien-aimé. Elle acheta, de M. Bermond, un lambeau de cette terre désormais sacrée, le fit enclore ; puis, sur l'emplacement de la villa détruite, au milieu de bosquets d'orangers qu'encadrent des arcades de verdure, sa piété recueillie éleva le sanctuaire de pierre grise et de marbre blanc vers la coupole duquel un gardien veille perpétuellement. L'intérieur de cette chapelle byzantine est d'une richesse extrême. Partout l'or s'y empourpre, avivé par l'éclat des verrières ; les saintes images se détachent sur la mosaïque des parvis, offrande des régiments que commanda le Czarewitch, et l'aiguille des dames de la cour a brodé l'autel toujours fleuri qui marque la place où s'appuyait le lit funéraire.

Nice ne manque pas plus de promenades au dehors que de séductions au dedans. Nous ne savons trop si la colonie résidente use beaucoup des premières : tant de sports divers se disputent son temps ! Mais le touriste aura plaisir et profit à accomplir les courses signalées, dans son excellent guide[2], par Léon Sarty, l'une des plumes les plus distinguées de la presse départementale. Que s'il faut opter, le choix dépend beaucoup de la disposition d'esprit.

Êtes-vous d'humeur rêveuse ? prenez une des jolies voitures disposées en longues files, aux flancs de la place Masséna, et qui n'attendent qu'un signe pour s'élancer. Les chevaux en sont vites, la location en est modérée. Ils vous dirigeront, par la rampe de Villefranche, vers le chemin forestier qui s'y embranche ; puis, s'élevant sur les flancs du Mont-Boron et du Mont-Alban, tour à tour, en avant-goût de la Corniche, ils vous livreront, à travers les pins, le grand phare de Saint-Jean sur sa pointe aride, Eza pendue à son roc, la tour de la Turbie, la Tête-de-Chien, Bordighera dans ses brumes rosées et, presque à vos pieds, le port de Villefranche avec le pro-

1. 24 avril 1865.
2. *Stations de la Méditerranée et Environs*, Nice, 1885-86.

montoire de Saint-Hospice. La route est sauvage, la perspective pleine d'imprévu. Car voici qu'à un certain moment toute l'agglomération Niçoise se découvre, en même temps que paraît surgir, des bruyères, la silhouette romantique d'un vieux fort à poivrières et à créneaux. C'est le château de *Mont-Alban,* souvent pris et repris dans l'histoire. On dirait de quelque épave abandonnée aux Djinns de la montagne. Et, de vrai, les pigeons seuls l'habitent, en compagnie d'un gardien qui vous demande l'heure, comme ces pâtres pyrénéens dont on fait rencontre aux sommets perdus.

Êtes-vous en goût d'étude? point de retard. Hissez-vous, en une soixantaine de minutes, à l'*Observatoire Bischoffsheim*[1]. C'est l'emploi d'une intéressante après-midi. La route de Monaco vous y conduit, et nous dirons, au chapitre suivant, ce qu'elle vaut! L'installation qui couronne

Observatoire de M. Bischoffsheim, au Mont-Gros.

le *Mont-Gros* s'aperçoit de partout, à Nice, forteresse imposante de la Science. Les deux coupoles gardiennes des équatoriaux ressemblent, de loin, à des têtes de Turcs coiffés de turbans blancs : de près, ce sont des géants. A l'un des lacets du chemin de Monte-Carlo, un grand mât vénitien vous arrête net, au nom d'Uranie; puis les statues qui défendent la grille, semblant s'écarter d'elles-mêmes, font place à une souriante jeune fille sortie d'un chalet voisin pour vous livrer passage en échange de votre carte. Ainsi la grâce aimable de « l'ami des étoiles » s'accuse dès les premiers pas. Elle se retrouvera bientôt dans l'accueil plus sérieux, mais très courtois, de l'élève-astronome chargé de vous conduire. A peine, en effet, avez-vous jeté un premier coup d'œil sur les quatre pavillons réservés à la bibliothèque, aux archives, aux savants; à peine penché sur la rampe de fer, venez-vous de sonder les vertigineuses profondeurs de la terrasse appuyée à la montagne, que déjà votre initiateur est prêt et, clefs en mains, vous prie de le suivre, par les sentiers du bois, vers les fameuses coupoles. Et vous voilà dans la rotonde lambrissée du premier

1. 366 mètres d'altitude.

équatorial, en train d'assister aux évolutions de ce cucurbitacé colossal qui, entr'ouvrant une seule de ses tranches, tourne de lui-même sur les roues de son rail circulaire jusqu'à ce qu'il ait mis la lunette en communication avec l'astre cherché : *petite lunette,* ainsi qu'on l'appelle, joujou de 38 centimètres d'oculaire, à dimension de gros mât coupé vers son milieu, qui coûte la bagatelle de 120,000 francs et se meut par un treuil en cuivre, avec la facilité d'une lorgnette de théâtre. Ah ! c'est que *la grande* est d'une autre envergure : 18 mètres, de l'oculaire à l'objectif, avec lentille de 78 centimètres de diamètre[1], chacun des tubes qui s'emboîtent l'un dans l'autre ressemblant à un canon de cuirassé ! Toutes les pièces en sont prêtes, et ce formidable engin, dont la demeure s'achève, aura déjà fonctionné sur le pilier qu'on lui prépare, alors que s'imprimeront ces lignes.

Nous l'appellerions le léviathan de l'optique, si M. Camille Flammarion ne nous apprenait[2] que M. James Lick, un Bischoffsheim Américain, vient de faire établir, à ses frais, sur une montagne de l'État de Californie (le mont Hamilton, 1,480 mètres d'altitude), *la plus puissante lunette du monde,* puisque le tube mesure 20 mètres de longueur focale et le flint-glass de l'objectif 96 centimètres de diamètre. Nous ne sommes point allé voir là-bas, et ici nous avons vu. Donnerons-nous une suffisante idée de ce palais d'où le Génie de la lumière projette sa tête nimbée d'étoiles, disant que la coupole lamée de 620 feuilles d'acier qu'assemblent 55,000 rivets, égale presque en volume le dôme des Invalides[3] ? Et cependant, grâce à l'ingénieux emploi d'un flottage sur l'eau pour la première fois appliqué par le constructeur Eiffel, la force de résistance est à ce point vaincue, qu'il suffit d'un poids de six livres pour mettre en mouvement, dans son bain de chlorure de magnésium, les *95,000 kilogrammes* de la masse totale. Un enfant, au besoin, ferait faire, en moins de quatre minutes, un tour complet de révolution à ce dôme de cathédrale. Merveille du principe d'Archimède appliqué par le génie de l'homme !

Ne tenons pas pour moins merveilleuse la générosité persistante de M. Bischoffsheim qui, l'idée conçue, a pourvu et pourvoit à tout. Outre les équatoriaux royalement logés avec leurs pendules de précision, outre deux pavillons consacrés aux fils d'araignée des magnifiques lunettes méridiennes, il ne fallait pas négliger les cinq savants qui, dignes émules des Cassini et des Maraldi, pâlissent, chaque nuit, sur leurs tables astronomiques. On n'en eut garde. Si on ne leur alloue pas de bonnets pointus constellés des signes du Zodiaque, ils trouvent du moins, là-haut, bon gîte et bon traitement ; ils auront le reste un peu plus tard, c'est-à-dire le gaz, l'eau de la Vésubie, et des parterres fleuris afin de reposer leur vue. Aussi, dans leur gratitude, envoient-ils chaque jour aux montres Niçoises, par message électrique, l'heure de midi dont le canon du Château, titulaire un peu humilié, ne garde plus seul le monopole. Ils ont même découvert une planète,... ils en découvriront bien d'autres ! Vénus n'a point de secrets pour eux; ils jonglent avec les anneaux de Saturne. Noyés dans leurs brumes, les astronomes de Paris n'ont qu'à bien se tenir : ils ne sauraient, en conscience, prétendre lutter avec ces heureux de l'Empyrée munis, pour lire dans un ciel sans voile, du plus bel outillage terrestre jusqu'ici connu. Quatre millions sont déjà dépensés, que suivront deux ou trois autres destinés à parfaire les chemins nécessaires et les aménagements superflus. Alors sous les noms de Laplace, d'Arago, de Le Verrier, qui brillent, pailletés de mosaïque, au fronton de l'édifice, il ne sera que juste de fixer, en dur métal, ceux du donateur et de l'architecte : Bischoffsheim, Charles Garnier.

1. Fondue par M. Feil, et travaillée par MM. Henry frères. Une large part de la construction des appareils est due à M. Gauthier.

2. *Revue mensuelle d'Astronomie populaire,* avril 1886.

3. Elle mesure 22 mètres 40 centimètres de diamètre intérieur.

Il nous souvient d'une troisième excursion — celle-ci délicieuse — que nous fîmes dans une journée d'avril et que, d'un trait rapide, nous allons esquisser pour le lecteur. C'est la course, hors de Nice, à choisir entre toutes.

Nous sortons de la ville, en suivant le cours tari du Paillon. Vingt minutes après, au trot de deux bons chevaux, nous atteignons le monastère de *Saint-Pons,* parmi les senteurs enivrantes qui se dégagent des orangers centenaires de la villa Clary. L'équipage reste au pied d'une rampe assez raide, fleurie de cistes, où paissent les moutons. L'olivier et le figuier nous tiennent compagnie jusqu'à la haie de roses, bordure finale des larges degrés menant au couvent. La tradition veut qu'ici même, près d'un orme abattu il y a quelque cent vingt ans, ait été signé [1] l'acte de donation de Nice au comte de Savoie, Amédée le Rouge. Si l'on ne peut plus

attendre sous l'orme désormais coupé, du moins est-il agréable de respirer, à l'ombre du portique, avant d'agiter la cloche d'appel ; car d'ici la vue se repose délicieusement sur le vieux Château et la mer qui lui forme ceinture. N'est-il pas d'ailleurs expédient de donner une pensée à la mémoire des Confesseurs dont le sang consacra cette colline?

Saint Bassus, premier évêque de Nice, fut aussi son premier martyr. Le préfet de Cimiès, Perennius, — les méchants préfets ne datent pas d'hier, — ordonna que ce digne pontife fût précipité dans le Var, et le Var étant précisément en crue ce jour-là, il s'y trouva assez d'eau pour noyer la victime [2]. Son successeur *Pontius,* saint Pons, le briseur d'idoles, n'eut guère meilleur sort sous les Empereurs Valérien et Gallien, pour avoir refusé de sacrifier à Apollon. Notons, au passage, que cet Apollon, tout Dieu des vers qu'il soit, est un fieffé rancunier, gardant déjà à sa charge l'écorchement vif du satyre Marsyas. Saint Pons fut traité avec plus d'égards. Sa qualité de sénateur Romain lui valait certains privilèges. On essaya d'abord des

1. 27 septembre 1388.
2. 15 décembre 252.

ours et des lions. Mais ceux-ci respectant la victime — peut-être n'avaient-ils pas faim, — le proconsul Claudius, en appétit de chrétiens, se montra moins tempérant que les bêtes. Il ordonna la décollation aux lieux où s'élève aujourd'hui la basilique si tragiquement consacrée [1]. Le corps du Saint fut pieusement recueilli, à ce point même que le bout d'un doigt en subsiste encore derrière un reliquaire. Pour ce qui est du chef, le Paillon, jaloux des lauriers du Var, le roula tant bien que mal jusqu'à la mer d'où les anges invisibles, précédés de torches enflammées, le transportèrent chez les moines de Saint-Victor, près Marseille.

Le martyrologe serait long des apôtres qui lui succédèrent. Une autre fortune advint à saint Syagrius, évêque de l'an 777. On n'est pas pour rien le neveu de Charlemagne. C'est à l'oncle tout-puissant que doit être attribuée l'érection de Saint-Pons. On dit même que, gagnant Rome pour s'y faire sacrer, le futur Empereur coucha une nuit dans l'abbaye et que, le lendemain, il la combla de bienfaits, en don de joyeux réveil. Ajoutons que la protégée connut ensuite maintes alternatives et subit plus d'une destruction. Par les Maures, puis par les Turcs, elle fut traitée de Turc à Maure. Entre temps elle posséda d'immenses richesses, les Papes lui attribuant nombre de bénéfices. Il fallait des lettres de noblesse pour y être admis à titre de novice. Notre première République en fit un hôpital militaire. Depuis 1836, les Oblats de Marie, ordre Italien mis en possession et maintenu par le traité Franco-Sarde, gardent la libre jouissance du monastère rendu à Dieu. Ils y instruisent les jeunes lévites destinés au culte. Bien en prend à ces religieux d'être sous la sauvegarde d'une convention diplomatique!

Leur accueil est d'ailleurs plein de courtoisie — pour les hommes s'entend, — nulle femme ici, pas plus qu'à Cimiès, ne pouvant franchir le seuil interdit. La cour d'honneur où la vigne s'entremêle aux rosiers, le petit jardin protégé par les oliviers d'un vallon solitaire, les larges et longs corridors que des cartes de géographie décorent le jour et que des lanternes de fer éclairent durant la nuit, les cellules silencieuses, une chapelle ornée avec goût — au crucifiement de poignante expression, la terrasse extérieure qui, par-dessus les orangers de la vallée, laisse le regard s'envoler vers Nice et la méditation planer sur la mer assoupie, tous ces éléments, que le temps et la nature ont harmonisés de compagnie, donnent à cette solitude un caractère de recueillement, un charme de paix profonde dont l'âme se sent doucement atteinte. Comme le savant abbé Gioffredo, on aimerait à vivre en cette Thébaïde, si proche et si loin des bruits de Babylone, et l'on comprend quelles heures sereines durent y passer les disciples de saint Benoît parmi les trésors d'une bibliothèque aujourd'hui dispersée. Deux sarcophages antiques relégués près du portail sont, paraît-il, les seules épaves qui en subsistent.

On a compté sans doute sur les effluves apaisants se dégageant de ces collines pour ramener la raison aux cerveaux qu'elle a fuis. Cette réflexion nous est suggérée par le voisinage d'un hospice devant lequel nous passons un peu plus loin. C'est la maison des fous. Le vallon se resserre ; on croirait qu'il se ferme. Nous traversons le torrent et, campé sur un escarpement où s'accrochent l'agave et le tulipier, le hameau de *Saint-André* nous apparaît avec son castel que des anoblis du Duc Victor-Amédée [2] construisirent, il y a deux siècles, pour y bercer leur Marquisat nouveau-né.

Pourtant, plus que le manoir, la guinguette est ici chez elle. Voici le restaurant de *La Vallière,* tenu non par Louis XIV, comme on pourrait le croire, mais par Henri Ghibellini, qui parle anglais, italien et français, le tout à des prix modérés : son écriteau cloué à un cyprès l'affirme en trois langues. Le polyglotte, toujours au guet, nous sourit bien agréablement ; mais

1. 11 mai 261.
2. Pierre, Antoine et Gaspard Thaon, gentilshommes de la vallée de Lantosque.

ce pont enguirlandé de verdure, mais ce balustre en bois rustique qui tremble sur l'abîme ont des séductions plus fortes. Nous y cédons. Pris entre le roc et le torrent, nous nous croyons déjà au bout du monde, quand les cinquante centimes d'entrée qu'une bonne dame réclame soudain nous donnent la preuve tarifée qu'un passage existe. Cent pas environ par un sentier de chèvres que la gent capricante affectionne en effet nous amènent près d'une grotte, sorte d'arche naturelle agrémentée de lianes et de mousses. Un étonnant figuier paraît en défendre l'accès, jetant deci delà ses racines grosses comme des arbres, et qui semblent les anneaux de quelque redoutable constrictor se déroulant sur la pierre. Une barque est à l'ancre derrière le figuier, et un homme attend dans cette barque. On dirait d'un suppôt de Caron, n'était que l'onde où il manœuvre ne doit pas ressembler à celle du Styx. Fendant son cristal qui, du fond, bondit en cascade éblouissante de blancheur, nous suivons d'obscurs méandres tapissés de capillaires, sous les arabesques de stalactites imposantes. La nuit se fait un moment... puis, à l'improviste, et trop vite, s'ouvre l'échappée d'une déchirure ensoleillée. On voudrait que la nef vous emportât plus longtemps, en plus grand mystère, dans les entrailles de la montagne.

Grotte de Saint-André.

Certes, cette grotte ne peut lutter d'ampleur ni de surprises avec celle des Alpes de Grasse; les voitures passent dessus et la terreur sacrée manque au dessous. Elle a toutefois son charme. C'est un joli prétexte à demi-pâmoisons, bien à la portée de ses habituelles clientes. Les mondaines ou quarts de mondaines s'aventurant avec de petits cris d'effroi sous ces pendentifs cléments y trouvent la dose exacte d'émotions dont leur nervosité est susceptible. Combien d'ailleurs de nos nymphes à talons évidés qui ne seraient point fâchées d'essayer sur elles-mêmes les vertus de la source! Une succédanée de Saint-Alyre, une eau à vertu incrustante... quelle garantie de durée pour la beauté ! Mais il y faut quatre mois, et c'est bien long. Aussi s'est-on contenté jusqu'ici de pétrifier des écrevisses, des moules, des fauvettes sur leurs nids, en un mot tout ce qui concerne la menue fabrication d'une naïade cristallisante. La fermière vous en compose un assortiment coquet, aux plus justes prix.

*Les Gorges de Saint-André,* qui font suite aux horreurs civilisées dont nous sortons, sont une des joies de la photographie; le stéréoscope les a reproduites sous tous leurs angles. Creusées entre deux murailles à pic, elles offrent un aspect à la fois sauvage et grandiose.

En surplomb de l'eau glauque du torrent, nous suivons une route profondément encaissée où l'ocre vif et le gris sombre se disputent la roche : c'est le chemin de *Saint-Martin de Lantosque,* la station estivale des Niçois. On commence à s'y rendre beaucoup et de bien des côtés du littoral. De la place Masséna, il faut une dizaine d'heures pour y atteindre, à l'aide de rampes aussi pittoresques que peu ménagées. Une diligence assure, chaque nuit, ce service, par la vallée de la Vésubie; mais il est préférable de monter, le jour, en voiture particulière, afin de ne rien perdre des beautés sauvages de la route. Tourrettes, souvenir de trois tours romaines; Levens, ce fief cher aux Grimaldi; le roc de Duranus, hanté de lugubres légendes; Utelle, où l'homme libre portait couteau nu à la ceinture; Lantosque, fière du guerrier Étrusque dont elle prétend descendre; Roquebillière[1], aimée des abeilles qui avec leur miel lui laissèrent leur nom; Berthemont, aux sources de qui l'Impératrice Salonine but la santé, — voilà les étapes à franchir le long des 1,960 mètres de cette altitude superbe.

Bâti sur un promontoire qu'enserrent le ruisseau de Fenêtre et le Borréon torrentueux[2], à deux heures des neiges éternelles, « Saint-Martin-le-Vert[3] », ainsi qu'on appelait autrefois ce bourg, offre, depuis juin jusqu'en septembre, un délicieux refuge contre les chaleurs torrides de la plage. On y trouve alors quelques ressources, car divers commerçants de Cannes et de Nice

Saint-Martin de Lantosque.

s'y transportent avec leurs marchandises. Plus que personne, S. A. R. le Comte de Caserta contribue à mettre en vedette ces sommets ignorés. Le Prince y possède une villa. Il y passe les étés avec sa noble compagne adorée du paysan pour sa bienfaisance, et, fusil de premier ordre[4], non moins qu'infatigable marcheur, il fait aux chamois une guerre dont le Roi Victor-Emmanuel eût été jaloux. Admirable pays d'ailleurs, naïf et simple, longtemps féru de ses franchises, mais loyalement rallié à la France, sol neuf que n'ont point encore gâté les hôteliers cosmopolites, où l'indigène, quoique bon catholique, oublie de baptiser un lait savoureux et ignore l'art de

1. *Rocca Abelliera,* roc aux Abeilles.
2. La réunion de ces deux torrents, au-dessous de Saint-Martin de Lantosque, forme la Vésubie.
3. 59 kilomètres de Nice.
4. S. A. R. le comte de Caserta, frère du Roi de Naples, a gagné en 1884, sous le nom de *comte de Montecupo,* le Grand prix annuel du tir aux pigeons de Monte-Carlo.

vendre des œufs *frais* conservés dans la chaux! Ces améliorations viendront avec le progrès. Pour l'heure, la place est encore heureuse à qui aime une solitude non déflorée. Le poète peut lui adresser les vers de Musset au Tyrol :

Salut, terre de glace, amante des nuages,
Terre d'hommes errants et de daims en voyages,
Terre sans oliviers, sans vigne et sans moissons!

Des forêts de châtaigniers et de mélèzes où retentit jadis le cor des Grimaldi de Beuil et, plus tard, celui du Roi Galant homme, des pentes embaumées de lavandes, des torrents rapides, des lacs glacés, des cimes comme le Mercantour ou le Gélas, à peu près vierges du clou Britannique, une magistrale descente sur Coni et Turin par ce col de Fenêtre que protège la Madone,

Châteauneuf.

un ciel transparent, un air balsamique, de robustes gars, d'avenantes montagnardes à l'opulente chevelure, au sculptural corsage tendu d'écarlate et lacé de tresses noires, tout cela et tant d'autres traits de ressemblance avec la patrie de Guillaume Tell nous paraissent mériter à cette zone altière le surnom de *Suisse Maritime*. Dans vingt ans, plus tôt peut-être, la compagnie Cook y promènera ses breacks triomphants : hâtez-vous donc, ennemis du *profanum vulgus!*

Ce n'est pas l'instant toutefois, puisque la neige, en avril, recouvre ces versants de son linceul de frimas; la marmotte dort dans les galeries obliques de son terrier, et le coq de bruyère, abrité sous les touffes du rhododendron, n'a encore à craindre que la serre de l'aigle fauve ou le coup d'ongle du faucon blanc. Aussi, nous détournant des sentiers alpestres, prenons-nous brusquement la gauche, et, à travers de magnifiques olivettes, par des escarpements aux spirales serrées que verdit le figuier ou que festonne la vigne en berceaux, nous nous élevons vers Falicon, sans rencontrer personne, hors une fillette, pieds nus, nous offrant des roses moins fraîches que ses joues.

*Falicon* est un riant hameau, à l'église badigeonnée de rose, elle aussi. Le caprice du premier fondateur l'a suspendu comme une aire au roc. D'une sorte de terre-plein herbeux lui formant un étroit belvédère, l'horizon est beau, quoique limité. La Méditerranée y reste la toile de fond, et Nice l'agrément principal, au delà des ondulations qui nous en séparent. D'ici, la route de la Corniche s'accuse sur un long développement, tandis que de sévères arrière-plans voilent celle de Saint-Martin. Le château et les ruines féodales d'une petite ville abandonnée — Châteauneuf, *Castrum novum* — qui joua son rôle depuis Rome jusqu'au Moyen Age, achèvent de remplir le cadre. Rien de plus. Un débris de manoir, quelques traces de fortifications, des rues raides, étranglées, mal pavées et pauvrement bâties, ne donnent à qui s'y aventure qu'une envie plus intense d'abréger aux chevaux le temps de l'avoine. Comme tous ses congénères, le hardi village gagne à la perspective. On se reprend à l'admirer, quand dans les feuilles tremblantes de l'olivier, ses blanches maisons semblent miroiter sous le soleil. La

Arènes de Cimiès.

descente en est rapide, rappelant fort celle de Grasse sur Cannes; seulement, les haies de bengales, les *alberghi* sous la tonnelle, tout, jusqu'au petit bouquet jeté dans la voiture par quelque futée bachelette, sent de plus près, et très bon vraiment, le voisinage de l'Italie.

*Cimiès,* que l'on joint en une demi-heure, ne rappelle plus guère l'imposante *Cemenelum* d'Auguste. Ptolémée, Pline ou Antonin auraient peine à la reconnaître. Revendiquer une descendance Troyenne, au même titre que les riverains du Tibre, avoir été la favorite de Rome, au temps des Empereurs, puis n'être plus, sous une République moderne, que l'agréable banlieue de son ex-vassale devenue ville préfectorale à son tour, — c'est dur, et c'est le destin de Cimiès. Les Lombards et les Sarrasins savent pourquoi. Ses temples, ses palais, ses légions, son sénat, tout a fondu sous leur souffle brûlant; mais, comme aux patriciennes déchues, il lui reste certains joyaux de prix, reflets d'une splendeur éteinte. Son amphithéâtre, où passe aujourd'hui la route, n'est guère que la ruine d'une ruine. Le sol exhaussé a enfoui les loges inférieures; le *podium* est presque à ras de terre; quelques gradins, cinq ou six arceaux croulants, deux ou trois pierres trouées où s'enfonçaient les pieux du *velarium,* voilà juste de quoi rappeler que, dans l'ellipse de ce cirque, sept ou huit mille spectateurs applaudirent jadis aux prouesses des gladiateurs ou aux rugissements des fauves. Et pourtant, de tels débris conservent leur majesté. L'imagination crédule de nos pères avait peuplé cette enceinte de gnomes et de farfadets : « la Cuve des Fées », *la Tina de li Fada*, dit toujours le paysan. Qui sait? Peut-être qu'aux pâles clartés des étoiles, les ombres des belles Romaines balayent encore, de leurs chlamydes de pourpre, le marbre effrité des gradins; peut-être les Dames blanches des sources y glissent-elles, vers minuit, dans un rayon de lune, pour écouter le chant sublime des vierges qui tombèrent, martyres de leur foi... Pour nous, sous la prosaïque lumière du jour,

Château de Saint-André. Vergers d'orangers à Cimiès. Couvent de Cimiès.

nous n'y avons aperçu que des enfants jouant entre eux, sans souci d'un passé qu'ils ignorent.

Les débris d'un temple d'Apollon ayant servi d'étable (est-ce une revanche de Saint-Pons?), des vestiges de thermes, des piliers d'aqueducs, des fûts de colonnes ont été trouvés tout alentour, et il n'y a guère d'année que le hasard n'amène la découverte de fresques et de mosaïques, de lampes d'argile, d'airain ou d'argent, de sépulcres marmoréens, d'urnes aux cendres païennes, de pierres gravées, de bijoux frustes, de statuettes et de médailles. Plusieurs de celles-ci portent en effet l'effigie du *Pius Æneas*, ce qui semblerait justifier le nom de *Cemenelion* ou *Cemen-Ilion*, qui, d'après l'historien Gioffredo, signifie *Ilion inter montes*. En tout cas, et comme il plaise de l'appeler, cette cité privilégiée ne manquait pas de femmes vertueuses. Nous n'en voulons pour preuve que les regrets laissés par l'entaille du ciseau sur le grain des pierres tombales. Là, toutes les épouses étaient *optimæ, miræ*, dignes de mémoire, — à moins que les maris devenus veufs ne se soient piqués de générosité. Une morte récente, la pauvre Marie Heilbronn, y ajoute un nom de plus. Cette colline doit d'ailleurs conserver encore bien des secrets. Le temps qui l'a pétrie de grandeurs et de chutes y laisse partout sa trace. Il est regrettable qu'un Schliemann, fourni d'études spéciales et d'espèces monnayées, ne prenne pas fantaisie de fouiller ce tumulus. Que n'y jette-t-il, comme dans l'Ἴλιος Πολύχρυσος d'Homère, toute une armée d'ouvriers! Peut-être qu'en dépit des origines revendiquées, il n'y trouverait pas une seconde fois les trésors du roi Priam : qu'importe! N'en exhuma-t-il que l'anneau de l'Impératrice Salonine ou l'une des épingles d'or dont Poppée frappait ses esclaves, il n'aurait perdu ni sa peine, ni son argent.

Cimiès recouvre aujourd'hui ses ruines d'un éblouissant manteau pailleté de jardins et de villas. N'est-ce point de l'une d'elles que l'auteur des *Guêpes* disait un jour : « Oh! le bel endroit pour haïr les hommes et aimer une femme! » L'air y est en effet plus doux qu'ailleurs, plus pure l'atmosphère. Les bois d'orangers s'y criblent de fruits d'or. Sur sa place principale, siège de l'ancien *oppidum,* pyramident les deux plus hauts chênes-verts qu'on puisse rencontrer. Une croix de marbre se dresse auprès, sentinelle avancée d'un cimetière et d'un couvent aux cinq pittoresques clochetons. Le cimetière, où il était bon genre naguère de se faire ensevelir, renferme de somptueuses sépultures manifestement inspirées par les tombeaux de Vérone, et non indignes de quelque Scaliger. Le couvent qui s'y appuie, comme pour couvrir d'une ombre bénie la dépouille des morts, reçoit volontiers la visite du pèlerin. On peut, avant de soulever le heurtoir, donner un regard aux fresques du long péristyle et assister à l'édifiant spectacle, autant qu'inattendu, de capucins martyrisés par les Empereurs Romains. La montre du peintre avançait sans doute. Un frère, en robe de bure, — celui-là échappé aux Césars — nous fait avec urbanité les honneurs de la chapelle, de ses boiseries dorées, de ses toiles dans lesquelles Ludovico Bréa, le coloriste Niçois du XVIe siècle, a mis sa touche vigoureuse. Il nous conduit aussi à travers le cloître tout rempli de roses et, par une double haie de bengales où se balancent les libellules, nous amène à l'extrémité du jardin, sur une large terrasse qui nous livre avec plus d'étendue les perspectives de Saint-Pons, cette ex-suzeraine du monastère : car les Abbés mitrés de Saint-Pons étaient comtes de Cimiès. Les Récollets possèdent maintenant le saint lieu. Ils y vivent, au nombre d'une trentaine, sous la règle de Saint François d'Assise. Leur repos doit y être profond, bien que, par-dessus le cloître et les parterres, l'œil s'égare sur la folle cité, favorite du roi Carnaval.

En dix minutes, par le nouveau *Boulevard de la Foncière,* digne jumeau de celui de Cannes, nous regagnons le quartier de *Çarabacel,* et plus heureux que Titus, nous pouvons affirmer n'avoir point perdu notre journée.

Que de choses encore à conter sur Nice, soit que, nous occupant de ses produits odorants ou savoureux, nous effleurions, du bout de la plume, la couronne de fleurs et de fruits dont elle pare son front, soit que nous notions, chez les frères Mignon, ces chefs-d'œuvre de marqueterie obtenus par l'incrustation sur olivier de fragments de bois naturellement nuancés : ou bien encore que, rendant hommage au riant génie de ses artistes, nous admirions, dans Costa et ses émules, la puissance de coloris, l'habileté de main, le goût Italien, toutes qualités que traduisent si bien leurs fresques et leurs aquarelles!

Sur les habitants eux-mêmes nous pourrions aussi relever plus d'un piquant détail. L'idiome Niçois nous vaut, à lui seul, une volumineuse étude de M. Sardou père [1], où la foi du félibre jette, par sa bouche, l'anathème à ceux qui prétendent, avec Scaliero, ne trouver dans ce patois qu'un informe mélange de Latin, d'Italien, d'Aragonais et de Provençal. Par des preuves

1. *L'Idiome Niçois, ses origines, son passé, son état présent,* par A.-L. Sardou. Nice, 1878.

nombreuses, M. Sardou rattache cette langue populaire aux autres dialectes de la langue d'oc : dont acte. Les curieux de linguistique ne feuilletteront pas sans intérêt ces pages hautement louées par l'illustre *Capoulié,* Frédéric Mistral. Ils y verront que le Comté de Nice fut riche en troubadours, la poésie y florissant aux âges lointains, comme y fleurit aujourd'hui la rose ou la violette. Blacas, Bertrand du Puget, Raymond Féraud — le protégé de Charles d'Anjou, qui finit sous le froc de Lérins après avoir rimé maints écrits d'amour, Guillaume Boyer, Ludovic Lascaris, et bien d'autres, viennent en aide, par leurs poèmes et leurs sirventes, à la thèse hardie du docte philologue. Quoi qu'on en pense, *le Niçois,* qui continue à se parler chez le peuple, ne s'écrit plus guère et ne se retrouve désormais que dans la montagne, avec sa pureté native.

Ce qui existe toujours, par exemple, c'est la fraîche commissure des lèvres où voltige ce sonore langage. « ... Ce sera, si vous le voulez bien, le tour des femmes niçardes. Elles sont jolies pour la plupart; leur tête est presque sans défaut; elles ont des yeux bleus expressifs, d'abondants cheveux noirs, des traits fins et délicats, des dents blanches et bien rangées. » Qui a tracé ce charmant portrait ? Une autre femme vraiment, une fervente de l'art qui doit se connaître en beauté, n'ayant eu pour en déterminer les règles qu'à consulter son propre miroir[1].

Celle qui est aujourd'hui M^me de Rute, qui fut M^me Rattazzi, et qui était alors la toute jeune et charmante princesse de Solms chantée par les poètes, retrouverait encore, dans le type ainsi fixé, l'exactitude de son coup de crayon. Reconnaissons, en passant, que le costume local traité de « délicieux » par notre auteur devait mettre le modèle en un singulier relief. Il n'est pas jusqu'au petit chapeau de paille, coquettement épinglé sur l'opulente chevelure, qui ne contribuât au succès de l'ensemble. Or où le chercher désormais, ce costume fondu dans la vulgarité de nos modes bourgeoises ? Où sont les *capelines* d'antan, sinon chez le confiseur qui, leur ayant ajouté une anse, les utilise comme paniers à cédrats ? Telles quelles, les Niçoises font encore bonne figure. Sont-elles toujours les « vives et passionnées » que prétendait Marie de Solms ? Nous aimons à le croire, de même qu'il nous est agréable de supposer que leurs époux n'ont rien perdu de cette fidélité dont l'histoire leur octroie le privilège. On leur prête bien parfois quelques sentiments séparatistes... Calomnie pure, selon nous. L'intérêt, à défaut de gratitude, ne suffirait-il pas à garantir le dévouement de Nice? Rues, routes, railways, monuments, eaux limpides, mise en valeur des terrains, grands travaux d'utilité publique, à qui doit-elle tout cela ? Moins avare que l'urne de son fleuve, la France, depuis vingt-cinq ans, roule vers elle un incessant Pactole. Pourquoi voudrait-elle le tarir ? Ce qu'elle fut pour le gouvernement paternel des Princes de Savoie, elle le sera envers la nation qui reçut son libre hommage dans des jours glorieux. Aussi nous représentons-nous volontiers *Nicæa fidelis* sous les emblèmes qu'on lui prête : une guerrière, casque en tête, glaive en main, un chien couché à ses pieds, et, dans son cœur ouvert, le drapeau tricolore déployé sur les deux bras de la Croix blanche.

1. *Nice ancienne et moderne,* par M^me Marie de Solms. Nice, 1854.

# LA CORNICHE

VILLEFRANCHE — SAINT-JEAN ET SAINT-HOSPICE — BEAULIEU — EZA — LA TURBIE — NOTRE-DAME DE LAGHET — ROQUEBRUNE.

Ici, on doit lever le chapeau et saluer. Ce chemin aérien suspendu, comme par le caprice des Fées, entre la baie de Nice et les rochers de Menton, épuiserait, à lui seul, toutes les formules de l'admiration. C'est l'incomparable joyau, la perle rose et bleue que n'ont point encore ramenée les plongeurs. L'encre où se trempe la plume est trop sombre; pour tant d'orient, le crayon est bien gris; au pinceau lui-même il faudrait de lumineuses couleurs. Ni Lamartine, ni Gustave Doré; Claude Lorrain, tout au plus. Soyons historiographe, ne pouvant être peintre.

Le siècle du Grand Roi pensait différemment. L'âme n'était point ouverte au sentiment de la nature. Écoutez plutôt M^me de Sévigné gourmandant sa fille pour avoir bravé les hasards d'une visite à Monaco : « ... Vous ne m'expliquez que trop bien les périls de votre voyage. Je ne les comprends pas, c'est-à-dire je ne comprends pas comment on peut s'y exposer... J'affronterais plus aisément la mort dans la chaleur d'un combat... Je suis servante de ces pays-là, je n'irai de ma vie, et je tremble quand je songe que vous en venez [1]. » Même absence d'enthousiasme, au

1. Lettre à M^me de Grignan, 2 juin 1672.

siècle suivant; la baguette de Jean-Jacques n'a point encore opéré. Lisez les piquantes *Lettres sur l'Italie* de notre compatriote, le Président de Brosses. Lui non plus ne prodigue pas de fleurs à ces rivages: bien leur en prend de s'émailler d'eux-mêmes. Rencontre-t-il une bourgade? elle est « puante »; traverse-t-il un défilé? ce ne sont que « rochers effroyables »; la felouque qu'il a frétée d'Antibes à Gênes le réjouit modérément; « il l'envoie bientôt à tous les diables », traite Nice de « peu de chose », appelle Monaco « une méchante petite ville qu'on a tort de célébrer », puis finit par échanger la barque pour une mule, et la mule contre des pantoufles avec lesquelles il suit,

Eza, vue de la Nouvelle Route.

en maugréant, « un chemin large de quatre doigts, bordé par des précipices de quatre cents pieds ».

Notre âge est plus vaillant. Non seulement la perspective des chemins ne l'effraye pas, mais c'est pour elle tout exprès qu'il se déplace. Le seul ennui possible ne lui viendra que de l'embarras du choix. Sans parler de la mer dont « les grosses vagues vous marchandent et vous mettent à loisir à deux doigts de votre perte[1] », trois voies superposées se disputent la préférence. Il est vrai que nous en savons au moins une, celle de fer, où la divine marquise ne se fût guère trouvée mieux à l'aise que sur le flot. Les bouches du Ténare n'eussent-elles point paru s'ouvrir devant elle? Le train ne fait là que métier de taupe, entrant à chaque instant sous terre pour en ressortir aussitôt, avec des irradiations soudaines d'azur et de pourpre, des visions de bourgs et de presqu'îles, des mirages de caps acérés et de bassins limpides. A en excepter la très nette projection du château Monégasque sur son récif étoilé de raquettes, on dirait de vagues et fugitives images glissant sur quelque miroir de nécromant. Ce vol rapide, mi-lumière, mi-ténèbres, est au goût des amoureux qui, portant le soleil dans leurs cœurs, ne se plaignent guère des souterrains; il accommode aussi l'impatience du joueur, cet autre amant jaloux de rejoindre son

1. Même Lettre.

adorée qu'emporte la boule d'ivoire. Quant aux simples amis du beau, il leur reste les deux routes de terre, l'une en haut, l'autre en bas.

Celle-ci, montant du port de Lympia aux flancs du Mont-Boron, côtoyant parfois le railway et serrant de près la vague, dessine le renflement des monts, s'épaule sur leurs assises que rarement elle perce, jette parfois un parapet sur sa perfide voisine, et sans assujettir les chevaux à de trop pénibles rampes, leur fait traverser, en moins de deux heures, le port de Villefranche, la baie de Saint-Jean, la station de Beaulieu, cependant que, haut et loin, les murs d'Eza, le pan ruiné de la Turbie et le roc de Monaco profilent dans l'air leurs vaporeuses silhouettes. Cette route est toute nouvelle, toute belle par conséquent. Point longue ni trop brève pourtant, argentée d'oliviers, rafraîchie par l'embrun des lames, tantôt elle permet au regard de plonger sur les quais de Villefranche et d'envelopper l'ermitage de Saint-Hospice, tantôt elle arrête l'attelage devant *la Réserve* de Beaulieu, séjour de réfection délectable, conciliant ainsi, dans une sage mesure, les aspirations de l'âme et les droits de l'estomac. A ces causes, elle est de mode ; on la suit, on la goûte. Les breacks à longues guides s'y croisent avec les victorias et les landaus ; les plus tapageuses toilettes y éclatent, à l'envi de l'aloès ou du cactus, et la grande dame y coudoie la petite, sans qu'il soit toujours donné au plus habile d'en faire différence. Nous ne dénierons pas les mérites de l'itinéraire, surtout si, l'adoptant, on cède à la tentation d'explorer quelqu'une de ces anses délicieuses qui, de leurs bras ouverts, invitent le passant. Mais entre l'attrait de cette voie récente et les splendeurs de la Corniche, il y a toute la distance qui sépare le pied de la montagne des cimes où plane la Tour d'Auguste.

Tunnel du Cap Roux, sur la Nouvelle Route.

Conclusion: expérimenter les trois chemins, quand on le peut; sinon, choisir le plus élevé qui a d'ailleurs pour lui ses lettres de noblesse. Les Romains s'en servaient déjà, au commencement de notre ère. C'était un tronçon de la route conduisant de Rome à Cimiès et de Cimiès à Arles. Nous y retrouverons bientôt la trace du vainqueur d'Actium, puis, dix-huit cents ans après, celle du moderne César. L'œuvre antique fut, en effet, reprise sur l'ordre de Napoléon Ier; le préfet Dubouchage l'inaugurait en 1810. Elle est le commencement de cette célèbre et vertigineuse CORNICHE qui, jetée sur la crête des roches, comme une moulure en saillie, couronne la mer, surplombe l'abîme, se rit des précipices, passe au-dessus des villes ou des hameaux, et, de Nice à Gênes, tenant l'esprit dans une perpétuelle surprise, ne justifie nulle part mieux son nom architectonique qu'en cette première partie de sa course.

Pour deux louis, prix approximatif du louage jusqu'à Monte-Carlo, on trouve aisément, sur la place Masséna, un landau tout attelé, avec parasol de toile écrue qui, écartant le soleil sans gêner la vision, constitue l'un des meilleurs outils de déplacement. Par la rive gauche du Paillon, nous gagnons le Mont-Gros, laissant le Mont-Alban et le Vinaigrier à droite. Près de la villa *Sorgentino,* la montée commence entre des oliviers et une succession de jardins qui la dominent. On n'a point cheminé dix minutes, que déjà, aux premiers tournants, se déploie tout entière, coupée en deux par le môle verdoyant du Château, cette « Nice la Blanche, où le fruit mûr voit

Aux premiers tournants... (Chapelle des Anges.)

éclore la fleur », selon l'image poétique de Mistral[1]. Là-bas, le cap d'Antibes et les crêtes de l'Estérel; plus proche, Cimiès, Saint-Pons, et, dans le fond de la vallée qui n'est qu'un immense bois d'orangers, le Paillon se cherchant à travers le sahara de ses galets. Au milieu des figuiers et des caroubiers doucement on avance; les haies sont couvertes de roses, le regard flotte, avec la rêverie, des tièdes lames de la baie des Anges à la neige vierge des glaciers. Au nord, le *Mont-Chauve,* image de son nom. Cette âpre pyramide fut-elle cratère, ainsi qu'on l'affirme? Elle le devient, en tout cas, depuis que, nimbée de canons, elle peut vomir sur la Naples endormie à son ombre toutes les flammes de son volcan d'airain. Le panorama y est immense; il se déroule depuis Saint-Tropez jusqu'en Corse. On peut se contenter du nôtre. C'est celui de l'Ob-

1. . . . . . . . . . . . . . *Niço la Blanco,*
*Ounte lou fru madur véi espeli la flour.*

*(Calendau.)*

servatoire Bischoffsheim où nous fîmes halte naguère. Passant au-dessous de ses coupoles, nous songeons, malgré nous,

. . . . . . . . . . . . . à l'histoire
De ce spéculateur qui fut contraint de boire,

et répétant les vers toujours vrais du bon La Fontaine, nous sourions, sans trop le plaindre, au sort de l'astrologue-député qui se laissa choir au fond d'un puits, tandis qu'il pensait lire au-dessus de sa tête. Un puits hasardeux, celui du suffrage universel : heureusement qu'on en ressort !

Ainsi sommes-nous sortis pour un instant des riantes perspectives. Un paysage sévère, presque sauvage, leur a succédé. Les montagnes, dédaigneuses de l'homme, ne voilent leur nudité que jusqu'à mi-hauteur, par une grêle ceinture d'oliviers. Partout des gorges arides, des redans croisant leurs feux ou des horizons glacés de frimas. Il n'a fallu que quelques tours de roues pour que s'évanouît le pays des citronniers. Voici pourtant tout en bas, à gauche, une petite vallée moins sombre : elle nous découvre la *Trinité-Victor*, fleuronnée de son haut clocher, et le hameau de *Drap* dont le château, fief des évêques de Nice, ajoutait à leurs armes une couronne comtale que ces prélats portent encore.

Avec l'auberge des *Quatre-Chemins*, nous joignons un groupe de maisons assez agréables, et voici un lambeau de mer, par l'écartement de deux collines. Bientôt nous la retrouverons, la douce Méditerranée, pour ne la perdre plus. Beaulieu est à nos pieds, frileux et emmitouflé sous son capuchon de verdure ; l'isthme de Saint-Hospice dresse en face sa tour féodale, cependant qu'à sa suite la presqu'île Saint-Jean, pareille au serpent de Laocoon, déroule ses anneaux glauques sur la moire des flots. Plus à droite, en crainte sans doute de rouler dans sa darse, Villefranche se serre contre la colline, et Nice, apparaissant de nouveau, nous sourit par delà le Mont-Alban. L'air est vif et frais, malgré le soleil qui flamboie : « un temps d'alouette », dirait Calendal. Entre l'azur du ciel et le lapis plus intense de son liquide miroir, ralentissons un peu la course : où trouver prétexte de repos plus radieux ? Appuyé au rebord du landau comme à un merveilleux balcon, jetons un souvenir vers le passé, plongeons un regard sur le présent. N'est-ce point l'occasion, tandis que les chevaux vont prendre haleine, de rappeler brièvement et ce que nous enseignent les chroniques, et ce que nos courses antérieures ont pu nous laisser d'impressions diverses ?

Qu'ils sont platement prosaïques, les travaux du génie moderne, puisque génie il y a ! Qui nous rendra les balistes et les catapultes, ou simplement le canon à âme lisse, avec ses honnêtes boulets pleins ? Ce cri nous échappe, à comparer les forts du Mont-Chauve ou de la Turbie avec la citadelle de Villefranche. Oh ! la jolie forteresse, celle-là, bien digne d'une page de keepsake ! Hercule ne la soupçonnait certes point, lorsque, par un de ces rares efforts dont il venait de donner la mesure à Gibraltar, brusquement il séparait la montagne pour y cacher l'une des meilleures rades de la côte. Les Phéniciens ne la connurent pas davantage, quand, séduits par la beauté du site *(Beaulieu !)*, ils assirent à mi-hauteur leur colonie d'*Olivula*. Le donjon ne surgit que plus tard. La crainte du Sarrasin fut sa raison d'être. Peu à peu sous ses créneaux protecteurs se groupèrent les anciens colons ; puis, un jour, Charles d'Anjou parut, qui lui signa une charte de port libre, et *Villefranche*[1] naquit, Villefranche dont le défaut d'espace autant que les déprédations du corsaire Barberousse devaient arrêter le développement. Étranglée entre l'eau et la pierre, cette petite cité a dû conquérir en hauteur ce que lui déniait une trop par-

1. *Cicuta-Franca*, vers le commencement du XIVe siècle.

cimonieuse superficie. Comme l'agave, elle s'est accrochée aux aspérités. Une à une, le Mont-Soleïat prêtant son appui, les demeures se sont étagées, superposées; l'escalier briqueté a remplacé la rue. Il est telle fenêtre en surplomb d'où le pêcheur peut jeter la ligne. Mais, pour être désespérément étroites, ces percées quasi verticales, qui trouent les rez-de-chaussée en cascades d'ogives, n'en sont, par exception, ni moins gaies, ni même moins propres. Les habitants ont voulu venir en aide à la lumière avarement tamisée. L'or brille aux chapelles de l'église; un arc-en-ciel de badigeon éclaire les façades; des fruits vermeils, de frais légumes s'étalent au seuil des portes: car, ici, la chaleur est moins rare que l'espace, et les vents ne soufflent jamais. D'où l'excellence incontestée de cette rade qui est un lac au repos. Le yacht s'y plaît, les navires de guerre y trou-

Villefranche et sa Rade.

vent tirant d'eau et sûreté; notre escadre cuirassée y fait escale, chaque année. Dans cette échancrure profonde où une flotte manœuvrerait à l'aise, les navires de la jeune Amérique se donnent aussi ou plutôt se donnaient rendez-vous; des fêtes superbes étaient offertes à bord; les élégantes répondaient avec entrain au galant appel des officiers yankees. Que s'est-il passé? Porto-Maurizio hérite maintenant de la faveur, et l'indigène qui n'a que la pêche ou la taille des oliviers pour vivre regrette fort cette infidélité du dollar. Sans la garnison Française — un bataillon de chasseurs et deux batteries d'artillerie — les pauvres habitants seraient en danger de famine.

Il faut, avant de quitter Villefranche, mettre le pied sur la péninsule voisine, soit qu'on se dirige vers le phare et les falaises escarpées du cap *Ferrat,* soit plutôt que l'on gagne la tour de Saint-Hospice en contournant le hameau de Saint-Jean. Excellente aux voitures, la route est enchanteresse à l'œil: c'est une perpétuelle allée de jardin découpée par mainte crique à l'émeraude fondue. Les grenadiers, les myrtes, les citronniers lui servent de bordure; le câprier pique aux buissons sa fleur étrange; l'olivier l'ombrage, cher au pêcheur qui lui emprunte son huile pour la poêle et ses branches pour sécher les filets. *Saint-Jean* est en effet l'Eldorado des amateurs de bouillabaisse. Au bord d'une mer dont la transparence laisserait compter les grains de sable, s'incurve une des petites anses les plus attrayantes de la Rivière. On y capturait jadis des armées de thons : le rascasse et le bassaguet y sont aujourd'hui plus communs. La guinguette enguirlandée de roses fleurit la rive ; aux effluves des bengales se mêle une vague odeur de friture. Les tables de bois semées sous les arbres centenaires provoquent le passant qui s'y rafraîchit avec plaisir. Les étrangers ne viennent guère de ce côté, la mode le voulant ainsi ; le Niçois, en revanche, y abonde, au temps chaud. Il fait parler la poudre, en mai, quand aborde la caille ; plus tard, il canote, il improvise des régates, et Neptune seul peut savoir combien de ses sujets sont alors passés au safran. On commence d'ailleurs à bâtir la presqu'île. L'administrateur

Presqu'îles de Saint-Jean et de Saint-Hospice.

modèle, M. Pollonnais, maire de Villefranche, a donné l'exemple, en s'y ménageant une délicieuse retraite : pourvu qu'on ne le suive pas trop ! Le parfum pénétrant de cette solitude s'évaporerait bien vite.

L'agreste caractère du promontoire s'accentue, aux approches de *Saint-Hospice*. Les chevaux doivent s'arrêter avant d'atteindre la pointe assez relevée qu'occupent la tour et la chapelle. Un sentier facile, quoique rapide, permet d'escalader le talus en peu d'instants. L'histoire et la légende habitent cette étroite arête ; ce sont les deux seules fleurs que le vent du large y laisse épanouir. L'une parle du Saint, l'autre du mécréant.

Le Saint (*Hospitius*) vivait au VI<sup>e</sup> siècle de notre ère. Il édifiait toute la contrée par une austérité de règle où le jeûne alternait si bien avec les coups de discipline, qu'une extrême maigreur en était résultée pour le consciencieux ermite. Les Lombards, arrivant sur ces entrefaites, voient dans le squelette animé un avare qui se laisse mourir de faim, et, sous peine de la vie, ils lui enjoignent de livrer ses richesses. Protestations d'Hospitius, insistance des Barbares.

L'un d'eux, plus impatient, lève sa hache ; mais avant qu'elle ne retombe, le bras qui la brandissait se sèche, frappé d'immobilité. Le sacrilège le gardera ainsi jusqu'à la fin de ses jours. Épouvantés — on le serait à moins, — les bandits s'agenouillent, et le Saint en profite aussitôt pour les baptiser tous. Une chapelle s'élève à l'endroit où le miracle eut lieu. Chaque année, le 16 octobre, de nombreux pèlerins s'y rendent pour entendre célébrer la messe. Une plaque de marbre rappelle qu'en 1821 le roi Victor-Emmanuel vint à fin de dévotions. Voilà pour la tradition pieuse, voici pour les annales.

Hospitius était monté depuis longtemps au ciel, lorsque les Maures descendirent sur cet écueil. Déjà établis au *Grand-Fraxinet* [1], dans les montagnes qui ont gardé leur nom, ils eurent

vite apprécié l'importance du poste et y bâtirent, sous la dénomination de *Petit-Fraxinet,* un donjon d'où le pays fut mis en coupe réglée. Maîtresses de tous les défilés entre la France et l'Italie, les hordes pillardes se maintinrent longtemps en leur repaire et y seraient peut-être encore, sans la terreur que leur inspira Giballin Grimaldi. Devant l'épée toute fumante du sang des leurs, elles se rappelèrent à propos le golfe de Sembracie, et, sans coup férir, abandonnèrent leur dernier retranchement [2]. Plus de cinq siècles après, le Duc de Savoie Philibert-Emmanuel, reprenant à son profit l'idée du Fraxinet, élevait, à cette même place, un fort, puis lui donnait deux frères, Villefranche et Mont-Alban. Peu s'en fallut qu'il ne payât chèrement l'étrenne, si l'on en croit une chronique d'après laquelle le rénégat Génois Occhiali surprit, une nuit, à Saint-Hospice même, le vainqueur de Saint-Quentin. Échappé, grâce au dévouement de deux de ses gentilshommes qui restèrent captifs, le Duc, indépendamment de bourses bien gonflées, ne put

1. *Forteresse*, en Arabe.
2. En l'année 977.

BAIE DES FOURMIS, À BEAULIEU.

racheter ses sauveurs qu'à la condition de laisser baiser par le maudit la main de la Duchesse, sa femme. En quoi le prince usa de monnaie de pirate, ayant substitué à la haute Dame une de ses suivantes. Occhiali fut dupé, ravi et... pendu, l'année d'après. Marie de Solms qui conte aussi l'anecdote, et en curieux détails, se demande jusqu'où serait allé le dévouement de la remplaçante, si le Génois eût montré moins de discrétion. Nous laissons à la gracieuse le soin de résoudre le problème.

La tour ronde, encore debout vers l'extrémité du Cap, est le dernier vestige du Château ducal; Berwick, le démolisseur patenté, pourrait dire où passa le reste [1]. Deux vastes salles, coupées à pans octogones, occupent l'intérieur du cylindre; leurs voûtes concentriques ne prennent jour que par des trappes mues au moyen de chaînes. D'étroites cellules se creusent dans l'épaisseur des murs ; un lourd et sombre escalier y trouve place aussi et mène à la plate-forme. Trois canons hors de service, gardés par quelques invalides, assuraient l'armement avant 1860. L'inoffensive artillerie a disparu, depuis l'annexion, et la garnison avec elle. Seule, en société de poules noires voletant sur les dalles, une vieille femme, veuve du dernier gardien, habite ce débris d'un autre âge. On dirait l'âme de cette ruine ; âme plaintive, regrettant l'époque où le Piémont, son pays, lui octroyait la jouissance gratuite de quelques pierres dont le Gouvernement Français prétend tirer profit. Mais trop longtemps les vents l'ont bercée ici pour qu'elle consente à mourir ailleurs. Sa main aussi sèche que celle du Lombard nous montre, à vingt pas de là, au bord de la grève, le petit cimetière où elle doit aller, quand la cloche du campanile voisin aura sonné son glas. La couche est bien choisie pour un long sommeil; toutefois, autant vaut savourer les horizons chauds et lumineux qui se déroulent autour des créneaux. La vue a le champ vaste depuis Bordighera jusqu'aux crêtes de Mont-Alban, et la nouvelle route de Monaco, avec sa ceinture cloutée de saphirs et son diadème étoilé de donjons, n'y ajoute pas un mince ornement.

*Beaulieu,* qui se dérobe dans les embrassements de ses deux baies, fait face à Saint-Hospice. On y accède promptement par les flancs du promontoire. Sa Réserve est une sorte de « chalet de la Cascade » entre Nice et Monte-Carlo. Qu'on aille ou qu'on revienne, il faut s'y arrêter. Eh ! comment résister au sourire gastronomique des beaux chefs blanc-vêtus qui, à toute heure, vous attendent sur le seuil, prêts à ouvrir leur parc aux huîtres ou à ranimer l'ardeur des fourneaux assoupis ? On déjeune gaiement et bien sur une terrasse à bord de vague. Décavés et gagnants se font déboucher le champagne de la victoire ou verser goutte à goutte l'absinthe de la défaite ; Phryné tend ses rets, la blonde miss cherche l'épouseur, pendant que, munis d'une bénédiction toute fraîche, les couples parisiens en vol pour l'Italie s'arrêtent juste le temps d'écrire sur le sable un serment d'amour éternel. D'autres cafés plus modestes se répandent çà et là par les chemins creux, des restaurants en plein air s'accotent aux murailles mobiles des géraniums. Chaque motte de terre a son boulingrin, chaque boulingrin son Vatel, avec tourte en guise de turban. Cette rive ne confine point en vain à la *Petite-Afrique.* Du milieu des citronniers émergent des toits en poivrières ; sous le perron de bois des chalets la violette déroule ses tapis d'améthyste ; vingt nacelles pavoisées se balancent au quai d'un havre en miniature... Mais de toute cette verdure embaumée, nid préféré des fils d'Albion, l'olivier reste toujours roi. Il en est d'admirables groupes. On ne peut plus, hélas ! vous présenter au patriarche du littoral, vénérable *tocard* mesurant une quinzaine de mètres à sa base. Un seul coup de foudre renversa celui que l'Empire Romain avait peut-être planté, et *l'Hôtel des Anglais* a pris sa place. Nous lui souhaitons même longévité. Du moins rencontrons-nous, à quelques pas de la Réserve, le noble héritier de cette gloire, tronc rugueux, tourmenté, digne de respect

1. Le Maréchal de Berwick détruisit la forteresse en 1706.

encore, puisque plusieurs paires de bras auraient peine à l'enlacer. Beaulieu *for ever!* heureux qui s'y arrête! il en rapporte une impression de kermesse perpétuelle, s'étonnant de ne point lire sur quelque écriteau peint en rose : « Ici, par ordre de M. le Maire, la tristesse est interdite. »

Les chevaux se sont reposés, tandis que l'œil et l'esprit voyageaient de compagnie : *Avanti!* nous ne sommes pas à bout de merveilles, puisque nous allons joindre la plus étonnante de toutes. Un village sur un pal, est-ce assez moresque? Et c'est l'aspect d'Eza. Eza, quand on vient de quitter Beaulieu, la gitana sauvage après la raffinée coquette, quel foudroyant contraste! La voici paraissant et disparaissant dans les circuits de la route. Sombre au sommet

Eza, vue de la Corniche

d'une pyramide isolée, sa silhouette s'enlève en vigueur sur les transparences de l'horizon. De plus de six cents pieds, à pic, elle domine la mer. Les stries du sentier qui descend vers la grève semblent les lacets d'or de son noir corsage; le soleil a bruni son front, l'orage et le canon lui ont, aux éclats de leurs tonnerres, déchiqueté un diadème de ruines. Les Alpes elles-mêmes, les Alpes neigeuses l'apercevant de loin, ne doivent pas la contempler sans stupeur. Aire ou repaire, on se demande qui la suspendit de la sorte, si elle est habitée, par quel point on l'aborde, et comment y ayant pénétré, il reste possible d'en sortir.

Qui l'a bâtie? Le Phénicien, dit-on, sous la protection d'Isis. L'aventureux navigateur avait apporté sur sa nef la statue de la Déesse, avec la branche de l'olivier; ce roc aigu devint le piédestal du temple. Les grands lézards qui s'y chauffent encore ne seraient-ils pas quelques rejetons des crocodiles sacrés? Pour surplus d'enquête, il convient d'escalader la place : tout un siège en perspective. Du haut de la Corniche, l'entreprise ne va déjà pas de soi; c'est bien une autre affaire si, en ardeur d'assaut, on attaque le bastion par la route d'en bas. Une heure de marche ardue, au caprice des courbes, au hasard des précipices, sur mainte coulée de pierres roulantes que le brodequin envoie à l'abîme et que l'abîme renvoie en sinistre bruit, n'est point un sport à réjouir les sybarites de Monte-Carlo. Nous en dissuaderons tout au moins l'asthmatique. Les filles de la montagne descendent ainsi, de nuit, la cruche sur l'épaule, pour porter le lait au marché : un faux pas, dans l'obscurité, les précipiterait... mais elles savent leur sentier par cœur, et puis la bonne Déesse les protège. A mesure qu'on avance, la pente se redresse. Les maigres sauvageons, les buissons rabougris ont disparu : le mont devient muraille, — muraille rougeâtre, ocrée, striée, abrupte, dont là-haut, bien haut à travers les vapeurs, la ligne de façades en surplomb ne semble qu'un prolongement géologique. Vertige ou prestige, ces pignons ont l'air de planer. On arrive enfin, on pénètre par une sorte de chemin

Eza, côté de l'Est.

de ronde : voici la porte qu'ont franchie les Maures... après César. A des fentes tortueuses, à des ruelles misérables la roche grossièrement aplanie tient lieu de pavement. C'est encore la roche qui, de ses assises naturelles, forme les prodigieux degrés montant à la citadelle : c'est elle toujours qui prête des soubassements aux maisons, et ces maisons reliées entre elles par d'obscurs couloirs ou par des arches entre-croisées ne font qu'un agglomérat unique, digne couronnement du monolithe. De droite, de gauche, le regard hésitant plonge dans des étables vides qui ressemblent à des chambres ; il croit deviner aussi des chambres toutes pareilles à des étables. A chaque pas l'Orient s'accuse, coloré et sordide. L'Église fort à propos nous rappelle que nous ne sommes point en terre païenne. D'une terrasse hardie, par-dessus les toits se projette sa haute tour sonnant l'heure à cette solitude ; et bien au-dessus du clocher, debout sur l'arête mince de la pyramide, les pans croulants du vieux château semblent défier des foudres nouvelles. Ce qu'il s'y déroule de saisissantes visions, on le devine. N'y cherchez d'ailleurs point d'habitants. Il y en a, paraît-il ; le dernier recensement accuse un chiffre de 558.

Nous avons 557 bonnes raisons d'en douter. Une heure durant, nous errâmes dans ce dédale sans rencontrer forme humaine, sans entendre le bruit d'une voix, sans percevoir l'écho d'un pas. Au dedans le silence, le vide alentour. Nous nous croyions au lendemain du jour où le corsaire Barberousse faisait sauter ces remparts. Ah! cet îlot perdu dans l'espace, c'est bien la cité d'Isis, une Saïs du mystère. Qui soulèvera le voile de la Divinité? Hors deux yeux perdus dans un embroussaillement de cheveux qui, luisants et obstinés, suivaient derrière une vitre chacun de nos mouvements, rien ne nous a paru vivre en cette ville morte. Mais ces yeux *Isiaques,* nous les verrons toujours.

Eza, en personne sûre d'elle-même, ne se marchande d'ailleurs pas à l'admiration. De trois quarts, de face ou de profil, elle livre au touriste son impeccable beauté. Longtemps, dans ses détours, le chemin de la Corniche montre la fuyante Galatée, avant qu'elle ne s'évanouisse derrière un ressaut lui tenant lieu de saules. Quand elle disparaît, elle n'a plus rien à révéler. Ses entours ne le lui cèdent d'ailleurs pas. D'un effort lent, la mer a découpé la plage en capricieuses dentelures. Elle s'est creusée tant de golfes, elle a projeté tant de caps, que depuis l'aride belvédère de la Tête-de-Chien jusqu'aux montagnes faiblement teintées des Maures, le spectateur croit tenir sous son regard un fragment de carte emprunté à quelque gigantesque atlas. Et le bleu toujours, le bleu partout pénètre la nature de ses élastiques transparences. Il n'est pas jusqu'aux bastions rébarbatifs des forts qui n'y perdent quelque chose de leur rudesse. Dieu sait pourtant si, à bout d'embrassades, nous avons ménagé les embrasures à nos bons amis d'Italie! Précaution est fille de sagesse. L'amoureux entreprenant qui, dans la langue du *si,* s'aviserait de vouloir en conter à *Nizza la Bella,* devrait, avant l'heure du berger, passer sous un joli berceau d'obus croisés. A quoi servent, après tout, ces manifestations de la force et les trophées qu'elle amoncelle?

La Turbie.

*La Turbie* va nous répondre par la voix de sa ruine, borne milliaire superbe, à la hauteur du bras qui l'a plantée. Sans cet impérial débris, la bourgade oubliée à l'extrémité d'une courbe n'arrêterait guère l'étranger peu soucieux de ses toits rouges, de son svelte campanile ou de ses tortueux et misérables carrefours. Quelques portes sculptées, des arcs-boutants jetés d'une maison à l'autre, seraient un maigre aliment de curiosité. Eza rend difficile. Mais la Turbie a sa Tour d'Auguste sur la tête, la féerie de Monte-Carlo sous ses pieds... Entre l'ombre du grand Empire disparu et les scintillants reflets de la Principauté Monégasque, une halte se place forcément.

Une longue allée d'ormes partant du seuil de l'hôtellerie conduit à un balcon en demi-lune soutenu par des rocs à pic. Sous ces rocs, un abîme; au fond de l'abîme, Monaco. L'impression ne peut se rendre, il faut l'avoir ressentie. La vieille ville, son château, son petit port, les quartiers neufs, le palais des Mille et une Nuits et ses terrasses suspendues, ne semblent, d'ici, que les morceaux épars d'un plan en relief se cherchant sur la plage. Ce qui tout à l'heure nous paraîtra si plein de grâce et de majesté ne représente, en ce moment, qu'un joujou de Christmas. La formidable puissance d'une perpendiculaire de cinq cents mètres fait perdre tout sentiment des proportions. L'éloignement va nous y ramener si, des renflements sombres du Cap Martin, nous suivons jusqu'à Bordighera les lumineuses sinuosités de la côte. Ni Roquebrune, ni Menton ne se trahissent encore ; mais, de ce balcon vertigineux où les bons vieillards viennent se chauffer au soleil, en récitant leurs prières, deux sentiers taillés dans la pierre vive, à travers les oliviers, descendent durs, rapides, brûlants, l'un sur Monte-Carlo, l'autre vers la Condamine. Il est question, pour les remplacer, d'un chemin de fer à crémaillère. Greffé sur ce versant, le laurier du Rigi-Kulm nous promet une abondante gerbe d'émotions.

Des talus gazonnés montent vers la Tour, *great attraction* de la Turbie. Cette masse encore imposante n'est plus guère qu'une tranche de donjon debout sur un massif éventré. Un reste de corniche pend à son sommet ; les vastes assises du piédestal accusent la présence des colonnes qui l'enveloppaient. La bestiale fureur des hommes plus que la faux du Temps a détaché ces blocs énormes qui tombèrent sans se désagréger. Quelques-uns forment un escalier de Titans par où l'on peut atteindre une saillie planant sur Monte-Carlo. Çà et là gisent dans l'herbe des pans de muraille intacts ; un fragment de frise en marbre, couché près de la porte d'entrée, donne une idée de ce que pouvait être ce monument unique. Le vainqueur d'Antoine, qui fut aussi celui des Ligures, le fit élever, à la limite des Gaules et de l'Italie, sur le point culminant de la voie Julienne, pour éterniser la défaite des rebelles [1]. Quarante-quatre peuplades révoltées avaient en effet courbé le front sous sa sandale, et, attestant la mer immense, une table de marbre gardait leurs noms incrustés en lettres d'or. Grâce à Pline qui libelle l'inscription, grâce surtout aux recherches heureuses des archéologues, depuis Gioffredo jusqu'à notre savant ami Ernest Desjardins, on a pu reconstituer, par la pensée, ce Trophée d'Auguste, ainsi que l'appelle Antonin. Sa forme ronde à base quadrangulaire, ses deux portes, son revêtement marmoréen, ses bas-reliefs, ses faisceaux, ses corniches, ses architraves, son double rang de colonnes circulaires alternant avec des statues de héros, sa majestueuse coupole que surmontait une effigie colossale de l'Empereur posant le talon sur les vaincus, tout cela devait être d'un grandiose et inoubliable effet. Les Barbares épargnèrent peu cet indiscret témoin. Le Lombard commença l'attaque, le Moyen Age suivit. Du colosse, les Sarrasins se firent un *Fraxinet*, les peuplades voisines une carrière à matériaux ; la Turbie en sortit presque entière. Il donna tout, le généreux, jusqu'à son nom [2]. Libéralité vaine ! Villars devait consommer l'œuvre. A la voix du maréchal, le salpêtre s'éveilla, ne laissant debout que ce que nous en voyons. Dix musées, vers cette époque, eussent pu encore s'enrichir des épaves du *Trophée*. Un seul, à cette heure, celui de Saint-Germain, possède quelques éclats de l'inscription, sans qu'on ait pu y joindre la tête et le buste du César, retrouvés dans des fouilles par un moine du XVIIIe siècle [3]. Plus respectueux du passé, notre âge veille sur cette ruine dont on pourrait encore tirer un hameau. En vain mauves et lavandes s'épaississent alentour ; le cadavre de pierre vivra de longs jours, et la belle enfant blonde qui, pieds nus, court parmi les débris dont on lui confie la garde, nous semblait une image de l'éternelle jeunesse promise, en dépit de la mort, à tout ce qui fut véritablement grand.

Entre le cylindre de la Tête-de-Chien et le massif du Mont-Agel s'ouvre, à quelque distance, un ravin pierreux enveloppé de hautes cimes. De nombreux fidèles, dix mille parfois, campant sous la tente, buvant l'eau des torrents, vont s'y agenouiller, aux fêtes de la Trinité et de la Saint-Pierre, devant le sanctuaire de *Notre-Dame de Laghet*. D'immenses processions se dérou-

1. An 14 avant Jésus-Christ.
2. *Trophea, Torpia, Torbia*, d'où *Turbia* ; ou bien encore *Turris via*.
3. Le Franciscain Antoine Boyer.

lent alors sur ces pentes. Un bâtisseur, aussi convaincu que le duc de Berwick l'était peu, Mgr de Palletis, le même évêque qui mourut à Nice écrasé sous la chute de sa cathédrale, fut le fondateur de ce pèlerinage motivé par d'éclatants miracles. Des Carmes desservent le couvent, ample bâtiment carré où les *ex-voto* abondent, moins fastueux toutefois que jadis. Des enfants d'or pur, des jambes d'argent massif, brillaient alors près de la Madone, dons magnifiques de la Maison de Savoie. Les exigences des coffres-forts princiers et le passage répété des armées simplifièrent, en allégeant l'autel, les manifestations d'un culte qui n'en reste pas moins fervent. A l'ombre de ce cloître, le vaincu de Novare coucha une dernière nuit et communia,

Notre-Dame de Laghet.

lorsque, abandonnant ses États, il n'emportait dans son exil volontaire que le mirage d'un rêve évanoui[1]. Trois inscriptions à la mémoire de Charles-Albert, dont celle-ci plus particulièrement touchante, se lisent sur un fragment de colonne tronquée :

ICI
IL A PARDONNÉ LES INJURES,
IL A PLEURÉ LES MALHEURS DE SA PATRIE,
ET EN ABANDONNANT DE SA PERSONNE LE SOL DE L'ITALIE,
IL EN A RECOMMANDÉ LES DESTINÉES
A LA PROTECTION DE LA VIERGE MARIE.

Les âmes pieuses se détournent du chemin pour rendre visite au sanctuaire, les fervents de l'obus montent au fort qui domine Monaco ; le plus grand nombre, jetant un coup d'œil distrait

1. 26 mars 1849.

vers la Tour d'Auguste, poursuit, sans s'arrêter, une route qui ne tarde pas à devenir trop pittoresque. Plus désireuse que jamais de justifier son titre, la Corniche se suspend aux précipices, audacieusement les borde, et si, d'aventure, quelque prodigieux écueil se dresse à sa portée, c'est lui qu'elle choisit pour mieux se mirer au flot. Le Château des Grimaldi, les divers quartiers de leur ville, la Principauté tout entière forment une perspective enchanteresse. Et puis soudain, comme au coup de sifflet du machiniste, monte, d'un jet, le décor de Roquebrune, tandis que le Cap Martin, flottant vers le large, bombe son dos de tortue écaillé de pins.

Roquebrune.

*Roquebrune* (*Rocca bruna*) est une pariétaire serrée à la montagne. Elle s'y adosse, elle s'y accroche, elle s'y colle. Pas si étroitement toutefois, qu'un beau soir la bonne ville, encore plus haut juchée, ne se soit mise à glisser en douceur du côté de la mer. Est-ce une racine de genêt qui l'arrêta? La légende le prétend. Au fait, tout apparaît si étrange en son agencement de toits sur des éboulis, qu'on ne doit pas la quereller pour un prodige de plus. Mieux vaut lui porter poliment une carte. La voiture nous arrête devant le chemin pavé qui est sa rampe d'accès, rampe rude à qui l'affronte. Quiconque s'y hasarde sous la flèche du soleil aura l'idée d'une épreuve par le feu. Il trouvera les pentes peu ménagées et se prendra sans doute à maudire le genêt qui n'a pas permis au Château des Lascaris de descendre un peu plus outre. Ce débris crénelé, percé de larges baies croisillonnées de pierre, paraît fuir à mesure qu'on avance. Par fortune, les citronniers qui, de chaque côté, cherchent à se rejoindre, entrelacent sur la tête du patient une sorte de réseau naturel où les fleurs se mêlent aux fruits. Le pampre de la vigne, les palmes du dattier ou la pâle chevelure de l'arbre à huile tempèrent aussi l'aridité de la montée. Et d'ailleurs, le long de cette échelle de Jacob, non moins dorée que celle du patriarche, les jolies filles, roses et blondes, vous raniment avec de longs regards étonnés et de petits sourires furtifs qui aident à la résignation. Au matin des noces, l'étoile blanche de l'oranger ne se déplaira pas sur de tels fronts. Des portes en ogive introduisent dans la cité. Une station à l'église très simple, mais bien entretenue de fleurs, ne se justifie qu'à titre pieux. Des escaliers qui remplacent le macadam, des arches de maçonnerie, sortes de Ponts des Soupirs aux lointaines perspectives, permettent d'atteindre rapidement le *Castellum* [1]. Hanté des oiseaux de nuit, ce manoir mérite également la visite des oiseaux de passage. Une serrure en protège l'entrée, mais la clef se trouve aisément dans une ruelle prochaine. Des degrés usés aboutissent à la cour intérieure. Une citerne occupe le centre. Par les larges baies, veuves de leurs plombs maillés, le soleil et les vents pénètrent en fantaisie. Des marches empruntées à l'épaisseur des murs mènent aux créneaux. Le chemin de ronde bitumé qui serpente derrière permet sans péril, même sans vertige, d'en accomplir le tour. Le gardien l'utilise à sécher son foin; le touriste en use pour reposer ses yeux sur la Principauté. De là-haut, les montagnes, les maisons et la mer offrent toutes les variétés du kaléidoscope. L'ombre des Lascaris doit aimer à flotter sur ces ruines durant les nuits étoilées. Par contre, l'auguste famille des Grimaldi, toujours en lutte avec une cité turbulente, n'a guère lieu de regretter l'abandon de ses privilèges. La France lui paya, deniers comptants, l'achat de cette officine à révoltes. Longtemps oscillante, la Rocca-Bruna reprit enfin son aplomb. Espérons que, désireuse de le garder, elle nous restera plus fidèle qu'aux conches mobiles de ses conglomérats.

Une Rue à Roquebrune.

La route de la Corniche rejoint, au-dessous de Roquebrune, le chemin de Monaco qui s'y embranche. Nous laissons Menton à gauche pour la retrouver bientôt, et, nous contentant d'une échappée pleine de promesses sur ce nouveau et dernier joyau de l'écrin Français, nous allons passer, sans douleur, de République en sol Princier.

Le ruban ondulé qui frange ici le railway et la mer forme une des plus ravissantes promenades de l'Europe. Dans la végétation quasi tropicale qui est un de ses charmes, le caroubier ne figure pas pour un mince ornement. Son tronc superbe, aux branches tourmentées, au feuillage charnu, dont les rameaux séchés empourprent la sombre verdure, donne du relief au paysage et

1. Le maire de Roquebrune s'intitulait jadis *le Castellan*.

un abri au passant. Nous rencontrons parfois toute une famille, homme, femme, enfants et mulet, goûtant les douceurs de la sieste sous un de ces parasols rafraîchissants. Couchés sur l'herbe odorante, devant la nappe moirée où les caprices du feuillage découpent des lambeaux moins harmonieux que leurs haillons, ces nomades semblent jouir, en pleine béatitude, de leur agreste hôtellerie. Nous franchissons, au creux d'un val étroit, le petit pont qui va nous rendre Monégasque. Des restaurants badigeonnés de rose, une sorte de *Robinson* à cabinets particuliers, annoncent le quartier des Moulins. Entre des jardins soigneusement peignés et des villas d'exquise toilette, la voiture court sans crainte de trouver sous sa roue un caillou malséant. Les routes sont des allées passées au crible : la poussière, s'il en existait, serait parfumée à l'iris. Car nous voici au royaume de l'invraisemblable. Les visages y sourient comme le ciel. On y est gai, on y est poli, on y aime Dieu et son prochain, on y acclame le Prince, sitôt qu'il paraît. Est-ce l'Eldorado? est-ce Monaco? Les deux mots sont synonymes. Salut au temple de la Fortune, de la Musique et des Arts! Salut à cet *Hôtel de Paris*, tout comme Fontanarose,

Connu dans l'univers et dans mille autres lieux!

Secouons-y la poudre de cinq heures de poste, et crions *vivat* aux Altesses Sérénissimes : pas trop haut pourtant, de peur que les ondes sonores de notre enthousiasme allant vibrer en terre républicaine ne nous fassent condamner, de l'autre côté de la frontière, pour crime d'écho séditieux.

Entre Roquebrune et Monaco.

# LA PRINCIPAUTÉ DE MONACO

Quand, par une tiède soirée d'hiver, le long des plages dentelées que caresse la mer de Tyrrhène, le touriste arrivant d'Italie aperçoit pour la première fois le royal domaine de Charles III, — ébloui, hésitant, il s'enquête... Car, miracle ou mirage, il a cru voir comme un fourmillement d'astres qui flamboieraient dans l'ombre. Serait-ce que vient de choir devant lui un pan de « ce ciel azuré, tant richement contrepointé d'estoilles », ainsi que parle Charron, au livre de *la Sagesse?* ou bien si, cherchant le pays de l'or, il aurait d'aventure mis le pied au royaume des pierreries ? A coup sûr, cette colline ne peut être qu'un monceau d'escarboucles, ce roc qu'une immense pépite cloutée de diamants. Eh ! non, c'est simplement Monaco qui scintille sous ses papillons de gaz, c'est Monte-Carlo, le séjour enchanté où la nuit ne descend jamais que dans une robe de lumière.

L'impression tient du prestige ; autant que personne nous l'avons ressentie. Un soir surtout !... L'âcre et enivrant parfum du citronnier en fleurs passait dans l'air, le murmure de la vague se mêlait aux échos d'une lointaine harmonie, et tandis que lentement, au bras d'un ami, nous gagnions les bords du paradis Monégasque, un involontaire parallèle avec certaine grande voisine affligée nous inspirait cet hymne de respectueuse envie :

« ... Heureuse capitale, heureux peuple ! Plus fortuné encore le Prince qui les gouverne ! Habiter un palais où l'art le dispute à la nature ; n'y entendre monter ni la voix de l'aquilon, ni les murmures de la plèbe ; se mouvoir dans le bleu éternel ; ceindre une couronne veuve d'épines, tenir un sceptre qui n'a jamais besoin de se changer en verge ; être grand-maître d'un Ordre dont les Souverains s'honorent de devenir titulaires ; frapper monnaie à son effigie, sans extraire une paillette d'or de l'escarcelle du contribuable ; avoir le monde entier pour tributaire, pour sujets une poignée d'habitants qui portent la joie écrite sur leur visage ; entretenir, sans qu'il vous en coûte un *monaco*, cette armée de cent trente hommes qui bat aux champs quand vous passez, manœuvre chaque matin sous vos fenêtres, tire le canon à la Saint-Charles et ne gâte jamais ses beaux habits au dur métier de la guerre ; devoir aux convulsions permanentes d'un grand État voisin l'admirable recrutement de ses services ; cueillir ici l'un des plus habiles préfets de l'Empire, là quelqu'un de nos magistrats les mieux versés dans la science du droit, ou bien un colonel qui a conquis ses grades sur les champs de bataille ; remettre en ces mains éprouvées des portefeuilles qui ne risquent pas de s'envoler au vent des urnes ; ne posséder ni Chambre où l'on joue du poing — en attendant le revolver, ni Sénat conservateur qui ne conserve que les haines des partis ; n'avoir pas plus à compter avec les intrigues de l'antichambre qu'avec les séditions de la rue ; laisser aux vulgaires Présidents de République les coups de plume de la presse et à ses pigeons ordinaires les volées d'un plomb qu'ils partagent avec les monarques ; être maître enfin chez soi, maître absolu d'un peuple libre et reconnaissant, — tout cela n'est-il pas l'idéal d'un songe, l'étincelant mirage de la féerie [1] ? »

Sept ans écoulés, nous ne dirions pas autrement : la boutade d'alors est plus que jamais la vérité d'aujourd'hui.

Que si, changeant d'heure et de direction, vous arrivez en pleine après-midi, du côté de la France, la surprise sera différente, elle ne sera pas moins vive. Dix tunnels, en seize kilomètres, vous ont pris et repris tour à tour; la sortie du onzième vous arrache une exclamation.

Un roc surgit soudain, escarpé et majestueux, promontoire à cassure abrupte, lion couché qui s'allonge vers le sud. Des reflets fauves le colorent, de verdoyants bastions l'enserrent, une cité pittoresque le couronne. Le soleil Africain y incrusta ses baisers, le figuier de Barbarie ses raquettes ; l'aloès y fleurit — pareil à un sceptre, un palais s'y appuie — tel qu'un trône, l'ombre d'une cathédrale y descend, comme une protection. A son front des cyprès, à ses pieds la vague bleue qui, de toute éternité, les frappe ou les caresse sans que l'insensible, du haut de sa grandeur, en paraisse un instant ému. Voilà *Monaco*, antique et toujours vivante image de la puissance souveraine, dévouée à ses Princes, fidèle à son Dieu ; voilà Monaco, piédestal superbe d'une famille dont, pas plus que la morsure du flot, la dent des révolutions n'a pu entamer le granit. Neuf siècles, *Deo Juvante* [2], rayonnent sur le nom des Grimaldi.

Digne frère du Château de Nice, ainsi que lui et avec plus de fierté encore, ce roc nimbé garde en dépôt tout ce que le fer et le feu y gravèrent de glorieux souvenirs. Courant vers l'Espagne pour combattre Géryon, peut-être aussi pour donner plus tard à notre ami Verdaguer l'occasion d'un immortel chef-d'œuvre [3], Hercule s'y repose. De la courbure de ses falaises le demi-Dieu fait un port, *Herculis Monæci portus* [4]. Après lui, le Phénicien y abrite Melkarth, la Divinité farouche, et les marchands de Tyr et de Sidon y oublient assez de monnaie pour que, grâce au semis de ces pièces, le savant puisse encore retrouver leur trace. Ce port, les Ioniens le connurent, Virgile le chante, Lucain loue sa sûreté, Silius Italicus en signale les sommets perdus dans les nuages ; l'Empereur Pertinax le revendique pour berceau. Hécatée de Milet, Denys

1. *Au Caprice de la Plume.* Paris, Hachette.
2. Devise des Grimaldi.
3. Le Poème Catalan de *l'Atlantide*.
4. Μόνος οἶκος, *Maison unique*, dénomination traduisant bien l'isolement d'une langue de terre adossée à une haute montagne et baignée d'eau sur ses trois autres faces.

d'Halicarnasse, Diodore de Sicile, Antonin, Strabon, Pline, Tacite, tous, historiens ou géographes, le mentionnent avec éloge. Mais pourquoi se réclamer de la Fable? Fils de Pépin d'Héristal, ancêtre des Grimaldi, le Maire du palais Grimoald ne peut-il pas aussi brillamment qu'Héraclès-Melkarth inaugurer le livre d'or de la Principauté? De sa veine ouverte par un assassin sont issus et cet Hugues, seigneur d'Antibes, qui fut l'un des capitaines de Charlemagne, et ce Passanus dont l'union avec Crispina doit enfanter Grimaldus Ier, père, à son tour, de Giballin Grimaldi. Or les chroniques nous apprennent que, pour en avoir chassé le Sarrasin, Grimaldus reçut d'Othon la forteresse de Monaco, et nous avons vu comment le Comte de Provence Guillaume récompensa Giballin de ses exploits contre les Fraxinets barbaresques. *Vir*

Le Roc de Monaco.

*magni cordis et egregiæ magnificentiæ,* dit la charte qui cédait au parrain du golfe de Grimaud toute la côte, de Saint-Tropez à Fréjus [1].

Dans son « Grand Dictionnaire Historique [2] », l'abbé Moréri ne consacre pas moins de quatorze colonnes in-folio à l'expansion des diverses branches de cet arbre généalogique fameux, *Grimaldæ Gentis arbor* [3]. Et que de rameaux à y rattacher depuis la seconde moitié du dernier siècle! Mal inspiré qui mesurerait ici la renommée au territoire : l'aire est étroite, large le coup d'aile. Au cours d'un récit de gestes, vrai roman de cape et d'épée, combien d'événements à grouper, si leur faisceau ne devait faire éclater le nœud trop étroit qui les enserrerait! Les descendants de Giballin le preux se montrent partout où il y a des périls à braver, de l'honneur à conquérir. Contre le fidèle ou l'infidèle ils guerroient d'une même vaillance. La croix rouge à l'épaule, nous les rencontrons tantôt menant les flottes de Gênes à la victoire ou suivant saint Louis aux champs de Mansourah, tantôt rafraîchissant aux ondes de la Méloria la tige poudreuse

1. 980.
2. Édition de 1759.
3. *Genealogica et Historiæ Grimaldæ gentis arbor,* par le sieur Charles de Vénasque, secrétaire d'Honoré II.

de leur antique laurier, — sans perdre entre temps, si elle se présente, l'occasion d'épouser une Comnène, nièce d'Empereur. Mons-en-Puelle a gardé le souvenir de Raynier II, comme Lépante revendiquera plus tard celui d'Honoré Ier. La guerre de Cent ans retrouve les Grimaldi aux côtés de la France. L'un d'eux [1] tombe à Crécy, en avant de ses arbalétriers; mais il s'est préalablement vengé par la destruction d'une flotte Anglaise. Il y a de tout dans le trésor de ces Princes, des épées de capitaine général et des anneaux de doge, des barrettes de cardinaux et des ancres d'amiral. Par-dessus les luttes de partis qui si longtemps mettent l'Italie en feu, ces intrépides promènent leur bannière triomphante, Grimaldi-Guelfes contre Spinola-Gibelins. Alliés, non vassaux de ceux dont ils revendiquent l'appui, choisissant tour à tour pour égide Gênes ou l'Espagne, le duc de Savoie ou la France, ils traversent les âges, forts de leur autonomie. Papes, Rois ou Républiques ont reconnu leurs titres souverains. Barons de Vence, seigneurs incommutables et sans redevance de Menton et de Roquebrune, de la Turbie, d'Eza, d'Antibes [2] et autres lieux, nous les voyons défendre contre vents et tempêtes la possession de ce *Diritto di Monaco* prélevé sur tout bâtiment de commerce voguant dans leurs eaux, fût-ce sous pavillon royal [3]. Ils règnent « par la grâce de Dieu et de leur épée [4] »; « Altesses Sérénissimes » ils sont et restent, au regard des plus puissants. Leur palais a fêté Charles d'Anjou et Charles-Quint ; Dante en gravit l'escalier de marbre, Jeanne de Naples y reçoit l'hommage de Pétrarque, quand le poète va cueillir le rameau d'or au Capitole. Le soc de leur galère amirale laboure la Méditerranée pour le compte de Charles V ou de Charles VII de France ; Charles VIII, Louis XII les tiennent en particulière estime. Rangés, un siècle et quart, sous le protectorat de l'Espagne, ils n'hésitent pas à s'y soustraire, le jour où la protection devient tyrannie. Un paraphe au bas du traité de Péronne [5] leur vaut charte d'affranchissement ; d'un pan de sa robe rouge, Richelieu couvre leur indépendance. Désormais les colliers de Saint-Michel et du Saint-Esprit, détachés du cou de Louis XIII, remplaceront Alcantara et Toison d'Or sur la poitrine d'Honoré II. Le Roi très chrétien traite son nouvel allié de « cher et bien-aimé cousin »; « votre bonne cousine [6] » signe Anne d'Autriche, quand elle lui écrit. A l'honneur se joint le profit. Duché-pairie de Valentinois, Marquisat des Baux, avec l'étoile d'argent du Mage

Chapelle, à Monaco.

1. Charles Ier.
2. Rachetée 250,000 florins par Henri IV, en 1608.
3. Droit de 2 pour 100 confirmé par Lettres patentes de François Ier et de Charles-Quint.
4. Formule adoptée par Lucien Ier.
5. 1641. L'original de ce traité est conservé aux archives de Monaco.
6. Lettre de Dijon, 17 mars 1650.

Balthazar, et des comtés, et des baronnies, et des pensions pour dorer ces blasons, ou leur offre tout, et, s'en jugeant dignes, ils ne refusent rien. S'agit-il du baptême d'un Grimaldi[1] ? Louis XIV et la reine Anne s'y font représenter ; d'une ambassade délicate ? C'est chez les Grimaldi que le Roi-Soleil vient choisir son représentant. Il fait plus ; il les investit du droit de frapper monnaie à leur effigie[2], et quand sonnera l'heure de la vieillesse et des revers, il n'oubliera pas d'inscrire leur souveraineté dans une clause spéciale du traité d'Utrecht. Aussi les petits-fils de Grimaldus, qui ne sont point des ingrats, se conduisent en héros à Fontenoy, heureux de prouver, en en montrant la couleur, que le sang du vieux guerrier Franc rougit toujours leurs artères.

Si la généalogie des Souverains Monégasques n'est que l'histoire d'une famille, quelle autre en Europe, et parmi les illustres, se flatterait d'offrir plus de titres aux hommages de la postérité? Séparées parfois, souvent réunies, les qualités qui font les grands princes appartinrent toutes aux Grimaldi. Le courage, d'abord! Il fut, chez eux, à ce point héréditaire que, pour dresser le tableau des preux depuis Giballin jusqu'à Charles III, il suffirait d'écrire chaque nom dans son ordre de succession. Contentons-nous de choisir, en manière de brevet, une bulle de 1349, récemment découverte, où le pape Clément VI invite Charles I^er^, et, par son intermédiaire, tous les Grimaldi, à soutenir, de LEURS VERTUS MILITAIRES BIEN CONNUES DE TOUTE LA CHRÉTIENTÉ, la croisade du roi de Castille[3] contre les Sarrasins d'Espagne. L'habileté! nous n'en voudrions pour preuve que cette rare fortune d'avoir traversé la houle de neuf siècles sans y naufrager. Leurs brèves sorties du pouvoir suivies toujours d'éclatantes rentrées, des acquisitions successives patiemment négociées et fructueusement conclues, mainte ambassade heureuse, notamment celles du cardinal Grimaldi et de Louis I^er^ en cour de Rome, sont autant d'indices d'un génie politique difficile à contester. Scrupuleux observateurs de la parole jurée, ils ont la reconnaissance du bienfait reçu. Deux exemples entre cent. Afin de défendre sa capitale, la seule qui tînt désormais en Italie contre les ennemis de la France, le Prince Antoine ayant, vers 1709, épuisé ses revenus, vend ses bijoux de famille, met en gage les pierreries des marchands de Monaco, puis, à bout de ressources, fait monnayer, au profit de Louis XIV, toute sa vaisselle plate, miracle de l'orfèvrerie Génoise. Antoine I^er^ a donné son or; Honoré III offrira sa poitrine. Blessé à Fontenoy, aux côtés du maréchal de Saxe, il en est deux fois récompensé, par un vers de Voltaire[4], par la tendresse d'une nièce de doge, la belle Catherine Brignole, qui couronne son ardente passion. Galants — ce qui précède l'établit — verts-galants même, ils savent, au besoin, payer d'un terrible saut de Leucade l'excès d'une qualité qu'ils partagent avec notre Henri IV. Pieux aussi et surtout, bâtisseurs de chapelles et de couvents, comme il sied à des fils chéris de l'Église, toujours prêts à défendre le Saint-Siège[5], ils montrent autant de libéralité vis-à-vis des hommes que de dévotion envers Dieu. Mainte charte les qualifie de « magnifiques et généreux seigneurs ». A l'établir, nous n'aurions que l'embarras des preuves. C'est Augustin, le Prince-Évêque, l'ami de Bembo et de Sadolet, qui, recevant Paul III et Charles-Quint, le diadème et la tiare, régale l'Empereur-Roi d'un si succulent festin, que ce monarque, devenu généreux à l'égal du vin des hanaps, répond aux *vivat* des Monégasques en les anoblissant tous. C'est Jean II qui saisit le prétexte du séjour de Louis XIII dans Gênes pour aller le complimenter avec vingt-cinq gentilshommes à ses livrées, atten-

1. Le fils aîné d'Hercule, 13 octobre 1643.
2. 1645.
3. Alphonse XI.
4. « Monaco perd son sang et l'Amour en soupire. » *La bataille de Fontenoy.*
5. En 1085, Grimaldi II et Robert Guiscard délivrent Grégoire VII assiégé dans Rome par Henri IV, l'Empereur excommunié.

tion fastueuse que Sa Majesté très chrétienne reconnaît par l'attribution du gouvernement de Vintimille. C'est encore un Grimaldi qui fait tapisser son église de soie couleur tendre et ciseler en vermeil les vases du baptême de Louis Ier, filleul de Louis XIV, — tandis que, plus tard, ce même Louis ayant, dès le berceau, sucé le goût de la représentation, s'en souviendra assez le jour où il entrera dans Rome, comme ambassadeur de son parrain, pour n'attacher que d'un seul clou les fers d'argent de ses chevaux et les semer ainsi royalement dans la poussière du chemin. Justiciers par surcroît, alliant la fermeté à la clémence, les Grimaldi montrèrent, de tout temps, que bonté n'est point faiblesse. En ce rude Moyen Age où le respect de la vie humaine tient si peu de place, de sombres drames se nouent, des luttes fratricides s'engagent. Parfois un vent de folie souffle; hallebardes et javelines sont détachées des panoplies, on frappe... Malheur à l'assassin! Aux cris : *ammazza, ammazza* (tue! tue!), qui réveillent l'écho des galeries, la potence et la corde répondront. Fussent-ils membres de la famille régnante, les coupables seront pendus par les pieds aux créneaux du donjon[1]. A gant de velours poignet d'acier. Les Espagnols l'éprouvèrent dans cette nuit de novembre[2] où, las d'exactions renouvelées et de dédains persévérants, le Prince, l'épée haute, jette hors de sa bonne ville les soudards qui l'oppriment :

A la Monaco
On chasse comme il faut[3] !

Et tandis que l'Espagne, plus avisée que repentante, promet toutes satisfactions : « Le Rubicon est passé », répond fièrement Honoré II.

S'étonnera-t-on maintenant qu'au point culminant de leur puissance, la France et l'Espagne se soient si ardemment disputé le protectorat de Monaco? Se connaissant en supériorités, les deux rivales estimaient ce récif bien moins comme clef de Gênes et porte de Provence, que pour la valeur morale des preux qui y commandaient.

Les sommets attirent la foudre. A ce titre, la Principauté devait subir le choc en retour des tonnerres de 89. La nuit du 4 août coûte à Honoré III son Duché-Pairie et tous ses fiefs ; la contagion des idées nouvelles lui prend ses trois dernières cités. Monaco, Menton, Roquebrune se proclament *Villes Libres*, libres en effet de se laisser annexer à la République Française, sur un rapport de Carnot. Les Grimaldi sont proscrits, leurs trésors pillés; point d'autres cruautés d'ailleurs, car si la main du bourreau atteint la courageuse belle-fille d'Honoré[4], c'est à Paris, sur le marchepied de cette dernière charrette qui mène André Chénier au couperet. Devenu *Fort-Hercule* — une coquetterie assez inattendue de sans-culottes à demi-Dieu — Monaco reconquiert son nom avec ses Princes, par les traités de 1814 et de 1815. Nous avons rapporté, en un précédent chapitre, comment Napoléon Ier et Honoré IV s'étant rencontrés à Cannes, un premier soir de mars, le petit souverain et le grand potentat se souhaitèrent mutuellement une bonne chance dont un seul profita. Le roc qui attendait César ne valut pas celui que retrouvaient les Grimaldi. Seulement, à cette date, et non sans regrets du plus faible, le protectorat passe des mains de la France dans celles du roi de Sardaigne. Les nobles intentions d'Honoré V sont méconnues, ses conceptions humanitaires calomniées. On s'attaque à ses moulins, on s'en prend à ses monnaies. Pas plus que lui, son frère et successeur Florestan Ier[5] ne reposera sur un lit

1. Supplice de Barthélemy Doria, seigneur de *Dolce-Acqua*.
2. 13 novembre 1641.
3. Refrain célèbre composé pour la circonstance.
4. Françoise-Thérèse de Choiseul-Stainville, femme du Prince Joseph, second fils d'Honoré III, immolée le 8 thermidor.
5. 2 octobre 1841.

de roses. Les agitateurs Mentonnais, habitués des *Crapauds-volants*, ont rencontré leur *Rabagas* dans la tapageuse personnalité d'une sorte de brouillon populaire [1] qui a dû inspirer la verve comique de Sardou.

Une seconde fois, en 1848, la Révolution Française ébranle le sol Monégasque, au contre-coup de la chute d'un trône. Épris de la même marotte, Menton et Roquebrune revendiquent leur chère liberté. Dissensions, complots, échauffourées sortent de terre, ainsi qu'herbe folle... jusqu'à ce que, pareil au Neptune de *l'Énéide*, le duc de Valentinois, devenu Charles III, élève enfin son front calme au-dessus des tourmentes et rallie les partis à la tradition comme au droit. Son énergie, son habileté, son cœur auront le dernier mot. Avec l'avantage de revendre pour quatre millions de francs [2] les perpétuelles convulsions de deux cités nerveuses, le Prince,

Escalier conduisant au Palais.

déjà reconnu par le Congrès de Paris [3], doit au traité du 2 février 1861 l'indépendance absolue de ses États.

Nous n'avons fait que traverser une galerie de portraits dont chacun mériterait la halte de Ruy Gomez devant les cadres de ses aïeux ; portraits aux physionomies graves ou souriantes, au bas desquels se lisent des noms comme ceux d'Hercule ou de Florestine, symboles parlants de force et de beauté. M^me de Sévigné, Saint-Simon y ont laissé plus d'une esquisse. Nulle loi salique n'excluant ici la femme, que ne pouvons-nous, à notre tour, louer, d'un mot, celle à qui un règne de onze mois suffit pour conquérir son surnom de « la bonne Princesse » [4], ou contempler un instant « cette svelte blondine », amie des lettres et des arts, dont Gœthe prit soin d'enguirlander l'image [5] ! Si peu pourtant qu'ait duré notre visite à la salle des ancêtres, elle donnera au lecteur l'envie de la renouveler, en la complétant. Dans cette pensée, nous devons recommander l'excellente étude consacrée à Monaco et à ses Princes par M. Raymond de Sainte-

1. L'avocat Trenca.

2. En 1346, Charles I^er avait acheté Menton d'Emmanuel V, pour 16,000 florins d'or, et Roquebrune pour pareille somme, en 1355, de Pierre Lascaris, comte de Vintimille.

3. Août 1856.

4. La Princesse régnante, Louise-Hippolyte, mariée au comte de Goyon-Matignon et Thorigny, que Louis XIV substitua aux droits du Duché-Pairie de Valentinois.

5. La belle Brignole, femme d'Honoré III.

Suzanne[1]. On y trouve, en dehors du talent d'exposition de l'auteur, une variété de détails, un scrupule de recherches qui n'étonneront pas, si l'on se rappelle que ce jeune écrivain est le fils du fin lettré, mort Gouverneur de la Principauté.

Mais les documents les plus rares n'ont pas vu le jour, ce pourquoi le livre des Grimaldi reste encore à écrire. Des centaines de chartes dorment mystérieuses, attendant l'heure prochaine du réveil. Ces parchemins de haut lignage, avec leurs cordons d'or et leurs sceaux précieux — dont celui du sire de Joinville, unique en cette perfection — enrichissent maint casier des archives souveraines. On y signale aussi une collection de vingt-cinq mille lettres, du règne de François I^er^ à celui de Louis XIV. Dans ce nombre, plus d'un millier décèle l'écriture de Charles IX, d'Henri III, de Catherine de Médicis et d'Henri IV. Le Béarnais peut en revendiquer 350 pour sa part. Il en est aussi de Richelieu et de Mazarin, de Louvois et de Colbert, de Saint-Simon et de Montaigne. L'éminent conservateur de ce chartrier, M. le conseiller d'État Gustave Saige, travaille, depuis plusieurs années, à un classement qui, par ordre de Son Altesse Sérénissime, sera suivi de six volumes de publications. La période du protectorat Espagnol, entre autres, abonde en détails dont l'Histoire générale peut retirer grand fruit. Charles-Quint, à lui seul, y figure pour 74 épîtres. L'une d'elles, datée de Madrid[2], aussi précieuse pour l'annaliste qu'agréable à son destinataire, fut écrite au seigneur Augustin Grimaldi, un mois après la bataille de Pavie. Le Prince-Évêque y est traité par l'Empereur-Roi de « Révérend Père en Dieu, chier et féal conseiller », puis amplement « mercyé pour son bon, grand et féal devoir en ceste bienheureuse bataille contre le Roy de France ».

Philosophe érudit, savant aimable, M. Saige accomplit avec ardeur une œuvre de classification méthodique, poursuivant ses recherches jusque sous la poussière des bibliothèques Italiennes. De Gênes à Florence, de Venise et de Mantoue à Naples, en passant par le Vatican dont le Souverain Pontife lui fit ouvrir les trésors, il a tout abordé, tout compulsé, et sa récompense est une ample moisson de pièces historiques, de bulles, de documents divers[3] se rapportant à la maison princière: nobles épaves échappées aux fureurs des révolutions, matériaux d'un prix inestimable, dont l'historien vraiment digne de ce nom devra user plus tard pour élever à la louange des Grimaldi le monument d'éternelle mémoire.

Jadis le rocher d'Hercule repoussa maint assaut; il nous sera d'un abord moins rude aujourd'hui. Nous n'avons plus à craindre le redoutable colloque de ses amis les mortiers de bronze, les pierriers de fonte ou les arquebuses à crocs de fer dont la retentissante nomenclature nous est parvenue. Deux chemins serpentent à son flanc: l'un égrenant les marches rapides de l'escalier que suivent les piétons, l'autre offrant ses courbes plus adoucies à l'impétueuse ardeur des petits chevaux corses qui y emportent, comme plume, le léger panier d'osier, au gai tintement du grelot de cuivre. Le Prince Antoine est l'architecte de cette rampe ainsi que de la porte qui a gardé son nom. Il y avait ajouté des casemates à l'abri des bombes, et des citernes ne tarissant pas : toutes précautions désormais inutiles. Quant à la ville, quatre rues et une place la composent. De martiale devenue coquette, elle noua autour de ses bastions désarmés une ceinture de jardins que le géranium empourpre, qu'étoilent le cactus et l'agave. L'honneur de la métamorphose revient à Honoré, cinquième du nom, et aussi à un moine franciscain, Baptiste de Savone, qui, ayant apporté de l'île de Tabarca des plants jusqu'alors inconnus, voulut sur la pierre aride marier le jujube à la figue barbaresque et la nèfle du Japon à l'oranger. Ainsi naquit un jour l'oasis des *Jardins Saint-Martin*.

1. *La Principauté de Monaco*, 1 vol. Ollendorff, 1884.
2. 26 mars 1525.
3. Quatorze cents pièces qui appartiennent presque toutes aux XIII^e^, XIV^e^ et XV^e^ siècles.

Les rues de la primitive cité n'ont pas dépouillé tout caractère archaïque; des portails curieusement fouillés s'y remarquent çà et là. Étroites, mais nettes de souillures, elles aboutissent au Palais, comme pour montrer que, dans un État bien réglé, il n'est rien qui ne doive ressortir au Prince. Ombragée de platanes où l'on continue à danser, les soirs de fête, rafraîchie par une fontaine que surmonte le buste de Charles III, la place offre, de chaque côté de la demeure seigneuriale, une double terrasse bordée de canons sans affûts, pièces aussi étonnantes d'aspect qu'inoffensives d'intention. Car si elles retiennent encore leur *âme*, une belle âme lisse sans rayures, si elles gardent toujours leurs noms — et quels noms ! — *le Ronflant, le Robuste, la Lionne, le Nero, le Tibère*..., ces honnêtes coulevrines ont, en revanche, perdu depuis longtemps la voix. Leur bouche verdie sourit, d'un air bon enfant que ne sont point pour démentir des pyramides de boulets ronds, incapables de rien trouer. Le *Nec pluribus impar* qui court sur le ruban de leur culasse fleurdelisée rappelle un don gracieux de Louis XIV, et cet exemple de générosité royale, Georges III le suivra un siècle plus tard, en envoyant d'Angleterre six magnifiques chevaux de sang à son frère de Monaco. Le proverbe n'est point d'hier, disant que les petits cadeaux entretiennent l'amitié.

Terrasses et Rocher de Monaco.

Nous parlions de fête: la vue qu'offrent ces terrasses en est une perpétuelle pour le regard. Des bords du parapet oriental, l'œil embrasse toute la Principauté, et plus encore. Voici d'abord se déployant en hémicycle autour de la rade, avec leur encadrement de golfes d'azur et de montagnes sombres, les trois quartiers, disons mieux, les trois villes écloses sous le sceptre fleuri de Charles III : la Condamine, Monte-Carlo, les Moulins. Sur leur tête se penche, solitaire et attristée, la Turbie qui paraît crouler, et, ruine des âges, survivra peut-être à bien des splendeurs de notre temps; plus bas, glissant toujours sans tomber jamais, c'est Roquebrune la chancelante, et plus loin, le Cap Martin, et au delà encore, la Bordighera, cette fille de l'Orient, assise sous les palmiers, avec les clefs de l'Italie dans sa main. La plate-forme de l'ouest, elle, n'a qu'un spectacle à donner; mais il est de choix : deux cents pieds d'escarpement, et, tout au fond, le remous éternel du flot. Est-ce la massue d'Alcide qui a découpé cette falaise et la flamme de sa torche qui a léché la blessure? On le croirait. Le cactus y semble une mousse, l'agave un brin d'herbe.

Entre ces abîmes de droite et de gauche s'élève le Palais, long édifice teinté d'ocre, agglomération hybride où chaque époque a laissé son empreinte. L'ensemble ne manque pourtant pas de grandeur. Le style Moresque y domine, superposant la courbe légère de ses arceaux et dentelant de créneaux Guelfes les sommités des quatre tours. Sur la plus haute flotte le drapeau blanc qui porte les armes du Prince, — un écu fuselé d'argent et de gueules, accosté de deux moines, l'épée nue, sur un manteau doublé d'hermine, le tout sommé de la couronne fermée, avec une banderole et la pieuse devise : *Deo juvante*. Ces moines armés rappellent sans doute l'exploit audacieux d'un Grimaldi [1], qui, voulant reprendre la forteresse aux Spinola, se présenta sous le froc pendant une nuit de Noël, surprit la sentinelle victime de ce stratagème, la perça de son poignard, puis, soutenu par quelques braves, réussit à chasser les pirates d'un domaine dont ils avaient fait leur repaire.

Mais ce Palais vaut surtout par ses dispositions intérieures. L'hospitalité veille au grand guichet, sous l'uniforme d'un suisse, doux géant galonné. Abordons la porte monumentale ; debout devant leurs guérites, les gardes semblent nous y encourager d'un bienveillant sourire.

La Cour d'honneur où l'on est toujours admis, même quand le Prince réside, captive aussitôt par son ampleur, ses fresques murales, sa galerie à arcades « balustrée de marbre », et les lignes pures de cet escalier à double révolution que Louis Ier jeta si hardiment, sur le modèle du fer à cheval de Fontainebleau. « A l'entrée de la cour, écrivait Jean le Laboureur en 1647, on se trouve esblouy de l'ample grandeur de ce palais [2]. » L'esprit l'est bien davantage, s'il évoque le cortège des hauts seigneurs ou des gentes dames qui, de la frange de leurs manteaux armoriés, ont effleuré ces rampes. Nous les revoyons, le soir, à travers les récits des chroniqueurs, descendre, les unes de leur litière, les autres de leurs chevaux richement harnachés, pour se rendre à l'appel du plus fastueux des amphitryons. Les pages aux chaînes d'or les précèdent, portant des torches; les gardes, vêtus de drap d'Espagne, inclinent devant eux leurs épées étincelantes. C'est l'époque d'Honoré II, ce Louis XIV Monégasque; c'est le temps où la vieille citadelle, transformée en un Versailles enchanté, compte plus de cent chambres possédant chacune son baldaquin d'étoffes soyeuses aux crépines d'or, ses tapisseries de haute lice qu'on change, au gré des saisons. Les cabinets d'ébène et de bois de senteur n'y sont que meubles vulgaires. Tables et bancs d'argent massif, aiguières et conques sur les crédences incrustées, buires de la hauteur d'un homme, services de vermeil ciselé avec armoiries en relief, gemmes, cristaux de roche, tout cela brille aux clartés des lustres de Venise. On admire, le long des murs de la grande galerie, les œuvres de Michel-Ange et de Raphaël, du Guide et du Titien. Albert Dürer, les deux Bassan, Caravage, vingt autres maîtres fameux y font superbe figure à côté du Procaccini, dont une *Descente de Croix de Saint-André* vient d'être payée trois cents écus d'or. Neuf heures sonnent à l'horloge du beffroi... Le suave parfum des cassolettes embaume l'air, les décharges de mousqueterie retentissent et le rocher s'illumine, pendant qu'à travers les prodigalités de ce luxe inouï, l'art pyrotechnique, fils de l'Italie, commence à strier de ses feux le manteau de la nuit. Et voici que brillant de jeunesse, le pourpoint noir constellé d'ordres, Honoré lui-même s'avance sous ces tympans où le pinceau du second Carlone a figuré les douze travaux d'Hercule. Car, ce soir-là, des galères venant du large amènent au palais l'archiduc d'Autriche avec son cousin de Saxe, et sur un brigantin à la poupe de velours cramoisi, le seigneur magnifique vogue au-devant de ses nobles visiteurs, impatient de les recevoir en roi [3].

Hélas! il n'y a plus là qu'un mirage, une évocation vaine du passé. La bestiale furie des révolutions nous éveille de ce songe. Les trésors qu'accumulèrent le goût et le génie ont été pillés,

1. François, frère de Raynier II, 1310.
2. *Relation du voyage de la Reine de Pologne.*
3. 25 octobre 1624.

vendus, dispersés. Un jour, le riche palais devint hôpital, et dépôt de mendicité, un autre jour. Huit années durant[1], l'hôtellerie des princes servit d'asile aux vagabonds. Mais les nuages passent et l'étoile de la maison va reparaître; n'est-ce point celle-là même qui conduisit jadis les pèlerins d'Orient vers la crèche de Bethléem[2]? Avant que Dieu n'obscurcisse sa paupière, Charles III aura la joie de contempler son astre plus radieux qu'il ne fut jamais. Par lui les brèches seront

Cour d'Honneur du Palais.

réparées, dissimulées les pertes, reconstituées les collections, et si le Palais Monégasque n'est plus ce joyau unique sorti des mains de la Renaissance, pour l'envie commune de la France et de l'Italie, du moins offre-t-il encore maint sérieux prétexte à l'admiration. Les fresques de Luca Cambiaso et du Caravage s'étalent toujours aux murs de la Cour d'honneur, semant, à pleines conques, Amours, Fleuves et Génies. Le vénérable Saturne, par malheur, les a touchées de sa faux; grisailles et camaïeux ont souffert. Puis, à l'exemple de Pie IX imposant des caleçons de fer-blanc aux

1. De 1806 à 1814.

2. Les Seigneurs des Baux, fondus dans les Grimaldi, se réclamaient des trois Mages et avaient pour cri de guerre : *A l'Azar Bautézar.*

anges de marbre qui voltigent sur les tombeaux de Saint-Pierre, l'auguste mère de Charles III[1] ordonnait naguère à l'un de ses peintres de soulever chastement la vague autour des tritons court-vêtus. Toutefois l'art et la pudeur se sont accommodés, et l'onde, en montant par ordre, laisse assez de torse nu chez ces Divinités sans roseaux pour qu'on puisse juger de ce qui fut par ce qui est. Le majestueux escalier de carrare continue d'ailleurs à précéder une longue suite de galeries où étincellent les meubles, les bronzes, les objets rares, et dont chacune rappelle à la mémoire quelque souvenir des temps glorieux : *salle Grimaldi, salle Louis XIII, salon d'York, salon et chambre Louis XV,* pour n'effleurer que le dessus du panier. Le visiteur a sous son pied des pavements de mosaïques ou des parquets de bois précieux; sur son front courent de riches moulures encadrant ces plafonds que fleurirent les maîtres de l'École Génoise. Il Dentone, Girolamo Curti, Orazio Ferrari s'y sont donné carrière. Maints portraits de famille signés Mignard où Largillière, un *Mazarin,* du même Mignard, *Louis XV* et *Marie Leczinska* par Van Loo, des toiles du Giorgione, une *Madeleine* du Dominiquin, des *Amours* et la *Toilette de Vénus,* chefs-d'œuvre de l'Albane, pendent accrochés aux tentures, entre bien d'autres épaves de la guerre ou de la spoliation. On comprend, à s'y attarder, que cette collection, jadis complète et l'une des plus enviables que l'on connût, ait émerveillé le frère du Roi Georges III, lors du tragique voyage de 1767.

La chambre d'York existe encore, vaste pièce somptueusement ornée qui, au dernier siècle, accueillit le Prince Anglais. Son plafond à perspective d'architecture, avec une Renommée au centre et les quatre Saisons peintes sur les retombées de la voûte, est l'œuvre magistrale du Dentone, de Bologne. Mais on remarque surtout, au fond de l'alcôve respectée, le lit à baldaquin où la royale Altesse rendit le dernier soupir. Est-il rien de plus imprévu que cette mort à tenter le génie d'un Orcagna, et comment s'étonner que la légende, jugeant le drame de bonne prise, l'ait revendiqué pour sien, estampillé et finalement gardé?

Donc le Duc d'York, répondant aux affectueuses avances d'Honoré III, cinglait un soir vers Monaco, par un de ces éblouissants couchers de soleil qui sertissent de métal fauve le bleu diamant des mers. Déjà la nef avait doublé le cap Martin, quand un des matelots crut apercevoir une jeune fille qui, debout parmi les rocs de la grève, multipliait les signaux de détresse. Subitement elle avait arraché le voile de ses épaules et, l'agitant d'un bras fiévreux, elle semblait adjurer le pilote de gagner au large. Informé du fait, le Duc n'y attacha pas d'autre importance: il crut à une hallucination, et le navire entra dans le port, toiles au vent, pendant que toutes les bouches à feu du château le saluaient de leurs tonnerres. Est-il besoin d'ajouter que l'hospitalité fut telle qu'on devait l'attendre d'un Prince Monégasque, — courtoise et magnifique? Mais, chose étrange, le lendemain, puis le surlendemain, vers l'heure où la nuit descend, on vit de la même grotte surgir la même apparition; seulement, son adjuration paraissait encore plus impérative, son geste plus désespéré. Or, voici que le troisième jour, l'hôte fêté s'alite, puis, quelques semaines plus tard[2], s'endort du long sommeil, sans que ni les secours de la Science, ni les prières de l'Église aient eu le don de fléchir le ciel. Ce qu'apprenant, le Roi d'Angleterre envoie une escadre chargée de ramener à Londres la dépouille de son malheureux frère. Une chapelle ardente est élevée sur le pont du vaisseau amiral, on y dépose le cercueil... Mais, à l'instant où la flottille funèbre s'éloigne, la vision des premiers soirs reparaît. Pâle, les cheveux épars, la jeune fille se dresse, éperdue; un instant elle court le long du rivage, envoie un adieu rapide, puis, poussant un grand cri, se précipite dans les flots. Esprit ou vapeur, âme peut-être de quelque enamourée

1. La Princesse Caroline, veuve de S. A. R. Florestan.
2. 14 septembre 1767.

ayant assez chéri le Duc pendant la vie, pour ne vouloir point, morte, qu'il partage son trépas, — quel était ce spectre? Nul ne l'a su, nul ne le saura. La grotte s'ouvre, tapissée de pariétaires, sablée de coquillages et de cailloux roulés ; mais elle garde son secret. Seules les voix de la mer y retentissent à l'appel de la tempête, et la brume légère qui parfois s'y joue, le matin, est tout ce qui reste du voile dont la vierge mystérieuse agitait les plis.

Il ne faut pas s'éloigner du palais sans visiter les jardins et la chapelle. Celle-ci, restaurée par le Prince régnant, mêle à ses ornements d'airain une abondance de brèches diversement veinées, et produit ainsi des jeux de lumière mystérieux qui ajoutent au recueillement; ceux-là, œuvre du Prince Florestan, semblent s'être surtout inspirés des grandioses conceptions de la Reine Assyrienne. Est-ce en les apercevant que le bon Valéry[1] s'écriait : « Le petit État du Prince de Monaco n'est qu'une orangerie sur un rocher »? Orangerie peu commune, en tout cas. Sur les plates-formes, dans les bastions, aux courbes des demi-lunes capitonnées de terre végétale, on a remplacé les boulets par des bosquets et, par l'ombre de la plante à haute tige, la silhouette de l'homme d'armes chargé de faire le guet. Le cactus à l'impénétrable armure se charge de défendre les fruits d'or qui piquent la verdure sombre des remparts ; l'eau des cascatelles s'épanche sous le créneau parmi les renoncules et les jasmins ; le dattier pacifique balance ses blonds régimes aux angles où flottait le pennon des combats, et les monts et le ciel, et le ciel et la vague ajoutent à ces parterres suspendus le charme d'un horizon qu'eussent jalousé les bords de l'Euphrate. Être jeune, beau, aimé, prince par surcroît, et venir voir les rayons de la lune d'hymen se lever sur des pelouses rapprochées des étoiles, — quel rêve! Ce fut celui du vaillant qui s'appelle Charles III.

Voilà certes une noble figure, bien faite pour tenter la plume, après le crayon. La majesté de ce visage, où la souffrance ajouta sa pâleur mélancolique, n'est que le reflet d'une âme toute pétrie de rayons. Il n'y a nulle flatterie à dire que les multiples qualités de la race circulent, en pleine sève, dans ce vert rejeton de l'arbre Grimaldien. Brave, quand il le fallut, brave jusqu'à la témérité, mais fin politique aussi en un âge où l'homme rarement se possède, le Duc de Valentinois donna, de bonne heure, à ses futurs sujets, des espérances que le Prince de Monaco devait changer en réalités. Celui que 1854 vit marcher, l'épée nue, sur l'Hôtel de ville de Menton, celui qui, entre le poignard du sicaire et le verrou des geôles, ne craignait pas d'affirmer ses droits méconnus, est le même pasteur d'hommes dont un règne déjà long de trente années sut, par un effort constant de volonté, porter ses États au rang d'inimitable et décourageant modèle. Ces galeries que nous venons de quitter l'ont contemplé dans l'auréole de sa mâle distinction, offrant aux Souverains, ses frères, des fêtes d'une splendeur souveraine. Gouverneur général, Grand aumônier, aides de camp, officiers de la couronne, dames du palais et chambellans lui composaient une suite qui rappelle tout ce que nous savons des Tuileries. La cour de Louis XIV n'eut pas plus d'étiquette, celle des Napoléon de magnificence. Puis, quand la nuit se fit dans cette prunelle si prompte à pénétrer les cœurs, l'esprit, s'éveillant comme à une nouvelle aurore, parut s'éclairer de tous les feux dont les yeux restaient déshérités. Privé d'une compagne adorée, la digne descendante de sainte Élisabeth de Hongrie[2], replié sur lui-même, le Prince n'aperçut plus qu'un but, mais lumineux à travers les ténèbres : le bonheur de son peuple. Dès lors, les réformes appellent les réformes, les largesses succèdent aux libéralités. Plus d'impôts : une ordonnance les abolit[3]. Point de service militaire : 70 hommes de garde et une cinquantaine de carabiniers suffiront à maintenir un ordre que nul ne songe à

1. *Voyages historiques et littéraires en Italie.*
2. La Princesse Antoinette, comtesse de Mérode, morte en 1864.
3. 8 février 1869.

troubler. On conserve une prison, mais pour acquit de conscience, le prisonnier étant ce qui manquera le plus. Voici bien un asile charitable, mais où donc les pauvres? Et, sortant de ce cerveau toujours en travail, les créations poussent devant elles les créations. Maint faubourg surgit à l'improviste, prenant ici la place des rocs, là, celle des vergers. Des églises se lèvent vers le ciel dans leurs robes de marbre et de granit, des couvents s'appuient au chevet des églises, des écoles s'abritent à l'ombre des couvents. Puis il faut des chemins pour accéder à tous ces édifices, et les routes se multiplient le long du railway; il faut de l'eau pour désaltérer une population croissante[1], et l'onde descend, à larges nappes, des collines arides; il faut de la lumière pour prolonger l'enchantement des jours, et l'étincelle crépitante s'unissant au gaz met en fuite la nuit. N'ayez crainte que ce voyant du monde interne oublie rien! Par lui, Dieu a ses autels, Thémis ses tribunaux, l'État ses fonctionnaires, l'étranger ses hôtelleries, le plaisir ses domaines, et le Pactole qui, dans ses fauves tourbillons, noie la pauvreté, frappe à l'effigie du bienfaiteur un or sans cesse renaissant. *Deo juvante*, le sol ingrat s'est changé en pays de cocagne. Aussi les biographes pourront-ils appliquer à Charles III ce que les chroniques rapportent d'Honoré I^er^, que « c'était un seigneur bien fait, sage, vaillant, ami des Lettres, et qui savait beaucoup », et ils devront ajouter, pour suprême justice, qu'il fut grand dans un petit État.

Le bienfait semé ne lève point toujours en moisson d'ingratitude. Le 4 novembre, anniversaire de saint Charles, ramène, chaque année, aux Monégasques l'occasion de prouver en quelle « violente amour » ils tiennent leur Souverain. L'ardeur de l'enthousiasme populaire ne le cède alors ni aux pompes de l'Église, ni à l'éclat des illuminations. Les feux dont Ruggieri embrase les vieux remparts de la ville ont leur reflet dans le cœur de chacun de ses habitants. C'est de toute voix, c'est de toute âme, que la foule entonne le *Domine salvum fac Principem*, si doux aux oreilles réactionnaires.

De date beaucoup plus récente que le Palais, la Cathédrale n'en est pas moins digne de son altier voisin. La maison de Dieu et la maison du Prince chatoient, comme deux perles, au front de la vieille cité. Le grand œuvre est à peine achevé: l'échafaudage s'y appuie encore. Son Altesse Sérénissime fut l'inspiratrice; l'architecte Charles Lenormand, le metteur au point. De caractère grandiose, cette basilique néo-romane est placée sous le vocable de l'Immaculée Conception. L'harmonie des détails, le choix heureux des matériaux, la veine des marbres encadrant les patients assemblages du mosaïste Vénitien, l'ordonnance sévère des colonnes porphyriques empruntées à l'Estérel, tout, en elle, justifie le diplôme d'honneur obtenu par M. Lenormand, à l'Exposition de 1878. Une vaste mosaïque[2], conçue dans le pur style Byzantin, scintille au fond de l'abside, représentant la Sainte Vierge entre deux apôtres agenouillés, et Marie, selon la tradition respectueuse des premiers temps, tient Jésus sur ses genoux, sans que la mère ose toucher au *bambino* divin. Une crypte ménagée dans un flanc de la nef a reçu, en 1885, les restes mortels de vingt-six Princes et Princesses de la dynastie, représentant près de quatre siècles de puissance, de gloire et de bienfaits[3]. Quiconque, dans cette nuit de printemps, à la clarté des torches tenues par les gardes d'honneur, suivit les augustes cercueils qui lentement s'avançaient sur leurs chars drapés d'argent, ne perdra jamais mémoire de l'émouvante translation.

Cette ville de Monaco, que volontiers le touriste oublie au profit de la colline d'escarboucles,

1. La population de Monaco a sextuplé en quinze ans.

2. Les cartons dus au peintre Smeriglio ont été reproduits en mosaïque par M. Facchina, s'inspirant de Saint-Marc, de Montreale et de Sainte-Sophie.

3. Depuis Jean II (1505), jusqu'à la Princesse Caroline, mère de Charles III (1879).

est pourtant celle qui ne doit pas être négligée. Aïeule de la race, souvent attaquée et jamais prise, sollicitée parfois à trahir, mais fidèle durant bien des siècles, elle offre, sur l'arête de son cap étroit, tout ce qui contribue au lustre d'une cité. A son palais, à ses églises, à ses jardins publics s'ajoutent le sanctuaire des lois et l'asile de la charité, les murs où l'on travaille comme ceux où l'on se recueille, les pacifiques casernes ornées de rideaux blancs aux fenêtres et de jolis soldats bleus aux portes, et la demeure épiscopale, siège de l'Administrateur apostolique, et l'hôtel du Gouverneur, plongeant, de l'arête vive de sa formidable falaise, sur la glace mobile que festonne l'écume des vagues, et ce musée enfin, riche de monnaies Carthaginoises, de médailles Romaines, de bustes et de bandeaux en or laminé, de bracelets à torsades, de plaques de jais, d'épingles de bronze, de deniers impériaux, — tous bijoux vieux de plus de seize cents ans, sur lesquels le savant numismate Charles Jolivot nous fournit de si intéressants commentaires [1].

Sur le Port.

Redescendons maintenant la rampe large et facile que le pic a taillée dans le rocher. Sous les parapets troués de meurtrières et fleuronnés d'aériennes guérites, voici le Port aux eaux tranquilles où « Zéphyr et Eurus n'ont aucun empire », à en croire Lucain, et Lucain disait vrai. Seulement, l'auteur de la *Pharsale*, bien que *vates*, n'eut pas le don de divination, car il aurait pu célébrer d'avance cette plage au sable moelleux comme un tapis de Smyrne, cette eau limpide où mène une insensible pente, sans oublier l'*Hôtel des Bains*, très achalandé, et son établissement hydrothérapique muni de tous les appareils que peuvent inventer les tortionnaires modernes. Grâce à des jeux de soupape savants, les cent variétés de la douche, verticale, horizontale, ascendante, écossaise, en poussière... y jaillissent sous la main d'un personnel expert dans l'art de pulvériser l'eau et le baigneur. Et, par une rare fortune, sur cette plage si heureusement tempérée [2], la mer, été comme hiver, dénouant sa ceinture, ouvre toute grande à qui le veut sa belle robe glauque, couleur d'espérance : le malade n'a qu'à y plonger pour en ramener le joyau précieux, la santé.

Nous venons d'entrer dans *la Condamine*. Ainsi se nomme la ville neuve, l'improvisation d'hier, qui semble se serrer, frileuse, entre les anciens murs et la montagne. Bien haut dans les vapeurs, la *Tête-de-Chien* la surplombe, saillant comme le front bombé de ce Géryon dont Hercule fit justice [3]. Ce n'était là, il y a peu d'années, qu'un champ de violettes ombragé d'orangers. Quelqu'un commença à bâtir, un autre l'imita. Bientôt les maisons se groupèrent, vrais nids enguirlandés, tantôt magasins et tantôt villas ; puis la spéculation, y trouvant son compte, fit sauter la roche, agrandit l'espace, utilisa les moindres saillies. Aujourd'hui la Condamine représente une sorte de grenier d'abondance, le quartier pourvoyeur et vivant de la Principauté. Épiceries, comestibles, vins, boulangerie, pharmacie, tout s'y trouve, — et de jolis logements

1. *Antiquités Monégasques*, 1880.
2. La moyenne est de 12 degrés pendant l'hiver.
3. 573 mètres d'altitude.

aussi. L'agglomération plaît à l'œil par l'élégance de ses façades, la correction et la propreté de ses rues. La vie y est moins surexcitée qu'à Monte-Carlo, la dépense plus clémente aux bourses modestes ; c'est l'asile respecté de la famille, l'Eldorado de l'employé ou du rentier. Et comme si, fidèle à ses origines, la cité miniature voulait en perpétuer le souvenir, n'ayant plus les corolles, elle se plaît à retenir les parfums. Sous le nom de « Société industrielle et artistique de Monaco » une compagnie s'est fondée, se livrant avec succès à l'extraction des principes que recèle la plante. Par des procédés spéciaux à son laboratoire elle concrète, sous un mince volume, l'essence des fleurs de l'oranger, aussi bien qu'elle dégage l'arome subtil du myrte et de la violette, du géranium, de la verveine ou du réséda. Sa distillation de roses et de menthe est exquise, sa lavande du mont Agel[1] unique, son eau de Cologne à faire pâlir Farina. Elle a inventé *la Gallia* au café et la *Liqueur de quinquina;* l'écorce de ses oranges lui sert à fabriquer d'excellent

La Tête-de-Chien, vue du Cap Martin.

curaçao, et non contents d'avoir armé l'*eau de Balsamo* contre le mal de tête, des chimistes infatigables en arrivent à vous offrir du *sirop de caroube* et du *vin d'eucalyptus!* Après celui-là, holà ! nous préférons nous en tenir aux simples produits de la Bourgogne.

Mais le vrai titre de gloire pour la Condamine est le sanctuaire de *Sainte-Dévote*. A peine a-t-on dépassé les dernières maisons, que soudain s'ouvre une gorge où coule un torrent. Dans cet étroit ravin aux parois perpendiculaires crûment teintées d'ocre, sous l'arche hardie d'un viaduc qui unit les deux versants de la montagne, une chapelle se dérobe, modeste et solitaire, comme le lis des vallées. Avec son humble campanile pour toute couronne, elle n'offre, à l'intérieur, qu'une décoration en grisailles des plus simples et quelques chapelles s'échelonnant, le long des murs, jusqu'au maître-autel où l'on invoque l'image d'une jeune fille, pieds nus, vêtue de blanc. Cette jeune fille est la protectrice de la Principauté, c'est Dévote, la vierge martyre.

Racontons sa légende, d'après les Bollandistes et les traditions locales.

A Mariana, dans l'île de Corse, Devota vit le jour sous le règne de Dioclétien : un assez

1. 50 kilogrammes de cette lavande produisent un litre d'essence.

mauvais temps pour les chrétiennes de sa trempe. Les oraisons, le jeûne, la lecture des livres sacrés se partageaient les heures de cette âme austère; aussi le visage en retenait-il quelque chose de céleste. Le chroniqueur affirme que, sous la pâleur de son front, rayonnait une lumière divine dont on avait peine à soutenir l'éclat.

Les flots ne suffirent pas à protéger l'île contre la persécution. Un jour, certain émissaire de l'Empereur y aborde, et la terreur avec lui. Ce Proconsul s'appelait Barbarus, un nom de circonstance. Devota lui est bien vite signalée par les païens de l'endroit. Vainement un sénateur, le bon Euticius, la prend sous son égide : on sait ce que pèsent d'habitude les Sénats. Euticius

Vallon des Gaumates et Chapelle de Sainte-Dévote.

est empoisonné, et sa cliente, amenée devant le tribunal, reçoit l'ordre de sacrifier aux Dieux. Les Dieux ! Elle n'en connaît qu'un, celui qui règne au ciel; quant à ces idoles de cire, d'argile ou de pierre qui ne sont qu'œuvre humaine, elle les tient en mépris. Tel est le sens de sa fière réponse. Barbarus s'en accommode mal; il ordonne qu'on traîne la rebelle parmi les rocs et les épines, puis qu'on la suspende au chevalet: ce qui s'exécute. L'arrêt ajoutait que le corps serait brûlé et la cendre jetée aux vents. Mais, avertis d'en haut, le prêtre Benoît et le diacre Apollinaire enlèvent, pendant la nuit, la virginale dépouille, l'embaument, la déposent dans l'esquif du batelier Gratien, puis font voile pour Hippone où la parole d'Augustin germait et fructifiait encore. Par malheur, des souffles contraires se lèvent, les voiles se déchirent, la coque fait eau, tant et tant que, brisé d'efforts, désespérant du salut, le pilote lui-même finit par s'assoupir. Or, voici qu'en rêve il croit entendre une voix lui commandant de tenir le gouvernail dans la direction que lui indiquerait une colombe. Et en effet, s'éveillant avec le jour, Gratien aperçoit l'oiseau de Noé qui s'échappe des lèvres glacées de Devota, volète autour de la barque et semble lui marquer sa route. L'espoir rentre alors au cœur des nautoniers. Prenant les avirons, ils frappent courageusement la vague; le vent du sud leur est en aide, et bientôt ils atteignent les plages Liguriennes, à l'orient du promontoire d'Hercule. Là, au bord d'une petite crique, la colombe avise un olivier, s'y arrête un instant, puis disparaît; elle indiquait ainsi que sa mission était accomplie. C'est donc vers l'entrée du vallon des Gaumates que les pieux pèlerins, abordant à leur tour, s'empressent d'ensevelir le précieux dépôt.

Des miracles ne tardèrent pas à sortir de ce sol désormais consacré ; la piété des fidèles y bâtit un oratoire, et, depuis lors, le culte de la Sainte demeure en vénération dans le pays. On se tromperait d'ailleurs, croyant qu'après tant d'épreuves subies, ces restes ballottés durent jouir du repos. La renommée de leurs mérites s'était propagée au loin, et plus d'un Sarrasin indélicat, les tenant pour amulette, songeait à se les approprier. L'année 1070 faillit consommer le sacrilège. Un certain Antinope, corsaire de son état, force, pendant la nuit, les portes de la chapelle confiée à la garde des moines des Gaumates, s'empare de la châsse et fuit avec les reliques. Grand scandale, désolation profonde, car les poursuites ordonnées dès l'aube n'aboutissent point. Par fortune, le prince Hugues qui, cette après-midi-là, se tenait tout pensif et contristé près d'une fenêtre de son palais, aperçoit, non loin du port, un navire manœuvrant sous bon vent et ne pouvant toutefois réussir à gagner le large. Un soupçon traverse son esprit : si, d'aventure, c'était la Sainte qui refusait de quitter son asile ? Aussitôt des galères sont lancées sur le pirate; on jette les grappins, on fouille la nef et le reliquaire est retrouvé. La justice n'était point tendre aux hérétiques, dans cette rude époque. Hugues fit simplement couper le nez et les oreilles à Antinope, puis le renvoya à son bord. En mémoire de quoi la coutume subsiste de brûler une barque la veille de la fête de sainte Dévote, afin de rappeler, par un signe tangible, que jamais nef construite de main d'homme ne saurait ravir à Monaco les cendres de sa patronne.

De tout temps, cette fête fut célébrée en grande pompe. Alors que les moines des Gaumates relevaient de Saint-Pons, l'Abbé venait officier en personne; certains vont jusqu'à prétendre qu'il devait ouvrir le bal. Nous ne garantissons point l'obligation chorégraphique, ni que le vénérable prélat s'y soumît ; mais plus d'un témoin oculaire nous transmet le détail des cérémonies fort pittoresques qui s'accomplissaient à cette occasion. Le Prieur de Saint-Pons, en chape cramoisie, portait le chef sacré dans une châsse d'argent, tandis que les notables tenaient sur sa tête un dais de velours aux armes des Grimaldi. Des thuriféraires les enveloppaient d'un nuage d'encens; le clergé, la croix en tête, ouvrait la marche, les pénitents noirs et blancs la fermaient avec leur bannière, et les gardes du corps, aux habits d'écarlate richement galonnés, accompagnaient le cortège où figurait le Prince lui-même au milieu de sa cour. Partout, sur le passage, les feux de joie s'allumaient, les pièces de monnaie volaient dans l'air, les ménétriers faisaient rage... Jusqu'au moment où, du seuil de la chapelle, la bénédiction était donnée aux navires et au peuple.

Modifiée dans ses détails, la procession n'en a pas moins lieu, chaque année, le 27 janvier. L'anniversaire est d'obligation pour la Principauté, et le peuple y prend sa large part d'allégresse. Pour la troisième fois la Sainte a été reçue, cet hiver, sous les voûtes de la nouvelle Cathédrale étincelante de cierges, étoilée de drapeaux. La maîtrise et l'orchestre de Monte-Carlo y interprétèrent la messe du sacre, de Cherubini, et les dames Monégasques s'offrirent pour renforcer les chœurs. La veille d'ailleurs, au milieu de la place illuminée, on avait brûlé la barque traditionnelle. Plus que jamais les maisons se pavoisent sur le parcours du cortège qui s'avance entre une double haie de carabiniers. Voici d'abord, ouvrant la marche, les orphelins et les enfants des écoles, le collège de Saint-Charles et le pensionnat des Dames de Saint-Maur; voici la confrérie des pénitents, les congrégations, Jésuites, Carmes, Récollets et Camaldules, les filles de Marie, la Société Philharmonique que suit un nombreux clergé. Ces longues files, aux costumes variés, précèdent la riche châsse soutenue par des religieux revêtus de dalmatiques; et voilà derrière, en habits pontificaux, mitre au front, crosse en main, Mgr Theuret[1], Évêque de Monaco, qu'accompagnent deux diacres d'honneur. Puis vient le groupe brillant des autorités conduites par le Gouverneur général, baron de Farincourt[2], et le maire, comte Gastaldi, enfin la foule ardente et recueillie. Plus de détonations d'armes à feu, hors le canon qui lentement gronde, mais des chants, des hymnes, des acclamations, quand le vénéré pontife, élevant les reliques, bénit par trois fois la rade et le port, la ville et le palais.

Sainte Dévote, de son côté, ne se montre point ingrate envers ses fidèles. A plusieurs reprises, au cours des siècles, en 1506 notamment, dans un assaut mené par les Génois, elle est apparue au-dessus de la citadelle, chassant l'ennemi, de son rameau victorieux. Aussi les anciennes monnaies des Grimaldi offrent-elles, au revers de leur buste cuirassé, l'image de la protectrice debout sur les flots, avec une palme dans la main droite, et cette supplication en légende : *Tu nos ab hoste protege !*

Monaco, du reste, fut, à toutes les périodes de son histoire, une pieuse cité. La foi y refleurit sans trêve, comme l'arbre qui produit le cédrat. Chacune de ses rues possédait jadis, encastrée dans la muraille, l'image de son Saint favori que les voisins chômaient en famille. Il en subsiste encore maint vestige. L'apôtre saint Roman, parmi plusieurs autres, continue à jouir d'une réelle popularité. Son culte vient tout de suite après celui de Devota dans les faveurs de la Principauté, et sa fête est prétexte à de nombreux divertissements. L'office des Ténèbres, l'exécution du *Stabat,* la procession allégorique du Vendredi Saint où sont figurées diverses scènes de la Passion, gardent toujours le privilège d'attirer l'étranger. Les grandes solennités de l'Église se revêtent aussi d'un éclat qu'on trouverait difficilement ailleurs. Ici, dans la maison de Dieu, la parole est éloquente, le chant harmonieux. On ne saurait nier non plus que l'antique plage du héros païen ne se pique de protection pour les reliques en détresse. N'est-ce point à Monaco que Raynier III contraignit les cardinaux qui suivaient l'antipape vers Avignon[3], de restituer la Verge de Moïse secrètement dérobée, et ne se souvient-on point de ce qui advint aux mânes de Pie VI, lorsque, ramenées de Valence à Rome[4], un souffle inéluctable poussa dans les eaux Monégasques la tartane où elles voguaient, donnant ainsi à la population accourue, toutes cloches sonnant, la joie de chanter une messe de *Requiem* en l'honneur du Pape-martyr?

Quoi! dira-t-on : tant de dévotion vraie, tant de lis immaculés à l'ombre du roc profane où les adeptes n'entendent cueillir que la fleur capiteuse du plaisir? Vraiment oui, et celle-ci n'en est nullement gênée pour s'épanouir aux feux de plus de girandoles que n'en allumaient naguère les filles voluptueuses du Rhin. Des Gaumates au plateau voisin, il n'y a que la largeur d'un court ruban qui se déroule sous les grappes des lauriers-roses et les retombées des poivriers sauvages : quelques vingtaines de mètres... un abîme!

Ce plateau, dont il faut enfin prendre possession, portait le nom significatif de *Spélugues.*

1. Par un décret de la Congrégation Consistoriale du 15 mars 1887, le Saint-Père a érigé la Principauté en Diocèse : préconisé, deux jours après, dans le Consistoire du 17, Mgr Theuret, évêque titulaire d'Hermopolis, est devenu et reste désormais *Évêque de Monaco.*

2. Fils et petit-fils de vaillants généraux qui ont versé leur sang pour la France, M. le baron de Farincourt, l'un des administrateurs les plus éminents du second Empire, est l'arrière-neveu du Cardinal de Fleury, Gouverneur et Premier Ministre du Roi Louis XV.

3. 1378.

4. 1799.

L'aridité du sol, la tristesse du site, les excavations des parois affouillées n'y justifiaient que trop l'étymologie latine de *Spelunca* : séjour de désolation, caverne tout au plus bonne à héberger le fauve dans ses flancs. Sa vue inspira un jour à quelque poète italien en mal de rimes, le tercet bien connu :

*Son Monaco soprà uno scoglio ;*
*Non semino è non raccoglio,*
*Pur vivere voglio !....*

Que, mot pour mot, à notre tour, nous traduirons :

Je suis Monaco sur un roc ;
Je n'ai ni semences, ni soc,
Et pourtant je veux vivre !....

Clamant ainsi, la petite ville n'était point tout à fait dans son tort. On ne vit pas que d'oranges ou de limons, et l'olive, fût-elle additionnée de figues, ne vaut pas au travailleur quelques poignées du froment de la Beauce. Le fonds manquait à l'alimentation publique : de là, de sérieux embarras pour les prédécesseurs de Charles III. Les traités négociés par eux nous les montrent plus d'une fois aux prises avec la difficulté d'assurer le pain de leurs sujets. Mieux inspiré, le Prince régnant eut l'idée de lever tribut sur l'étranger; et si dextrement il s'y prit, que bientôt le tributaire vint lui-même, de la meilleure grâce du monde, verser au suzerain le superflu de son épargne. C'est légion que se nomme aujourd'hui le contribuable. Le chiffre de 300,000 visiteurs s'arrêtant, bon an, mal an, aux Spélugues, n'a d'exagéré que la modération de sa cote : agréable supplément d'effectif pour une Principauté comptant tout juste 21 kilomètres carrés et 10,000 indigènes. Il convient de remarquer qu'entre temps, le *scoglio* se nettoyait un brin. L'enchanteur Blanc y évoqua les jardins d'Armide, le magicien Garnier y reconstruisit le palais de la Reine du Cathay, et, comme un phare dont la Muse des Beaux-Arts aviverait la flamme, sur la Spelunca devenue lieu de délices, *Monte-Carlo* fait rayonner le nom désormais immortel du Prince qui le créa.

S. A. S. Charles III avait de qui tenir le goût éclairé du théâtre et de la musique. Plus d'un de ses ancêtres a pu le lui transmettre. Sous les lambris de la salle Grimaldi, Honoré II se délassait de ses soucis royaux à régler ce ballet des *Entretiens de Diane et d'Apollon* où figurèrent le prince Hercule et sa femme, Aurélia Spinola ; lui-même y parut, à l'exemple du Roi-Soleil. Antoine Ier rimait des poésies fugitives, ou groupait des arpèges près de Lulli, son commensal. Il entretenait, à ses frais, une troupe lyrique qui lui traduisait l'œuvre des musiciens célèbres, et ne dédaignait pas de conduire en personne son orchestre avec le bâton de mesure légué par ce même Lulli. Gardien de la tradition, mais désireux d'y ajouter, le fils de Florestan a changé le bâton en baguette, et, touchant la pierre, en a tiré ce que nous allons maintenant admirer.

C'est d'habitude par une autre route qu'on joint Monte-Carlo. Au sortir de la gare, une suite de larges degrés dont la courbe gracieuse rappelle d'assez près l'escalier de Chenonceaux — à l'Opéra — vous invite à gagner, en pente douce, les confins du pays enchanté. Cette rampe, qu'on aurait tort de confondre avec l'échelle de Jacob, brille par d'autres mérites ; elle échantillonne, à ses heures, des spécimens variés de tous les peuples. Néanmoins, le spectacle est ailleurs pour qui n'a point encore vu. Deux yeux ne sont pas de trop devant un lever de toile subit, tant les perrons, les terrasses, les balustres, les bosquets, les parterres, les fontaines, les statues s'accumulent en une agréable confusion. On en oublie d'abord le frou-frou des robes, le va-et-vient

PANORAMA DE MONTE-CARLO.

des habitués. Un regard jeté sur la place du nord a vite embrassé le Casino, l'Hôtel de Paris, le grand café, le bazar émaillé de tentations, et les squares, et les bassins, et les villas, et ces rues neuves courant vers la montagne, et toute cette vie exubérante brusquement arrêtée par les pentes abruptes qui se redressent et montent, avec les nuages, jusques à la Turbie.

Il faut d'autres loisirs pour s'assimiler le panorama du midi, car, ici, l'art le plus raffiné s'est donné mission de ne point gâter la plus achevée des natures. Cette coupe de lapis fondu qui est la mer, cette corbeille de verdure pailletée d'or qui s'appelle Monaco, ce miracle d'équilibre qui représente Roquebrune, ce port coquet et sûr où nonchalamment se balancent les tartanes, cette côte dentelée dont Bordighera semble se faire une transparente écharpe, demandaient un balcon digne de leurs magnificences. Et les deux terrasses que l'on connaît se sont superposées, incurvant l'arc immense de leurs balustrades, faisant jaillir les palmiers et fleurir les aloès. De sinueuses allées bordées de lentisques, de lauriers-roses et de tamarins y ont dessiné leurs méandres. Le sable s'y est tamisé pour le cuir mordoré des souliers à barrettes, les bancs ont offert l'appui de leurs dossiers aux amis de la contemplation ; puis Charles Garnier est venu qui, en moins d'une année, a jeté sur soixante mètres de façade les irradiations de sa fantaisie polychrome. A Delille ne plaise que nous essayions de décrire ce que chacun sait aussi bien que nous sur les jardins, les pavillons, les grottes ou la coupole à double campanile qui domine la baie ! De ces marbres unis aux mosaïques, de ces groupes, de ces allégories, de ces faïences, de ces vases, de ces candélabres, de ces infinis motifs répandus à pleine fantaisie, nous ne dirons rien, sinon que l'édifice substitué à l'ancien Casino porte avec lui son certificat d'origine. Ce n'est plus la villa Italienne dont se contentait M. Blanc ; c'est un fragment du Léviathan de la rue Auber déraciné d'un souffle et porté, par-dessus monts et rivières, sur le terre-plein qu'il écrase un peu. Nous lui avons déjà fait ce reproche de manquer de premiers plans [1]. Nous maintenons de plus fort notre critique, regrettant, dans l'intérêt de la perspective, qu'il faille fréter une barque et aller au large pour bien apprécier les heureuses proportions du monument. Cette réserve, légère d'ailleurs et qui ne saurait atteindre l'architecte, puisqu'il n'avait pas le choix de l'emplacement, nous permettra du moins de reverser tous nos éloges sur les splendeurs du dedans.

Grand Escalier de Monte-Carlo.

On peut commencer à s'étonner, dès le seuil, avec chance de n'en finir qu'au vestiaire de

1. *Au Caprice de la Plume.*

sortie. La colonnade ionique qui remplace l'ancien vestibule est le digne propylée du temple des Muses et du Hasard, car elle sert à la salle de concerts et aux salons de jeux tout ensemble. Cet atrium, où la lumière électrique projette ses rayons sur les panneaux pleins d'air et de profondeur de Yundt, est le promenoir choyé des causeurs. On s'y retrouve entre une partie et un *flirt*, on y échange un salut ou une boutade, dans un entr'acte. Le complet y fraternise avec le frac noir, la grande dame ne s'y effarouche pas trop étant frôlée par *la petite :* terrain commun de rencontre, lieu d'asile ou de perdition, comme on voudra. On y parle, tout en roulant une cigarette, non de la pluie qui ne tombe jamais, ni du beau temps qui luit toujours, mais de l'Angleterre ou du Tonkin, du dernier article de Cassagnac, de la nouvelle mode des poufs, de l'opérette que l'on va jouer, de la série qui vient de passer, de ceci, de cela, et de beaucoup d'autres choses. On y serre, au passage, la main du Gouverneur général, on demande quelque menue faveur à la robuste complaisance de son spirituel secrétaire, M. Charles Jolivot, à moins qu'on ne préfère parcourir trois ou quatre des cent feuilles qui constellent les tables d'une salle de lecture polyglotte.

Mais les trois coups sont frappés : l'archet sur la corde, l'orchestre attend un signe de son chef. Soulevons le lourd rideau de lampas qui retombe sur les portes de bronze et, par la travée du milieu, dirigeons-nous vers le fauteuil qu'on nous réserva.

Quel éblouissement !

Clara micante auro flammasque imitante pyropo...

Il nous monte de la mémoire aux lèvres, le vers flamboyant des *Métamorphoses !* Et, la première surprise passée, nous pouvons ajouter, avec Ovide célébrant le palais du Soleil : *Materiam superabat opus.* Oui, l'art sous cette coupole est plus précieux encore que la matière, vingt illustres y ayant épuisé les ressources de leur talent. Nous avons assisté à l'inauguration de la salle féerique [1], dans un chatoiement de soie et de pierreries, aux côtés du « Tout-Paris » le plus parisien qui fût. Nous revoyons encore la vicomtesse Vigier assise non loin de Mme Conneau, M. de Villemessant près de cette poétique Heilbronn, qui ne sortait du tombeau de Juliette que pour y rentrer bientôt ; puis le baron de Nervo, plus jeune que jamais, et le duc de Rivoli, et Malaussena, nos anciens collègues de la Chambre, et des sculpteurs, et des peintres, et des journalistes, et tant de notabilités de la politique ou du sport.

Il était là aussi, dans sa loge, le Gouverneur modèle, le gentleman doublé d'un homme de science et d'esprit, ce pauvre baron de Sainte-Suzanne que la Mort guettait déjà, en attendant qu'elle fournît aux Monégasques désolés l'occasion de princières funérailles. Nous entendons toujours Mme Sarah Bernhardt récitant, de sa voix pure comme un cristal, les vers sonores du poète Aicard, et, sur le programme illustré par l'aimable fantaisie de Clairin et de Bernardi, nous retrouvons les noms de Mozart, de Rossini, d'Hérold, d'Auber, de Gounod, accolés à ceux de Capoul, de Soria, de Carvalho, d'Anna Judic, leurs dignes interprètes. Mais par-dessus l'ouragan de bravos d'où grêlaient les fleurs, retentit encore à notre oreille le bruit des applaudissements que, deux fois, l'assistance debout décerna à celui dont elle acclamait l'œuvre. Et il ne nous déplaît pas de croire que Garnier compte pour l'un des meilleurs soirs de sa vie celui où S. A. R. la belle Duchesse Florestine d'Urach-Wurtemberg, sœur du Prince régnant, le faisant appeler dans le salon où elle tenait cour d'esprit et de grâce, voulut nouer elle-même au cou du moderne Ictinus le ruban des commandeurs de Saint-Charles.

Récompense superbe, non supérieure au mérite.

1. 25 janvier 1879.

Qu'on se figure un vaste quadrilatère procédant à la fois de l'escalier et du foyer de l'Opéra ; que, par la pensée, on suspende aux angles de ce vaisseau hardi des corbeilles sur le rebord desquelles, fleurs vivantes, s'inclinent des gerbes de femmes ; qu'on égaye les tympans de fresques où toutes les Muses du Parnasse, tous les poètes de la Grèce, tous les héros de l'Antiquité

Salle de Spectacle du Casino.

se sont donné rendez-vous, sans ostracisme des tourbillonnements de jupes du ballet moderne ; que Boulanger, Feyen-Perrin, Lix et Clairin signent ces caprices ; que Barrias ajoute ses Panathénées aux frises de la scène ; que Lenepveu perce les murs de ses portes ; que Chabaud y adosse ses cariatides ; que la baguette du roi de Phrygie, habilement prodigue, sème çà et là les variétés multiples de ses ors, tandis que le goût les fond dans un harmonieux ensemble ; que pour mettre tant de splendeurs en lumière, on descende de la coupole un lustre semblable à celui que l'Europe connaît... Eh bien, cela fait dans un coin de son imagination, on n'aura encore qu'une idée fort pauvre de ces luttes triomphantes du ciseau, de la palette et du burin. Ici, point de galeries circulaires, point d'amphithéâtre, point de loges, hormis les six ou sept corbeilles dont nous avons parlé. De longues files de sièges cramoisis sont les seules places qu'un seul et unique parterre ait à offrir au public. Telle qu'elle vient pourtant de sortir des mains de son créateur, cette salle d'un nouveau genre est plus que belle et riche : elle plaît.

Ainsi nous apparaissait, dès la première heure, la bonbonnière de fée, et nous n'avons pas un éloge à retrancher à ses ciselures. Il nous faudrait plutôt de longues marges de vélin et une plume de diamant taillée à facettes pour refléter les multiples attractions qui s'y succèdent. Si les décors sont délicatement peints, les costumes riches, les détails de mise en scène irréprochables, que dire des personnages se mouvant, depuis huit années, dans un tel cadre? 1881 nous a permis d'y entendre M^me Patti interprétant, à dix mille francs le cachet — Nicolini compris, *la Traviata, Rigoletto, il Barbiere, Lucia* et *Don Pasquale*. Sous la veste brodée de la Sévillane comme dans la robe blanche de *la Fiancée de Lammermoor*, les *dilettanti* ont retrouvé la marquise d'antan, ravis de saluer en elle ce gosier de rossignol d'où 31 millions — pas un de moins — s'envolèrent, depuis les premières vocalises de New-York. Aussi, quels bouquets, razzias de vingt parterres, poussant tout d'un coup de l'orchestre et venant d'eux-mêmes se déposer aux pieds de l'idole ! Sous le balcon de Rosine, que de sérénades

A faire damner les alcades
Du Tage au Guadalété !

A son tour[1], 1882 sut réunir dans une même interprétation de *Faust*, l'Albani, Faure, Gayarré, Maurel, quatre étoiles à défrayer plusieurs cieux; puis toute une voie lactée s'épandit, aux autres saisons, sous les pas de M^mes Fidès-Devriès, Caroline Salla, Renée Richard, Galli-Marié, Rosine Bloch, Franck-Duvernoy, Mauduit, Simonnet, Rabany et bien d'autres. Les concerts Pasdeloup ont mis en vedette la Krauss et Bellocca, Faure et Villaret. Sivori, Hasselmans, Viardot, Batta, viennent, chaque année, donner la réplique à l'admirable orchestre de quatre-vingts musiciens que dirigea Romeo Accursi, avant qu'Arthur Steck en héritât l'honneur. Deux fois par jour, cette compagnie d'élite, faite de solistes tels qu'on les chercherait vainement ailleurs, exécute les morceaux choisis du répertoire, prenant son bien où elle le trouve, chez Mozart comme chez Verdi. Aux jeudis classiques, la *Symphonie en ut mineur* de Beethoven précède la *Danse macabre* ou la *Tarentelle* de Saint-Saëns ; une *Sérénade* de Bizet, un *Passe-pied* de Léo Delibes ou les *Scènes Hongroises* de Massenet suivent le prélude de *Parsifal* ou la *Marche du Tannhauser*. Que Paris le veuille ou non, son Théâtre Italien ayant cédé la place aux marchands du Temple et son grand Opéra consistant surtout en un escalier, c'est à Monte-Carlo désormais qu'il faut venir goûter de bonne musique. Puis, quand le drame lyrique se tait, l'opérette reprend avec sa petite flûte, à moins que, joyeusement, les deux Coquelin ne la mettent en fuite d'un coup de leur brodequin. Et tout cela ne coûte en passant que la peine de s'asseoir, en ouvrant les yeux et les oreilles ; car l'administration du Casino, qu'elle se personnifie dans M. Wagatha ou s'en remette à l'expérience consommée de M. Dupressoir, pratique une hospitalité que n'a jamais connue l'Écosse.

Ah ! nous entendons bien : la carte à payer... qui la soldera ? Eh ! mon Dieu, l'autre partie de l'édifice, celle qui nous reste à parcourir. Y a-t-il rien de plus juste, en somme, et pourquoi les fous ne règleraient-ils point l'addition du sage ?

1. 25 février.

Tel n'est point l'avis de certaines vertus aussi revêches que réformées, dont la voix régulièrement s'élève, tous les trois ou quatre ans, de l'un et de l'autre côté de la Manche, pour prêcher la croisade sainte contre *l'infâme* — l'infâme roulette s'entend. Le mot s'imprime en toutes lettres, à côté de ceux de *tripot* et d'*enfer*, sur de longs placards rouges libéralement collés à toutes les saillies de la Corniche. Alors, de Cannes à Nice et de Nice à Menton, les points d'exclamation suintent aux murs, pareils à des larmes de deuil ; les métaphores armées en guerre, les fulgurantes prosopopées constellent le texte des protestations reçues par de pudibonds libraires, des feuilles de pétitionnement circulent dans les hôtels bien pensants, de petites brochures agressives sont déposées à domicile ; même les vénérables Pluche, persécutrices des Jeux et des Ris, vont jusqu'à libeller requête pour notre Parlement. 1881 mit une âpreté particulière à cette levée d'éventails. « N'allez pas à Monte-Carlo ! » lisaient partout, entre l'éloge des *Pilules Suisses* et la glorification de la *Douce Revalescière*, les bons jeunes gens, neveux des rigides quakeresses. Perplexes, point trop effrayés cependant d'un piège masqué sous des fleurs, ils se demandaient avec curiosité si l'enfer en question ne serait point d'aventure le paradis terrestre retrouvé, et nous savons plus d'un de nos Vert-Vert, en rupture de tante, qui sauta dans le premier rapide sifflant, à seule fin sans doute de pieusement honnir « cet essaim de malheureuses créatures élégamment vêtues dont l'objet principal est de conduire des victimes aux tables de jeux [1] ».

S'il faut nous expliquer sur ces tapageuses campagnes, nous répéterons, avec Shakespeare, que voilà beaucoup de bruit pour rien. Nous avons d'autant plus le droit d'en rire, que les coquetteries de la *Transversale* ou les blandices du *Numéro plein* nous ont toujours laissé fort indifférent. Nous tenons le jeu pour un passe-temps médiocre et les joueurs pour des êtres encore plus à plaindre qu'à blâmer. Il y a tant de façons autrement agréables de dépenser son temps et son argent ! Mais, cela dit, qu'espèrent les promoteurs de ces mouvements d'opinion ? Outre qu'ils ont peu de secours à attendre de nos Lycurgues à vingt-cinq francs par jour, pensent-ils venir aussi bien à bout de la passion du tapis vert, qu'Hercule de Géryon ? Fussent-ils des Alcides, le jeu est un lutteur à vie autrement dure que le roi d'Érythie. Qu'ils suppriment donc tout d'abord coulissiers, bookmakers et courtiers de loteries ; puis, cela fait, qu'ils interrogent un peu nos chers voisins les Teutons.

L'Allemagne, ennemie du bien mal acquis, — chacun sait ça — prit, en 1872, une vertueuse résolution : elle envoya le râteau des croupiers rejoindre, dans les eaux du vieux Rhin, l'or des Niebelungen. Aix-la-Chapelle, Bade, Ems, Wiesbaden, Hombourg... se couvrirent des cendres de la pénitence. Ce que ces stations y ont perdu, l'événement l'a prouvé ; ce que la vertu y gagna, nous le demanderons. Depuis l'édit de proscription, y a-t-il eu, de par le monde, moins de fortunes ébréchées, moins de familles compromises, moins de détentes de pistolets pressées, moins d'honneur et de bonheur engloutis ? hélas ! non. Le dé pipé, la carte biseautée, ont remplacé les chances définies et absolument correctes de la Roulette. Pour un casino qui ferme, cent tripots clandestins s'ouvrent aussitôt, largement pourvus d'aigrefins : sans compter les cercles — nous parlons des plus honnêtes — où le baccara se substitue au Trente-et-quarante, avec cette aggravation de péril que, chez eux, on n'est pas forcé de jouer argent sur table. Le jeton fictif, le coup sur parole ou le billet souscrit en papier à cigarettes tenant lieu d'enjeu, des centaines de mille francs s'engloutissent là où la bille d'ivoire n'eût emporté, dans sa course, qu'une poignée de louis.

Cette opinion que nous avons développée il y a longtemps déjà, nous sommes heureux de

1. Texte de la pétition.

la retrouver en faveur dans le livre récent [1] d'un de nos amis, écrivain de race et fort clairvoyant esprit, chaque fois que la politique ne l'afflige pas d'une taie. Nous avons nommé J.-J. Weiss. Passant à Hombourg et regrettant le *Spielhælle,* non pour le jeu — il ne touche jamais une carte — mais à cause des fruits savoureux mûris sur ses espaliers, l'éminent publiciste s'écrie : « Pour le joueur, la maison de jeu, c'était les faux espoirs, les sueurs pleines d'angoisses, la ruine, le suicide, un tas d'horreurs ; c'était l'Enfer. Ah ! oui ! *Spielhælle!* Pour le tranquille poète ou pour le philosophe en villégiature, qui s'établissait dans le cercle de la *Spielhælle* et n'approchait pas la roulette, quel Éden! C'était la vue des femmes délicieuses circulant dans les jardins magiques; c'était la méditation sous de frais ombrages, tandis que venaient expirer à son oreille les musiques lointaines ; c'était le torrent de la montagne encaissé et civilisé; c'était les bals luxueux pour rien et pour rien des orchestres dignes du Conservatoire... » Et voilà Weiss, une fois en joyeuse humeur de remembrance, qui nous égrène tout le chapelet des jouissances laïques, gratuites, quoique non obligatoires, dont le cylindre numéroté enroule les dizains au profit du sage. A merveille, et bien qu'il ne joue pas, marquons le point à l'étincelant causeur.

Le Casino de Charles Garnier.

Nous aimons, nous aussi, Monte-Carlo pour l'amour de l'art. Bien d'autres le chérissent au même titre. Eh! quoi! Sous les maussades incantations d'un essaim de Fées Grognon, nous verrions rentrer dans les dessous de la Turbie ce petit coin d'Orient où l'homme et les éléments luttent à coup de miracles? Eh! quoi! ce palais d'Aladin, avec ses bronzes ciselés, ses cuivres chatoyants, ses mosaïques polychromes, ses transparentes agates, ses porphyres sombres, ses Muses aux ailes éployées, ses masques antiques grimaçant le rire ou la douleur... s'abîmerait anéanti! Quoi ! effondrées, ces terrasses aux longues perspectives! ces balustres de marbre d'où la pensée s'envole et se balance, comme le goéland, sur la moire azurée des flots, ces touffes de palmiers qui frémissent aux tièdes brises du soir, ces fleurs des tropiques qui secouent leurs parfums sur la tête du rêveur... tout cela disparaîtrait, au vent brutal de quelque pruderie revêche? Et plus de joyeuses rencontres dans la salle Moresque, pendant que, sous l'abat-jour vert, l'œil

1. *Au Pays du Rhin*, Charpentier et Cie. Paris, 1886.

court après la bille, et le perdant après son argent? plus de causeries, au bruit du métal qui roule, sous cette galerie des *Sports*, nouvelle et splendide création de Garnier? plus de gentlemen râpés, professeurs d'infaillibles martingales? plus de Vénus plâtrées piquant la carte, à défaut du cœur? plus de valets joufflus à panse rebondie, pareils, sous l'écarlate de leur gilet, à de gros bouvreuils gorgés de grains? plus de jeunes mariés qui, fuyant vers l'Italie, risquent, au passage, quelques pièces blanches sur le chiffre de leur âge ou le nombre de leurs nuits d'amour? Ce serait grande pitié, en conscience.

Non cependant que, dans notre culte pour le grand architecte, nous allions jusqu'à ériger sa conception en arche de l'Esprit-Saint : ce qui bel et bien arriva, l'autre année, à l'une de nos pieuses amies conduisant son fils à Rome. Descendue, le soir, dans une hôtellerie de la Condamine, elle s'en vint, de bon matin, au Casino, et demanda gravement à l'un des garçons de salle l'heure de la première messe. Étonnement de l'homme qui crut à une plaisanterie, insistance de la dame offensée de la supposition. On s'entendit enfin. L'innocente, tout entière à son pèlerinage de dévotion, avait pris les deux campaniles de Garnier pour les clochetons d'une cathédrale et le garçon au gilet rouge pour le bedeau.

Vaille que vaille, les jours de la société fermière ne sont point condamnés. Longtemps, il faut le souhaiter à notre âge morose, les sombres tristesses des espérances déçues pourront s'envoler, ne fût-ce qu'une heure, au cliquetis des verres qui s'entre-choquent dans cette salle légendaire de l'*Hôtel de Paris* tout émaillée de groupes et d'attributs, tout ensoleillée de chevelures blondes et de radieuses prunelles. La diplomatie et le journalisme, les hommes de Lettres et les femmes qui en manquent, ne sont pas près de dire adieu à ces salons discrets où Catelin monte en buissons les écrevisses de Jacques Normand. Ni l'*Hôtel de Russie*, ni celui de *Londres*, ni le *Continental*, ni *Beau-Rivage* souriant à la mer sur la déclivité de ses rampes embaumées, n'auront de sitôt l'ennui de voir l'herbe pousser à leurs seuils. Du haut de la corniche où Villemessant[1] l'installa par reconnaissance, le buste railleur de Beaumarchais contemplera, plus d'un soir encore, Almaviva en train d'en conter à Rosine ou Suzanne d'en remontrer à Figaro; et les belles nuits de printemps où l'aile phosphorescente de la luciole allume la neige de l'aubépine ne sont pas près d'entendre mourir, avec l'écho du « Rien ne va plus », le dernier soupir dérobé par la brise à l'orchestre des terrasses!

Le Tir aux pigeons, à Monte-Carlo, est le rival sérieux de la Roulette. Projeté dans le bleu, au pied du Casino, le *bowling-green* appuie à des arceaux de soutènement conquis sur la vague l'ovale herbeux de sa vive émeraude. On y descend par un escalier qui conduit au stand et aux salons. Une série de pavillons élégants compose le palais des victimes. Le *Blue-rock* s'y délecte, en attendant que le plomb lui casse l'aile. Pauvres ramiers! Ils sont là dix mille en réserve, et, malgré ce nombre de favorable augure, ils n'ont aucune chance d'opérer leur retraite. Un à un, il leur faudra sortir d'une des cinq boîtes étalées en demi-cercle et subir le feu des *shooters*. Le moins qui leur advienne est d'être déplumés, et le meilleur de rester sous le coup. Un chien dressé à la manœuvre saisit délicatement la proie foudroyée et la rapporte sous la tente. Que si le biset parvient, sanglant, à franchir l'enceinte des cordelettes à banderoles, limites du sport, perdu pour le tireur, il n'en a point partie gagnée pour lui-même; car des barques guettent au bas du terre-plein, promptes à recueillir l'épave. L'hôpital des blessés n'est pas loin. Les soirs de tir, il se mange beaucoup de salmis de *perdreaux* dans les pensions de la Condamine. Décidément, et en dehors de toute sensiblerie, ce jeu est cruel : par quoi, du moins, il ne déplaît pas aux femmes. Ne pourrait-on

1. Mort, dans sa villa *Beaumarchais*, l'hiver de 1879.

trouver biais à le remplacer, et, à défaut de l'honnête oiseau de bois cuirassé de nos pères, le *Ball-trapp*, par exemple, qui lance, comme d'une catapulte, des globes de verre bourrés de plumes blanches, ne semblerait-il pas offrir à la grenaille cosmopolite un but aussi amusant et plus humain ?

Mais allez donc plaider la cause de l'infortuné volatile devant des gens qui de son massacre se font une gloire, un revenu, parfois un métier ! Et puis, l'attrait est dans la difficulté. Le mince captif, une fois libre, n'a de large que le coup d'aile. Son vol est rapide, imprévu : il passe dans

Terrasses de Monte-Carlo.

le plomb, comme une muscade. Malgré la distance courte, sang-froid et coup d'œil sont de rigueur, avec de bonnes armes anglaises à gros calibre, par surcroît. On paye un louis, aux grands jours, pour être témoin de la tuerie : rien que la pose académique de certains tireurs le vaut assurément :

« Êtes-vous prêt ?

— Oui !

— *Pull!* »

Et c'est un pigeon qui tombe, ou s'envole.

Outre la chance des paris toujours ouverts, de magnifiques récompenses offertes par l'administration du Casino ne contribuent pas peu à multiplier le nombre des champions. Des statuettes d'argent, des vases ciselés, des buires martelées, des bourses bien sonnantes, attendent les vainqueurs aux luttes internationales. Janvier, d'habitude, est le mois de l'émouvant tournoi. Poule d'Essai, prix d'Ouverture, prix du Casino, prix de Monte-Carlo, prix de Consolation, Championnat universel défilent à tour de rôle. Soixante-dix ou quatre-vingts fusils, pour l'ordinaire, et des mieux parlants, s'en disputent l'honneur, sans dédaigner le profit. Mais autour du *Grand-Prix* l'intérêt redouble. 20,000 francs et une coupe de Froment-Meurice sont un joli stimulant.

De tous les points de l'Europe on accourt: le télégraphe est attentif, et la Presse à son poste. Le *Figaro* lui-même a député ses brillants *leaders,* Périvier et Robert Milton... « à vous, Messieurs les Anglais ! » Le tir se poursuit deux jours: au second, que d'appelés qui déjà ne compteront plus parmi les élus! Les deux tiers, parfois les trois quarts des *shooters* ont mordu l'herbe du *bowling-green,* à la place de leurs victimes. Le champ de la bataille est circonscrit: on recommence de plus belle. Mais, à chaque tour, quelque nouveau tireur fait buisson creux, et c'est une espérance qui s'envole avec les pigeons. Bientôt les tenants ne sont plus que quatre, puis trois, et puis deux seulement qui restent en barrage. Les poitrines se contractent, les cœurs battent, car le patriotisme s'en mêle: on entendrait, dans le silence profond, glisser une libellule. Enfin, sur l'essai manqué de son concurrent, pâle, le dernier lutteur s'avance au pas de tir; il prononce le mot sacramentel, vise rapidement, jette son coup... le pigeon est tombé ! hurrah ! Des cris retentissent, des larmes coulent, mais les flots du champagne bien davantage. Le triomphateur est entouré, embrassé, soulevé: beaux louis battant neuf, belle argenterie mate, et les *shake-hands* des hommes, et le sourire des femmes, tout est à lui. Déjà le fil électrique a porté sa victoire aux deux Mondes. On lui offrira demain un banquet dont il sera le roi, avec plat de pigeons accommodés à son nom, et ce nom, reproduit par des feux de lances, demeurera gravé en lettres d'or sur une plaque de marbre, afin que la Postérité n'en ignore. O vieux *Bas-de-Cuir* immortalisé par Cooper, toi qui, sans t'en faire accroire, abattais, d'une balle franche envoyée à distance, le modeste pigeon de ton souper, que te semblerait de ces exploits et de leur récompense?

Les vainqueurs du *Grand-Prix,* depuis 1872, année de la création, sont les suivants :

| | | |
|---|---|---|
| 1872 | MM. Lorillard | États-Unis. |
| 1873 | V.-C.-C.-B. Jee | Angleterre. |
| 1874 | William Call | id. |
| 1875 | Capitaine A. Patton | id. |
| 1876 | id. | id. |
| 1877 | Arundel-Yeo | id. |
| 1878 | Cholmondeley-Pennell | id. |
| 1879 | Hopwood | id. |
| 1880 | Comte Esterhazy | Hongrie. |
| 1881 | Camauer | Belgique. |
| 1882 | Comte de Saint-Quentin | France. |
| 1883 | Roberts | Angleterre. |
| 1884 | Comte de Montecupo (*S. A. R. le comte de Caserta*) | Italie. |
| 1885 | de Dorlodot | Belgique. |
| 1886 | Giudicini | Italie. |
| 1887 | Comte Salina Amorini [1] | Italie. |

Ce tableau semblerait assurer à l'Angleterre une supériorité de visé décisive sur les nations rivales, puisque la moitié des gagnants y figure sous pavillon Anglais. Il est vrai que les fils d'Albion se présentent au stand en beaucoup plus grand nombre que leurs rivaux, ce qui tend à rétablir la proportion. Peu favorisée jusqu'ici, la France n'a encore triomphé qu'une fois, et par le comte de Saint-Quentin, l'un de ses meilleurs fusils, tuant douze pigeons sur douze. Superbement mené ce jour-là, le *match* fut très émouvant et l'enthousiasme tel, que nous serions tenté d'en dire plus, si le vainqueur nous touchait de moins près.

Un tir à balles sur sanglier de bois et un assaut de cartons pour les friands du pistolet complètent la liste des concours offerts à ceux qui aiment faire parler la poudre.

1. A peine âgé de vingt-deux ans, et dont c'est le début magnifique à Monte-Carlo.

Tous ces jeux ne sont accessibles qu'aux possesseurs de cartes délivrées par des commissaires spéciaux, et les cartes sont rigoureusement refusées aux habitants de la Principauté. Le bonheur que Charles III assure à ses sujets doit leur suffire: la haute prévoyance du Prince ne leur permet pas de le livrer aux caprices de ce hasard dont l'un de ses ancêtres, le Roi Mage Balthazar, n'était cependant point l'adversaire.

Les indigènes ont d'ailleurs des occasions de se divertir à moins de risques. La Saint-Roman, pour n'en citer qu'une, offre, quand vient l'août, tout un programme de distractions marquées d'un coin fort original. Au chant des pieuses litanies en l'honneur du bienheureux succèdent le *rompicollo,* le saut de l'outre, le duel à la fourchette, le câble transmusculaire, les courses à pied ou en sac, la course aux ânes, la retraite *alle fiaccole* et le bal public, bouquet d'une allégresse honnête. On pourra même joindre bientôt à ces exercices de haute gymnastique une nouvelle espèce de *rompicollo,* quand le chemin de fer à crémaillère qui, par une aventureuse verticale, doit hisser les braves jusques à la Turbie, aura fini de tendre ses câbles. C'est au milieu de ces joyeusetés sans apprêt qu'il est agréable d'étudier le type des brunes au teint andalous bistré de glacis moresque, qui est l'apanage de la plus belle moitié de la race. Sveltes et de hardie prestance, l'œil noir, les cheveux épais, ces robustes filles du soleil, dans les veines de qui le sang Arabe doit couler encore, ne rappellent en rien les poupées diversement coloriées dont les articulations jouent sous les lustres du casino. Leur idiome, qui confine à l'Italien, garde des ressouvenirs de l'Espagnol, du Provençal et du Français, chacun de ces peuples lui ayant, en passant, laissé son empreinte: et pour que cette langue harmonieuse et sonore, menacée de devenir fruste sous le frottement de l'étranger, ne périsse point tout entière, une commission de philologues s'est donné mission de la recueillir dans un dictionnaire qui restera comme un legs du passé.

Moitié rêvant, moitié contemplant, nous avons quitté Monte-Carlo pour *les Moulins.* On désigne ainsi le troisième groupe éclos de la pensée du Prince Charles. Ce quartier, qui date d'aujourd'hui et qui sera une ville demain, doit son nom aux roues à presser les olives et à moudre le grain dont l'eau des ruisseaux fait incessamment tourner les palettes. Déjà il se pose en rival de la Condamine, même en rival heureux, ayant sur la cité voisine l'avantage de l'espace qu'il utilise pour s'étendre vers Menton. De délicieux cottages couverts en tuiles rouges, réchampis de tendres badigeons s'étagent sur ce versant oriental, attrayants et coquets à l'envi l'un de l'autre. La colline leur ménage, au long de ses pentes, de riants parterres où mûrissent l'orange, la figue et le cédrat; d'impétueux torrents y bouillonnent en mainte petite vallée, sur l'écume desquels l'ingénieur a jeté l'arche audacieuse de ses ponts. Les grappes amarantes du Bougainvillea y tapissent les tourelles des villas; toutes les variétés de l'Aralia, du Phœnix, du Cocos, y accrochent leurs griffes aux rugosités du sol. Que si nous nous élevons un peu, le domaine de *la Tour,* assis sur le roc nu, va nous révéler la surprise de ses terrasses aux serres échelonnées, où toutes fleurs éclosent, où toutes baies se gonflent, sans s'inquiéter des saisons. A M^me^ Marie Blanc revient l'honneur de ce coup de force horticole, sorte de conservatoire des plantes, pépinière et jardin tout ensemble. Un digne émule de la Quintinie en prend soin. Les Majestés de passage peuvent témoigner de quelles invraisemblables orchidées se composent les bouquets qui s'épanouissent pour elles, en gare de Monaco, dans la main du Gouverneur général chargé de les complimenter. Mais, ici, le caroubier est roi. Entre tous les produits de la terre Monégasque nous l'admirons pour son tronc rustique et tourmenté, pour la luisante verdure de ses feuilles tachetées de pourpre, pour les longues gousses d'un fruit à pulpe savoureuse, régal des bestiaux, joie des chimistes. Au reste, que ne fournit-il point, ce prodigieux versant de la Rivière où Monaco se suspend comme une agave géante, lui qui, du pâle névé des sommets au tiède azur de la plage, de la raquette ensoleillée des nopals jusqu'à la sombre chevelure des pins, fait éclater, dans leur multiple variété, les éblouissantes surprises d'une végétation dont l'Europe et l'Afrique semblent être les jalouses et infatigables complices?

Et les Moulins, eux aussi, ont déjà leur église, sous le vocable du Prince. Du haut de son blanc portique, Saint-Charles semble inviter à l'action de grâces ceux que Dieu combla de ses présents. Empruntée au style de la Renaissance Française, sa sculpturale ornementation de pierres d'Oppède s'harmonise avec les teintes claires d'une cité fraîche comme l'avril, gracieuse comme la jeunesse. L'auteur de ce sanctuaire incrusté de marbres rares, enrichi de verrières précieuses, est le même que celui de la Cathédrale, et, dans un genre différent, il mérite les mêmes éloges.

Qu'on se garde pourtant de supposer que les acteurs de cette incessante féerie se bercent au demi-sommeil de Sybaris ou de Capoue ! Le Monégasque est né industrieux et laborieux. Chacun a son métier qu'il exerce et qu'il aime. Celui-ci, pêcheur de nacre ou de corail pendant le jour, va, quand les ombres descendent, préparer sa torche de résine et aiguiser son trident ; déjà la flamme brille à l'arrière de sa barque, et, dans une fantastique auréole, on peut le voir piquant à fleur d'eau la dorade ou le rouget, le mulet ou la langouste dont abondent ces côtes. Sobre d'ailleurs, une mouillette de pain bis trempée dans la substance granuleuse de quelque oursin lestement harponné lui tiendra lieu de collation. Celui-là, dédaigneux du pigeon nourri pour le *high-life,* dispute aux pentes abruptes du mont Agel[1] la perdrix rouge ou le noir tétras qui se lève du milieu des rhododendrons, à moins qu'il ne réserve sa cartouche à ce lièvre succulent dont l'herbe aromatique a parfumé les chairs. N'ayez crainte, en tout cas, qu'il perde son temps à poursuivre le *Chastre* d'Alexandre Dumas !

Les plus fortunés sont les possesseurs du sol, n'en fussent-ils qu'une parcelle, car elle leur rend au centuple ce qu'ils lui confient. Mais les déshérités en prennent leur parti ; ils se contentent de quelques mottes d'argile em-

1. Son sommet principal atteint une hauteur de 1,148 mètres.

pruntées au voisin, et grâce aux vertus plastiques de cette terre, ils en font sortir une industrie de premier ordre. La poterie de Monaco peut aller de pair avec tout ce que la céramique nous révèle de plus exquis. Amphores, potiches ou statuettes de biscuit, camaïeu et barbotine, marly cloisonnés ou décorés lui siéent également; les fleurs et les fruits, les caprices humoristiques ou les conceptions plus sévères inspirent tour à tour son ornementation. Ses artistes, surprenant la nature dans ses secrets, fixent le lézard des ravins ou le crustacé de la rade au fond de plats qu'eût signés Palissy. Imitateurs heureux des anciennes faïences Italiennes, ils en reproduisent très fidèlement les effets si vantés; Della Robbia pourrait jalouser l'émail sous glaçure de leurs médaillons. L'école de dessin leur a donné la ligne, l'instinct lumineux du pays natal charge leur palette d'un arc-en-ciel de nuances qu'ils dégradent à l'infini. Surtout il faut louer leur habileté à tordre la pâte comme un jonc flexible. L'osier n'obéit pas plus docilement au vannier que la glaise à leurs doigts. Ces hottes, ces gourdes, ces paniers, ces cache-pots aux flancs desquels ils accusent le relief des roses, quand ils n'y épanchent pas toute la corbeille de Flore, sont des modèles de grâce fantaisiste, et de grâce à bon marché, ce qui ne diminue pas le mérite. On peut difficilement les égaler, non les surpasser, à coup sûr. Leur génie inventif ne se cantonne d'ailleurs pas en cette unique spécialité. Quelques-uns préfèrent nouer la paille des chapeaux, d'autres tresser des couffins ou sculpter l'ivoire; plusieurs excellent à produire, sur bois de caroubier, ces fins travaux de marqueterie dont le littoral a le brevet. S'étonnera-t-on ensuite des succès du Monégasque aux récentes Expositions?

La Principauté n'en est point, sous ce rapport, à son coup d'essai. Déjà couronnée à Vienne (1873) et à Paris (1878), elle s'est surpassée, en 1885, sur les bords de l'Escaut. La presse Belge, rendant compte de l'Exposition universelle d'Anvers, n'a pas eu assez de louanges pour les envois du petit État, et le roi Léopold s'est plu à confirmer l'éloge. Dans un espace de 200 mètres à peine s'élevait, modèle de goût, le pavillon crénelé de Monaco où les commissaires organisateurs, MM. Robyns d'Inkendaële, Edmond Blanc et Léon Estor, avaient réparti, en 28 classes, les divers envois de 63 exposants. Le chiffre, relativement énorme, de 44 diplômes est venu récompenser cet effort [1]. Outre les spécimens déjà signalés de *la Société industrielle et artistique*, — tous ces produits d'un sol béni, vins rouges et blancs, huiles vierges, liqueurs, conserves alimentaires, fruits naturels et confits, bois en grume, échantillons d'histoire naturelle... conquirent, plusieurs mois durant, le suffrage d'un public sans cesse renouvelé. L'exposition scolaire dut faire commettre péché d'envie à plus d'un père initié par elle aux méthodes d'enseignement gratuit et ecclésiastique dont bénéficient les enfants des deux sexes. Là n'éclate pas l'un des moindres titres de Charles III à la reconnaissance de ses sujets. Son Altesse Sérénissime veut que l'idée chrétienne soit la pierre angulaire de toute instruction, et jusqu'à ces derniers temps, elle fut dignement secondée dans une si noble entreprise par la haute expérience du Gouverneur général, S. Exc. le baron de Saint-Priest, que des devoirs de famille ont contraint à une démission regrettée. Les amateurs de belles impressions ont pu rendre justice aux soins d'une typographie dont l'élégant *Annuaire*, paru pour la première fois en 1877, et le *Journal de Monaco* publié, chaque semaine [2], sous l'intelligente direction de M. H. Laboulaye, ne seraient point pour être désavoués de Quantin [3]. Une excellente feuille d'ailleurs que ce petit journal, organe officiel du Gouvernement, où, parmi

1. 5 médailles d'or, 11 d'argent, 8 de bronze, et 20 mentions honorables.

2. Fondé le 30 mai 1858.

3. C'est de l'Imprimerie de Monaco que sont sortis, entre autres livres remarquables, les Codes de la Principauté et *les Notes d'un Curieux*, œuvre d'érudition profonde, d'un goût si délicat, due à la plume prématurément brisée du baron de Boyer de Sainte-Suzanne.

nombre d'articles toujours intéressants, la lettre hebdomadaire de *Bachaumont* répand son fin bouquet d'esprit parisien! Est-ce tout? Non. Aux gourmets d'un tel régal fut servie l'agape de bijoux Romains, de médailles et de monnaies trouvées au Port d'Hercule, richesses habilement classées en même temps que décrites par M. Ch. Jolivot. Grâce à ce chercheur quasi universel, les numismates ont passé une revue — combien intéressante! — de l'œuvre métallique de la Principauté, depuis l'écu-soleil de Lucien, au XVIe siècle, depuis les écus d'argent et les patards en cuivre rouge d'Honoré II, jusqu'aux magnifiques pièces de 100 francs en or que le Prince Charles III fait frapper à son effigie [1]; et, dans l'exégèse qu'en donne l'exposant [2], ils ont pu relever maint aperçu de valeur pour l'histoire de ces régions. Aussi une dernière médaille est-elle venue augmenter la collection, celle-ci attachée par le Gouvernement Belge à la poitrine déjà si bien ornée de notre docte ami.

Mais le bijou, rare entre tous, de cette exhibition hors ligne, fut l'offrande du Prince héréditaire de Monaco. On ne peut trop insister sur la valeur des matériaux présentés par Son Altesse pour servir aux études de la faune de la mer Baltique. Chacun sait que le Prince Albert, cavalier accompli et digne émule de Saint-Hubert, fut un vaillant soldat avant de se révéler savant intrépide. Dès les premiers coups de feu de 1870, il était venu mettre son épée dans la main de la France, cette épée des Grimaldi que Louis XIV et Napoléon Ier tinrent en très haute estime [3]. Un bout de ruban rouge fut le prix d'une vie cent fois exposée, et, avec un légitime orgueil, le légionnaire le porte, de préférence à tant de cordons ou de plaques dont il est titulaire. Puis, quand le canon s'est tu, hardi nautonier, il affronta d'autres tempêtes. Épris de science, il a interrogé, à bord de son yacht *l'Hirondelle*, des flots bien différents de ceux qui baignent ses futurs États. La Baltique et le golfe de Finlande, sondés par la drague, lui ont fourni mainte révélation sur les secrets pélagiques de ces latitudes. L'Académie des Sciences en félicita une première fois le Prince par l'organe de M. Milne-Edwards. Un peu plus tard, et toujours au nom de l'Institut, l'amiral Jurien de la Gravière, président du jour [4], le remerciait pour le lancement de flotteurs immergés au nord des Açores et destinés, dans son esprit, à déterminer la direction des courants de l'Atlantique. Rien de plus captivant que le récit de ces expériences dont plus d'une déjà bat en brèche les indications des cartes marines. Quelques semaines après [5], l'habile explorateur, prenant séance à la Société de Géographie, entre M. de Lesseps et l'amiral Cloué, nous exposait, avec projections à la lumière électrique, le résultat de ses recherches expérimentales sur le *Gulf-Stream*. L'Assemblée, une heure et demie durant, fut suspendue à ces lèvres bien disantes, initiée qu'elle était par elles à la connaissance des lois régissant les courants; et des applaudissements répétés accueillaient cette certitude que, de l'étude achevée, sortiraient pour les navigateurs de nouveaux éléments de vitesse et de sécurité. Depuis, *l'Hirondelle*, sous la conduite de son brillant capitaine, a repris la mer, courant des bordées de la pointe de Galles à la pointe d'Espagne. Moindre n'a pas été le butin. Convenons que la médaille d'or décernée au Prince Albert par le Gouvernement Belge était bien gagnée, et aussi la grand'croix du *Mérite Naval* que la Reine d'Espagne lui conférait plus récemment. A cette couronne des Grimaldi où les Lettres et les Arts avaient laissé tant de fleurons, une gemme manquait encore, et la Science vient de l'y incruster.

1. L'Hôtel des Monnaies de Paris vient d'en faire une nouvelle frappe pour deux millions de francs.
2. *Médailles et Monnaies de Monaco*, par Ch. Jolivot. Monaco, 1885.
3. Un de ses aïeux fut félicité par Louis XIV, au siège de Namur; un autre, Grand Écuyer de l'Impératrice Joséphine, combattit en preux dans les rangs de l'armée Française, de 1806 à 1808.
4. Séance de l'Académie des Sciences, 16 novembre 1885.
5. Séance du 22 janvier 1886.

Il en est de la Principauté comme du rivage de Cannes : on s'en éloigne à regret. Modeste d'étendue, mais de toute autre importance par la place que ses légations[1] et ses traités lui assurent dans le monde, elle offre au penseur un ensemble de séductions dont la meilleure ne relève ni de la rouge, ni de la noire. Elle a donné le jour au sculpteur Bosio et au romancier Emmanuel Gonzalès, ce qui est bien ; mais elle est la fille du soleil et la mère des fleurs, ce qui est mieux. « Miroir du printemps », l'appelait un de nos plus grands Saints[2]; « Salente de l'Hespérie », eût dit Fénelon. Oui, une Salente de salutaire exemple, qu'il faudrait inventer, si elle n'existait pas : terre autonome et clémente, où l'humanité va jusqu'à épargner la souffrance au bœuf qui doit tomber[3], où le fruit croît sous la main qui le cueille[4], où la paix, sans souci des orages, refleurit pour l'homme dans un rayon de sagesse et de bonté souveraines ! Visible sous sa plus douce expression, quand la Princesse Florestine y réside, la Providence ne s'éloigne jamais de ce roc au bas duquel les lames sommeillent apaisées ; et s'il est vrai, comme le veut la légende, que nos premiers parents chassés du Paradis Terrestre aient apporté ici la branche du citronnier, rien ne nous défend de croire qu'un peu de la poussière de l'Eden restait à leurs pieds, afin que, perdu par eux, notre bonheur eût du moins quelque part une image où se retrouver.

1. Elle est représentée à Paris, depuis 1873, par S. Exc. le Marquis de Maussabré-Beufvier, Grand-croix de plusieurs ordres.

2. *Veris speculum*, selon saint Bernard.

3. Appareil Bruneau.

4. *Crescono le frutte*
*Sotto la man che coglie* (dicton populaire).

Entrée de Menton.

# MENTON

## ET SES COURSES DE MONTAGNES.

A CANNES les fiançailles, les noces à Nice, à Menton... l'enterrement[1] ! s'écriait un jour certain humoriste de notre connaissance prétendant caractériser, d'un mot, les mérites respectifs des trois sœurs. Qu'entendait-il par là ? Simplement établir que si, propices aux doux aveux, les jardins enchantés de la première favorisent l'échange des anneaux, que si la seconde a des coupes pétillantes pour toutes les soifs, des régals pimentés pour tous les appétits, les tièdes solitudes de la troisième et sa clientèle attitrée de pulmoniques la réservent aux mélancoliques honneurs de la nécropole. Et comme nous protestions, du moins en ce qui touche Menton : « Oyez plutôt, poursuivait le railleur. Vous arrivez, ayant doublé le cap Martin ; que rencontrez-vous, dès l'abord ? D'implacables montagnes qui vous enserrent et semblent dire : tu ne sortiras plus ! L'abri devient prison. Vous vous retournez du côté de la mer, porte bleue ouverte sur la liberté ; qui frappe vos regards ? Tout le long de la plage, de pâles Ophélies toussant à fendre le granit ou de petites voitures à bras tenant lieu de jambes aux éclopés de la vie. Vous demandez le nom de la promenade ; « le golfe de la Paix », vous est-il répondu... « De la paix éternelle », murmure une

1. Ce chapitre était écrit quelques semaines avant le tremblement de terre, lequel d'ailleurs ne coûta pas une seule vie à Menton. Nous n'avons rien à retrancher, rien à ajouter, car, sortie de ses ruines dès la saison prochaine, la gentille cité redeviendra exactement pour ses hôtes ce qu'elle était avant l'épreuve du 23 février.

voix secrète, car ceux qu'épargne la maladie, l'ennui les tuera ; la prison va devenir tombeau. Et si vous levez au ciel un œil de supplication, voilà qu'en haut, très haut, de tous côtés dominant la ville, cet œil rencontre le cimetière, perpétuelle menace dont le myope seul est indemne. Aussi, ajoutait-il en riant, je n'aime Menton que dans le panneau peint de la gare de Nice. »

Répondons à ce paradoxal réquisitoire par un apologue très en faveur près du Mentonnais.

Quand nos premiers parents — l'histoire n'est pas d'hier — eurent si mal à propos choisi leur dessert, Adam reconduit par l'archange ne faisait pas vaillante figure sous le glaive flamboyant.

Bains de mer sur la Plage de Garavan.

Moins émue, quoique aussi désolée, Ève restait mieux en possession de ses moyens. Aussi, approchant des portes de l'Éden prêtes à se refermer pour toujours, et avisant un citronnier qui semblait lui tendre ses rameaux, d'un geste rapide elle en détacha le plus beau fruit. Incorrigible, cette Ève! Après la pomme, le citron. L'Archange, pris de pitié, feignit de ne rien voir et les deux proscrits commencèrent l'expérience du dur chemin de l'exil. Longtemps ils errèrent sur cette terre inconnue; Adam avec ses remords, Ève avec son citron toujours frais, car il venait d'un verger divin; elle s'était juré d'ailleurs de n'en faire hommage qu'au pays dont l'aspect lui rappellerait ce qu'elle avait perdu. Bien des monts avaient été franchis, bien des plaines traversées, quand un matin nos voyageurs arrivèrent sur une plage si vivement pénétrée d'azur, si fort embaumée de parfums, que, se laissant séduire une fois de plus, notre bonne mère jeta sur le sol son précieux larcin : « Va, dit-elle, et prospère ! ces rivages sont dignes de te recevoir. » Or ces rivages n'étaient autres que ceux de Menton. Voilà de quoi faire taire les plaisants, étant donné qu'une habituée du Paradis Terrestre, mieux encore que le berger Pâris, avait compétence pour attribuer... le citron.

Affirmons, à notre tour, que si le brevet est de date respectable, la Nature l'a contre-signé sur toutes ses marges. Certes ils sont de haut jet, les soulèvements superbes qui enveloppent Menton; mais ce double corset de roches que les Tritons seuls délacent est une protection, non

MENTON, DU CÔTÉ DE L'OUEST.

une entrave. Le terrible mistral affaibli par l'Estérel, brisé par les saillies de la Tête-de-Chien et les contreforts du Berceau, expire sur le front du promeneur en haleine rafraîchissante. Ne trouvant issue que par-dessus des crêtes de sept à huit mille pieds d'altitude, les souffles du nord hésitent à retomber de si haut et vont, en pente douce, porter leur furie émoussée à plus d'une lieue au large, cependant que ce cirque impénétrable à tout, hormis au soleil, absorbe ses rayons, et, comme d'un foyer de calorique intense, les renvoie plus ardents à la plage. D'où la joie des plantes et la santé des hivernants. Rare *sanitarium* pour ceux-ci, Menton est pour celles-là une serre chaude unique. Rarement, une fois tous les dix ans à peine, le mercure de son thermomètre descend à la glace fondante. D'ailleurs, mieux que le manteau de violettes et d'anémones qui diapre la pente des collines, l'arbre semé par Ève garantit la bénignité d'un climat Édénien. Le citronnier est en effet le poitrinaire des arbustes, lui qui souffre à quelques degrés en deçà de zéro, et meurt tout de suite au delà. Eh bien! cet ennemi de la bise, cette sensitive de la gelée blanche, non seulement vit ici, mais prospère, à décourager Palerme et les Baléares. Pourquoi s'étonner que les souffreteux de l'humanité veuillent imiter ce délicat! Il en arrive en effet, chaque hiver, de tous pays, beaucoup guérissant, plusieurs succombant. C'est le destin. Le cimetière enguirlandé qui plane dans le bleu n'épouvante personne ; la promenade est attrayante au vivant, le repos doux au mort. Est-ce mourir, au surplus, que sommeiller parmi les fleurs, dans cette fête perpétuelle des éléments? Quant à l'ennui, si tant de lumière ne suffisait à le noyer, il ne résisterait pas aux estocades multipliées que l'indigène lui prodigue. Menton, il est vrai, ne connaît pas les aristocratiques plaisirs de la colonie de Lord Brougham; les landaus aux fiers blasons ne se croisent pas dans la poussière dorée de ses chemins, et ses villas n'étincellent guère, le soir, aux feux des cotillons et des soupers. Mais elle rivalise avec Cannes pour ses batailles de fleurs, avec Nice pour son corso de masques. Des bals de charité, des acteurs en représentation égayent son casino: on vient même de lui en construire un second[1]. Elle a ses bains dans la vague attiédie de Garavan, ses goûters au lait dans les fermes des vallées prochaines. De joyeuses cavalcades s'égrènent par le lit desséché de ses torrents, et plus d'une intrépide amazone dispute aux vapeurs montantes l'assaut de véritables cimes. Sans compter *Monaco d'oro,* bon prince pour son ancienne vassale, qui, à quinze minutes de là, tient tout ce qui concerne la féerie. Et chacun sait qu'il est salutaire pour les clients d'Hippocrate d'échanger parfois l'infusion de guimauve contre la tisane de la veuve Clicquot.

Cela dit, que reste-t-il des chagrines boutades de notre humoriste?

Non, non ; Menton n'est ni l'hypogée de la Rivière, ni le temple de l'ennui. C'est une fille du soleil, comme Cannes et Nice, moins altière que l'une, moins *fast* que l'autre ; c'est la bourgeoise aimable, également loin de la morgue et du bonnet par-dessus les moulins, une manière d'alpestre Cendrillon à la pantoufle brodée de fleurs, qui, entre deux sœurs plus brillantes, garde encore son prix et n'est point sans avoir conquis déjà les faveurs de plus d'un prince en déplacement.

Peut-être a-t-elle moins à se glorifier de ses origines que de ses dons de nature. *In memoriam Othonis,* d'où *Menton,* hasardent les étymologistes par à peu près, voulant coudre à ses langes la mémoire d'un Empereur Romain. Fort heureusement que la belle a d'abondants et solides cheveux — ceux mêmes de sainte Agnès, — car il nous semble qu'ici on les lui tire un peu. De mieux autorisés, plus près sans doute de la vérité, lui attribuent comme auteur, vers la fin du VIII$^{e}$ siècle,

1. Le 5 janvier 1887, a été inauguré par une fête magnifique le *Casino-central,* édifice de style Moresque, renfermant café-restaurant, salon de lecture, salles de jeux, de concert et de spectacle. Construite, décorée et meublée en six mois, cette œuvre-vapeur qui s'élève au milieu de vastes jardins fait honneur à son architecte M. Hélain, et à M. Novarro, son décorateur.

un forban de Lampedusa[1], — non, en tout cas, le corsaire *Lampédouse,* selon la prétention émise par les gens qui prennent le Pirée pour un homme. Une rue de ce nom subsiste encore, donnant quelque vraisemblance à la version barbaresque. Vaille que vaille, après une ère de pillage et de rapine, le repaire de Sarrasins tomba aux mains des comtes de Vintimille qui le cédèrent dûment expurgé aux Génois, lesquels le vendirent ensuite aux seigneurs de Monaco. Plusieurs siècles durant, sa chronique se confond avec l'histoire des Grimaldi. Elle pivote sur le bois de cette lance turque qu'Honoré Ier rapporta en trophée de la bataille de Lépante et qui, surmontée d'une croix d'argent massif, figure encore, joyau de la Cathédrale, aux processions carillonnées. Puis nous avons vu comment la France succédait deux fois aux droits du Monégasque, la première de 1792 à 1815, en vertu d'un décret de la Convention, la seconde et définitivement, en 1860, par le rachat des titres féodaux de Charles III. Entre temps Doria bombardait la petite cité dont le sort fut d'être prise, cédée, vendue, rachetée, agitée toujours, rarement soumise, maîtresse un instant de ses destins, puis ville libre durant treize années, pour devenir enfin et rester simple chef-lieu de canton[2]. Française du moins, et l'une des fleurs de la Rivière ! Cela vaut bien un renoncement à ces velléités d'indépendance qui si longtemps volcanisèrent son territoire. Le cratère est désormais éteint.

Berges et Pont de Caréi.

Et maintenant, le cap sur Menton ! La voie de mer qu'évoque cette image nautique serait séduisante, mais un peu longue; un peu courte, en revanche, la voie de fer à qui un quart d'heure suffit pour vous jeter des terrasses de Monte-Carlo sur les berges du Caréi. Puis, la locomotive a ses jours ! Elle en eut un terrible, vers la fin de l'autre hiver[3]. La Principauté ne possède que deux stations, et qui se touchent : à peine assez de temps pour qu'un amoureux y place un baiser, plus d'espace qu'il n'en faut pour qu'un malheur s'y loge. Carnaval mourant voulut son cortège de spectres. Le soir des Cendres, deux trains échappés courent au-devant l'un de l'autre, panache au vent, se rapprochent, se joignent, sans que ni signaux de détresse, ni cloches d'alarme, ni clameurs sorties de trois cents poitrines haletantes parviennent à leur crier le péril. Les mécaniciens n'ont rien vu, les chauffeurs rien entendu, et quand l'extrémité de la courbe met enfin les hommes noirs face à face, il n'est plus temps. Au-dessous de Roquebrune le choc a lieu. Comme des fauves en fureur, les deux trains se dressent, envieux d'une mutuelle escalade; ils ne parviennent qu'à se briser ou à se précipiter. Trois wagons roulent sur les rocs, des rocs dans la mer : un saut

1. Ile située à égale distance de Malte et de la côte d'Afrique.
2. 9,387 habitants.
3. Accident de Cabbé-Roquebrune, 10 mars 1886.

de cent pieds ! Et pourtant, ce ne sont pas les plus mal en point. D'autres... mais pourquoi insister sur ces scènes de deuil? Elles donnèrent du moins au Prince, dont elles ensanglantaient le domaine, une occasion nouvelle de montrer que parmi tant d'exquises floraisons, orgueil de ses parterres, sa sollicitude pour le malheur n'est pas la moins digne d'être admirée.

A nous, cette catastrophe fournira un argument de plus pour adopter la route de notre père Adam, ou plus simplement le macadam. Ce mode de locomotion s'impose ici, soit qu'ayant quitté les pignons Pompadour du quartier des Moulins, on se laisse emporter par l'agrément de vivre et l'élan de deux poneys faisant feu des huit pieds, jusque vers ces olivettes mystérieuses derrière lesquelles fuit Mentòn, brune Galatée; soit que, descendant au rivage, on coure du côté de cette glauque sirène qui berce ses amants, quand elle ne les noie pas. L'un et l'autre chemin a ses partisans : qui veut tout concilier doit les suivre tous deux.

Forêt d'oliviers, à Menton.

Suspendu à flanc de colline, avec Roquebrune pour vis-à-vis, le premier déroule son ruban par une suite de petits vallons sauvages qu'il coupe de ses circuits, laissant aux brises le soin de secouer sur le passant les capiteux parfums du citronnier. Du haut de cette chaussée qui tout d'abord ondule entre la Corniche et l'ancienne voie romaine, le golfe entier se découvre, échancré comme le corsage d'une merveilleuse de Monte-Carlo. C'est riant et gai, et lumineux, et plein de charme, quand soudain se profilent les longs bois d'oliviers aux ombres sévères. Admirez-les ! Ils passent pour les plus beaux du littoral, et nul ne s'en peut faire idée qui ne connaît que les grêles arbustes à qui nous devons l'huile d'Aix ou de Salon. Ces troncs rugueux, aux flexions étranges, aux fantastiques rameaux, rappellent la forêt enchantée du Tasse. Le Temps les fendit en y appuyant sa faux; la hache hésiterait à les frapper, ne fut-ce que par peur de blesser quelque guerrier captif sous leur écorce. Très sûrement ils jetèrent racine avant les Croisades, et si, pour mainte cause, ils ne connurent Renaud, Tancrède ou bien Clorinde, plus d'un a dû voir passer sous son mouvant feuillage les Légionnaires de la Rome Impériale.

Prenons aujourd'hui le chemin qui mène à la mer. Sa caractéristique, il y a quelques mois encore, n'était pas précisément l'excellence de la viabilité. Entre de perfides dépressions et des pierrailles aiguës, la voiture durement cahotait ; l'ornière frisait la fondrière, le sol gondolé donnait des sensations d'estrapade, — cela, jusqu'au Cap Martin, raison de l'itinéraire. Et cette négligence nous semble regrettable, bien que nous tenions la réputation de ce promontoire supérieure peut-être à son mérite. Une jolie forêt de pins maritimes descend, comme une chevelure, le long de son dos bombé ; en couronne imposante l'olivier séculaire se masse à son front ; d'épineux buissons, genévriers ou térébinthes, des roches verdies de mousse, accusent ses contours ; quelques villas piquent sa ceinture de claires étincelles, le myrte et le thym lui servent d'odorant tapis. Nous en recommandons surtout le commerce aux joueurs décavés : ils y pourront goûter, grâce à l'abondance du genêt en fleurs, l'illusion réconfortante d'un drap vert semé de louis d'or. Pour le surplus, cette promenade si vantée ne saurait entrer en lice, dans notre souvenir, avec l'admirable *pineta* de l'Ile Sainte-Marguerite. Les Mentonnais, le dimanche, aiment à y pêcher la poulpe et à détacher l'arapède. On y montre aux curieux d'archéologie quelques débris de l'antique monastère de Saint-Martin, ou les traces d'une ville Romaine, *Lumone*, représentée par un pan de mur. Les gens pratiques se contentent de grimper à la tour beaucoup moins vaporeuse d'un sémaphore en exercice.

De saisissantes échappées sur Monaco, Menton et Bordighera, de puissants écueils rongés des vagues, la pleine mer, dans sa majesté, étaient jusqu'ici l'attraction de cette solitude battue des flots. Les peintres y trouvaient maint sujet d'études, les poètes plus d'un prétexte à sonnet : il faisait bon y laisser flotter les rênes sur le cou du cheval, et la rêverie avec les rênes. Rompant en visière à ces fades loisirs, le bruyant saint Hubert, qui un jour s'ennuyait, emprunta la figure de M. Blondin [1], puis se mit à souffler dans son olifant... « *ton, ton, tontaine, ton, ton.* En chasse, Messeigneurs, en chasse ! » — « et contre quoi, vénérable Saint? Hors le rossignol au printemps, le merle à l'automne, et la belette en toute saison, ici rien ne vole, ne siffle ou ne court. » — « Belle objection, regardez ! » Et voici, ô prodige ! qu'autour des pins le fil d'acier se tresse à mailles serrées; des barrières enveloppent les fourrés, une onde fraîche coule dans des bassins, à pleins sacs le grain tombe sur la terre rouge, au chenil hurlent les chiens,... il ne manque plus que le gibier. Grosse affaire ! Regardez toujours. Et voilà maintenant que les lapins gambadent à travers le serpolet, que d'un bouquet de lentisques détale le lièvre, que le faisan passe sur nos têtes et que, sauf erreur, un renard vient se raser du côté de ces mimosas. Ah ! saint Hubert fait bien les choses, quand il s'en mêle : il a dépeuplé la forêt des Ardennes au profit de ce boulingrin. Déjà gardes et rabatteurs sont à leur poste, les uns dans leur livrée bleue et verte galonnée d'argent, les autres avec le costume coquet des Béarnais. Sous le fouet des postillons les breacks à quatre chevaux arrivent grand train vers la *Faisanderie*, amenant tout un choix de fusils. Poil et plume attendent, fort disposés à se défendre. En chasse ! *ton, ton, tontaine, ton, ton !* Les places sont tirées au sort, elles le seront encore à chaque enceinte nouvelle. Bientôt les coups de feu éclatent ; l'écho des montagnes y répond, mêlé de joyeux aboiements. Le massacre a commencé... il se poursuit de grève en plateaux, et quand sonne l'heure du *lunch* arrosé d'un moët crémant, cinquante pièces figurent au tableau. Les pâtés de gibier du Cap vont devenir célèbres. Honneur à eux, honneur surtout au très intelligent M. Blondin ! Il lui en coûtera plus de 50,000 francs pour avoir agencé ces battues cynégétiques [2] du vendredi, mais on peut lui garantir les frais. Tout le *high-life* de passage en voudra sa part. Nous ne savons ce qu'en pensera le poète désormais chassé et traqué plus impitoyablement que Jeannot-Lapin : au moins ne rira-t-on plus des chasses du Midi.

1. Directeur du tir aux pigeons de Monte-Carlo.
2. L'inauguration a eu lieu le 22 novembre 1886, après une très belle fête offerte à la Presse.

ÉCUEILS DU CAP MARTIN.

D'une dévallée rapide, nous atteignons la plage. Elle est aussi fleurie de récifs que frangée d'indigo. La route devient plus clémente. Sa voûte ombreuse, son site agreste, lui donnent les apparences d'une allée de parc. Un air salubre y baigne les poumons, pendant qu'appuyée sur cet arc de huit kilomètres dont l'une des branches a pour pointe extrême le Cap Martin et l'autre les falaises de la Mortola, Menton s'élance en flèche, dernière ville Française se mirant dans les transparences de la mer Ligurienne. Orientées au midi, ses deux baies — celle de la *Paix* et celle de *Garavan* — ne reçoivent sur leurs eaux calmes que des vents attiédis dont l'aile un peu humide a laissé ses ardeurs à la côte Africaine. Quatre torrents sont tributaires de la première, *Gorbio, Caréi, Borrigo* et *Fossan,* apportant plus de pierres que d'eau à leurs pitto-

Terrasse et Pins Parasols de la Madone.

resques lavandières ; la seconde s'étend jusqu'au pont Saint-Louis, limite de la France et de l'Italie. Dans ce développement d'une lieue et demie, sous la luxuriante végétation de collines contre-boutées de pics altiers, Menton la frileuse abrite son port et ses malades, Menton la grandissante déroule ses avenues, ses boulevards, ses promenades et ses rues. Du point où nous sommes, l'aspect est imposant, moins toutefois que du versant oriental. Par delà le pont de Gorbio, nous rencontrons, au bout de son allée de lauriers-roses, le palais *Carnolès,* façade Italienne aux colonnes engagées, aux statuettes légères s'enlevant de la frise par-dessus l'écusson Monégasque. C'est l'ancienne maison de plaisance des Grimaldi, celle même où, le 14 décembre 1847, une députation de 5,000 Mentonnais, bannières déployées, tentait d'arracher au Prince Florestan quelqu'une de ces concessions, prélude des effondrements. Déjà, à une autre époque, les troupes d'Othon et de Vitellius avaient eu, dans cet endroit, de regrettables démêlés, si l'on en croit l'étymologie de *Carnis læsio :* autant dire qu'on s'y dévora les chairs. Plus loin s'étagent les jardins de *la Madone,* célèbre terrasse [1] dont les pins parasols à la ramure immense couvrent de leur ombre les premières pentes d'un coteau romantique, au bord de parterres

1. Louée à la duchesse de Richelieu, le dernier hiver.

fleuris. Un couvent du xv^e siècle, dès longtemps abandonné, vient d'y être transformé par M. de Craen, son propriétaire, en un élégant castel qui émerge d'un océan de roses. Sous des talus festonnés de pampres, nous franchissons, à son tour, le Borrigo; puis, entre de gracieuses villas qui se succèdent, bordant la route ou parsemant les collines, la passerelle ajourée du Caréi nous amène en ville par les platanes de l'avenue Victor-Emmanuel et les bosquets du Jardin Public.

Promenade du Midi.

Combien recherchée des amants de la brise, cette promenade du *Midi!* Dans une suite de squares à massifs bas que relèvent des groupes d'eucalyptus et de poivriers, en face de ces dentelles de Sainte-Agnès qui se profilent là-bas dans l'azur, on trouve, vers les chaudes heures du jour, tout ce qui ne peut ou ne veut escalader les sommets. Libre à chacun de piétiner le sable des allées ou de humer sur un banc les effluves réparateurs venant du large. Le Moscovite commence à y essaimer ; les Anglais, de date bien antérieure, y ont bâti leur ruche. « Ils se sont emparés de Menton comme de Gibraltar, et ils y règnent en maîtres... » va jusqu'à prétendre un hyperbolique auteur. Sans aller aussi loin, reconnaissons que John Bull se complaît en ces parages, mais un John Bull très petit cousin du gentleman de Cannes. L'ouvrier divin préposé à la fabrication Britannique a pétri son enveloppe d'une autre pâte, avant de la cuire aux rayons du soleil Mentonnais. Il y a en lui moins de lord que d'esquire, et, dans sa femme, plus de mistress que de lady. Beaucoup de ces vestons courts, originaires de la Tamise, auraient peine à se rattacher, fût-ce par un fil ténu, au manteau d'Édouard le Confesseur ; ils ne font même point tous partie de la *Society* qui, pendant mai et juin, gravite autour des eaux limpides de la Serpentine, le long des vertes allées de *Hyde-Park.* La Cité les berça : la Cité, après tout, n'est-elle point le berceau de Londres? D'ailleurs, la gaieté générale n'en souffre pas, bien au contraire. De folâtres analcades remplacent la file solennelle des équipages drapés, et plus d'une fauve miss, cheveux dénoués, traverse, en riant, la foule, au galop emporté de son aliboron. Certes ce bord de mer, sans palmiers, sans clôtures, ne rappelle qu'imparfaitement la Croisette : ses habitués s'en consolent, songeant que le raz de marée ne pourra, quoi qu'il fasse, s'y rendre coupable de dégâts. Ses galets roulants plaisent moins à la chaussure que le sable velouté de Napoule : d'accord! On en est quitte pour doubler les semelles. Mais de quelle belle robe opaline se revêt la Néréide! que de poussière d'améthyste criblant l'épaule de ces montagnes aériennes! Inutile d'ailleurs de signaler l'inévitable kiosque régalant l'oreille de ses inéluctables quadrilles, ou la présence, dans le voisinage d'Euterpe, du Rumpel obligatoire qui solennellement débite, comme à Nice et à Cannes, son punch, ses glaces et ses petits gâteaux.

La rue *Saint-Michel,* dallée à la lombarde, fait suite au dôme de verdure de l'avenue Victor-Emmanuel. Étroite et longue, perçant la ville entre les collines et la plage, elle rappelle la rue d'Antibes, sans l'égaler pourtant. Ses magasins n'en ont ni la richesse, ni le goût ; à plus forte raison ne lutte-t-elle point avec Nice. Par contre, les prix de facture y sont peut-être plus au gré du client. Même remarque pour le logis. L'hirondelle d'hiver trouve, en ville, des nids fort bien capitonnés entre cinquante et cent louis, et en échange de l'abandon de quelques billets de mille francs — deux à dix, prix extrême, — on vous remet la clef d'une villa meublée qui devient vôtre pour toute la saison. Car ici et jusqu'ici, les grandes bourses n'ont point encore provoqué les grands prix. Le marchand de soleil, à Menton, est un négociant en gros ; il ne détaille pas les rayons ; l'astre se vend en bloc, dans toute sa splendeur, à un taux relativement honnête, et on donne les insolations par-dessus le marché.

Hors le Cercle Philharmonique et la Mairie, l'un avec sa rue frangée d'arcades, l'autre servant de bordure à une place, et tous deux de modeste envergure, rien ne mérite le nom de monument. Certains palais consacrés aux voyageurs pourraient mieux revendiquer ce titre, et, dans le nombre, nous citerons, au quartier Carnolès, le très magnifique *Alexandra-Hôtel,* fleuronné de tourelles et de clochetons, l'*Hôtel des Anglais,* au quartier de Garavan, puis, entre ces deux antipodes, *Victoria, Westminster,* l'*Hôtel d'Angleterre,* celui des *Iles Britanniques* [1].... Ne se croirait-on pas de l'autre côté du détroit? Il est vrai que l'*Hôtel d'Orient,* le *National* et quelques autres *posadas,* de vocables moins brumeux, leur font une lumineuse antithèse. Signalons aussi, dans cette étroite rue Bréa qu'a baptisée, de son nom Mentonnais, le général « mort pour la défense de l'Ordre et de la Patrie [2] », une assez vaste maison aux contrevents verts [3], à la porte sculptée qui, par le cintre de son chambranle, laisse entrevoir un large escalier de pierre. Si Dante n'a pas gravi celui-là, un autre illustre l'a fait résonner sous sa botte. C'est dans cette demeure en effet que Bonaparte se reposa une journée, en 1796. Les fervents de

1. Il eut l'honneur d'abriter, en 1882, le Roi et la Reine de Saxe qui y prirent leurs quartiers d'hiver.
2. Le général de Bréa, massacré à Paris, le 24 juin 1848.
3. Le numéro 3.

l'immortelle mémoire ne manquent guère au pèlerinage, ne fût-ce que pour s'y offrir la satisfaction, rare à notre époque, d'évoquer l'ombre d'un héros.

Le Port, abri digne de ce nom, malgré ses proportions exiguës, se creuse entre la montagne et une jetée que protège un amoncellement de blocs énormes : Pélion sur Ossa. Ce quintuple rang de défense, rude et fruste, ne présente rien d'élégant; mais il établit un solide rempart contre les bourrasques dont nos derniers automnes se montrèrent si cruellement prodigues. Nous n'en souhaiterions pas un autre, au pied du Mont-Chevalier. Quelques barques dans ce havre, deux ou trois steamers, peu de bateaux de fort tonnage. Une ancienne tour, d'aspect décoratif, sort d'un bouquet d'écueils, servant elle-même de piédestal au phare dont les prismes éclairent la rade. En face, sous forme de promontoire, s'avance la Vieille Ville qui, d'un mouvement précipité, semble vouloir plonger dans l'onde floconneuse, afin d'y mieux laver sans doute les loques pittoresquement variées dont l'arc-en-ciel nuance ses fenêtres. Quelle lessive, ô Nausicaa! De ce grouillement de toits, semblable à un troupeau de moutons où chaque tête, pour se hausser, emprunte la tête du voisin, deux ou trois campaniles à tuiles vernissées font jaillir leurs coupoles multicolores, et par-dessus ces clochers de légère envolée plane le Cimetière que domine lui-même la crête majestueuse des monts.

La Vieille Ville.

Il convient de se risquer à travers cet amphithéâtre bâti, diamant noir de la ville. Qui désire connaître la véritable Menton, et non cette série d'uniformes caravansérails dont le seul caractère est de n'en point avoir, doit bravement attaquer l'avancée qui fait coin sur le Port. La *Rue Longue* lui offre une occasion de gymnastique sur son plan incliné. Cette colline, hérissée de façades à six étages d'où pendent des chapelets d'iniquités variées, se strie de fentes étroites, tortueuses, pavée d'escaliers, qui tantôt s'abîment en voûtes sombres sous les maisons humides, tantôt jettent sur le passant la végétation de leurs arcs-boutants multipliés, double précaution prise jadis contre l'ennemi; car autrefois l'ennemi s'appelait le soleil. Jamais voiture n'y commit ses essieux; l'âne est le seul quadrupède qui ose rayer de son sabot ces hasardeuses glissoires, tandis qu'au milieu des braiements, des rires et des cris, on se hisse soi-même, frôlé ici par la robe d'un capucin, heurtant là un groupe de femmes dont le geste animé scande quelque sonore onomatopée. Point de poitrinaires, et pour cause; le *flirt* des gars solides et des robustes contadines y entretient une suite de générations non époumonnées. Le sol ne connaît guère le balai, le ruisseau ne fleure pas comme baume; on a chance, à la brune, de recevoir de quelque lucarne sans préjugés, une aspersion sur laquelle le chapeau ne comptait pas... et pourtant il faut défier ces menues chances d'avaries, si l'on veut, une fois par hasard, colorer le prosaïsme de son époque sous un reflet du passé. Là seulement palpite le cœur de la cité; là, sur l'arbre séché du Moyen Age, refleurit un rameau des vieilles traditions. Les demeures y plongent dans la nuit, mais elles ont le front dans la lumière. C'est la vie d'antan retrouvée avec son entrain, sa gaieté et ses chansons.

Un carrefour formant terrasse interrompt l'escalade; il s'éclaire, à l'est, par la vue des quais et de la mer. Si restreint qu'il soit, ce coin de mouchoir trouve moyen d'accoupler deux églises jumelles[1]. L'une, titulaire du dôme et des clochetons dont bénéficie le paysage, est la Cathédrale, remontant au XIV<sup>e</sup> siècle. On y conserve la glorieuse lance de Lépante. Ses trois nefs étançonnées de colonnes ont de la majesté, et les Grimaldi ne lui épargnèrent ni le luxe des fresques, ni l'éclat des dorures. Au jour de la Saint-Michel, sa fête, elle étincelle sous le flamboiement des bougies et des cierges. L'autre, sœur cadette de celle-ci, s'élève, en équerre, de quelques marches au-dessus; son gracieux campanile se marie à la flèche voisine, et les statues de Saints décorant le portail paraissent rendre hommage à l'Immaculée Conception, qui est son titre. Ce ne sont point là, d'ailleurs, les uniques sanctuaires de la paroisse ; nombre d'oratoires, çà et là disséminés, reçoivent la prière des fidèles. Le spectacle est particulièrement touchant qu'offrent, au Jeudi Saint, les processions de jeunes filles vêtues de bleu, voilées de blanc, qui, précédées des enfants de chœur et suivies du clergé, vont, d'autel en autel, répandre, en parfums agréables au ciel, leurs hymnes et leur encens. On est pieux à Menton, et les pompes du culte se ressentent du voisinage de l'Italie.

*La Rue Longue*, dans le Vieux Menton.

Le Château de Jean II (des Grimaldi), assis sur le repaire détruit du Sarrasin[2], couronna longtemps la ville. Son nom seul subsiste entre quelques ruines. Plus d'une jambe traînante se plaignait naguère de son accès ardu, par le labyrinthe des ruelles escarpées et le casse-cou des escaliers tournants. Beaucoup pensent aujourd'hui qu'on n'y arrive que trop vite, le castel étant devenu cimetière, ce fameux Cimetière vu de toutes parts et voyant mieux encore. En étages concentriques, il se dresse entre les deux

1. Assez maltraitées par le tremblement de terre.
2. En 1502.

golfes, image d'un cône tronqué. De sa plate-forme, il commande la mer, le port, les quais et toute la côte, depuis Bordighera jusqu'à la presqu'île Saint-Jean, avec une délicieuse échappée au nord sur le Val de Menton. Au-dessous de lui, les toits de la casbah Mentonnaise ressemblent à la houle des vagues, un jour de tempête.

Le moyen, d'ailleurs, d'être triste dans ce coquet royaume du repos. Que de frais bancs de marbre, à l'ombre des cyprès! Quelles séduisantes villas d'éternité, que ces petites chapelles de carrare bien closes où, assuré d'un gîte durable, le locataire a toujours logement prêt, sans souci du terme, sans tracasseries de concierge! Un anneau de bronze qu'on soulève, puis qu'on laisse retomber, et le bail commence, un bail qui se renouvelle de lui-même, par tacite recon-

Le Cimetière.

duction. Des fleurs, des statues, des bustes, des médaillons ornent les débris romantiques de cette forteresse désormais sous la garde de la Mort. Une splendide chapelle Russe, marbre et mosaïque, que surmonte la croix, que décorent de remarquables tableaux, vient de s'incruster, comme un bijou de deuil, au front de la nécropole. Le peintre Sourassoff signa l'œuvre et l'archiprêtre Protopopoff l'inaugura[1]. A ces désinences slaves, ne sentez-vous pas quelques souffles de la Néva traverser votre brise? Heureusement qu'un rayon de soleil se jouant parmi les libellules a raison du frisson; il vous met presque en joie, surtout si au revers d'une pierre tombale rencontrée par hasard vous déchiffrez ce qui suit :

ICI REPOSE MADAME X... AGÉE DE SOIXANTE-HUIT ANS :
SES FILLES RECONNAISSANTES.

Reconnaissantes..., mais de quoi? Fort heureusement qu'aux filles on n'a pas joint les gendres : le motif de la reconnaissance eût pu être mal interprété.

1. Avril 1886.

Redescendant vers les quartiers neufs et suivant la longue artère de la rue Saint-Michel, on passe devant une tête de femme plantée sur une colonne, traitement cruel qui ne saurait manquer d'éveiller, chez les âmes sensibles, de douloureuses sollicitudes. Il est vrai que le chef est en marbre; mais enfin, que nous veut cette décollation aggravée de pilori? Serait-ce quelque legs du Barbaresque, fondateur de la cité? Un examen plus attentif fait reconnaître que c'est simplement une tête de République que l'on a juchée ainsi, *honoris causâ.* Nous sommes, en effet, devant l'Hôtel de ville, et, sur tout un côté de la place, ce palais des édiles déploie sa façade, non sans une certaine harmonie de proportions. La Bibliothèque se prélasse au dedans, le Musée lui tient compagnie. Deux mille volumes composent la première, plus un caillou d'importance : voudrait-on jeter la pierre à qui ne lira pas les livres? Non, le règlement est moins draconien. Ce moellon sort, paraît-il, des flancs de la Bastille: à ce titre, c'est une pierre précieuse, et précieusement on la garde, afin sans doute de l'utiliser lorsqu'on rebâtira la forteresse.

Les Rochers-Rouges.

Quant au Musée, il mérite un examen plus sérieux. Les trois Règnes y sont représentés, et fort au complet, derrière les vitrines d'une salle unique. Les coquillages, les plantes, les minéraux de la contrée s'y groupent dans leur ordre de classification. Les animaux n'y reçoivent pas moindre accueil : toute une tribu d'oiseaux, de poissons, de reptiles, de lézards, de salamandres, jusqu'à une grosse pieuvre et à un requin goulu, qui semblent n'attendre que le moment de fendre les airs ou de plonger dans les eaux. Un artiste habile, mieux encore, un charmeur, les a pris sur le fait et immobilisés, leur conservant l'aspect, la physionomie, le mouvement. Il a son philtre à lui, tout comme M. Succi; mais sa liqueur, cristallisant le sujet, supprime la faim pour un temps autrement long. Ce charmeur se nomme Bonfils, et il est le meilleur des hommes. Nous avons eu la véritable aubaine de sa causerie pendant une heure. Souhaiter pareille fortune au touriste curieux des choses de la Création peut passer pour un vœu de bonne camaraderie. Car M. Bonfils est non seulement l'observateur patient et sagace qui pénètre les mystères de la nature, mais grâce à une sorte de compréhension innée des temps écoulés, il a puissamment aidé aux incomparables découvertes des grottes de Menton.

Incité, par les pressentiments de divers géologues, à scruter les secrets de l'époque paléolithique, fort, d'ailleurs, de l'opinion de Saussure qui, dès le siècle dernier, signala les *Rochers-Rouges* à l'attention des savants, notre infatigable chercheur tournait autour de ces cavités avec une persévérance qui est le présage du succès. Déjà il y avait recueilli des pierres taillées, des coquilles percées, même certains débris d'espèces disparues, quand le soin de sa santé conduisit M. Rivière à Menton. Comment des relations de sympathie se nouèrent entre le nouveau venu et M. Bonfils; comment celui-ci mit celui-là en goût de fouilles qui devaient aboutir à la trouvaille de l'homme fossile; comment, unis d'abord, les deux amis se séparèrent ensuite; comment, en fin de compte, chacun déterra son troglodyte, avec des coups de clairon très divers de la Renommée, voilà ce que nous confia M. Bonfils, dans un flux d'humour tout méridional, mêlé à peine d'une pointe d'amertume envers son heureux rival. D'après cette version, le *Sic vos non vobis* de Virgile aurait été spécialement écrit à l'adresse de notre aimable interlocuteur. Sans prendre position dans ce débat où nous n'avons entendu qu'une des parties, il nous sera cependant bien permis d'affirmer qu'un ample lot d'honneur revient au trop modeste Mentonnais. Tout le monde a pu voir, au Muséum[1], sous les panneaux de glace de sa prison transparente, ce squelette d'homme préhistorique exhumé du sol, après tant de milliers d'années, pour les délices des bâtisseurs de systèmes et la plus grande gloire de M. E. Rivière. Celui-ci le trouva à six ou sept mètres au-dessous des anciennes fouilles, le 26 mars 1872, et sa joie dut être aussi sincère que légitime son orgueil. Plus fier que Jason nanti de la Toison d'or, le triomphant conquérant transporta cet ancêtre à Paris, sur la tranche même de la terre noirâtre où il avait dormi le formidable sommeil. Couché sur le côté, les deux jambes légèrement repliées,

Coucher de soleil sur Menton, pris de la Douane Italienne.

dans la position d'une personne qui repose, cet habitant des cavernes, dont la taille atteint près de six pieds, offre la particularité d'un crâne allongé, avec de petits coquillages encore adhérents à la surface. Les yeux devaient s'ouvrir fort grands, à en juger par le diamètre de l'orbite; les dents sont courtes et au complet; en bel état de conservation aussi, les tibias et les fémurs, mais pas autant la colonne vertébrale, ni les ossements des bras. En somme, une curiosité de premier ordre, fût-ce pour un indifférent.

Piqué au jeu, M. Bonfils, avec des moyens plus restreints[2], mais un zèle égal, chercha, à son tour, et quatorze ans plus tard, il trouva[3]. Cette récompense suprême était bien due à sa foi. Après nombre d'essais suivis de plus d'une déconvenue, il eut un soir la poignante et délicieuse émotion de découvrir, dans une grotte voisine de la première, l'ossature complète d'un nouvel autochtone : « un petit colosse », selon son expression, puisque le squelette mesurait trois centimètres de plus que celui du congénère. Ce guerrier antédiluvien reposait sur une couche de cendres, avec ses armes, pointes de flèches ou d'hameçons, coins ou couteaux ; des silex

1. Salle du *Musée de Paléontologie et Anatomie comparée.*
2. M. Rivière avait mission du Ministre de l'Instruction Publique.
3. 5 février 1884.

taillés, de toutes couleurs et de toutes formes, l'environnaient; un collier de coquillages pendait à son cou. Seulement, il y a encore plus loin du soir au matin, que de la coupe aux lèvres. Durant la nuit, le maître des carrières où s'enfoncent les excavations imagina de couper le troglodyte sous le pied de l'infortuné savant. Il voulait sa part de gloire, comme propriétaire de l'hypogée, il ne récolta qu'une courte honte; car si gauche fut sa main, que lorsque M. Bonfils revint, dès l'aube, pour procéder à l'enlèvement, il ne trouva plus qu'un « horrible mélange » d'os et de vertèbres désarticulés : seuls les chiens de Jézabel manquaient au régal. Nous laissons à juger de sa douleur. Cette consolation du moins lui resta de recueillir, à peu près indemne, le crâne au front bombé, aux arcades sourcilières puissantes, que l'on peut contempler à Menton. Ayant donc déposé l'épave au centre de ses collections, il s'est plu à grouper alentour deux rotules, un fémur, divers fragments de tibias sauvés du naufrage, répandit dessus, en guise de larmes, quelques poignées de ces patelles qui furent les bijoux naïfs d'une lointaine époque; puis avec les nombreux silex du lit funéraire, il dressa une pyramide multicolore à la mémoire du Barbare, victime d'un civilisé. Il valait vraiment la peine de traverser vingt mille ans d'un sommeil qui montre Épiménide si pauvre dormeur, pour venir s'effriter, dans une seule nuit, sous la pince d'un carrier présomptueux!

Le Pont Saint-Louis.

Une visite au Musée de Menton serait insuffisante, si l'on n'y ajoutait pas le facile pèlerinage du *Baoussé-Roussé,* cette mine féconde d'où sortirent tant de merveilles paléontologiques [1]. La promenade est facile autant qu'agréable; l'œil en touche le but, car, de partout, apparaît ce *Rocher-Rouge,* gigantesque bloc calcaire qui plonge au flot, jaloux de justifier son surnom par

1. Dans les grottes de Menton, M. Rivière n'a pas recueilli moins de 40,000 coquillages appartenant à 171 espèces; l'énorme chiffre de *huit cent mille pièces* (os, dents, cornes et bois) concernant les animaux vertébrés, doit être ajouté à ce nombre déjà respectable.

l'ardente coloration de ses parois. Cette dolomite flambe, sans hyperbole. Son sommet porte la Douane Italienne, les cavités préhistoriques entaillent sa base, moins hélas! que l'ingénieur qui y perça un tunnel ou que l'exploitant qui en tire du ballast. Une demi-heure nous amène à ses pieds, le long de la baie de Garavan et de la promenade de Saint-Louis, en côtoyant la mer sous le riant éventail des villas qui s'y déploient. Les fameuses cavernes sont là, étranglées désormais par le railway qui, non content de leur jeter la fumée des locomotives, les attaque à son profit et se met en devoir de les détruire. L'une d'elles a déjà disparu, celle même où M. Bonfils trouva son fossile. Suspendues à l'extrémité de cordes mobiles, des escouades d'hommes au teint brûlé frappent incessamment la roche, de leurs impitoyables marteaux. Lardé de coups de mine, le flanc sud de la montagne n'est qu'une plaie à vif, sanglante. Le caveau du troglodyte, deux cents fois séculaire, a été débité en petits cubes. Trois autres grottes serrées l'une contre l'autre, près du tunnel béant, gardent la trace de nombreuses profanations. D'un accès désormais difficile, grâce au rail qui s'y colle, elles subsistent encore, mais pour combien de temps? L'une, la plus rapprochée de Menton, n'a encore rien livré à la pioche. Que les anthropologistes avisent! Pour nous, sans nous défendre de quelque émotion, nous avons pénétré sous ces hautes et étroites voûtes en ogives, semblables aux pans coupés d'une nef de cathédrale. Les revêtements en sont verdâtres et striés, simulant, par en haut, des apparences de stalactites. Le sol demeure convulsé, la résine des torches a noirci les parois. Il n'y règne point cette mystérieuse terreur des antres Pyrénéens ou des grottes de Han, l'espace leur faisant défaut et le soleil s'y précipitant à pleins rayons, comme pour mieux les illuminer. On approuve cependant le choix judicieux de l'oreiller. Aux origines de l'époque quaternaire, la Compagnie P. L. M. ne menaçait point encore les futurs dormeurs de son sifflet aigu; la vague nonchalante qui, à cinquante pas plus loin, déroule ses volutes éternelles devait seule à jamais les bercer de sa caresse, et la fosse profonde, creusée par la rude main de compagnons fidèles, protégeait suffisamment leur dépouille contre la dent des animaux féroces.

Contemporains du Mammouth et du grand Ours, du Renne ou de l'Auroch, les troglodytes eurent en effet à se préoccuper, dans la mort comme dans la vie, de ces espèces primitives dont on retrouve près d'eux les redoutables maxillaires. M. Bonfils nous a montré des ongles de faucon qui ne messiéraient point à l'aigle royal, et des défenses de sangliers, des molaires de bœufs ou d'élans avec lesquelles on eût eu médiocre plaisir à faire connaissance. M. Rivière, de son côté, appelait[1] tout récemment l'attention de l'Académie sur la faune des oiseaux révélés par ces grottes inépuisables. Le docte correspondant ne relève pas moins de 42 espèces dont 14, y compris le *Choquard des cavernes,* rentrent dans le groupe des carnassiers. En compagnie si mélangée, il n'était que prudent à nos pères d'ouvrir grands les yeux que leur attribue la Science.

Tels qu'ils sont, contentons-nous des nôtres; nous allons avoir à en user, mais pour notre satisfaction. Au retour du Baoussé-Roussé, le *Pont Saint-Louis* sollicite en effet le regard et l'étonne par la hardiesse de son jet: une arche de 22 mètres d'ouverture sur un précipice de 200 pieds! Ressenti d'en bas et subitement, l'effet est foudroyant. L'œuvre paraît vaste comme le géant qui l'ordonna[2]. On demeure écrasé sous cette courbe aérienne qui semble prendre en pitié les lavandières occupées à salir leur linge dans un ruisseau teint de brou d'olives. Celles-ci s'en consolent d'ailleurs, en suspendant des nippes douteuses aux raquettes du figuier de Barbarie ou aux branches des citronniers, pendant que les plus coquettes fleurissent leur corsage d'un brin de

1. Juillet 1886.
2. Ce Pont fut construit, en 1806, sur l'ordre de Napoléon.

MENTON, DU CÔTÉ DE L'EST.

géranium cueilli parmi les touffes voisines. Que si, par les sentiers prochains, on se hausse jusqu'à l'arche elle-même, le spectacle change sans que cesse l'admiration. Appuyé au parapet, un double vertige vous saisit, celui d'en bas, celui d'en haut ; car si le ravin et la mer vous sollicitent vers leurs profondeurs, voici que sur un retrait de gorge d'une âpreté Dantesque, suspendus entre terre et ciel, apparaissent, semblables à des génies tentateurs, d'obscurs barathres auxquels nulle audace humaine n'osa s'égaler, des fentes vierges que le clou du chevrier n'a point marquées de son empreinte, des rocs déchiquetés par la foudre, des pyramides saillant de la paroi verticale de la montagne et, oscillant dans le vide, de minces aiguilles effritées, à la pointe desquelles l'amant n'ira jamais cueillir pour sa fiancée la sauvage corolle qu'y planta la tempête. Joignez-y, quelque trente ans écoulés, le tonnerre d'une cascade qui, de quatre-vingts mètres, tombait écumante au fond du ravin, éclairez-le tout d'un rayon de lune... vous n'aurez point encore l'idée du fantastique décor.

Le crayon a tenté, maintes fois, d'en donner la silhouette et n'y a guère réussi ; il faudrait le burin que la mort brisa aux doigts de Gustave Doré. Par contre, on ne trouve guère d'album ou de keepsake qui ne reproduise peu ou prou, dans ses gracieux détails, la vue plongeante de ce balcon, l'un des plus étonnants de la Corniche. La baie de Garavan, ses molles sinuosités, ses hôtels majestueux et sa ceinture de villas demi-voilées sous les palmiers et les oliviers ; cette mer caressante dont les deux bras étreignent Menton comme une fille chérie ; la pittoresque cité descendant vers elle, avec les ruines de son Château pour couronne, les flèches de ses clochers pour fleurons ; toutes ces gaies irradiations du pays de la lumière à qui servent de repoussoir les falaises assombries et lointaines du cap Martin, — la pointe les a mordues, le pinceau en a fait sa conquête. C'est aussi notre côté favori. Ce fut le préféré de l'Impératrice des Indes, quand la Souveraine y choisissait le *Chalet des Rosiers*[1], pour demander aux tièdes abris de sa colline, aux balsamiques effluves de ses jardins, une santé qu'elle y a en effet retrouvée. Et les citronniers, bons courtisans, montrent qu'ils sont de cet avis. Tout le long de la pente rapide où s'appuient les terrasses superposées du *Pian* et des *Cuses*, leurs infatigables rameaux fleurissent et mûrissent sans se lasser un jour. Très haut, par-dessus des rocs abrupts plus fauves que le cédrat, ils montent les beaux vergers ponctués d'or, exauçant le vœu de notre mère Ève. La montagne en est voilée, l'air en est embaumé. Que de limonades sur arbres! Que de grogs en perspective! *Gare-à-Vent* n'a pas menti. L'étymo-

1. Propriété de M. Henfrey.

logie joue ici un franc jeu ; les vents se gardent de souffler sur cette rive, car ils y perdraient leur peine. Aussi, combien nombreux les amateurs de *far niente* qui, adossés aux retombées des ficoïdes, suivent nonchalamment du regard le rude et lent effort des pêcheurs tirant leurs filets! Le labeur d'autrui n'est-il pas pour l'Anglais — voire pour certains Français, un condiment épicé qui donne plus de ragoût à la paresse?

Jamais pourtant ce péché mignon ne fut moins excusable qu'aux bords du Caréi, pour peu qu'on ait à son service deux mètres d'alpen-stock et un grain d'enthousiasme. Menton vaut surtout par sa montagne. Si elle en est serrée jusques à étouffer, comme plusieurs le lui reprochent, elle prend bien revanche sur sa dominatrice, lançant contre elle d'incessantes colonnes d'assaillants. Depuis les vallons renouvelés de Tempé jusqu'aux cimes visitées des tourmentes, elle a de quoi satisfaire le bas de soie ou l'espadrille, la bottine de chevreau et le soulier ferré. Presque infinies sont les courses que la routine peut adopter ou le caprice choisir à travers la triple enceinte de ses collines chevelues et de ses monts chauves. Pour desséché qu'il soit, cet amphithéâtre enferme une source intarissable de plaisirs; et ce n'est point le Génie des tempêtes qui méchamment la troublera, comme il advient trop souvent des lacs Suisses ou des sierras de la frontière Espagnole. Quatre-vingts jours de pluie dans l'année, dont vingt à peine au compte de l'hiver, ne sont point une perspective à assombrir l'excursion. Ici les probabilités de ciel pur touchent de si près à la certitude, que, dans le bilan de ses chances, le touriste a le droit de tenir l'ondée pour une quantité négligeable.

Nous n'avons pas la prétention de mener, pas à pas, sur nos traces, le curieux qui tournera ces pages. Si l'air vif des sommets maintient le corps en vigueur, les redites d'aventures dans lesquelles la découverte n'entre que pour peu de chose et le péril pour rien fatiguent vite l'esprit le plus complaisant aux récits alpestres. Aussi, entre tant de courses dignes de faveur, qu'il nous suffise d'indiquer, à plume volante, celles qui, nous ayant plu davantage, ne nous semblent point indignes de nos confrères du C. A. F.[1]

*Gorbio* et *Sainte-Agnès* méritent, à ce titre, une place d'honneur. Si nous partons de Garavan où nous a laissé la visite aux *Rochers-Rouges,* il nous faut regagner l'extrémité du quai Bonaparte, passer sous les mille paupières ouvertes de cet argus en quête de lumière qui s'appelle la Vieille Ville, côtoyer, près du marché, les éventaires de légumes frais et les corbeilles aux savoureux produits, suivre, dans sa trajectoire souvent rétrécie, cette rue Saint-Michel plus longue que la lance de l'Archange, y souder l'avenue Victor-Emmanuel, laisser à gauche le Jardin Public et à droite, au flanc du Caréi, la route ombragée de platanes qui remonte vers la gare, enfin traverser le Borrigo où l'on ne risque qu'un peu de poussière, sa nymphe étant, comme M^me^ Benoiton, généralement absente.

Le chemin serpente d'abord entre des murs fleuris où la rose volontiers se marie au citron; n'en est-il pas ainsi quelquefois dans la vie? Bientôt s'ouvre la pittoresque vallée de Gorbio, et presque au même instant, perché sur un mamelon qui verdoie, se dresse le village dont elle a pris le nom. La végétation des pentes est peu fournie d'arbres à fruits ; moins de figuiers que de genêts, plus de pins que de citronniers, ceux-ci ne s'étendant d'ailleurs ni bien loin, ni bien haut. En revanche, de beaux néfliers du Japon abritent des maisonnettes rustiques auxquelles conduisent de petits ponts. Des moulins à huile alternent avec ces embryons de fermes, laissant leur trace olivâtre au maigre filet d'eau qui, perdu dans son lit de roches, tant bien que mal représente un torrent. Quelques bandes de vignes se déroulent aux versants abrités, et le cep y prospère. Plus d'un Mentonnais, par dégoût de l'olivier, proie du ver, cultive la plante chère à Noé,

1. Lettres initiales du *Club Alpin Français.*

QUAI BONAPARTE.

et il ne s'en repent pas. Le phylloxera l'épargne. Le soleil, père des vins généreux, lui est un allié fidèle qui, sans intérêts, laisse dormir quelques-uns de ses rayons au fond de la barrique. Un temps n'est peut-être pas éloigné où les clos Farina et Fornari détrôneront notre Clos-de-Vougeot, royauté chancelante. Que les Dieux détournent ce présage !

Ainsi, trente minutes durant, dans ce val agreste où le botaniste peut faire connaître jusqu'à *mille* variétés de plantes au fer-blanc de sa boîte, les chevaux nous mènent par une inclinaison assez douce ; puis subitement ils s'arrêtent, car, lui aussi, le chemin s'est arrêté. On le continuera plus tard, bientôt, dit-on ; il est possible que dans un an les chars escaladent la côte. Nous le regretterions. La demi-heure nécessaire encore au piéton pour atteindre le village aérien n'est point perdue pour l'agrément. Si la montée se poursuit quelquefois un peu raide par le sentier pavé qui ondule sous les olivettes, comme bien on respire, une fois au pied du môle vert d'où légèrement s'élance le clocher de Gorbio! Plus qu'un effort ! l'escalier est dur et la sueur perle au front que frappe, en se jouant, la grêle des olives trop mûres, si l'ascension s'opère en avril ; mais l'imprévu adoucit l'épreuve. Tantôt un montagnard plein de belle humeur fait poliment détourner son âne orné de deux tonnelets rougis au jus de la treille ; tantôt une femme, appuyée contre un arbre et tricotant son bas encourage les enfants qui, sur des draps étendus, recueillent la baie noire d'où sortira l'huile nécessaire au ménage ; ou bien, de là-haut, descendent à votre rencontre, de sveltes jeunes filles, apparitions gracieuses, au visage ovale, au grand œil fendu comme l'amande, qui vous jettent en passant le rayon nacré de leur sourire, sans que la manne qu'elles portent sur la tête en perde un instant l'équilibre. Puis des échappées sur la mer vous surprennent dans les tournants : c'est comme une irruption de bleu à travers la tendre verdure. Il nous souvient surtout d'une idylle dont nous demeurâmes — le temps seulement de n'être point indiscret — l'involontaire et attendri témoin. Sous une croix de fer abritée par un cyprès, dans le pli voilé de la route, deux amoureux du village se contaient quelqu'une de ces histoires que si bien on conte, au double printemps de la vie et de l'année. Tous deux jeunes, de riante physionomie tous deux, dignes l'un de l'autre, en vérité. Les yeux dans les yeux, la main dans la main, ils ne s'entretenaient ni des chances du candidat au Conseil Général, ni de la dernière visite de M. le Sous-Préfet, pas même du produit de la récolte prochaine. La croix rassurait la jeune fille et le cyprès n'effrayait point le fiancé : songe-t-on à la mort, quand dans les artères bouillonne le sang de la vingtième année ? Ce qu'ils se disaient, nous ne vous le répéterons pas... mais vous vous en doutez peut-être.

Chemin de Gorbio.

Nous voici sur la terrasse de Gorbio. Les derniers contreforts de l'Agel y projettent leur ombre. On y jouit d'une agréable vue, non vers Menton que dérobe un ressaut, du moins sur la mer de Ligurie scintillant dans l'interstice des vallons, depuis la montagne boisée au sommet de laquelle l'*Annonciade* attire les pèlerins [1], jusque vers la pointe ensoleillée de Bordighera, fille de la vague et du palmier. Le hameau, lui, est sale et assez misérable : le jus de fumier y coule près d'une jolie fontaine à vasque de marbre. Arcades, voûtes, rues en escaliers forment son apanage, fonds commun de ces refuges disposés jadis contre le Sarrasin. Chaque maison bâtie sur soubassement de roc, comme à Eza, prend des airs de forteresse, et Gorbio lui-même ne semble qu'un camp retranché. Il couronne une pyramide tronquée à quatre faces, cerclée de ravins : des oliviers couvrent ses pans coupés, un torrent murmure à sa base. On comprend qu'il s'y soit livré de furieux combats, celui, entre autres, des

La Vallée de Gorbio.

Austro-Sardes et des Français, les premiers repoussant les seconds, après des attaques successives, mais les seconds laissant mort, sur le champ de bataille, le général en chef des premiers [2].

Sur une petite place pavée s'élève l'église, très simple, soigneusement décorée toutefois, dans le style Italien. Son clocher carré se termine, non sans élégance, par une flèche élancée où miroite le glacis des tuiles vertes et rouges. Une autre place, beaucoup plus vaste, se recouvre presque entièrement de la ramure d'un ormeau, frère, par les dimensions, du mancenillier de *l'Africaine*. Les branches en sont des arbres, et on excusera le tronc d'avoir laissé maçonner ses fissures, quand on lira l'extrait de naissance du vénérable aïeul :

*Olmo piantato nel 1713,*

porte un écriteau. Contemporain du Grand Roi ! Malepeste, ceux-là commencent à devenir rares.

C'est sous cette frondaison puissante que, le dimanche, se réunissent tous les habitants, et

1. Le 25 mars surtout.
2. Le général Govani, tué à Gorbio, 1745.

tous elle les abrite, ainsi qu'une mère ses enfants. Mal faillit en advenir, l'autre année. Le premier coup de vêpres sonnait, lentement la foule gagnait l'église, quand un craquement sinistre, suivi d'un épouvantable éclat, glaça les cœurs. Un des plus forts rameaux venait de se rompre et roulait sur le sol, avec un bruit de tonnerre : cinquante personnes eussent été ses victimes, que sauvèrent leur piété. La fête patronale n'en fut que mieux célébrée, un peu plus tard.

Dans les chaudes journées d'août, en effet, Gorbio honore par des réjouissances diverses l'anniversaire de son saint protecteur. L'étranger ne peut y prendre part, ayant depuis longtemps regagné les plages du Nord. Mais les Mentonnais montent en phalange serrée. Le programme en vaut d'ailleurs la peine. Dès le point du jour, des salves d'artillerie ont réveillé l'écho des ravins. Dans l'église, une messe solennelle est chantée, où ne manque pas un paroissien; après quoi, devant la foule accourue, défile un cortège que guide un jouvenceau portant une pomme traversée d'une épée. Dans cette pomme, commise à la garde de deux hallebardiers, sont fichées maintes pièces d'or, de divers modules. Une musique de circonstance ouvre la marche, et la queue des amateurs ondule pour lorgner tendrement la précieuse reinette : elle serait plus fournie encore, si on devait lui distribuer les pépins. Personne n'ayant pu nous déduire la raison d'une coutume très sûrement antérieure aux Lascaris, il ne nous est pas défendu de recourir à nos propres inductions. Or, demandant sans façon au paganisme la clef du mystère, nous la trouvons dans la vieille rancune de Junon envers Cypris. Cette pomme, à notre sens, ne serait autre que celle de la Discorde. Toujours sous l'affront du mont Ida, la vindicative Déesse a profité, pour prendre sa revanche, du moment psychologique où sa rivale se trouvait en galant déplacement sous les filets du boiteux jaloux. Elle se saisit de la pomme, la perça du glaive oublié par Mars, puis la criblant de pièces d'or, ne désespéra plus, ainsi armée,

Rocher de Sainte-Agnès.

d'assurer le triomphe de la richesse sur la beauté. En quoi, du moins, la Déesse faisait preuve de divination : elle pressentait son règne et notre époque. Cependant nous devons dire qu'à Gorbio, il n'y a pomme qui tienne ; dès que le premier flon-flon résonne « sous l'orme », les jolies filles à la taille élancée n'y attendent pas longtemps le bras du valseur, et il est à croire que la main suit le bras. Ajoutons que danseurs et danseuses, Croisés du plaisir, portent tous un nœud de rubans à l'épaule, que la fête, en vraie fête de campagne, dure deux jours, sans compter les nuits, que tous les Saints du paradis y sont chômés autour de la petite auberge qui ne chôme pas, et que sainte Agnès, si elle risque un regard derrière son éventail de

Village de Sainte-Agnès.

pierre, a des chances de sentir monter à sa joue pâlie quelques gouttes du sang oublié dans ses veines par le fer du bourreau.

Sainte Agnès! Du pied de l'ormeau part en effet un chemin qui rejoint le village placé sous le vocable de cette martyre. A l'est, de l'autre côté de l'étroit vallon où plonge Gorbio, des murailles calcaires se redressent, richement teintées, mais absolument nues, aussi nues que la vierge Romaine, quand on la traînait au lieu infâme. Sur leur flanc serpente l'une des routes qui mènent vers la pauvre bourgade. Il y faut une heure de marche; on en compte trois depuis Menton, par la rive gauche du Borrigo. Ce hameau est désolé, son climat âpre, son sol infertile. Les Sarrasins le bâtirent, les loups le hantent, non beaucoup plus sauvages que l'habitant. Il se compose d'une seule rue que bordent des maisons sombres, adossées à la paroi du rocher. Au milieu s'élève la chapelle rustique de *Notre-Dame des Neiges,* un ermitage qui n'usurpe pas son titre pendant les jours d'hiver. Quoi ! de la neige, et aussi blanche que la toison de l'agneau consacré à la Sainte ? De la neige, autre que celle dont la brise jonche les pelouses sous l'oranger en fleurs ? De la neige, à deux pas de Menton ? Eh ! oui, Mignon ne reconnaîtrait plus le pays de son rêve. C'est là un miracle de martyre exsangue... et aussi d'altitude, les 670 mètres qui suspendent cette crête au-dessus du rivage devant y contribuer pour un peu.

Un sentier rapide conduit, en vingt minutes, de la chapelle au *Vieux Château*. L'ami des vastes horizons y recueillera le fruit d'une fatigue d'ailleurs modérée : taillé à pic, le rocher de Sainte-Agnès ouvre au regard de vertigineuses perspectives. C'est bien une autre affaire pour ceux qui ont le culte de la légende. Tout exprès à leur intention, l'Amour, du bout de ses flèches, écrivit un poème sur les ruines de ce castel démantelé. Léon Sarty (vous savez qu'une gracieuse tête de femme se dérobe sous la dentelle de ce pseudonyme), Léon Sarty, dans ses intéressantes *Stations de la Méditerranée*, nous conte au long l'aventure. Nous n'en retiendrons que cette brève analyse.

Monastère de l'Annonciade (*Annunziata*).

Un certain Haroun, pas Al-Raschid — la scène se passe au x^e^ siècle, — mais Barbaresque des plus redoutés, pesait, comme un fléau, sur la côte Ligurienne. Il avait juré haine au Christ, non aux chrétiennes sans doute, car il s'éprit d'une de ses captives, et si véhémentement, que d'abord il en noya sa femme, puis que pour mieux garder sa gente proie, il fit couronner d'une forteresse le roc de Sainte-Agnès. Touchée de cette double preuve de sympathie, la captive — elle se nommait Anna — ne refusait ni son cœur, ni sa main : elle n'y mettait qu'une clause, l'abjuration du vainqueur. Vous pensez bien que, dans ces conditions, Mahomet n'avait pas beau jeu : il devait perdre la partie, et il la perdit en effet. Un beau soir, nos tourtereaux prirent leur vol vers Marseille, gentiment blottis sur un esquif dont le petit Dieu au carquois de plumes roses était le pilote. L'évêque phocéen, un brave pontife de l'époque, baptisa bien vite, puis maria cet Infidèle en humeur de fidélité. Les preux de la Provence servirent de témoins, le Comte Guillaume tout le premier ; même celui-ci alla, dit-on, mais nous n'en répondons pas, jusqu'à fournir le lit nuptial. Il nous plairait de croire que nos époux y furent heureux et qu'ils eurent beaucoup d'enfants. Hélas ! non, paraît-il. Léon Sarty nous apprend qu'Haroun ne tarda pas à languir et à s'éteindre : peut-être le remords de la foi abjurée — ou de l'épouse noyée, l'ennui peut-être de son cimeterre brisé... qui sait ? Il en est de l'amour comme de l'esprit : s'il sert à tout, il ne suffit à rien. L'amant eut du moins des funérailles royales, et la veuve inconsolable continuant son commerce... de bonnes œuvres, revint au vallon des Châtaigniers où elle contribua, par sa prière et ses exemples, à la conversion des Maures. Quant au Château, on l'éventra, de peur qu'un nouveau pirate n'en fît son repaire.

Route de Turin.

De l'orme de Gorbio, on peut encore escalader le mont Baudon, ou regagner Menton par Roquebrune, course aux superbes échappées, à moins qu'on n'aime mieux redescendre de Sainte-Agnès dans la vallée rocheuse du Borrigo. On a le choix alors de surprendre Cabrol assis sur ses terrasses d'oliviers ou de s'égarer aux vallons des *Châtaigniers* et des *Primevères,* paysages Arcadiens plus romantiques que leurs noms. Les âmes pieuses s'envolant par les rives du Carei accordent leur préférence à la colline de *l'Annonciade,* heureuses d'égrener en chemin le chapelet des quinze stations que la reconnaissance d'une princesse Monégasque, miraculeusement guérie, fit construire pour honorer les quinze allégresses de la Vierge. Rappelons incidemment que les chevaliers de l'Annonciade, porteurs du fameux *Collier,* étaient en même nombre — le fondateur, Grand Maître de l'Ordre, Amédée VI, de Savoie[1], ayant voulu satisfaire ainsi sa dévotion particulière à Marie.

Les Trois Moulins.

Les excursionnistes de longue haleine choisiront plus volontiers la route de Turin. Passant devant les *Trois-Moulins,* souvenir d'une farine qui n'avait point l'heur de plaire aux révolutionnaires de Menton, ils atteindront vite la douzaine de maisons dont se compose le hameau des *Monti,* laisseront leur carte de visite au *Gourg dell' Ora,* cascade qui tombe principalement quand il pleut, se hasarderont, s'ils ont le pied solide, à la *Grotte de l'Ermite,* mais surtout ne négligeront pas de donner l'assaut à *Castillon,* cette ex-colonie d'écumeurs de mer d'où l'oreille s'attend

1. 1362.

toujours à entendre siffler le trait du Maure. Pendu à un roc entre deux vallées, ce village incrusté dans la pierre n'est qu'un prodigieux escarpement de ruelles qu'étreint une ceinture de murailles fleuronnées de clochetons. On comprend, à errer sur ces crêtes, que le Génois l'ait disputé au Sarrasin, que Charles d'Anjou l'ait acheté et un prince de Monaco racheté, moyennant quelques centaines de florins d'or stipulés par la reine Jeanne.

A deux lieues au delà de Castillon coulent les limpides fontaines de Sospel, bourg paisible que, dans sa large vallée, abrite l'arbre de Minerve ; puis, du pont sous lequel se précipite la Bévéra, la grande route de Turin continue de monter, par le Breil et Saorge, jusqu'au manoir des comtes de Vintimille et de Tende. Sur ses débris croulants glisse, la nuit, l'ombre tragique de cette Béatrix, innocente victime successivement mise à mort et en musique par un époux cruel et un compositeur de génie.

Mais l'excursion délicieuse, entre toutes celles dont Menton offre le choix, est une promenade au val qui porte son nom. Ce *Val de Menton* devrait s'appeler « la Vallée des Enchantements », et le luth de Théocrite serait requis d'en célébrer le charme. Il y a peu de temps encore que ses bosquets étagés, où Faunes et Dryades durent mener leur ronde, n'étaient connus que de rares initiés. Le passant les ignorait ; le sédentaire devait payer leur ombrage au prix de mainte escalade par les pentes rudes du Château, ce qui équivalait à un formel arrêt de prohibition pour le malade. L'édilité, soucieuse du plaisir de ses hôtes, fit jouer le pic et parler la poudre. Désormais la plus facile des voies ondule entre les plus riants des coteaux.

Marchand de citrons.

A peine en effet a-t-on dépassé l'église des Pénitents-Noirs, que, laissant les ifs du cimetière pyramider vers le ciel, on entre dans le renouveau perpétuel de l'olivette et des bois de citronniers. Le citronnier ! Ah ! c'est là son empire : il y règne, comme le pommier en Normandie ou le cep du pinot en Bourgogne. C'est là qu'il faut aller cueillir la divine épave de l'Éden perdu. En circuits nombreux le chemin serpente dans une verdure avivée de hachures d'or, devant les majestueux sommets qui ferment l'horizon. Ni villas, ni chaumières : nymphes ou bergers s'en souciaient peu jadis. Quelques ponceaux seulement sous lesquels un ruisseau murmure, et puis des frondaisons à l'infini, précipitant, de terrasses en terrasses, leurs nappes d'oranges, de figues, d'olives et de citrons. L'air est plein de parfums, l'œil plein de rayons. On voudrait errer seul dans cette Thébaïde des fleurs et des fruits, seul — ou à deux, expression suprême de l'isolement ; mais on ne doit point compter sur une telle fortune, à moins de devancer l'aube ou de s'attarder dans les crépuscules du soir. Ici, tant que le soleil luit, les voitures découvertes se suivent à la file ; on dirait de quelque Longchamps, Longchamps très quadrillé de plaids. Le Chardon d'Écosse ne pousse-t-il point volontiers partout où il y a des fleurs ?

Une rencontre mieux en couleur est celle des sveltes Mentonnaises portant allègrement sur la tête leurs lourdes corbeilles gonflées d'un odorant butin. Par les sentiers escarpés elles descendent, d'un pas leste et sûr, les gracieuses montagnardes, la lèvre souriante, le rein cambré, le bras arrondi pour soutenir le panier en suspens, insensibles aux soixante kilogrammes pesant dont elles ne semblent pas plus empêchées que d'un brin de myrte à leurs cheveux. Que si vous les interrogez et qu'il leur plaise de répondre, elles vous diront qu'elles vont déposer leur fardeau dans les magasins du Port; que là, grâce aux anneaux de fer dans lesquels doit passer le citron, un soigneux triage désignera les sujets «de mesure», pour l'expédition, laissant les médiocres à la vente locale et le rebut à la teinture; qu'avant la mise en caisse, chacun des élus sera enveloppé d'un papier spécial fabriqué avec les vieux câbles goudronnés de Gênes; qu'enfin, au printemps, l'Amérique emportera, sur ses vaisseaux rapides, une bonne part des *quarante millions* de baies acidulées produites par le territoire. Ce chiffre est gros, mais n'étonnera pas, si l'on se souvient qu'un arbre seul, en une seule année, peut fournir plusieurs milliers de citrons.

Castellar.

Car, au pays de Menton, il ne se repose jamais, le plant laborieux! Quelques raclures de corne, des chiffons de laine, de l'eau claire suffisent à son frugal repas; en échange de quoi il fleurit et fructifie sans arrêt, donnant, entre les *prime* et les *segunde fiou*, ces *verdami* d'été inconnus à Riva, et qu'elles-mêmes Palerme et Palma ne soupçonnent guère. Nous n'oserions affirmer, par exemple, que vos champêtres interlocutrices vous renseigneront *ex cathedrâ* sur les 137 variétés de la famille *Citrus*, énumérées au catalogue de Risso; mais pour peu que vous y teniez, miss Dempster, notre aimable connaissance des Iles Lérins, pourra y suppléer de science certaine, elle à qui ne déplaît point cette hardie proposition, que l'orange rouge naquit un matin des amours du bigaradier et de la grenade.

Longtemps, en pentes ménagées, on s'élève au flanc des terrasses que paillettent de fauves étincelles; la violette embaume l'herbe, l'anémone et la bruyère sont la mosaïque du sol. On se croirait captif au verger des Hespérides, et il n'est besoin de dragon pour vous y retenir. Puis les horizons peu à peu s'élargissent; les cimes qui se découpent, au nord, sont assez hautes déjà pour justifier le chapeau de nuages dont elles se coiffent, tandis que par-dessus les collines laissées derrière soi, Menton reparaît dans sa robe teintée de *bleu Monaco*. Resserré entre deux remparts d'oliviers, le chemin devient plus sévère, aussi plus rapide, et après une heure de course que la descente réduit de moitié, les chevaux s'arrêtent... *ubi defuit via*. Ne les imitons pas; mais, nous lançant à l'attaque d'un talus gazonné, tout comme firent les Franco-Espagnols en l'an de grâce 1747, emportons, de haute lutte, ce castellum qui est resté *Castellar*.

La première maison s'offrant à nous est la maison de Dieu; elle est aussi la plus belle, ou plus exactement la seule, ainsi que nous allons le voir. C'était le Jeudi Saint. A l'ombre du clocher — un antique donjon badigeonné de rose, — sur l'étroite place, près de la fontaine, les hommes, ce jour-là, se tenaient debout, en habits du dimanche. Les femmes étaient assises devant leurs portes, caquetant ou berçant le nourrisson, cependant qu'à grand éclat de bruit d'impitoyables bambins agitaient, par manière de crécelles, les ferrures mobiles d'une agaçante planchette. Dans l'intérieur de l'église très modeste, quoique digne, quelques vieilles pénitentes priaient agenouillées autour d'un cadavre jauni, émacié, illuminé de cierges : cadavre de cire représentant Notre Sauveur couché au milieu des instruments de sa Passion. Ainsi se célèbre l'agonie du Christ, à Castellar. Pour le surplus, les jeunes filles ne manquent pas, rieuses comme partout et assez délurées, ni les gars suffisamment rustres, ni l'enfant quémandant « le petit sou » traditionnel. La poêle d'ailleurs trouve ici de bonne huile, et le verre un agréable vin. Mais où l'inattendu se révèle, c'est dans la structure même de l'abri servant à l'agglomération. Nulle part nous ne vîmes pareille architecture. Le bourg ne se compose que d'une double rue, longue d'un demi-kilomètre, et quelle rue! Point de maisons, au sens propre du mot. Deux murs ininterrompus, parallèles, bossués, simplement troués de baies en bas, pour entrer, de meurtrières en haut, pour respirer, — voilà l'uniforme logis des sept ou huit cents habitants[1], petits-fils de ceux dont le rude génie édifia le repaire. Des tourelles d'angles, de profonds fossés, trois portes solidement embastionnées complétaient le système de défense. A cheval sur les deux vallées, ses tributaires, il était bien ce qui convenait qu'il fût, à une époque de rapines et de coups de force, ce fief des Lascaris! Ses œuvres délabrées que relient de sombres voûtes ont dû être les témoins de drames terribles : nulle plus saisissante « plantation », en tout cas, ne saurait tenter l'art des Rubé et des Chaperon du jour.

Le Vieux Castellar.

Peut-être fut-ce en cette retraite que Louis de Lascaris vint cacher ses peu orthodoxes amours. Une singulière histoire que la sienne! L'abbé Moréri nous apprend que, tout jeune encore, ce seigneur, qui excella aussi à jongler avec les rimes Provençales, s'était fait religieux, puis avait pris l'ordre de prêtrise. Mais, entraîné par sa passion pour une femme, il épousa

1. 707 habitants, au recensement de 1886.

l'adorée, vers l'an 1360, et en eut plusieurs enfants. Cela n'était point pour effaroucher la Reine Jeanne de Naples qui, à cet homme d'Église en rupture de vœux, donna le commandement d'une armée dans le Comté de Provence, et ne s'en trouva point mal. Lascaris, en effet, chassa les Anglais, en se couvrant de gloire. En quoi il s'accuse très proche parent du Fernand de *la Favorite,* avec des côtés infiniment plus pratiques. Car le pape Urbain V, alors en résidence d'Avignon, lui ayant enjoint de quitter sa femme et de réintégrer le monastère, l'époux tenace plaça son acte de mariage sous le sceptre de la Reine qui avait toujours besoin de ses services; et la protectrice lui faillit si peu, que le Souverain Pontife, revenant sur une première et rigoureuse décision, permit à notre moine *in partibus* de rester encore vingt-cinq ans dans le monde. Louis de Lascaris n'en demandait pas tant. Aussi, soit discrétion de gentilhomme, soit crainte qu'on ne lui renouvelât pas ses pouvoirs, il eut, avant l'expiration du premier bail, le bon esprit de mourir religieux et marié.

Chemin du Berceau.

Le palais seigneurial ne garde guère de traces de ses splendeurs passées ; les grisailles du Carlone se sont effacées au souffle des tempêtes. Seule, la vue reste admirable, des bords de la plate-forme qu'ombrage un vieil ormel, cousin du bi-centenaire de Gorbio.

Qui veut s'en assurer une plus étendue encore doit monter au *Vieux Castellar,* silhouette étrange d'un village qui florissait il y a quatre siècles ; puis, ayant goûté l'âpre grandeur de ses rocs déchiquetés, il s'élèvera, en une heure et demie, par des déclivités accentuées, jusqu'aux cimes jumelles du *Berceau.* Ce massif de plus de 3,000 pieds[1], dont les assises se noient au Port de Menton, aime souvent à couvrir d'un voile de nuées l'honneur de sa double couronne. Plus d'un touriste, séduit par les promesses de l'aurore, n'a pu devancer les vapeurs qui, elles aussi, voulaient *se bercer* sur la courbe des Roches d'Orméa. Adieu alors les grandes Alpes aux glaciers étincelants, adieu le panorama immense des verdoyantes vallées qui descendent vers l'immensité bleue ! Il faut s'asseoir, résigné, sur les quelques blocs émergeant du milieu des pins, et se contenter de cette indéfinissable sensation du vide dont nous n'eûmes que trop nous-même l'occasion d'analyser les charmes, au sommet de la Maladetta[2].

1. 1,160 mètres.
2. *Vingt Journées au Pays de Luchon,* 1 volume. Paris, Hachette, 1874

Mais nous ne sommes point chez l'une des filles du Soleil pour nous arrêter à de pareilles mésaventures. Suivons, du côté de l'Italie, notre route un instant abandonnée ; rejoignons Garavan, et par cette magnifique promenade d'hiver où le terrassier travaille encore, par ce boulevard naissant qui va courir à mi-côte, dominant les hôtels, les villas et la mer, disposons-nous à quitter la France. Nous remarquerons, en chemin, que Menton commence à se parer de bien belles résidences. Chaque saison, sous ce rapport, ajoute de nouveaux bijoux à son écrin. Le castel Partouneaux, hissé sur ses pampres, n'a point fait souche de bizarrerie. D'élégantes demeures où la richesse s'unit au goût évoquent les noms de MM. Foucher de Careil, Kennedy, Fouillée, Chauvasseigne, d'Oridant et de plusieurs autres propriétaires du sol.

Les jardins, à leur tour, se sont pris d'émulation. Il y en a de séduisants, aucun toutefois qui puisse lutter avec les allées suspendues de *Grimaldi.*

Autre aspect du Pont Saint-Louis.

Nous avons franchi le Pont Saint-Louis, sous l'œil bienveillant du douanier français, Tityre de la prohibition qui, mollement adossé à un figuier, déroule en spirales la fumée d'un cigare que nous soupçonnons de provenance Italienne. Un lambeau de la Corniche taillé entre les brûlantes parois de la dolomite déchirée et les profondeurs du gouffre humide nous ramène à ces Rochers-Rouges dont nous avons sondé les entrailles. Sur ce gigantesque mausolée d'une race disparue la douane du Roi Humbert a cloué son écusson. Elle y fait bonne figure, de loin surtout, — la dame, de quelque nationalité qu'elle soit, ne semblant jamais fort agréable à contempler de près. Imbu de cette vérité économique, le docteur Henry Bennet eut l'heureuse inspiration d'accrocher l'oasis d'une huitième merveille à ce versant indécis qui, n'étant déjà plus la France, n'est pas encore l'Italie. On s'arrête devant la barrière, mais on n'a point à s'en inquiéter, car à trois pas en deçà, une série de degrés sculptés dans la pierre vive offre au promeneur une échappatoire latérale. Guéri par cette égalité du climat qui est le privilège de Menton, le bon docteur voua à la terre du salut quelque chose de l'amour de Lord Brougham pour Cannes; il en fit sa seconde patrie et voulut lui léguer un présent égal à sa reconnaissance. De là ce tour de force renouvelé de Sémiramis sous le nom de *Jardin Bennet.*

Chaque matin, la porte en demeure ouverte jusqu'à une heure. Nulle permission à solliciter, point de gardien importun dont l'insipide bavardage attende sa rémunération. Une plaque de carrare vous souhaite la bienvenue, dans la langue cosmopolite : *Salvete, amici!* accueil très supérieur au « Cave Canem » du Romain ; puis, en dessous, se lit un touchant appel à cette délicatesse élémentaire qui défend de garnir ses poches avec le bien du prochain. C'est tout. Librement vous approchez de la tour crénelée que le lierre recouvre à demi de son vert manteau. Le magicien est dedans, préparant peut-être quelque philtre ; respectez sa méditation, et passez! Vous n'avez plus désormais qu'à vous laisser aller à la quiétude alanguie du lézard. Pied à pied, d'assises en assises, le roc est conquis. A cent mètres sur le vide les allées se superposent, droites ou incurvées, telles des cornes d'abondance laissant échapper à flots les trésors de la nature. Par-dessus des fûts massifs qu'embrassent de légères guirlandes, le jonc se treillage en lattis : des cascades de roses y ruissellent. Il neige des pétales sur le front, le sable est empourpré de géraniums. Ce ne sont partout, en guise de murs, que figuiers de Barbarie transpercés par le glaive de l'aloès, que cloches d'ivoire se balançant aux magnolias, en manière d'encensoirs. Partout des sièges rustiques, et mille délicieux réduits tapissés d'héliotropes où plus volontiers se laissent surprendre les confidences. De larges cuvettes d'eau, çà et là ménagées, apportent la fécondité à la pierre aride. La *Victoria Regia* en profite pour étaler sa feuillerадeau parmi les nymphéas, et le poisson des viviers qui lui-même, à ces hauteurs, ne s'étonne

Nous nous sommes assis à cette place...

plus de rien, se met tranquillement aux fenêtres, ainsi que dans le *Moïse sauvé* de Saint-Amant. Il n'est que juste de suivre un si louable exemple. Il faut jouir non seulement d'une flore qu'envierait Java, mais encore des délices de ce rare paysage. Que nous comprenons bien l'Impératrice-Reine « se délectant *(multum delectata)* à contempler les monts, la mer et le ciel[1] », selon l'inscription gravée au dossier de son banc! Nous nous sommes assis à cette place, tandis que le feuillage doucement frissonnait sous l'haleine des citronniers. Et devant l'amphithéâtre de la vieille ville s'enlevant sur les lumineuses transparences du Berceau et de l'Agel, récréé au gazouillement joyeux de deux babys en train de s'ébattre dans les fleurs, nous nous prenions à aimer ce ciel d'où l'hirondelle ne s'envole pas, ce sol où tout fleurit, excepté le crime[2]. Encore un

1. Avril 1872.
2. Les Mentonnais affirment que le crime est inconnu chez eux.

peu, nous eussions fini par tenir pour article de foi l'anecdote du bâton qui verdoie. On la connaît, le Mentonnais n'en étant point avare.

Un rural des vallées prochaines rend visite à un ami de Menton. Arrivé devant la porte, il pique en terre sa canne d'oranger, entre, devise, puis s'en va, sans songer à reprendre la compagne de route. Trois semaines après il revient, et quelle n'est point sa surprise, constatant que cette canne de bonne volonté a poussé racines et s'apprête à donner rejets ! Pour le coup, il en consent le volontaire abandon, et aujourd'hui, dans une des rues de la ville, on montre, à l'état d'arbre, l'ex-bâton de voyage couvert d'étoiles parfumées.

« Sans compter peut-être qu'il était ferré..., disions-nous au hâbleur.

— Oh ! cela, je ne saurais le garantir, répliqua notre homme : il ne faut rien exagérer. »

N'exagérons donc pas, et bornons-nous à reconnaître que Menton, justifiant l'opinion de notre première mère, demeure encore, même après le péché, un assez joli coin de Paradis Terrestre.

# BORDIGHERA
# OSPEDALETTI — SAN-REMO

LA FRONTIÈRE — LE PALAZZO ORENGO — VINTIMILLE — VALLÉE DE LA NERVIA : DOLCE-ACQUA — PIGNA — BORDIGHERA : VILLAS *CH. GARNIER* ET *BISCHOFFSHEIM* — LE VAL DE SASSO — RUFFINI ET LE *DOCTEUR ANTONIO* — OSPEDALETTI ET LA SOCIÉTÉ FRANÇAISE LIGURIENNE — COLDIRODI — SAN-REMO — TAGGIA — LA MADONE DE LAMPEDUSA.

ITALIE! Italie! Que de fois déjà, et par combien de routes, n'avons-nous pas abordé tes frontières! Aux heures de la prime jeunesse, nous passâmes où passèrent les canons de Marengo, aspirant l'âpre souffle du Vélan, nous désaltérant au « lait des glaciers », pour ne reprendre haleine qu'en cette cité d'Aoste dont une fable touchante reste la plus durable couronne. Ce fut ensuite le tour du Simplon : notre bâton de frêne connut ses hautes forêts de sapins, ses galeries qu'escalade l'avalanche, ses refuges, ses précipices, et la descente majestueuse au *Verbano,* ce poétique lac des verveines devenu *Maggiore,* afin sans doute de mieux plaire à un âge de calculateurs. Puis nous affrontâmes les surprises du Splügen ouvrant, à travers les étranglements sataniques de la *Via mala*, ce délicieux Éden de lauriers-roses qui cache Bellaggio. Plus tard, la Bernina et le Stelvio nous jetèrent, en des caprices alternés, aux bras de la Valteline. Nous attaquions le Mont-Cenis sur les crémaillères du chemin Fels, bien avant que la locomotive ne sifflât dans l'interminable tunnel. Les mystères de ses défilés aux arches fantastiques, aux furieux rapides, aux bondissantes cascades, la vierge du Gothard nous les livra, quand le railway ne songeait pas encore à lui faire violence. Enfin, sur sa vague tiède, amante des citronniers, le Bénacus, cher à Catulle, nous a porté du Tyrol vers les côtes Lombardes, et, des bords où se mire Trieste, notre nef, un soir, nous amenait saluer la fleur de l'Adriatique, tandis qu'elle émergeait des lagunes avec son feuillage de mosaïques et sa corolle de marbre blanc. Et chaque fois que notre pied touchait cette terre nourricière du génie, qui fut le berceau des poètes et demeure le tombeau des martyrs, comme Antée, nous nous sentions plus fort, et comme lui mieux armé, nous revenions au dur combat. On ne franchit pas, sans en être grandi, le superbe portique que soutiennent ces deux colonnes étoilées de gloire : le Siècle d'Auguste, le Siècle de Léon X.

Aujourd'hui, belle Italie, ni la route d'Annibal, ni celle de Napoléon ne nous ramène vers toi : c'est un chemin de fleurs qui nous conduit le long de tes rivages embaumés. Nous sortons d'un jardin; un autre jardin nous appelle, plus étonnant peut-être. Ton sol n'a rien perdu de sa fécondité. Le cèdre qui, de sa ramure immense, couvrit jadis le monde, est tombé sous l'effort du Barbare : mais ses divins rejets n'ont point cessé d'émailler tes parterres. Entre la croix du Christ et la croix de Savoie, n'est-ce point encore une *Marguerite*, corolle ou perle, qui, de son doux orient, illumine tes renaissantes destinées?

Pourquoi faut-il qu'il n'y ait pas d'Hespérides... sans douaniers? Ceux qui veillent à la crête du Rocher-Rouge ont l'amabilité intermittente. Tantôt ils vous laissent galamment passer, en échange du salut qu'ils vous rendent, tantôt ils ne veulent abaisser la barrière que contre

*Osteria* de la Douane Italienne.

monnaie sonnante, — cinq ou six louis dont le cocher sera d'ailleurs fidèlement remboursé, à son prochain passage. Le matin, ils auront fermé l'œil devant des panerées de mimosas et de violettes emplissant votre voiture : un brin de lavande à l'habit les entêtera dans la vesprée, et vous n'irez outre qu'en sacrifiant l'odorante boutonnière. Entre temps le spectre du phylloxera leur a mordu la cervelle. Soit renvoyé à qui de droit pour statuer ce qu'il appartiendra, diraient nos bureaucrates, dans ce langage choisi que l'Europe nous envie.

Légers nuages, au surplus, si vite fondus dans l'uniforme sérénité de la nature! Qu'il est riant, le hameau de Grimaldi! Et cette tonnelle, berceau de roses en suspens sur la mer, quelle *trattoria* plus propice à faire sauter le bouchon de l'*Asti!* Le touriste n'y manque guère, avant de gagner le monticule voisin, but d'excursion marqué par le signe rédempteur et bien connu des automédons. C'est le Gibraltar de tout honnête bonnetier qui, ne dépassant point Menton, veut cependant pouvoir dire, au retour : « J'ai vu l'Italie! » En retranchant un peu de ce que la formule prise ainsi offrirait d'ambitieux, ce belvédère bien planté jouit de lumineuses perspectives vers Monaco, et de pittoresques dentelures de grèves, dans la direction — lointaine, il est vrai — du Vatican. Au pied des collines, *la Mortola,* village coquet, détache sur le feuillage gris des olivettes les chaudes colorations de son campanile très Italien, pendant que tout en bas, du côté de la mer, se devine le *Palazzo Orengo* qu'on atteindrait presque d'un sifflement de fronde. Vérité ou prestige, on se sent ici hors de France.

La route, cette splendide voie de la Corniche dont nous serons le fidèle jusqu'à Gênes, en dépit des appels réitérés du voisin qui siffle et qui fume, brusquement descend sur la Mortola et nous arrête bientôt devant les grilles de M. Hanbury. Encore un bienfaisant, très millionnaire celui-là, qui, de son or utilement canalisé, fait pousser de luxueuses maisons d'école, des vergers féeriques, et cette plante plus rare que l'orchidée — des heureux. Pourtant, nous lui chercherions volontiers noise sur sa rigueur à ne délivrer que contre demande écrite des cartes d'admission d'ailleurs toujours accordées. Qui profite de ce vain formalisme, sinon le papetier et la poste? Plusieurs fois vingt-quatre heures s'écoulent dans l'échange d'une correspondance interdite à qui n'est point maître de sa semaine, sans compter que les lundis et vendredis permettent seuls de montrer patte blanche. Aussi, combien peu de touristes qui aient contemplé la merveille! Reconnaissons que Cerbère, une fois nanti de son morceau de carton pour tout gâteau de miel, un accueil des plus Écossais attend le visiteur. Libre à lui de marcher, de s'asseoir, de descendre, de monter, de rêver, de rimer, de se griser de parfums, de s'enivrer d'azur : on ne lui demande compte ni de ses paroles, ni de ses pas, et n'était l'image fugitive de quelque blonde miss entrevue un instant sous les retombées de la véranda, il pourrait se croire dans la forêt de Brocélyande ou sous les ombrages de la Belle au bois dormant. Les éconduits ont d'ailleurs la ressource d'une libation d'eau claire, le châtelain ayant emprisonné nous ne savons quelle naïade au tronc d'un olivier qui borde la chaussée : pressez seulement l'écorce du vénérable centenaire, et un jet de cristal va s'élancer, joyeux et limpide, dans la timbale d'étain.

D'un flot plus large jaillira bientôt l'enthousiasme, lorsque par la *pergola* enguirlandée, de terrasses en terrasses, on aura commencé à descendre vers la mer. Parc autant que jardin, ce coteau qui ne mesure pas moins de quarante hectares ne saurait offrir les mièvres délicatesses d'une pelouse lissée au rouleau. C'est un mélange de rusticité voulue et d'inouïs raffinements, où la nature, complice de l'art, donne autant qu'elle reçoit. Elle fut, il y a vingt ans, l'enchanteresse qui arrêta sir Thomas Hanbury, en quête de Thébaïde ; et depuis, sous les feux incessants du midi, elle s'est prêtée à tous les caprices, multipliant les surprises, prodiguant les végétations. Des bosquets d'oliviers y côtoient la vigne en festons, des avenues de cyprès mènent à des vallons sauvages. Ici, d'immenses blocs surgissent parmi les pins ; là, sur un torrent qui écume, se suspend un moulin au repos. Plus loin, des grottes aux sources murmurantes reflètent, dans leurs bassins, les aiguilles capricieuses de la stalactite ou la chevelure épandue des vertes fontinales. Mais la flore exotique éclate surtout d'une puissance inconnue. A coups de volonté, de goût et de bank-notes, le Génie de cette solitude y a vidé la corbeille des deux Mondes. Acacias d'Australie, euphorbes Indiens, palmiers du Cap, cierges de l'Amérique du Sud, tiges grêles ou charnues de la Chine et du Japon, arbustes de toute forme, de toute coloration, de toute provenance, mêlent et entremêlent à l'envi leurs exubérantes frondaisons. Le bananier y ploie sous des

Le Palazzo Orengo.

régimes qu'envierait le brahmine; le figuier de Barbarie et l'aloès aux cent variétés luttent, constrictors du règne végétal, dans de farouches embrassements. L'*Agave Ferox*, le *Potutorum*, font rage; le *Cereus Chiliensis* jette de prodigieuses ramifications; en rupture de qualificatif, le *Chamœrops humilis* atteint aux proportions d'un arbre. Il est telle feuille de plante grasse qui pourrait servir de hamac. Et ce que laisse la feuille, la fleur s'en empare, brodant les pentes de chatoyantes arabesques nuancées de pervenches, d'anthémis et de roses. Si de ce cap la Mort fit jadis son domaine, comme semblent l'indiquer les sépulcres Romains dont la bêche met à nu les couvercles, convenons que la vie prend aujourd'hui sur sa rivale blême une éclatante et décisive revanche.

Quant à l'habitation, villa plutôt que palais, avec ses divers corps de logis, tour quadrangulaire, galeries, colonnades, portiques, vérandas, terrasses, escaliers descendant au rivage, elle s'appuie à mi-versant, polychrome fantaisie où, par un mélange de teintes qui caressent l'œil, les tuiles rouges se marient à la pâleur du carrare et l'or fauve des badigeons au reflet violacé des clématites et des glycines. Sur sa tête le ciel toujours bleu, à ses pieds le bruit éternel de la vague dans les écueils, et, de l'appui des fenêtres, de la saillie des balustres, du rebord des demi-lunes qui surplombent les allées, partout une succession de golfes et de caps se découpant de l'Estérel jusqu'à Bordighera, voilà le Palazzo Orengo : étrange et attrayante création, sous plus d'un rapport — unique, très digne, en tout cas, d'une visite, fût-elle achetée au prix de quelque attente.

Ce parc échappe au fumeux panache de la houille, car les wagons le traversent sous terre. Une série de trouées, six au moins, se succèdent ainsi de Menton à Vintimille, sur un parcours de dix minutes, contribuant, pour leur part, au chiffre respectable des trente-trois kilomètres de tunnels percés entre Nice et Gênes. Une entreprise de taupe, pour qui s'y engage! La lumière ne reparaît radieuse qu'au faubourg San-Agostino, quand, ayant franchi le viaduc de la Roya, le convoi s'arrête sous le vitrage de cette gare Franco-Italienne dont, à bourse commune, les deux peuples soldèrent les frais. Vous y avez subitement vieilli de 47 minutes, l'heure de Rome prenant cette avance sur le méridien de Paris. Là, trois ou quatre trains attendent toujours le signal du départ. Une houle humaine, bruyante et criante, y flue et y reflue du buffet qui l'attire à la douane qui l'absorbe. Déjà le *facchino* a précipité les colis sur la longue banquette ; les doigts crochus du visiteur se recourbent, l'inspecteur circule, armé de la craie libératrice. Tant pis pour le visage déplaisant ou simplement suspect! La valise s'en ressentira, le propriétaire aussi. Forcé de panser les plaies de ses compartiments mis à mal, le mélancolique visité doit laisser toute espérance de goûter aux douceurs du brouet international. Puisse le plumet rouge et bleu des tricornes en bataille qu'arborent les gendarmes transalpins lui procurer quelque consolante récréation!

Vue lointaine de Vintimille.

Meilleur est de suivre, à son heure, à sa guise, sur les coussins d'un char léger, la courbe gracieuse que décrit la Corniche entre le flot et l'olivier. La pointe de Bordighera, scintillante dans le soleil, produit au regard l'effet du miroir sur l'alouette, et les escarpements de la forteresse de Vintimille évoquent dans l'âme mollement bercée la mémoire d'un orageux passé. On comprend, à voir planer ces créneaux aériens, que, derrière eux, une poignée de braves tenant, près de deux années[1], contre les fougueuses attaques du Génois, n'ait cédé, de guerre lasse, qu'au supplice prolongé de la soif. Que n'étiez-vous là, Sir Hanbury, avec votre arbre-fontaine!

*Vintimille* reste, en langue Italienne, plus proche de ses origines étymologiques, si l'on admet que *Ventimiglia* doit son nom aux *Viginti millia* dont l'étape la séparait autrefois de Cimiès, métropole de cette contrée. Les Ligures la fondèrent, Strabon la mentionne, Cicéron en parle dans ses *Lettres Familières*[2]. Intemelium était alors sa désignation la plus fréquente.

1. 1219-1221.
2. Lib. VIII, ep. XV.

Entre la Mortola et Vintimille.

Soumise à Rome, comme le reste de la Gaule Cisalpine, elle subit tour à tour, après le démembrement de l'Empire, le joug des Goths, des Lombards et du Franc. Ce que lui valut d'assauts, de combats, de sang versé, son inexpugnable situation, on l'estime d'autant mieux que plus on s'en rapproche. Les Romains la mirent à sac, le Barbare y essaya la trempe de son glaive. Le Moyen Age ne devait pas s'y montrer de meilleure composition. « D'une extrémité à l'autre de l'Italie, on ne voyait plus que discordes et guerres intestines », écrit Sismondi[1], et, perdu dans l'inextricable écheveau des factions de cette époque, l'éminent historien ajoute ne pas croire « qu'il existe de moyen de répandre de l'intérêt sur des expéditions toujours semblables dans tous leurs détails, dans toutes leurs conséquences ; sur des expéditions qui commençaient par le pillage de quelques campagnes, et qui se terminaient toutes, au bout de peu de jours, par une bataille entre les bourgeois de deux villes ; sur des expéditions, enfin, où l'art était étranger aux combats, et où la valeur, employée d'une manière toujours uniforme, décidait seule des succès ». Vintimille eut ses coups et contre-coups dans ces alternatives de fortune. Le tocsin y réveilla plus d'une nuit les hommes d'armes, à la lueur des incendies. Elle respira pourtant sous les Lascaris dont elle emperlait la couronne comtale. Le protectorat Génois lui fut aussi clément, jusqu'au

1. *Histoire des Républiques Italiennes*, t. I, chap. XV.

jour où, révoltée, soumise et rudement châtiée, elle tomba de Gênes en Charles d'Anjou. « Plusieurs villes de Piémont l'avaient choisi pour être leur seigneur perpétuel, et le Roi des Deux-Siciles était en même temps l'arbitre du reste de l'Italie[1] », nous apprend le même Sismondi. L'antique Intemelium n'échappa point à cette insatiable autant que lourde ambition, et le repos ne commença pour elle qu'à l'ombre du sceptre de la Maison de Savoie dont elle relève encore.

L'arrivée par le pont de la Roya est saisissante. Sur une étroite arête, entre le fleuve et la mer qu'elle domine, cette première ville de la *Riviera* Italienne dresse, tel un spectre noir, l'amphithéâtre de ses pignons troués de fenêtres. Intacte dans un ruban de courtines et de bastions

Vintimille et la Roya.

qui ondule en descendant le long de la colline, elle a conservé, intactes aussi, ses rues, ses mœurs, ses coutumes. La Citadelle est son diadème, la Roya torrentueuse sa flottante ceinture. Souvent sans urne, cette sœur du Var, qui paraît lui avoir emprunté sa conche et ses caprices, n'offre d'ordinaire que deux ou trois ruisselets se poursuivant à travers les sables : mais vienne la fonte des neiges, et la vallée change d'aspect. Car les voilà bien près, les glaciers aux murailles d'argent, étincelante antithèse de la cité sombre ! Ce sont les névés du col de Tende, barrière qui nous sépare de Turin. Au fond de leurs insondables réservoirs le soleil et la pluie réveillent parfois les eaux, et ces eaux se précipitent, emportant tout sur leur passage. Le vaste lit n'est point trop large alors pour l'impétueuse Roya qui, roulant et mêlant les roches et les terres, bouillonne et bondit, comme si elle avait hâte de ternir, d'une brusque caresse, l'azur Médi-

1. *Histoire des Républiques Italiennes*, t. II, chap. VII.

terranéen. Les bûcherons de la Briga en profitent pour confier à la terrible messagère les troncs abattus de leurs forêts qu'elle transporte ainsi, port payé, mais sans nulle garantie postale. La mer est une boîte aux lettres qui reçoit et ne rend pas toujours.

Ne nous arrêtons point sur la *Marina.* Montons au flanc de ces falaises hardies qui plongent dans la vague et, chaque année, s'effritent sous l'action des éléments. La glaise cédant, d'énormes tranches de conglomérats se détachent, dont on peut voir, debout vers le rivage, pareille à quelque druidique menhir, une étrange écaille couronnée d'un bouquet de verdure. Nous voici près de la poterne. Affrontons, en philosophe, le dédale où se meuvent les huit ou neuf mille habitants d'une cité naguère célèbre, plus intéressante désormais à étudier qu'agréable à parcourir. Peu éclairées, diversement parfumées, ses ruelles offrent un choix de pavés fort pointus et de fillettes assez curieuses qui n'hésitent point à glisser sous votre bras une espiègle figure pour interroger la note du calepin ou le trait de l'album. On sent qu'Ève a dû passer par là. En revanche, sur ces misérables carrefours plus d'un Pont des Soupirs jette une arche audacieuse, veuve de son canal Orfano ; plus d'un balcon, digne de la Giudecca, fait saillir ses colonnettes et ses rinceaux de marbre. Nous avons pris possession de la terre des Arts. Que s'il nous restait un doute, la petite place du *Municipio* le dissiperait vite. La Cathédrale nous y attend avec son portail antique, sa triple nef, son baptistère octogone, sa chaire incrustée de mosaïques et ses campaniles dont l'un emprunte pour assise le tronçon d'une tour ruinée. Les offices s'y célèbrent avec pompe, la chapelle y est bonne, ainsi qu'il convient à un siège épiscopal fier de revendiquer Barnabas pour premier évêque : Barnabas, le saint Barnabé des *Actes des Apôtres,* ce compagnon de saint Paul en ses courses apostoliques, qui fut pris pour Jupiter lui-même, à la suite d'un miracle opéré sous les yeux des Gentils! Chaque dimanche, la procession sort durant la messe, toutes cloches carillonnant, monte la large voie dallée qui lui fait face, puis revient dans le même cérémonial, accompagnée des chants pieux du clergé et des fidèles. Une autre église, celle-là dédiée à saint Michel, s'ouvre dans cette même *strada.* Des statues, de riches marbres la décorent, un simple rideau de serge protégeant le recueillement du sanctuaire contre les bruits de la rue : et cette rue deux fois bénie subit le parrainage peu catholique de Garibaldi. Voilà bien encore l'Italie, émaillant sur plaque le nom du pire ennemi des Papes, mais gardant l'image de Dieu enchâssée dans son cœur ! L'ombre du condottiere se consolera de ne régner point seule, si elle songe que, moins chanceux encore, les Dioscures furent, ici même, dépossédés de leur autel par le chef de la Milice Céleste, et qu'à cinquante pas plus loin, la Vierge, Mère du Christ, a chassé Junon d'un temple devenu Cathédrale sous le titre de l'*Assomption.*

Si l'on en croit d'ailleurs Tacite [1], les Vintimilloises du vieux temps avaient toute la rude énergie de leur altière Déesse. L'une d'elles, saisie dans le pillage de la ville et torturée par les soldats de l'Empereur Othon, afin qu'elle indique la retraite où se cache son fils, se contente de montrer son flanc, s'écriant : « Il est là ! » Et là, en effet, comme s'il allait l'y chercher, se plonge le glaive du Légionnaire. Furent-elles belles, ces vaillantes ? Également on l'affirme. Le sang Ligure avait de la renommée. M. Élisée Reclus prétend que la veine n'en est pas tarie et qu'elle continue à vivifier des types exquis de finesse et de beauté [2]. Nous regrettons de n'avoir pas eu l'occasion de confirmer, avec pièces à l'appui, un jugement si flatteur.

Ce que nous pouvons du moins louer sans réserves, c'est la terrasse magnifique dont Vintimille s'enorgueillit depuis peu. Projeté en avant de la Cathédrale où il s'appuie, ce terre-plein, qu'étançonne un double rang superposé d'arches cyclopéennes, s'abîme à pic dans le vide, isolé sur trois faces. Les arbres y manquent encore, non le mistral qui cruellement fouettait

1. *Hist. II, XIII.*
2. *Les Villes d'Hiver.*

notre enthousiasme, sans parvenir à l'éteindre. La flamme avait de quoi s'alimenter. Du côté du couchant, la Citadelle sur son môle, le coteau de la Mortola, un lambeau de Menton, le Cap Martin et la Tête-de-Chien, les montagnes de Nice et la presqu'île d'Antibes ; à l'est, le cours dévasté de la Roya coupée de deux ponts, zébrée d'îlots de sable, portant, par un large estuaire, son onde laiteuse et souvent jaunie à la coupe transparente de la Méditerranée, pendant que les séracs d'une neige sans souillures étincellent en un tel relief, que le bras se flatterait d'y atteindre ; puis, par delà les bois d'oliviers, Bordighera qui, du milieu de ses palmes frémissantes, se penche, curieuse, sur l'avancée de Sant'Ampeglio ; enfin, devant soi, perfide peut-être, à coup sûr séduisante, une nappe d'opales fondues dentelant la côte et la festonnant de son écume d'argent... telle est l'imparfaite esquisse d'un ensemble qui attend le pinceau du maître.

La Tour d'Appio.

Malgré tout, Vintimille ne sera jamais station hivernale. Elle le sait, elle s'y résigne. D'abord, il lui faudrait, gymnastique périlleuse, glisser de ses falaises dans la vallée. Elle devrait ensuite, autre problème, réchauffer le souffle des glaciers. Un espoir lui reste : devenir bientôt tête de ligne du chemin de fer à la fois commercial et stratégique de Turin, par Coni et la montagne. En attendant, son blason de gueules au chef d'or lui est un miroir de ses splendeurs passées. Saviez-vous que ses comtes descendissent tout droit du grand saint Antoine? Un fruit de « la Tentation », allez-vous dire. Nullement. La vertu de l'ermite n'est point en cause. Les Lascaris, puissants seigneurs de Tende et autres lieux, n'en veulent qu'à la mère du Saint, nommée *Guite*, et déjà fille, elle-même,... d'un comte de Vintimille ! D'autres généalogistes, d'Hozier de moindre audace, se contentent de les rattacher, ceux-ci à un bâtard de Clovis, ceux-là à un cousin de Charlemagne. On voit qu'à tout prendre, et ne se recommandât-elle, comme le pense Moréri, que des marquis d'Ivrée et rois d'Italie, leur noblesse posséderait encore d'assez jolis quartiers.

A quelque distance, sur la rive droite de la Roya, on visite la tour d'*Appio*, débris d'un château qui fut construit par les Génois et lentement croule sous le poids de ses huit siècles. Mais *la Vallée de la Nervia* s'impose avant toute autre excursion.

Facilement on y accède, au sortir d'un long faubourg assez laid que des tanneries et des cloches à gaz ne contribuent ni à orner, ni à parfumer. A une demi-lieue de la ville elle s'ouvre, large ride courant du sud au nord, entre des crêtes boisées, et tandis qu'elle remonte vers les brumes bleuâtres dont se noient ses majestueux horizons, sa nymphe vagabonde en profite pour s'attribuer un lit d'importance, vrai lit Italien, dont elle n'use d'ailleurs pas toujours. Ici, porter de l'eau à la rivière ne serait pas une opération entièrement naïve. Du moins ce qui coule de cette Nervia brille-t-il de limpide transparence. L'olivier, le chanvre, le blé de Turquie, père de la *polenta,* des prairies émaillées de vives couleurs, bordent une route excellente à qui des cimes plaquées de neige forment perspective. Grâce à elle, on atteint en vingt minutes la belle avenue de *Campo-Rosso.* Des rues voûtées, des balcons à colonnes, des galeries superposant leurs arcades, des jardins étagés sur terrasses, donnent son caractère à une bourgade dont le nom s'expliquerait par la multiplicité des maisons rouges, si mieux encore l'abondante et empourprée floraison du *Nerium oleander* ne servait à le justifier. L'église principale accuse un certain délabrement, mais l'escalier en est de marbre et les bêtes de somme viennent sans façon y boire, dans la vasque polie, l'onde que des sirènes sculptées prennent plaisir à leur dispenser. Seraient-ce d'aventure quelques décevantes Circés, et l'animal grognant qui céans se désaltère sans vergogne cacherait-il une noble origine sous son pelage hérissé de soies ? Ménageons, en tout cas, nos facultés d'étonnement : ce qui se montre déjà, au tournant du chemin, va bientôt les réclamer tout entières.

Dolce-Acqua.

Nous en avons ressenti, il nous en reste une impression profonde.

Cramponnée aux versants escarpés que sépare la Nervia, *Dolce-Acqua* jette entre Borgo et Terra, ses filles jumelles, un pont d'une seule arche de cent pieds d'ouverture, élégante, audacieuse, aiguë, sous laquelle le torrent gronde, impétueux, à travers les cailloux. Les maisons, sinistres d'aspect, s'appuient, de chaque côté, sur des strates de roches immenses qu'érode le flot. En gradins elles s'élèvent, se heurtent, se pressent, s'écrasent, sombre cascade de toits sur qui, plantant sa double tour carrée, surgit terrible le Château des Doria. Cette ruine est fantastique; le bourg féodal ne l'est pas moins. Les rues s'enfoncent et montent, voûtes obscures qui se perdent dans d'interminables enchevêtrements. La lumière reparaît-elle un instant ? Vite deux ou trois arcs-boutants, verdis de mousse humide et d'étranges végétations, se hâtent d'en intercepter les rayons. Parfois ces ponts, intérieurement évidés, permettent aux voisins de communiquer sans descendre : il y aurait un joli roman à y faire passer. D'autres fois, le soleil lance, à travers quelque fente, une de ses étincelantes flèches d'or, découvrant à l'infini des échelles dont Jacob n'eût certes point rêvé : échelles de pierre, droites, raides, farouches, qui, sous couleur d'escaliers, mènent aux étages et des étages sur les terrasses. Car chaque maison a son plan de bitume où l'on vient respirer, selon la mode Arabe : il faut bien que le ciel se retrouve, à la fin. Partout, sous ces honnêtes coupe-gorges, circulent des mulets chargés de leurs barils. Les literies suspectes bayent à la fenêtre ; les vieilles femmes dorment au seuil des portes, ayant bu deux doigts d'un *Rossese*[1] au fin bouquet. De loin en loin, dans un angle de carrefour ou sur une arête de corniche, pareille à la *Stella Matutina*, une petite lampe brûle devant une Madone très parée de fleurs, surtout au mois de mai : la jeune fille lui dit un *ave*, en passant, et l'homme, retirant sa pipe de bruyère, ne marchande pas un signe de croix.

Ainsi l'on arrive au Château abandonné. Plus de pont-levis sur les fossés, point d'archer au chemin de ronde en partie intact. Nulle sentinelle pour vous demander le mot de passe. Les cours intérieures sont désertes ; la fontaine est tarie, qui coulait de cette large valve. L'herbe pousse en paix, toute blanchie de pâquerettes, l'oiseau niche dans les meurtrières, et sous ces galeries à demi ruinées, l'écho seul des pas répond aux interrogations de la pensée. Voici pourtant la salle basse où a retenti la chanson des hommes d'armes. Penchée à cette fenêtre d'où le regard s'envole jusqu'à la mer assoupie, la châtelaine rêva sans doute de son seigneur, — de son page, peut-être : justes représailles, si, comme nous l'enseigne la tradition, ce débris d'alcôve garde remembrance des vierges qui, sous la conduite du hallebardier, venaient acquitter au suzerain le droit de prémices. Que de soupirs moins tendres durent étouffer les murs du donjon éventré, et quelles insondables oubliettes ses voûtes désormais sans trappes laissent deviner à notre œil hésitant ! Campé, en Ajax, sur le bord d'un roc à pic, lançant au ciel le défi de ses murs foudroyés, tandis qu'il menace, de toutes ses baies ouvertes, le bourg, les coteaux et la vallée, ce formidable manoir des Doria fait courir un frisson dans les veines. Le vertige l'habite : un faux pas suffirait à vous précipiter. Tout brisé qu'il soit, le colosse écrase. Assiégé, pris, repris, touché par la flamme, meurtri par les bombes, en partie détruit sous le fer du Génois, il reste debout, grand encore et toujours menaçant, ainsi que ces fantômes des nuits de Walpurgis qui tardent à disparaître sous les premières lueurs de l'aube.

Le Château de Bartolomeo Doria.

1. Vin fort agréable de Dolce-Acqua.

Dans son enceinte, un sinistre ambitieux traça le *scenario* du drame sanglant que le poignard devait écrire. Son souvenir glisse, lugubre, à travers les cours silencieuses. Nous y avons fait allusion, au chapitre de Monaco, et les curieux de tragédies Eschyliennes seront libres d'en suivre toutes les péripéties, à la clarté de Gioffredo[1]. Le récit peut tenir en quelques lignes. Vers l'an 1523, Bartolomeo Doria, marquis de Dolce-Acqua, aspirait, du chef de sa mère, à la Principauté Monégasque ; car il songeait que son domaine en serait singulièrement accru. Mais entre le songe et le réveil heureux il y avait un obstacle, — le Prince régnant, Lucien Grimaldi, oncle du rêveur. Bartolomeo résolut de le supprimer. D'accord avec son cousin André Doria qui devait le soutenir de ses galères, il descend de son Château, s'embarque à Vintimille et pénètre un matin dans Monaco[2]. L'hôte fatal est accueilli en toute confiance dans le palais qu'aussitôt, et sous divers prétextes, il remplit de ses estafiers. Un peu surpris de la mortelle pâleur de son neveu, le Prince le fait asseoir à sa table, cherche à le distraire, sans y parvenir, l'entretient de certains projets de voyage à la cour de France, puis, le repas achevé, passe avec lui dans une pièce écartée où il devait lui remettre des lettres de créance pour le roi François I^er^. A peine, du fond de cette galerie donnant sur la mer, le marquis a-t-il aperçu la flottille génoise embossée derrière le cap d'Aglio, qu'il porte l'épée à la gorge de son oncle. Celui-ci tombe, n'ayant que la force de murmurer : « Traître ! ah ! traître ! » Déjà la bande des assassins s'est ruée : quarante-quatre coups de stylet s'acharnent sur un cadavre. A moins de frais d'ailleurs le bon parent comptait s'exonérer de ses cousins et de Jeanne de Pontevès, leur mère : on les lancerait, par mesure sommaire, du rocher dans les flots. Cependant le meurtrier se dirige, glaive au poing, vers la grande terrasse, en criant : *Ammazza*[3] ! Mais le premier moment de stupeur passé, les serviteurs du palais organisent une résistance, la population se soulève, et le complice Doria, n'apercevant pas les signaux convenus, renonce au débarquement. Les sicaires sont obligés de prendre la fuite, leur chef en tête ; la seigneurie de Dolce-Acqua est confisquée en vertu d'un décret impérial, tous les fiefs de Bartolomeo sont dévolus à l'évêque Augustin, frère de Lucien, et lui-même, pendu, disent les uns, précipité, selon les autres, du haut des rocs de la Penna, subit l'horrible supplice qu'il réservait aux enfants de la victime. Épilogue : en échange de l'appui prêté par Charles-Quint à la justice vengeresse des Grimaldi, la Principauté de Monaco se rangeait, pour plus d'un siècle, sous le protectorat de l'Espagne.

Si l'aube du XVI^e^ siècle avait rougi ces murs d'une lueur de sang, la fin du XVII^e^ ne les traversa pas de rayons moins lugubres. Au printemps de l'année 1695, Dolce-Acqua appartenant au Grand Roi, deux compagnies d'infanterie, « l'une de Champagne et l'autre de Dauphin », égorgèrent leur Gouverneur, comme il revenait de l'Église, pillèrent le Château, puis se retirèrent en Piémont, avec armes et butin. Ces rebelles avaient d'ailleurs pris soin d'enchaîner les officiers que d'abord ils emmenèrent avec eux et laissèrent libres enfin, non sans les menacer de mort plus d'une fois, au cours de la désertion. Des paysans ayant averti le chevalier de la Fare qui commandait à Nice, celui-ci envoya aussitôt une autre garnison pour occuper le donjon resté vide. Comment savons-nous les détails d'une triste équipée dont ni le *Mercure*, ni la *Gazette* ne soufflèrent mot ? Par Dangeau lui-même, qui, alors à Trianon, auprès de Louis XIV, ajoute, en manière de conclusion : « Le roi nous conta, le soir[4], cette mauvaise action, et en parla avec

1. *Storia delle Alpi Maritimi.*
2. 22 août 1523.
3. « Tue ! »
4. Samedi 11 juin 1695 : *Journal du Marquis de Dangeau*, t. V.

horreur, trouvant que cela faisoit honte à la nation, le François n'ayant jamais rien fait d'approchant de cela. »

Le sourire de la jeune fille qui offre des fleurs, dans ces ruines, n'est pas de trop pour chasser d'aussi funèbres hantises. Nous regagnons le pont, les yeux et l'esprit pleins encore de ce que nous avons vu. Le reste en souffrira évidemment. Ni les maisons de l'autre rive, ni les claires fontaines, ni les deux églises dont l'une reflète sur les eaux du torrent l'image de son dôme squameux et de ses campaniles légers, ne sauraient lutter contre les visions d'en haut. Nous quittons Dolce-Acqua, recommandant aux peintres et aux poètes un burg que le Rhin envierait à l'Italie.

La Nervia, elle, ne nous quitte point. Le long de la vallée qui se resserre, elle roule, bruyante, à travers les blocs, ne concédant que sa stricte place à la route. Nous laissons, sur le côté droit, *Perinaldo* (*Podium Rynaldi*) tirant son nom du fort que Renaud, comte de Vintimille, y établit au XIe siècle. Sa situation prépondérante, en haut d'une colline, expliquerait, au besoin, par ses façons d'observatoire, la double naissance des astronomes qui l'illustrent. Ce fut là, en effet, le berceau de Jean Cassini et de Maraldi, son neveu. Les satellites de Saturne durent figurer à leur baptême. Bonaparte s'y montra aussi, alors qu'il commandait l'armée d'Italie. Dans une gorge voisine, *Apricale* apparaît un instant, accrochée à mi-hauteur d'une éminence d'où elle projette son ombre sur les châtaigneraies qui l'entourent. Puis nous traversons *Isola Buona*, coupée par le torrent, à la manière de Dolce-Acqua, et, comme elle, possédant son château des Doria — moins romantique toutefois. En circuits de plus en plus étroits la vallée serpente, développant pour rideau d'horizon les pentes du Torraggio, imposants contreforts [1] que la neige argente jusqu'à la fin de mai. Pigna est au pied.

Des oliviers, quelques vignes sur terrasses demeurent les seuls témoins de la nature ensoleillée. A la limite des deux zones, la végétation du Nord prend le dessus. Le châtaignier, le hêtre, les pins surtout reconquièrent un empire qu'ils ont marqué à leurs armes[2], par crainte sans doute de le perdre. *Pigna*, « la ville des Pins », barre la vallée et semble la fermer. Massée en amphithéâtre d'où pyramide son clocher à damier de pierres, elle se détache, d'un très beau mouvement, dans la verdure des derniers oliviers, sous la chute prolongée de la Nervia qui s'échappe, en cascade, d'un pont suspendu, et glisse sur le roc, toute pareille à un ruisseau de lait. Pas plus que le Cirque du Lys, le Staubach ne désavouerait cette humide écharpe qu'on peut prendre souvent pour celle même d'Iris. Mais si gracieuse soit-elle, un rival peu galant lui fait tort : *Castelfranco*[3]. Longtemps cet altier dominateur, posé là-bas en décor, vit de mauvais œil sa voisine, la cité des Pins. Fier de la charte d'affranchissement qui le faisait son maître[4], il ne renonça au jeu des luttes séculaires et trop souvent sanglantes, que le jour où, de part et d'autre, devant les représentants des seigneurs de Vintimille et de la République de Gênes, une paix solennelle fut signée sur le pont de *Lago Pio*, limite des deux communes[5]. Nous dirions qu'après lui il faut tirer l'échelle, si au contraire on n'était tenté d'en dresser une, et de longueur, pour atteindre ce *Mont-Vetta* où, tel un fauve apaisé, s'allonge le prestigieux village. Son campanile s'envolant par-dessus des escarpements touffus tient plus de la féerie que de la réalité.

Se promener en voiture dans Pigna serait chose fort piquante ; par malheur, ainsi qu'en la

1. 1,200 mètres d'altitude.

2. Deux pommes de pin figurent dans les armoiries de Pigna.

3. *Castel-Vittorio*, depuis peu.

4. Il avait été vendu par les Comtes de Vintimille à la commune de *Triora* qui, le 13 juillet 1280, délia les habitants de toute redevance.

5. 5 avril 1477.

Venise antique, jamais coursiers n'y firent feu de leurs fers. Le plus prudent est de laisser son carrosse près du pont et de se hisser, par une rampe inhospitalière, jusqu'à la place de l'Église. La vue qui s'y masse dans un cadre restreint de montagnes, avec la silhouette de Castelfranco et le ruban de la cascade pour principaux objectifs, rappelle bien plus la Suisse et les Pyrénées qu'elle n'accuse la rivière de Gênes. Une source sulfureuse bouillonnant près de là vient ajouter à l'illusion. Il faut jouir de ce spectacle, mais ne pas négliger la nef qui mérite l'attention de l'archéologue. L'ogive s'y appuie sur les chapiteaux de colonnes élégantes, marquées au bon

La *Piazza Vecchia*, à Pigna.

coin du XV$^e$ siècle, et la fresque de bois du maître-autel, attribuée à Ranavasio de Pignerol, fait étinceler sur fond d'or la gloire de saint Michel, patron de l'édifice.

En face du portail se dessine l'entrée de ville, sous une arche ruineuse, de haut caractère :

*Per me si va nella città dolente...*

Vous n'êtes à bout ni de citations, ni d'exclamations, l'ayant franchie. Profilant dans une demi-obscurité ses fûts de marbre noir qui se sont fait trapus pour mieux soutenir les retombées de leurs pesantes voûtes à nervures, la *Piazza Vecchia,* péristyle du *Municipio,* offre le spécimen d'une conception architecturale assez rare. Elle surprend, si elle ne séduit. C'est la place d'armes appropriée au rude génie d'une cité batailleuse, que divisèrent les querelles Guelfes et Gibelines, sorte de place de la Seigneurie, où les habitants aiment encore à se réunir pour causer de leurs affaires. Le docteur Farina, de Menton, leur prête maintenant une nature pacifique, une intelligence vive et la constitution robuste. Robuste, en effet : d'elle, au vieux temps, sortirent des princes de l'Église et des savants. Quant au labyrinthe des rues à arcades où elle est censée respirer, il nous étonnera moins, Dolce-Acqua nous ayant rendu difficile. Et pourtant, sans l'égaler, Pigna tient encore son rang parmi les fantaisies de l'architecture macabre. Aucune de ces maisons qui ne soit pourvue de cinq ou six rangs de fenêtres cherchant l'air et le soleil aux dépens de la perpendiculaire. La colline envieuse refusait le sol ; on a conquis le vide. Et puis, tant pis pour les soifs exigeantes ! Les *caffè* et *alberghi* leur sont cruels ; ils n'offrent que de lointains rapports avec leurs similaires de Nice et de Cannes, et pour ce qui est de ces pralines multicolores dont les blandices présumées allument, derrière une vitre borgne, la convoitise des *ragazzi* groupés devant leurs bocaux, nul doute que la roue d'un moulin à huile ne courût risque de se fendre en essayant de les broyer.

On peut, si l'on a le goût des inhalations, se saturer aux vapeurs d'une source thermale qui s'échappe de la montagne et va se perdre fumante dans les eaux du torrent. Un petit lac, le *Lago Pio* [1], la reçoit, mêlant son soufre au cristal de la Nervia. M. Farina qui analysa, puis acheta la nymphe, il y a quelque dix-huit ans, la tient pour proche parente de celles d'Aix et d'Enghien, avec une nuance de supériorité en sa faveur. De là à capter la belle au profit d'un établissement balnéaire, il n'y avait que la distance qui sépare le projet de la réalisation : bien des stades parfois ! car si nous trouvons, dans la brochure du docteur [2], un plan détaillé des thermes, avec « trois grands pavillons, jardin sur le devant, petits sentiers serpentant au milieu des massifs de fleurs et des jets d'eau », si, à travers les méandres d'une brillante imagination, les chalets égayés de parterres et de bosquets se succèdent sous les châtaigneraies d'un parc..... idéal, confessons que nous n'avons trop rien aperçu de semblable vers les entours de la cascade. « Les salles de réception » pompeusement annoncées ne seraient-elles pas tout uniment quelque dessous de bois tapissé de thym et de myosotis, et quant aux « concerts », n'aurait-on point tablé sur les fauvettes du voisinage pour remplacer, à patte levée, les Krauss ou les Devriès absentes ? la Légende, Dame Blanche des solitudes, nous défrayera du moins. Si nous l'en croyons, cette source, connue de longue date, sortait jadis d'un plateau beaucoup plus élevé. Alors, elle avait pour vertu principale et singulière de rendre le souffle aux enfants nés en état d'asphyxie. Le prêtre plongeait dans les chauds effluves le pauvre petit être sans mouvement, et presque aussitôt il en retirait un enfant plein de vie, se débattant et criant sous l'œil des parents en extase. Un jour, nous ne savons quel pâtre, irrespectueux des saintes croyances, voulut faire l'essai du miracle sur une brebis asphyxiée. La bête recouvra bien sa respiration, mais la source indignée disparut... pour reparaître d'ailleurs, après un temps, au pied du rocher noirâtre où l'analyse sans pitié la guettait. Peut-être qu'en haine du laboratoire, elle aura procédé à une fugue nouvelle.

Il est assez facile, au reste, de s'en consoler, grâce à des excursions prochaines et magnifiques. Soit qu'on s'engage par le val étroit que dévore le Passescio, impatient de s'unir à la Nervia, ou qu'ayant atteint le sommet du Béola, on s'égare sous les pins géants entrelacés de lianes qui rappellent à M. Farina les forêts vierges de l'Amérique ; soit que remontant au Nord, vers Buggio, dernier hameau de la vallée, puis qu'atteignant cette oasis de Tanarda [3] d'où le torrent naissant s'élance, on aille cueillir aux flancs de la *Pietra Vecchia* les touffes éclatantes du rhododendron, — partout jaillit, sous le bâton de l'alpiniste, une source d'émotions plus ardentes que les philtres brûlants cachés dans les entrailles du Torraggio.

1. D'autres écrivent *Pigo*.
2. *La Vallée de la Nervia*, par le Dr Jacques-François Farina.
3. 1,200 mètres d'altitude.

Mais c'est du lit de schistes de son modeste fleuve que Pigna vaut tout son prix. Assis sur le parapet d'une des arches inégales où roule l'onde glacée, en face de la cascade de toits dont le flot de tuiles semble s'abaisser plus vite que les flocons neigeux de la sœur murmurante, longtemps nous avons contemplé, sujet de curiosité nous-même, le curieux spectacle des femmes allant chercher l'eau à la fontaine qui sourd de la montagne. Leurs urnes de cuivre rouge ont la ligne et la couleur; elles non plus, les vaillantes, ne les portent pas sans élégance sur leurs têtes rejetées en arrière. Toutefois, comme il n'est si agréable compagnie qu'il ne faille quitter, les ombres commençant à descendre, nous fîmes à leur instar, et vivement mené par des chevaux que la pente et l'avoine stimulaient à l'envi, nous rejoignîmes, en une heure et demie, le faubourg de Vintimille.

De là jusqu'à Bordighera, le trajet est court, monotone aussi. Ce tronçon de route ne retient de la Corniche que le nom. Tristement il se traîne entre des murs vulgaires et de bourgeoises cul-

Jardins maraîchers près de Bordighera.

tures. Le maraîcher y détient la terre, du droit de la bêche et de l'arrosoir. Une palissade, fût-elle de bambous, ne saurait donner grand relief à des céleris ou à des poireaux coquetant, sur couche, avec la carotte. Le palmier commence bien à se montrer, mais en sevrage, et ne dépassant guère, du sommet, ces clôtures volantes assez hautes pour cacher la mer, insuffisantes à garer du vent et de la poussière. Enfin la morne banlieue cesse, et l'on atteint les quartiers neufs ou « Marine » de *Bordighera*. Cette *Marina* consiste en une longue rue sans caractère, bordée de boutiques et d'*osterie*, partageant avec bien d'autres, en Italie, le privilège de porter le nom du *Re-Galant'uomo*. Elle court parallèlement au chemin de fer qui a pris possession du rivage. Deux ou trois pensions s'y groupent, dignes d'une cité plus importante. L'*Hôtel d'Angleterre*, le *Continental*, surtout le *Grand-Hôtel* aux gais pavillons, au jardin de séduisant aspect, à la brune et avenante hôtesse, assurent le voyageur d'un confort du meilleur aloi. C'est dans ce dernier que descendit, l'autre automne[1], l'Impératrice Eugénie se rendant de Turin à Naples. Mais qui passerait outre, satisfait d'un arrêt dans cette agglomération née d'hier, n'emporterait qu'une pauvre idée de « la Reine des Palmiers ».

Car voilà son titre véritable, celui que mérite cette station à part, celui que nous lui octroyons en toute équité. Reine par la beauté du diadème, comme toute reine, elle a son trône qui n'est autre

1. 1886.

LE CAP SANT-AMPEGLIO, A BORDIGHERA.

que le *Borgo* ou ville haute, et il faut en gravir les marches pour aller contempler la souveraine. De larges degrés pavés de briques, à forte inclinaison, en font l'accès ardu : a-t-on seulement le loisir de s'en apercevoir devant la pyrotechnie feuillée qui éclate soudain! Telles les capricieuses fusées d'un bouquet d'artifice, de tous côtés, sveltes ou trapus, incurvés ou rigides, ils s'élancent de leur gaine de filaments rougeâtres, montent, se croisent, se cherchent, se fuient, les phœnix superbes, livrant aux brises la chevelure d'un stipe le long duquel retombent les régimes aux grappes d'or.

Plus de ces grêles plumeaux, cibles de Sardou, mais, à leur place, la forêt drue, imposante, parfois impénétrable, de l'arbre à dattes; l'Orient lui-même en jalouserait les ondoyants panaches. C'est la légitime fierté, c'est la parure de cette fille du soleil. Comme Nice revendique l'orange ou Menton le citron, Bordighera, elle, s'enorgueillit de ses palmes. Assise sur son promontoire, elle s'en couronne le front, et souriant à la mer Tyrrhénienne qui lui tend un miroir creusé dans le saphir, elle se demande parfois si jadis, pendant son sommeil, quelque ange du ciel ne l'aurait point poussée, flottante oasis, des puits de la Palestine vers ce roc calciné de Sant'Ampeglio.

Le Royaume des Palmiers.

Dénombrerons-nous les diverses espèces de palmiers qu'on cultive en son royaume? A quoi bon? C'est nomenclature d'horticulteur. Que d'autres égrènent le chapelet depuis le Corypha jusqu'au Borassus, depuis le Diplothemium jusqu'au Thrynax, en passant par tous les Pritchardias, Latanias et Cocos de la dynastie; une seule variété importe, celle dont le pays tire sa richesse et qui se résume dans ces deux mots : *Phœnix Dactylifera,* ou palmier à dattes. Notre Sahara algérien connaît bien ce monocotylédone superbe. Les sables de l'Oued Rir', fécondés par l'intelligente initiative d'un jeune ingénieur d'avenir, M. Georges Rolland, en ont vu, dans un court espace de temps, surgir quarante-huit mille pieds dont chaque récolte rend une cinquantaine de louis à l'hectare. Là est peut-être, pour une très prochaine époque, le terrain des placements rémunérateurs. Mais Bordighera n'étant point Tuggurt et la datte y mûrissant assez mal, quand elle mûrit, l'habitant se contente de demander à la feuille les bénéfices que le Sud de l'Algérie retire du fruit. Gardons-nous de croire qu'elle perde au change. La palme lui reste, sans jeu d'esprit, la palme qui, expédiée en Hollande, en Allemagne, en France, surtout à Rome, pour les fêtes de Pâques, produit un revenu annuel de plus de cent mille francs : et le monopole a ses lettres de noblesse estampillées par la ville éternelle.

L'anecdote, très connue, est pourtant utile à rappeler, car elle honore autant le caractère de l'habitant, qu'elle consacre la spécialité de ses cultures.

Lorsque Sixte-Quint, brouillé avec les béquilles, décida que l'obélisque de Saint-Pierre se dresserait, comme il s'était redressé lui-même au sortir du conclave, l'architecte Domenico Fontana, consulté par le Pape, jugea l'œuvre possible ; il alla jusqu'à répondre du succès, sous cette condition toutefois qu'aucun bruit du dehors ne viendrait troubler ses travailleurs. Le Saint-Père trouva la précaution opportune et, mettant le bourreau de la fête, fit publier un édit de mort contre quiconque prononcerait une parole, au cours des opérations. Or, l'entreprise en bonne voie et le monolithe déjà aux trois quarts debout, voici que soudain les câbles commencent à céder et que l'énorme masse lamentablement chancelle... *Acqua alle corde,* « de l'eau aux cordes ! » crie alors une voix vibrante, passant, tel qu'un glas, sur le silence du peuple immobile ; après quoi, celui qui a enfreint la loi va de lui-même se remettre aux mains de l'exécuteur. Cependant, Fontana suit le conseil. Sous l'action de l'eau, le chanvre se resserre, les ouvriers reprennent du courage, le granit de l'aplomb, et l'obélisque s'assied majestueux sur le socle où nous l'admirons encore. Et le coupable ? oh ! la réussite est une belle circonstance atténuante de la témérité. Bresca l'audacieux, Bresca, le marin de San-Remo, qui poussa le cri, fut non seulement pardonné, mais encore félicité, choyé, puis investi, sur sa demande, du droit de fournir, chaque année et à perpétuité, les palmes dont Rome fait usage le jour des Rameaux [1]. Le privilège, confirmé par bref, demeure une source de fortune pour cette côte deux fois bénie. Jamais d'ailleurs, depuis trois siècles, le vaisseau chargé du saint tribut n'a couru péril de naufrage.

La branche s'expédie verte ou blanche, selon qu'il s'agit de la palme Hébraïque ou de la palme Romaine. On la tresse aussi en divers menus ouvrages que le touriste emporte comme souvenir. Mais le négoce ne s'arrête point là, l'arbre étant, à son tour, l'objet de nombreuses transactions. Bordighera sert à approvisionner tous les jardins du littoral : la villa des Violettes lui a fait, pour sa part, plus d'un emprunt. Depuis 50 jusqu'à 500 francs et au-dessus, les palmiers trouvent preneur. Il nous souvient même d'en avoir acheté un, certain soir, au prix fort d'un millier de francs, celui-là, par exemple, le *phénix* des phœnix. Nul sujet aussi beau d'Hyères à Gênes. Son panache, s'épandant dru et touffu d'un stipe sans défaut, eût facilement atteint le niveau d'un troisième étage. Comment l'aurions-nous transporté ? Le vendeur répondait du problème ; la Douane Française simplifia sa solution en barrant la frontière. Elle usait, ce jour-là, d'un droit de rétorsion, les *dogane* — dont sans doute on a tiré *doguin* — n'ayant rien plus à cœur que de se jouer de méchants tours sur les omoplates de leurs nationaux.

« Au lieu d'arrêter les palmiers et les citrons, vous feriez bien mieux d'arrêter nos voleurs ! » s'écriait un humoriste outré de ces vexations : et il n'avait pas tort.

Abordons la ville haute. Les plans étagés de ses divers quartiers, les façades bariolées de ses maisons, tout, jusqu'à son minaret à tuiles vernissées, lui imprime un caractère de cité Africaine très en rapport avec les splendeurs de la végétation. La roue des chars peut décrire un cercle complet autour de son enceinte. Ses courtines subsistent encore, assez bien conservées. Il lui reste des vestiges importants de portes et de bastions où, deci delà, s'appuient quelques constructions nouvelles. Bordighera ne compte guère d'ailleurs que quatre siècles d'existence [2], ce qui la rend la sœur très cadette de ses voisines. Vassale de Vintimille, elle profita d'une oc-

1. En l'année 1584.
2. La ville actuelle date de 1470.

casion pour s'affranchir, et devint ainsi le chef-lieu ou *Borgo* d'une confédération de huit petits

Porte, Place et Église de Bordighera.

pays (*Otto Luoghi*) partageant son indépendance [1]. Ce fut l'ère de la prospérité. Aujourd'hui,

1. Les sept autres communes étaient : Sasso, Borghetto, Vallebuona, Vallecrosia, Biaggio, Campo-Rosso et Soldano.

bien que déchue de ces grandeurs relatives, elle garde, contrairement à Dolce-Acqua et à ses congénères, une sorte d'apparence de belle humeur et de gaieté. L'accès, par la face du midi, est pittoresque à souhait. La porte a été curieusement ménagée dans les voûtes, et une niche, vide de sa statuette, lui fait un frontispice étoilé de géraniums en fleurs. On dirait d'une entrée de cloître. L'église au surplus n'est pas loin. Tout de suite sur la *piazzetta*, en face du *Municipio* et du Consulat d'Espagne, apparaît, dans la pénombre mystérieuse, un sanctuaire que constellent les dorures et les marbres. L'Italie aime à s'affirmer en ornant partout à l'extrême la maison du Seigneur. Cette coutume se réclame de loin. « C'est une chose toute commune de voir, dans les villages, des églises de marbre remplies de tableaux passables », écrivait le Président de Brosses en 1739, alors que péniblement il louvoyait le long de la Rivière. Les rues du Borgo sont étroites, mais claires, presque lumineuses : l'arc-boutant y tient de l'arc-en-ciel, le pavé se montre bon prince. Par mainte échappée, montagnes et palmiers se découvrent ; de fraîches fontaines jaillissent au soubassement de motifs gracieux. Et puis, la politique chôme alentour : *via lunga, via dritta, via alle mure*... A la bonne heure ! cela repose de Garibaldi.

Toutefois, l'attraction reste au dehors. Traversons l'esplanade chauve où ne poussent que des bancs de pierre et quelques brins d'herbe maigre... Battue des vents, elle descend, de preste allure, vers la mer qui, dans ce moment, fonce ses teintes jusqu'à l'indigo. Comme un coin, le promontoire s'avance, formant cette pointe extrême que de si loin et sous tant d'aspects nous avons aperçue. La lame, qui sans cesse y brise, rebondit parfois en formidables colonnes d'eau ; mais le soleil l'habite, radieux, dès l'instant qu'il monte de la Corse jusqu'à celui où il disparaît derrière les montagnes de Provence, et comme s'il ne quittait qu'à regret cette roche favorite, il lui prodigue encore ses rayons, quand déjà, depuis une heure, les autres plages sont rentrées dans l'ombre. Ruffini la compare à la silhouette de quelque léviathan couché, ensevelissant son énorme museau dans les vagues. Familier avec le spectacle si vanté de la Corne d'Or et du Bosphore, M. Gabriel Charmes assurait que Scutari ne s'allume pas de flammes plus vives, vers le déclin du jour. C'est que Santo Ampeglio baptisa ce cap, et il continue à le protéger. Une chapelle isolée dresse son clocheton, phare de salut, à l'endroit même où débarquait le saint forgeron qui battit le fer avant de reforger les âmes. De ce seuil sacré, quelle fête pour le regard ! Du côté de l'Est, la baie d'Ospedaletti qui suspend à une de ses falaises le hameau de la Colla ; vers le couchant, les sinuosités du littoral prolongées jusqu'aux cimes dont la Fée Esterella découpe, d'un trait net, l'harmonieux profil ; ici, la Marina et les rouges bérets de ses pêcheurs, là, le bleu infini de la Méditerranée, et, face à face, une autre mer également profonde, mais glauque et pâle, d'où les jets de palmiers s'élancent triomphants au-dessus des bois d'oliviers et des bosquets de tamarins.

Les palmiers... ceux-là mêmes qui faisaient songer la blonde Lucy aux croisades, aux chevaliers et aux scènes de la Bible ! Il faut y revenir : ici, tout y mène et y ramène. A un coude de la jolie route qui unit les deux villes, s'ouvre ou mieux *se ferme* la plus remarquable collection d'essences palmifères du continent européen. On l'appelle le *Jardin Moreno*. Cette serre de plein air offre, en outre, un choix de plantes exotiques sans égal : elle en a du moins la renommée. L'habitacle, jugé de l'extérieur, n'est qu'un cartonnage Italien badigeonné de rose et réchampi de fresques imitant, comme elles peuvent, les saillies et les moulures de la pierre absente. Regardez bien ! ce décor médiocre et les groupes en saules-pleureurs de quelques phœnix patriarches [1] qui, par-dessus les murs, essayent d'échapper à leur captivité, sont absolument tout ce que vous en aurez. « Il ne faut pas entreprendre de décrire ces jardins », affirme un

1. Il y en a qui comptent jusqu'à 800 ans.

guide local. Voilà une opportune déclaration, apaisant à la fois notre conscience et nos regrets. Car « l'heureux propriétaire de l'éden » — c'est toujours le guide (attardé cette fois) qui parle ainsi — l'heureux propriétaire, M. Moreno, est mort, il y a une couple d'années, et depuis le jour où son ombre hante l'imposante pyramide du plus romantique des cimetières, le soi-disant éden reste un paradis sous scellés. Murée dans sa douleur, la veuve inconsolée a verrouillé les

Villa de Charles Garnier.

portes, et à quel archange, juste ciel, en confie-t-elle la garde ! Toute notre éloquence sonore et sonnante vint s'échouer, lamentable écho, devant les lardoires d'une rogue concierge en train de piquer un aloyau que nous lui souhaitâmes aussi dur que son cœur. Tenez pour superflu d'insister : l'interdiction est à la Won Derwies, de Nice. Qui consolera ces Artémises ?

La Providence veille, par bonheur, sous les espèces de M. Charles Garnier, l'Azaïs de cette déconvenue. Grâce à lui, la compensation est prête ; il suffit de contourner le cap, du côté de l'est, pour en jouir aussitôt. Ici, pas de cadenas à la grille ; point de truculent cerbère en éveil sous les colonnes marmoréennes du portique. La villa aux persiennes couleur d'espérance invite elle-même le passant, et les aériennes terrasses d'un campanile qui hardiment fend l'air semblent autant de lèvres souriantes donnant le salut de bienvenue, au nom de l'illustre artiste. Absent ou présent, le maître ne connaît qu'un mot de passe : « Hospitalité ». A peine avez-vous agité la cloche, que vous êtes déjà dans la place. Le long des balcons suspendus, un jardinier complaisant vous conduit. De gradins en gradins, au revers de la colline domptée, vous glissez en pente rapide jusqu'à la plage, par les délicieux abris des *pergole* aux toits de roses. Les géraniums, les jasmins, les banks jettent sur la pierre nue leur manteau de couleurs et de parfums. Mais les palmiers dominent tout, dans ce réduit Lybien. Ils y sont de prodigieux essor. Qu'ils partent en flèche ou fuient en diagonale, par centaines on les voit s'élancer des fissures de la montagne. Ceux-ci se massent en gerbes ondoyantes, ceux-là, isolés et capricieux, coupent de biais l'allée, ponts de verdure sous lesquels le front s'incline pour passer. Et entre temps les

Vue de Bordighera, depuis la Villa Bischoffsheim.

rossignols chantent, et les dattes ambrées mollement se balancent. Nulle vue, au sens convenu qu'on y attache ; ce *palazzino* est l'idéal du chercheur qui ne veut point être distrait. Le *Genius loci* pense sans doute, avec l'héroïne de Ruffini, que le ciel et l'eau sont les seuls espaces vastes qu'on ait réellement du bonheur à contempler. Les rives de France demeurent cachées ; la baie d'Ospedaletti et la mer, veuves de ses petites barques tirées sur le galet, la mer sur laquelle on plane et on plonge, défrayent uniquement les perspectives d'une retraite de haut vol. Serrée entre le roc et la vague, fécondée par le souffle d'un esprit créateur, cette thébaïde n'enferme qu'un coin de terre, oui, mais un coin de la terre des Pharaons.

Fille du même père et sœur par la ressemblance, bien que certains traits la distinguent, la villa Bischoffsheim s'élève à l'opposite. L'orientation a changé. Plus de roc tailladé, plus de nature vaincue ; le plat terrain pour aire, pour appui des collines ombragées d'oliviers, avec la *Strada Romana* comme bordure, tel est le cadre. Cette voie Aurélienne, faite de la poussière de tant de gloires, séduisit M. Bischoffsheim. Un matin qu'il descendait du Mont-Gros, l'aimable observateur trouva la vallée à son gré. Pourquoi n'y dresserait-il pas une tente ? Les Mages Chaldéens se reposaient ainsi de leur labeur nocturne. Et comme celui qui lit dans l'empyrée peut se passer de lanterne pour découvrir son homme sur notre humble planète, tout droit il alla vers Charles Garnier. L'entente ne fut pas difficile. Le maître eut carte blanche, et il se hâta d'en user pour ciseler la plus exquise bonbonnière où puissent s'ébattre des bergers Watteau. Fidèle au style que commande la nature des côtes Liguriennes, il reproduisit sa propre villa, mais sur un plan plus vaste et singulièrement enrichi. Le *palazzino* est devenu *palazzo.* Colonnes, balustres, paliers, multiples revêtements, nous montrent les marbres de l'Italie se mariant aux brèches de l'Opéra. Des mosaïques Vénitiennes courent en banderoles le long des murs ou déroulent, sur le sol, le patient assemblage de leurs arabesques. Un campanile à cinq étages s'enlève d'une merveilleuse prestesse, offrant aux chambres principales tout l'horizon compris entre le clocher de la vieille ville et les lignes estompées de l'Estérel. Éclatante, la mer brille à faible distance, par-dessus le rideau mouvant des oliviers. Bien que nanti de bananiers et de phœnix à haute tige, le jardin serait de mince intérêt, si les collines qui lui font suite, avec leurs olivettes, ne le transformaient en un parc magnifique et princier. Aménagée d'ailleurs d'un art infini, meublée d'un goût élégant et sobre, cette paisible demeure a pour gardien un ex-Cent-Garde, héros des guerres glorieuses. Ces riches degrés de carrare poli évoquent dans sa mémoire le fameux escalier à jamais disparu où ses camarades et lui s'échelonnaient, les soirs solennels des Tuileries. Il y rêve toujours, le doux colosse, et dans l'instant que nous traversions un large couloir, il ne put s'empêcher d'amener brusquement à nous le battant d'une armoire de chêne au fond de laquelle dort sa tunique bleue d'ordonnance portant, côte à côte, la médaille militaire et la croix de Magenta. Une larme prête à tomber roulait sous la paupière du soldat : il ne la retint qu'en nous dénombrant les hôtes dont se glorifie ce logis. Le propriétaire est de tous celui qui y paraît le moins ; deux ou trois jours, chaque année, représente son maximum de villégiature. Par contre, son *palazzo* est le prytanée de toutes les célébrités errantes qui lui plaisent. Ami des étoiles, M. Bischoffsheim continue son métier d'astronome, changeant la *Strada Romana* en voie lactée, grâce aux astres qu'il y attire : astres de grandeur et d'éclat très divers, descendus la plupart en réparation de rayons. Quelques-uns ne seraient pas pour éclipser ces charmantes lucioles qui, dans les nuits de mai, entrecroisent sous les oliviers du Cap leur vol phosphorescent. Il en est d'autres qui pourraient lutter avec Capella ou Vénus elle-même. Tantôt, en effet, c'est un Plutus de la finance et tantôt un membre de l'Institut, hier un dictateur trop connu, aujourd'hui un savant qui ne le sera jamais assez : ce fut même, certain jour, un front couronné ! Ainsi sous ces lambris que nous appellerions « Écossais », s'ils n'étaient de si parisienne origine, se succédèrent le baron Hirsch et M. Bamberger, Michel Bréal et Léon Say, Gambetta et Pasteur, et l'étoile scintillante entre toutes, cette MARGARITA de *la Couronne* [1] qui, d'un reflet de sa grâce souveraine, eût inspiré le divin Sanzio.

Très souffrante alors [2], la jeune et belle Reine Marguerite dut, sur l'avis de ses médecins, passer un hiver au bord de la Rivière de Gênes. La Faculté penchait pour San-Remo qui déjà mettait oriflammes au vent ; Ospedaletti avait, de son côté, drapé « la chambre royale ». M. Bischoffsheim accorda ces deux espérances, en faisant accepter son nid capitonné. L'auguste

1. On sait que la Constellation de *la Couronne,* l'une des plus gracieuses du firmament, se compose de sept étoiles principales dont la plus brillante est *Margarita.*

2. Hiver 1880-81.

malade resta donc une saison dans ce pli de vallon tiède et embaumé, y semant, comme partout, des bienfaits levés en moisson de gratitude, et elle en sortit, au printemps, rayonnante d'une santé reconquise. L'inscription polychrome qui flamboie, en champ d'or, sur les murs extérieurs, rappelle cette bienheureuse guérison.

Mécène aurait été moins brillamment inspiré, s'il repoussa, comme on le prétend, les offres de la Compagnie Liguro-Lyonnaise, quand celle-ci voulut s'implanter à Bordighera. De concert avec plusieurs opulents détenteurs du sol, dont M. Moreno, alors vivant, il aurait élevé si haut le chiffre des prétentions communes, que la Foncière, désespérant d'y atteindre, serait allée chercher fortune ailleurs, — et nous verrons où. L'y a-t-elle trouvée ? Nous craignons fort que non. Mais, à leur tour, les riverains du Cap Ampeglio n'encourront-ils pas le reproche d'avoir arrêté, pour un temps, l'essor de la station naissante ? *Chi lo sa?*

En attendant que Bordighera devienne une rivale sérieuse de Cannes, le vermillon des toits commence à y rougir les olivettes : autant de capuchons se rabattant sur des fronts Britanniques. Les villas Allavena Giribaldi, Camiletta, Boyce, seraient à citer parmi bien d'autres. John Bull, qui se connaît en résidences, s'éprend visiblement de celle-ci. Nous ne le querellerons pas sur son goût ; nous l'en louerions même davantage, si nous ne soupçonnions le baronnet du *Docteur Antonio* et sa charmante fille de le lui avoir surtout inspiré. L'adroit Ruffini pressentait-il, en écrivant son livre, que le choix de personnages d'outre-Manche dût assurer cette faveur au pays de ses prédilections ? C'est, en tout cas, bien lui qui, dans la bouche du sympathique héros, place cette jolie réclame au profit des femmes de la côte : « ... Elles ont tous les signes caractéristiques d'une belle race : de grands yeux bien fendus, une riche chevelure, un beau cou sur lequel la tête est bien posée, les poignets, les chevilles et les pieds petits. »

Aux tableaux poétiques du romancier s'ajoutent d'autres motifs d'attraction. Dans l'œuvre séductrice où les plaisirs du monde ne sont pour rien, nous reconnaissons à cette station deux collaborateurs au moins, tous deux de puissante envergure : le ciel et la terre. Le ciel d'abord, puisque, unique en cette abondance dans notre vieille Europe, le palmier se porte garant de sa douceur. La moyenne hivernale atteint 12° ; peu de pluie, de la neige et de la grêle, jamais. Les Dieux d'Homère eussent vainement cherché alentour un lambeau de brouillard pour se dérober. Et puis, après le ciel, la terre ; cette terre qui, outre le monopole de ses panaches flottants, possède des vergers de mandarines, des bosquets de citronniers : cette terre qui a ses forêts pâles où mûrit l'olive, et, sous leurs nappes profondes, des tapis de violettes que poudre de rubis le vol du lépidoptère. Et l'huile dorée s'en écoule, d'exquise saveur, et comme pour la fêter à sa façon, nulle part ailleurs le poisson n'affecte un tel amour des filets, le long de la Rivière. Quant aux promenades, ne sont-elles point une perpétuelle rencontre dans ce jardin ininterrompu ? La Voie Romaine, à elle seule, en offre plusieurs, et adorables, qu'on suive simplement sa chaussée ou que, par les sentiers perdus sous les pins, on monte vers cette Tour superbe des *Mostaccini*, sentinelle de l'antique Rome dont la paupière s'ouvre encore sur les Alpes couronnées de neige, sur les plages inondées de lumière.

Ballotté dans une felouque de contrebandiers, las de ses querelles intestines avec la vague, le Président de Brosses aborde à « un méchant trou » que nous avons tout lieu de croire voisin de Bordighera. L'horreur d'Amphitrite le tient à ce point, qu'il ne peut même plus l'envisager. Aussi lui tourne-t-il le dos, et... nous lui passons parole : « Je tombai, écrit-il, dans une vallée pleine d'orangers, de cédrats, de limoniers et de palmiers, dont la vue ne fut pas trop achetée par le mal que j'avais souffert le jour. C'est là l'endroit qui fournit de fruits tout ce canton de l'Italie... De retour à la cabane, une douzaine de petites filles vinrent accroupies nous danser une danse iroquoise, avec des chansons qui ne l'étaient pas moins. Toutes les paysannes

UNE VILLA A BORDIGHERA.

vont nu-tête, nattent leurs cheveux et les roulent derrière leur tête, rattachés en tapon avec une aiguille d'argent[1]. »

Il ne nous surprendrait pas que le vallon dont il s'agit ne fût, il y a un siècle et demi, comme il l'est aujourd'hui, le *Val di Sasso*, plus âpre que celui de Menton, plus délicieux peut-être. Laissons donc, en compagnie de ses « iroquoises », notre galant compatriote que nous retrouverons encore, et par d'étroits défilés entre des murs aux retombées de palmes, poussons, dans la direction du nord, vers l'Eldorado signalé. Or il arriva que, le cherchant, nous nous perdîmes, grâce... à un guide ! Son patois et notre italien s'entendaient, il est vrai, aussi congrûment qu'ouvriers de Babel. *Sasso?* interrogions-nous ; le jeune gars, souriant, nous répondait : *Sasso!* Et nous grimpions encore, et nous grimpions toujours parmi les oliviers touffus, et marchant de plus fort, de moins en moins nous arrivions. A tout malheur, profit. Jamais, sans cette aventure, nous n'eussions imaginé de si ténébreuses et vastes zones d'arbres à huile. Enfin la lumière se fit dans la forêt comme dans notre esprit, et il nous apparut clairement que le guide et le guidé jouaient, d'un zèle égal, le proverbe « faute de s'entendre ». L'un avait compris « village », pendant que l'autre disait « vallon ». En effet, le bourg de Sasso, se découvrant sur l'arête de son col élevé, ne nous demandait plus qu'un quart d'heure de marche que nous lui refusâmes, par dépit. Péniblement il nous fallut redescendre — rouler serait plus exact — bondissant de terrasse en terrasse, au hasard des murs de pierres sèches. Les dames voudront bien n'en rien essayer. Cet effort d'une quinzaine de minutes nous échouait enfin sur un sentier, à flanc de coteau, bien dallé, qui longe un petit canal où court une source limpide. Les bassins de Bordighera s'y alimentent. Un aqueduc d'une seule arche, sans parapet, coupe le vallon qui se poursuit au delà, plus agreste encore. Du cristal, plutôt que de l'eau, s'écoule auprès, par deux bouches naturelles invitant la lèvre à s'y coller ; puis le filet translucide va porter son mince tribut au ruisseau qui fuit à travers les graviers et les blocs de roches amoncelées.

Entre les Jardins de Palmiers.

Voilà donc ce Val de Sasso si vanté, — point trop, assurément ! Il offre, en un décor étroit, l'incomparable spectacle du gracieux dans le sauvage. Nous doutons que, de Vintimille à Sorrente, une autre image se rencontre d'un aussi étonnant « bout du monde ». Nous nous enquêtions du chemin : c'est qu'il n'y en a point, à parler franc. Le lit ombreux et encaissé du torrent le remplace. Parfois un chaos d'éboulis arrête le promeneur ; son pied se meurtrit un

1. *Lettres Familières*, t. I.

peu, à moins qu'il ne se rafraîchisse... mais, de droite et de gauche, quels dédommagements ! Entre ces parois escarpées du *Monte-Nero* et du *Monte-Caggio,* fleurit et mûrit tout ce que les filles de l'Italie ou de la Grèce étalèrent jamais de plus savoureux dans leurs corbeilles de roseaux. L'Afrique y ajoute ses palmiers, l'Amérique ses lianes; car, pareille à un serpent qui détend le ressort de ses anneaux, la vigne en gigantesques guirlandes s'élance, se tord, se replie, oscillant ou s'enroulant à l'écorce rugueuse de quelque olivier. Figues et oranges, olives et limettes, nèfles et cédrats nuancent le feuillage de leurs baies colorées. Les citronniers courbent sur l'onde murmurante des rameaux qui plient sous le fruit d'or. Lui aussi, le laurier-rose s'y mire en touffes épanouies, jetant sa note éclatante dans cette symphonie des couleurs. Ce ruisselet ne serait-il point, d'aventure, quelque affluent de l'Eurotas, à moins que l'Ilissus même, en train de descendre d'un nouvel Hymette. Le fût-il, les rossignols ne lui perleraient pas des trilles plus suaves, l'aile irisée des libellules ne glisserait pas plus amoureuse sur les tiges de ses daphnés. La vie d'ailleurs y éclate intense, en plus d'une autre manière. Ici, une chèvre bêle, attachée au tronc d'un dattier; de ce côté, maître Aliboron passe voluptueusement la langue sur l'aiguille des cactus, exotiques chardons. Près de lui, une famille, au complet, prend son frugal repas sous l'olivier dont elle vient de dépouiller les branches. Le dessert n'est pas loin : dix arbres se disputent l'honneur de le fournir, tandis qu'une petite fontaine coulant dans le creux d'une feuille désaltère les soifs, à la ronde. L'œil quitte-t-il ces scènes à la Florian, ce sont les horizons sévères du Monte-Nero qui l'attirent, ou là-bas, au fond, le hardi village de Sasso, massé comme un bloc, qui projette en avant la tour de son clocher, afin sans doute que la vallée reçoive plus vite les bénédictions de l'airain sacré.

Et cheminant ainsi le long du torrent ou au revers des collines — quand le lit se resserre par trop, se garant de l'agave et plus soigneusement de l'entorse, on atteint une vraie forêt de palmes, avec échappée soudaine sur l'azur foncé de la baie. Cette surprise est le dernier mot de l'enchantement. Ah ! comme on se rit alors des palmiers sous scellés ! Il y en a tant et tant qui jaillissent de terre, seuls ou par gerbes, lancés en fusée ou déployés en éventail, ceux-ci figurant une arche, ceux-là un parasol, qu'on ne se sent décidément point assez riche d'admiration pour leur payer tribut. Mais ce peuple de triomphants possède aussi ses martyrs. Nombre de stipes apparaissent, la couronne relevée et cordelée en fuseau. Adieu les baisers du soleil ! Privées d'air et de lumière, les jeunes feuilles pâliront dans ce fourreau artificiel. Elles poussent cependant, s'allongent et grandissent, mais lividement blanches, telles qu'il les faut aux solennités Romaines. Palmes-Vestales, rameaux de la Chapelle Sixtine, l'honneur vous payera plus tard de ce long supplice.

A l'entrée du Val de Sasso, vers le lit pierreux où l'eau glisse silencieuse, des bouquets de palmiers alternant avec les pyramides du cyprès forment au champ du repos un romantique abri. On croirait que les uns pleurent sur les tombes, pendant que les autres regardent vers le ciel, symboles de l'âme qui, dégagée de ses liens, s'empresse de remonter à Dieu. Nice et Cannes, Menton surtout, ont suspendu leurs cimetières dans le bleu éternel. Bordighera, par une inspiration contraire, voile son hypogée sous le mystère des collines toujours vertes. Peut-être est-elle plus près de la vérité. Qui sait si, dans cette solitude, la flamme qui anima les pâles dormeurs n'est point celle dont le vol des lampyres s'allume, pour semer d'étincelles le manteau des nuits printanières ? Mieux qu'en un faubourg de Vérone, l'imagination place ici le cercueil de Juliette. Ils envieraient une telle couche, les amants chéris du ciel qui moururent le même jour, ensevelis dans la fleur de leurs années et de leur mutuelle tendresse. Aussi ce jardin du sommeil s'émaille-t-il de croix et de sépulcres, parmi lesquels Mausole, nous voulons dire M. Moreno, repose sous sa flèche de marbre. L'indigène en use pourtant avec retenue, les

LE VAL DE SASSO.

tables de mortalité n'accusant qu'un décès sur 57 habitants ; mais l'étranger grossit le nombre. Même on affirme que le *Municipio,* sans imposer une prise de possession immédiate, fait des offres particulièrement séduisantes aux nomades de bonne volonté qui voudraient élire domicile mortuaire. Économie et sûr placement sont sa devise. Avis aux ombres paisibles en crainte de troubles et d'évictions ! La chose vaut d'être considérée, si l'on n'a qu'une foi relative dans la perpétuité des concessions Parisiennes.

Nous retrouvons la route de la Corniche, et notre attelage dessus. Promptement nous serions à la Marina, en côtoyant les soutènements colossaux de la villa Garnier. Mais la brise de San-Remo apporte ses suaves parfums, et les chevaux que l'attente a rendus impatients s'élancent vers le golfe de la Ruota, dans un nuage de poussière ambrée.

Qu'ils nous permettent du moins d'envoyer un salut attendri à la gentille maisonnette,

L'heure où s'allume le vol des Lampyres.

terrasse et kiosque, rendue célèbre par le chef-d'œuvre de J. Ruffini ! c'est l'*Osteria del Mattone,* ou plutôt le toit reconstruit sur les ruines de la pauvre auberge, puisque l'auteur prend soin de nous avertir que le tremblement de terre de 1844 détruisit en partie sa devancière. Pour qui a lu cette histoire d'amour commencée avec l'idylle et s'achevant dans le drame, le chemin, fût-il désert jusqu'à Taggia, ne resterait jamais vide, car il se peuple des riantes visions nées de la fantaisie, peut-être de la réalité. Chaque détail nous revient d'une émouvante étude où la finesse tout Italienne de l'observation n'est égalée que par l'exactitude des paysages décrits. Voici la côte rapide au revers de laquelle la chaise de poste emportée culbute postillon, coursiers et insulaires. Déjà, prompt comme l'ouragan, le docteur Antonio a bondi hors de son *calessino,* et agenouillé dans l'herbe, il prodigue ses soins à l'enfant qui va lui prendre son cœur. Voici la vieille maison couleur de brique dans laquelle la blonde Lucy, transportée sur une civière, a passé, sans que le temps lui parût trop long, les semaines d'immobilité, conséquence de l'accident. Il est vrai que la passion naissante veillait à son chevet sous l'image du beau Sicilien. Ce balcon est celui où, plus tard, ils contemplèrent à deux les vagues moins radieuses que leurs âmes. Sous son chapeau de paille à larges bords, dans la blanche robe de mousseline nouée d'un ruban d'azur, ce petit jardin fêta la tendre convalescente, le matin que, d'un pas encore mal assuré, elle foulait la neige fraîchement tombée de l'oranger. Plus bas, en pente douce, s'arrondit la grève où dormait le canot pavoisé. Puis, dans une buée lumineuse, nous les entrevoyons tour à tour, et Rosa, la bonne hôtelière, et Speranza aux yeux noirs comme la nuit, et Battista le marin, et miss Hutchins, et sir John, ce type réussi de morgue Anglaise, égoïsme à la surface, nature d'or au fond... et serait-ce encore un prestige ? Tandis que la voiture s'éloigne, un écho nous suit, mélodieux écho des villanelles dont l'amoureux docteur et ses compagnons régalèrent l'*Inglesina*, par une de ces soirées amies des sérénades où les étoiles du firmament semblent pleuvoir sur les tristesses évanouies. C'est qu'il vit et palpite, ce « rêve d'une heure », comme l'appelle

Un coin de l'Orient.

Ruffini ; c'est que les personnages qui s'y meuvent se piquent de naturel, non de naturalisme, qu'un rayon d'idéal nous y repose de tant de répugnantes analyses dans lesquelles la plume tient moins de place que le scalpel, et qu'à dire notre pensée entière, nous logerions le couple aimable fort près des *Promessi Sposi*, si de trop fréquentes digressions de politique révolutionnaire et des attaques peu mesurées contre les ministres de la religion n'étaient la paille qui altère pour nous l'éclat de cette pierre fine.

Bercé au charme de ces souvenirs, nous contournons le massif boisé du Monte-Nero, l'ancien cratère aux « trous fumants » (*ciotti fumanti*). Ici la Corniche taillée dans le roc vif surplombe la mer qui prend des teintes d'opale. D'énormes touffes de figuiers sauvages s'accrochent à ses parois. Tout en bas, à ras de flot, isolé sur la plage aride, surgit un groupe de palmiers dont il n'est pas une vierge du Royaume-Uni qui n'ait ombragé son album. Il suffit, pour rêver du Nil ou du Jourdain, de les avoir vus frissonner doucement sous les molles clartés de la lune. Nous comprenons que les enthousiasmes en déplacement invoquent, à leur aspect, le puits de la Samaritaine ou la fontaine de Rebecca : l'Orient ne saurait offrir rien de plus... oriental. La route descend ensuite, sinueuse et tourmentée, disparaissant parfois entre les murs mobiles de l'olivier, jusque vers l'instant où se découvre Ospedaletti, avec son casino fastueux, sa traîne de monuments brusquement coupée et, à sa tête, ainsi qu'un féodal bandeau, le demi-cercle aérien des maisons de Coldirodi.

Le *Corso Regina Margherita,* boulevard moins riche d'arbres que de réverbères, nous présente la dernière née des filles du littoral. Quatre ans à peine, et déjà si grande ! L'effet est des plus imprévus que ressent le touriste quand, emporté par l'*express* à travers l'âpreté de ces sites déserts, il aperçoit soudain un fragment de capitale nonchalamment étendu au soleil sous son rideau de perpétuelle verdure. Nous crûmes, la première fois, à une hallucination. Aujourd'hui, sachant ce que nous venons chercher, nous nous étonnerons moins, mais encore un peu.

La tradition rapporte, sans préciser de date, qu'un navire appartenant aux Chevaliers de Rhodes, et qui fendait un jour ces eaux, se trouva subitement atteint de la peste. Force lui fut, pour sauver l'équipage, de déposer à terre les malheureux contaminés. A la hâte on leur bâtit quelques cabanes, on leur laissa des provisions, et puis, l'ancre levée, on souhaita aux malades une guérison dont cette anse bienfaisante ne tarda pas à leur procurer l'agréable surprise. Les preux Chevaliers ne s'en tinrent d'ailleurs pas là. Étant revenus prendre des nouvelles de leurs malades, ils furent si pénétrés du miracle, qu'ils fondèrent sur la plage même un monastère-forteresse destiné à défendre du Sarrasin les chrétiens en partance pour la Terre Sainte. Comme de nos jours au Saint-Bernard, chaque pèlerin y recevait le gîte et le vivre gratuitement. Tel est l'extrait de naissance d'une bourgade qui, de sa destination première (*ospedali,* hospice), retint le nom d'*Ospedaletti.* Le golfe de *la Ruota* et *Coldirodi,* visiblement dérivés de « Rhodes », confirmeraient, au besoin, l'authenticité de l'origine.

Beaucoup plus tard, vers l'année 1860, l'Impératrice de Russie devant faire une cure d'air tiède sur la Rivière, son médecin ordinaire, le docteur Kérel, parcourut le pays avec mission d'étudier les conditions climatériques de chaque résidence possible, et, après mainte recherche, il conclut pour l'impossible Ospedaletti. C'était alors une humble bourgade aux murailles délabrées, ne vivant que de la pêche, mais à qui la nature, en échange de sa pauvreté, octroyait un air salubre, une rade sûre, moins de quinze jours de pluie dans l'hiver, et deux degrés de plus au thermomètre qu'en aucun point de la côte. L'entourage de la Czarine frémit à l'idée d'une installation rudimentaire : Nice l'emporta. Toutefois, le diagnostic subsistant, une association financière se chargea d'appliquer le remède. Il ne s'agissait que d'argenter la pilule.

La Société Française-Ligurienne, en quête d'une baie inexploitée, avait jeté les yeux sur la ville des palmiers : nous avons dit l'accueil dont on paya ses avances. Alors, illuminée d'une flamme soudaine, elle crut voir l'avenir s'irradier à quelques kilomètres de là. N'était-ce point en effet une révélation, ce havre, serti comme une perle dans un croissant d'azur, que des montagnes enveloppent au nord, pendant que deux caps aigus, Bordighera et Nero, le défendent des violences du mistral ou de la surprise des vents d'est ? Funchal seule pouvait promettre mieux aux poitrines en détresse. La vue, il est vrai, se réduisait à un lambeau de mer toujours unie ; mais, en gravissant parmi les citronniers, il était facile d'atteindre certain ermitage[1] d'où le regard plonge, depuis la Corse jusqu'à l'Estérel, sur une immensité. Que fallait-il donc pour replacer en lumière la découverte des Chevaliers de Rhodes ? L'éclair du million. Et de fait, jamais plus qu'en cette occurrence, la baguette d'or n'affirma son pouvoir. En moins de temps que le pêcheur ne met à édifier sa hutte, un palais de cent dix mètres de façade se dressa, dont les trois pavil-

1. La Madone *dei Porrine.*

lous surmontés de coupoles furent reliés à l'aide d'une colonnade marmoréenne. L'*Hôtel de la Reine*, à son tour, surgit en amphithéâtre sur le golfe apaisé, et douze villas monumentales lui firent cortège. Les meilleurs architectes y vouèrent leur talent[1], des centaines d'ouvriers leur labeur. A l'église catholique se joignit le temple protestant; des boulevards furent tracés, on étagea des terrasses, le roc eut ses bouquets de phœnix, les corbeilles d'anthémis et de géraniums sortirent du sable ; puis, quand tout fut près, on ouvrit grandes les portes et l'on dit aux deux Mondes : accourez !

Un seul eût suffi; mais la terre de Colomb resta quasi muette et le vieux continent demeura un peu sourd. La faute en est au voisin, cette calamité bien connue. Bordighera s'embusque d'un côté, San-Remo de l'autre. Il faudrait, pour lutter, les armes de Monte-Carlo ; or il n'y a qu'un Monte-Carlo dans l'univers. Pourtant on n'épargna rien. Une suite de degrés largement taillés dans le carrare mène à une loggia de style pompéien qui s'ouvre sur des salles de billard,

Casino d'Ospedaletti.

de baccara et de petits chevaux. Le salon de lecture, le hall de conversation précèdent une magnifique galerie de concert où il ne manque que l'orchestre du maestro Steck. San-Remo tâche d'y suppléer en prêtant sa musique, et dans l'absence d'un corps de ballet trop coûteux, des almées à la détrempe s'enlèvent au plafond, décoiffant le champagne et agitant les tambours de basque. Puis, l'Hôtel de la Reine, digne d'un tel patronage, accumule à son compte les blandices éparses entre les caravansérails du progrès : étages multiples, escaliers de marbre ou ascenseur au choix, sources limpides, vins de marque, égouts modèles, salle à manger de 150 couverts et 150 chambres de digestion pour les trois agapes quotidiennes, sans oublier les « divertissements de tout genre » cotés à des prix honnêtes[2]. Tentation superflue ! La houle humaine ne bat que faiblement le rivage des Hospitaliers ; la couche moelleuse destinée aux Souverains n'a point étrenné, et les maisons coquettes que la Foncière se charge de livrer, clef en main, contre espèces ayant cours, poussent moins vite que l'ortie le long des allées mélancoliques. Cependant le vrai malade y serait à souhait, le songeur y trouverait confort et solitude, le premier quartier des lunes de miel s'y

1. M. Biasini est l'architecte du Casino.

2. Le prix de pension d'une chambre de rez-de-chaussée, au midi, avec service et trois repas, n'est que de 10 à 12 francs par jour, et de 13 à 16 francs, au premier étage, dans les mêmes conditions.

éclairerait d'une lueur discrète, à l'abri des télescopes importuns : jusqu'à nouvel ordre toutefois, puisqu'il serait question de créer un observatoire dépassant en hauteur la pyramide Eiffel. Décidément notre époque est aux tours, quelle qu'en soit l'espèce. Celle-ci, visible de Paris, porterait un cadran indicateur de la température : affaire sans doute de réchauffer les actionnaires. Espérons qu'un moindre effort triomphera d'une indifférence peu justifiée. Sinon, que les frères Hauser, fermiers du Giessbach comme ils le sont de ce Casino, ne reculent pas devant une mesure rigoureuse ; qu'impitoyables aux récalcitrants, ils ne consentent, l'été, à mettre l'allumette sous les feux de Bengale de leur cascade qu'au profit du touriste ayant préalablement signé l'engagement de passer un mois d'hiver à Ospedaletti !

La Corniche en replis sinueux continue de saillir sur le flot. Le cap Noir doublé, par des alternatives d'opaques olivettes et d'échappées marines un peu monotones, mais de monotonie si douce, on se rapproche du « brillant, du verdoyant San-Remo s'élevant sous la forme d'un triangle et auquel semblent sourire les sept collines parées de la plus luxuriante végétation ». C'est Ruffini qui tient ainsi la lyre.

Une Rue de Coldirodi.

Blottie aux plis de son golfe, la sirène frileuse que baptisa saint Romulus séduit et attire. On y ferait hâte, si ne se trouvait à mi-chemin cette *Colla* qu'un récent décret change en *Coldirodi ;* au pays où résonne le *si,* l'oreille est sensible, et le nouveau vocable sembla plus harmonieux[1]. L'ascension demandant une heure à peine, nous ne résistons point à nous embrancher sur la voie en colimaçon qu'on vient de découper au revers de l'escarpement. La raideur des rampes contraint les chevaux à y prendre l'allure sénatoriale du flegmatique gastéropode, et cette solennité dans la locomotion n'est que sagesse, la route se montrant aussi prodigue de pentes qu'avare de bornes et de parapets. Au sommet, un air plus vif baigne le poumon. La voiture roulant alors à plat terrain, dans la direction du nord, s'arrête bientôt devant l'entrée de la ville. Deux mille habitants se meuvent, plus ou moins à l'aise, derrière cette muraille vieille de six cents ans ; quant aux chevaux, ils ne peuvent y pénétrer, et nous les en félicitons. Une rue étroite et mal pavée, quelques arcs-boutants lézardés sous le poids des siècles, des femmes piaillant au seuil d'escaliers en échelle, des enfants grouillant dans le ruisseau bourbeux, nous rappellent un peu tard cette vérité, que les décors gagnent à être observés de loin. Ici, comme au théâtre, il ne faut pas regarder l'envers des portants. La vue du plateau est d'ailleurs étendue, qu'on se tourne vers la France ou qu'on vise San-Remo ; elle serait plus complète encore sans la ceinture d'oliviers qui, deci delà, interpose son écran.

L'Impératrice Eugénie s'y fit conduire, l'autre année, durant sa courte halte à Bordighera. Longtemps l'auguste voyageuse se plut à interroger le ciel et la mer, ces deux infinis. Que leur

1. Décret royal de 1882.

demandait-elle? une couronne tombée? non! L'infortune met à son front un diadème moins fragile que celui dont le caprice des peuples disperse les joyaux. Cherchait-elle, vers l'orient, les vaporeux contours de cette Corse, berceau d'une dynastie? Ces yeux qui n'ont plus de larmes poursuivaient-ils sur le nuage flottant l'ombre des chers morts, ou si, dans les transparences rosées de l'horizon, ils essayaient de relire quelque page du livre à jamais fermé? Peut-être!... Peut-être aussi qu'avec le poète des *Méditations*, l'Exilée se bornait à répéter les vers de poignante désespérance :

> De colline en colline en vain portant ma vue,
> Du sud à l'aquilon, de l'aurore au couchant,
> Je parcours tous les points de l'immense étendue,
> Et je dis : nulle part le bonheur ne m'attend.

Coldirodi a ses curiosités : une Église, un Musée, une Bibliothèque. L'Église, d'une nef unique, est assez vaste et bien entretenue. On y montre un autel sculpté et tel crucifix en ivoire qui trahit une inspiration d'artiste. Le Musée légué, — ainsi que la Bibliothèque — à sa ville natale par le prêtre Paolo Rambaldi[1], comporte une centaine de toiles attribuées surtout aux maîtres de l'École Italienne. Le savant abbé les avait recueillies à Florence, tandis qu'il y exerçait les fonctions de directeur du séminaire. Riche en est la nomenclature : trois Véronèse, trois André del Sarto, sept Salvator Rosa, quatre Guide, des Frà Bartolommeo, des Caravage, des Carrache, des Carlo Dolci, des Dominiquin, des Bassan... Nous en omettons, et de non moins fameux. L'École Française est représentée par Nicolas Poussin, et les Flamands font aussi figure sous le pinceau de maîtres innommés. Tout cela se voit à la maison communale dont le vénérable secrétaire, il signor Semeria, retranché derrière sa barbe blanche et ses lunettes bleues, vous ouvre les portes avec une remarquable courtoisie. En échange d'un nom que garde son registre, il remet le catalogue au visiteur, puis il le laisse libre d'admirer. Le malheur veut que ces tableaux, déjà fort enfumés, ne reçoivent qu'un jour absolument indigne du pays de la lumière. La pièce, assez belle, où ils sont accrochés, ne s'éclaire que par deux fenêtres grillagées qui prennent nuit sur une arrière-cour pleine d'ombre : il conviendrait d'apporter avec soi quelque lampe à réflecteur. En tout état de cause, cette *tableautière* nous paraît surfaite : beaucoup moins d'originaux que de copies et plus d'imitations médiocres que de bonnes reproductions, voilà ce qui apparaît. Il ne vaudrait pas de se détourner pour le seul amour de ce trésor d'embu. La Bibliothèque nous agrée mieux. Deux salles contiguës la renferment, et en dehors des cinq ou six mille volumes de piété (telle la *Biblia vulgata*, Venetiis, 1480) dont elle se compose pour partie, il n'est que juste de citer un Tite-Live, Venise, 1470; — un Pline, 1476, tiré seulement à huit exemplaires; — Catulle, Tibulle et Properce, 1737; — une *Divina Commedia*, de Dante, Firenze, 1506, enfin une *Chronique de Nuremberg*, par Hartmann Schedel, in-folio du XVIe siècle, orné de 2,000 gravures sur bois. Mais les manuscrits et lettres autographes de la collection méritent surtout faveur. Il y en a, et en nombre, de Silvio Pellico, de Manzoni, de Pellegrini, de Gioberti, de Lamennais, de Farina..., témoins précieux de l'amitié qui unissait l'abbé Rambaldi à d'illustres correspondants.

Si à ces causes d'intérêt on ajoute que jamais épidémie ne gravit la Colla, qu'en revanche on en vit descendre un jour ce capitaine Bresca dont la périlleuse exclamation a traversé les âges; si l'on sait que, fidèles à des habitudes d'émigration, mais non moins à l'amour du foyer, les compatriotes du vaillant marin y rapportent presque tous une provende d'instruction et d'aisance fort au-dessus de la moyenne, on ne regrettera point trop la fantaisie d'une visite en haut lieu.

1. Né à la Colla en 1803, mort à Florence en 1864.

Le détour, au surplus, est de minime importance, trente ou quarante minutes suffisant de Coldirodi à San-Remo; et la variété du paysage, l'éclat des cieux, l'animation des rampes où l'on rencontre de brunes contadines, leur panier d'olives ballant sur la tête, semblent retrancher encore à cette courte distance.

Une fois hors des lacets, nous laissons, sur la droite, le *campo-santo* grouper les mausolées à l'ombre de sa chapelle funéraire, tandis qu'une touchante coutume incruste à chaque tombe l'image photographiée du défunt. Déjà le toit rouge du *West-End* brille dans la verdure, étoile

Le Corso di Ponente et le West-End, à San-Remo.

polaire des pèlerins fatigués ; quelques instants de plus, et le sable aristocratique de ses allées criera sous la roue parmi les cycas et les chamœrops lui servant de bordure. *Hic standum est...* pour celui, s'entend, qui a bourse fournie. Car le West-End, étant séjour de princes, abrite sous ses princières colonnes des tarifs également princiers: digne d'ailleurs de tous éloges et fait pour plaire aux plus délicats. Son éloignement relatif n'est point cause de défaveur, ce qui le sépare des dix-huit mille âmes bruyantes de la cité ne nous paraissant qu'un ingénieux prétexte à imposer plusieurs fois le jour l'exquise promenade de San-Remo. Ce chemin, en effet, est un ruban pailleté d'émeraudes, frangé de saphirs ; c'est la ceinture embaumée d'un jardin de musique[1] où en tout temps les roses, et les femmes trois fois la semaine, fleurissent autour du kiosque harmonieux; c'est le *Corso di Ponente,* délicieux bord de mer, malheureusement gâté

1. Dit *de l'Impératrice*, en mémoire du séjour de l'Impératrice de Russie.

par l'autocratie du railway qui, sur aucun point, ne permet l'accès de la plage. Adossé, d'un côté, à une haute muraille couronnée de balustres d'où roulent en cascades des retombées de ficoïdes, ce Corso appuie, de l'autre, sur la route de la Corniche qu'il emprunte, son large trottoir de bitume dont le parapet surplombe la rade. Mais l'âcre souffle de la locomotive qui passe dessous jette au promeneur accoudé ses cendres et sa fumée; mais l'inexorable fossé ne permet pas à la jeune fille de venir lutiner, du bout de l'ombrelle, la vague qui, sur d'autres grèves, prend plaisir à caresser ses pieds. Et puis cette verdoyante muraille dont se voile, vers le nord, la succession des bâtisses en retraite, ne remplace qu'insuffisamment, pour qui se souvient, l'ordonnance majestueuse de villas, d'hôtelleries, de chalets, à laquelle Nice et Cannes ont accoutumé les yeux.

San-Remo.

Cependant on appelle San-Remo le « Cannes Italien », et, dans un certaine mesure, la florissante colonie mérite cet honneur. Comme la pupille de Lord Brougham, elle a grandi vite et bien. Les vingt-trois villas qu'elle possédait, en 1873, atteignent aujourd'hui le chiffre de deux cents; les deux hôtels d'alors se sont multipliés par douze[1], et la population ayant doublé, elle peut mettre en ligne presque autant d'habitants que sa rivale de Napoule en possède. Les embellissements ont marché de pair avec l'accroissement. En face de la gare s'ouvre un second jardin public, celui des *Capucins,* assez triste et encaissé, mais frais l'été, et fourni d'essences rares. Une belle voie nouvelle serpente alentour, qui, s'infléchissant vers l'ouest, domine le Corso di Ponente, et, parmi les oliviers du val San-Romolo, rejoint la route de Gênes au pont de la Foce, non loin du West-End. D'agréables villas, payées avec l'or d'Albion, commencent à animer de leurs vérandas cette large terrasse de plus d'une demi-lieue qui jouit de la double perspective du golfe et de Coldirodi. Très en faveur près de l'Anglais qui y trouve moins d'humidité et plus d'horizon qu'au Corso du Levant, bien habité et bien hanté, le *Berigo* — tel est son nom — représente, dans l'après-midi, « l'allée des Acacias », au bois de Boulogne. Par un cercle allongé, il nous ramène vers la gare, c'est-à-dire au point où la *Via Vittorio Emmanuele* inaugure le véritable San-Remo.

1. San-Remo compte vingt-quatre Hôtels, dont une dizaine de premier ordre, sans parler de ceux qui, plus simples, mais encore très bons, comme *la Paix* (ouvert toute l'année), accommodent mieux les goûts modestes.

AQUEDUC A SAN REMO.

Cette rue, construite selon les exigences modernes, est dédiée au feu roi et ne serait déplacée dans aucune capitale. Elle coupe la ville, sur sa longueur, en deux segments d'inégale importance. De riches magasins, des immeubles de location, des hôtelleries, des pensions, des cafés, des banques, des administrations publiques en revêtent les deux faces, et qui l'a traversée n'oubliera jamais ses palmiers superbes, de si pittoresque effet. L'industrie du corail, les mosaïques sur bois, les parfums et les fleurs y règnent du droit de conquête. Elle a succédé, dans l'admiration des masses, à la *Via Palazzo,* artère parallèle où affluait naguère le pur sang de la cité, sorte de temple mystérieux du commerce dont les boutiques, aussi obscures que des caves, avaient renommée par toute la province, et qui, malgré leur humble aspect, gardent toujours la spécialité du choix dans l'abondance. D'autres voies transversales ou latérales — la *Via Romana,* entre autres — offrent, en ce quartier neuf (*la Nuova*), des maisons de plaisance, des squares, d'attrayants parterres qui ont remplacé les bois d'orangers. Quelques *Ruffini* sur les enseignes, et encore le nom de Ruffini aux plaques émaillées de certaines rues. A merveille! Les Lettres sont ici chez elles, et la police n'est sans doute si bien vêtue, que parce qu'elle a mission de veiller sur leur république. Noirs et longs dans de longues redingotes noires qui battent leurs talons de croque-morts, deux par deux, gravement, les agents s'en vont, surmontés d'une manière de tromblon, armés d'une canne de tambour-major. Nadaud, les voyant en pareil équipage, pourrait improviser un joli pendant à ses *Deux Gendarmes.* Non moins solennels, quelques vieux palais Italiens, témoins du passé, semblent demeurer debout tout exprès pour protester contre l'esprit novateur. Le *Palazzo Roverizio,* devenu restaurant, le *Zirio,* aux fresques intéressantes, sont à noter l'un et l'autre. Il a bien de la grandeur aussi, l'édifice délabré de la Cité, avec le couronnement si décoratif de ses arcades projetées sur la sombre Via Palazzo. Mais plus remarquable encore se développe, en pleine rue Victor-Emmanuel, ce *Palais Borrea,* géant de noble race qui, digne de Gênes et justement fier de ses parchemins [1], paraît assez contristé d'ouvrir à tout venant un vestibule dont les noires colonnes ont l'air de porter son propre deuil. O décadence! Plusieurs Souverains l'ont habité, Pie VII y résida [2]; et ses étages dépecés sont maintenant la proie du premier vendeur de macaroni qui en offre prix marchand.

Conduite d'Eaux.

De marchand à marché, il n'y a que l'épaisseur de l'étal. *La Piazza del Mercato* n'est point

1. Il date du XV^e siècle.
2. En 1814.

dépourvue d'originalité. Ses platanes, le printemps arrivant, lui font une ombrelle de verdure, et de ses fontaines coule une eau limpide et glacée dont les femmes remplissent incessamment leurs urnes de cuivre. Dures à la peine, âpres au gain, les San-Rémoises naissent *facchine.* Elles ne plient point, cariatides vivantes, sous l'appréhension de l'effort, s'agit-il de soulever un sac pesant ou de prêter le cou à quelque volumineux fardeau. Nourrir la famille de leur rude labeur, et la nourrir congrûment, est leur unique orgueil. Un morceau de pain trempé dans une sébile de lait de brebis suffit à restaurer ces vaillantes. Plus exigeantes en faveur de ceux qu'elles aiment, on les voit, le matin, n'ayant pour coiffe que les nattes d'une opulente chevelure, circuler, tumultueuse clientèle, le long des étaux bien garnis, examinant légumes, poissons et fruits, lorgnant, de la prunelle, l'excellent beurre de Milan, mais finissant par arrêter leur choix sur la guirlande des pâtes nationales ou le demi-setier dans lequel blondit la fine fleur du maïs. Les bonnes ménagères en prépareront la *minestra*[1] ou la *polenta,* gloires — contestables — de la cuisine Ligurienne. Coûtant peu, valant moins, un verre du vin lourd et encré de la *Marine* saura précipiter la digestion. Honneur à ces estomacs plus laborieux encore que leurs propriétaires ! Il faut toute la frugalité de l'indigène, friand de citrons acides, et sa passion de l'économie, pour s'accommoder d'une telle pitance.

Une Rue de la *Vecchia Città.*

La place Cassini et *Santo-Stefano* méritent un coup d'œil, de même qu'une visite est due à ce chapelet d'églises, d'oratoires et de couvents qui va s'égrenant le long des pentes de l'antique Borgo. San-Remo était naguère la ville des moines : de leurs cordelières on lui eût tressé une enceinte. Presque toutes ces nefs ont quelque richesse à révéler, sans quoi l'Italie ne serait plus la généreuse qui retranche sur son nécessaire pour prêter à Dieu. Un des étonnements, non le moindre, même pour le catholique ardent, est la subite rencontre de quatre sanctuaires groupés sur une place moins large que l'aile d'un surplis, — la Cathédrale, San-Germano, l'Immaculée Conception et le Baptistère semblant ne faire qu'une cour sacrée de la *piazzetta San-Siro.* Quelques restes d'architecture romane, de beaux pilastres, des fresques, des sculptures sur bois de Maraggiano le Génois s'y font remarquer, aussi des statues dont Michel-Ange s'est trop désintéressé. Une cuve de carrare reste le seul ornement d'un Baptistère qui a perdu ses mosaïques et ses revêtements de marbre ; ni Parme ni Florence n'ont à le jalouser, mais Florence pas plus que Parme ne sauraient offrir rien de comparable à ce miracle du sublime dans l'étrange qui s'appelle le quartier de la *Pigna.*

C'est au pied du *Monte-Bignone*[2] que la *Pigna* ou *Vecchia Città* appuie la base d'un triangle diabolique. Nul ne s'en fera une juste idée, qui n'y aura pas mené sa perpendiculaire

1. Potage aux pâtes.
2. 1,291 mètres d'altitude

d'explorateur. Elle peut être considérée, sur la côte de Ligurie, comme le type parfait de ces villes *arcadées* par la peur contre les attaques des hommes et la surprise des éléments. « Étrange petite ville, écrivait Dickens, tout entière construite en sombres arcades, où l'on ne sait si l'on doit ramper ou gravir... » Gravissons d'abord! Passons sous ce premier arceau, et devant des sous-sols éclairés à la lampe où dorment, dans les fûts engerbés, le *Perinaldo,* le *Verdapollo,* le *Massardo,* chers aux gourmets, commençons cette montée sans fin qui se suit et se poursuit par les déclivités d'un indescriptible agglomérat. A chaque pas, le pavé hospitalier en excès enfonce sa pointe dans l'orteil, sous prétexte de le retenir. La rue n'est le plus souvent qu'un escalier s'échelonnant dans une fente. Entre des pignons si haut partis en flèche, qu'ils semblent vouloir s'égaler aux cimes, les arcs de soutènement se succèdent pressés, superposés en triple rang, et d'apparence à crouler au premier battement d'aile du ramier. On n'aime point s'arrêter dessous, bien que le jour douteux qui filtre dans leurs interstices soit lueur éclatante, comparé aux ténèbres des voûtes. Ah! les voûtes de ces *vicoli!* Dante eût pu en faire un cercle spécial de sa Cité Dolente. Celles-ci se dressent, celles-là s'enfoncent, enchevêtrement tortueux, se mêlant ou se démêlant sous les maisons qu'elles éventrent. On dirait d'un lambeau de chair violemment détaché des flancs du Moyen Age, et que le Temps aurait cloué au revers de la montagne. Il s'y glisse nous ne savons quel reflet des terreurs souvent promenées autour de ces carrefours par le cimeterre du Sarrasin et les bombardes de Gênes. Des teintes moins lugubres s'accusent pourtant çà et là dans les profondeurs du labyrinthe. Tantôt une échappée vers le ciel ou une découpure sur le flot bleu illumine cette nuit d'un joyeux éclair; tantôt en longs festons se balancent au bord des toits les pampres d'un sarment qui, de sa sève puissante, escalade cinq étages. Parfois, devant une niche que la dévotion creusa au plus sombre du défilé, brûle un cierge votif dont les pâles rayons servent d'auréole à la Madone ou à quelque Martyr cruellement sculpté. Beaucoup de ces chapelles-reliquaires festonnées de roses s'incrustent au-dessus des portes, pendant qu'en dessous le savetier retape les chaussures, la femme allaite l'enfant, le *ragazzo* s'ébat et le mulet têtu dispute au passant une préséance qui, de guerre lasse, finit par lui rester. Confessons qu'avec leurs maisons-bastilles, leurs voûtes et leurs arcs-boutants, ces cités naïves s'entendaient bien à se protéger contre les trois fléaux de l'époque : le soleil, le Maugrabin, le tremblement de terre. Deux de ces ennemis paraissaient hors de combat : le plus terrible, hélas! vient de prouver, en amoncelant ruines sur cadavres, que la Rivière avait eu tort de compter sans lui.

Autre Rue.

Nous échappons à ce torrent de pierres qu'on croirait avoir été figé dans sa chute, alors qu'en bonds prodigieux il roulait vers la mer. Soudain nous nous trouvons fort agréablement suspendu sur le versant d'une fraîche et riante vallée. Une rampe aux degrés faciles, que redescendent des bêtes de somme chargées d'herbes, aboutit à l'ample esplanade d'où surgit le *Sanctuaire,* sommet du triangle. Une indulgence plénière quotidienne est le prix du pèlerinage. Sous l'invocation de la *Madonna della Costa,* cette église, fondée en 1474, fut reconstruite beaucoup plus tard. Sa façade, de style papillotant, s'accompagne d'un double campanile aux clochetons moscovites sertis de diadèmes ; le galet savamment disposé y tient lieu de pierreries, et des anges, se détachant du fronton, soutiennent une couronne qu'ils balançent d'un mouvement gracieux. La nef est d'une large conception. Les marbres y sont prodigués ; autour du maître-autel l'albâtre se tord en superbes colonnes. Puis ce sont les statues des Prophètes, et les femmes de la Bible si libéralement distribuées, que Judith y coupe par deux fois la tête du trop confiant Holopherne ; enfin une coupole, dominant le tout, élève sa croix sur la ville, la campagne et la mer.

Port de San-Remo.

Du haut de ce plateau, le panorama est remarquable, sans justifier peut-être l'enthousiasme de M. Élisée Reclus. Nous ne nous refusons pourtant pas à reconnaître, dans la ville houleuse qui avidement se dresse vers la lumière, cette *Matuta,* « cité de l'Aurore », ainsi qu'on l'appelait avant la venue de saint Romulus. Entre les deux vallons qui l'encadrent d'orangers et de cédrats, le regard volontiers descend sur sa rade sillonnée de barques de pêche ou de bateaux de cabotage. Il est peu intéressant d'apprendre que Garibaldi fit là son apprentissage de marin ; mais qui se douterait que ce havre modeste, aujourd'hui ensablé, ait pu soutenir la gageure avec les ports de Gênes, de Nice et de Savone ? Ses marins passaient alors pour les premiers du monde. Sa jetée, qui n'offre plus qu'un admirable ensemble de la Pigna et des côtes, protégeait une centaine de vaisseaux marchands sous le canon du fort Santa-Tecla destiné à les défendre, au besoin à les mâter. Ces navires y seraient peut-être encore, si le général Bonaparte, appareillant pour l'Égypte, ne les avait réquisitionnés à fin de transport, et si les Anglais, les ayant jugés de bonne prise, ne les eussent trouvés de meilleure garde.

San-Remo obtint sa revanche. Tour à tour aux Romains, aux Barbaresques, à l'Évêque de Gênes, à elle-même, puis aux Doria qui l'avaient payée 13,000 livres d'or ; rachetée par Gênes, passée aux mains du Duc de Savoie pour redevenir Génoise ; « Circuit des Palmiers » à l'heure de la République Ligurienne, sous-préfecture Française pendant le cycle impérial, chef-lieu de département sous la domination du Roi de Sardaigne, cette brillante fille de l'Aurore est retombée, par la volonté de Cavour, à l'humble rang de chef-lieu de district dans le nouveau royaume transalpin. Oui, mais entre temps l'ex-port marchand passait ville de saison, la première de ses frileuses compagnes, sur la Riviera di Ponente. Les *morbidezze* d'un climat qui ne le cède qu'à celui d'Ospedaletti l'avaient prédestinée. Rarement il gèle au fond de ce triple cirque de montagnes ; les vents y sont pour l'ordinaire cléments, et si d'aventure la neige floconne, elle ne poudre que les sommets. Aussi la moyenne hivernale atteint-elle 11 ou 12°, l'année ne comptant pas plus de quarante-huit jours de pluie : à ce point que certains architectes locaux, brûlants de patriotisme, en profitent pour construire des maisons sans cheminées. A ces causes se rattache le succès croissant d'une plage dont l'air tiède et vivifiant attire les malades et les retient ensuite sous les surprenantes clartés de son ciel toujours pur. Les Anglais ouvrent naturellement la liste; ils y figurent pour plus d'un quart. Leur âme magnanime consent à oublier les 1,200 boulets et les 200 bombes qu'une escadre Britannique, commandée par l'amiral Rowley, envoyait un jour — singuliers *confetti!* — sur soixante-dix maisons San-Rémoises mises en poussière[1]. Après l'Anglais pullule l'Allemand, mieux à l'aise qu'en France où il craint de trouver grise mine. Quoique sur ses domaines, l'Italien occupe seulement la troisième place dans l'ordre numérique des habitués du Berigo. Les Américains suivent, puis viennent les Français; la Russie, l'Autriche, la Belgique et la Hollande complètent l'effectif de la phalange exotique.

Les plaisirs, à San-Remo, sont d'ailleurs aussi rares que la gelée, — avantage ou défaveur, selon le tempérament. Rien, ou peu s'en faut, en dehors du kiosque obligatoire où sévissent les cuivres. Il y a bien un théâtre quelque part[2], mais les loges et le *palco* manquent autant de spectateurs que la caisse directoriale de subvention. Il y a aussi certain bonhomme Carnaval qui, tout comme un autre, fait tinter les sonneries de son bonnet à grelots. Durant les folles journées, les balcons de marbre du Corso entassent pierrettes sur arlequins, et les confetti, les coriandoli, les bouquets, les dragées ne chôment pas plus du haut des chars que ne pâlissent, au front de la nuit, les éblouissantes étincelles d'une pyrotechnie justement fameuse. Mais ce ne sont là que lueurs éphémères; l'ombre en paraît plus épaisse ensuite. On a conçu de beaux plans de casinos; seulement les coupes et élévations dorment aux flancs des cartons. S'éveillassent-ils, ces projets n'auraient sans doute pas meilleur sort qu'à Menton, où, dans moins de quinze ans, une douzaine d'entreprises du même genre sont nées et mortes sitôt que nées. Seules, les brises de Nice et de Monaco savent bercer ces nourrissons. Les réceptions particulières n'ont guère plus de vitalité. A peine, de loin en très loin, éclate une fanfare semblable à celle que, la veille même du cataclysme, *le Figaro* jetait de son clairon d'or pour annoncer la belle fête du consul de Portugal, M. Zirio. Les bals sont rares où l'on peut nommer, comme en celui-ci, Duchesse de Gênes, princesse Pierre Bonaparte, général Villamarina, marquis Spinola, marquis d'Olmo, et le syndic de la ville[3], et les officiers de l'armée, et toute l'élite de la colonie valide. Doit-on s'en plaindre? Le sauvage y gagne, en tout cas, une liberté d'action que lui disputent ailleurs ces poitrines délicates en perpétuel prurit d'amusements. Le bruit n'étouffe plus les battements du cœur; l'intimité remplace la foule, et cette intimité a son prix. Demandez plutôt à la vague qui, chaque matin, emporte une flottille de barques chargées de vivres et de convives; on chante en route, on *flirte,* on met le cap sur Ospedaletti, on aborde dans une crique, et les joyeux pique-niques de se disperser, au gré de la fantaisie, parmi les rochers solitaires.

Nulle part plus qu'ici les excursions ne se multiplient sous les sourires d'une nature toujours en liesse. Nous en avons déjà signalé plus d'une, de Bordighera au jardin des Capucins; combien d'autres à y ajouter! Le *Peirogallo,* futur pendant du Berigo, le *Corso di Levante,* les vallées de *Francia,* de *Bestagna,* de *San-Martino,* de *Foce,* se disputent les prémices de l'arrivant : question de goût, de vigueur et de loisirs. A tout seigneur... Le *Monte-Bignone,* voisin du Caggio, est une bouchée d'alpiniste. Son ascension exige quatre heures depuis San-Remo, à travers le silence des *pinete* gigantesques et des ravins embaumés. Simple roitelet en face des souverains alpestres, il n'en a pas moins le sceptre long, car de la Toscane à la Provence, de l'Estérel

1. En l'année 1745.
2. Le Théâtre Amédée.
3. Le chevalier Aquasciati.

aux Apennins, il commande plus de cent lieues d'horizon. Sept collines s'y appuient, dans lesquelles se creusent six vallées à peu près égales, intéressantes chacune à explorer ; et, d'un mouvement lent, majestueusement il descend le Bignone superbe, cône ruisselant de lumière qui, rencontrant la vieille cité San-Rémoise, la plonge avec lui dans la cuve d'azur creusée entre le capo Nero et le capo Verde.

A mi-chemin de cette descente se trouvent un couvent abandonné et un oratoire, eux aussi en possession d'une vue magnifique. Les châtaigniers leur fournissent l'ombre; la violette, le narcisse, les sauges, les menthes et les lavandes y dégagent ces senteurs dont le souffle du nord porte si loin au large les pénétrants effluves, qu'averti par elles le pilote annonce terre avant même de l'avoir aperçue :

*. . . . . . perpetua primavera*
*Sparge per l'aria i benè olenti Spirti,*

écrivait déjà l'Arioste. Oratoire et couvent occupent la place où, sous le roc, s'abritait la cellule de l'évêque-ermite (*Eremo*), parrain de San-Remo. C'est l'ermitage de *San Romolo*[1], où l'on se rend, chaque année, en pieux cortège, le 13 octobre, et en excursion dans toute saison. Ici, d'ailleurs, nous foulons une terre trois fois sainte : les prétextes à dévotion jaillissent du sol sous la sandale du pèlerin. Partout de blanches chapelles luisent dans la verdure ou planent sur quelque éminence : *San Giovanni, San Michele, San Bartolomeo, San Lorenzo*, les *Madonne* de la *Villetta, del Borgo, di Buonmoschetto*, la *Madonna della Grotta*, célèbre par la visite de Pie VII, la *Madonna della Guardia*, dont nous parlerons au chapitre suivant, et la fameuse Madone de Lampedusa, où nous allons porter notre hommage, nous apparaissent comme les stations éparses d'un prodigieux chemin de croix que la foi des siècles éleva sur les collines, afin de rapprocher l'homme de Dieu.

*Ceriana* compte aussi, et à titre sérieux, dans les curiosités qui se réclament de l'excursionniste. Par des bosquets d'oliviers rejoignant *Poggio*, bourg qui n'est qu'une rue, rue qui n'est qu'une voûte, puis, de Poggio, le long d'un chemin bordé de myrtes, dont les échappées évoquent chez le docteur Kœrner la mémoire de notre Tyrol bien-aimé, on atteint la très roman-

1. San Romolo, suivant la tradition, s'y établit vers le VIe siècle.

tique petite ville au nom harmonieux de Ceriana. Appuyée sur un contrefort du Monte-Bignone, elle a pour ceinture la frondaison touffue de ces châtaigniers dont la baie nourrit l'habitant ; les fleurs et les papillons sont le bouquet chatoyant de son corsage. Son église est antique et belle, la structure de ses carrefours originale. Nombre de ses maisons s'étagent en portiques, découpant dans le ciel des lambeaux d'azur étincelants ; d'autres se serrent entre elles si désespérément, que minuit et midi n'y sont guère à différencier.

Mais la course recommandée, autant que digne de l'être, est celle de *Taggia*. Nous lui dûmes une délicieuse journée que nous souhaitons au lecteur.

Vers l'extrémité orientale de la via Vittorio Emmanuele, au point où le vieux San-Remo se

Ceriana.

masse en noire pyramide, commence une allée qu'ombragent des platanes admirés et que baptise un moins admirable saint, *Garibaldi*. Le Corso di Levante qui lui fait suite est exquis de fraîcheur, de rayons et de parfums. Les palmiers, les citronniers, les roses en sertissent les splendides demeures : la maison y devient palais, et parc le jardin. Outre les Hôtels de *Nice*, de la *Méditerranée*, de *Victoria*, rivaux du West-End, on y peut noter, au passage, plusieurs résidences somptueuses que leurs hôtes ont illustrées à des titres divers, — telles les villas *Dufour*, *Patrone*, d'*Ormond* (séjour de Gambetta), et la villa *Garbarino* qu'habitèrent les princes Demidoff et Czartorisky, avant que le tremblement de terre n'y surprît, sans autre accident du reste, le Prince Thomas, frère de S. M. la Reine d'Italie. Cette partie de la ville, presque au niveau de la plage que lui cachent de larges bandes d'oliviers, est plus humide, plus chaude, également plus triste que les quartiers de l'ouest, et, par là, convient moins aux touristes qu'aux malades. Aussi, bien que tout à coup la grève devienne déserte et aride la montagne entre lesquelles se poursuit la Corniche, l'œil s'accommode du contraste et l'oreille se plaît au bruit de la vague déferlant contre une falaise désolée. Saluons, sans nous y arrêter cette fois, Notre-Dame de la Garde debout sur le Capo Verde. Plus loin, dans une fraîche vallée, nous apparaît le pittoresque village de

Poggio, Bussana lui faisant pendant avec son féodal manoir. C'est la route de Ceriana et de Bajardo. Plus loin encore, nous traversons Arma; puis, tournant vers le nord, nous nous engageons parmi les olivettes dans une campagne plantée de vignes et de figuiers. Un tourbillon de poussière, plein de rires et de cris, se déchire un instant pour nous laisser entrevoir la patache de Taggia, gai *corricolo* dont l'essieu craque sous le poids des guirlandes humaines qui s'y accrochent.

Bientôt s'ouvre le val de l'*Argentina*. Ce bourg téméraire qui se profile à droite, Blondin de l'équilibre, est *Castellaro;* allongé sur la corde d'un versant boisé, il ne s'y maintient que par un effort manifeste d'adresse et de volonté. Près de lui, la chapelle de Lampedusa semble une étoile qui, dans sa chute, resta pendue au verdoyant mamelon. Mais le charme de ce vallon est plus proche de nous. Il nous gagne, il nous saisit, il nous enveloppe, le long des rives de l'Argentine la bien nommée. Jamais torrent ne roula des eaux mieux argentées dans leur limpidité; jamais bosquets de contes de Fées ne montrèrent, à travers leurs rameaux magiques, plus rieuses jeunes filles cueillant, côte à côte et presque sur le même arbre, la grappe rouge du cerisier et les pommes fauves de l'Hespérie. L'oranger, le citronnier, hauts comme des chênes Lorrains, balancent, sur ces têtes de seize ans, l'appât de leurs fruits savoureux. La figue, la grenade se gonflent au-dessous, près du raisin qui cherche leur appui, pendant que la prune, l'abricot et le duvet incarnat de la pêche voisinent avec la coque veloutée de l'amande ou le pépin tentateur de notre mère Ève. C'est que Taggia est le verger de la Ligurie, la source intarissable de tous les fruits, et des meilleurs; et l'Argentina peut y revendiquer sa part d'honneur, elle qui, promenant son cristal en multiples canaux, apporte aux racines altérées la vie et la fécondité.

Ceriana, prise d'un autre point.

Une heure à peine s'est écoulée depuis le départ de San-Remo, lorsque maître Carbone, notre automédon, lançant son cheval sous l'arche vénérable qui sert de porte à la ville, et exécutant d'une main sûre les savantes variations du fouet, attire sur son seuil l'hôtesse de l'*Albergo d'Italia.* Nous sommes tombé en solennité de foire. Beaucoup de monde dans les rues et vers le torrent. Une quinzaine de joueurs accroupis sous un caroubier couvrent gravement leurs cartons de petits cailloux de rivière, à l'appel d'un gars qui, des profondeurs du sac, extrait le numéro. Rare contrée où tout fleurit sur les chemins, même le loto! Des sons d'orchestre sortent des *trattorie;* l'oranger dégage une forte odeur de *frittata.* L'heure est aux agapes champêtres: pourquoi n'y point régler sa montre? La plantureuse hôtelière, enseigne vivante et parlante, a dressé notre couvert sous la treille d'une terrasse qui surplombe la voie principale. Cela du moins n'est pas d'une pratique banale : Speranza, de gracieuse mémoire, n'eût pas mieux agi. De notre siège rustique adossé à un tas d'olives fraîchement cueillies, nous apercevons, par-dessus le balustre, entre deux colonnes festonnées de pampres, la crête où se suspend Castellaro, et les bouquets de citronniers qui se mirent dans l'Argentina, et, face à face, le palais Spinola, tel qu'un grand convive de marbre, et, spectacle non moins curieux, le va-et-vient d'une foule bigarrée circulant à proximité de la fourchette. Quelle plus attrayante salle à manger ! Le menu, dont nous n'avons eu souci, est à l'unisson du décor : quelques rondelles d'un saucisson couleur de rubis, des pâtes de Gênes onctueuses, la fine omelette aux herbes, une côtelette milanaise, des fruits rappelant Sorrente, le tout mouillé d'un vin qui sue son soleil à pleins rayons, que peut ambitionner de plus l'appétit aiguisé d'un honnête voyageur ? Ajoutez à cette carte le rire aux blanches dents d'une Brigasque empressée à servir tout son monde, et, *corpo di Bacco !* vous vous croirez plus près du centre de l'Apennin que des stations pommadées dont s'efféminе le littoral.

Tout en savourant une tasse de café fabriqué à l'Arabe, — en l'honneur des Barbaresques sans doute, nous avons relu, au roman du *Docteur Antonio,* ces trois délicieux chapitres où les acteurs du drame, attardés dans l'églogue, se promènent si allègrement par les sentiers poétiques de l'Arcadie Taggienne. Pour parfaits que fussent les fruits de la *locanda,* ils ne valaient pas ce dessert, de même que la vieille ville, si curieuse soit-elle, n'a aucun édifice dont l'intérêt puisse entrer en lutte avec le simple cottage de Ruffini. La pierre n'est éloquente qu'à la condition d'être animée par l'homme. Ici est né, ici mourut, après y avoir passé ses dernières et plus heureuses années, le romancier-patriote Jean-Dominique Ruffini ; ici vit et palpite son souvenir. Fils de la Ligurie, il emprunta au sol natal le cadre de ses récits ; Italien, il écrivit dans la langue de Dickens ses deux maîtresses œuvres [1], pressentant qu'il rattacherait mieux de la sorte l'Angleterre à sa patrie. Le pressentiment ne l'a point trompé. Éléonora, la noble femme qui lui donna l'être, a son buste sculpté sur une allée prochaine, au bord du torrent ; la reconnaissance, plus puissante que le ciseau de Revelli [2], perpétuera l'image de l'écrivain au cœur même de Taggia.

A côté de l'*Albergo di Roma* se dresse, dans sa masse imposante, le vieux palais du marquis Spinola. Sa frise intacte, digne de la via Tornabuoni, à Florence, un balcon de marbre que ne désavouerait pas le Grand Canal de Venise, témoignent pour la cité d'une splendeur éclipsée. Le portail, artistement fouillé dans le carrare, n'ouvre plus que sur des galetas loués à qui les paye. Des salles désertes aboutissent à une terrasse sous laquelle se déroulent les perspectives enchanteresses de la vallée. L'une de ces galeries, immense et nue, loge en ce moment le personnel et les accessoires d'un théâtre forain. Serait-ce par hasard la troupe du signor Orlando Pistacchini, et avons-nous chance d'assister, avec la noblesse du cru, à une seconde représentation

1. *Le Docteur Antonio, Lorenzo Benoni* (Mémoires d'un Réfugié italien).
2. Salvator Revelli, sculpteur de talent, né aussi à Taggia.

*d'Aristodemo, roi de Messénie?* La bonne fortune nous agréerait. Que ne donnerions-nous pas pour voir miss Davenne paraître dans sa loge, et les boucles de sa chevelure onduler sous les bleuets et les coquelicots du large chapeau de paille que l'ingénue va retirer! Hélas! le *cartellone* n'en souffle mot, et les blés ont jauni bien des fois depuis la mémorable soirée; Lucy serait aujourd'hui grand'mère, si, d'un coup de plume généreux, Ruffini ne l'eût tuée en fin de récit. Tout est bien qui finit mal. Rien du moins ne nous défend de tenir l'un ou l'autre des deux *palazzi* voisins pour le logis de cette « signora Éléonora » si pleine de dignité simple et de vertus aimables, douce physionomie où le romancier s'est plu à grouper les traits d'une mère chérie.

Maison de Ruffini, à Taggia.

C'est au numéro 1 de la *via Soleri,* rue à arcades rappelant Berne ou la Rochelle, que fut composé le *Dottore Antonio.* Reliée aux étages d'en face par un de ces ponts de pierre massifs qui si fort étonnaient la blonde héroïne, et qui, selon l'explication de l'amoureux *cicerone,* « avaient pour objet de protéger les habitants contre un fréquent et désagréable visiteur, — le tremblement de terre », cette maison ensoleillée se contente d'accuser par des fresques les saillies architecturales de sa façade à l'Italienne. Simple et gaie d'aspect, elle est bien le nid de repos qui convenait au soir d'une vie tourmentée. Sur un cippe dû à la gratitude de ses clients, le marbre du médecin Battista Soleri occupe l'autre extrémité de la rue : pourquoi, seulement, cet air si chagrin? Est-ce regret, chez le buste, de n'être point statue?

« Voici le *Pantano;* c'est à la fois la Bourse et le Regent-Street des bonnes gens de Taggia. C'est ici que se font les affaires; c'est ici également que les élégants et les hauts personnages viennent étaler leur toilette et leur importance. » Ainsi parle Antonio, dans le roman, et le trait frappe toujours juste. Nous retrouvons d'ailleurs, au delà, cet étonnant pandémonium de ruelles, de carrefours, de voûtes, d'arcs-boutants, de terrasses, dont San-Remo et Dolce-Acqua nous ont offert de si parfaits modèles. Taggia ne craint point la comparaison. Ombre et humidité en bas, soleil et verdure par en haut, telles sont la plupart de ses demeures. Les Madones y reparaissent aux niches, et aux fenêtres les langues de femmes se renvoyant la réplique, d'un mur à l'autre. Quant aux églises, elles abondent presque à l'égal des capucins, des abbés ou des religieuses qui peuplent les *vicoli*. Toutes gardent leur trésor propre dont elles tireraient vanité, si la vanité était de mise au pied des autels. Saint-Sébastien a son crucifix miraculeux qui se porte en procession ; les Dominicains possèdent une fresque attribuée à Michel-Ange. Dans la chapelle marmoréenne de Sainte-Catherine, nous avons entendu, non sans émotion, le chant des pieuses filles monter derrière le voile qui les sépare du monde. Les ors et les peintures étincellent sous la voûte de la Trinité. La Cathédrale au vaisseau imposant et richement orné laisse, pendant l'office du dimanche, ses portes toutes larges ouvertes sur la petite place triangulaire qui la précède ; debout, le peuple écoute le chant des prêtres, les accords de l'orgue ; puis, à un instant donné, le clergé sort, fait le tour de la *piazzetta*, et chacun de se prosterner, quand resplendit l'image du Christ. Un homme qui ne fléchirait pas le genou ferait scandale. Car on est spécialement pratiquant en cette province où, si pauvre fût-il, nulle promesse de gain ne déterminerait l'ouvrier à enfreindre le repos dominical.

Toutefois, l'éclat de ces sanctuaires pâlit devant la faible lueur du cierge qui brûle à *Notre-Dame de Lampedusa*. L'ascension qu'exige ce pèlerinage est courte et pénible, amplement indulgenciée du reste, embaumée par surcroît de fleurs sauvages et de légendes. La voilà sur sa colline, la *Stella maris* : on croit pouvoir y atteindre en quelques bonds ; mais on a compté sans l'obstacle perfide de ces *muricciuoli* destinés à retenir les terres où croît l'olivier. Il faudrait les escalader un à un, si l'on demeurait fidèle à la ligne droite, et la journée n'y suffirait pas. Force est donc de prendre un assez long détour. Après avoir côtoyé les rives de l'Argentina, on la franchit sur un pont d'une quinzaine d'arches, durement pavé, dont les flexions tourmentées et bizarres égalent le caprice des eaux roulant dessous. Limpide à l'ordinaire, l'impétueuse rivière a ses heures de trouble et de furie ; les cailloux et les rocs qui obstruent son lit en portent témoignage. Toute cause de péril ne doit cependant pas lui être imputée, si l'on en croit l'inscription d'un des reliquaires maçonnés sur ses parapets. Secoué par une de ces terribles convulsions du sol qui ne se calment malheureusement point autant qu'il serait à souhaiter, le vieux pont se brisa un jour en deux endroits. La troisième arche fut réduite en poudre, et la onzième emportée. Or cette onzième soutenait précisément deux enfants qui passaient, au moment du sinistre ; mais loin de les engloutir, avec la tendresse d'une mère elle les échoua sur la berge, au milieu des arbres odoriférants. La famille reconnaissante éleva ce mémento. Le paysage, adorable enguirlandement de corolles et de fruits, proteste contre de telles appréhensions. Les sarments s'y enlacent à l'envi, et, parmi les limons et les oranges, suspendent leurs treilles folles à des troncs de si haut jet, qu'on ne s'en fait guère l'idée ne les ayant pas vus. Des montagnes couvertes d'oliviers jusqu'à leur sommet ferment l'horizon, du côté du nord ; de droite et de gauche, la noire Taggia, l'éblouissant Castellaro paraissent se contempler non sans plaisir, tandis qu'au loin, vers le sud, une ligne bleue marque la plage où le vaincu de Pavie embarqua son honneur sauf pour la prison que lui réservait Charles-Quint. Ombre et lumière, gaietés et tristesses, sourds grondements du torrent, effluves enivrants jusqu'à l'âcreté, toutes les teintes, tous les bruits, tous les contrastes se rencontrent à ce point de la vallée, et l'on ne s'étonnera pas d'en retrouver quelque chose aux pages du *Docteur Antonio*, sachant que c'est en passant ce pont que Ruffini eut l'intuition première de son meilleur ouvrage.

Sur le bord opposé une monture nous attend, tout simplement celle dont Notre-Seigneur usa pour son entrée triomphale dans Jérusalem. Il n'y a d'ailleurs point à triompher ici, le chemin devenant brusquement le plus abominable des casse-cous. Pris de pitié pour le pacifique aux longues oreilles, nous le laissons cheminer seul, et demandant exemple à sa résignation, nous le suivons, plutôt mal que bien, par un sentier de purgatoire au galet inégal, poli comme glace, tantôt entre deux murailles qui étouffent la respiration, tantôt à travers les profondeurs d'olivettes d'où sourd quelque délicieuse fontaine. Que nous comprenons bien sir John, le digne baronnet, maugréant sur sa selle, avec un parapluie ouvert ! Il suffit de trébucher pour conquérir une entorse ou effectuer une dégringolade. Et cependant les *Castelline,* grenade aux cheveux, sourire aux lèvres, descendent avec aisance ces rampes perfides, pleines de trous et d'embûches ; même des invalides, appuyés sur une béquille, y dévalent à donner le frisson... Il est vrai que la jambe étant de bois, le propriétaire en redoute moins les fractures.

*Castellaro* est un petit Taggia suspendu dans l'espace. Sir John en prenait vertige :

« C'est le plus gai village du monde, s'écriait miss Lucy : on dirait qu'il apprécie le bonheur de vivre...

— Et que dans le transport de sa joie, il va se jeter dans les bras de cette vallée », poursuivait Antonio.

Hélas ! puisse-t-il s'en tenir toujours aux velléités[1] ! Les ponts de pierre s'y multiplient, les églises aussi ; nous en comptons jusqu'à six dont les campaniles élancés appellent à la fois, de toutes leurs cloches, les âmes en humeur dévote. Comment expliquer mieux l'ardeur des habitants à construire l'oratoire de Lampedusa et à incruster de cailloux le chemin qui y mène ? Chaque fidèle de l'époque y monta sa charge de galets, qui à dos d'âne, qui sur ses propres épaules, et ainsi s'est dessinée cette impitoyable mosaïque qui aux détenteurs de pieds meurtris doit mériter un supplément d'Indulgences. Incrustée à revers de montagne, sans rampes ni garde-fous, elle borde souvent l'abîme dont le pèlerin n'est défendu que, de loin en loin, par les stations d'un chemin de croix aux naïves peintures. Enfin, cinq quarts d'heure après avoir quitté l'*Albergo d'Italia,* nous reprenons haleine, à l'ombre de quatre chênes-verts plusieurs fois centenaires, dont les branches tourmentées forment berceau sur le terre-plein sacré.

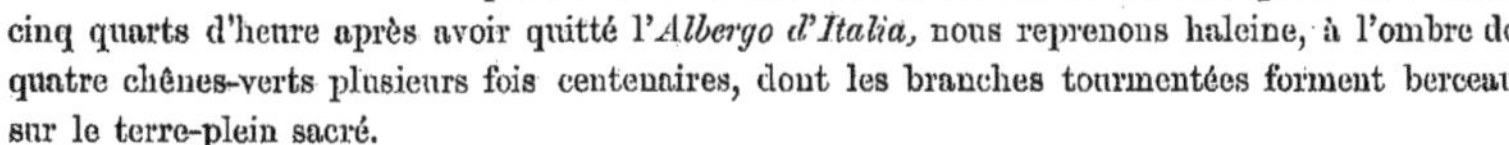

Cette étroite terrasse, disputée au précipice, fut entièrement créée de main d'homme pour recevoir le sanctuaire de *Notre-Dame de Lampedusa* et l'ermitage contigu. Une douzaine de figuiers, quelques cyprès, un peu d'herbe courte, jaunie de soucis, complètent, avec les merveilleux chênes, la végétation d'une solitude où l'abeille seule bourdonne en compagnie de corneilles tournant et croassant. Des bancs sont disposés alentour pour asseoir le pèlerin ; dans la paroi rocheuse on a creusé des grottes, afin de l'abriter. Un petit escalier mène vers la demeure de l'ermite, composée d'un étage unique à deux fenêtres. Les fruits pâles d'un grêle citronnier sortant de la muraille encadrent la porte. A la sueur de son front, le solitaire cultive deux ou trois planches de fèves de marais, près d'un sillon de blé que lui fait chèrement acheter cette terre avare. On se prend à rêver de Jocelyn, mais d'un Jocelyn vieilli, et sans Laurence. La maison de la Madone est mieux dotée. Dix marches usées par le frottement des genoux et laissant passer l'herbe entre leurs briques disjointes conduisent à un portique cintré qu'accompagnent des clochetons et que surmonte une croix de fer. A défaut d'art, on ne lui a pas ménagé

1. Le tremblement de terre du 23 février a cruellement éprouvé Castellaro.

les couleurs : le bleu, le vert, le blanc y éclatent chacun pour leur compte, ayant la prétention de figurer un empyrée clouté d'astres. La chapelle est au delà, surélevée entre un double passage voûté dont les arceaux offrent une perspective de montagnes. Mais voici qu'aujourd'hui, contrairement à l'habitude, sanctuaire et ermitage gardent baies closes. L'ermite se trouve à Taggia, nous dit un paralytique en train de se chauffer au soleil : il est allé renouveler sa provision d'images, et, la foire aidant, Dieu sait quand il reviendra ! Déchiffrons, en l'attendant, l'inscription latine qui consacre la tradition.

Un certain Andrea Anfosso, de Castellaro, faisant la course contre le Turc, tomba aux mains de l'ennemi qui le chargea de chaînes et l'emmena en captivité. Mais le prisonnier, subtil comme un Italien, sut profiter d'une relâche à l'île de Lampedusa pour se débarrasser de ses liens ; après quoi, il se cacha si bien, que ses bons amis les pirates durent lever l'ancre sans lui. Le mécréant parti, Andrea, tout à la joie, remercia la Mère de Jésus à laquelle il attribuait sa délivrance, puis la supplia de lui continuer une si efficace protection. Il était d'ailleurs de ceux qui ne négligent pas de s'aider eux-mêmes, tout en demandant l'appui du ciel. Il construisit donc une embarcation assez complète, sauf un indispensable agrès, — la voile qui manquait. De quelle manière y suppléer ? La Providence voulut que dans une église de l'île se trouvât un tableau vénéré représentant la Vierge et le Divin Enfant souriant à sainte Catherine en adoration. Nécessité vaut loi. Andrea, inspiré d'en haut, détache la toile par un pieux larcin, la déploie en guise de foc et met le cap sur la terre natale où, Marie aidant, l'esquif ne tarde pas à atterrir. Naturellement le fugitif conta son aventure; on s'émut, on s'exalta, et, en mémoire du prodige, une chapelle fut édifiée sur ce roc abrupt que désignaient d'impératives apparitions. Inutile d'ajouter que la toile miraculeuse y obtint la place d'honneur.

Ces choses se passaient en l'année 1619. Depuis lors, la renommée du sanctuaire n'a cessé de grandir. Aujourd'hui, Lampedusa est le pèlerinage le plus en faveur de toute la Ligurie. On y accourt de Turin, de Gênes, de Nice, « du monde entier », à en croire l'ermite qui, « sans vouloir dénigrer la Madone della Guardia », tient la sienne pour infiniment supérieure.

Malheureusement, lui, le saint homme, ne fait pas mine d'accourir, et les clefs sont pendues aux dizaines de son chapelet. Nous n'avons que la ressource de regarder aux fenêtres. Le bénitier et la chaire de marbre, la table de communion, l'autel très orné que surchargent les cierges, de longues files d'ex-voto, — menus cadres, jambes d'argent, cœurs de vermeil, enfants de métal emmaillotés, tout cela, nous le voyons : seul le tableau de la Madone nous échappe, défendu qu'il est par une serge verte. Il faut nous contenter de la fresque qui décore la porte extérieure et reproduit le miracle. Au milieu d'invraisemblables flots, parmi des écueils affectant la forme de tricornes, Andrea paisiblement navigue, assis sur un carré de pain d'épices où nous soupçonnons l'intention d'un radeau ; il tient à deux mains la toile peinte qui lui sert de voile, et la légende se développe alentour, en un latin de circonstance. Certes, le Vatican offre des compositions d'un ordre supérieur ; mais la foi suffisant à sauver, l'artiste a jugé superflu d'y ajouter le talent.

D'ailleurs, le tableau véritable est autre part. La Nature se charge de le composer. On est saisi du contraste de ces roches arides, convulsées, sinistres, avec la luxuriante vallée qui, à elle seule, fournirait d'huile, de vins et de fruits toute une principauté. Des bords du précipice, à pleine volée nous l'embrassons, depuis les bastions et les tours sombres où le regard plonge, jusqu'aux horizons lumineux qui montrent le ciel et la mer se rencontrant dans un baiser d'amour. D'ici même, le palais Spinola, comme tout ce qui est réellement grand, conserve sa grandeur, et tel le coin de l'antique Légion, la cité étrange qui se revendique de Rome [1], roule

1. Taggia fut jadis le siège d'une Questure Romaine.

vers le torrent son avalanche de toits. A travers les capricieux méandres de l'Argentina, sur les vergers de ses rives bénies, l'œil doucement se repose; les murmures du flot apaisé montent à l'oreille en suaves caresses, tandis que la pensée, franchissant les montagnes prochaines, s'envole vers d'autres monts qui dans les vapeurs, au loin, bien loin, s'estompent du côté de la France. La nuit tombe... Il ferait bon, à cette heure mélancolique, murmurer, à deux, les vers immortels de Dante ou du Tasse; mais nous sommes seul, et il sera meilleur d'écouter la voix de l'angélus qui conseille le départ. Que la Madone nous protège dans la descente, elle qui rend la parole aux muets, l'ouïe aux sourds, la force aux paralytiques, elle qui peut tout enfin, — hormis ramener l'ermite vers sa cellule, un jour de foire à Taggia!

# DE SAN-REMO A GÊNES

LES TREMBLEMENTS DE TERRE.

PREMIÈRE JOURNÉE : La Madonna della Guardia — Arma, Riva, San-Stefano, San-Lorenzo — Porto-Maurizio et Oneglia — Diano-Castello, Diano Marina — — Cervo, Andora Marina — Le cap delle Melle — Laigueglia — Alassio.

SECONDE JOURNÉE : Le cap Santa-Croce et l'ile Gallinara — Albenga — Les antiquités romaines et Mme de Genlis — Ceriale, Borghetto, Loano, Pietra-Ligure, Borgio-Verezzi — Final-Marina et l'*osteria Garibaldi* — Final-Borgo, Final-Pia — Le cap de Noli — Noli — Spotorno, Vado — Savone.

TROISIÈME JOURNÉE : Albissola, Celle-Ligure, Varazze — Cogoletto et Christophe Colomb — Arenzano — Voltri — Pegli : la *villa Pallavicini* — Sestri, Cornigliano, San-Pietro d'Arena — Gênes.

Nous étions à Ravenne, au printemps de 1884 : une ville à part, cette cité des Exarques, un camée de haut relief qui compte dans les joyaux de la Péninsule! Du Baptistère à San-Vitale, du sépulcre inviolé d'Honorius au pompeux cénotaphe de Théodoric, les glorieux souvenirs se pressent en foule, évoquant des ombres illustres. Cependant, plus que ces marbres parlants, plus que ces étincelantes mosaïques, avant Rome et avant Byzance, un simple édicule nous attirait, bien étroit pour une si grande mémoire : le tombeau de Dante. Amené par lui, devant lui nous avions découvert notre front, regrettant de n'être point sur un cheval, afin d'en descendre et de saluer, ainsi que faisait Lord Byron, chaque fois qu'il traversait la petite place, près de l'antique palais des Polenta. Du moins, mieux partagé que l'auteur de *Manfred,* nous avions pu toucher, ainsi qu'une relique, le coffre de chêne où furent récemment découverts les

Maison de Lord Byron, sur la Riviera.

ossements du poète; nous avions ajouté notre brin de laurier aux couronnes suspendues à sa chapelle.

Mais il nous fallait plus. Le désir nous prenait d'entendre ce que soupirent les brises dans cette fameuse *Pineta* où le vieux Gibelin venait chercher ses inspirations ; nous voulions nous promener quelques heures sous ces séculaires ombelles rafraîchies d'eaux murmurantes que Byron, un autre exilé, donnait pour abri à ses longues chevauchées. Déjà, par une voie plate, marécageuse, monotone, qui se poursuit entre les joncs des rizières et les pâles fleurs du nénuphar, nous dépassions la basilique de Sant'Apollinare in Classe, lorsque le *vetturino* surpris mit son attelage au pas, toussa un peu, puis se retournant, finit par demander ce que nous allions visiter :

« Mais, *la Pineta* », répondîmes-nous.

Visiblement la surprise s'accentua chez l'automédon; et comme, dans cet instant, passait un lourd chariot attelé de bœufs tirant un tronc gigantesque, à l'écorce rougeâtre :

« *La Pineta?* s'exclama-t-il; *la Pineta? eccola, signore*[1] ! »

C'était elle, en effet, ou du moins l'un de ses débris qu'on amenait à Ravenne. L'hiver de 1879 avait soufflé sur la forêt superbe, et la forêt s'était évanouie.

Ce souvenir nous revient, au moment d'aborder la merveilleuse partie de route qui court de San-Remo à Gênes. Quelques secondes de plus, quelques secousses encore, et une seule minute, plus désastreuse que cent hivers, eût pu faire dire à un *cicerone* de l'avenir côtoyant des ruines ou se heurtant à des tombes : « La Corniche, la voilà ! »

Aussi, quel coup de foudre dans un ciel serein ! Quel épilogue funèbre d'un joyeux Mardi Gras ! Cette poupée de malheur que les Napolitains pendent à leurs fenêtres, le lendemain du Carnaval, sauf à la faire sauter pour Pâques, d'un marron logé sous ses jupes, — la *Quaresima* maigre et blême a voulu prendre les devants. Le 23 février[2], aux lueurs de l'aube, elle guettait les derniers soupeurs en quête de gîte ; elle attendait, au seuil des sanctuaires, les fidèles en ardeur de se purifier, et sur le masque des uns, et sur le visage des autres elle a semé la poussière de 300 communes détruites : c'est sa manière à elle de distribuer *les Cendres*. La chanson finie, les chants pieux commençaient... Tout à coup, tel le roulement sourd des canons traînés sur le pavé, un tonnerre souterrain gronde, terrible, suivi de craquements lugubres. Trois rapides convulsions, aussi longues qu'un siècle, des oscillations brusques, un effroyable fracas mêlé de cris déchirants... le mal est fait. L'aiguille des horloges s'est arrêtée, et avec elle la vie de deux peuples. Le moins attendu, le plus redoutable des fléaux, un tremblement de terre, vient d'accomplir son œuvre. Les portes s'ouvrent d'elles-mêmes, les persiennes se détachent, les corniches volent, les cheminées tombent, les murs se fendent, les maisons s'abîment ; les habitants fuient demi-réveillés, à peine vêtus, plusieurs se croyant le jouet d'une hallucination. Les uns courent au rivage, les autres gagnent la montagne ; ceux-ci se cachent dans les bois, ceux-là conquièrent à prix d'or la possession d'une capote de cuir hors de service ; beaucoup, éperdus, se précipitent du côté des gares. Il en est qui, de vive force, ont pris le fourgon des pompes funèbres pour mieux échapper à la Mort. Partout la panique, fille de la Peur. Les plus calmes improvisent des tentes avec des draps ou des tapis ; on s'établit sur les places, on s'installe dans les jardins. Et pendant ce temps, la mer, semblant fuir des bords maudits, laissait les bateaux de pêche et les poissons à sec sur le sable ; des colonnes de vagues se dressaient au large, hautes de 40 mètres[3] ; des sources sulfureuses, bouillonnantes et brûlantes, jaillissaient en divers points ; même on vit un puits rempli d'eau se creuser dans le cours du Paillon. Toutes les invraisemblances mêlées à tous les prodiges ! Et le spectacle fut superbement tragique qu'offrit aux matelots du port la vieille cité de Menton s'inclinant par deux fois vers le flot, toute pareille à un grand navire démâté que va submerger la tempête.

Ah ! la *Quaresima* perfide, on ne s'en méfie pas assez. N'est-ce point elle déjà qui, l'année d'avant et le même jour, broyait au pied de Roquebrune épouvantée deux trains lancés de toute leur vitesse ? N'est-ce point elle encore qui, aux mêmes dates, faisait du théâtre de Nice une flamme de Bengale, de son casino, en veille d'inauguration, un bouquet d'étincelles ? Épouse envieuse du roi Carnaval, elle veut, à son exemple, des feux de joie, des concerts, des *veglioni*... Seulement, on les lui paye plus cher. Cette fois, le programme n'était point banal : la désolation de la Riviera en vingt secondes ! Tandis que, fêtées comme jamais, Cannes, Saint-Raphaël, Hyères, en sont quittes pour quelques insignifiants tressaillements ;

1. « La Pineta ? la voilà, monsieur ! »
2. 1887.
3. En vue d'Oneglia.

tandis que Monaco, abrité sous la palme de sainte Dévote, miraculeusement échappe, tout le pays, depuis le Var jusqu'à l'Egabona, se couvre d'épaves et de victimes. Nice et Menton, il est vrai, n'ont guère à regretter que des pertes matérielles : pertes graves toutefois, surtout pour la dernière qui, au lendemain du sinistre, entre les voûtes de ses églises crevées et huit cents de ses demeures atteintes, ressemblait plus à une place bombardée qu'à une ville de saison. Bordighera, San-Remo peuvent encore passer pour favorisées ; mais au delà, le malheur devient désastre. A San-Romolo, à Bussana, à Poggio, à Ceriana, à Taggia, à Arma, corps et biens souffrent cruellement ; notre gai Castellaro a tenté de « se jeter dans les bras de sa chère vallée » ; Porto-Maurizio devra étançonner ses édifices, reconstruire ses maisons ; peut-être qu'Oneglia en conservera deux sur cent ; Cervo, Andora, Laigueglia sont aux trois quarts détruits ; Ceriale n'en vaut guère mieux. Aucun pignon n'est indemne dans la station d'Alassio, si florissante hier ; les murailles branlantes y réclament le marteau. Albenga, Borghetto, Loano, Pietra-Ligure, Final-Marina, Final-Borgo, Noli, Albissola, Savone ont chacune leur lot d'horribles épreuves. A Diano-Castello, les rares survivants fouillent, d'une main fiévreuse, les tumuli amoncelés, hésitant à reconnaître parmi ces débris la pierre ensanglantée où fut leur foyer. Quant à Diano-Marina, elle ne représente désormais qu'une expression géographique, un vain nom sur la carte du littoral : rien d'elle, plus rien ne subsiste. Gênes étant épargnée, Dieu merci ! l'art aura peu à regretter dans le commun désastre, mais combien la famille humaine ! Tant de morts et tant de blessés ! Deux mille au moins, de Vintimille à Savone. Diano-Marina en pleure cinq cents à elle seule, et sa population ne s'élevait pas au double. Plus durement, tout au moins de façon plus poignante, a été frappé Bajardo, ce joli bourg si fièrement assis sur un mamelon qu'un cirque de montagnes semblait couvrir de son armure tutélaire. Il est six heures : les habitants ont voulu écouter la messe et tendre le front à la cendre avant de regagner leurs travaux. Soudain le sol tremble, l'église croule, trois cents fidèles périssent sous une grêle de moellons... *Memento quia pulvis es !* Et le cimetière ne pouvant suffire à tant de sépultures, la moitié des cadavres repose sous un linceul de chaux vive, dans une fosse commune.

Maison à Menton, le lendemain du tremblement de terre.

Ces rigueurs inexpliquées de la Providence glaceront-elles le zèle des fervents ? Non ! comme certaines fleurs sortent plus fraîches d'une pluie d'orage, plus vivace la foi refleurit à travers ces ruines. Savone, la première émotion apaisée, organise un pèlerinage. Quand, d'une seule chute, Diano-Marina s'effondre, ce qui reste de cette foule décimée se réfugie dans une chapelle sans toit, se presse sous la statue de Marie, et là, les bras levés vers le ciel, implore, avec des sanglots, la Mère de Celui qui sauva le monde ; et près de l'autel debout, du haut des degrés qui frémissent encore, un prêtre élève l'ostensoir pour bénir les suppliants prosternés. Est-il une scène plus terrible et plus magnifique à la fois?

Il a raison, ce peuple de fidèles, raison de croire en Dieu, raison de croire en des heures réparatrices :

... Il sait ce qu'un beau jour peut cacher de tempêtes,
Il sait que l'Italie est le sol des volcans,
Et combien le Vésuve, en ses ruisseaux de lave,
A noyé tour à tour de tribuns et de rois,
Depuis que le génie, impérissable épave,
Y surnage auprès de la Croix [1].

Diano-Marina, après la catastrophe.

Ainsi rêvions-nous, une nuit, devant le marbre de l'Alighieri, à Florence, et ces vers adressés au poète, les fils de la Ligurie peuvent les prendre à leur compte, certains qu'ils sont de *surnager*. Ils n'ignorent pas que la flamme qui dort sous leur grève souriante a parfois de redoutables réveils; que Nice — à ne parler que d'elle — compte vingt tremblements de terre en moins de trois cents ans [2], le XVIIIe siècle en fournissant douze à lui seul, dans un laps de cinquante-quatre années [3]; mais ils savent aussi qu'aux mêmes ardeurs souterraines, espacées désormais et ordinairement bénignes, est due cette incomparable végétation, cause de leur fortune, source non tarie de leurs espérances. La terre du myrte et de l'oranger aura vite recouvert les ruines de ses lianes fleuries. Déjà la charité a commencé son œuvre, sous les traits de la jeune

1. *A l'Ombre de Dante Alighieri*, LE VERGER D'ISAURE.
2. 1536-1781.
3. 1610-1664.

Reine Marguerite vidant sa bourse aux mains de l'Infortune, et les Grimaldi, comme toujours magnifiques, se sont plu à donner l'exemple[1]. La maison se relèvera ce soir, demain l'édifice aura repris son aplomb; les clients de l'aurore reprendront, à leur tour, le chemin du *sanatorium:* il leur suffira de la première brume qui passe. Pour eux, une certitude de pneumonie sera toujours plus effrayante que la chance improbable de quelque lointaine et légère oscillation. Car de longtemps le génie du feu ne réclamera son tribut. Le curieux qui interroge les annales de Provence et d'Italie[2] doit remonter jusqu'au 20 juillet de l'année 1564, s'il veut trouver un équivalent sérieux de ces tristesses. Puis, le péril passé, l'homme promptement oublie. Elle nous en administrait une preuve victorieuse, Nizza la Bella, lorsqu'à moins de trois semaines de cette folie de fuite dont beaucoup rougirent depuis, les landaus de sa promenade rassérénée nous montraient Rois, Princes, Ducs souverains[3] s'acharnant en des combats dont la rose est le projectile et une bannière le prix. Allons, ce beau pays a fait un vilain songe : qu'il renaisse aux joies de l'aube renaissante ! Et nous, en attendant que les filles du soleil aient rattaché la guirlande de leur ceinture, achevons notre récit. La nature n'a pas brisé son miroir : aujourd'hui, comme hier, s'y reflètent les paysages lumineux qu'il nous était donné de contempler dans leur triomphante allégresse, quelques mois avant la grande convulsion.

« De San-Remo à Gênes », inscrivons-nous en tête de ce chapitre. A interroger la carte du littoral, l'étape semble longue : elle l'est en effet. Quatre ou cinq heures mollement balancées sur un coussin d'express en ont pourtant raison. C'est la manière habituelle d'expédier ce tronçon. Il est passé en axiome qu'après Bordighera et San-Remo, le touriste n'a plus rien à voir jusqu'aux palais de la via Balbi : vérité relative, chez qui accepte comme horizon les glaces d'un coupé noircies par la fumée d'incessants tunnels, erreur absolue pour qui aura la patience de suivre, sans trouer la falaise, ces sinuosités capricieuses et charmantes de caps, de golfes, d'îles et de récifs dont la Rivière prend plaisir à denteler ses bords. Ce que l'escalade et la descente de tant de rocs formant promontoires ménagent d'impressions neuves, les caprices de ce ruban poudreux qui tout à l'heure s'humectait au flot et qui ondule maintenant à trois cents pieds dans le vide, l'incertitude des haltes, l'impromptu des repas, l'*alea* des couchées, la chance des incidents, le pittoresque des rencontres, et cela sous un ciel toujours pur, devant une mer toujours bleue, nul ne s'en peut douter qui préfère un *ticket* contrôlé aux jouissances non suspendues du vénérable cabriolet. Nous le soupçonnions un peu et nous cherchions à rompre en visière avec la tradition plate, lorsque d'elle-même l'occasion s'offrit dans la personne de maître Carbone, notre digne conducteur. Car tandis qu'au retour de Taggia nous félicitions le jeune gars sur les jambes de son alezan à courte crinière :

« Et du souffle donc ! s'empressa-t-il d'ajouter. En voilà un qui conduirait Votre Excellence à Gênes!

— Avec ce *calessino,* reprîmes-nous en riant.

— Pourquoi pas ?

— En une journée, peut-être?

— Non, mais en trois jours, lestement.

— Le jureriez-vous ?

1. La Principauté de Monaco envoyait 30,000 francs aux victimes, le lendemain de la catastrophe.

2. Gioffredo, *Storia delle Alpi maritime;* Scaliero, *Manuscrit* aux archives de Nice ; H. Bouche, *Histoire de Provence;* Laurenti et Gastaldi, *Tablettes Géographiques,* Ludovic Thaon, etc.

3. Le Roi de Wurtemberg, le Duc de Saxe-Weimar, S. A. R. le Duc de Nemours et l'élite de la société aristocratique, laissant fuir les timorés, n'ont pas peu contribué, par la fermeté de leur attitude et l'abondance de leurs largesses, à hâter le retour des jours meilleurs.

ÉCROULEMENT DE L'ÉGLISE DE BAJARDO, LE MATIN DU 23 FÉVRIER.

— Par Notre-Dame de la Garde ! et je renonce d'avance à la *mancia* de Son Excellence, si dans ce temps, nous n'avons tout vu et bien vu. »

Ce disant, les yeux de l'Italien luisaient comme braise: on ne s'appelle pas *Carbone* pour rien.

Quant à nous, flatté sans doute d'être traité d'*Excellence*, non moins qu'un Ministre de la République, nous fûmes vite d'accord sur les conditions, et, la *mancia* réservée, nous quittions San-Remo dès le lendemain, au lever du soleil.

**Première journée.** — Un cône vert, moucheté de blanc à son sommet, attire tout d'abord le regard, quand, se rapprochant de la mer, on a laissé derrière soi les jardins embaumés de la ville. Ce point brillant qui se détache ainsi sur les frondaisons du Capo Verde est la chapelle où l'on adore la Vierge attestée par Carbone. N'en déplaise à l'Ermite de Lampedusa, l'autel n'y manque point de fervents. Un chemin de voiture qui serpente en spirale autour de la colline conduit le malade jusqu'au seuil béni, sans qu'il ressente aucune fatigue. De la crête de ce promontoire peu élevé, mais de projection heureuse, un panorama se déroule qui embrasse l'espace immense compris entre l'Estérel, la Corse et les frimas éternels des glaciers Alpins. Bien des terres, on le voit, également bien des mers s'étendent sous le sceptre de la *Madonna della Guardia*. Sa dévotion ne remonte cependant qu'à deux siècles. Les circonstances qui la motivèrent ne sont point sans quelque analogie avec les origines de cette « Madonna di Tirano », célèbre dans la Valteline, et dont nous avons reproduit ailleurs la légende[1]. Ici seulement, le patrice Mario Omodei est remplacé par un simple pâtre.

Vers la fin de l'année 1667, Giovanni Peri, occupé, en véritable berger qu'il était, à ne songer à rien, contemplait béatement son troupeau, lorsqu'une voix inconnue frappe son oreille. « Giovanni ! Giovanni ! » répétait cette voix, et Giovanni de regarder partout, sans aviser personne. Déjà la peur le gagnait; il allait même bravement fuir, abandonnant ses brebis, quand une vision radieuse lui ferme la retraite. C'est Marie elle-même, la Mère de Jésus ! D'un sourire elle rassure le pauvre homme, puis sa main étendue marque la place où un oratoire devra lui être consacré :

« De là, dit-elle, je veillerai sur les fidèles habitants de Poggio et sur tout le pays d'alentour. »

L'apparition s'était depuis longtemps évanouie, quand Giovanni, abîmé dans ses réflexions, se demandait encore de quelle façon il pourrait satisfaire la Madone. La nuit, bonne conseillère, ne lui porta aucun avis ; les jours suivants ne lui furent pas d'un meilleur secours. De nouveau pourtant, Marie se montre à son serviteur et s'enquiert de l'état des travaux. Alors Giovanni, roulant son bonnet de laine entre ses doigts, confesse avec humilité que la bourse chômant, les travaux chôment aussi. De quoi, entre nous, la bonne Vierge se doutait un peu :

« Eh bien ! demande, et tu obtiendras ! » ordonne-t-elle.

Cette fois, le berger, rassemblant tout son courage, s'en va droit à Albenga, où il conte le cas à l'évêque. L'idée valait de l'or. Le pontife instruit ses ouailles de l'apparition céleste, annonce une Indulgence de quarante jours pour qui s'emploiera à l'érection du sanctuaire, et, dès le printemps suivant, la première pierre étant posée aux lieux témoins du miracle, une bénédiction solennelle descend sur les populations accourues. Le culte de la Madone della Guardia était fondé. Depuis, il reste en honneur parmi les marins de la côte Ligurienne, et la piété des pèlerins n'a point failli un seul instant.

Au delà du Capo Verde, nous ne tardons pas à atteindre un vieux fort d'opéra-comique délaissé qui domine une église autour de laquelle se groupent quelques maisons : *Arma* est le nom de cette rue. Ne croirait-on pas y respirer une vague odeur d'encens et de myrrhe trahis-

1. *A travers l'Engadine*, Paris, Hachette, 1878 ; nouvelle édition.

sant le voisinage de la Madone? Il est vrai qu'un dimanche de fête ne demeure pas étranger au dégagement de ces effluves. Debout sur la corniche extérieure du clocher, suspendus à donner le vertige, des enfants de chœur revêtus de l'aube et du camail frappent les cloches en carillon. Un grand bruit de pas et de voix se fait au-dessous. Nous nous trouvons bientôt en pleine procession, fort empêché de nos mouvements, mais très intéressé aux détails du pieux cortège. En double rang, les pénitents ouvrent la marche : leurs robes blanches et leurs pèlerines bleues forment escorte d'honneur au curé qu'accompagne un nombreux clergé. Quatre d'entre eux, tête nue sous le soleil ardent, portent un brancard sur lequel se dresse la statue de Saint Joseph, avec l'Enfant Jésus dans ses bras. Un essaim de jeunes filles suit le bienheureux, en chantant des cantiques auxquels répondent les accords bruyants d'une fanfare enrichie de grosse caisse ; le reste de la population clôt le défilé dans ses habits de gala. On peut affirmer qu'aujourd'hui Arma tout entière est sous les armes.

Le passage redevenu libre, nous envoyons un adieu à Taggia que nous devinons là-bas, dans sa vallée délicieuse, et puis nous nous engageons avec moins de délices dans un demi-cercle de hauts et mornes toits qui va s'arrondissant sur une plage sablée de galets énormes. Cela s'appelle *Riva,* et nous ne relevons guère à son actif qu'un coquet campanile digne de lutter d'élégance avec celui de *San-Stefano,* le triste bourg prochain. Nous en sommes affligé pour notre saint patron qui lui prête son vocable, fâché aussi pour le comte de Cavour qui y possède sa *piazza;* mais vraiment cette capitale n'a pas dû s'humaniser, encore moins s'*haussmanniser,* depuis que le Président de Brosses, y débarquant à contre-cœur et d'un cœur peu solide, y recevait cette algarade du curé pour avoir mangé une vieille poule un jour maigre, puis s'endormait sous la table, à la musique d'une centaine de galopins écorchant les litanies de la Vierge.

Une grève à l'herbe courte et brûlée, où la mer ne trouve ni villas à refléter dans ses transparences, ni jardins à franger de son écume, demeure notre seul horizon : pas de vue, et ce qu'on voit aridement laid. Quelques vestiges de tours, des restes de fortifications apparaissent çà et là, rappelant l'époque où le corsaire, familier de ces plages, avait accoutumé d'y cueillir des esclaves, à défaut de fleurs. Bien que ne redoutant plus ce procédé botanique, nous commençons à regretter tout bas notre décision, non sans maudire, un peu plus haut, l'enthousiaste Carbone qui se contente de murmurer : *Pazienza! San-Lorenzo,* effleuré par la route et traversé par le railway, ne nous semble point une fiche de consolation suffisante, quand soudain le décor change. A un tournant du chemin, près des murs rouges de la villa Rambaldi, une succession de collines se profile tout à coup, vrai sourire de la nature derrière un voile d'oliviers. Une fraîche vallée s'ouvre, au nord, sur la verdure de laquelle s'éparpillent toutes sortes de *paeselli* scintillants au soleil comme poussière de diamant, et plus loin, du milieu des flots, se lève, calme et majestueux, l'amphithéâtre de Porto-Maurizio. Si le contraste s'est fait attendre, il n'a point été trop chèrement acheté.

*Porto-Maurizio* produit, aux flancs de son môle, un imposant effet. On dirait d'un amoncellement de temples et de palais. Ses maisons soutenues par des arcades, ses monuments, ses églises, montent en une floraison d'édifices dont la Cathédrale est l'épanouissement. Il y a sans doute quelque chose à rabattre, quand l'examen se spécialise ; toutefois l'impression première subsiste, ineffacée. La petite ville [1], simple castel au XI$^{e}$ siècle, aujourd'hui chef-lieu de province, est bien la *città* Italienne, animée et vivante, avec ses cris, ses chants, ses marchandes d'herbes, ses vendeurs d'*acqua fresca,* ses cafés, ses mille industries en plein vent ; mais elle possède aussi de larges rues bien dallées et de riches magasins. Ne se doit-elle pas à sa grandeur, elle

1. 7,500 habitants environ

qui bénéficie, aux dépens de la voisine Oneglia, de ce gros dé couleur amarante où opère M. le préfet ? Et comme il messiérait qu'un proconsul connût l'ennui, les bons habitants lui ont construit un théâtre — de marbre, s'il vous plaît, — tout cannelé de colonnes et tailladé de balustres. Sur sa tête de serpent, — nous parlons du théâtre, non du proconsul, — la basilique semble appuyer le pied. Elle est dédiée à saint Maurice et aux soldats de la Légion Thébéenne. Surmonté de campaniles, couronné de coupoles, ce Saint-Pierre en miniature dispose devant son fronton un double rang de massives colonnes au grain brillant qui forment le péristyle : douze degrés marmoréens précèdent ces monolithes venus de la Rivière du Levant. L'ordonnance intérieure répond à la richesse du dehors. Encore des colonnades, et des galeries, et des coupoles en croix dont la principale enlève d'un hardi mouvement la lanterne qui la termine. Quelques toiles de

Porto-Maurizio.

valeur — l'une représentant le martyre du Saint — habillent la nudité des murs. Alliance assez heureuse de *Madeleine* et de *Panthéon,* cette Cathédrale emprunte à l'harmonie de ses lignes plus encore qu'à l'ampleur de ses proportions un caractère de noblesse qui est celui même de la cité.

L'*Asilo Infantile,* institué par la Reine Marguerite, et le palais de la Trésorerie Militaire ajoutent à la décoration de la place. Les échappées qu'on y ménagea ne sont point pour la déparer. A l'ouest et au nord, de gais coteaux ondulent, dont l'olivier escalade les sommets ; çà et là des villages s'y accrochent dans un périlleux équilibre ; quelques sanctuaires se détachent de la verdure, et, pointant par derrière, deux ou trois pics neigeux encadrent le tableau.

Il ne faudrait pourtant pas croire que tout fût tiré au cordeau dans cette agglomération monumentale. Les *salite* étroites et raides n'ont pas pris congé de nous sans esprit de retour. Il suffit d'aborder certains quartiers de la ville pour s'en convaincre. On y retrouve plus d'un trait de famille avec San-Remo, depuis l'arc-boutant de pierre grise jusqu'au farouche *palazzo* dont l'armature de fer incurvée protège les fenêtres silencieuses. De nombreuses terrasses y superposent leurs voûtes et leurs pilastres. Mais tandis qu'à l'ouest une verdoyante cascade de vergers descend vers le rivage, rien n'égale, au sud, le pittoresque circuit de la longue et haute galerie dont les arcades tournantes découpent des tranches de mer indigo. C'est la *strada San Pietro,* un balcon hors pair ! Et pour ne point faillir à la loi des oppositions, ce fantastique décor touche, par une de ses extrémités, au plus étrange poudingue de roches jaunies, de murs demi-ruinés, de pignons à baies béantes, d'invraisemblables lézardes qui se puissent balancer sur l'abîme. Vu sous cette face, Porto-Maurizio, la ville de marbre, devient le palais de la Désolation.

De ce belvédère plongeant de cinq cents pieds sur la Méditerranée, on jouit d'un spectacle à défier les rideaux de fond du théâtre proconsulaire. Un port gracieux se dessine en bas, tout au premier plan. Avec les enrochements de sa double jetée, il semble le havre de salut qui appelle à lui les navires venant de la grande mer, tandis qu'à ses côtés, sur la plage abaissée, se creuse une autre rade également aimée du nautonier, celle d'*Oneglia.*

Oneglia, Porto-Maurizio, les cités jumelles ! Peu soucieuses de prendre rang parmi les stations d'hiver, elles n'aspirent qu'à confondre leurs fortunes en unissant leurs mains. Dix

Pêcheurs, près d'Oneglia.

minutes de voiture les séparent, et déjà le long des olivettes dont elles émergent, leurs villas éparses se rejoignent, brillant comme les clous d'acier d'une fraternelle ceinture.

Nous traversons l'*Impero* sur un pont de fil de fer aux culées de marbre ; un magistral ciseau y a sculpté les attributs de la Victoire. Le railway biaise en retraite, commandé par une luxuriante colline, sous le miroitement lointain de glaciers qu'on dirait plaqués d'argent. Peu d'eau dans le large lit du torrent : ce fleuve passe cependant pour impétueux, à ses heures, et il mérite, dit-on, sa réputation. Fleuve et vallée rappellent du reste, d'assez près, l'embouchure de la Roya, à Vintimille. Tout ce que l'ancien fief des Doria possède de blanchisseuses s'ébat dans les ruisselets de ces ensablements, lavoirs médiocres, remarquables séchoirs. Un jardin public, à la mine de Tantale altéré, côtoie l'aride Impero et lui emprunterait volontiers quelque fraîcheur, si le désert avait coutume de rafraîchir la caravane. Le lazarone, à défaut de plates-bandes, y fleurit dans le soleil et la poussière. Au delà du pont, une agréable avenue tempérée d'ombre conduit jusqu'à la ville.

L'Hôtel *Victoria* où nous arrête Carbone n'est point indigne d'une mention, et son « moscatello » comporte les honneurs de l'éloge spécial. Tandis que l'alezan et son tyran reprennent des forces, une simple, mais appétissante collation, rapidement servie dans une chambrette modeste, nous met en belle humeur de passer la revue des curiosités. Celles-ci n'ajoutent pas beaucoup à la carte. Quand on aura fait le tour des arcades d'une aire quadrangulaire, pâle copie de la Place Royale, au Marais; quand, suivant sous ses galeries à magasins la rue-route qui, d'outre en outre, perce la cité, on aura jeté un regard sur le Prétoire et le Collège Royal, ornements de la *Piazza Calvi*, puis un autre coup d'œil sur l'Hôpital civil et la Prison cellulaire, cette geôle modèle dont un chemin de ronde ponctué de guérites cercle les flancs ; quand enfin on se sera arrêté devant l'imposante façade, les statues et le clocher polychrome de l'église Saint-Jean-Baptiste, on ne sera pas bien loin d'avoir égrené les verroteries du collier d'Oneglia. La belle est d'ailleurs d'apparence fort moderne, et pour cause. Outre que ses origines trahissent plus d'obscurité que de lointain, la malchance, depuis le XIII^e siècle, lui en a si particulièrement voulu, que, d'âge en âge, nous la voyons occupée à tomber et à se relever de ses chutes. Qu'il nous suffise de transcrire ces courtes lignes empruntées au journal du marquis de Dangeau : « ... Le Roi eut nouvelles, le matin, que ses galères s'étaient présentées devant Oneglia, avaient demandé des contributions que les habitants avaient refusées, et que, sur cela, le chevalier de Noailles avait fait mettre à terre sept bataillons qui avaient pris, pillé et brûlé la ville[1]. » Ce n'était pas plus difficile que cela. La pauvre abandonnée n'avait plus alors pour se couvrir le large glaive d'André Doria, son enfant illustre, et la fertilité du sol en faisait une proie toujours enviée, souvent disputée, parfois dépecée en lambeaux. Le même Dangeau nous apprend que de « ce petit pays » le Duc de Savoie tirait une annuité de cent mille écus : l'aïeul Emmanuel-Philibert avait donc fait un placement louable, ne le payant que six mille ducats, un siècle auparavant.

Le commerce est l'âme d'Oneglia, et l'onde dorée qui s'échappe de ses pressoirs la source intarissable de sa richesse. En l'appelant « la fontaine d'huile », *Fonte d'Olio*, les marins ne se rendent pas coupables d'hyperbole. D'immenses réservoirs souterrains reçoivent l'onctueuse liqueur dont les tonneaux luisants se montrent partout, sous les voûtes, dans les rues, au seuil des portes. On la tient pour la meilleure du littoral. Des fabriques de pâtes alimentaires apparaissent également, deci delà, maître Aliboron, ce collaborateur forcé, faisant patiemment tourner la meule. L'observateur aura d'ailleurs profit à s'égarer dans le dédale des fissures qui avoisinent la rade. Le pont de pierre s'y arc-boute plus que jamais entre les maisons ; plus que jamais la raideur des escaliers y remet en mémoire la parole mélancolique de Dante. Mais les beaux fils musant, le stick en main, sous les arcades de la grand'rue ; les groupes de pêcheurs arrêtés dans les carrefours, ceinture rouge à la taille, veste de coutil sur l'épaule ; les femmes assises aux portes, tricotant de l'aiguille et aussi d'un autre instrument; les brunes têtes dont la broussaille, ennemie du peigne, s'encadre aux fenêtres ; les singulières guimbardes de place qui, peintes d'un bleu cruel, rappellent avec leurs coursiers apocalyptiques le cheval de carton des boutiques à treize sous, — toutes ces antithèses largement imprégnées de couleur locale ont de quoi plaire, et beaucoup, à qui ne voyage pas dans l'espérance unique de retrouver en Italie la perpétuelle asphalte du Boulevard Italien.

Une flânerie sur le port est péché de gourmet. Jamais autant peut-être nous n'avons apprécié le *far niente* du lazarone sous les rayons d'un chaud et réconfortant soleil. Combien séduisante, en effet, cette anse sertie de maisons à toits plats dont le portique continu accentue l'originalité! Moins resserrée que le havre de Porto-Maurizio, plus profonde et défiant mieux les coups de mer, elle est le rendez-vous des navires marchands certains d'y trouver un sûr refuge. Et pour que nulle parure ne lui manque, sa sœur, la ville de marbre, lui offre son profil dans un écrin de coteaux, pendant que la vague apaisée dont l'écume moire le sable semble vouloir y

1. *Au camp devant Namur*, jeudi 29 mai 1692 ; t. IV.

imprimer doucement le « carpe diem » du poète latin. On admire plus Porto-Maurizio, on aime mieux Oneglia.

Dès qu'on a quitté cette dernière, rapidement et rudement monte la route, tantôt ombragée d'oliviers et de caroubiers entre les branches desquels s'accuse l'indigo foncé de la mer, tantôt forcée d'allumer ses pentes à la flamme des roches calcinées; puis, aussi vite qu'elle s'est élevée, la voilà qui redescend. Des bourgs, des villages à l'agréable aspect se groupent dans les coteaux ou sur la plage. Là-bas, au flanc de la vallée, tel un paladin d'antan, *Diano-Castello* surgit de son éminence ; ici, humble et gracieuse, *Diano-Marina,* sa douce mie, décrit une courbe légère autour de l'onde où timidement elle pose le pied. D'assez jolies habitations bordent sa plage ; un campanile au jet élégant s'y nuance des reflets de l'arc-en-ciel : puisse-t-il un jour devenir

le labarum sauveur de ceux qui se presseront alentour! De l'autre côté du pont, quelques villas souhaitent la bienvenue au passant, lui envoyant par-dessus leurs barrières le pénétrant parfum de l'oranger en fleurs. Puis, entre des bois d'oliviers, la route continue gracieuse et d'une végétation si touffue, que le railway, séparé de cinquante mètres à peine, se laisse entendre sans être soupçonné.

Ainsi l'on atteint *Cervo,* amphithéâtre de bâtisses fièrement campées, face à l'ouest. Cette bourgade, sauf l'orientation, est le diminutif de Menton dont elle évoque l'image. Son église, marquée au goût du XVIII^e siècle, a grand air pourtant; elle semble s'élever ainsi que la prière et, comme elle, monter vers le ciel. La voiture contourne la courbe de ce mamelon rutilant, en même temps que la locomotive se perd dans les profondeurs d'un noir tunnel. Sur tout le parcours, d'anciens ouvrages de défense sèment la grève de courtines crevassées où le figuier sauvage vit seul avec l'oiseau de nuit. Il y flotte, sur les vents du soir, nous ne savons quel écho de chansons Barbaresques.

Un peu plus loin, *Andora-Marina* nous surplombe, dans son nid feuillé. Sa campagne est riante, avec toutes sortes d'arbres fruitiers et une limpide rivière que nous traversons à gué sur le sable où elle se joue. Des flaques d'eau, à odeur de marais salants, ne nous donnent qu'une médiocre idée de la salubrité du pays. Voici, au surplus, de quoi braver leurs miasmes.

Devant nous, le cap *Delle Melle* s'est avancé dans l'azur liquide, formidable ébauche d'un profil de Titan. L'appendice nasal de saint Charles Borromée, à Arona, n'est qu'un aplatissement en comparaison. Rien de plus désolé que l'arête le long de laquelle nous nous hissons, rien de plus interminablement monotone. Malgré la Méditerranée, aimable compagne d'une paroi abrupte, nous étions tenté de porter envie au tunnel qui, de biais, perce les cartilages de ce nez aspirant à la Corse[1] ; mais, de l'autre côté du phare[2], sa verrue énorme, le dédommagement s'embusquait. Le salpêtre et l'acier ont mordu le roc, la barrière tombe, et l'œil, libre d'entraves, goûte la sensation de l'infini. Cannes ou Nice n'offre rien de plus imprévu, de plus varié, de plus magnifique que cette vue à perte d'espace. Combien de montagnes ondulées et de dentelures de plages, depuis Laigueglia que nous allons toucher, jusqu'à la voluptueuse Alassio étendue sur son lit de poussière de corail, depuis cette île Gallinara, ombelle du jardin des Néréides, jusqu'aux falaises violacées du promontoire de Noli, jusqu'à ces rives lointaines à demi noyées de brumes où, sur un trône de marbre, l'anneau de ses Doges au doigt, règne encore, dans l'auréole des glorieux souvenirs, celle qui fut Gênes la Superbe !

Au bas de la rampe que nous avons redescendue grand train, *Laigueglia* nous attend : une seule rue, mais de développement, avec de hautes maisons soigneusement alignées, que réchampissent de pimpants badigeons. La brosse y a parcouru toute la gamme des couleurs. De gracieux « Ponts des Soupirs », à courts intervalles, relient les façades, comme autant d'arcs de triomphe incurvés pour nous recevoir : et sans doute que maître Carbone le prend ainsi, car il fait si bien éclater son chanvre vainqueur, que femmes, filles, enfants paraissent aux seuils, en poussant de petits cris d'admiration. Le *corricolo* est rare en ces parages, et le touriste un objet de curiosité; le cap Delle Melle a en effet depuis longtemps engouffré sa proie, quand, moins avare que l'Achéron, il se décide à la rendre par delà Laigueglia.

Brave et intelligente population, ces Laigueglicns, Guzmans maritimes qui ne connaissent pas d'obstacles. L'habileté, chez eux, n'a d'égale que la hardiesse. On en compte long sur leurs exploits. La race n'est d'ailleurs pas près de s'éteindre. Toute cette côte, l'une des plus poissonneuses qui soient, se peuple de pêcheurs. Assis dans leurs bateaux, ils sont occupés à raccommoder leurs filets pour le labeur de la nuit qui approche.

*Alassio*[3], dont nous voyons déjà flamboyer les murailles rouge brique, a droit aux mêmes

1. M. Élisée Reclus estime que c'est le point de la côte le plus rapproché de la Corse : 140 kilomètres.
2. A feu fixe, et aperçu de 37 kilomètres en mer.
3. 4,800 habitants.

louanges. La pêche, la navigation y restent en honneur. Malgré l'entraînement de destinées nouvelles, le maître-ouvrier y sait toujours construire un navire, et sa famille l'armer pour la course. La petite cité n'oublie pas les jours glorieux[1] de sa domination commerciale. Soixante-dix vaisseaux destinés à la poursuite du thon ou à la mise en valeur des produits de l'île de Sardaigne fendaient alors la mer obéissante sous leur proue souveraine. Ces nefs sont allées rejoindre celles dont San-Remo déplore toujours la perte : les mêmes grappins les ont capturées durant les mêmes guerres du cycle impérial. Mais, par un identique et singulier retour des choses, la main qui avait abattu devait relever. Du sol labouré sous les bombes des pères, un olivier de paix est sorti, dont les petits-fils sont venus cueillir pacifiquement les rameaux. Aujourd'hui l'Anglais, du droit de l'occupant, possède Alassio, comme il est en train de conquérir Cannes et de s'annexer Menton. Infatigable pionnier du bien-être, il a « découvert » une plage que l'Italie ne semblait pas même soupçonner, et il y a planté les piquets de sa tente, sous la garde du Léopard. Déjà les toits empourprés des villas Britanniques commencent à percer la verdure. La guinée tombe où pleuvait le boulet, l'hôtellerie se dresse à côté du donjon abandonné. Sans renoncer à ses filets, le marin s'est fait logeur, et la seule bataille qu'il livre désormais à son ancien ennemi n'est à d'autres fins que de lui faire accepter son hospitalité. Ainsi, en peu de temps, Alassio est devenue ville de saison. Elle l'est même deux fois ; on va voir comment.

Nous nous sommes engagé dans la rue qui, selon l'ordinaire, constitue toute la ville, sur la Riviera. Les autres n'étaient que longues, celle-ci est démesurée. Nous n'oserions l'évaluer en kilomètres. Presque droite, bien bâtie, mieux tenue, elle révèle des visées hospitalières. Plusieurs de ses logis sont *palazzi* véritables. *Umberto primo* lui a donné son nom, et la filleule mérite l'auguste parrainage. Une *piazzetta* la coupe, à moitié de son parcours ; des *vicoli* transversaux et parallèles la font communiquer avec la plage et avec la montagne. Du côté de la montagne, une autre place pavée de cailloux en mosaïque, où se groupent la Poste, le Télégraphe, l'Église — basilique à la triple nef, aux chapelles revêtues de marbres et de colonnes. Du côté de la plage, un envers de ville qui n'a point fait peau neuve ; le hâle et les rugosités lui maintiennent sa rustique apparence. Ne le regrettons pas. Ces pignons rentrants et sortants, sans préjugé d'alignement, ces terrasses festonnées de treilles, ces balcons de bois, ces vérandas où sèchent la figue et le poisson, ces clochetons enluminés de rose ou de bleu, sont bien les habitacles les plus réjouissants du monde. Le paysage est loin de les assombrir. Derrière eux, en façon de repoussoir, de hautes montagnes boisées que parsèment des chalets, des villas, des hameaux ; à droite, le cap Delle Melle d'où la Corniche se précipite dans l'onde ; à gauche, la même Corniche escaladant le promontoire Santa-Croce, avec une échappée sur l'île Gallinara qui, de ses contours subitement agrandis, figure le spectre d'une citadelle flottante ; enfin, au devant, la mer, la mer puissamment azurée, la mer sans limites, que strie la voile des tartanes glissant dans la fumée des bricks et des steamers. Ainsi se dessine, pour le charme de l'artiste et le salut du nautonier, ce golfe profond, défendu par deux avancées si dissemblables : l'une se redressant vers le ciel, l'autre abaissée jusqu'à n'offrir aux assauts des tempêtes que la vaine apparence d'un fer de lance émoussé.

Mais la merveille d'Alassio reste sa plage. Cette nappe de sable doux et fin qui, d'une pente insensible, vient mourir sous la plus nacrée des lames, égale en séduction celle de Cannes et la dépasse en sécurité. Pas un coquillage n'y meurtrit le talon, pas un trou n'y cache sa perfidie. L'enfant s'y abandonne, en confiance, aux caresses de la vague. L'égalité du fond se maintient

1. Les marins d'Alassio se firent remarquer à la bataille de Lépante, et l'Espagne utilisa leurs services, lors de la conquête du Pérou.

à ce point, qu'une armée en marche pourrait s'avancer jusqu'à 400 mètres du rivage, sans qu'un soldat perdît pied. Aussi la gent écolière s'en donne-t-elle à pleines brasses. Tout ce petit peuple clapote, jambes nues, dans le bain tiède, ou s'ébat dans les nefs tirées sur la grève.

Une *Graziella* de huit ans nous aperçoit, pour notre malheur. Elle s'avance, très confite en mièvrerie, et sollicite le « piccolo soldo » avec des poses d'une mimique si éloquente, que nous y allons de la pièce blanche. Imprudente largesse! A peine la rusée a disparu, qu'aussitôt, telle une nuée de sauterelles dévastatrices, tous les *ragazzi* d'Alassio s'abattent sur nous. Il en accourt des ruelles, il en sort d'entre les murs, il en surgit du fond des barques: la terre et la mer paraissent vouloir lutter de génération spontanée. Et les voilà priant, suppliant, harcelant, ici sur

Alassio.

un refrain joyeux, là sur une plaintive mélopée. De nouveau nous cédons, une fois, deux fois, dix fois... faiblesse déplorable! La nuée devient nuage, la prière obsession. Les nantis, plus ardents, sonnent une nouvelle charge, notre fillette en tête. Les étrangers ont dû gâter le métier et les prix subir une majoration évidente, depuis que le Président de Brosses, ne pouvant dormir, passait la nuit, près de Finale, à « rassembler toutes les petites filles du canton, qui venaient à genoux lui baiser la main comme à une relique, le tout pour un sou ». Une idée diabolique traverse notre cerveau. Réduit à la dernière cartouche, nous cinglons une poignée de cuivre dans la mer; l'ennemi plonge, et à la faveur d'une bataille sous-marine astucieusement prévue, nous disparaissons nous-même par le plus tortueux des *vicoli*. Sauvé désormais – qui ne l'eût cru? – nous gagnons, d'un pas plus lent, les vieux murs d'enceinte et la porte monumentale dont l'arceau se découpe, à l'orient, sous l'image de la Madone protectrice. Un mauvais génie, celui de la politique, nous arrête devant de colossaux placards aux promesses plus colossales encore. L'Italie, à cette heure, était en parturition de députés et la Riviera n'échappait pas aux douleurs de l'enfantement. Tandis que nous nous extasions sur la profession de foi spartiate d'un candidat jurant à ses électeurs de n'ambitionner *ne croci, ne commande, ne impieghi,* voici qu'un bourdonnement fâcheux se rapproche de l'affiche et du lecteur. *La Dittatura Depretis è finita !* s'écriait l'homme désintéressé... Eh bien, nous la trouvons privilégiée, cette dictature, d'en avoir ainsi fini ! Nous voudrions pouvoir en dire autant de la lutte contre nos oppresseurs, car les satanés *birbanti* ont retrouvé notre piste, et, de plus fort, ils vont attaquer le porte-monnaie vide. Nous hésitons entre le massacre et la fuite : la fuite l'emporte, l'Hôtel d'Alassio n'étant plus qu'à deux pas. Carbone le sauveur y a retenu notre appartement, ce qui nous procure l'indicible volupté de mettre les barreaux d'une grille solide entre les persécuteurs et la victime. Croyez-vous d'ailleurs que nos drôles s'avouent battus ? Ce serait mal les connaître. Sur une royale terrasse regardant le midi s'ouvrent, à hauteur du premier étage, les chambres d'honneur, et la terrasse n'est séparée de la mer que par une plage étroite. Heureux de pouvoir jouir enfin de la vue du golfe, nous nous avançons sans défiance vers le balustre... horreur ! un assourdissant hurrah accueille notre apparition. L'adieu au soleil couchant est dans les traditions du touriste : l'ennemi nous y attendait. Ici du moins, hors d'un périlleux contact, nous nous résignons plus gaiement, et l'hôtelier ayant renouvelé les projectiles, nous faisons bonne figure à l'assaillant. Suavement même, ainsi que le poète Lucrèce, nous assistons, de la rive, à cet ouragan de poussière, de cris et de horions. O puissance du dieu billon ! Des jeunes filles, en pleine sève de vie et de beauté, ne dédaignent pas de prendre part à ce sport humiliant... Une surtout, admirable de formes, plantureuse déesse aux yeux noirs chargés d'éclairs, qui semble avoir emprunté ses lèvres au corail et ses dents à la nacre du pêcheur, son père :

« Comme, au jour du mariage, la fleur d'oranger se noiera bien dans les lourdes ondes de cette chevelure sombre ! disions-nous au maître de l'hôtel, réjoui du combat.

— Oui, nous répond-il avec un fin sourire ; seulement, à la fleur, il ne sera que juste de mêler quelques oranges. »

Il paraît que les vierges à fruits prospèrent sur cette grève. Faut-il en accuser Albion ?

Du moins n'accusera-t-on pas de médiocrité le grand *Hôtel d'Alassio,* plutôt meilleur que bon. L'Allemagne hante, de préférence, l'Hôtel Suisse, son rival. Notre *albergo,* qui s'en console, enguirlande de roses son corps de logis principal et deux pavillons tournés vers la montagne ; son autre face contemple l'humide élément ; le bruit des flots y berce, sans augmentation de prix, le sommeil du dormeur. A l'intérieur, les brèches d'Italie s'unissent en justes noces avec le confort d'Angleterre, ce qui d'autant mieux s'explique que, selon les saisons, Anglais et Italiens se partagent le domaine. Les premiers, adorateurs du soleil d'hiver, arrivent vers l'octobre et ne partent qu'en mai ; le *yes* ailé voltige alors d'étage en étage. Friands de bains de mer, les seconds apparaissent seulement à la fin de juin et ce n'est, trois mois durant, qu'une orgie retentissante du *si.* Il en accourt non seulement de Gênes et de la Corniche, mais encore de tous les coins de la Péninsule. A ce moment, on dédouble les chambres, on sectionne les lits : un seul cabinet sert, au besoin, pour trois. Le petit-neveu de la Louve n'a pas les exigences raffinées d'une lady de Hyde-Park. Il vient uniquement ici pour faire le Triton : le reste lui est secondaire. Aussi, matin et soir, quand midi ne s'y ajoute, la plage se couvre de baigneurs et les têtes bronzées que caresse la lame sortent du flot, si drues parfois, qu'on croirait à une brusque montée de galets.

Voilà de quelle manière Alassio, bravant la loi du cumul, s'est constituée station hivernale et séjour d'été tout ensemble.

De cette animation, de cette foule, de cette joie de plein air et de pleine eau ne se doute guère celui qui, par disgrâce, traverse le pays entre les deux saisons. Celui-là, c'est nous, aujourd'hui. Or sachez qu'il y a, chaque année, cinq ou six semaines de relâche consacrées au repos des propriétaires et à l'aération des maisons. Malheur au nomade! Que si, faveur extrême, il est accueilli dans l'un des hôtels clos, son cas ne s'améliorera guère. Réduit pour partie, le personnel supprime en entier l'aménité. Pourquoi le troubler dans les délicates opérations du balayage? Donc, ne lui demandez rien d'extraordinaire ou même d'ordinaire : son oreille est dure, sa langue empâtée. Vous désirez de l'eau chaude! Impossible, les fourneaux sont en réparation. Il vous plairait de souper? Le cuisinier est en vacances. — Bast! un peu de poisson, cela n'est ni rare, ni d'un apprêt difficile. — Oui, mais nous n'avons qu'une côtelette. — Va pour la côtelette... seulement, un peu plus tard, afin de mettre à profit les dernières heures du jour. — Eh bien, le dîner du personnel? Quand donc aurait-il lieu! — Rien de plus juste. Un os vous est promptement servi, auquel s'adapte une rondelle de caoutchouc; libre à vous d'essayer de l'attendrir sous un filet de vin qui remplace avantageusement le verjus. Après tout, un mauvais repas est bientôt, même plus tôt passé. Vous vous consolerez ensuite par un tour de plage, à la clarté des étoiles. — Pour cela, non! Quelqu'un serait obligé d'attendre et, dans la saison du nettoyage, le couvre-feu sonne dès neuf heures. Que répondre? De dépit, vous vous mettez au lit et vous soufflez votre bougie. Fort heureusement qu'ici le moustique est clément, le serviteur étant sans pitié : le sommeil descend vite sur une journée bien remplie et, entre deux draps parfumés de lavande, vous pouvez vous livrer aux douceurs d'un songe... délicieux, s'il vous montre le manche de quelque fantastique balai caressant alternativement l'omoplate des mendiants du port et le rein de messieurs les nettoyeurs de l'hôtel.

**Seconde Journée.** — Les nuits sont courtes, à la fin de mai. Nous profitons des heures voisines de l'aube pour jouir, sans témoins, du spectacle de cette bleue Méditerranée qui, douce et tiède, lentement déroule ses volutes sur l'impalpable gravier. Mais la journée, elle, sera longue, si nous tenons à joindre Savone, après les quelques haltes obligées. Il faut donc suivre le conseil de maître Carbone et partir. Nous prenons le bouquet d'héliotropes que la *cameriera* nous présente avec un sourire tarifé, puis, au revoir! Un faubourg indéfini, comme la ville, nous mène hors d'Alassio, belle insoucieuse que nous laissons couchée au fond de sa baie, sous le frissonnement matinal du palmier et de l'oranger.

Le cap *Santa-Croce* dont nous gravissons l'escarpement est un balcon avancé sur l'île *Gallinara*. Du parapet qui domine le railway et la mer, on peut détailler chaque relief de ce récif, si mieux on n'aime s'y échouer : une heure de rame, en ce cas, a raison du trajet. L' « isoletto » appartient à un Albengeois qui l'habite durant la saison chaude. Un sentier serpente à l'est, sur son flanc arrondi, pendant que la paroi occidentale, coupée à vif, surplombe la vague d'une terrible façon. Sapho y pourrait renouveler le saut immortel. Des enrochements, des broussailles, de l'herbe, se partagent le terrain jusqu'au sommet. Là, un corset de murailles enserre une villa munie de sa tour d'observation. Sur ce bloc surnageant, le maître prend plaisir à rassembler une société choisie d'animaux sauvages : lièvres, lapins, chevreuils y vivent en famille, dans une entière liberté. Nulle crainte d'ailleurs que ces hôtes ingrats ne faussent compagnie à l'hospitalité : Amphitrite est une incorruptible gardienne. Pour le surplus, Gallinara — l'antique *Gallinaria* — jouit d'un état civil qui lui constitue d'excellentes lettres de noblesse. L'histoire nous la représente au milieu des poules sauvages qui lui laissèrent leur nom [1] ; la légende nous la montre ouvrant un refuge à saint Martin de Tours poursuivi par les Ariens, et lui permettant de vivre de miel et de simples jusqu'à l'heure de la délivrance. Il serait intéressant

Albenga.

d'aller contrôler tout cela, mais le temps nous presse comme les hérétiques pressaient jadis le Saint. Nous remettons donc la visite à un autre jour, et aussi le soin d'interroger les débris du monastère fondé, vers l'an 1000, par les disciples de saint Benoît.

Nous entrons dans les terres. A gauche, une ligne de hautes montagnes couronnées de neige; en avant, des tours pittoresques qui trahissent l'approche d'une cité. Nous traversons les eaux limpides de la *Centa,* nous dépassons de vieilles murailles noircies par les ans... Salut à *Albenga!*

Qui se douterait que ce fief de la République de Gênes, si différent des stations Liguriennes, ait jamais été port de mer ? Ptolémée comme Pline, Strabon aussi bien que Pomponius Méla, lui attribuent pourtant ce titre, qu'il leur plaise de l'appeler *Albiga, Albingaunum, Albia* ou *Alba Ingaunum.* Le Moyen Age voyait encore le flot déferler contre son mur d'enceinte. Mais une lente et sourde lutte se prolongeant entre le fleuve et la mer, ce fut le fleuve qui l'emporta. La Centa, enfant de deux torrents, obligea peu à peu la vague à reculer. Albenga qui tenait à son port lutta, de toutes armes, contre cette marée de boue envahissante : incessamment, elle creusait et recreusait ses bassins : efforts perdus! L'alluvion revenait acharnée sur la campagne basse,

1. Varron.

poussant en avant sa pointe de limon qui promptement se solidifiait : et peine et argent de s'enlizer à l'envi. L'habitant finit par en prendre son parti. Las de se montrer plus royaliste que la Reine Méditerranée, il acheva de combler le port, utilisa la vase fécondante et, de navigateur, devint maraîcher. La terre, à son tour, se piqua d'une réciprocité généreuse. Il lui plut de payer avec largesse les intérêts de la navigation perdue. Grâce à elle, l'abondance des récoltes remplaça le produit du cabotage. En même temps, on drainait, on assainissait : des fossés d'écoulement tarissaient les mares, les flaques croupissantes étaient desséchées. Il vint un jour où, elle-même, la fièvre paludéenne dut fuir, vaincue, derrière ses roseaux, et si elle reparaît encore de loin en loin, du moins le proverbe n'est plus vrai, qui faisait dire aux gens de la Ligurie rencontrant un visage pâle : « Voilà une face d'Albenga ! »

Cour d'une maison, à Albenga.

« C'est une ville ancienne, belle et grande, mais déserte, parce qu'elle est malsaine », constate Moréri au dernier siècle. — « La ville, qui est assez jolie, est pavée tout le long de cailloux de différentes couleurs, à compartiments représentant des animaux, des armoiries, des feuillages », écrit le Président de Brosses, vers la même époque. Pas un mot de plus. L'un et l'autre, sans crainte de prolixité, eussent pu en narrer quelque peu davantage. Quoi ! rien de la Cathédrale, ni du Baptistère, ni du Pont Romain ; pas même une allusion aux merveilleuses tours ? Réparons cet oubli.

Si sommairement que nous l'ayons sondée, la capitale des Ingauniens nous semble une mine à exploiter pour l'antiquaire. Maintes fois submergée, au cours des Invasions, elle n'en réussit pas moins à sauver plus d'une épave : sa fortune défie ses malheurs. Elle se prononce pour Carthage contre Rome, et Rome victorieuse la livre au pillage ; elle résiste aux Lombards, et les Lombards la dévastent [1] ; elle déplaît aux Pisans et les Pisans la brûlent [2]. Entre temps, elle a la gloire de fournir deux noms au martyrologe, presque un César à l'Empire [3], et son trône épiscopal si solidement s'assied, qu'élevé par Alexandre III [4] il dure encore. Elle ne plaisantait d'ailleurs pas sur la question des mœurs, celle qui, pour en maintenir la pureté, prenait soin d'élire, parmi ses magistrats, un censeur qualifié *Des Vertus*, avec mission de ne point s'endormir dans un lit de roses. Ses façades à fresques, ses rues étroites, les mantilles coquettes de ses femmes, les costumes variés de son nombreux clergé lui donnent de la couleur, de l'animation, de la vie, sans que pour cela l'Antiquité et le Moyen Age aient cessé de la marquer à leur empreinte. Sa Cathédrale *(Il Duomo)*,

1. 641.
2. 1175.
3. Titus Œlius Proculus, qui fut salué Empereur, puis défait par Probus, était originaire d'Albenga.
4. 1179.

sous l'invocation de l'archange Michel, dut compter jadis parmi les plus beaux sanctuaires de l'Italie. Ce dôme a malheureusement beaucoup souffert, bien que se recommandant toujours par son portail, ses nefs, ses baies à ogives et ce qui reste de son chevet gothique. Le Baptistère, tout dégradé qu'il soit, demeure une perle dont Plaisance ou Parme ne se désintéresserait pas. On y descend par une suite de marches humides, perdues de moisissure. Une voûte octogone, aux piliers de granit, y protège la cuve de marbre monolithe où le baptême se donnait par immersion. Des traces d'inscriptions, des débris de peintures s'y remarquent, ainsi

La Cathédrale d'Albenga.

qu'un beau fragment de mosaïque à l'une des voussures. Également en mosaïque, le pavement reproduit le monogramme de Notre-Seigneur, accompagné de l'agneau mystique et d'un essaim de colombes. Des sépulcres Romains sont encastrés entre les colonnes. Ce monument, qui paraît remonter au v$^{e}$ siècle, dut être de toute splendeur et, en le conservant sans le restaurer, l'édilité Albengeoise a fait preuve de goût.

Mais ce qui domine dans Albenga, ce qui lui donne son caractère féodal entre toutes les cités de la Riviera, Noli exceptée, ce sont les hautes tours de briques carrées à l'ombre desquelles villes et seigneurs s'abritaient, pendant les luttes Gibelines. Nous en relevons six ou sept, proches voisines, de teinte rouge sombre, superbes d'envolée. Des créneaux échancrent les unes, les autres se terminent sans couronnement; le pinceau a couvert celle-ci de sujets pieux ou guerriers; celle-là sert de clocher à la Cathédrale. Au-dessus de toutes, les martinets et les corneilles volent et crient en traçant dans l'air leurs cercles vertigineux. Nous songeons à Bologne, nous rêvons de Florence, cela d'autant plus volontiers, qu'ayant contourné *San-Michele,* nous nous trouvons sur la *Piazza dei Leoni,* en face de deux lions de granit qui, malgré l'outrage des ans, s'obstinent à défendre le seuil de leur maître. Cette noble demeure appartient au marquis Palestrino, de Gênes. Le vestibule, avec ses bustes, ses inscriptions Romaines, son escalier taillé dans le carrare, donne une idée grandiose des appartements qui en sont la suite. Une galerie de tableaux est l'honneur de ce palais, moins étonnante pourtant que sa prodigieuse aigrette, à savoir cette tour quadrangulaire, crénelée, aérienne, dont la plate-forme, désormais veuve d'archers, ne sert plus qu'à réunir, dans une même vision, les cimes neigeuses des Alpes, les blanches villas du rivage, et la pointe bleuâtre de Porto-Fino, par delà le golfe de Gênes.

Tout au sortir d'Albenga, près d'une chapelle de la Vierge, le voyageur court risque d'effleurer de sa roue, sans le remarquer, l'un des plus antiques souvenirs qu'ait légués Rome à sa colonie. Il s'agit du *Ponte-Lungo,* toujours « long », mais peu élevé désormais. C'est qu'il a passé tant d'eau sous ce Pont, que plus une goutte n'en reste pour abreuver ses piles. Le fleuve l'a abandonné, la terre l'a conquis, et son entablement où dorment les siècles ne saille plus que de quelques pieds. Les dix arches magistrales qui le soutiennent découvrent à peine le sommet de leur courbe, cependant qu'à vingt mètres dans le sol le massif entier s'enfonce, noyé par l'alluvion. Le géant a été enseveli vivant. Nous savons pourquoi; nous avons tout à l'heure surpris la Centa en flagrant délit d'infidélité, de l'autre côté de la ville. Le phénomène géologique qui, en exhaussant le niveau de la plaine, supprimait le port et mettait le Baptistère en contre-bas de treize marches, n'a pas de meilleur témoin de son lent et sûr travail, que ce spectre monumental délaissé au milieu des champs, sur le bord d'une route poudreuse, avec l'unique fonction de prêter son tablier au séchage des foins. Peut-être dans quelques centaines d'années, lorsque l'œuvre de submersion sera parachevée et l'oubli plus profond, le hasard des fouilles amènera au jour la crête d'une arche étonnée de revoir la lumière. Alors, de la terre profondément remuée sortira le revenant de pierre, et les savants français — s'il en existe encore — composeront de volumineux mémoires sur ce Pont qui les aidera à franchir celui des Arts — s'il subsiste toujours. *Habent sua fata...*

La plaine qui se déroule au loin nous rappelle les fertiles campagnes de la Lombardie. Les arbres fruitiers, la vigne, le maïs, le froment, les légumes la couvrent de leurs richesses; les tours d'Albenga en émergent, pittoresques et sombres; des monts argentés de neige courent sur la gauche, et la mer continue à se cacher si bien, que l'île Gallinara paraît d'ici le dernier contrefort de la chaîne calcaire descendue vers la plage.

M$^{me}$ de Genlis qui, dans son roman d'*Adèle et Théodore,* date plusieurs lettres d'Albenga, nous laisse un fort gracieux pastel de ces environs : « L'aridité des rochers, écrit-elle, l'aspect imposant des montagnes, forment un singulier contraste avec la beauté riante et la fertilité de la plaine;

les prés y sont émaillés de pensées et de lis; le laurier-rose y croît sans culture; on y voit tous les champs entourés de longs berceaux de vigne, et à travers ces charmantes galeries à jour, on découvre la verdure, les fleurs et les fruits renfermés dans l'enceinte de ces légers treillages dont toutes les arcades sont ornées de guirlandes de pampre élégantes et flexibles, et que le moindre vent fait mouvoir. Il semble, dans ce délicieux séjour, que la terre y soit cultivée, non pour les besoins de l'homme, mais seulement pour ses plaisirs. C'est là que vous verriez de véritables bergères... toutes les jeunes filles sont coiffées en cheveux avec un bouquet de fleurs naturelles placé sur la tête, du côté gauche : elles sont presque toutes jolies, et surtout remarquables par l'élégance de leur taille[1]. » Ce crayon qui remonte à plus d'un siècle n'a point trop pâli, et sauf les *bergères* dont Florian déclinerait sans doute les avances, le surplus peut passer encore pour

suffisamment exact. Ajoutons que c'est dans « une espèce de bosquet » de cette Arcadie, que la jeune Adèle rencontre, « vêtue d'une robe de gaze blanche », *l'inconnue* de beauté parfaite dont un barbare époux avait emprisonné, neuf ans, l'innocence, au fond du plus horrible des cachots. Les cœurs sensibles, capables encore de s'attendrir aux péripéties de ce drame, apprendront avec intérêt que la duchesse de Cerifalco (ne soyons pas plus discret que M^me de Genlis révélant, en note, le nom de « l'inconnue ») était fille d'un prince Palestrino, ancêtre du grand seigneur dont nous venons de visiter le palais.

Plate et poussiéreuse se continue la route, mouvementée seulement par la rencontre de quelques oliviers ou d'un serpent d'une aune qui se chauffe au soleil et se redresse, au bruit de nos grelots, pour s'élancer sifflant dans l'humide fourré d'un blé de Turquie.

Avec *Ceriale* nous retrouvons l'onde perfide et... désirée. Aussi perfides, mais moins souhaités, étaient les Corsaires qui, dans une seule nuit[2], enlevèrent à cette pauvre bourgade plus de trois cents de ses habitants. La rançon fut dure à payer : on y arriva, les années coulant et le légume aidant. Des calfats en train de radouber une goélette nous paraissent travailler avec l'insouciance

1. *Adèle et Théodore*, ou Lettres sur l'Éducation, par M^me de Genlis; 5^e édition. Paris, 1813.
2. 1636.

heureuse de gens qui n'ont plus à redouter l'indiscrétion de telles visites. De nouveau la Corniche, jalouse de justifier son titre, s'accroche au rocher, à pic sur la mer. Nous approchons de cette crête transversale pénétrée d'azur qui, du cap Delle Melle, nous figurait un Estérel harmonieusement fondu dans les vapeurs. D'une allure accélérée nous dévalons sur *Borghetto.* « Petit bourg », en effet! A peine y entre-t-on qu'on en est déjà sorti. L'unique rue est courte, par contre assez large et fort plaisante, avec des regards ménagés sur le flot. Rien n'empêche l'amateur d'en risquer un sur les belles filles qui se montrent aux fenêtres : leur taille a l'élégance du palmier magnifique dont les blonds régimes souhaitent la bienvenue, vers l'entrée de ville.

*Loano,* le bourg prochain, nous reproduit Alassio, y compris l'interminable rue, les places et les carrefours, — un Alassio élargi, avec des débris de château fort et des portions de remparts à tourelles et à poternes, dignes de l'album. Plusieurs églises y accusent la piété des quelques milliers de fidèles qui prient sous leurs voûtes. L'une d'elles, celle du Mont-Carmel, est à remarquer

entre les autres. Appuyée sur des terrasses à espalier, suspendant sa coupole au revers d'un agreste monticule, elle avoisine un couvent dont la vue doit troubler les méditations cénobitiques. Couvent et église sont une fondation des Doria.

Bientôt *Pietra-Ligure* sort de ses bosquets de palmes et d'oranges. Cette riveraine se distingue de ses sœurs au long cou. Plus ramassée sur elle-même, plus agglomérée, plus ville enfin, elle mêle, dans les effluves de son haleine, le parfum de l'acacia aux senteurs de l'oranger. Sa très vaste nef ornée de fresques et de marbres, enrichie d'autels, décorée de boiseries finement sculptées, ne déparerait pas une capitale. Un *cicerone* complaisant s'offre à nous conduire, nous expliquant chaque chose par le menu. Nous le remercions, comme il convient, et comme il convient, nous lui laissons dans la main une effigie métallique de son souverain. Surprise, rougeur subite, puis sourire du *cicerone,* et, pour clore, dépôt de la pièce dans la sébile d'un pauvre. Hélas! nous venons de régaler d'un pourboire M. le maire en personne.... et nous ne sommes plus à Alassio!

*Borgio-Verezzi,* qui nous remet de cette alerte, se coupe en deux, comme son nom : *Borgio,* aggloméré sur un mamelon, au pied d'une colline, et *Verezzi,* étagé beaucoup plus haut, le long de la montagne où s'épandent ses maisons. Beau-Rivage lui sert de garde avancée, couronnant une plate-forme aride qui commande le chemin de fer et la plage. Ouverte toute l'année, cette hôtellerie vise à la renommée de station balnéaire, — station de poussière serait plus exact, car la vague est loin, et le baigneur ne saurait l'atteindre qu'en traversant le railway d'abord, puis d'énormes dunes d'un sable blanc accumulé par les vents et le reflux. Cependant un secret pressentiment nous avertit que nous ferions sagement de tenter ici la revanche du souper. L'arrêt semble bon : « il sera meilleur à Finale », riposte doctoralement Carbone, et nous l'en croyons. Sous un tourbillon de poudre aveuglante, nous abordons le pittoresque tunnel découpé pour le piéton dans des masses rocheuses que nimbe une tour en ruines. *Final-Marina* s'y encadre, perspective soudaine et enchanteresse. Bourgs et burgs, villas et hameaux s'éparpillent au regard, dès la sortie, glissant du flanc des collines et roulant, dans un chatoyant ruissellement, l'émeraude de leur verdure et l'or de leurs fruits vers la Néréide qui paraît tendre sa glauque ceinture pour les recevoir.

Ce qu'on nous tend, ce qui nous attend est d'autre acabit. Notre alezan s'est à peine engagé dans le faubourg, qu'un grand diable hâlé, long et sec comme un mercredi de carême, se jette à la tête de la bête et, saisissant la bride, nous entraîne, d'un trot latéral, vers des destinées inconnues. Ce suppôt d'enfer est l'hôtelier à l'affût de sa proie, le maître en personne de l'*Osteria Garibaldi*. « Médiocre », imprime Bœdeker, parlant de cette *locanda;* « effroyable » serait un euphémisme. Le gîte vaut l'enseigne. Mais il n'y a plus à reculer : outre que nous sommes pris, l'auberge est, paraît-il, la seule de Final-Marina, par conséquent la meilleure. Une serviette sale à la main, pompeusement le sommelier nous escorte à travers une série de pièces d'une ornementation douteuse et d'une propreté qui ne l'est pas. Un galetas décoré du titre de « salle à manger » déploie sur deux rangs sa table de banquet (infortuné, le convive !), sous l'enluminure cramoisie du fameux condottiere qui préside... à cheval. Maculée de taches violettes, la nappe répond du moins de la coloration des vins : le chimiste préposé à leur fabrication n'y a point ménagé les flamboyantes mixtures. « Que le *signore* veuille bien s'asseoir ! » observe assez aigrement l'hôtesse blessée d'un manque d'enthousiasme trop évident. Asseyons-nous, puisqu'il le faut. Nous déposons sur la couverture de l'honnête Bœdeker le fragment de pâte incuite qui tient lieu de pain ; nous interrogeons, du bout de la fourchette, l'omelette aux poussins, les pommes de terre revenues dans la pommade rance, et le rumsteack emprunté à la selle du héros ; puis, en règle avec la politesse, nous levons la séance sur des asperges au parmesan. Horrible ! Si notre prunelle était celle de Jupiter, Carbone aurait des chances d'être foudroyé.

La chasse aux curiosités ne nous ménage pas un dessert plus fructueux. L'intérieur de la ville — villace serait mieux — est triste, mal bâti. Une rue construite sur un plan régulier, quelques maisons acceptables, même un petit théâtre, mériteraient-ils les honneurs d'une halte ? Le Port nous a paru intéressant, grâce au va-et-vient de ses bateaux de pêche ; des chantiers de construction en activent le mouvement. Mais la seule visite justifiée est due à l'église de *San-Battista,* œuvre du Bernin. Sans doute que le « cavaliere » la désirait belle : il l'a faite riche, tout au moins. Le péristyle marmoréen que surmonte la statue du Saint vise à la grandeur et n'atteint qu'à l'effet. Les groupes de colonnes couplées qui partagent l'intérieur du vaisseau en trois nefs, les poses maniérées des Bienheureux voltigeant dans leurs niches, la chaire de carrare où s'incrustent des fragments de jaune antique, l'autel, les balustres, les chapelles, la vaste coupole en suspens sur l'ensemble, tout cela reluisant de marbres, papillotant d'ors, relève plus du palais que de la basilique.

Final-Marina se complétait, au Moyen Age, par l'adjonction de Final-Borgo et de Final-Pia, trois cités en une, comprises sous la dénomination générique de *Finaro,* puis de *Finale,* et défendues par sept redoutables forteresses. La possession en était fort enviée. Des tyrans locaux [1],

1. Les Marquis de Carreto, entre autres.

le Roi d'Espagne, la République de Gênes se succèdent tour à tour dans la suzeraineté de ce fief. « Le bruit se répand que l'Empereur Charles VI vend Finale aux Génois pour 1,200,000 écus », lisons-nous au *Journal* de Dangeau[1]. La nouvelle était vraie, et les Génois gardèrent leur achat, malgré une grande répugnance éprouvée par les achetés à l'endroit de leurs acquéreurs[2]. Des sept forteresses primitives, *Final-Borgo* subsiste à peu près seule, aujourd'hui. L'envie nous prend de la visiter. Par un chemin qui, entre deux murs brûlants et des berceaux de vigne, court dans la direction du nord, nous gagnons la vieille ville réfugiée sous son canon. Celle-ci offre un caractère archaïque non dissimulé. Ses toits d'ardoises, ses carrefours arc-boutés, ses flèches aiguës, ses ruelles mal éclairées, une ou deux tours à créneaux, la lustrent d'un reflet uniformément gris fer qui tranche sur les criardes couleurs des plâtras du rivage. Le double versant de montagnes boisées dont l'éclatante verdure l'enserre ajoute encore à l'intensité des oppositions : l'azur de la mer n'y miroite qu'à travers une étroite échancrure

de collines. L'église, au clocher de pierre curieusement ajouré, mérite examen. La montée vers le donjon est dure, au caprice de circuits rapides, le long de murailles crénelées, à la merci d'un ciel de feu. On peut se contenter d'admirer d'en bas. Mais l'assaut du roc dédommage l'intrépide qui, ayant gagné le droit au repos sous les pampres et les citronniers en guirlandes, jouit, *lentus in umbrâ*, du spectacle varié des campagnes d'alentour.

Nous ne rejoignons Final-Marina que pour la quitter aussitôt, le meilleur moment qu'on y passe étant celui du départ. Ne serait-ce pas aussi l'opinion de l'indigène qui, en vue d'un adieu autrement sérieux, s'est créé, en dehors de la ville, une nécropole hors pair ? Il a tenu à raccourcir aux âmes le chemin du paradis, car, si haut que se suspendent les *campi-santi*, le long de la Riviera, rien ne s'est rencontré d'aussi vertigineux que le cimetière sous lequel nous allons passer. Les pyramides de ses cyprès s'élancent d'un roc, pastiche de celui de Monaco, et, comme lui, tout hérissé des raquettes du figuier de Barbarie. *Final-Pia* nous laisse l'impression d'une modeste bourgade au léger campanile agrémenté de colonnettes. Puis, commençant à remonter, nous doublons de petits caps sous des percées du plus ravissant effet. Adossée à l'un

1. Dimanche 30 août 1713.
2. Sismondi, *Histoire des Républiques Italiennes*, t. VIII.

d'eux, toute une famille Napolitaine savoure les douceurs de la sieste : père, mère, enfants sont là, dans des poses d'autant plus harmonieuses qu'elles furent moins cherchées. Cette migration a quitté la Chiaja vers l'automne, en destination de San-Remo, et quand, de son espadrille éliminée, elle aura foulé l'herbe du Berigo, elle reprendra sa course vers le Pausilippe où l'ombre de Virgile lui murmurera : ... *Fortunatos nimium!* Traverser la *Botte* du sud au nord, et la retraverser du nord au sud, est l'existence de ces nomades. La figue, pain du pauvre, les nourrit dans sa saison ; la charité fournit le surplus.

« ... Pour éviter une montagne horriblement dangereuse, nous nous sommes embarqués ce

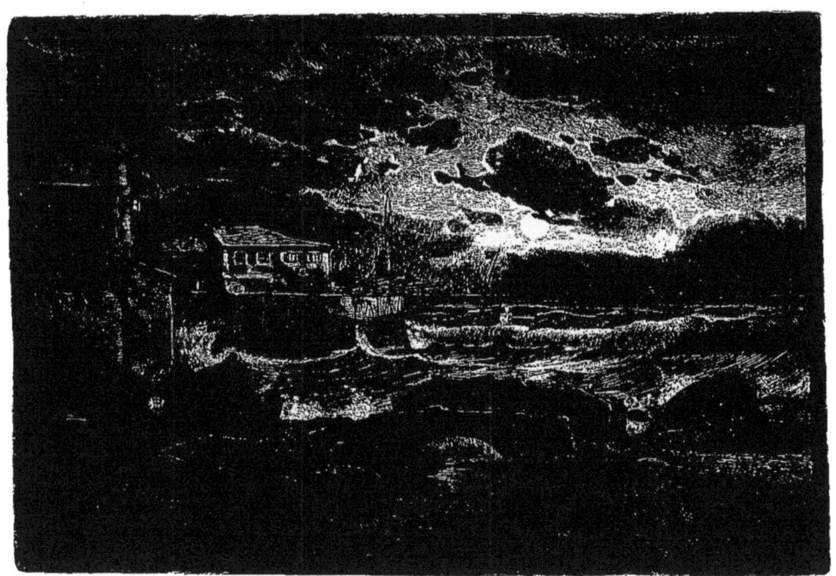

matin à Pietra, et nous avons fait par mer trois lieues et demie ; à Noli, nous avons repris nos chaises. » Qui parle ainsi ? Mme de Genlis, et de Brosses qui lui, au contraire, « a envoyé la felouque à tous les diables », n'a pas autrement à s'en louer. Des chemins larges de quatre doigts, des précipices de quatre cents pieds de haut, « mille et mille fois plus fatigants que la mer », le forcent, dès qu'il a joint une maison, à se jeter sur le pavé, accablé de lassitude. Nos contemporains en sont quittes à meilleur compte. L'ingénieur moderne — l'espèce aurait-elle parfois du bon? — sut dompter cette âpre nature, sans en amoindrir la majesté. Toutes ces infranchissables falaises aux entailles desquelles s'enfonce la locomotive,— grâce à lui, nous les escaladons. Les ouvrages d'art, et le mot sied ici, triomphent de l'obstacle amoncelé. Parfois la montagne trouée à ciel ouvert n'offre qu'un passage étroit, en tranchée, sorte de clûs aux murailles verticales qui emprisonnent le regard ; plus souvent la roche, éclatante de coloration, pivote de trois cents pieds de haut dans une eau toujours agitée dont nul plongeur n'a touché le fond[1]. Si disloquées, si empourprées sont ces formidables parois, qu'on les prendrait pour les restes foudroyés d'Encelade, teints encore du sang de ce Titan. Entre la pierre déchirée à vif et l'onde mugissante le cheval passe, l'œil inquiet, l'oreille droite, et pour peu qu'ombrageux, il part comme flèche, au fracas des vagues s'engouffrant avec des bruits de tonnerre dans l'ombre insondée des cavernes souterraines. Pyramides déchiquetées surgissant de l'abîme, noirs écueils, grottes mystérieuses, grève au sable éblouissant, profonde mer, telles sont les surprises du *Cap Noli*. Nulle autre part, la Corniche n'offre un pareil assemblage de sévères, de grandioses beautés. Ce défilé, à lui seul, payerait le touriste, et comme pour forcer les derniers retranchements de son admiration, tout à coup, au seuil d'un tunnel entaillé dans le marbre, Noli, Savone, Gênes apparaissent, étoiles d'une courbe qui va se perdre dans l'azur de Porto-Venere. « La plus belle vue de l'univers ! » écrivait M^me de Genlis : cette exclamation d'un laconisme naïf est peut-être le seul langage qui convienne.

La route descendant de ce haut promontoire passe devant *Noli* sans y pénétrer. Elle n'aura pas voulu enfreindre l'arrêté de M. le maire qui a fait placarder, en dehors des murs, une magistrale défense aux voitures d'en franchir les portes. Le chemin de fer est moins discret : coupant l'antique Nolium, il n'en fait que deux bouchées. Pour nous, respectueux de l'édit municipal, nous laissons Carbone et son coursier nous attendre sous la vigne d'une *osteria* suburbaine, et pédestrement nous abordons l'excellent dallage de cette capitale sans véhicules. « Méchante ville, ville déchue... » modulent en chœur le Président de Brosses et M. Élisée Reclus. A leur aise ; mais elle nous plaît ainsi, la petite ville, bien qu'elle ait perdu ses galères et troqué ses consuls contre une poignée de municipaux. D'abord, faute de rosses et de carrosses, l'écrasement chôme; le cocher parisien, ce massacreur patenté, n'y ferait point ses frais, ce qui a déjà son prix... pour la chair à massacre. Puis la longue rue traditionnelle s'est évanouie, et avec elle, les bruits stridents. Une *via* Vittore-Emmanuele, une place *Manin*, des *vicoli* fort propres, d'honnêtes carrefours ne sont pas même éveillés de leur silence par le clic-clac d'un talon de bottine sur le pavé. Les femmes circulent généralement pieds nus : sage économie qui permet aux pêcheurs, leurs époux, de s'offrir de superbes bonnets d'un pourpre à rendre Marianne jalouse. Ces déchaussées se dédommagent par une conversation qui ne nous semble point languir, soit que, disposées à moudre moins de grains que de paroles, elles brûlent paisiblement leur café sur la voie publique, soit que, formant le cercle, elles filent au fuseau, tout en parfilant le prochain ; car on file encore à Noli, ainsi qu'au temps des Fées ! Quelques terrasses d'où retombent des pampres et des rameaux chargés de figues, l'église Saint-Pierre dont le stuc et le marbre ornent à l'envi les nefs, un Hôtel de ville assez monumental, quatre ou cinq tours de briques, une ceinture de murailles féodales cloutées de demi-lunes enserrant la colline prochaine, suffisent à intéresser le regard, en évoquant les souvenirs. Paresseuse ou ignorante, la

1. La profondeur de la mer dépasse 500 mètres à cet endroit.

mémoire est d'ailleurs aidée par trois plaques de carrare s'étalant aux arcades du *Municipio:* l'une, en l'honneur de Dante qui a célébré Noli[1]; l'autre, consacrée à Giordano Bruno qui y enseigna la grammaire et la cosmographie; la troisième, rappelant le nom d'Antoine de Noli « qui, à moitié du XVe siècle, hardi parmi les plus audacieux navigateurs de la cité, découvrit les îles du Cap-Vert et fraya ainsi la voie à l'étranger heureux dont le destin était de trouver la route du nouveau monde par le cap de Bonne-Espérance ». Une tour servant d'horloge défend le palais municipal ; une autre procure aux vues indulgentes l'illusion de l'Asinella Bolonaise ; toutes deux, avec leurs sœurs vêtues de rouge sombre et nimbées de créneaux, rappellent la période glorieuse de l'ex-République, alliée de Gênes. Il y faut ajouter le fier donjon qui s'élance à l'orient, respecté des longs soleils et bronzé par eux. Une forêt d'oliviers, des bois d'orangers et de citronniers, enchantement de la vallée dont Noli est la clef, voilà pour compléter la parure d'une cité un peu ignorée, très oubliée, nullement à dédaigner cependant.

Des bouquets de pins parasols sont nos introducteurs à *Spotorno,* fraîche contadine, avec des guirlandes de pampres au front et, sur l'épaule, une corbeille d'où s'échappent des grappes de citrons et d'oranges. Les arbres qui ploient sous ces baies d'or atteignent ici de remarquables proportions: tel d'entre eux rend, dit-on, jusqu'à 8,000 fruits dans une année. Bien partagés, les marins occupés là-bas à tirer leurs filets sur la plage! Devant nous surgit une île, réduction de la Gallinara, et qui appartient au même propriétaire — un collectionneur de récifs, paraît-il. Mais cette *Bergeggi,* plus rapprochée de terre que son émule, offrirait un moindre régal à la dent des rongeurs: à peine si, de loin en loin, une herbe rare y verdit la pierre noire. Piédestal escarpé d'une abbaye en ruines qui releva de Lérins, l'îlot n'est plus guère qu'un écueil bon à briser les navires, par une nuit de tempête. De cette côte, Gênes se dessine au fond de son golfe immense. Frappés par le soleil, estompés dans l'azur, ses édifices prennent l'éclat d'une topaze flamboyante que sertiraient de pâles saphirs. Les brusques circuits de la route laissent entrevoir Savone, par intermittences: bientôt, près d'un phare que nous dépassons, la baie entière se découvre, parée des mille villas épandues sur ses coteaux.

*Porto-di-Vado* compte seulement quelques toits, mais sa rade est renommée. Sur *Vado* qui fut capitale, puis évêché, et n'est plus même un bourg, plane encore l'ombre d'un grand nom. Pertinax y naquit dans le hangar d'un marchand de bois[2]. Sans doute que parmi les essences ligneuses du chantier paternel se trouvait celle où l'on taille les généraux habiles, les gouverneurs pleins de sagesse, les empereurs modèles; car l'enfant, devenu homme, fut tout cela. Mais un César doué de tant de vertus ne pouvait plaire longtemps aux Prétoriens : ils le lui firent bien voir, en l'égorgeant après quatre-vingt-sept jours de règne. De l'agglomération de bâtisses sans caractère représentant désormais l'antique Sabata[3], nous ne retenons que l'image d'une procession de *vetturini* amenant les dévots du cep en d'agrestes *osterie* pour y célébrer le petit vin de banlieue. Ici les lèvres altérées doivent être aussi nombreuses qu'excusables. De longues colonnes d'une fumée noire lentement s'élèvent, à l'horizon : les tours d'Albenga et de Noli sont devenues cheminées d'usines, et ce qui en sort salit l'atmosphère. Partout des fabriques de pâtes, des fours à briques, des ateliers de poterie; une odeur âcre prend à la gorge, une épaisse poussière aveugle, et on y perd peu, car la vue d'arbustes cruellement grillés, de façades odieusement peinturlurées, est la seule distraction de ce long et vilain faubourg. Espérons que la ville nous dédommagera: elle nous dédommage en effet.

1. *Purgatoire,* chant IV.
2. Nous avons vu que Monaco réclame aussi comme sien le successeur de Commode.
3. Nom de Vado, quand la cité servait de capitale aux Ligures Sabasiens.

PORT DE SAVONE.

*Savone* vaut mieux que ses abords. « On y voit d'assez belles églises, cinq portes, deux forteresses et une citadelle », écrivait l'abbé Moréri, il y a cent vingt-huit ans. Il s'en faut qu'elle en montre moins aujourd'hui. Elle a des quartiers neufs, des rues à arcades, de vastes squares tels que celui de la gare, de riches édifices, un port magnifique. Par ses larges percées allant de la mer à la montagne, par ses places majestueuses elle rappelle Turin. Du haut de son esplanade, rendez-vous favori du bersagliere et de la nourrice, la côte entière se découvre, depuis Verezzi jusqu'à Gênes, et, de ce balustre de pierre plongeant sur la vague, la fantaisie peut se lancer à la suite des navires qui sillonnent la plus transparente des mers. Des cailloux, des

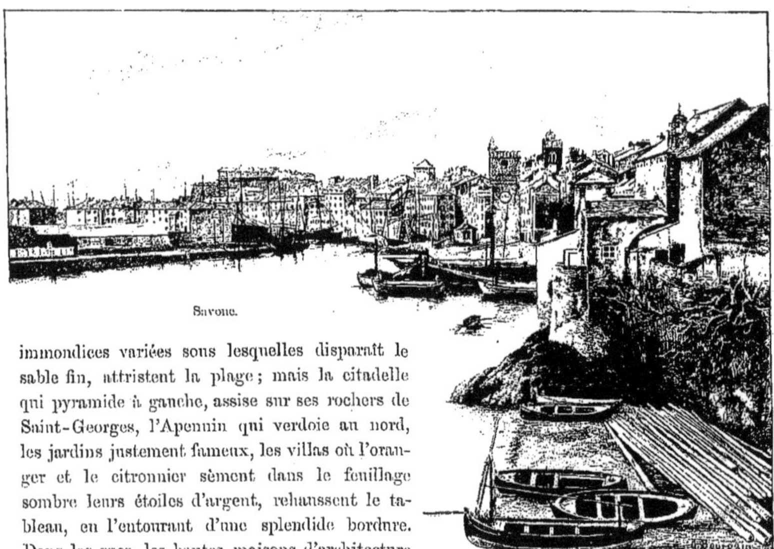

Savone.

immondices variées sous lesquelles disparaît le sable fin, attristent la plage; mais la citadelle qui pyramide à gauche, assise sur ses rochers de Saint-Georges, l'Apennin qui verdoie au nord, les jardins justement fameux, les villas où l'oranger et le citronnier sèment dans le feuillage sombre leurs étoiles d'argent, rehaussent le tableau, en l'entourant d'une splendide bordure. Dans les rues, les hautes maisons d'architecture moderne superposent, à l'Italienne, leurs balcons qui, vers minuit, laissent flotter pour Lindor le mouchoir de l'*Innamorata;* les trottoirs sont frangés de chênes-verts taillés en boule, comme le bigaradier, et du meilleur aspect. L'affiche électorale y macule bien un peu les murs, vu le moment critique : on y remarque des « Adolfo Sanguinetti » bon teint, des « Sbarbaro Pietro » féroces, des « Cæsare Tubino » sonnant du clairon, tous démocrates progressistes déplorant la politique coloniale (elle sévit donc ici, comme chez nous?) et criant haro sur le vénérable Depretis, lequel ne s'en émeut guère [1] — ni la population non plus. Fidèle à ses origines, cette race de travailleurs est avant tout commerçante et industrieuse. A travers la poudre noire des charbons qu'on décharge, dans l'épaisse vapeur de ses usines, Savone qui n'a pas, sans un réel besoin pour elle-même, ressuscité le savon de Pompéi, en lui donnant son nom, Savone la laborieuse vaque à ses affaires, ardente à reconquérir ce que lui fit perdre Gênes, l'implacable rivale.

1. Il s'en émouvrait encore moins aujourd'hui.

En vain son Port connu de toute antiquité fut-il plusieurs fois victime de haineuses pratiques. Patiemment elle le recreusait, vaillamment elle reprenait l'œuvre de réfection; la jalousie Génoise put rétrécir ce havre, elle ne parvint jamais à le combler. La belle allée d'arbres qui y conduit nous le montre vaste encore, d'un facile accès, d'un abri sûr, en possession de plusieurs bassins disparaissant sous une forêt de mâts. Le bâtiment à voiles y entre majestueusement, pendant que le vapeur en sort, arborant son mouvant panache; les matelots y apportent la houille qu'attend le lourd chariot et reçoivent en échange, dans l'entre-pont, l'huile, le savon, la parfumerie, les fruits secs, la soie brute, les armes, les draps, les ancres marines, multiples produits de l'active cité. De tous côtés le mouvement, l'entrain, et comme une sorte de gaieté communicative, amie du labeur : gaieté féconde, puisque du chiffre de 6,000 âmes où une période de lente décadence l'avait amenée, vers 1789, Savone remontait à 19,000 en 1861, et s'élève aujourd'hui à plus de 27,000 habitants. Ses lignes ferrées ne sont point étrangères à une telle reprise de fortune, surtout celle qui, par les plus pittoresques défilés, la met en relation directe avec Turin.

Des divers monuments, joyaux de sa couronne, la Cathédrale (*Il Duomo*) revendique la primauté. Construite en 1604 et consacrée à Marie, elle a l'immaculée pâleur de la robe des vierges. Sa façade, sortie des veines les plus pures de Carrare, offre, au milieu d'un peuple d'élus, le rayonnement d'une triomphante Assomption. L'intérieur, un peu papillotant, étançonne ses nefs de piliers à fresques : le chœur, tapissé de bois de couleur savamment incrustés, représente, dans un spécimen précieux de la marqueterie au XIII$^{e}$ siècle, tous les Apôtres et les Saints principaux groupés autour d'un tabernacle de même travail. D'un seul éclat de marbre blanc, un artiste de la Renaissance a tiré la chaire admirable que soutiennent les anges et qu'entourent des bienheureux sculptés en haut relief. Un bénitier, un baptistère, vestiges d'une basilique antérieure, quelques toiles excellentes, parmi lesquelles une Vierge attribuée au Pérugin, une Annonciation et une Présentation de l'Albane, servent de satellites à cette Madone de Ludovico Brea qui eut les honneurs de l'Exposition de Londres et reste la *stella* incontestée du Dôme.

D'autres sanctuaires peuvent se réclamer aussi du visiteur, *Sainte-Lucie*, par exemple, où nous avons relevé, dans un distique latin dédié à la Sainte, le curieux concetto que voici :

*Lucia Lucenti lucescis Lucia luce;*
*Lux mea lucescat, Lucia, luce tuâ!*

Mais plus que cet effort baroque de prosodie, nous louerons, sous les voûtes de *Saint-Dominique*, une *Adoration des Mages*, signée Albert Dürer. La scène pieuse qui se déroule en triptyque n'est pas indigne du maître de Nuremberg, en ses meilleurs jours. Soit que le peintre nous représente la Mère de Jésus tenant le *bambino* divin et l'un des rois s'agenouillant pour présenter son offrande ; soit que, dans les volets latéraux, les deux autres Mages nous apparaissent sous des attitudes diverses, l'inspiration, à coup sûr, est descendue d'en haut. Le sentiment de la foi, l'expression de l'ineffable amour éclatent sur ces nobles visages; les yeux de l'Éthiopien flamboient. L'église où nous sommes demeure encore célèbre à un autre titre. C'est du pied de ses autels qu'en 1339 s'élança victorieuse la sédition qui allait changer la forme du Gouvernement Génois. Las des injures subies, supportant mal les prétentions croissantes d'une aristocratie orgueilleuse, les mécontents se rassemblent à Saint-Dominique. Un de leurs chefs monte en chaire et, du haut de la tribune d'apaisement, fait pleuvoir sur ses auditeurs des paroles enflammées. A ce discours dont le texte nous est parvenu[1], la foule prend feu : elle se précipite, assiège le prétoire, force le gouverneur à se rendre, l'enferme dans la forteresse, puis marchant sur Gênes,

1. *Uberti Folietæ Genuens.* Histor., l. VII.

fait éclater une révolution qui n'attendait que l'étincelle. Les capitaines Doria et Spinola sont déposés ; après quoi, d'une voix unanime, le peuple assemblé dans ses comices choisit pour seigneur et maître Simone Boccanera qui, malgré lui, avec l'épée de l'Empire, reçoit le titre de Doge. On sait qu'il fut le premier à le porter dans Gênes, et qu'il le porta bien.

Au fond d'une jolie place où stationnent les voitures, où se pressent les piétons et où semble battre le cœur de la cité, deux rangs de colonnes superposées soutiennent un fronton orné de groupes en demi-bosse. Les statues de Rossini et de Métastase aux angles supérieurs, en bas, celles de Goldoni et d'Alfieri gardant le seuil et regardant le ciel d'un air inspiré; une horloge d'un côté, — de l'autre, un cadran indiquant le jour de la semaine et la date du mois, le tout couronné d'un Apollon appuyé sur sa lyre, tel est le Théâtre, entièrement de marbre, que Savone a consacré au poète Chiabrera. L'inscription fixée en lettres de bronze, sous la frise,

A. GABRIELLO. CHIABRERA. LA. PATRIA. MDCCCLIII

prouve en quelle estime le pays tient son illustre enfant. Valery ne lui ménage pas la sienne, quand, dans ses *Voyages,* il l'appelle « le prince des lyriques Italiens ». La vérité est que l'auteur de l'*Amadeïda,* des *Canzoni,* des *Canzonette* et de nombre d'essais dramatiques, fut, en s'inspirant tour à tour de Pindare ou d'Anacréon, l'un des poètes les plus féconds, comme l'un des plus recherchés de son époque; qu'avec l'amitié d'Alde Manuce, il eut la faveur des Ducs de Savoie, de Mantoue, de Toscane, voire de la République de Gênes ; que, de complexion délicate, il sut vivre quatre-vingt-six ans[1], et que, bel esprit, mais laid visage, il trouva moyen d'épouser, vers la cinquantaine, une femme charmante dont il conserva l'amour jusqu'au tombeau. Un tel sillon à travers l'existence n'est pas celui d'un malhabile, et le laboureur assez fort pour le creuser valait certes l'hommage dont ses compatriotes l'honorent.

Savone, d'ailleurs, n'épuise point avec Chiabrera la liste de ses célébrités. La tiare lui est pour le moins aussi propice que le luth, puisque, ayant donné naissance à trois Papes[2], elle devint, par la volonté de la Providence, le séjour d'un quatrième. Les guides y montrent ce qui reste du palais de Jules II, et Mgr Airenti, évêque du diocèse, faisait encore visiter, en 1827, à l'un de ses hôtes, l'appartement religieusement conservé que Pie VII occupa trois années, sous les lambris épiscopaux, quand Savone était chef-lieu du département de Montenotte. Qui n'a lu les pages mouvementées où l'historien du Consulat et de l'Empire raconte ce déplorable coup de force? On se rappelle comment l'enlèvement du Saint-Père ayant eu lieu sur un ordre mal compris et l'internement une fois décrété, Napoléon avait du moins voulu que les plus grands ménagements fussent observés envers « un vieillard auguste qu'il aimait encore en l'opprimant[3] ». « L'Empereur ordonna, dit M. Thiers, qu'on envoyât de Paris un de ses chambellans, M. de Salmatoris, avec une troupe de valets et un mobilier considérable, afin de préparer au Pape une représentation digne de lui. Il ordonna qu'on le laissât faire tout ce qu'il voudrait, accomplir toutes les cérémonies du culte, et recevoir les hommages des populations nombreuses qui se déplaceraient pour venir le voir. » Pie VII, en dépit qu'il en eût, conserva une maison princière. On sait aussi comment il dut échanger plus tard cette résidence contre le séjour de Fontainebleau... jusqu'à l'heure où, rendu à sa capitale par une décision imprévue, le successeur de Pierre reprenait possession du Vatican pendant que la barque de César s'échouait à l'île d'Elbe.

On connaît moins certains traits des luttes séculaires soutenues par Savone à l'encontre de

1. 1552-1638.
2. Grégoire VII, Jules II et Sixte IV.
3. A. Thiers, *Histoire du Consulat et de l'Empire,* t. XI.

Environs de Gênes.

sa voisine « superbe ». Gênes paraît lui avoir juré la haine d'Annibal, depuis le jour où, pillée par le Carthaginois Magon, elle vit ses chères dépouilles prendre le chemin de *Sava* qui les recevait en dépôt [1]. Ni les Goths, ni les Francs, ni les Sarrasins dans leurs incursions alternées, ni l'Anglais, ami des bombardements [2], ni la famine, ni la peste, ne causèrent tant de préjudice à l'infortunée vassale — décorée du nom d'alliée — que cette implacable suzeraine. Avec de plus généreuses intentions, les Rois de France ne lui furent pas de meilleur profit, au temps des guerres du Milanais. Louis XI la protège, mais il la cède à Sforza pour regagner l'amitié de ce prince [3]. Louis XII y tient une sorte de cour plénière, pendant ses promenades brillantes à travers la Péninsule ; mais il ne tarde pas à la délaisser. François Ier veut lui donner le commerce de Gênes, pour punir la rébellion de celle-ci : en effet, il lui transporte la gabelle du sel, élargit ses murailles et, par un acte souverain, la rattache à sa couronne. Mais, atteints aux sources vives de leur prospérité, les Génois invoquent l'appui du grand homme de mer, André Doria. L'illustre marin ne trompe

1. An de Rome 547 ; Savone s'appelait alors *Sava*.
2. 1745.
3. 1464.

pas l'espoir de ses concitoyens. Se dégageant de l'alliance Française, il fait voile vers Gênes, après la mort de Lautrec et la reddition d'Aversa, affranchit sa patrie, revient sur Savone qu'il assiège et la force à capituler [1]. Ce fut alors que les vainqueurs, heureux d'assouvir leurs rancunes, jetèrent la forteresse dans les eaux de la vaincue, puis, quatre années durant, s'acharnèrent à combler son Port, en y coulant des galères chargées de rocs et de toutes les ferrailles de leurs arsenaux. La paix entre les rivales doit être désormais conclue, si nous en croyons la splendeur des villas dont la noblesse Génoise orne aujourd'hui ces riantes campagnes.

Deux épisodes, d'un autre ragoût, pourraient s'intituler « les Soupers de Savone ». L'un fut offert, en 1507, par Louis XII à Ferdinand le Catholique, au cours d'une conférence secrète sur les affaires de Venise; et, dans son enthousiasme pour le génie guerrier dont cependant son armée avait eu tant à souffrir, le Roi de France voulut que, seul des seigneurs présents, Gonzalve de Cordoue s'assît à la table royale. Sans connaître ni l'un ni l'autre des menus, nous affirmerions que la seconde agape fut d'une digestion plus facile. C'était en l'an de disgrâce 1389. Chassé de ses États, poursuivi par la fortune contraire et la fureur des éléments, François de Carrare errait depuis plusieurs semaines le long des rives Liguriennes, en compagnie de Taddée, sa femme, et de quelques fidèles. Les fugitifs, à court de subsistances, ne quittaient leur felouque que pour les déserts de la montagne, toujours en crainte des archers du Podestat, couchant au creux des rochers, se désaltérant à l'eau des torrents. Un soir qu'ils espéraient enfin gagner Gênes sur un brigantin prêté par le Doge, l'orage les assaille aux environs de Savone, et, bon gré mal gré, les jette dans le port. Des amis aussitôt prévenus leur improvisent un repas tel que nos infortunés n'en avaient depuis longtemps goûté. On s'assoit joyeusement, on commence à rompre le jeûne... mais, dès la seconde bouchée, un messager trouble-fête se précipite dans la salle, apportant la panique en guise de hors-d'œuvre. Les sbires de Jean Galéas sont sur la piste des convives, le Doge les en prévient : ils n'ont pas un instant à perdre, s'ils veulent échapper. Force fut de se rembarquer bien vite, et le souper resté pour compte servit à consoler de leur buisson-creux les précurseurs des carabiniers d'Offenbach.

*Per Bacco!* la nuit approche, le clairon sonne. Il nous prend, au souvenir de cette aventure, un frisson de quelque sort analogue et barbare. Non sans motif, car au-dessus du grand portail de l'*Hôtel Suisse* — notre gîte, un marbre commémoratif expose que « Giuseppe Garibaldi, vengeur des opprimés des deux Mondes et Père de la Liberté », coucha naguère en cette demeure. Or l'intoxication Garibaldienne du matin nous met en défiance. Fausse alerte, toutefois. Carbone, ambitieux d'une revanche, a requis tous les fourneaux. Le souper est parfait, l'accueil digne de l'Écosse ou, ce qui vaut mieux, de l'Helvétie ; aucun envoyé du Doge ne nous interrompt, au potage, et dans les gazes d'une moustiquaire galamment enrubannée, nous ne tardons pas à nous laisser bercer par l'écho d'une barcarolle qu'un ténorino amoureux soupire sans doute sous les fenêtres de sa belle.

**Troisième Journée.** — Frais comme le matin, l'alezan reprend sa course, aux premiers rayons du soleil. Carbone le lance derrière le Théâtre, sous le promontoire rocheux qui arrête le développement de la ville du côté de l'Orient et, par un tunnel audacieusement percé, nous rejoignons le Port dont la route de Gênes contourne les bassins. Une courte montée suivie de descente immédiate aboutit à *Albissola,* bourgade mal peignée, dont l'industrie fait concurrence à celle de Vallauris. Sa rue principale n'est qu'une longue fabrique de poterie étalant des marmites à toutes les portes, suspendant des casseroles à toutes les fenêtres, et c'est miracle pour le

1. 21 octobre 1528.

touriste de ne pas mettre les pieds dans le plat... qui sèche sur le trottoir. Nous sommes ici au point de partage des Alpes et des Apennins. La crête des monts s'abaisse en des dépressions familières aux armées qui se disputèrent le sol de l'Italie. Montenotte, Millesimo, Letimbro, Bormida, Mondovi, bourgs ou rivières du voisinage, ont baptisé nos victoires. Ces souvenirs enguirlandés de collines boisées et de vignes en berceaux aident à prendre en patience une détestable poussière. Savone nous apparaît encore, telle une touffe d'algues sortant des eaux. Bientôt *Celle-Ligure* déroule ses maisons roses et vertes devant une plage d'un sable moelleux : rien de

plus aimable que cette large terrasse caressée des vagues. Impression fugitive, d'ailleurs. La Corniche poursuit ses brusques lacets par des pentes à l'herbe déjà grillée, bien que mai fleurisse à peine. Triste serait le paysage, si l'Apennin, fondu dans des transparences vaporeuses, ne s'estompait à l'horizon. *Varazze* a droit au titre d'importante villace. Cinq ou six mille ouvriers s'y adonnent à la construction des navires, depuis la planche de cale jusqu'à la mâture où se hisse le pavillon. Des coques de toute dimension constellent la grève, et dans leurs flancs s'ébat une fourmilière active, taillant, sciant, forant, clouant, calfatant. Varazze est l'atelier maritime de la Ligurie.

Au loin, quelques pins parasols émergent d'une brume vermeille. Ce sont les sentinelles d'honneur préposées à la garde d'un trésor : trésor de foi, d'héroïsme, de génie, qui fut le partage d'un hameau et reste le patrimoine de l'humanité. Regardez, en effet, du haut de la déclivité, et voyez à vos pieds ce petit village resplendir : il en sortit un monde ! Au fond de l'anse modeste, *Cogoletto* cache son impérissable honneur. Là naquit le fils du tisserand [1], ce Christophe,

Fou sublime insulté par des sages vulgaires.

Là s'est martelé l'*æs triplex* dont avait besoin celui qui, par delà l'Océan devinant l'inconnu, allait réaliser l'incomparable rêve ; celui qui, entre la Légende et l'Histoire, devait se dresser sur les âges, des chaînes aux mains et une auréole au front. Aussi, fier de ce rejeton, se permet-il un brin de toilette, le hameau coquet, tandis que du seuil de ses maisons recrépies, il jette un regard de défi vers la ville de marbre. Qu'elle s'enorgueillisse de cette prestigieuse Lanterne dont la pyramide se détache là-bas sur l'écran violacé de Porto-Fino ! Lui, Cogoletto, il a son phare qu'alluma la Gloire, et les vents du large ne l'éteindront pas. Il sait que la cité des Doges voudrait lui en ravir l'éclat, que, comme pour Homère, sept villes revendiquent la fortune d'avoir donné le jour à Colomb. Il sait que, pendant que Gênes appuie ses prétentions d'une phrase empruntée au testament du *Conquistador* [2], Savone n'est pas disposée à renoncer aux siennes ; il sait que Cuccaro et Plaisance se disputent un lambeau de cette renommée, sans compter la Corse qui, depuis peu, s'est mise sur les rangs, comme si, nourricière brevetée de géants, elle avait, des mêmes mamelles, allaité le navigateur qui découvrit les mondes et le héros qui les devait conquérir. Mais pour si peu il ne s'inquiète. Laissant à Gênes la statue, à Calvi sa rue Colombo, à la Havane le cercueil, et leurs vains arguments au surplus des contradicteurs, lui se contente d'affirmer la naissance en montrant le berceau.

C'est vers le milieu de la *Contrada Giuggiola*, au numéro 22, que la tradition, légitime orgueil des Cogolettins, place la demeure de Christophe Colomb. *Heu! nimis arcta domus :* maison trop étroite, nous écririons-nous avec le poète, s'il fallait au nid mesurer l'essor. L'élévation d'ailleurs en compense l'étroitesse. Un triple étage à deux fenêtres, une double porte cintrée, un badigeon orange coupé en refends, une ébauche du grand homme dans l'ovale d'un pseudo-cadre et l'écusson de ses armes au-dessous, tels sont les motifs variés d'une façade réparée pour la troisième fois [3], selon la mention naïve du décorateur. Deux inscriptions, l'une en italien, l'autre en latin, complètent l'ornementation. La première, signée *prete Antonio Colombo* et datée du 2 décembre 1650, est une strophe médiocre, préoccupée avant tout de jouer sur les mots. Elle compare *Colomb* sillonnant les mers et dotant l'Espagne d'un nouveau monde, à la *Colombe* de l'arche, qui, après maint circuit, rapporte une branche d'olivier à notre aïeul Noé. La seconde, beaucoup plus récente, plus brève, meilleure aussi, tient dans un distique composé en 1826, sans qu'aucun nom d'auteur l'accompagne. Les voici l'une et l'autre :

*Con generoso ardir dall' Arca all' onde*
*Ubbidiente il vol* COLOMBA *prende,*
*Corre, s'aggira, terren scopre, e fronde*
*D'olivo in segno, al gran Noè ne rende.*
*L'imita in ciò* COLOMBO, *n'è s'asconde,*
*E da sua Patria il mar solcando fende ;*
*Terreno alfin scoprendo diede fondo,*
*Offerendo all' Ispano un nuovo Mondo.*

*Hospes, siste gradum : fuit* HIC *lux prima Columbo*
*Orbe viro majori ; Heu! nimis arcta domus!*

1. *Textor pater, carminatores filii aliquando fuerunt...*, écrit Antonio Gallo, contemporain de Christophe Colomb.
2. *Que siendo yo nacido en Genova...*
3. 28 août 1872.

Mais ce que nous estimons très supérieur à ces délayages est la pensée nerveuse et concise de l'hexamètre suivant :

*Unus erat Mundus; duo sint, ait* ISTE : *fuere*[1].
« Il y'avait un seul monde ; qu'ils soient deux ! dit Colomb : et ils furent. »

Une vieille femme roulant d'un escalier en échelle veut nous faire les honneurs du logis : les restaurations si complètes dont nous parlions ne nous donnent qu'une faible envie de céder à ses avances. Où est-elle, « l'espèce de cabane sur le bord de la mer, occupée par un garde-côte », indication pittoresque d'il y a soixante ans[2] ? La place est toujours la même et la rade n'a point changé, où se balancent les gracieuses tartanes que sont en train de gréer les Colombs de l'avenir. Pour le surplus, qui le reconnaîtrait ? Décidément, plâtriers et maçons ont trop bien fait les choses : à Cogoletto, on rebâtit les maisons historiques, comme on recreuse, près de Kussnacht, le chemin du bailli Gessler.

*Arenzano* laisse l'impression d'un village plein de fraîcheur, avec d'enviables thébaïdes dissimulées dans la verdure.

Bien que de toute autre ampleur, *Voltri* nous agrée moins. Les façades y superposent couramment leurs six étages et, deci delà, jaillissent plusieurs clochers portant haut l'airain sacré, comme il sied à une ville qui a le respect de sa foi et le sentiment de son importance. Les églises y sont luxueusement ornées, mais les diables noirs de l'usine mènent leur sabbat alentour. Papetiers, tanneurs, métallurgistes, drapiers, luttent de piètres odeurs et de bruits assourdissants. Partout, dans les rues, des camions chargés de rails, des chariots débordant de houille, et cela jusqu'à *Prà*, le chantier de constructions, jusqu'à Pegli, la plage fréquentée des baigneurs. Ah ! pauvre Corniche, combien abaissée et ternie ! De son pavé à cahotantes ornières une poudre noire s'élève, quand le vent souffle, — si épaisse que la crue lumière de midi en est elle-même obscurcie. Les halles ouvertes en bordure trahissent des profondeurs où la loupe incandescente circule, où sévit le laminoir, où le marteau-pilon, son complice, réédite, à chaque coup qu'il retombe, le phénomène brutal du tremblement de terre. La flèche du soleil paraît tiède, au sortir de cet enfer. Et l'industrie qui se prétend dans le marasme !

Sans cette fâcheuse, Voltri ne déplairait pas. La position en est heureuse. Elle a, de plus, deux titres sérieux à l'estime du lettré, à la faveur de l'artiste : son Académie et sa *Villa Brignole*. C'est dans la belle résidence des marquis Brignole-Sale, ses ancêtres, que lorsque, chaque année, elle quitte son royal hôtel de la rue de Varennes ou l'élégant cottage de Clamart, M^me de Galliera aime à se recueillir, entre deux séries de ces *Lundis* si connus, si parisiens, si hantés de toutes les aristocraties. Le seul repos que la duchesse ne s'y accorde pas est celui de la charité. Nous savons, nous, Français, l'emploi magnifique que cette noble dame fait d'une fortune souveraine : l'Italien ne l'ignore pas non plus. Gênes nous parlera, ce soir, d'incroyables largesses, et en ce moment, la Riviera, où de récents désastres amenèrent la bienfaitrice, retentit, sur son passage, d'un écho prolongé de gratitude.

Il y a longtemps que nous n'avions rencontré de station balnéaire. *Pegli* en est une, — la dernière, avant Gênes, de toutes ces filles du soleil dont nous nous sommes plu à célébrer le charme. On y vient volontiers de la ville des Doges, aussi de la Rivière du Levant. Ni les hôtelleries ni les voies d'accès n'ont été ménagées : il n'est pas jusqu'aux fourgons des tramways qui n'y prodiguent le confort spartiate de leurs banquettes rembourrées de chêne. Des villas fameuses

1. Ce beau vers inscrit sous les autres est attribué à Gagliuffi.
2. Valery.

COGOLETTO.

parsèment les collines, deux entre autres, *Pallavicini* et *Doria*. Valery — on n'était point gâté alors — prisait beaucoup les orangers de celle-ci; des églantiers fleuris en décembre le plongeaient dans un doux ravissement; quant à la petite île flottant au milieu d'un lac, — œuvre de Galéas Alessi, décrite par Vasari, — « le luxe de ses jets d'eau » versait de l'huile sur le feu de son enthousiasme. Qu'eût-il dit de la création plus récente et d'une bien autre machination, qui s'appelle la villa Pallavicini ?

Cette curiosité, moins à célébrer que célèbre, eût été l'idéal du XVIIIe siècle. Elle est encore la joie des amateurs de nature perfectionnée, de tous ceux qui se plaisent aux émotions des

Pegli.

labyrinthes sans peloton, des grottes point trop obscures, des cascades sagement réglées, des obélisques en simili-louqsor, des bancs à hydrauliques surprises et des kiosques capitonnés de trahisons. Plus petite que Doria, sa voisine, peinte de tons moins criards, elle se dresse assez loin de la mer, sur les flancs d'un coteau boisé que couronne une tour. Simple en est l'architecture. Ce dé, percé de baies régulières qui se répètent sur trois étages et qu'escorte le campanile de rigueur, ne gagnerait certes point la partie, à Cannes : ses angles cubiques y passeraient inaperçus. Ajoutons vite que l'accessoire emporte le principal, sans quoi on pourrait s'éviter le soin d'un billet sollicité à l'avance, talisman qui ouvre les portes de la féerie pendant toute l'année[1], hormis aux cinq ou six grandes fêtes de l'Église. Cette permission est indispensable : nulle carte de visite ne la suppléerait.

La grille franchie, une allée de chênes-verts conduit au pied des terrasses, socle de la massive maçonnerie. Les citrons qui jaunissent en espaliers le long de ses murailles basses feraient

1. De 10 à 3 heures.

grise mine au val de Menton : ici, on s'extasie. Nous entrons. Dans une salle de marbre ornée du buste de Napoléon Ier, une quarantaine d'admirateurs réservistes attend que les privilégiés

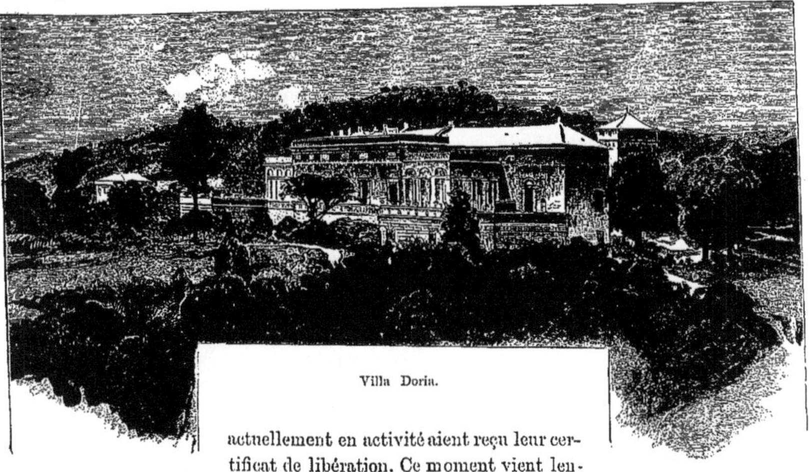

Villa Doria.

actuellement en activité aient reçu leur certificat de libération. Ce moment vient lentement, mais il vient : la campagne commence. Après avoir traversé une belle esplanade prenant vue sur la mer et passé devant la chapelle, nous abordons les jardins par des allées où l'oranger en vases alterne avec le rosier en haie. Des bouquets de térébinthes, des groupes de palmiers, des corbeilles de camélias et de rhododendrons se succèdent jusqu'au sommet du mamelon que recouvre l'ombelle des pins parasols. Cette végétation Africaine n'est pourtant pas ce que le *cicerone* nous recommande davantage. Quelques maigres sapins, bons tout au plus à servir d'arbres de Noël, lui semblent le fin du fin, la quintessence de la recherche. Le goût local n'a point changé depuis que Mme de Genlis, parcourant les palais *Rovere* et *Durazzo*, près d'Albissola, remarquait le soin extrême avec lequel on y entretient les buis dans des coupes splendides, et pourquoi? parce que plus rares, sous cette latitude, que le myrte ou le jasmin. De fraîches retombées de lauriers, se mirant au cristal d'une petite rivière qui fuit sur la pente, nous captive tout autrement et nous retiendraient... s'il ne fallait grossir la fournée des philistins déjà

Villa Pallavicini.

prêts à s'engouffrer sous la découpure de pendantes stalactites. Une flottille de barques au cou de cygne appareille près de la grotte. Partons-nous, comme Sigurd, pour la conquête de la Walkyrie, ou si nous allons revêtir l'armure d'argent de Lohengrin, afin de combattre sous les yeux de la blonde Elsa? Que l'ombre de Wagner nous protège! Des nochers gras et rubiconds — il paraît qu'on se nourrit bien dans cet antre — présentent la main aux dames. Le sexe laid prend place à côté. Neuf passagers par esquif, pas un de moins; puis vogue la nacelle, et en route pour Cythère! Spécialement chargé du soin de rassurer deux aimables sœurs qui poussent de petits cris d'effroi au seuil des voûtes ténébreuses, nous n'avons que peu

Jardins de la Villa Pallavicini.

de mérite à y réussir, les ténèbres ne durant véritablement guère. En quelques coups de rames nos pilotes accostent le sanctuaire de la chaste Diane, un fort joli temple qui paraît en sucre, et qui est vraisemblablement de marbre, sans quoi il fondrait dans les ondes nacrées où trempent ses colonnes.

Nous ne quittons la barque que pour les émotions de la balançoire. Un long dadais d'outre-Manche s'y risque sur la malicieuse invitation de nos voisines; mais, à peine assis, le voilà douché à l'Écossaise! Subitement, de toutes parts, d'imperceptibles jets s'élancent, le percent et le transpercent. Doublement marri de l'arrosage particulier et de la gaieté générale, il s'assied, à l'écart, sur un coussin de porcelaine. Ce bloc Japonais ne nous dit rien qui vaille, — non sans raison; car à peine installé et tandis qu'il s'éponge, voici notre insulaire repris par la douche... ascendante, cette fois. « Un bain de siège! » lui crions-nous; mais il est déjà loin, se frottant le dos, en maugréant, et donnant au diable les gentillesses de ce jardin ensorcelé. Il y a des caractères bien mal faits. Avec plus de résignation, il eût pu expérimenter encore une tonnelle de roses perfides, sans parler des ponts Chinois, du kiosque Turc, du palais de Flore, de l'aiguille de Cléopâtre ou de la *Sorgente d'acqua*. Entre nous, ce parc, malgré ses surprises à ressorts, peut-être à cause d'elles, nous laisse assez froid. Nous estimons ses oliviers, ses orangers, ses treilles, aussi certains enchevêtrements de plantes tropicales; nous louerons encore l'ampleur de ses escaliers de marbre, ses échappées soudaines sur la Méditerranée ou vers le golfe prochain; mais, dans ce genre factice, combien à notre jugement les îles Borromées l'emportent, et comme la *Melzi* et la *Carlotta* du lac de Côme nous plairaient mieux que cette huitième merveille un peu trop exaltée!

Nous reprenons le chemin de Gênes qui désormais devient une épreuve douloureuse, longue de dix kilomètres. La mer le borde d'un côté, comme à l'époque du Président de Brosses; quant à « ces maisons de campagne magnifiques, toutes peintes à fresques » qui, formant une rue de trois lieues, exaltaient si fort le spirituel voyageur, nous ne les retrouvons guère. Les villas des Génois sont loin, par l'apparence, d'égaler leurs palais. Le temps a détruit bien des fresques, à moins qu'on n'honore de ce nom la liaison d'épinards et de jaunes d'œufs dont se barbouillent certaines façades audacieuses : telle la villa *Spinola*. Les coteaux se festonnent avec grâce des pampres de la vigne étagée sur colonnes de pierre; des bois d'orangers entrecoupent ces berceaux; l'onde est limpide qui, au gré de courbes adoucies, vient expirer sur les galets; mais Vulcain, Dieu du XIX^e^ siècle, abuse ici de sa puissance, et, pris entre le marteau et l'enclume, nous comprenons les sentiments de Vénus pour le vilain mâchuré. A son haleine qui brûle, à son contact qui souille s'ajoute l'épreuve du rail qui déhanche. La route, coupée de lits de torrents, est infestée de tramways, arches roulantes pavoisées de toiles dont l'humble véhicule n'évite le choc meurtrier que pour se meurtrir au timon des lourds tombereaux. On cahote, on bondit, on saute et l'on ressaute : le supplice tient de la roue et de l'estrapade. Ainsi l'on traverse la longue *Sestri* aux corrects alignements, puis *Cornigliano,* moins fière de ses palazzi *Serra* et *Durazzo* que du souvenir de Masséna signant sur son pont la glorieuse capitulation, puis enfin *San Pietro d'Arena,* « le plus magnifique des faubourgs connus », d'après Valery, — une interminable cité ouvrière, selon la vérité du jour. Toute cette banlieue est meilleure à brûler en wagon qu'à explorer du siège d'un périlleux *calessino.* Il faut l'apercevoir, non y pénétrer. Cogoletto ferme le poème de la Corniche : malavisé qui s'obstine à vouloir tourner les derniers feuillets.

L'arrivée dans Gênes réserve une compensation finale. C'est l'apothéose de la féerie. Réellement elle est « la Superbe », celle qui, nimbée de forts, assise sur un trône de marbre, contemple encore, du haut de sa gloire passée, les vaisseaux des deux mondes se pressant dans ses bassins. A ses massives portes d'enceinte, l'image de la Vierge rappelle que l'épouse des Doges est vassale de Marie, *Genova, Città di Maria.* De l'autre côté de la double muraille, dans l'anneau vert des collines, s'infléchit harmonieusement la courbe du Port; et puis, en imposant amphithéâtre, par-dessus la forêt touffue des mâts, la rivale de Venise étage ses palais qui semblent des temples, ses maisons qui valent des palais. Aussi est-elle gardée d'un soin jaloux. D'énormes canons saillant de leurs embrasures tournent vers elle une gueule béante; sur un signe, le bronze tonnant peut lui faire une ceinture de flammes aussi facilement que le soleil lui forge une couronne de rayons. Nous contournons « la Lanterne », sans nouvelle envie d'escalader ces deux pyramides bout à bout, colossal flambeau dont la lueur se projette à quarante milles au large. 367 marches qui, pour être de marbre blanc, n'en comportent pas moins un effort soutenu, nous y ménageaient, il y a deux ans, d'inoubliables impressions. La ville et la rade, les monts et la mer, Porto-Fino et l'Estérel, reliés par une guirlande de golfes et de caps dont de transparentes vapeurs estompaient les lignes indéfinies, quelle vision d'immensité! — et ce fut la nôtre. A chaque heure son lot. Il n'ira pas trop aujourd'hui de toute notre attention aux entours, car un malin génie, celui même du com-

PANORAMA DE GÊNES.

merce, sema d'attractions et d'embûches l'itinéraire qui du phare aboutit à *Isotta*, cette première hôtellerie de Gênes, l'une des meilleures de la Péninsule. Il faut, dans le circuit du Port, sous un ciel de feu, affronter le heurt des roues, l'apostrophe de l'automédon. La sécurité du trajet n'est absolue que pour le camion qui renverse ou pour le tramway qui écrase. Mais l'admiration a prompte raison de quelques menus soucis, cet aventureux parcours étant la voie triomphale le long de laquelle Gênes presque entière va défiler devant nous, dans son cortège de souvenirs et de splendeurs.

Voici d'abord la vieille demeure des Doria[1], masure au dehors, palais au dedans. Elle date de 1528. André l'avait construite « pour y passer dans un repos honnête le reste de ses jours ». Le rail brutal l'a coupée de son parc, lui laissant, en échange, le bruit et la fumée. Des ponts-volants relient les deux tronçons, sous l'œil morne d'un Jupiter qui, parmi les arceaux et les pampres, continue d'appuyer aux treilles du coteau son torse puissant. Pauvre palais déchu, dont la location solde à peine l'impôt, — de royale apparence, malgré tout ! Le crayon de Galéas Alessi ne l'a pas en vain touché. Il a gardé ses colonnades intérieures et ses galeries d'ancêtres, ses mosaïques de Venise et ses fresques de Perino del Vaga, sa pièce d'eau de Neptune, symbole de l'illustre marin, et la chambre où mourut le « Père de la Patrie[2] », même cette porte d'honneur qui ne s'ouvre désormais que devant l'héritier du nom, quand celui-ci se décide à quitter sa résidence de la Ville Éternelle[3]. Le Port lui fait bordure, si docile jadis au maître, que son flot amenait doucement la galère amirale au ras des parterres, si proche toujours de ces terrasses ombreuses, que le descendant du fastueux guerrier pourrait encore, s'il lui en prenait fantaisie, jeter, au dessert, sa vaisselle plate par-dessus les balustres, — sauf à la retrouver, le lendemain, dans le filet de quelque pêcheur prudemment embossé. Vers ce palais Charles-Quint et Napoléon cinglèrent à voiles victorieuses ; François Ier y a demeuré, Verdi l'habite depuis quatorze ans. Le maître y occupe seize pièces s'ouvrant à la suite sur un balcon unique, avec la moitié de la ville et les coupoles de Maria di Carignano pour horizon. C'est là que furent conçus *Don Carlos* et *Simone Boccanera ; Aïda*, leur divine sœur, y vit le jour. Peut-être que, plus tard, le nid d'où s'envolèrent tant de

Une Entrée du Palais Doria.

1. D'*Oria* ou d'*Auria*, selon la primitive orthographe.
2. Surnom décerné par les Génois à André Doria.
3. Le palais Doria Pamphili, à Rome.

mélodies ailées n'intéressera pas moins le touriste, que ne l'attire aujourd'hui le prie-Dieu du vainqueur de Pavie ou le tombeau de son lévrier favori, *Rolando,* mort rentier de cinq cents écus.

Plus loin, voici la *Place du Pré,* devant l'hémicycle des gares. Christophe Colomb en surgit, protégeant, d'une main, la jeune Amérique toute fière de tenir la croix, appuyé, de l'autre, sur cette ancre qu'il devait jeter à l'Immortalité ; quatre statues allégoriques aux angles du piédestal et des bas-reliefs retraçant les hauts faits du navigateur parachèvent le monument immense, moins grand que son héros. Puis nous abordons ces trois rues dans lesquelles Valery plaçait toute la ville : rues capitales, en effet, qui justifient bien le mot du Tasse, quand il nomme Gênes *la Reale Città. Balbi* s'offre la première, avec ses *Palazzi Durazzo, Balbi, Reale,* pour fleurons. Les *Vie Nuova* et *Nuovissima* groupent à leur tour cette gerbe étincelante d'édifices où la fantaisie d'Alessi et de Carlone se donna si libre carrière, et qui s'appellent *Brignole Sale, Adorno, Serra, Spinola, Negroni, Doria, Cambiaso, Pallavicini, Andrea Podesta, del Municipio, de l'Université*... « un magasin de palais », écrivait Dumas. Rien qu'à passer devant, on en peut prendre idée. Sans doute, derrière l'uniforme armature des barreaux de fer dont se quadrillent leurs fenêtres, ces dépositaires fidèles voilent leurs meilleures richesses, celles qu'y accumulèrent jadis tant de rudes hommes de mer, gens de goût à leurs heures ; mais sous le grimaçant sourire des cariatides, sous le rugissement de marbre des lions couchés aux seuils, le regard pénètre déjà le mystère des cours sombres. Il peut, de droite et de gauche, se suspendre aux voussures des portiques, errer le long des doubles colonnades, se jouer dans les rocailles de l'humide nymphée parmi toutes ces divinités dont les ébats envoient l'eau à pleine conque sur la vasque moussue, scruter les armoiries, épeler les devises, découvrir des lambeaux de fresques, — parfois aussi des fraîches bouquetières en train de débiter leurs roses aux pieds d'une Naïade, ou un audacieux fabricant de casquettes, essayant l'effet de sa marchandise sur le buste de quelque Doge renfrogné. Car, même au vestibule des palais, le commerce n'a point abdiqué : ici ou là, Mercure reste le Dieu Génois par excellence.

La place *delle Fontane Amorose,* dont le triangle se soude à cet enchaînement de magnificences, nous donne, par ses façades à sujets peints, un curieux échantillon de ce que devait être l'aspect de Gênes, quand le Président de Brosses la visita. Encore un peu, et, avec la *Piazza Ferrari,* nous rencontrons la ville moderne. Théâtre, passage, maisons, trottoirs, tout y sort d'un carrare frais taillé : pavés et murs scintillent du même grain brillant. L'Hôtel Isotta ne fait point ombre en cet éclat. Carbone nous y arrête, poudreux, mais superbe comme la ville où, dans le délai convenu, il nous a lestement amené. La *buona mancia* lui est bien due, et nous ne la lui marchandons pas.

Que ne pouvons-nous aussi lestement démêler cet écheveau de chroniques et de ruelles où s'enchevêtrent tant de faits, où s'entassent tant de curiosités ! Nous avons entendu maint joyeux compagnon, en hâte de gagner Rome ou Naples, affirmer du plus beau sang-froid qu'hormis l'*Annunziata,* la *Villa Pallavicini* et le *Campo-Santo,* il n'y a rien à voir dans la ville des Doria ; et le pis est que nos braves mettent leur paradoxe en action. La moitié de la journée à ces trois visites d'inégale valeur, le reste pour l'intérieur d'un palais et le coup d'œil d'ensemble, — cela leur suffit tout à fait. N'ont-ils pas de leur côté la sagesse des nations ? Sur Gênes, en effet, court un assez méchant bruit :

Mare senza pesci,
Monti senza legno,
Uomini senza fede,
Donne senza vergogna.

Or que devenir en un lieu où ni la mer n'a de poissons, ni la montagne de bois, ni l'homme

JARDINS DU PALAIS DORIA, A GÊNES.

d'honnêteté, ni la femme de vergogne? La conclusion est un prompt départ, et elle ne serait que juste, si les prémisses posées par le quatrain-proverbe ne nous semblaient bien sévères. D'Amphitrite nous ne dirons rien, sinon que ses sujets apparaissent régulièrement sur les tables d'Isotta, et dans une agréable variété : voilà pour désintéresser la fourchette. Quant au surplus, nous jurons par le plat sacré — *Sacro Catino* — avoir rencontré céans des collines fort agréablement boisées, et des gens très respectueux de notre porte-monnaie, et de pudiques jeunes filles dont les joues prenaient, sous le regard, le tendre incarnat de la pêche. Cette vérité dernière devient celle de quiconque assista, le dimanche, à la pompe des offices, en compagnie d'aimables Génoises. Donc il faut demeurer un peu et voir beaucoup : la difficulté est, ayant vu, de conter. Le passé réclamerait un volume, et un volume aussi le présent. Demandez aux bibliothèques, interrogez les monuments !

Elles seraient à feuilleter une à une, les annales où revit cette puissance mercantile et vaillante, cette aristocratie de marins qui, enserrée par les monts, sans issue que la mer, fit de la mer sa compagne, sa complice, sa chose. Du lointain des âges, elle nous apparaît debout à la proue de ses nefs, le pied sur le ballot de trafic, la main sur la poignée du glaive, effroi du Barbaresque, redoutable aux chrétiens. L'expérience lui avait été âpre. Colonie des Ligures, conquête du Romain, ruinée par un frère d'Annibal pour être de nouveau mise à sac par les Barbares, Gênes comprend de bonne heure les avantages et les périls de sa situation. Porte de l'Italie, *Janua* avant que *Genova*, elle prétend ne confier ses clefs qu'à de sûrs gardiens. Pépin et Charlemagne en reçoivent le dépôt, après les Lombards, avant les Empereurs d'Allemagne; et, lorsqu'elle se croit assez forte pour les reprendre, elle en fait hommage à ses Consuls, à ses Podestats ou à ses Doges, puis s'élance, vent en poupe, à la conquête de la Méditerranée. Pour elle verdit le laurier des Croisades ; les remparts de Césarée gardent la trace de ses échelles, l'Empire Grec et le Royaume de Chypre s'inclinent sous la terreur de ses armes. Mais, commerçante dans l'âme et modérée dans le succès, elle ne triomphe qu'au profit de son commerce, s'ouvrant ici des havres, là se créant des comptoirs, levant partout des tributs, de Gibraltar à Bagdad, de Smyrne et du faubourg de Péra qu'elle possède, jusqu'aux Indes orientales où pénètrent ses galères. Deux cent mille byzants d'or par an sont l'impôt dont elle frappe Michel Paléologue, tandis que le pauvre Empereur n'en touche lui-même que trente mille. Venise et Pise, tour à tour, apprennent à connaître le poids de son bras. Humiliant l'une, détruisant l'autre, forçant un Dandolo à se donner la mort pour éviter l'humiliation du cachot, elle montre encore avec orgueil, pendues aux portes de sa Banque Saint-Georges, les chaînes Pisanes qu'elle rapporta de la Méloria. Moins heureuse à l'intérieur, elle partage le sort de toutes les Républiques : les factions la divisent, ses propres enfants lui déchirent le sein. Il est un temps où chacun de ses palais se change en redoute, chacune de ses églises en citadelle. Que d'assauts donnés, que de sièges soutenus, que de chapitres à écrire, très dignes du roman, où l'étranger a sa page et la maison d'Anjou sa mention ! Qui ne connaît les noms fameux de ces quatre familles en lutte de suprématie : Grimaldi et Fieschi-Guelfes, contre Doria et Spinola-Gibelins? Qui ne sait les rivalités des Adorni et des Fregosi, ces inextricables discordes, ces luttes fratricides, ces archevêques-pirates, ces proscriptions, ces rapts, ces pillages, ces assassinats où, devant la justice et la pitié voilées, le poignard *Castiga-vilano*[1] joue son rôle, ces ruisseaux de sang coulant pour un soufflet qui fouette une joue plébéienne, et la peste agitant une aile noire sur les cadavres, et le pouvoir souverain si fragile à ses détenteurs qu'à un certain moment la Sérénissime République change de Doges comme les femmes changeaient de maris sous la Rome des Césars? Ce pourquoi Louis XI disait plaisamment que les Génois se donnant à lui, lui

1. *Châtie-vilain* : devise gravée au manche des armes patriciennes.

les donnait au diable ; ce pourquoi aussi cette mélancolique réflexion venue sous la plume de Sismondi : « Gênes fut peut-être de toutes les Républiques la plus malheureuse, celle qui fut exposée aux convulsions les plus violentes ; celle qui, volontairement, subit le plus souvent le joug de l'étranger, parce que ceux-là que la nature avait appelés à défendre ses lois s'armèrent sans cesse pour les renverser. »

Et pourtant, elle eut son grand citoyen autant qu'homme de guerre, André Doria, tronc géant d'une race qui compte les Filippino et les Paganino parmi ses rejets, victorieux et pacificateur génie, qui, pouvant devenir roi, se contenta du titre de père. Deux siècles de prospérité furent son œuvre, après quoi la chute vint. Ne semble-t-il pas la pressentir, l'amiral légendaire, dans cet étrange portrait où, aux limites de la vie, le front couvert d'un bonnet de velours, la barbe blanchie et la figure ridée, il nous est représenté tout vêtu de deuil, jetant un regard distrait sur les agaceries de son chat favori, tandis que sa pensée se perd vers les menaçantes incertitudes de l'avenir ? Péra, tombée sous le cimeterre de Mahomet II, a ouvert la période de décadence. Puis les dates se succèdent, — néfastes. Louis XII en marque une, et une autre, ce Doge apportant des excuses dans le Versailles de Louis XIV, dont les pompes le surprenaient moins que ne l'y étonnait sa propre présence. La Corse se détache, les fleurons tombent de l'exotique couronne, et ainsi sans retours de fortune, jusqu'à la proclamation de la République Ligurienne, jusqu'à ce blocus d'impérissable mémoire où, devant que de se rendre, Masséna fait manger le cuir de leurs gibernes à ses soldats. Chef-lieu de département sous l'Empire, annexe du Piémont en 1815, *Genova la Superba* n'est aujourd'hui qu'une des villes du Royaume d'Italie, mais une grande ville toujours, fière de son blason, riche de ses merveilles.

Ses merveilles !... Par où commencer, par quoi finir? De stations en stations, égrènerons-nous un rosaire de cent églises, chiffre non exagéré, si on l'augmente du nombre des chapelles et des couvents ? Les sanctuaires renommés ne manquent point, ni les riches autels, ni les cloîtres silencieux aux colonnettes légères, pressés qu'ils sont de *San-Stefano* à *Santa-Maria di Carignano*, de *Saint-Ambroise*, apanage d'une fleur de noblesse, jusqu'à *Saint-Mathieu*, l'antique sépulture des Doria[1], depuis *San-Siro*, où se faisait l'élection des Doges, jusqu'à cette Cathédrale Germano-Lombarde de *San-Lorenzo*, dont les assises alternées de couleurs enchâssent de multiples trésors. Arrêtons-nous surtout à l'*Annunziata* ; des donateurs opulents y ont allumé, en dévotion de Marie, une flamboyante girandole de marbre et d'or. Colonnes cannelées, albâtres d'Orient, ferronneries précieuses, bois sortis du ciseau de Maragliano, sol pavé de tombes, gigantesque coupole qui, par étages successifs, semble gagner le ciel, mystères de l'Ancien et du Nouveau Testament se déroulant sous la brosse lumineuse et facile de Carlone, et des dorures encore, et encore des dorures, voilà qui n'est que le terne énoncé d'éléments dont la mise au point produit, sous la triple nef, l'irrésistible sensation de l'éblouissement.

Nous agrée-t-il de franchir le seuil des palais? Une semaine ne suffira pas à en inventorier le contenu. Peintures, sculptures, orfèvreries, tissus, gemmes, tapisseries, urnes de porphyre, potiches de Chine ou biscuits de Sèvres, cours et portiques, escaliers et balustres, fontaines et jardins luttent à qui l'emportera. L'Orient y reconnaîtrait peut-être quelques-unes de ses dépouilles, et peut-être que le Seigneur de Tripoli y retrouverait plus d'un des joyaux dont les galères de la Sérénissime République allégèrent, une nuit, son sérail et ses mosquées.

*Balbi* a de somptueux appartements où Michel-Ange s'encadre aux côtés d'Holbein, et Memling près du Titien. « La Vierge à la grenade » de Van Dyck y sourit à « l'Enfant Jésus » de Rubens ; l'austère Saint Jérôme du Guide s'y laisserait séduire par l'image sculptée[2] de la

1. Cette basilique remonte à l'an 1100.
2. Dernière œuvre de Bartolini.

marchesa Balbi, maîtresse de céans, qui fut naguère la belle Pallavicini de Gênes. Et puis, aux vitres des étagères s'incurvent des pâtes tendres, dont cinq mille louis furent refusés ; tel cabinet d'ébène incrusté de pierres fines s'efface devant un coffret de métal que Benvenuto cisela, qu'offrit le Roi François I^er^, et que le Balbi du jour déposait récemment dans la corbeille d'une cousine, sa jolie fiancée. Le vestibule seul est à voir, au *Palais Pallavicini,* ainsi que l'escalier, — une de ces suites de marches blanches si peu prisées de M^me^ de Genlis[1] ; seul aussi, le « salon du Soleil », dans le *Palais Serra,* sous la condition d'aimer le bizarre et papillotant mélange de lapis, de glaces, de dorures, de soie brodée qui en faisait, au dernier siècle, la curiosité aveuglante de l'Italie. Le *Palais des Doges,* avec tour de briques grillagée de fer, étale superbement sa façade de marbre au fond de la place qu'il domine. Le *Palais de l'Université* a pour lui la majestueuse ordonnance de ses abords et des statues de Jean Bologne, préférables au souvenir de l'étudiant Mazzini qui usa de ses bancs. Pour ceux-là, il est presque assez de passer. Mais il faut d'autres loisirs au *Palazzo Reale,* apanage du Souverain, ne fit-on qu'y glisser sur les mosaïques étincelantes ; car dans ce ressouvenir des Tuileries incendiées, d'interminables galeries de fêtes, une salle du trône peuplée de statues, un vaste théâtre, festonnent de leurs tentures quelques kilomètres d'appartements. *Durazzo* réclame plus de temps encore, Durazzo, « demeure impériale », dit le *cicerone* dont, cette fois, l'hyperbole a son excuse. Les richesses de l'ornementation extérieure, les splendeurs de l'entrée, l'harmonie des colonnades enserrant la cour, la large envolée des degrés, l'ampleur et la simplicité du style architectural contribuent à en faire une œuvre hors de pair, et les trésors artistiques que renferme ce logis princier ne sont pas pour en diminuer le prix. Quatre ans Van Dyck l'habita, y

Un vieux Palais, à Gênes.

1. « Ces vastes maisons sont distribuées de la manière la plus incommode... Il faut monter un escalier excessivement raide, et toujours 70 ou 80 marches au moins pour arriver au bel appartement ». (M^me^ de Genlis, *Adèle et Théodore.*)

multipliant ses inspirations. Les Flamands y côtoient les maîtres de l'École Italienne, le fougueux Achille l'anime de ses amours et de ses combats.

Aussi, entre tant de sérieux rivaux ne trouverions-nous guère à lui comparer que le *Palazzo Rosso* [1], témoignage éclatant de la munificence d'une grande dame envers son pays. La duchesse de Galliera (*la splendidissima Duchessa*) s'est plu à passer cette perle au doigt de la cité qu'elle aime. Ceux-là seuls se feront quelque idée de l'importance du présent, qui auront étudié une collection où tout est de choix, décors et objets d'art, toiles magistrales ou introuvables volumes. Ici, en effet, sous des plafonds de Carlone, en des salons que chaque Saison poétise de ses attributs, le Corrège et le Titien, le Guide et le Vinci luttent de génie avec Téniers ou Véronèse, Van Dyck ou Murillo, — cependant qu'au fond de leurs cadres blasonnés trois Doges, ancêtres de la donatrice, semblent se dresser plus fiers encore, dans le légitime orgueil de leur descendante. Oui, certes, ils ont le droit de s'enorgueillir, les nobles aïeux! A ne citer que quelques traits, n'est-ce point elle, la duchesse magnifique qui, d'une main ruisselante d'or, laisse tantôt vingt millions pour un port à créer, et tantôt vingt-cinq millions pour bâtir un palais de santé [2] où la maladie du pauvre sera traitée en reine, elle encore qui dota Cornigliano de son hôpital, elle toujours à qui Clamart et Meudon vont devoir deux établissements modèles de charité [3], — la bienfaisance chez les grandes âmes ne connaissant ni trêve, ni frontières? En gratitude de quoi les humbles lui ont élevé une statue dans leur cœur, et Sismondi semble y faire d'avance allusion, disant « qu'aucun peuple ne montra plus d'enthousiasme pour ses familles nobles que les Génois ».

Ajoutons que le mérite est rare de monter si haut par le bienfait, en une ville où la générosité paraît vertu endémique. Le patricien de Gênes fut, de tout temps, dévoué à ce qui pouvait féconder ou embellir le sol natal. La patrie lui est une amante, mieux encore une mère adorée : d'un zèle filial, il se plaît à la parer, sans qu'il compte jamais avec le sacrifice. S'agit-il du devoir envers l'homme? L'esprit et le corps ont part égale à sa sollicitude. Un Balbi ouvre une rue, la rue fameuse qui retient son nom. Un autre Balbi fait don de l'admirable palais où s'installe cette Université dont les lauriers portent ombre à Bologne. Un Pallavicini lègue cinq millions aux vieillards et aux enfants trouvés. Une Serra demeurera vingt ans sans soulever la portière de ses appartements de réception ; mais elle aura, au rez-de-chaussée, son bureau de charité spécial qu'elle visite chaque matin. Et si nous voulons trouver tous les privilégiés de la naissance réunis dans un mutuel effort d'humanité, nous n'avons qu'à tourner les regards vers l'*Albergo dei Poveri,* l'un des plus vastes et des plus luxueux hospices de toute l'Italie [4]. S'agit-il de la dette envers Dieu? ce sera mieux encore. L'exemple vient de loin et descend de haut. Saint-Mathieu est une fondation des Doria. L'Annunziata doit ses splendeurs aux Lomellini. Saint-Ambroise appartient à onze familles : les Giustiniani, les Doria, les Durazzo, les Pallavicini y ont élevé de riches chapelles, et ces derniers entretiennent autour de l'orgue, fruit de leurs largesses, une si douce musique de voix et d'instruments à cordes, qu'on ne doit pas en entendre de meilleure au Paradis. Quoi encore? Là-bas, vers la hauteur, les Sauli, non contents d'avoir uni deux collines par un pont sous lequel sont à l'aise des maisons de sept étages, les Sauli ont, de leurs deniers, suspendu dans les airs la coupole de Maria di Carignano, reflet de Saint-Pierre de Rome, et, soldée par eux, l'inspiration du Puget y a fait palpiter ses colossales créations. Des bluettes traversent la prunelle, devant cette danse sacrée du million.

1. Le Palais Brignole-Sale, appelé *Rosso,* de la couleur de sa façade.
2. L'Hospice Saint-André.
3. Coût : une quarantaine de millions.
4. Emmanuel Brignole figure à la tête de ses fondateurs, vers le milieu du XVIe siècle.

Ce qui n'empêche d'ailleurs pas ces généreux de continuer, au regard du monde, les traditions d'hospitalité seigneuriale qui « n'amusaient guère » le Président de Brosses et plaisaient moins que « les petits soupers » à M<sup>me</sup> de Genlis, quand elle nous montre, aux jours d'*Assemblée,* « leurs palais éclairés avec une extrême magnificence, un lustre de salon portant communément cent vingt ou cent trente bougies ». On y dansait alors des *menuets,* des *anglaises,* des *génoises;* on y pratiquait la chaise à porteurs ; le velours et la soie se jouaient sur le pourpoint des invités. Fracs noirs, landaus et polkas engrisaillent aujourd'hui ces souvenirs d'antan, et la couleur locale n'y a point gagné.

Du moins Gênes, en se rajeunissant, a-t-elle eu le bon goût de respecter ce qui se pouvait de ses vénérables usances. Elle aligne des *corsi* et des places, selon l'inflexible cordeau de l'architecture moderne ; mais la matière et l'art sauvent ces créations de la banalité. Elle perce un passage : il est de marbre aux lourds lampadaires de bronze. Elle édifie un théâtre [1] : il prend rang, avec la Scala et San Carlo, entre les plus belles salles du monde. Il lui plaît, par déférence à *sa Duchesse,* de décorer du nom de *Ferrari* [2] cette place où, au fronton de la demeure patrimoniale, se dresse le lion des Galliera ; mais le traditionnel marché ne cessera point de s'y tenir chaque matin, vivant et gai, fleuri de bouquetières, avec toutes sortes de bassins de citrons et d'oranges, de corbeilles à légumes, de rires ou de chansons. Elle sacrifiait hier à des besoins d'agrandissement les célèbres terrasses du port; mais vers ce port, source de sa fortune et de sa gloire, la vie de la cité continue d'affluer. L'Angleterre y débarque ses charbons, la Sicile ses sacs de soufre, l'Amérique ses ballots de coton cerclés de fer, Naples et la Sardaigne leurs barriques de vin, les Hespérides leurs pommes d'or, tandis que, de ses docks, partent pour les lointains pays, le riz et les huiles, les pâtes d'Italie et les fruits secs, les velours, les soieries, les chapeaux, la joaillerie ou les papiers. A s'y promener, on se croirait revenu aux temps d'omnipotence de la galère Génoise, tant, dans le demi-cercle que forment les deux môles, s'ancrent de navires de tout tonnage, se pavoisent de mâts de toute nationalité. Près d'eux, vient d'être sauvée de l'effort d'une minorité niveleuse la double rangée d'hommes de marbre de cette Banque Saint-Georges, Compagnie des Indes du Moyen Age [3], dont les destins furent si intimement liés à l'histoire de Gênes, qu'on ne saurait les en détacher. Et les quartiers populeux ont gardé leurs *vici* étranglés, complices de la *vinaigrette,* leur arc-en-ciel de badigeons irisés, leurs galetas où l'oiseau balance sa cage, où la lessive sèche au balcon, leurs adorables chambranles de portes à dentelures fouillées, et, plus aérien que la dentelle, le secret

1. *Carlo Felice,* bâti de 1826 à 1828.
2. Nom patronymique du duc de Galliera.
3. L'institution disparut en 1815. Menacé, lui aussi, de destruction, l'antique et si curieux palais qui lui servait de siège fut récemment couvert par un vote de majorité du Conseil Municipal. La Douane y est installée.

de ces filigranes d'argent qui, broches ou étuis, boîtes à pastilles ou gaines de poignard, étincellent sous les auvents obscurs de la *Rue des Orfèvres*.

Mais la ville aux cent chapelles professe surtout le culte de ce que nous appellerons ses « grandes reliques », à savoir le *Sacro Catino*, les chaînes de saint Jean-Baptiste, le glaive d'André Doria et le violon de Paganini. Nous l'avons contemplé à l'Hôtel de ville [1], dans une vitrine capitonnée de soie rose, l'instrument démoniaque et céleste, tout pareil au gagne-pain de quelque ménétrier de village. Il y est debout, comme sur un autel élevé au génie de la musique ; l'archet repose à ses côtés, sorti de sa boîte de maroquin brun ; des scellés aux rouges empreintes le retiennent captif, de même que les voûtes de Saint-Mathieu suspendent hors de toute atteinte la longue et lourde épée à croix de cuivre [2] du fameux capitaine. Précaution superflue ! Quelle main s'estimerait assez habile pour oser faire voltiger l'un sur les cordes muettes, assez puissante pour tracer avec l'autre ces cercles éblouissants d'où s'élance la victoire? On peut du moins, à San-Lorenzo, s'approcher des fers qui chargèrent saint Jean et furent rapportés des Croisades ; même il est loisible d'en soulever les anneaux, pourvu qu'on ne soit pas du sexe damnable, auquel cas il y a peine d'excommunication. Ainsi le veut une bulle d'Innocent II, en haine d'Hérodiade. Et c'est encore la même basilique qui, entre tant de pièces rares de son trésor, nous a livré, dans sa châsse de vermeil, la vue de ce plat d'émeraude, offrande de la Reine de Saba à Salomon, butin conquis aux murs de Césarée, transporté un jour à Paris, puis rendu à Gênes, plat deux fois sacré où Jésus-Christ, dit-on, mangea l'agneau pascal; gage vénéré depuis dix-huit siècles sur lequel les juifs du Moyen Age n'hésitaient pas à prêter leurs ducats, inestimable relique que le Doge seul, entouré des chevaliers *clavigeri*, avait le droit de montrer aux hôtes de marque et que, durant de longues années, un édit de mort protégea contre toute velléité d'attouchement sacrilège.

Et comme si la fidélité aux traditions devait être pour elle de règle absolue, Gênes, par mémoire sans doute de ses fauteurs de troubles, reste jusqu'en notre siècle le berceau d'agitateurs célèbres. Elle est l'aïeule de Gambetta, elle fut la mère de Mazzini : il est vrai qu'en revanche O'Connell y mourut. Garibaldi ne lui doit point le jour, mais elle se le rattache par les liens de l'adoption. Le condottiere y a sa rue [3] — une rue de palais ! — et sa plaque de carrare, en attendant l'airain; il y possède aussi Teresita, sa fille, et un gendre, le général Canzio, boute-feu du radicalisme, aux jours d'élections. Mieux renté encore, Mazzini, pour sa part de ténébreux exploits, reçoit le dividende d'un passage vitré, d'une statue et d'un tombeau. Nous l'avons aperçu, le conspirateur sinistre, en haut d'une colonne hors d'aplomb qu'étançonnent de leurs épaules de marbre « la Pensée et l'Action ». Les plis de sa redingote voltigent aux pentes d'un jardin public où derrière leurs barreaux rugissent les fauves. L'endroit, avouons-le, ne convient pas mal au stylite. Nous préférons toutefois savoir l'ex-triumvir au *Campo-Santo*, certain que les grilles de cette villégiature retiendront bien leur hôte. Il ne suffirait d'ailleurs pas de l'attraction de son mausolée pour nous amener vers la colline où l'on retrouve enfin et pour toujours celui qui trop longtemps se déroba, si la nécropole ambiante ne comptait, avec justice, parmi les pèlerinages obligatoires de la Péninsule. Bologne seule, entre les cités Italiques, offre une pareille couche aux dormeurs du long sommeil. Nous y sommes allé, un jour de Pentecôte, dans cette première et tendre frondaison de l'année qui rajeunit la perpétuelle verdure. Aux guirlandes des citronniers étoilés de fruits se mêlait la feuille naissante de la vigne et du figuier ; la douce

1. Palais Doria.
2. Présent du Pape Paul III à Doria.
3. La *Strada Nuova*, débaptisée au profit de ce nouveau saint.

senteur des orangers fleuris passait dans l'air, et sur les gazons des talus, et dans l'herbe des bastions, les groupes dispersés goûtaient l'indéfinissable charme du renouveau. N'est-ce point surtout quand la vie éclate ainsi, animée et joyeuse, qu'il convient de donner une pensée aux morts?

Ce *Campo-Santo*[1] est distant d'une demi-heure de la ville, par delà les faubourgs à façades peintes et les guinguettes consolatrices. On côtoie pour s'y rendre l'antique aqueduc, legs du Moyen Age, grâce auquel une eau salubre, amenée de plus de sept lieues, jaillit en abondance à tous les carrefours de Gênes. De loin, le champ du repos se découvre dans un cirque de montagnes voilées

Le Campo-Santo, à Gênes.

de pins et de châtaigniers. Réduction du Panthéon d'Agrippa, son église surgit au centre, adossée à un coteau, précédée d'un portique qu'accompagnent de majestueuses colonnades en retour. Une suite monumentale de degrés y accède, sur laquelle plane l'Espérance, aux côtés de la Charité. Le *Bisagno,* torrent limpide qui en divers filets s'échappe sur les cailloux luisants, berce seul le silence de cette solitude. Lentement nous avons parcouru les galeries de marbre aux longues perspectives... Dans l'épaisseur de leurs parois marmoréennes, armoires de la Mort, s'étagent les corps des trépassés ; un nom, une date sur la plaque de revêtement, — rien de plus. Chaque pavé que l'on foule recouvre aussi des cendres. Mais, heureusement pour l'art, cette simplicité froide ne satisfait pas toutes les piétés, encore moins tous les orgueils. Varni, Villa, Moreno, ont dû, de leur ciseau magique, évoquer plus d'un spectre. Des dalles de l'hypogée se dressent, à chaque pas, d'admirables statues. Le cimetière est devenu musée. Sous les ailes éployées des

1. Inauguré en 1848 : jusque-là, on enterrait l'élite dans les églises, — le surplus, en un champ isolé, près de la mer.

Anges, au milieu des Saintes qui gardent les sépulcres, les glorieux ou simplement les opulents, aussi les regrettés, revivent, blanches images, dans l'attitude de la douleur, de la prière, de l'action. Ici, une fille agenouillée sous le médaillon de son père; là, une veuve pleurant son mari, — et cette veuve éplorée abonde; de ce côté un avocat qui trouve encore le moyen de parler après ses propres funérailles ; de cet autre, l'exquise statue de « l'Innocence » empruntant les traits d'une morte de dix-huit ans. Plus loin, bijou de sculpture, un petit enfant ravi à sa mère et que Scanzi ressuscite pour le faire voltiger sur des fleurs. Villa excelle en ces idéales fantaisies. Parfois un groupe, comprenant toute la famille, reproduit une scène de désolation. La vulgarité du costume moderne y est abordée de front, sans que le goût ait d'ailleurs à s'en féliciter; mais le riche marchand de blé prétend garder son veston de comptoir dans le vis-à-vis funèbre qu'il fait au voisin, le marquis : et bien qu'un Doria — le premier qui soit enseveli hors de l'église Saint-Mathieu — y représente, avec plusieurs Pallavicini, l'aristocratie de la tombe, les armateurs et les négociants sont encore les principaux pourvoyeurs de ce refuge des vanités. Telle de leur sépulture atteint au chiffre de 80,000 francs, plusieurs l'excèdent : témoin cette vieille femme du peuple, très connue des Génois, qui, ayant passé son existence à vendre des gâteaux et des noisettes, au coin de la borne, mit le gain de ce petit négoce dans la pompeuse sépulture où le sculpteur la représente criant sa marchandise. Plus modeste, non moins bien partagé, l'ouvrier dort au pied de l'escalier de marbre, sous la croix de bois noir que parfument les roses. Le lit n'y coûte que treize francs pour un sommeil de sept années... après quoi, la fosse commune, celle-ci, comme partout, étant le lot de l'indigent. Qu'importe? la statue de la Foi s'élance de son piédestal pour consoler les déshérités, à l'espoir de la couronne qu'elle leur tend.

Entrée de la Villa Paradisi.

L'*Acqua Verde* et l'*Acqua Sola,* deux rendez-vous de prédilection, vont nous permettre de quitter Gênes sur des pensées plus riantes. La population se promène volontiers, le soir, après dîner, aux allées de l'Acqua Sola. Tandis qu'une musique de régiment groupe autour d'elle la grisette et le soldat, les amis des lointains vaporeux se dispersent parmi les platanes. Du haut des terrasses, sur l'aile de la mélodie, la pensée s'envole avec le regard vers l'arête violacée de Porto-Fino. Que de délicieux abris découverts ainsi ou devinés dans cette campagne de Gênes, du côté de l'Orient! Nervi, Rapallo, Chiavari, la Spezzia, Porto-Venere... marquent les étapes de la *Riviera di Levante,* terre promise de nouvelles excursions. Un jour peut-être mettrons-nous le pied dans sa poussière embaumée. Qu'il nous soit assez aujourd'hui de saluer, aux flancs de son coteau, la *Villa Paradisi* détachant le profil d'une colonnade de marbre sur les masses profondes de jardins enchanteurs. Entre la mer et l'Apennin, Byron avait choisi, comme lieu de médita-

LA RIVIERA DI LEVANTE.

tion, cette romantique colline de l'*Albaro,* et il ne la quitta qu'au mois d'août de 1823, pour monter sur son navire tout lesté d'or, de génie et d'espérance. Un souffle d'enthousiasme enflait ses voiles, car la Grèce appelait le chevaleresque croisé au baptême d'une liberté renaissante. Le poète voulait de la poésie en action : il avait l'ennui de la gloire, la satiété de l'amour : « Au combat, Byron, et dis adieu à la vie[1] ! » C'en est fait : ni les cordes de la lyre, ni les bras enlacés de sa *Giuccioli* ne peuvent désormais l'attacher au rivage... Céphalonie reçoit le chantre d'Harold, et, quelques mois plus tard, Missolonghi rend un cercueil.

Pour nous, devant que les étoiles ne s'allument au ciel, prenons congé de « la Côte d'Azur » en faisant le tour des fortifications, — l'une des plus belles promenades de l'Italie. Au bercement du landau qui doucement contourne les hauteurs, Gênes entière se déploie à nos pieds, avec ses palais, ses coupoles, ses flèches de pierre, ses tours de marbre, ses campaniles à clochetons, ses mille et mille toits d'ardoise épanouis en bouquets de verdure où l'habitant vient goûter la fraîcheur du crépuscule. Déjà la brise s'est assoupie, la ceinture bleue des flots cesse d'onduler. Peu à peu l'ombre envahit cette Corniche que nous avons suivie, que nos yeux suivent encore jusqu'à la pointe de Noli. Le soleil met une dernière étincelle au bandeau glacé des montagnes de Tende ; pressées dans le vieux port, les nefs, la voile pliée, ressemblent à un vol d'alcyons qui va s'endormir. Seules, les voix argentines des cloches montent de la ville assoupie. Elles prennent congé du jour, mais joyeusement, certaines qu'elles sont de saluer bientôt son retour, quand l'aube les réveillera. Imitons-les, et prêt à quitter le pays de la lumière, n'en sortons que par la porte de l'Espérance, lui disant une fois de plus : au revoir !

1. *Dernier Chant de Lord Byron.*

# TABLE DES MATIÈRES

FIN DE LA TABLE.

Maison Quantin
S. Benoit, 7, à Paris

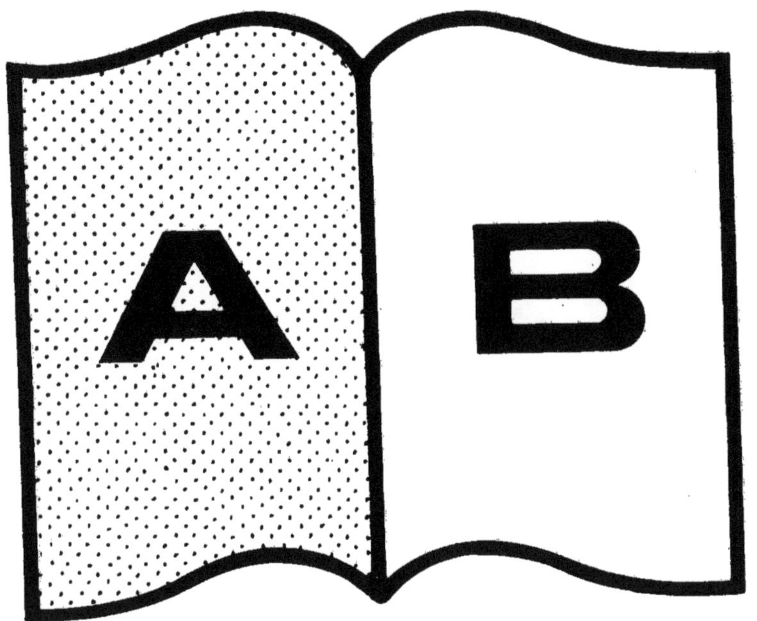


Contraste insuffisant

**NF Z 43**-120-14

www.ingramcontent.com/pod-product-compliance
Ingram Content Group UK Ltd.
Pitfield, Milton Keynes, MK11 3LW, UK
UKHW020153250726
13967UKWH00003B/1024

9 782012 890671